In ricordo di Sauro Tulipani

S. Leonesi
C. Toffalori

Un invito all'Algebra

 Springer

S. Leonesi
Dipartimento di Matematica e Informatica
Università di Camerino, Camerino

C. Toffalori
Dipartimento di Matematica e Informatica
Università di Camerino, Camerino

Springer-Verlag fa parte di Springer Science+Business Media

springer.com

© Springer-Verlag Italia, Milano 2006

ISBN 10 88-470-0313-X
ISBN 13 978-88-470-0313-2

Indice

Introduzione: non solo equazioni

Chi riceve un invito all'opera può giustamente chiedere a quale opera; chi riceve un invito al cinema può domandare per quale film; in occasione di un invito a cena può essere cortese descrivere il menù. Così anche nel caso di un *Invito all'Algebra* pare opportuno spiegare preliminarmente che cosa è l'Algebra. Ebbene, etimologicamente parlando, il termine *"algebra"* nasce come traslazione latina di una parola araba, e precisamente di *"al-jabr"*. Un grande matematico arabo del IX secolo dopo Cristo, che si chiamava *Abu Al-Khwarizmi* e operava a Badgad, la usò nel titolo di una sua opera, che in lingua originale suonava *"Hisah al-jabr w' al-muqabala"* e corrisponderebbe in italiano a *"Calcolo della riduzione e del bilanciamento"*. Il trattato era dedicato alle tecniche di risoluzione delle equazioni: in particolare *"al-jabr"* stava a significare l'operazione che sposta i termini negativi in un membro di un'equazione all'altro membro con segno positivo (mentre *"al-muqabala"* intendeva l'eliminazione di una stessa quantità presente in ciascuno dei due membri, dunque ad esempio la deduzione di $x = y$ da $x + z = y + z$). Quando l'opera di Al-Khwarizmi fu tradotta in latino, nel 1140, la si intitolò, per assonanza, *"Liber Algebrae et al mucabala"*. Fu questa "scelta editoriale" a inaugurare l'uso della parola *"algebra"* anche nel mondo occidentale.
Tra l'altro, vale la pena di riferire, magari solo per inciso, che un altro termine scientifico oggi largamente in uso, per la precisione *"algoritmo"*, deve la sua nascita ancora a Al-Khwarizmi: il lettore infatti non sarà sorpreso di apprendere che esso costituisce proprio la traslazione (prima in latino, e poi nelle lingue occidentali) del nome stesso del matematico arabo.
Ma torniamo all'Algebra. Dunque, sin dall'origine del nome, questa parola richiama il tema delle equazioni. E in effetti, secondo un'opinione popolare tanto diffusa quanto sommaria, *"fare algebra"* significa *"risolvere equazioni"*, il che basta ai più per catalogare l'argomento in modo definitivo e relegarlo senza rimpianti in qualche dimenticatoio.
Assumiamo comunque momentaneamente per semplicità questo punto di vista riduttivo che, se non altro, ha il pregio di distinguere l'Algebra dalla *Aritmetica*, la quale, invece che di equazioni, si interessa dei numeri, ed in particolare

di quei numeri *"naturali"* 0, 1, 2, 3, ... con cui siamo abituati a contare. Ebbene, va rilevato che numeri ed equazioni non sono così alieni dalla nostra vita di tutti i giorni. Le stesse equazioni algebriche sono spesso suggerite da problemi pratici, dal tentativo di rappresentare la realtà che ci circonda con modelli matematici appropriati, che ne aiutino la comprensione. Ad esempio una semplice equazione come $F = m \cdot a$ riassume (la versione non vettoriale di) un fondamentale principio della meccanica classica, quello che collega una forza F, la massa m del corpo che le è soggetto e l'accelerazione a che gliene deriva. Allo stesso modo orbite di pianeti, di satelliti, o di elettroni, possono essere descritte da equazioni algebriche, come quella $x^2 + y^2 = 1$ di una circonferenza di raggio 1 e centro nell'origine del sistema di riferimento prefissato.

In effetti, già nel Rinascimento italiano l'Algebra era intesa come la risoluzione di problemi (matematici e non) attraverso tre fasi successive:

- riduzione del problema in termini di un'equazione;
- riduzione dell'equazione in una *forma canonica*, più semplice da affrontare;
- soluzione dell'equazione nella forma canonica ridotta.

Va da sé che al giorno d'oggi l'uso dei calcolatori può accelerare sensibilmente tutte queste procedure. Ma non sempre le formule risolutive delle equazioni sono facili da trovare e quindi da trasmettere al computer per il suo successivo lavoro. Del resto, l'interazione con il calcolatore richiede anche che si concordi preventivamente un linguaggio appropriato con cui scambiare informazioni, formulare le domande, interpretare le risposte. In questo senso l'uso delle lettere x, y, z, ... per indicare le incognite e delle cifre 0, 1, 2, ..., 9 per rappresentare i coefficienti risulta quanto mai utile e appropriato. Ma va rilevato che il processo che ha condotto alla scelta di queste semplici convenzioni e di questi facili simboli è stato lungo e laborioso, tutto men che banale.

Ad esempio, le tecniche di soluzione delle equazioni di secondo grado (e forse anche di terzo) in una incognita erano già note millenni fa alla cultura Egiziana e Babilonese. Nel III secolo avanti Cristo, poi, i monumentali *"Elementi"* di *Euclide*, che pure sono principalmente ricordati per la loro trattazione della Geometria, includevano comunque significativi contributi di Aritmetica e di quel che oggi chiamiamo Algebra, come metodi di soluzione per le equazioni di primo e secondo grado, un efficiente algoritmo di ricerca del massimo comune divisore, e altro ancora. Sempre nell'ambito greco-romano, si potrebbe citare anche il contributo di *Diofanto*, che operò qualche tempo dopo Euclide, nel III secolo dopo Cristo, ad Alessandria di Egitto e si interessò del problema di risolvere equazioni a coefficienti interi $0, \pm 1, \pm 2, \ldots$; del resto, queste equazioni sono ancor oggi chiamate *diofantee* proprio in suo onore. Diofanto vi inaugurò, tra le altre cose, l'uso di abbreviazioni, in particolare della lettera σ, per indicarvi quantità sconosciute (le incognite).

Ma, a fronte di questi progressi mai trascurabili e spesso geniali va rilevato, ad esempio, il modo scomodo e faticoso con cui i pur pratici Romani scrivevano i numeri naturali $I, II, III, IV, V, VI, VII, VIII, IX, \ldots$, ancor oggi testimoniato dalle lapidi di antichi monumenti.

In effetti le cifre che ora adoperiamo 0, 1, 2, 3, ... ci provengono dal mondo arabo (e dallo stesso Al-Khwarizmi), che a loro volta le avevano ricevute dalla cultura indiana. A diffonderle in *"Occidente"* fu ai tempi del Medio Evo il mercante pisano *Leonardo Fibonacci*, che ebbe modo di frequentare la società orientale per motivi di commercio, vi apprese queste e altre notevoli novità matematiche e, tornato a casa, le trasmise in vari libri ricchi di fertili osservazioni, dei quali quello del 1202 intitolato *"Liber Abaci"* è il più famoso.

Dunque l'avvento delle cifre decimali fu assai laborioso. Quanto poi all'Algebra e alle equazioni, i tempi del loro progresso sono stati ancora più lenti e prolungati. Ad esempio, lo stesso Al-Khwarizmi, che pur conosceva i simboli 0, 1, 2, ..., scriveva ancora *"cubo e numero uguali a cose"* per significare l'equazione di terzo grado $x^3 + c = bx$. Anzi, pochi secoli prima, per la precisione intorno alla metà del V secolo dopo Cristo, il matematico indiano *Arya-Bhata* riteneva appropriato trattare l'argomento in forma di versi, come poema. Arya-Bhata fu imitato in questo quasi un millennio dopo, nel Cinquecento, dal matematico italiano *Niccolò Fontana* detto il *Tartaglia* (perchè balbuziente), il quale adoperava le rime seguenti

> *"Quando chel cubo con le cose appresso*
> *se agguaglia a qualche numero discreto,*
> *trovan dui altri differenti in esso.*
> *Da poi terrai questo per consueto*
> *che'l lor produtto sempre sia uguale*
> *al terzo cubo delle cose neto,*
> *el residuo poi suo generale*
> *delli lor lati cubi ben sottratti*
> *varrà la tua cosa principale"*

per spiegare come risolvere un'equazione di terzo grado $x^3 + bx = c$ (il *"cubo con le cose appresso"* che si uguaglia a un *"numero discreto"*): secondo i versi di Tartaglia, la strategia da seguire è quella di trovare u e v per cui

$$c = u - v, \qquad \frac{b^3}{3} = u \cdot v$$

e ricavare poi x come $\sqrt[3]{u} - \sqrt[3]{v}$. Del resto, nella stessa epoca, l'altro matematico italiano *Luca Pacioli* scriveva

> *"Troname. 1. n° che giôto al suo q̂drat° facia. 12"*

per intendere il problema di risolvere l'equazione $x + x^2 = 12$: in essa, infatti, l'indeterminata x è proprio quel numero che sommato al suo quadrato fa 12.

Altri esempi dello stesso tenore si potrebbero citare. Così nella scuola matematica italiana del Rinascimento (formata da *Dal Ferro*, *Cardano*, *Tartaglia*, *Ferrari*, *Pacioli* e altri ancora) queste complicazioni linguistiche appesantivano e accompagnavano idee nuove e brillanti, e in particolare le formule risolutive per le equazioni di terzo e quarto grado in una incognita che compaiono già nel 1545, nel trattato *"Ars Magna"* di *Cardano*; del resto, proprio in questa prospettiva furono introdotti all'epoca del Rinascimento quei numeri *"immaginari"* che oggi chiamiamo *complessi*. La storia che li riguarda è assai singolare. Infatti, vi pare ragionevole "immaginare" un numero il cui quadrato è -1? Eppure questo è quanto si pretende dal "capostipite" dei numeri complessi, e cioè da quello che viene usualmente denotato i (proprio a sottolineare la sua caratteristica di oggetto "immaginario"). Ebbene, sempre nel Cinquecento, un altro matematico italiano, Bombelli, si imbatté in i mentre si cimentava a risolvere un'equazione di terzo grado a coefficienti *interi*, $x^3 - 15x - 4 = 0$ per la precisione, e ne scopriva la soluzione intera 4 (infatti $4^3 - 15 \cdot 4 - 4 = 64 - 60 - 4 = 0$). Bombelli seguì i consigli poetici di Tartaglia per $b = -15$ e $c = 4$ e cercò due numeri u e v per cui

$$u^3 + v^3 = 4, \ u \cdot v = \frac{15}{3} = 5.$$

Le tecniche che già allora erano note e che avremo modo di approfondire nei futuri capitoli lo portarono a considerare

$$u = \sqrt[3]{2 + \sqrt{-121}},$$

$$v = \sqrt[3]{2 - \sqrt{-121}},$$

che però coinvolgono la radice quadrata di un numero negativo -121. Tuttavia, se ammettiamo il numero i, questa radice è

$$\sqrt{-121} = \sqrt{-1} \cdot \sqrt{121} = 11i,$$

quindi si ha

$$u = \sqrt[3]{2 + 11i}, \ v = \sqrt[3]{2 - 11i}.$$

D'altra parte, assumendo $i^2 = -1$, si vede facilmente che

$$(2 \pm i)^3 = 8 \pm 12i + 6i^2 \pm i^3 = 8 \pm 12i - 6 \mp i = 2 \pm 11i,$$

così la radice cubica di $2 + 11i$ è $2 + i$ e quella di $2 - 11i$ è $2 - i$; allora possiamo porre

$$u = 2 + i, \ v = 2 - i,$$

e dedurre $x = u + v = 2 + i + 2 - i = 4$, appunto. Così Bombelli approfittava del numero immaginario i per la soluzione intera di un'equazione a coefficienti interi.

Ma torniamo alle equazioni e al modo di rappresentarle. Solo a fine Cinquecento l'attuale formalismo algebrico iniziò a prendere finalmente piede. Fu il francese *Viète* a introdurre l'uso delle lettere nelle equazioni per indicarvi incognite e parametri: così lo stesso Viète scriveva nel 1590

$$\text{``}1QC - 15QQ + 85C - 225Q + 274N \quad aequatur \quad 120\text{''}$$

per indicare l'equazione che al giorno d'oggi si esprimerebbe come $x^6 - 15x^4 + 85x^3 - 225x^2 + 274x = 120$ (Q stava dunque per quadrato, C per cubo, QC per quadrato del cubo, N per numero, e via dicendo). L'idea ebbe successo, e qualche anno dopo, nel 1637, *Descartes* (Cartesio, nella versione italianizzata del cognome) migliorava il simbolismo di Viète e, per esempio, scriveva

$$yy \bowtie cy - \frac{cx}{b}y + ay - ac$$

per significare $y^2 = cy - \frac{cx}{b}y + ay - ac$; nel 1693, finalmente, l'inglese *Wallis* usava già quasi completamente la notazione moderna e trattava equazioni come

$$x^4 + 6x^3 + cxx + dx + e = 0,$$

(dove solo x^2 è ancora indicato col meno sbrigativo xx).

Dunque è solo agli albori del Settecento che l'Algebra inizia l'uso sistematico di cifre e lettere, distingue anzi queste ultime in incognite $x, y, z, \dots$ e parametri $a, b, c, d, \dots$; diviene in questo senso la *scienza del calcolo letterale*. Questa è, del resto, la visione che ne dà un matematico illustre come lo svizzero *Euler* (*Eulero* secondo la versione italiana del cognome) nella sua opera "*Introduzione all'Algebra*" del 1770. Il vecchio problema di risolvere le equazioni (ad esempio, quelle a una sola incognita x) si allarga a considerarne la forma più generale

$$a_n x^n + a_{n-1} x^{n-1} + \dots + a_1 x + a_0 = 0$$

(dove i parametri $a_0, a_1, \dots, a_n$ intervengono a denotare in astratto i coefficienti, e tanto il grado n quanto, appunto, i coefficienti $a_0, a_1, \dots, a_n$ variano in modo arbitrario) e diventa l'arte di ricavarne le soluzioni come funzioni di $a_0, a_1, \dots, a_n$.

Come già sappiamo, per $n \leq 4$, formule risolutive con queste caratteristiche erano note sin dal tardo Rinascimento. Anzi, in questi casi, le soluzioni erano determinate a partire dai coefficienti, sommandoli, moltiplicandoli, sottraendoli, dividendoli un numero finito di volte e semmai estraendone qualche radice. Si usava, e si usa, dire allora che la soluzione si ottiene per *radicali*. Ma che accade quando $n \geq 5$? La risposta a questa ulteriore curiosità doveva arrivare all'inizio dell'Ottocento e risultare per certi versi assolutamente sorprendente.

Nel frattempo, altri rilevanti risultati erano stati ottenuti. Ad esempio la possibilità di coinvolgere i numeri complessi nello studio di equazioni i cui coefficienti sono nell'ambito più ristretto e "naturale" degli interi, già presagita da Bombelli, era stata approfondita dallo stesso Eulero e da quello che è comunemente ritenuto il più grande matematico mai esistito, e cioè da Karl Friedrich Gauss. A proposito dei complessi, Gauss era poi riuscito a provare una proprietà notevolissima, già intuita e avvicinata, seppur in modo non rigoroso, da Eulero e D'Alembert: quello che oggi si chiama *Teorema Fondamentale dell'Algebra* e che afferma che

> *ogni equazione di grado ≥ 1 in una indeterminata a coefficienti complessi ha almeno una soluzione complessa*

(come, ad esempio, $x^2 + 1 = 0$ ha le soluzioni $\pm i$). Gauss aveva usato nella sua dimostrazione un approccio geometrico (del resto neppure oggi si conoscono prove "algebriche" accessibili di questo teorema). Aggiungiamo che Gauss operò in Prussia, a Gottinga, alla fine del Settecento e nella prima metà dell'Ottocento, e che avremo modo di incontrare spesso il suo nome nelle pagine che seguiranno.

Ma torniamo al tema delle equazioni di grado ≥ 5. A inizio Ottocento l'italiano *Ruffini* introdusse, il norvegese *Abel* confermò e il giovane matematico francese *Galois* chiarì in modo completo e geniale che per $n \geq 5$ non c'è verso di trovare una formula definitiva generale analoga ai casi $n \leq 4$, quindi capace di fornire le soluzioni di un'equazione di grado n "per radicali" a partire dai suoi coefficienti, col solo uso di un numero finito di

- operazioni elementari $+, \cdot, -, :,$
- estrazioni di radici.

A onor del vero, va detto che, nel corso dell'Ottocento, formule risolutive per $n = 5$ e $n = 6$ furono trovate grazie all'impiego di strumenti più potenti, in particolare di funzioni *ellittiche* o *iperellittiche*; anzi, nel 1880 *Poincarè* introdusse una più ampia classe di funzioni, quelle *automorfe*, col cui ausilio dimostrò possibile la risoluzione di equazioni di qualunque grado. L'uso delle funzioni ellittiche per la risoluzione delle equazioni di grado 5 generalizza tecniche trigonometriche di risoluzione nel grado 3; fu intuito dall'italiano Betti e poi chiarito nei dettagli da Hermite e Kronecker nel 1858. Pochi anni dopo, l'italiano Brioschi ricavò un analogo risultato per le equazioni di grado 6 con l'uso delle funzioni iperellittiche.

Comunque, a prescindere da questi successivi sviluppi, il contributo di Galois segnò un passo fondamentale nella storia dell'Algebra, non solo per le circostanze storiche che lo accompagnarono (le ricerche di Galois furono sottovalutate e ignorate per molti anni dopo la sua morte avvenuta nel 1832; Galois fu ucciso poco più che ventenne in circostanze oscure e tragiche, in duello, e si narra che trascorse l'ultima notte di vita a raccogliere i suoi risultati per trasmetterli ad un amico), ma anche e soprattutto per la sua innovatività e modernità. Infatti Galois considerò, per ogni equazione nella indeterminata x, tutte le permutazioni "ragionevoli" delle sue soluzioni, prese atto che queste permutazioni soddisfano, rispetto all'operazione di composizione, certe leggi fondamentali che ne fanno quello che oggi chiamiamo un *gruppo* e collegò la possibilità di ottenere le soluzioni "per radicali" a proprietà strutturali di questo gruppo.

In realtà la nozione di gruppo (e in particolare di gruppo di permutazioni) era già stata considerata prima di Galois da matematici illustri come *Lagrange* e *Cauchy*. Ma Galois ne approfondì lo studio e, come detto, lo collegò al problema della soluzione delle equazioni, ottenendo la sua geniale risposta all'intera questione.

In effetti, da Galois in poi, l'Algebra abbandonò progressivamente il principale interesse per le equazioni e si volse sempre più all'analisi delle *strutture*: i gruppi, gli anelli, i campi, gli spazi vettoriali, quelle che avremo modo di incontrare nelle prossime pagine, e moltissime altre. In ognuno di questi casi, come già in quello dei gruppi, si fissano certe leggi fondamentali (chiamate *assiomi*) che identificano e caratterizzano queste strutture, e si avvia poi uno studio astratto delle conseguenze che derivano alle strutture da questi assiomi. Ne nascono applicazioni all'Aritmetica (con la nascita di quella che si chiama *Teoria Algebrica dei Numeri*); lo studio di nuovi oggetti matematici, come le matrici, o i quaternioni; lo schiudersi di orizzonti inattesi, come quello di un'*Algebra del pensiero* volta a stabilire le leggi fondamentali del ragionamento umano.

L'Algebra dunque non è più solo l'arte di *"risolvere equazioni"*, a dispetto di quel che ancora pensano i più, ma si apre a nuove prospettive, interessandosi delle strutture *"in sè considerate, indipendentemente dai contesti diversi e dalle situazioni particolari cui si applicano"* (per dirla parafrasando le parole scritte nel 1847 da *Boole*, matematico inglese che molto si interessò proprio dell'analisi algebrica del pensiero). Il primo testo ufficiale di questa moderna *Algebra* astratta fu scritto da Van der Waerden e risale al 1930. Da allora grandi progressi sono stati ottenuti su questa via.

Possiamo però ragionevolmente chiederci quali siano le reali e concrete applicazioni dell'Algebra, e in particolare di questa nuova concezione dell'Algebra, alla vita e alla scienza di oggi. Visto il suo grado di astrazione, si potrebbe dubitare assai della sua utilità pratica.

Eppure, in questi tempi di così impetuoso sviluppo informatico, di così frequente e fidente ricorso alle macchine, la scelta di simboli essenziali, lettere o cifre, e la scoperta delle leggi basilari che regolano il funzionamento delle strutture matematiche sono premesse fondamentali per una corretta comunicazione con i calcolatori e per un loro uso fruttuoso. Anche l'astrattissima Algebra del pensiero può suggerirci idee per programmare il funzionamento e il ragionamento dei computer, contribuendo ad esempio allo sviluppo dell'*Intelligenza Artificiale*. Altre applicazioni algebriche che avremo modo di trattare in queste note riguardano:

- la moderna Crittografia e la conseguente possibilità di organizzare sistemi sicuri di trasmissione di dati riservati sulla rete,
- la Teoria dei Codici correttori di errore, volta a preservare da possibili distorsioni l'integrità di messaggi spaziali inviati ad astronavi e satelliti su canali disturbati.

Strumenti algebrici per l'Informatica si stanno dunque sempre più sviluppando. Viceversa, l'Informatica può fornire all'Algebra nuove potenzialità computazionali, anche a proposito del classico problema di risolvere le equazioni. Questa è dunque l'Algebra cui abbiamo il piacere di invitare il lettore.

Nelle pagine che seguiranno, ne daremo prima una descrizione elementare, adeguata a un corso della laurea di primo livello in Matematica ma eventualmente adattabile a un corso di Informatica; passeremo poi a una trattazione più approfondita e rigorosa. Presenteremo dunque dapprima oggetti algebrici molto semplici o familiari, come insiemi, numeri e grafi, e considereremo poi strutture più complicate, come gruppi, anelli, spazi vettoriali, campi, fornendo esempi e sviluppando i primi elementi delle relative teorie. Cercheremo di proporre in ognuno di questi casi motivazioni e informazioni storiche, così come applicazioni, non solo al problema della soluzione delle equazioni, ma anche agli accennati settori della Crittografia e dei Codici di correzione di errori. Non mancheranno esercizi e informazioni bibliografiche per ulteriori approfondimenti.

I corsi da cui queste note derivano erano due distinti, entrambi di 5 crediti. Il primo, più elementare, includeva (e include) Aritmetica, Algebra di base e quel che oggi si usa chiamare Matematica Discreta: era comune anche al Corso di Laurea Triennale in Informatica. Il secondo, rivolto ai soli studenti di Matematica, era ed è più astratto e teorico, e punta a introdurre con maggior profondità le strutture algebriche. I temi di Algebra Lineare erano poi considerati in un terzo corso ulteriore, ancora di 5 crediti. Tuttavia in queste pagine abbiamo preferito eliminare questa separazione, originata da motivazioni locali, non necessariamente generalizzabili a ogni situazione e sensibilità, e dare al testo una sua continuità: questa soluzione ci è sembrata la più naturale. In effetti l'attuale sistema 3+2 e le finalità delle singole lauree si prestano a un gran numero di possibili variazioni anche a proposito dei programmi dei corsi di Algebra ed è difficile privilegiarne una nei confronti di altre ugualmente rispettabili. Confidiamo però che ogni docente possa scegliere senza troppa fatica tra gli argomenti che seguono quelli più adeguati alle esigenze didattiche della sua sede. Aggiungiamo per scrupolo che nella nostra suddivisione orignaria

- il primo corso includeva i Capitoli 1, 2; cenni sui grafi dal Capitolo 4; le permutazioni con una introduzione ai gruppi dal Capitolo 5; cenni sui polinomi con una introduzione agli anelli come nei Capitoli 6,7; esempi di campi finiti con l'applicazione alla Teoria dei codici correttori (Capitolo 9);
- il secondo corso forniva una trattazione più astratta e completa dei gruppi, anelli e campi.

Speriamo in conclusione che il nostro invito all'algebra risulti gradito, e che il lettore possa trarne lo stesso piacere che abbiamo avuto a scriverlo.

Riferimenti bibliografici

Esistono numerosissimi manuali di Algebra che il lettore può consultare per approfondire gli argomenti di questo libro. Tra quelli più classici citiamo [11], [16], [40]. In edizione italiana si possono trovare [15], [20], [29], [35] e molti altri ancora. I riferimenti elencati sin qui valgono anche per tutti i capitoli successivi. Libri che trattano la storia della Matematica – e in particolare quella dell'Aritmetica e dell'Algebra –, o descrivono il progresso attuale della Matematica sono [8], [14], [18], [22], [43]. In particolare [30] tratta il tema della "storia" delle equazioni algebriche. Dettagli sull'Algebra del Pensiero possono trovarsi nei manuali di Logica Matematica: si vedano ad esempio [25], [49], [64].

1

Cenni di Teoria degli insiemi

1.1 Insiemi: un'introduzione naïf

È ormai consuetudine in Matematica, e in particolare in Algebra, esprimersi attraverso il linguaggio degli insiemi. Conviene quindi che dedichiamo il nostro capitolo iniziale a questo concetto, per fissarne la teoria elementare. Ovviamente la prima nozione da definire con chiarezza sarebbe proprio quello di insieme. Ma, per risparmiarci almeno in partenza troppe complicazioni e astrazioni, concordiamo, a titolo provvisorio e in attesa di futuri sviluppi, di chiamare *insieme* una qualunque collezione di oggetti o, come anche diremo, di *elementi*. Così la collezione dei numeri 0, 1, 2, 3, ... forma l'insieme $\mathbb{N}$ dei numeri naturali, e la collezione

$$\ldots, -3, -2, -1, 0, +1, +2, +3, \ldots$$

costituisce l'insieme $\mathbb{Z}$ degli interi; -1 è elemento di $\mathbb{Z}$ ma non di $\mathbb{N}$.

Notazione.

1. In genere le lettere maiuscole $A, B, C, \ldots$ denotano gli insiemi; le minuscole $a, b, c, \ldots$ gli elementi.
2. $a \in A$ significa a è elemento di A, cioè che a appartiene ad A; $a \notin A$ significa che a non è elemento di A, ovvero che a non appartiene ad A.
3. Scriviamo $A = \{a, b, c, \ldots\}$ per dire che gli elementi di A sono $a, b, c, \ldots$
4. Scriviamo poi $A = \{a : a \text{ soddisfa } P\}$ per intendere che A è l'insieme degli elementi a che soddisfano la condizione P.
5. Una rappresentazione grafica degli insiemi un po' rozza e rudimentale, ma forse utile in questa prima fase, è quella che si ottiene attraverso i così detti *diagrammi di Eulero–Venn*; con essa l'insieme $A = \{a, b, c, \ldots\}$, viene descritto come segue:

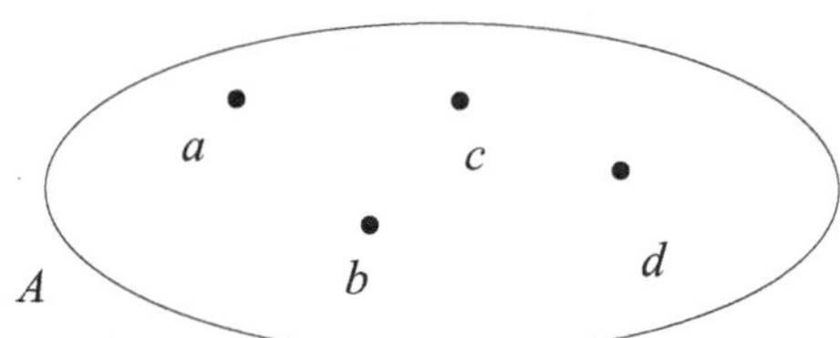

Figura 1.1. Diagramma di Eulero-Venn

A proposito, già sappiamo che Eulero è il cognome italianizzato del grande matematico svizzero Leonhard Euler, il quale diede molti contributi in vari settori della Matematica; avremo comunque modo di incontrarlo nuovamente e di mostrare alcuni suoi importanti risultati in particolare nei Capitoli 2 e 4. John Venn fu invece logico inglese dell'Ottocento, ed è principalmente ricordato proprio per aver diffuso questa rappresentazione grafica degli insiemi.

Esempi 1.1.1

1. Come già detto $\mathbb{N} = \{0, 1, 2, 3, \ldots\}$ è l'insieme dei numeri naturali.
2. $\mathbb{Z} = \{\ldots, -3, -2, -1, 0, +1, +2, +3, \ldots\}$ è, invece, l'insieme dei numeri interi.
3. $\mathbb{Q} = \{\frac{m}{n} : m, n \in \mathbb{Z}, n > 0, m, n \text{ primi tra loro}\}$ è l'insieme dei numeri razionali (come $\frac{2}{3}$, $\frac{1}{2}$, $-\frac{4}{3}$, $\frac{2}{1}$ – da identificare con 2 – e così via).
4. $\mathbb{R}$ è l'insieme dei numeri reali.
5. $\mathbb{C}$ è l'insieme dei numeri complessi.

Avremo modo di studiare più approfonditamente questi insiemi numerici nei prossimi capitoli. Qui ci limitiamo a ricordare qualcosa sui reali e complessi.

- Se consideriamo un retta r, vi fissiamo due punti distinti O e I e assegnamo loro, rispettivamente, le ascisse 0 e 1, allora si può convenire che i numeri reali corrispondono esattamente alle possibili ascisse di tutti i punti di r.

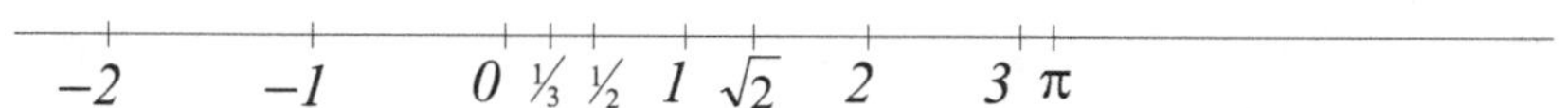

Figura 1.2. Retta reale

Essi includono allora i razionali

$$\frac{1}{2} = 0,5, \quad \frac{1}{3} = 0,3333\cdots$$

con i loro allineamenti decimali finiti o infiniti e periodici; ma anche altri numeri (*irrazionali*) con rappresentazioni decimali anche infinite aperiodiche

$$\sqrt{2} = 1,41\cdots, \quad \pi = 3,14\cdots.$$

- I numeri complessi si ottengono dai reali aggiungendo il numero immaginario i (con la proprietà $i^2 = -1$) e, di conseguenza, tutti quei numeri che si rappresentano nella forma $a + ib$ con a, b reali.

Ma torniamo a parlare di insiemi arbitrari. Consideriamo ancora insiemi $A, B, C, \ldots$, che immaginiamo per semplicità sottoinsiemi di un insieme S così "grande" da contenere tutti gli insiemi che ci interessano (vedremo a fine capitolo i motivi di questa restrizione). Diciamo allora che due insiemi A e B sono *uguali* se hanno gli stessi elementi.

Esempi 1.1.2

1. Siano $A = \{a, b, c\}$, $B = \{b, b, a, c, c\}$. Allora $A = B$.
2. Siano $A = \{0, 2, 4, 6, \ldots\}$, $B = \{a \in \mathbb{N} : a$ è divisibile per $2\}$. Allora $A = B$.

Diciamo poi che un insieme è *vuoto* se non ha elementi. Chiaramente due insiemi vuoti sono uguali tra loro perché hanno gli stessi elementi (cioè nessuno). Possiamo allora indicare l'unico insieme vuoto con un simbolo particolare: $\emptyset$.

Definizione 1.1.3 Siano A, B insiemi. Diciamo

- A *sottoinsieme* di B, e scriviamo $A \subseteq B$, se ogni elemento di A è anche in B;
- A *sottoinsieme proprio* di B, e scriviamo $A \subsetneq B$, se $A \subseteq B$ ma $A \neq B$ (dunque ogni elemento di A è in B, ma esiste un elemento di B che non è in A).

Esempio 1.1.4 Siano $B = \mathbb{N}$, A l'insieme dei naturali pari, cioè $A = \{0, 2, 4, 6, \ldots\}$. Allora $A \subsetneq B$ (infatti $A \subseteq B$, ma $1 \notin A$).

Siano A, B, C insiemi. Allora si può facilmente osservare quanto segue.

1. $A \subseteq A$.
2. Se $A \subseteq B$ e $B \subseteq A$, allora $A = B$: infatti ogni elemento di A è in B e, viceversa, ogni elemento di B è in A; così $A = B$.
3. Se $A \subseteq B$ e $B \subseteq C$, allora $A \subseteq C$.

$A \not\subseteq B$ significa che A non è sottoinsieme di B, e quindi che c'è qualche elemento in A e non in B. $\not\subseteq$ è quindi da distinguere da $\subsetneq$ (perché?).

Esempi 1.1.5

1. Siano A l'insieme dei numeri naturali pari, B l'insieme dei naturali multipli di 3. Allora
   - $A \not\subseteq B$ perché $2 \in A$ ma $2 \notin B$.
   - $B \not\subseteq A$ perché $3 \in B$ ma $3 \notin B$.

2. Siano A l'insieme dei naturali pari, B l'insieme dei naturali dispari. Come nell'esempio 1, $A \nsubseteq B$ e $B \nsubseteq A$; anzi, nessun elemento di A è in B (e nessun elemento di B è in A).

Siano ancora A, B due insiemi in S, costruiamo nuovi sottoinsiemi di S attraverso le seguenti operazioni.

- L'*intersezione* di A e B, che si denota $A \cap B$, si definisce come $\{a \in S : a \in A$ e $a \in B\}$: è dunque l'insieme degli elementi che stanno tanto in A quanto in B.
- L'*unione* di A e B, che si denota $A \cup B$, si definisce come $\{a \in S : a \in A$ o $a \in B\}$: è quindi l'insieme degli elementi che appartengono ad A o a B, eventualmente ad entrambi.
- La *differenza* di A e B, che si denota $A - B$, si definisce come $\{a \in S : a \in A$ e $a \notin B\}$: è formata allora dagli elementi di A che non stanno in B.
- Il *complemento* di A (in S), che si denota A', si definisce come $\{a \in S : a \notin A\} = S - A$: si compone di tutti gli elementi (di S) fuori di A.

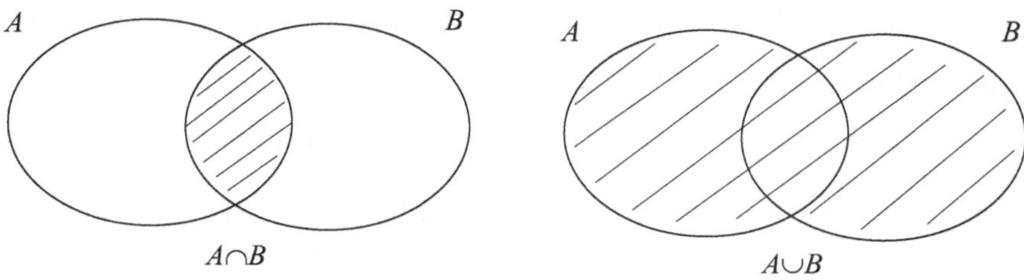

Figura 1.3. Intersezione e unione

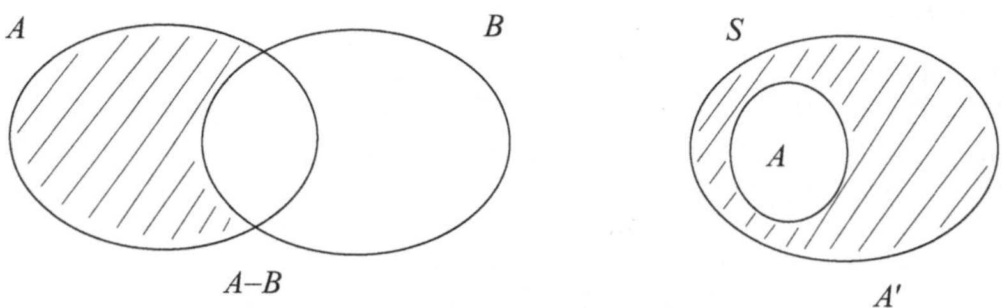

Figura 1.4. Differenza e complemento

Esempi 1.1.6

1. Siano $S = \mathbb{N}$, A l'insieme dei naturali pari, B l'insieme dei naturali multipli di 3, C l'insieme dei naturali dispari. Allora:

- $A \cap C = \emptyset$, $A \cup C = \mathbb{N}$, $A - C = A$, $C - A = C$, $A' = C$,
- $A \cap B$ è l'insieme dei naturali multipli di 6,
- $B \cap C = B - A$.

2. Poniamo adesso $S = \mathbb{Z}$. Siano A l'insieme degli interi ≥ 10 e multipli di 3, $B = \{\ldots, -4, -2, 0, +2, +4, \ldots\}$ l'insieme degli interi pari, $C = \{0, \pm 1, \pm 2, \pm 3, \ldots, \pm 10\}$ l'insieme degli interi che hanno valore assoluto ≤ 10. Allora
   - l'insieme degli interi dispari è B',
   - $C - B = \{-9, -7, -5, -3, -1, +1, +3, +5, +7, +9\}$,
   - $A \cap B = \{12, 18, 24 \ldots\}$.

Definizione 1.1.7 Due insiemi A e B si dicono *disgiunti* se $A \cap B = \emptyset$.

Così nell'Esempio 1.1.6.1 A e B non sono disgiunti, A e C invece lo sono.
Si presti attenzione a distinguere la proprietà di essere disgiunti da quella di essere diversi:

- *disgiunti* **non** implica *diversi* ($A = B = \emptyset$ sono disgiunti e uguali);
- *diversi* **non** implica *disgiunti* (se $A \subsetneq B$ e $A \neq \emptyset$, A e B sono diversi e non disgiunti).

Altre proprietà che sarà bene ricordare sono quelle formulate nel seguente

Esercizio 1.1.8 Siano A, B, C sottoinsiemi di un insieme S. Si mostri che

1. • $A \cap B = B \cap A$,
   - $(A \cap B) \cap C = A \cap (B \cap C)$ (entrambi coincidono con l'insieme $\{x \in S : x \in A$ e $x \in B$ e $x \in C\}$),
   - $A \cap \emptyset = \emptyset$, $A \cap A = A$, $A \cap A' = \emptyset$.
2. • $A \cup B = B \cup A$,
   - $(A \cup B) \cup C = A \cup (B \cup C)$ (entrambi coincidono con l'insieme $\{x \in S : x \in A$ o $x \in B$ o $x \in C\}$)
   - $A \cup \emptyset = A$, $A \cup A = A$, $A \cup A' = S$,
   - $A - A = \emptyset$, $A - \emptyset = A$, $A - B = A \cap B'$.
3. $A \cap (B \cup C) = (A \cap B) \cup (A \cap C)$, $A \cup (B \cap C) = (A \cup B) \cap (A \cup C)$.

Esercizio 1.1.9 Si provi poi che, per ogni scelta di insiemi A, B, $A - B$ e $B - A$ sono disgiunti.

Dalle precedenti considerazioni si deduce in particolare la possibilità di definire, per $A, B, C \subseteq S$,

- $A \cap B \cap C$ come $(A \cap B) \cap C$ o equivalentemente come $A \cap (B \cap C)$, in ogni caso come l'insieme degli elementi di S che stanno in A e in B e in C;
- $A \cup B \cup C$ allo stesso modo come $(A \cup B) \cup C$ o come $A \cup (B \cup C)$, in ogni caso come l'insieme degli $x \in S$ che stanno in A o in B o in C.

Più in generale, per $A_0, A_1, \ldots, A_n$ sottoinsiemi di S, possiamo costruire senza confusione

$$A_0 \cap A_1 \cap \cdots \cap A_n = \{x \in S : x \in A_0 \text{ e } x \in A_1 \text{ e } \cdots \text{ e } x \in A_n\},$$

$$A_0 \cup A_1 \cup \cdots \cup A_n = \{x \in S : x \in A_0 \text{ o } x \in A_1 \text{ o } \cdots \text{ o } x \in A_n\}.$$

In modo più compatto, possiamo indicare $A_0 \cap A_1 \cap \cdots \cap A_n$ come

$$\bigcap_{i=0}^{n} A_i$$

e $A_0 \cup A_1 \cup \cdots \cup A_n$ come

$$\bigcup_{i=0}^{n} A_i.$$

Anzi, introducendo anche le abbreviazioni $\forall, \exists$ a significare, rispettivamente, *per ogni*, *esiste*, possiamo scrivere

$$\bigcap_{i=0}^{n} A_i = \{x \in S : \forall i = 0, \ldots, n, \ x \in A_i\},$$

$$\bigcup_{i=0}^{n} A_i = \{x \in S : \exists i = 0, \ldots, n \text{ tale che } x \in A_i\}.$$

Naturalmente non c'è motivo, a questo punto, di preferire $\{0, 1, \ldots, n\}$ ad un qualunque altro insieme I di indici (quale può essere suggerito dalle circostanze). Così poniamo, per $A_i \subseteq S$ al variare di $i \in I$,

$$\bigcap_{i \in I} A_i = \{x \in S : \forall i \in I, \ x \in A_i\},$$

$$\bigcup_{i \in I} A_i = \{x \in S : \exists i \in I \text{ tale che } x \in A_i\}.$$

Esercizi 1.1.10

1. Per ogni naturale $n \geq 2$, sia A_n l'insieme dei numeri naturali multipli di n, cioè dei prodotti $q \cdot n$ con $q \in \mathbb{N}$. Dunque $A_n = \{0, n, 2n, 3n, \ldots\}$. Si costruiscano

$$\bigcap_{n \geq 2} A_n, \ \bigcup_{n \geq 2} A_n.$$

2. Per ogni naturale n, sia $B_n = \{x \in \mathbb{N} : x \leq n\}$. Si determinino

$$\bigcap_{n \in \mathbb{N}} B_n, \ \bigcup_{n \in \mathbb{N}} B_n.$$

3. Finalmente, per ogni $n \in \mathbb{N}$, sia $C_n = \{n\}$. Di nuovo, si determinino

$$\bigcap_{n \in \mathbb{N}} C_n, \ \bigcup_{n \in \mathbb{N}} C_n.$$

1.2 Insieme delle parti

Definizione 1.2.1 Sia A un insieme (in S). Si dice *insieme delle parti* di A, e si denota con $\mathcal{P}(A)$, l'insieme dei sottoinsiemi di A.

Così gli elementi di $\mathcal{P}(A)$ sono i sottoinsiemi di A. In particolare $\emptyset \in \mathcal{P}(A)$, $A \in \mathcal{P}(A)$.

Esempi 1.2.2

1. Se $A = \emptyset$, allora $\mathcal{P}(A) = \{\emptyset\}$ ha $2^0 = 1$ elemento;
2. se $A = \{0\}$, allora $\mathcal{P}(A) = \{\emptyset, A\}$ ha $2^1 = 2$ elementi;
3. se $A = \{0, 1\}$, allora $\mathcal{P}(A) = \{\emptyset, \{0\}, \{1\}, A\}$ ha $2^2 = 4$ elementi;
4. se $A = \{0, 1, 2\}$, allora $\mathcal{P}(A) = \{\emptyset, \{0\}, \{1\}, \{2\}, \{0, 1\}, \{0, 2\}, \{1, 2\}, A\}$ ha $2^3 = 8$ elementi,

Il risultato suggerito da questi esempi è del tutto generale: un insieme con n elementi ha 2^n sottoinsiemi. Prima di dimostrarlo, introduciamo comunque la seguente notazione: da ora in avanti, per A insieme finito, $|A|$ indicherà il numero degli elementi di A (o, come anche si dice, la *cardinalità* di A). Possiamo allora enunciare:

Teorema 1.2.3 *Se A è un insieme finito e $|A| = n$, allora $|\mathcal{P}(A)| = 2^n$.*

Dimostrazione. Utilizziamo un argomento basato su quello che si chiama principio di induzione, e che discuteremo meglio nel prossimo capitolo; il principio in questione comunque afferma che:

> *un insieme di naturali, che contiene 0 ed è chiuso rispetto all'addizione con 1 (nel senso che, se contiene un certo naturale n, allora include anche $n + 1$), coincide forzatamente con $\mathbb{N}$.*

Un attimo di riflessione potrà sin d'ora convincere il lettore della sua fondatezza: tutti i numeri naturali si ottengono a partire da 0 sommando progressivamente 1.

Così, per provare il nostro teorema per ogni naturale n, ci basta mostrare che esso è vero per $n = 0$ e che, se è vero per n, è vero anche per $n + 1$.

Caso $n = 0$: allora $A = \emptyset$ e abbiamo già visto negli esempi che $\mathcal{P}(A) = \{\emptyset\}$ ha $1 = 2^0$ elementi.

Procediamo ora col passo "*induttivo*", da n a $n + 1$. Ammettiamo la tesi vera per insiemi di cardinalità n, e la mostriamo per quelli di cardinalità $n + 1$. Sia dunque $A = \{a_1, a_2, \ldots, a_n, a_{n+1}\}$ con $a_1 \neq a_2 \neq \cdots \neq a_n \neq a_{n+1}$. Allora

$$\mathcal{P}(A) = \{B \subseteq A : a_{n+1} \notin B\} \cup \{B \subseteq A : a_{n+1} \in B\}.$$

Denotiamo per semplicità $P = \{B \subseteq A : a_{n+1} \notin B\}$, $Q = \{B \subseteq A : a_{n+1} \in B\}$. Anzitutto si osservi che $P \cap Q = \emptyset$. Inoltre:

- P ha 2^n elementi perché $P = \mathcal{P}(\{a_1 \ldots, a_n\})$ e il teorema è supposto vero per insiemi con n elementi come $\{a_1, \ldots, a_n\}$;
- anche Q ha 2^n elementi perché gli elementi di Q si ottengono aggiungendo a_{n+1} a quelli di P.

Così $\mathcal{P}(A)$ ha $2^n + 2^n = 2 \cdot 2^n = 2^{n+1}$ elementi. $\square$

Esempi e osservazioni 1.2.4

1. Consideriamo il lancio di un dado. $S = \{1, 2, 3, 4, 5, 6\}$ è l'insieme dei possibili punteggi. Si ha una corrispondenza biunivoca tra i sottoinsiemi di S ed i possibili eventi (esiti) del gioco. In particolare
   - $\{2, 4, 6\}$ corrisponde all'uscita di un numero pari,
   - $\{5, 6\}$ corrisponde all'uscita di un punteggio > 4,
   e così via.
2. Nella usuale Teoria degli insiemi, fissato un insieme S, si ha, $\forall a \in S$,

$$a \in A \text{ oppure } a \notin A.$$

In altre parole, alla domanda "$a \in A$?" si ammettono due possibili risposte "*sì*" e "*no*", alternative e categoriche. In altri termini ancora, alla affermazione "$a \in A$" si possono assegnare due opposti valori di verità, 1 (per dire *sì*) o 0 (per dire *no*). Ma la realtà non è sempre così assoluta e manichea. Per esempio, supponiamo che A sia l'insieme delle cause del mal di gola e a sia l'inquinamento. Allora la domanda "$a \in A$?" diventa: "il mal di gola è causato dall'inquinamento?". Stavolta è difficile rispondere definitivamente sì, o definitivamente no, assegnare quindi valore di verità 1 o 0. Si può semmai pensare di dare all'affermazione un valore intermedio tra 0 e 1, che ne stabilisca in qualche modo l'attendibilità. Si sviluppa da questa premessa la teoria dei cosiddetti insiemi "*fuzzy*" (termine che in lingua inglese significa *sfocato, sfumato, indistinto*), per i quali la condizione di (non) appartenenza non è più così netta. Dunque, se assumiamo che l'insieme di tutte le possibili cause di malattia sia $S = \{$ereditarietà, virus, inquinamento, batteri, alimentazione, sbalzi di temperatura$\}$, l'insieme *fuzzy* dei motivi del mal di gola non accetta o esclude definitivamente nessuna di queste cause e quindi neppure l'inquinamento, ma associa a ognuna di esse un valore di attendibilità compreso tra 0 e 1.

1.3 Prodotto cartesiano

Per $a, b \in S$, possiamo formare la coppia ordinata (a, b). Si noti subito che (a, b) non va confusa con l'insieme $\{a, b\}$ costituito da a, b

$$\{a, b\} \neq (a, b);$$

infatti in (a,b) l'ordine con cui i due elementi compaiono è importante, in $\{a,b\}$ no. Così

$$(1,2) \neq (2,1) \text{ ma } \{1,2\} = \{2,1\}.$$

Per $a, a', b, b' \in S$, si pone quindi

$$(a,b) = (a',b') \text{ se e solo se } a = a' \text{ e } b = b'.$$

Definizione 1.3.1 Per A, B insiemi $(\subseteq S)$, si dice *prodotto cartesiano* di A e B, e si denota con $A \times B$, l'insieme

$$\{(a,b) : a \in A,\, b \in B\}.$$

A^2 abbrevia $A \times A$.

Esempio 1.3.2 Siano $A = \{1,2\}$, $B = \{2,3,4\}$. Allora

$$A \times B = \{(1,2),\, (1,3),\, (1,4),\, (2,2),\, (2,3),\, (2,4)\},$$

$$B \times A = \{(2,1),\, (2,2),\, (3,1),\, (3,2),\, (4,1),\, (4,2)\},$$

$$A^2 = \{(1,1),\, (1,2),\, (2,1),\, (2,2)\},$$

$$B^2 = \{(2,2),\, (2,3),\, (2,4),\, (3,2),\, (3,3),\, (3,4),\, (4,2),\, (4,3),\, (4,4)\}.$$

Si noti pertanto che in generale

$$A \times B \neq B \times A,$$

(ad esempio, nel caso precedente, $(1,2) \in A \times B$, ma $(1,2) \notin B \times A$).
Si osservi anche che, nell'esempio ora svolto, $|A \times B| = 6 = 2 \cdot 3 = |A| \cdot |B|$, $|B \times A| = 6 = 3 \cdot 2 = |B| \cdot |A|$, $|A^2| = 4 = 2 \cdot 2 = |A| \cdot |A|$. Generalizzando si ha.

Teorema 1.3.3 *Siano A, B insiemi finiti. Allora $|A \times B| = |A| \cdot |B|$.*

Dimostrazione. Vi sono $|A|$ possibilità di scegliere un elemento di A come prima componente di una coppia ordinata in $A \times B$, e, per ognuna di queste possibilità, $|B|$ opportunità di scegliere un elemento di B come seconda componente della coppia. Complessivamente si ottengono $|A| \cdot |B|$ possibilità.
$\square$

Ulteriori esempi.

1. Siano $A = B = \mathbb{R}$, così $\mathbb{R}^2 = \{(x,y) : x, y \in \mathbb{R}\}$. Le coppie ordinate di reali sono usate in geometria analitica per rappresentare, rispetto ad un fissato riferimento cartesiano, i punti del piano (si veda la Figura 1.5).

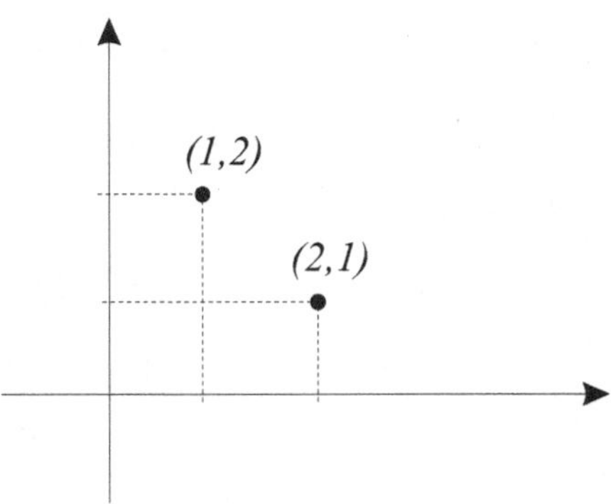

Figura 1.5. Piano cartesiano

2. Se consideriamo gli insiemi
   - $\{\mathbf{0}, \mathbf{A}, \mathbf{B}, \mathbf{AB}\}$ dei gruppi sanguigni;
   - $\{+, -\}$ che segnala la presenza o meno del fattore Rhesus,
   il loro prodotto cartesiano è l'insieme dei possibili tipi di sangue

$$\{(\mathbf{0}, +), \ (\mathbf{0}, -), \ (\mathbf{A}, +), \ (\mathbf{A}, -), \ (\mathbf{B}, +), \ (\mathbf{B}, -), \ (\mathbf{AB}, +), \ (\mathbf{AB}, -)\}.$$

3. Un conto corrente bancario è individuato da tre numeri naturali
   - il primo (codice *ABI*) individua la banca in cui il conto corrente è aperto,
   - il secondo (*CAB*) si riferisce alla filiale della banca,
   - il terzo individua il conto all'interno della filiale.
   Stavolta una coppia ordinata di numeri non basta ad identificare l'oggetto. Occorrono invece terne ordinate di naturali per formare un sistema di coordinate bancarie.

4. Anzi talora la terna è ulteriormente allungata da un'ultima lettera (*CIN*), come ulteriore coordinata di verifica delle precedenti informazioni (*ABI*, *CAB*, *numero conto*). In questo caso, allora, si considerano quaterne ordinate composte da tre naturali e da una lettera dell'alfabeto.

È quindi ragionevole estendere in generale l'ambito delle coppie ordinate (a, b) a sequenze più lunghe (terne, quadruple, e così via). In generale, per n naturale ≥ 2 e per $A_1, \ldots, A_n$ insiemi, possiamo considerare n-uple ordinate $(a_1, a_2, \ldots, a_n)$ con $a_i \in A_i$ per ogni $i = 1, 2, \ldots, n$.
Per $a_1, b_1 \in A_1, a_2, b_2 \in A_2, \ldots, a_n, b_n \in A_n$, si pone

$$(a_1, a_2, \ldots, a_n) = (b_1, b_2, \ldots, b_n)$$

se e solo se

$$a_1 = b_1, \ a_2 = b_2, \ldots, a_n = b_n.$$

L'insieme di queste n-uple si dice il prodotto cartesiano di $A_1, A_2, \ldots, A_n$ e si indica

$$A_1 \times A_2 \times \cdots \times A_n,$$

o, in modo più stringato,

$$\prod_{i=1}^{n} A_i.$$

A^n abbrevia il prodotto cartesiano di n insiemi uguali ad A. Così $\mathbb{N}^3$ è l'insieme delle terne di naturali, quelle da cui si ottengono le coordinate bancarie di un conto corrente; se poi L denota l'alfabeto (cioè l'insieme delle lettere della nostra lingua), $\mathbb{N}^3 \times L$ è l'insieme delle quadruple da cui si attingono le coordinate bancarie ampliate col *CIN*.

1.4 Relazioni

Definizione 1.4.1 Siano A, B insiemi. Si chiama *relazione* di A e B un sottoinsieme R di $A \times B$.

Per $A = B$ si parla di relazione binaria su A. Talora si preferisce scrivere aRb invece di $(a, b) \in R$ e $a\not\!Rb$ invece di $(a, b) \notin R$.
Intuitivamente una relazione di A e B si può pensare come un criterio di selezione di certe coppie ordinate (a, b) di $A \times B$ (con la conseguente esclusione delle altre).

Esempi 1.4.2

1. Siano $A = B = \mathbb{Z}$, $R = \{(a, b) \in \mathbb{Z}^2 : a + b \text{ è dispari}\}$. Allora

$$(1, 1) \notin R, \ (1, 2) \in R, \ (1, 4) \in R.$$

2. Siano $A = B = \mathbb{N}$, $R = \{(a, b) \in \mathbb{N}^2 : a \text{ divide } b\}$ la relazione di divisibilità ("a divide b" significa che esiste $q \in \mathbb{N}$ tale che $b = a \cdot q$). Così

$$(2, 10) \in R, \ (2, 7) \notin R,$$

perché 2 divide 10, ma non 7.
Solitamente la relazione di divisibilità R si denota con $|$. In particolare si scrive $2|10, \ 2 \nmid 7$.
La relazione di divisibilità si definisce formalmente allo stesso modo tra gli interi, cioè per $A = B = \mathbb{Z}$. In questo ambito si ha, ad esempio, $2| -2$ perché $-2 = 2 \cdot (-1)$.

3. Poniamo ancora $A = B = \mathbb{N}$, ma stavolta consideriamo $R = \{(a, b) \in \mathbb{N}^2 : a \text{ è minore o uguale a } b\}$ ("a minore o uguale a b" significa in $\mathbb{N}$ che esiste $d \in \mathbb{N}$ tale che $b = a + d$). Così

$$(2, 3) \in R, \ (3, 2) \notin R.$$

R si indica con $\leq$. Scriviamo allora $2 \leq 3$, $3 \nleq 2$. $<$ denota invece la relazione $\{(a,b) \in \mathbb{N} : a \leq b \text{ e } a \neq b\}$. In modo analogo si recuperano in $\mathbb{N}$ le ben note relazioni $\geq$ e $>$ ("maggiore o uguale", "maggiore" rispettivamente). Anche $\mathbb{Z}$, $\mathbb{Q}$ e $\mathbb{R}$ hanno la loro relazione di ordine $\leq$. La corrispondente definizione differisce formalmente da quella di $\mathbb{N}$, ma dovrebbe essere ben nota; avremo modo comunque di introdurla in dettaglio nei prossimi capitoli.

4. Per $A = B = \mathbb{Z}$, sia $R = \{(a,b) \in \mathbb{Z}^2 : a = 3 \cdot b\}$. Così $(3,1) \in R$, ma non c'è nessuna coppia in R la cui prima componente è 1.

5. Ancora per $A = B = \mathbb{Z}$, sia $R = \{(a,b) \in \mathbb{Z}^2 : a = b^4\}$. Allora $(16,2) \in R$ e $(16,-2) \in R$: così ci sono due coppie in R la cui prima componente è 16 (ma nessuna coppia in R ha come prima componente -1).

Possiamo poi immaginare relazioni tra tre o più insiemi, o relazioni 3-arie, 4-arie, ... sullo stesso insieme. Ne accenniamo brevemente.

Per $A_1, \ldots, A_n$ insiemi (e $n \geq 2$), una *relazione n-aria* tra $A_1, \ldots, A_n$ è un sottoinsieme R del prodotto cartesiano $A_1 \times \cdots \times A_n$, dunque (intuitivamente) un criterio di selezione di n-uple $(a_1, \ldots, a_n)$ in $A_1 \times \cdots \times A_n$.

Quando $A_1 = \cdots = A_n = A$, R si dice relazione n-aria su A.

Esempio 1.4.3 $R = \{(x,y,z) \in \mathbb{N}^3 : x + y + z = 3\}$ è una relazione 3-aria su $\mathbb{N}$, e si compone delle seguenti terne di naturali:

$$(3,0,0), \ (0,3,0), \ (0,0,3), \ (2,1,0), \ (2,0,1),$$

$$(1,2,0), \ (0,2,1), \ (1,0,2), \ (0,1,2), \ (1,1,1).$$

1.5 Funzioni

Definizione 1.5.1 Si dice *funzione* o *applicazione* di A in B una relazione f di $A \times B$ tale che,

$$\forall a \in A, \text{ esiste uno e un solo } b \in B \text{ per cui } afb.$$

Nessuna delle cinque relazioni trattate negli esempi del paragrafo scorso è, allora, una funzione di A in B.

Notazione. Per $a \in A$, $b \in B$, afb, si scrive $b = f(a)$, a sottolineare che b è l'unico elemento di B per cui afb; b si dice l'*immagine* di a, a una *retroimmagine* di b. Si scrive $f : A \to B$ a significare che f è una funzione di A in B. A si dice il *dominio* di f. Si pone poi:

- per $X \subseteq A$, $f(X) = \{f(a) : a \in X\} \subseteq B$,
- per $Y \subseteq B$, $f^{-1}(Y) = \{a \in A : f(a) \in Y\} \subseteq A$.

$f(A) = \{f(a) : a \in A\}$ è un sottoinsieme di B, ed è chiamato il *codominio* o l'*immagine* di f.

Esempi 1.5.2

1. Sia $f : \mathbb{Z} \to \mathbb{Z}$ tale che, $\forall x \in \mathbb{Z}$, $f(x) = x^4$; in altre parole, $f = \{(x,y) \in \mathbb{Z}^2 : y = x^4\}$. Allora $f(1) = 1$, $f(2) = 16$, 2 non è nell'immagine di f.

2. Sia $f : \mathbb{Z} \to \mathbb{Z}$ tale che, $\forall x \in \mathbb{Z}$, $f(x) = 3x$, cioè $f = \{(x,y) \in \mathbb{Z}^2 : y = 3x\}$. Allora $f(1) = 3$, $f(2) = 6$, 1 non appartiene all'immagine di f.

3. Sia A un insieme. L'*identità* di A è la funzione $id_A : A \to A$ tale che, $\forall x \in A$, $id_A(x) = x$. Talora quando A è chiaro dal contesto la indicheremo più rapidamente *id*.

4. Siano A, B insiemi, $b \in B$, $f : A \to B$ tale che, $\forall x \in A$, $f(x) = b$. f si dice una *funzione costante*.

5. Siano $A \subseteq B$ insiemi, $i : A \to B$ tale che, $\forall a \in A$, $i(a) = a$. i si dice una *immersione* di A in B. Ovviamente, per $A = B$, i è l'identità di A. Ma può anche essere $A \neq B$.

6. Siano S un insieme, $A \subseteq S$. Definiamo

$$f_A : S \to \{0,1\}$$

ponendo, $\forall x \in S$,

$$f_A(x) = \begin{cases} 1 & \text{se } x \in A, \\ 0 & \text{se } x \notin A. \end{cases}$$

Così f_A è una funzione *"test"* per l'appartenenza ad A di un elemento di S: l'immagine $f_A(x)$ di x chiarisce se x è o no in A tramite i valori distinti 1 e 0. f_A si dice la *funzione caratteristica* di A (in S).

7. Sia $A = \mathbb{N}$. L'addizione è una funzione da $\mathbb{N}^2$ a $\mathbb{N}$: trasforma cioè coppie ordinate di naturali in naturali, ad esempio $(2,3)$, o $(1,4)$ in $5 = 2 + 3 = 1 + 4$. La si chiama allora *operazione binaria* su $\mathbb{N}$. Anche la moltiplicazione è un'operazione binaria su $\mathbb{N}$, trasforma cioè coppie ordinate di naturali in naturali, $(2,3)$ in $6 = 2 \cdot 3$, $(1,4)$ in $4 = 1 \cdot 4$. In generale per ogni insieme A e per ogni intero positivo n si chiama operazione n-aria su A una funzione da A^n in A. Così $+$, $\cdot$ sono operazioni binarie anche su $\mathbb{Z}$, $\mathbb{Q}$, $\mathbb{R}$, $\mathbb{C}$ e

$$f(a,b,c) = (a + b) \cdot c$$

definisce un'operazione ternaria su $\mathbb{N}$ (ma anche in $\mathbb{Z}$, $\mathbb{Q}$, $\mathbb{R}$, $\mathbb{C}$).

8. Sia A un insieme ($\subseteq S$). Una funzione a di $\mathbb{N}$ in A si dice una *successione* in A. a si può identificare con la sequenza delle immagini dei naturali in A

$$(a(0), a(1), a(2), \ldots, a(n), \ldots).$$

Una successione a in A si rappresenta dunque come sequenza di naturali

$$(a_0, a_1, a_2, \ldots, a_n, \ldots) = (a_n)_{n \in \mathbb{N}}$$

intendendo $a_n = a(n)$ per ogni naturale n.

Supponiamo che, per ogni $n \in \mathbb{N}$, A_n sia sottoinsieme di A. Possiamo indicare con

$$\prod_{n \in \mathbb{N}} A_n$$

l'insieme delle successioni $(a_0, a_1, \ldots, a_n, \ldots) = (a_n)_{n \in \mathbb{N}}$ in A tali che, per ogni $n \in \mathbb{N}$, $a_n \in A_n$. Più in generale, sia I un insieme e, $\forall i \in I$, sia $A_i \subseteq A$. Denotiamo con

$$\prod_{i \in I} A_i$$

l'insieme delle sequenze $(a_i)_{i \in I}$ (cioè delle funzioni di I in A) tali che, $\forall i \in I$, $a_i \in A_i$.

La notazione richiama quella del prodotto cartesiano, e lo fa a ragion veduta. Infatti $\prod_{i=1}^{n} A_i$ è stato definito come l'insieme delle n-uple $(a_1, \ldots, a_n)$ con $a_1 \in A_1, \ldots, a_n \in A_n$; ma una tale n-upla può anche intendersi come una funzione a dell'insieme $\{1, \ldots, n\}$ degli indici in $\bigcup_{i=1}^{n} A_i$ che ad ogni $i = 1, \ldots, n$ associa un elemento $a_i \in A_i$ (e quindi costruisce complessivamente proprio $(a_1, \ldots, a_n)$). In questo senso

$$\prod_{n \in \mathbb{N}} A_n, \quad \prod_{i \in I} A_i$$

sono ovvie generalizzazioni, e possono mantenere il nome di prodotto cartesiano (degli A_n al variare di $n \in \mathbb{N}$, degli A_i al variare di i in I, rispettivamente).

Osserviamo che due funzioni $f, g : A \to B$ sono uguali quando, per ogni $a \in A$, $f(a) = g(a)$

Esercizio 1.5.3 Perché?

Definizione 1.5.4 Una funzione f di A in B si dice

- *iniettiva* se, per ogni $b \in B$, esiste al massimo un $a \in A$ per cui $f(a) = b$ (in altre parole: $\forall a, a' \in A$, se $f(a) = f(a')$, allora $a = a'$);
- *suriettiva* se, per ogni $b \in B$, esiste almeno un $a \in A$ per cui $f(a) = b$;
- *biiettiva* (o *corrispondenza biunivoca*) se f è iniettiva e suriettiva: per ogni $b \in B$, esiste uno e un solo $a \in A$ tale che $f(a) = b$.

Esempi 1.5.5

1. Sia $f : \mathbb{Z} \to \mathbb{Z}$ tale che, per ogni $x \in \mathbb{Z}$, $f(x) = x^4$. Notiamo $f(2) = f(-2) = 16$: così f non è iniettiva. Inoltre per nessun $x \in \mathbb{Z}$ si ha $-1 = x^4 = f(x)$: f non è neanche suriettiva.

2. Sia $f : \mathbb{Z} \to \mathbb{Z}$ tale che, per ogni scelta di $x \in \mathbb{Z}$, $f(x) = 3x$. Chiaramente, per ogni scelta di $x, x' \in \mathbb{Z}$, se $f(x) = f(x')$, cioè se $3x = 3x'$, deve essere $x = x'$: f è quindi iniettiva. Invece f non è suriettiva: nessun $x \in \mathbb{Z}$ soddisfa $1 = 3x = f(x)$.

3. Siano $S = \{1, 2, 3, 4, 5, 6\}$, $A = \{2, 4, 6\}$, f_A la funzione caratteristica di A. Così $f_A(1) = f_A(3) = f_A(5) = 0$, $f_A(2) = f_A(4) = f_A(6) = 1$. f_A è suriettiva, ma non iniettiva.

4. Sia $f : \mathbb{Z} \to \mathbb{Z}$ tale che, per ogni $x \in \mathbb{Z}$, $f(x) = x + 1$. Allora, per ogni $y \in \mathbb{Z}$, esiste uno e un solo $x \in \mathbb{Z}$ per cui $y = f(x) = x + 1$, per la precisione $x = y - 1$. Così f è biiettiva.

5. L'addizione e la moltiplicazione in $\mathbb{N}$ sono suriettive, ma non iniettive. Infatti ogni naturale a si esprime come $a + 0$, o $a \cdot 1$. Ma $2 + 3 = 1 + 4 = 5$, $3 \cdot 4 = 2 \cdot 6 = 12$.

Esercizi 1.5.6

1. Sia f una funzione costante di A in B. In quali casi f è suriettiva? Iniettiva?
2. Si provi che, per ogni insieme A, id_A è biiettiva.
3. Sia $A \subseteq B$. Si provi che l'immersione di A in B è iniettiva. In quali casi è suriettiva?

Osservazione 1.5.7 Sia $A = \{s_1, \ldots, s_n\}$ un insieme finito, e sia $f : A \to A$. Proviamo che

$$f \text{ è iniettiva se e solo se } f \text{ è suriettiva.}$$

Infatti, se f è iniettiva, $f(s_1) \neq \cdots \neq f(s_n)$ (per $s_1 \neq \cdots \neq s_n$). Così $f(s_1), \ldots, f(s_n)$ riempiono gli n posti in A, e f è suriettiva. Il lettore controlli per **esercizio** il contrario e cioè che, se f è suriettiva, f deve essere anche iniettiva.

Si noti che la precedente proprietà non è più vera per insiemi infiniti A. Per $A = \mathbb{Z}$,

- la funzione f che ad ogni $x \in A$ associa $f(x) = 3x$ è iniettiva e non suriettiva;
- la funzione f definita ponendo $f(2x) = f(2x + 1) = x$ per ogni $x \in A$ è suriettiva e non iniettiva.

Definizione 1.5.8 Siano $f : A \to B$, $g : B \to C$ funzioni. Si definisce *composizione* di f e g, e si indica con $g \circ f$, la funzione di A in C tale che, per ogni $a \in A$,

$$(g \circ f)(a) = g(f(a)).$$

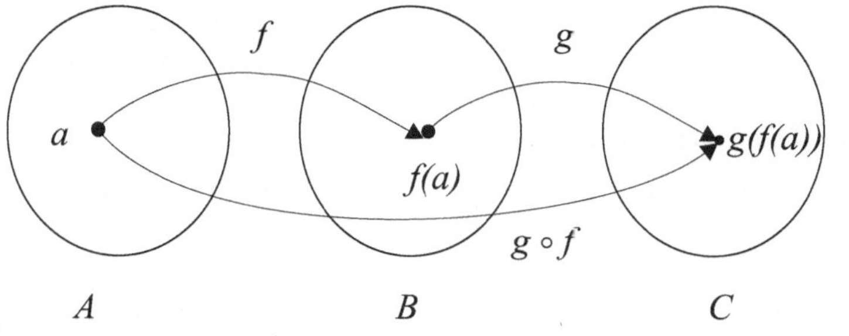

Figura 1.6. Composizione di funzioni

Per definire $g \circ f$ è ovviamente essenziale che l'insieme B a cui f arriva (l'immagine) sia anche il dominio di g (o almeno vi sia contenuto).

Esempio 1.5.9 Siano $f, g : \mathbb{Z} \to \mathbb{Z}$ tali che, per ogni $x \in \mathbb{Z}$,

- $f(x) = x^2$
- $g(x) = x + 1$.

Allora, per ogni $x \in \mathbb{Z}$,

$$(g \circ f)(x) = g(f(x)) = g(x^2) = x^2 + 1,$$

$$(f \circ g)(x) = f(g(x)) = f(x + 1) = (x + 1)^2 = x^2 + 2x + 1.$$

In particolare

$$(g \circ f)(2) = 5, \ (f \circ g)(2) = 9.$$

Così in questo caso è possibile comporre $g \circ f$ e $f \circ g$, ma $g \circ f \neq f \circ g$.

Esercizi 1.5.10

1. Siano $f : A \to B$, $g : B \to C$. Si provi che:
   - se g, f sono iniettive, anche $g \circ f$ lo è;
   - se g, f sono suriettive, anche $g \circ f$ lo è;
   - se g, f sono biiettive, anche $g \circ f$ lo è.

2. Siano $f : A \to B$, $g : B \to C$, $h : C \to D$. Si provi

$$(h \circ g) \circ f = h \circ (g \circ f).$$

3. Sia $f : A \to B$. Si provi

$$f \circ id_A = f, \quad id_B \circ f = f.$$

Definizione 1.5.11 Sia R una relazione di A e B. La relazione inversa R^{-1} di R è la relazione di B e A così definita: per ogni $b \in B$, per ogni $a \in A$,

$$(b, a) \in R^{-1} \text{ se e solo se } (a, b) \in R.$$

Esempio 1.5.12 Sia $A = B = \mathbb{N}$, $R = \leq$. Allora $R^{-1} = \geq$.

Si osservi inoltre che $(R^{-1})^{-1} = R$.

A questo punto ci possiamo porre la seguente domanda: sia f una funzione di A in B; allora f^{-1} è una funzione di B in A?

Per illustrare e chiarire la situazione riprendiamo gli esempi precedenti.

1. Sia $f : \mathbb{Z} \to \mathbb{Z}$ tale che, per ogni $x \in \mathbb{Z}$, $f(x) = x^4$. Allora f^{-1} non è una funzione da $\mathbb{Z}$ a $\mathbb{Z}$, infatti $f(2) = f(-2) = 16$ e $(16, 2), (16, -2) \in f^{-1}$ (in altre parole, non sappiamo come definire l'eventuale $f^{-1}(16)$). Inoltre $-1 \notin f(\mathbb{Z})$; nessuna coppia in f^{-1} ha -1 come prima componente (e dunque non sappiamo come definire l'eventuale $f^{-1}(-1)$).
2. Sia $f : \mathbb{Z} \to \mathbb{Z}$ tale che, per ogni $x \in \mathbb{Z}$, $f(x) = 3x$. Nessuna coppia in f^{-1} ha 1 come prima componente perché $1 \notin f(\mathbb{Z})$. Così f^{-1} non è una funzione.
3. Sia $f : \mathbb{Z} \to \mathbb{Z}$ tale che, per ogni $x \in \mathbb{Z}$, $f(x) = x + 1$. Allora f^{-1} è una funzione. Infatti f è biiettiva: per ogni $y \in \mathbb{Z}$, esiste uno e un solo $x \in \mathbb{Z}$, $x = y - 1$, tale che $f(x) = y$, cioè $(y, x) \in f^{-1}$. Allora si può porre $f^{-1}(y) = y - 1$ per ogni $y \in \mathbb{Z}$.

Teorema 1.5.13 *Sia f una funzione di A in B. Allora f^{-1} è una funzione di B in A se e solo se f è biiettiva. Inoltre, in tal caso, anche f^{-1} è biiettiva.*

Dimostrazione. f^{-1} è una funzione di B in A se e solo se, per ogni $b \in B$, esiste uno e un solo $a \in A$ tale che $(b, a) \in f^{-1}$, ovvero $(a, b) \in f$, ovvero $f(a) = b$, cioè se e solo se f è biiettiva. In tal caso, siccome f è una funzione, per ogni $a \in A$, esiste uno e un solo $b \in B$ per cui $(a, b) \in f$, ovvero $(b, a) \in f^{-1}$: quindi f^{-1} è biiettiva. $\qquad\square$

Si osservi che, se $f : A \to B$ è biiettiva,

- $f^{-1} \circ f = id_A$: infatti, per ogni $a \in A$, $(f^{-1} \circ f)(a) = f^{-1}(f(a)) = a$;

- $f \circ f^{-1} = id_B$: infatti, per ogni $b \in B$, $(f \circ f^{-1})(b) = f(f^{-1}(b)) = b$.

Esercizi 1.5.14

1. Si provi che la moltiplicazione per π è una corrispondenza biunivoca tra l'intervallo $]0, 1[$ dei reali r tali che $0 < r < 1$ e quello $]0, \pi[$ dei reali s che soddisfano $0 < s < \pi$.
2. Si mostri poi che la sottrazione per $\frac{\pi}{2}$ è una corrispondenza biunivoca tra $]0, \pi[$ e $] - \frac{\pi}{2}, \frac{\pi}{2}[= \{t \in \mathbb{R} : -\frac{\pi}{2} < t < \frac{\pi}{2}\}$.
3. Si deduca che la composizione delle funzioni dei due esercizi precedenti è una corrispondenza biunivoca di $]0, 1[$ su $] - \frac{\pi}{2}, \frac{\pi}{2}[$.

1.6 Relazioni di equivalenza

Definizione 1.6.1 Sia $A \neq \emptyset$. Una relazione binaria E su A si dice di *equivalenza* se valgono le seguenti proprietà:

(i) per ogni $a \in A$, aEa (proprietà riflessiva);

(ii) per ogni scelta di $a, b \in A$, se aEb, allora bEa (proprietà simmetrica),

(iii) per ogni scelta di $a, b, c \in A$, se aEb e bEc, allora aEc (proprietà transitiva).

Esempi 1.6.2

1. Sia A l'insieme delle rette del piano. Per $r, s \in A$, poniamo

$$r//s \text{ se e solo se } r \text{ è parallela a } s$$

(cioè $r = s$ oppure r, s non hanno punti in comune): $//$ è una relazione di equivalenza in A. Infatti:
   - ogni retta è parallela a se stessa,
   - se una retta è parallela ad un'altra, la seconda lo è alla prima,
   - se due rette sono parallele ad una terza, allora lo sono anche tra loro.

2. Sia $A \neq \emptyset$. La relazione di uguaglianza in A, quella formata dalle coppie (a, b) con $a = b$, è una relazione di equivalenza. Infatti:
   - ogni elemento a di A è uguale a se stesso,
   - se $a, b \in A$ e $a = b$, allora anche $b = a$,
   - se $a, b, c \in A$, $a = b$ e $b = c$, allora $a = c$.

   Anche $E = A^2$ (l'insieme di tutte le coppie ordinate di elementi di A) è una relazione di equivalenza su A. Infatti qualunque coppia (a, b) in A^2 è accettata da E, il che rende banale la verifica delle tre proprietà riflessiva, simmetrica e transitiva.

3. Sia $A = \mathbb{R}$ e sia E la relazione binaria su $\mathbb{R}$ tale che, per ogni scelta di $x, y \in \mathbb{R}$,

$$xEy \text{ se e solo se } |x| = |y|,$$

   cioè x, y hanno lo stesso valore assoluto (ricordiamo che $|x| = x$ se $x \geq 0$ mentre $x = -x$ se $x < 0$). Allora E è una relazione di equivalenza in $\mathbb{R}$. Il lettore può controllarlo in dettaglio per **esercizio**. Se intendiamo x, y come ascisse di punti di una retta rispetto a un fissato sistema di riferimento, xEy significa che i punti di ascissa x, y sono alla stessa distanza dall'origine O del sistema di riferimento.

4. Sia $A = \mathbb{R}^2$; per ogni scelta di $(x, y), (x', y') \in \mathbb{R}^2$, poniamo

$$(x, y)E(x', y') \text{ se e solo se } \sqrt{x^2 + y^2} = \sqrt{x'^2 + y'^2}.$$

   Allora E definisce una relazione di equivalenza in $\mathbb{R}^2$. Il lettore può controllarlo in dettaglio, se vuole. Se interpretiamo $(x, y), (x', y')$ come coordinate di punti del piano rispetto a un fissato sistema di riferimento cartesiano ortogonale, $(x,y)E(x',y')$ significa che i punti di coordinate $(x,y),(x',y')$ hanno la stessa distanza dall'origine del sistema di riferimento, cioè stanno sulla stessa circonferenza con centro nell'origine.

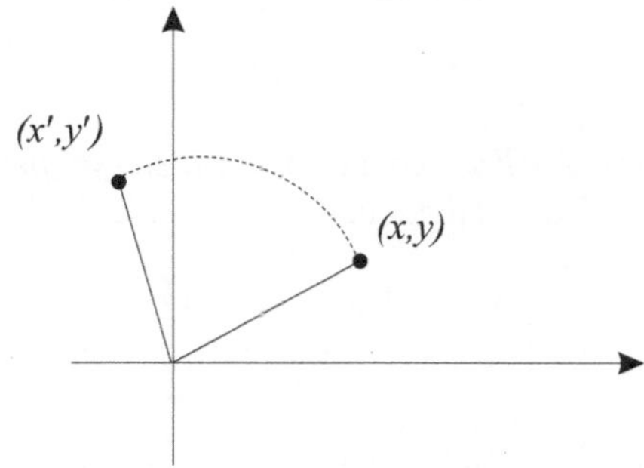

5. Proponiamo adesso un esempio molto generale (come avremo modo di verificare più tardi). Siano A un insieme, $A \neq \emptyset$, f una funzione di A in un insieme B: poniamo, per ogni scelta di $a, a' \in A$,

$$aEa' \text{ se } \epsilon \text{ solo se } f(a) = f(a').$$

Allora E è una relazione di equivalenza su A (come il lettore può facilmente controllare in dettaglio). Si osservi che gli esempi 3 e 4 sono casi particolari di 5: in 3, possiamo riferirci a

$$f : \mathbb{R} \to \mathbb{R}, \; f(x) = |x| \; \forall x \in \mathbb{R}$$

e in 4 a

$$f : \mathbb{R}^2 \to \mathbb{R}, \; f(x,y) = \sqrt{x^2 + y^2} \; \forall x, y \in \mathbb{R}.$$

Che si può dire dei casi 1 e 2?

6. Concludiamo con un esempio molto importante, che ritornerà spesso nei prossimi capitoli. Sia $A = \mathbb{Z}$. Fissiamo un intero positivo m e poniamo, per ogni scelta di $a, b \in \mathbb{Z}$ $a \equiv b \,(mod\,m)$ (da leggersi: a è *congruo* b *modulo* m) se e solo se $m|(a - b)$, cioè se e solo se esiste $q \in \mathbb{Z}$ tale che $m \cdot q = a - b$. Controlliamo nel dettaglio in questo caso le tre proprietà (i), (ii), (iii), anticipando alcuni argomenti di Aritmetica che saranno ripresi nel prossimo capitolo. Dunque si ha:

(i) per ogni $a \in \mathbb{Z}$, $a \equiv a \,(mod\,m)$ perché $a - a = 0 = m \cdot 0$;

(ii) per ogni scelta di $a, b \in \mathbb{Z}$, se $a \equiv b \,(mod\,m)$, allora $b \equiv a \,(mod\,m)$: infatti, se esiste $q \in \mathbb{Z}$ tale che $m \cdot q = a - b$, l'intero $-q$ soddisfa $b - a = m \cdot (-q)$;

(iii) per ogni scelta di $a, b, c \in \mathbb{Z}$, se $a \equiv b \,(mod\,m)$ e $b \equiv c \,(mod\,m)$, allora $a \equiv c \,(mod\,m)$: infatti se ammettiamo che esistano $q, p \in \mathbb{Z}$ tali che $m \cdot q = a - b$ e $m \cdot p = b - c$, sommando membro a membro si ottiene

$$m \cdot (q + p) = m \cdot q + m \cdot p = a - b + b - c = a - c.$$

Così $\equiv (mod\, m)$ è una relazione di equivalenza in $\mathbb{Z}$.

Definizione 1.6.3 Siano $A \neq \emptyset$, E una relazione di equivalenza in A. Per $a \in A$, diciamo *classe di equivalenza* di a rispetto a E (e denotiamo $a|_E$)

$$\{b \in A : aEb\}.$$

Si noti che $a \in a|_E$ perché aEa. Diciamo poi *insieme quoziente* di A rispetto a E l'insieme delle classi di equivalenza di elementi di A rispetto a E

$$A|_E = \{a|_E : a \in A\}.$$

Una proprietà fondamentale delle classi di equivalenza è che due qualunque di esse, se distinte, sono anche disgiunte, prive cioè di elementi comuni. Per la precisione si ha:

Lemma 1.6.4 *Siano $a, b \in A$. Se aEb, allora $a|_E = b|_E$; altrimenti, se $a \not\!E b$, $a|_E \cap b|_E = \emptyset$.*

Dimostrazione. Sia aEb (da cui anche bEa). Proviamo $a|_E \subseteq b|_E$ ($b|_E \subseteq a|_E$ segue allora da bEa, invertendo i ruoli di a e b; così si conclude $a|_E = b|_E$). Sia $c \in a|_E$. Allora aEc; da bEa e dalla proprietà transitiva, bEc; segue $c \in b|_E$. Sia ora $a \not\!E b$, cioè a non sia in relazione E con b. Se esiste $c \in a|_E \cap b|_E$, vale sia aEc che bEc, dunque aEb: assurdo. Così deve essere $a|_E \cap b|_E = \emptyset$. $\square$

Poniamo allora la seguente

Definizione 1.6.5 Si dice *partizione* di un insieme A un insieme P di sottoinsiemi di A non vuoti, a due a due disgiunti, aventi A come unione.

Dunque il precedente lemma asserisce che le classi di equivalenza $a|_E = \{b \in A : aEb\}$ formano al variare di $a \in A$ una partizione di A: infatti

- per ogni $a \in A$, $a|_E \neq \emptyset$ perché $a|_E$ contiene a;
- se $a, b \in A$ e $a|_E \neq b|_E$, $a|_E \cap b|_E = \emptyset$;
- per ogni $a \in A$, $a \in a|_E$, così $A = \bigcup_a a|_E$.

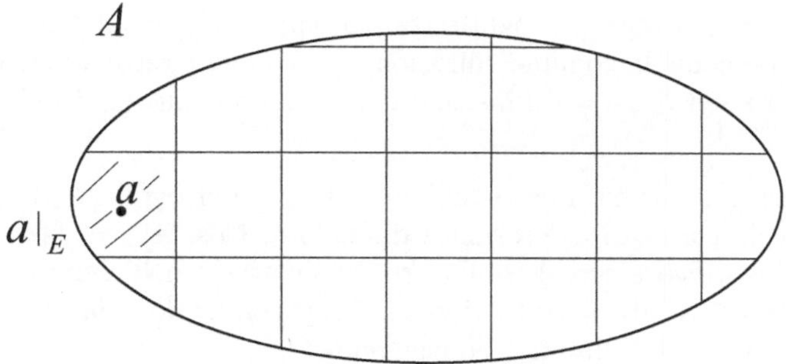

Figura 1.7. Partizioni in classi di equivalenza

Viceversa, si può provare che ad ogni partizione P di A corrisponde una relazione di equivalenza E per cui

$$P = A|_E.$$

(Il lettore può verificarlo per **esercizio**. Si suggerisce di porre, per ogni scelta di $a, b \in A$, aEb se e solo se esiste $X \in P$ tale che $a \in X$ e $b \in X$).

Torniamo ad un insieme A con una relazione di equivalenza E. Consideriamo la funzione $\pi : A \to A|_E$ che ad ogni $a \in A$ associa

$$\pi(a) = a|_E;$$

π si dice la *proiezione canonica di A su $A|_E$*. π è suriettiva perché, per ogni $a \in A$, $a|_E = \pi(a)$. Inoltre, per $a, b \in A$,

$$\pi(a) = \pi(b) \text{ se e solo se } a|_E = b|_E, \text{ dunque se e solo se } aEb.$$

Così, per $B = A|_E$, $f = \pi$, qualunque relazione di equivalenza E su A corrisponde all'esempio precedente 1.6.2.5.

I concetti che abbiamo appena introdotto – classe di equivalenza, insieme quoziente, proiezione canonica – non sono facili da assimilare e meritano qualche ulteriore spiegazione. Li illustriamo allora facendo riferimento ai sei esempi prima considerati in 1.6.2. In ognuno di questi casi, vedremo che la relazione di equivalenza suddivide gli elementi dell'insieme A in base a un qualche prefissato criterio; le classi di equivalenza che così si formano raggruppano gli elementi che manifestano lo stesso comportamento rispetto a questo criterio; l'insieme quoziente $A|_E$, che è formalmente l'insieme delle classi, rappresenta intuitivamente la lista dei possibili comportamenti degli elementi di A rispetto al criterio stabilito da E; la proiezione canonica associa ad ogni $a \in A$ la sua classe.

Esempi 1.6.6 Riprendiamo dunque gli esempi 1.6.2.

1. Per ogni $r \in A$ (cioè per ogni retta del piano), $r|_{//} = \{s \in A : r//s\}$ può intendersi come la comune "direzione" di r e delle rette ad essa parallele. In questo senso, $A|_{//}$ è l'insieme delle possibili direzioni delle rette del piano.

2. Consideriamo prima il caso dell'uguaglianza. Per ogni $a \in A$, $a|_{=} = \{a\}$. Dunque la classe di a è formata dal solo a. Così $A|_{=} = \{\{a\} : a \in A\}$ si può identificare con A. Nell'altro caso trattato nell'esempio, si ha che, per ogni $a \in A$, $a|_{E} = A$; tutti gli elementi condividono la stessa classe A, dunque $A|_{E} = \{A\}$ ha un solo elemento.

3. Per ogni $x \in \mathbb{R}$, $x|_{E} = \{x, -x\}$, infatti due elementi sono nella stessa classe se e solo se hanno lo stesso valore assoluto. Così $x|_{E}$ è individuata dal reale non negativo $|x|$ e in questo senso $\mathbb{R}|_{E}$ si può identificare con $\mathbb{R}^{\geq 0}$ (l'insieme dei reali ≥ 0, cioè dei possibili valori assoluti dei reali).

4. Per ogni scelta di $x, y \in \mathbb{R}$, $(x, y)|_{E} = \{(x', y') : x'^2 + y'^2 = x^2 + y^2\}$ è la circonferenza con centro $O(0, 0)$ e raggio $\sqrt{x^2 + y^2}$; quindi la classe $(x, y)|_{E}$ è individuata dalla comune distanza da O dei suoi elementi, e in questo senso $\mathbb{R}^2|_{E}$ si può nuovamente identificare con $\mathbb{R}^{\geq 0}$ (inteso come l'insieme dei possibili raggi di queste circonferenze).

5. Per ogni $a \in A$, $a|_{E} = \{a' \in A : f(a) = f(a')\}$ è costituito dagli elementi di A che hanno la stessa immagine di a in f. Così $A|_{E}$ si identifica con $f(A) \subseteq B$.

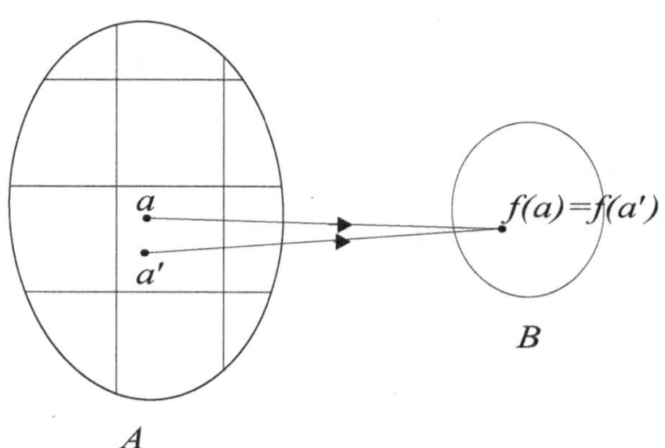

6. Il caso della relazione di congruenza modulo un intero positivo m sarà discusso in dettaglio nel prossimo capitolo.

1.7 Grafi

Definizione 1.7.1 Un *grafo non orientato* (o, più semplicemente, *grafo*) è una coppia (V, R) dove V è un insieme non vuoto e R è una relazione binaria su V tale che

(i) per ogni $v \in V$, $v\not\!Rv$ (proprietà antiriflessiva);

(ii) per ogni scelta di $u, v \in V$, se uRv, allora vRu (proprietà simmetrica).

Si noti che la proprietà antiriflessiva non è la negazione della proprietà riflessiva: quest'ultima chiede

$$\forall v \in V, \ vRv,$$

ed è dunque negata dicendo

$$\exists v \in V \text{ tale che } v\not\!Rv.$$

Quindi la proprietà antiriflessiva è assai più forte.

I punti si V si dicono *vertici* (o *nodi*) del grafo, le coppie di R *lati* o *archi*. In effetti, ogni grafo (almeno ogni grafo finito) ha una semplice rappresentazione visiva: si disegna un punto per ogni vertice, si uniscono vertici di uno stesso lato R mediante un segmento o un arco.

Esempio 1.7.2 Consideriamo il grafo avente

* vertici 0, 1, 2, 3, 4,
* lati $(0, 1)$, $(1, 2)$, $(2, 4)$, $(4, 0)$, $(0, 3)$ (e $(1, 0)$, $(2, 1)$, $(4, 2)$, $(0, 4)$, $(3, 0)$).

Eccone la rappresentazione visiva.

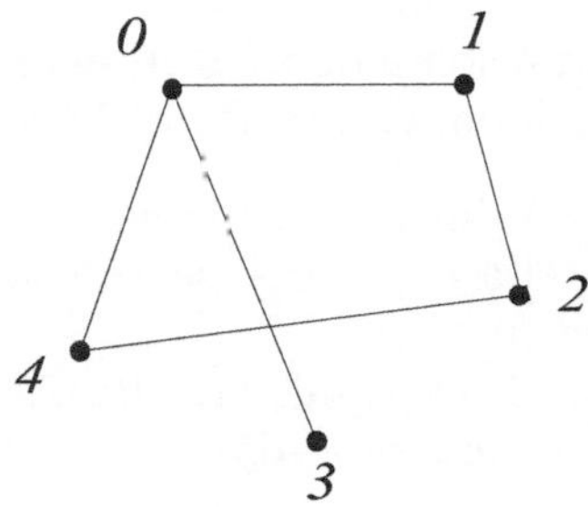

Figura 1.8. Grafo

Possiamo dunque intendere un grafo come una sorta di carta geografica in cui i vertici rappresentano i centri abitati e i lati le strade che li congiungono. La proprietà antiriflessiva ci dice che non ci sono strade che, partendo da un paese, vi ritornano senza tappe intermedie; la proprietà simmetrica che ogni strada si percorre a doppio senso. Se aboliamo le proprietà antiriflessiva e simmetrica, e quindi ammettiamo che esistano strade che partono e arrivano allo stesso vertice, e che ogni strada tra due vertici sia a senso unico, otteniamo il concetto di *grafo orientato* (o *grafo diretto*, o *digrafo*). Così un grafo orientato è da intendere come una coppia (V, R) con V insieme non vuoto e R relazione binaria su V.

Come per i grafi, anche i grafi orientati hanno una rappresentazione visiva, ma stavolta ogni lato (u, v) in R viene dotato di una freccia da u a v, a denotare l'ordine degli elementi della coppia (come in figura 1.9). Naturalmente, non è escluso che quando uRv, si abbia talora anche vRu: si ha allora un lato da u a v, e un altro lato di ritorno da v ad u.

Figura 1.9.

Dedicheremo tra poco a grafi e grafi orientati un intero capitolo, nel quale avremo modo di approfondire le precedenti considerazioni.

1.8 Relazioni di ordine

Definizione 1.8.1 Sia $A \neq \emptyset$. Una relazione binaria R su A si dice *di ordine parziale* se valgono le seguenti proprietà:

(i) riflessiva: per ogni $a \in A$, aRa;
(ii) antisimmetrica: per ogni scelta di $a, b \in A$, se aRb e bRa, allora $a = b$;
(iii) transitiva: per ogni scelta di $a, b, c \in A$, se aRb e bRc, allora aRc.

Ricordiamo che la proprietà simmetrica afferma:
$$\text{per ogni scelta di } a, b \in A, \text{ se } aRb, \text{ allora } bRa.$$
Così la sua negazione dice:
$$\text{esistono } a, b \in A \text{ tali che } aRb \text{ ma } b\cancel{R}a.$$
Dunque la proprietà antisimmetrica sopra enunciata è molto più forte di quest'ultima condizione.
Se R è una relazione di ordine parziale su A, scriveremo che (A, R) è un insieme *parzialmente ordinato* o anche che A è *parzialmente ordinato* da R.

Esempi 1.8.2

1. Siano $A = \mathbb{Z}$, $R = \leq$. Allora (i), (ii), (iii) si verificano facilmente. Inoltre vale:
   (iv) per ogni scelta di $a, b \in \mathbb{Z}$, $a \leq b$ oppure $b \leq a$.

Lo stesso vale per $A = \mathbb{N}$, $R \,=\, \leq$ (in $\mathbb{N}$).

2. Consideriamo $A = \mathbb{N}$, $R = \mid$ (la relazione di divisibilità: per $a, b \in \mathbb{N}$, $a|b$ se e solo se esiste $q \in \mathbb{N}$ tale che $b = a \cdot q$). Allora $\mid$ è una relazione di ordine parziale. Vediamo perché (anticipiamo qui alcuni temi che saranno ripresi nel prossimo capitolo).

   (i) Per ogni $a \in \mathbb{N}$, $a|a$: infatti $a = a \cdot 1$.

   (ii) Per ogni scelta di $a, b \in \mathbb{N}$, se $a|b$ e $b|a$, allora $a = b$: infatti esistono $q, q' \in \mathbb{N}$ tali che $b = a \cdot q$, $a = b \cdot q'$, così $a = a \cdot q \cdot q'$ e $a \cdot (1 - q \cdot q') = 0$; se $a \neq 0$ deve essere $1 - q \cdot q' = 0$, da cui $q = q' = 1$ e $a = b$; se invece $a = 0$, anche $b = 0$ e dunque nuovamente $a = b$.

   (iii) Per ogni scelta di $a, b, c \in \mathbb{N}$, se $a|b$ e $b|c$, allora $a|c$. Infatti siano $q, q' \in \mathbb{N}$ tali che $b = a \cdot q$ e $c = b \cdot q'$, allora $c = a \cdot (q \cdot q')$.

   Invece non vale (iv): ad esempio $2 \nmid 3$ e $3 \nmid 2$.

3. Siano S un insieme, $A = \mathcal{P}(S)$, $R = \subseteq$. Si è già visto nel paragrafo 1.1 che valgono (i), (ii), (iii). Anche stavolta, invece, (iv) non vale (almeno se S ha almeno due elementi $s \neq t$: infatti $\{s\} \nsubseteq \{t\}$ e $\{t\} \nsubseteq \{s\}$).

Definizione 1.8.3 Sia R una relazione di ordine parziale su A. R si dice una relazione di *ordine totale* (o *lineare*) se soddisfa l'ulteriore condizione:

(iv) per ogni scelta di $a, b \in A$, aRb o bRa.

In tal caso (A, R) si dice *totalmente ordinato* (o *linearmente ordinato*).

Così $\leq$ è una relazione di ordine totale in $\mathbb{Z}$ (o, analogamente, in $\mathbb{N}$ o $\mathbb{Q}$ o $\mathbb{R}$). Non sono invece relazioni di ordine totale quelle degli esempi 2 e 3.

Da ora in poi, se non diversamente specificato, denoteremo con $\leq$ una generica relazione di ordine parziale. Inoltre, per $a, b \in A$,

$$a < b \text{ significherà } a \leq b \text{ e } a \neq b.$$

Definizione 1.8.4 Sia $(A, \leq)$ un insieme parzialmente ordinato. Un elemento $a \in A$ si dice

- *massimo* se, per ogni $s \in A$, $a \geq s$,
- *minimo* se, per ogni $s \in A$, $a \leq s$.

Esempi 1.8.5

1. L'insieme S è un massimo e l'insieme $\emptyset$ è un minimo in $\mathcal{P}(S)$ rispetto a $\subseteq$.

2. 1 è un minimo in $\mathbb{N}$ rispetto alla relazione di divisibilità $\mid$ perché 1 divide ogni naturale; $(\mathbb{N}, \mid)$ ha anche un massimo 0, infatti ogni naturale a è divisore di 0, $0 = a \cdot 0$.

Osservazioni 1.8.6

1. Un insieme parzialmente ordinato A può non avere massimo, o minimo: ad esempio, $(\mathbb{Z}, \leq)$ non ha né massimo né minimo, mentre l'insieme $\{a \in \mathbb{Q} : 0 < a \leq 1\}$ rispetto alla usuale relazione di ordine $\leq$ tra i razionali ha massimo 1, ma non minimo (non c'è infatti un minimo razionale positivo a: per ogni $a > 0$, $0 < \frac{a}{2} < a$). Invece $(\mathbb{N}, \leq)$ ha minimo 0, ma non massimo.

2. Se A ha massimo, o minimo, esso è unico (così esso si può denotare in modo particolare, $max\,A$, $min\,A$ rispettivamente). Infatti, se a, a' sono due massimi, $a \leq a'$ e $a' \leq a$, dunque $a = a'$ per l'antisimmetria. Lo stesso vale per i minimi. .

Definizione 1.8.7 Un elemento $a \in A$ si dice

- *massimale* se, per ogni $s \in A$, quando $s \geq a$, allora $s = a$;
- *minimale* se, per ogni $s \in A$, quando $s \leq a$, allora $s = a$.

Dunque un elemento è massimale se non ne ha di più grandi, e minimale se non ne ha di più piccoli. È ammessa tuttavia l'eventualità di elementi che non gli sono confrontabili in $\leq$. Bisogna allora porre attenzione a distinguere

- *elementi massimali* da *massimi*,
- *elementi minimali* da *minimi*.

Infatti è chiaro che un massimo è anche massimale, e un minimo è anche minimale. Non sempre, però, vale il contrario.

Esempio 1.8.8 Consideriamo l'insieme $\{1, 2, 3\}$ ordinato dalla divisibilità. Così

$$1|2, \quad 1|3, \quad 2 \nmid 3, \quad 3 \nmid 2.$$

Quindi 1 è minimo (e minimale), mentre $2, 3$ sono massimali, ma non massimi.

Esercizio 1.8.9 Si provi che, se $\leq$ è una relazione di ordine totale in A, un elemento massimale è massimo.

Definizione 1.8.10 Una relazione di ordine totale $\leq$ in A si dice un ordine *denso* se, per ogni scelta di $a, b \in A$ con $a < b$, esiste $c \in A$ tale che $a < c$ e $c < b$.

Esempi 1.8.11

1. L'usuale relazione $\leq$ tra i razionali $\mathbb{Q}$ è densa; infatti per $a, b \in \mathbb{Q}$ con $a < b$, possiamo sempre considerare l'elemento $c = \frac{a+b}{2}$. Allora $c \in \mathbb{Q}$ e $a = \frac{a+a}{2} < \frac{a+b}{2} < \frac{b+b}{2} = b$.
2. Analogo discorso vale per $(\mathbb{R}, \leq)$.

Un possibile controesempio è costituito da $(\mathbb{Z}, \leq)$. Esso non è denso: ad esempio $0 < 1$, ma non esiste alcun $x \in \mathbb{Z}$ tale che $0 < x < 1$.

Definizione 1.8.12 Una relazione di ordine (parziale) $\leq$ in A si dice un *buon ordine* se ogni sottoinsieme non vuoto X di A ha un minimo rispetto a $\leq$. In tal caso $(A, \leq)$ si dice insieme *bene ordinato*.

Si osservi che un buon ordine è totale: infatti, per $a, b \in A$, l'insieme $\{a, b\}$ ha un minimo a o b, dunque $a \leq b$ o $b \leq a$.
Come vedremo in maggior dettaglio nel prossimo capitolo, un esempio di buon ordine è rappresentato dall'insieme dei naturali $\mathbb{N}$ rispetto alla usuale relazione di ordine $\leq$. In effetti in un insieme bene ordinato $(A, \leq)$ c'è un primo elemento a_0 (il minimo di A), poi un secondo elemento a_1 (il minimo di $A - \{a_0\}$), e così via, fino a elencare tutti gli elementi di A, proprio come accade per $\mathbb{N}$, i cui elementi si enumerano $0, 1, 2, \dots$.

Esercizio 1.8.13 Si provi che, se $(A, \leq)$ è un insieme finito totalmente ordinato, $(A, \leq)$ è bene ordinato.

1.9 Qualche calcolo

Dedichiamo questo paragrafo al seguente problema. Ammettiamo di avere due insiemi **finiti** A e B, e di conoscere il numero degli elementi tanto di A quanto di B. Poniamo quindi $|A| = n$ e $|B| = m$, fissiamo anzi per semplicità $A = \{a_1, \dots, a_n\}$, $B = \{b_1, \dots, b_m\}$. Vogliamo contare quanti sono gli elementi di $A \cup B$, $A \cap B$, $A \times B$, $\mathcal{P}(A)$, $A - B$; o anche quante sono le funzioni di A in B; chiarire altre simili questioni di calcolo.
Iniziamo ricordando quanto già visto negli scorsi paragrafi:

- $|\mathcal{P}(A)| = 2^n$,
- $|A \times B| = n \cdot m$.

Consideriamo allora gli altri casi. Si ha anzitutto quanto segue.

Osservazioni 1.9.1

1. $|A \cup B| = |A| + |B| - |A \cap B|$.
   Infatti il numero degli elementi di $A \cup B$ può essere calcolato contando prima gli elementi di A, poi quelli di B; ma in questo modo gli elementi di $A \cap B$ sono contati due volte e dunque vanno sottratti una volta.

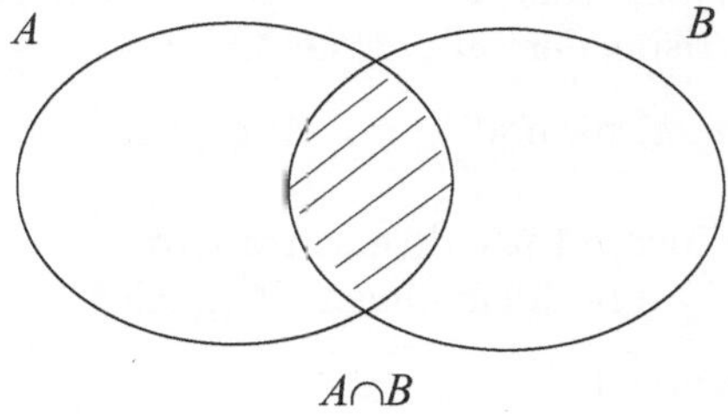

In particolare vale $|A \cup B| = |A| + |B|$ se e solo se A, B sono disgiunti. L'uguaglianza sopra enunciata si può generalizzare opportunamente al caso di tre o più insiemi: ad esempio si vede

$$|A \cup B \cup C| = |A| + |B| + |C| - |A \cap B| - |B \cap C| - |A \cap C| + |A \cap B \cap C|.$$

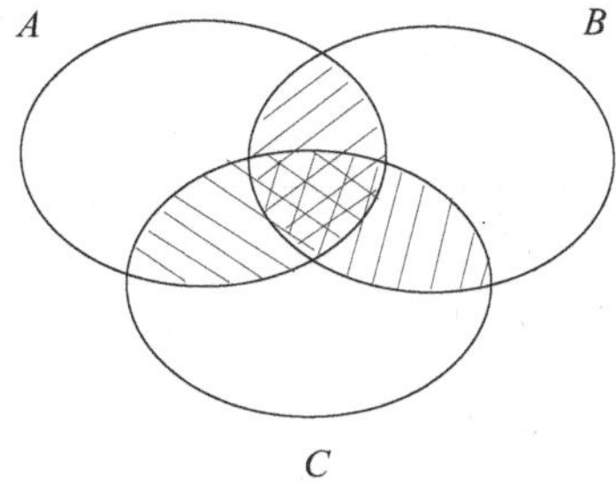

Infatti per gli elementi di $A \cup B \cup C$ si ottengono considerando prima quelli di A, poi quelli di B, infine quelli di C; ma in questo modo gli elementi che appartengono a una delle intersezioni $A \cap B$, $A \cap C$, $B \cap C$ sono contati due volte, e dunque vanno sottratti. Capita però, in questa maniera, che gli elementi di $A \cap B \cap C$ siano sottratti tre volte; occorre dunque riaggiungerli per ottenere l'uguaglianza corretta.

2. $|A - B| = |A| - |A \cap B|$.
   In particolare $|A - B| = |A| - |B|$ se e solo se $B \subseteq A$.

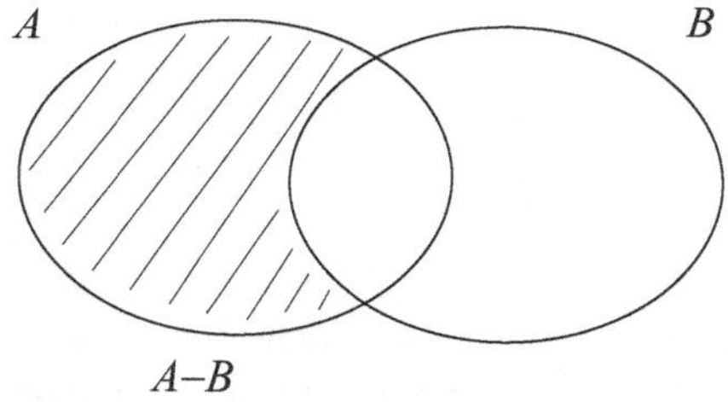
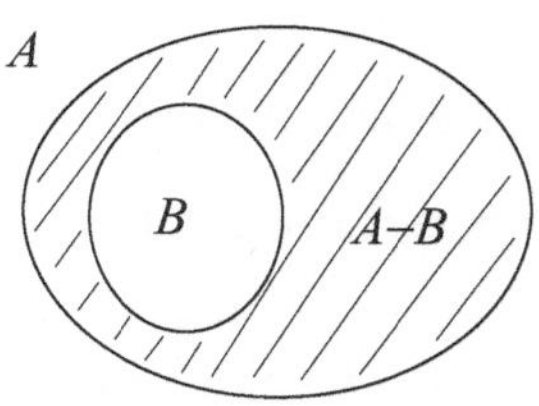

Le precedenti uguaglianze sono talora utili nelle applicazioni. Ad esempio, supponiamo di dover rispondere alle seguenti domande:

1. Quanti sono i numeri naturali con 5 cifre (nella usuale rappresentazione decimale)?
2. Quanti quelli con 5 cifre tutte diverse tra loro?
3. Quanti quelli con 5 cifre di cui almeno 2 uguali?

Ecco la rispettiva discussione.

1. La prima cifra può essere scelta in 9 modi (da 1 a 9), le altre in 10 modi (da 0 a 9). Così le possibili scelte di un numero di 5 cifre sono

$$9 \cdot 10^4$$

   (si usa qui la legge per stabilire il numero degli elementi di un prodotto cartesiano).
2. Scelta la prima cifra, la seconda, per evitare ripetizioni, può essere presa solo in $10 - 1 = 9$ modi, e così via. Si hanno allora

$$9 \cdot 9 \cdot 8 \cdot 7 \cdot 6$$

   numeri con 5 cifre, di cui mai due uguali.
3. I numeri che hanno 5 cifre di cui almeno due uguali sono, allora,

$$9 \cdot 10^4 - 9 \cdot 9 \cdot 8 \cdot 7 \cdot 6$$

   si ottengono cioè da quelli con 5 cifre escludendo quelli che non hanno ripetizioni (si usa qui l'osservazione 1.9.1.2).

Contiamo adesso quante sono le possibili funzioni da A a B, e anche quante di queste funzioni sono iniettive o suriettive, o biiettive. Va però osservato che non sempre esistono funzioni iniettive, o suriettive, o biiettive da A a B; in ragione di $|A|$ o $|B|$, queste funzioni possono, infatti, mancare. Ad esempio, ammettiamo che A sia un insieme di n piccioni, B un insieme di m nicchie dove ogni piccione può trovare riparo. È allora facile convenire:

Principio della piccionaia. Se una piccionaia ha m nicchie e n piccioni, con $n > m$, allora almeno due piccioni finiscono nella stessa nicchia.

Tradotto in termini rigorosi, il principio sostiene che, se $n > m$, nessuna funzione di A in B è iniettiva.
Più in generale vale quanto segue.

Teorema 1.9.2 *Siano A, B insiemi finiti, con $|A| = n$ e $|B| = m$. Fissiamo, come sopra, $A = \{a_1, \ldots, a_n\}$, $B = \{b_1, \ldots, b_m\}$. Allora:*

(i) esiste una funzione iniettiva di A in B se e solo se $n \leq m$,
(ii) esiste una funzione suriettiva di A in B se e solo se $n \geq m$,
(iii) esiste una funzione biiettiva di A in B se e solo se $n = m$.

Dimostrazione.
(i) Se $n \leq m$, ponendo $f(a_i) = b_i$ per ogni $i = 1, \ldots, n$, si definisce una funzione iniettiva di A in B. Viceversa, se $f : A \to B$ è iniettiva, $f(a_1), \ldots, f(a_n)$ sono elementi distinti di B, quindi $m \geq n$.

(ii) Se $n \geq m$, ponendo $f(a_i) = b_i$ per ogni $i = 1, \ldots, m$ e $f(a_{m+1}) = \cdots = f(a_n) = b_1$, si definisce una funzione suriettiva di A su B. Viceversa, se

$f : A \to B$ è suriettiva, possiamo scegliere $x_1, \ldots, x_m \in A$ tale che $f(x_1) = b_1, \ldots, f(x_m) = b_m$; così $x_1, \ldots, x_m$ sono elementi distinti di A, e $m \leq n$.

(iii) Una funzione biiettiva di A su B, è anche iniettiva (il che implica $n \leq m$) e suriettiva (dunque $m \leq n$). Quindi $n = m$. Viceversa, se $n = m$, ponendo $f(a_i) = b_i$ per ogni $i = 1, \ldots, n$ si definisce una funzione biiettiva di A su B. $\square$

Esercizi 1.9.3

1. Siano A, B due insiemi finiti con lo stesso numero di elementi. Si provi che una funzione f da A a B è biiettiva se e solo se è iniettiva, o anche se e solo se è suriettiva (*suggerimento*: la proprietà è già stata sottolineata nell'Osservazione 1.5.7, nel caso particolare $A = B$).

2. Si provi che ci sono almeno due italiani con lo stesso numero di capelli (*suggerimento*: si consideri la funzione che associa ad ogni italiano il numero dei suoi capelli, e si assuma che in base alla superficie del cuoio capelluto e alla sezione di ogni capello il numero massimo stimato di capelli è < 150.000).

Teorema 1.9.4 *Siano A, B, n, m come nel Teorema 1.9.2, con $n \leq m$ (così ci sono funzioni iniettive di A in B). Allora esistono $m \cdot (m-1) \cdot (m-2) \cdots (m - n + 1)$ funzioni iniettive di A in B.*

Ad esempio, per $|A| = 3$ e $|B| = 5$, ci sono $5 \cdot 4 = 20$ funzioni iniettive da A in B.

Dimostrazione. Sia $f : A \to B$ iniettiva. Ci sono m valori possibili per $f(a_1)$, $m - 1$ valori per $f(a_2)$ (perché va escluso quello già ottenuto da $f(a_1)$), $m - 2$ valori per $f(a_3)$, e così via. $\square$

Corollario 1.9.5 *Sia $n = m$ (così ci sono corrispondenze biunivoche di A su B). Allora le corrispondenze biunivoche di A su B sono $n \cdot (n - 1) \cdots 2 \cdot 1$.*

Dimostrazione. Si ricordi che una funzione di A in B è biiettiva se e solo se è iniettiva. Si applichi allora il teorema precedente al caso $m = n$. $\square$

Definizione 1.9.6 Per ogni $n \in \mathbb{N}$, con $n > 0$, poniamo

$$n! = n \cdot (n - 1) \cdots 2 \cdot 1;$$

$n!$ si legge n *fattoriale*. Si conviene poi $0! = 1$.

Ad esempio,

- $1! = 1$,
- $2! = 2 \cdot 1 = 2$,
- $3! = 3 \cdot 2 \cdot 1 = 6$,
- $4! = 4 \cdot 3 \cdot 2 \cdot 1 = 24$,

- $5! = 120$.

Ovviamente, per ogni $n \in \mathbb{N}$, $(n+1)! = (n+1) \cdot n!$.

Possiamo allora dire che, per $|A| = |B| = n$, ci sono $n!$ corrispondenze biunivoche di A su B. In particolare, per $|A| = n$, ci sono $n!$ corrispondenze biunivoche di A su A.

Teorema 1.9.7 *Siano A, B, n, m come nel Teorema 1.9.2. Le funzioni di A in B sono m^n.*

Dimostrazione. Sia f una funzione di A in B. Esistono m possibili valori per ogni elemento $f(a_1), \ldots, f(a_n)$. La loro scelta determina f. Così vi sono $m \cdot m \cdots m = m^n$ funzioni di A in B. $\qquad\square$

Passiamo adesso a contare i sottoinsiemi di un insieme A con n elementi. Sappiamo che il loro numero complessivo è 2^n. Ma può essere utile sapere quanto segue.

Teorema 1.9.8 *Sia $k \in \mathbb{N}$, $k \leq n$. Allora il numero dei sottoinsiemi di A con esattamente k elementi è*

$$\frac{n!}{k! \cdot (n-k)!}.$$

Dimostrazione. Fissiamo $C \subseteq A$, $|C| = k$. Per ogni $C' \subseteq A$, $|C'| = k$ se e solo se esiste una corrispondenza biunivoca di C su C', cioè una funzione iniettiva f da C in A con $f(C) = C'$. Fissato C', possono esserci più funzioni iniettive di C in A con immagine C': esse, comunque, coincidono con le corrispondenze biunivoche di C su C', che sappiamo essere $k!$; dunque il numero delle funzioni iniettive da C in A è uguale al prodotto del numero s dei sottoinsiemi C' di A aventi k elementi per il numero $k!$ delle corrispondenze biunivoche di C su un tale C'. D'altra parte sappiamo che il numero complessivo delle funzioni iniettive di C in A è $n \cdot (n-1) \cdots (n-k+1)$. Ne deduciamo

$$s \cdot k! = n \cdot (n-1) \cdots (n-k+1).$$

Segue

$$s = \frac{n \cdot (n-1) \cdots (n-k+1)}{k!}.$$

Moltiplicando numeratore e denominatore per $(n-k)! = (n-k) \cdot (n-k-1) \cdots 2 \cdot 1$, otteniamo finalmente

$$s = \frac{n!}{k! \cdot (n-k)!}.$$

$$\square$$

Definizione 1.9.9 Siano $k, n \in \mathbb{N}$, $k \leq n$. Il numero $\frac{n!}{k! \cdot (n-k)!}$ appena determinato si indica

$$\binom{n}{k}$$

e si chiama *coefficiente binomiale* di n su k.

Esercizio 1.9.10 Il numero dei sottoinsiemi di $A = \{1, 2, 3, 4, 5\}$ con esattamente 2 elementi è

$$\binom{5}{2} = \frac{5!}{2! \cdot 3!} = \frac{5 \cdot 4 \cdot 3!}{2 \cdot 3!} = 10.$$

Provate ad elencare tali sottoinsiemi in dettaglio.

Osservazioni 1.9.11

1. Per $k = 0$
$$\binom{n}{0} = \frac{n!}{0! \cdot n!} = 1;$$

   del resto A ha un solo sottoinsieme con 0 elementi, cioè $\emptyset$.
   Analogamente
$$\binom{n}{n} = \frac{n!}{n! \cdot 0!} = 1,$$

   infatti l'unico sottoinsieme di A con n elementi è A stesso.

2. Per $k \leq n$, si ha
$$\binom{n}{k} = \binom{n}{n-k}$$

   infatti $n - (n - k) = k$. Del resto i sottoinsiemi di A con k elementi sono tanti quanti i loro complementi in A, cioè i sottoinsiemi con $n - k$ elementi.

3. Vale anche
$$2^n = \binom{n}{0} + \binom{n}{1} + \cdots + \binom{n}{n-1} + \binom{n}{n} = \sum_{k=0}^{n} \binom{n}{k}.$$

   Infatti i sottoinsiemi di A sono 2^n, e si suddividono in quelli con $0, 1, \ldots, n-1, n$ elementi.

Proposizione 1.9.12 *Siano* $k, n \in \mathbb{N}$, $0 < k < n$. *Allora*

$$\binom{n}{k} = \binom{n-1}{k} + \binom{n-1}{k-1}.$$

Dimostrazione. Fissiamo $A = \{a_1, \ldots, a_n\}$ con $a_1 \neq \cdots \neq a_n$. I sottoinsiemi di A con k elementi si suddividono in due insiemi disgiunti:

- quelli non contenenti a_1, ovvero i sottoinsiemi di $\{a_2, \ldots, a_n\}$ con k elementi: ce ne sono $\binom{n-1}{k}$;
- quelli contenenti a_1, che si ottengono dai sottoinsiemi di $\{a_2, \ldots, a_n\}$ con $k-1$ elementi aggiungendo a_1: essi sono $\binom{n-1}{k-1}$.

Dunque

$$\binom{n}{k} = \binom{n-1}{k} + \binom{n-1}{k-1}.$$

$\square$

Teorema 1.9.13 (binomiale). *Sia $n \in \mathbb{N}$. Allora, per ogni scelta di a, b,*

$$(a+b)^n = \sum_{k=0}^{n} \binom{n}{k} a^k \cdot b^{n-k}.$$

Dimostrazione. Usiamo ancora il principio di induzione per $\mathbb{N}$: mostriamo cioè che il teorema è vero per $n = 0$ e che, se è valido per un certo n, allora si trasmette anche a $n+1$.

Per $n = 0$ si nota facilmente

$$(a+b)^0 = 1, \quad \binom{0}{0} a^0 \cdot b^0 = 1.$$

Operiamo adesso il passo induttivo: supponiamo cioè il risultato vero per n, e lo proviamo per $n+1$. La dimostrazione è svolta dalla seguente computazione:

$$(a+b)^{n+1} = (a+b)^n \cdot (a+b) = \left(\textstyle\sum_{k=0}^{n} \binom{n}{k} a^k \cdot b^{n-k}\right) \cdot (a+b) =$$

$$= \left(\binom{n}{0} a^n + \binom{n}{1} a^{n-1} \cdot b + \binom{n}{2} a^{n-2} \cdot b^2 + \cdots + \binom{n}{n-1} a \cdot b^{n-1} + \binom{n}{n} b^n\right) \cdot$$
$$\cdot (a+b) =$$

$$= \binom{n}{0} a^{n+1} + \left(\binom{n}{0} + \binom{n}{1}\right) a^n \cdot b + \left(\binom{n}{1} + \binom{n}{2}\right) a^{n-1} \cdot b^2 + \cdots + \binom{n}{n} b^{n+1} =$$

$$= \binom{n+1}{0} a^{n+1} + \binom{n+1}{1} a^n \cdot b + \binom{n+1}{2} a^{n-1} \cdot b^2 + \cdots + \binom{n+1}{n+1} b^{n+1} =$$

$$= \textstyle\sum_{k=0}^{n+1} \binom{n+1}{k} a^k \cdot b^{n-k}.$$

Nel primo rigo si sfrutta l'ipotesi di induzione valida per n per rappresentare $(a+b)^n$. Si svolge poi il prodotto $(a+b)^n \cdot (a+b)$. Al penultimo rigo si usa la Proposizione 1.9.12 per scrivere, ad esempio, $\binom{n}{0} + \binom{n}{1}$, come $\binom{n+1}{1}$; si osserva poi che banalmente

$$\binom{n}{0} = 1 = \binom{n+1}{0},$$
$$\binom{n}{n} = 1 = \binom{n+1}{n+1}.$$

$\square$

1.10 Briciole di infinito

Nel precedente paragrafo, e precisamente nel Teorema 1.9.2, abbiamo visto che due insiemi finiti A, B sono in corrispondenza biunivoca se e solo se hanno lo stesso numero di elementi. Se invece A e B sono infiniti, non ha più senso contare i loro elementi, ma è sempre possibile controllare se A, B sono in corrispondenza biunivoca. Così è lecito convenire che due insiemi A e B, eventualmente infiniti, hanno lo "stesso numero" di elementi se e solo se, appunto, c'è una funzione biiettiva di A su B: idea sottile, che sembra però di scarsa utilità pratica. Si potrebbe infatti obiettare che due insiemi infiniti, proprio perché infiniti, hanno lo "stesso numero" (infinito) di elementi, anche quando paiono tra loro assai diversi. Esempi storicamente famosi sostengono questa impressione.

Esempio 1.10.1 (Paradosso di Galileo). Consideriamo l'insieme $\mathbb{N}$ e il suo sottoinsieme A formato dai quadrati dei numeri naturali. Così $A = \{n^2 : n \in \mathbb{N}\} = \{0, 1, 4, 9, \ldots\}$ è parte propria di $\mathbb{N}$. Eppure la funzione f di $\mathbb{N}$ in A che associa ad ogni n il suo quadrato n^2 è una corrispondenza biunivoca di $\mathbb{N}$ su A. Questa apparente anomalia venne per la prima volta evidenziata da Galileo Galilei in alcune sue riflessioni contenute nell'opera [32] del 1638 e per questo è oggi nota con il nome di *Paradosso di Galileo*. Galileo la commentava così:

> *"Io non veggo che ad altra decisione si possa venire che a dire infiniti essere tutti i numeri, infiniti i quadrati, ... né la moltitudine de' quadrati essere minore di quella di tutti numeri, né questa essere maggiore di quella, ed, in ultima conclusione, gli attributi di eguale, maggiore e minore non aver luogo negl'infiniti ma solo nelle quantità terminate*
>
> $\cdots$
>
> *Queste son di quelle difficoltà che derivano dal discorrer che noi facciamo col nostro intelletto finito intorno all'infinito, dandogli quegli attributi che noi diamo alle cose finite e terminate; il che penso che sia inconveniente".*

Esempio 1.10.2 (Albergo di Hilbert). La funzione *successore s* di $\mathbb{N}$ in $\mathbb{N}$ – quella che associa a ogni naturale n il suo successore $n + 1$ – è iniettiva e ha per immagine $\mathbb{N} - \{0\}$, dunque è una corrispondenza biunivoca di $\mathbb{N}$ su $\mathbb{N} - \{0\}$. Ma $\mathbb{N} - \{0\}$ ha un elemento in meno di $\mathbb{N}$. Si conferma così la possibilità di costruire nell'ambito infinito corrispondenze biunivoche tra insiemi più grandi e altri più piccoli. L'osservazione sulla funzione s è la base di un argomento famoso che il matematico tedesco di fine Ottocento e inizio Novecento David Hilbert (1862-1943) adoperava per divulgare presso i non addetti ai lavori le sottigliezze dell'analisi dell'infinito che proprio in quegli anni si sviluppava a opera di Georg Cantor (1845-1918). L'argomento si chiamava l'*Albergo di Hilbert*. Ricordiamolo brevemente. Gli alberghi di questo mondo sono tutti finiti. Supponiamo allora di avere un albergo al completo, nel quale dunque ogni camera di numero n è già occupata da un ospite n; così, se giungesse un nuovo cliente, il portiere dovrebbe dichiarargli con rammarico di non poterlo ospitare. Ma ammettiamo per un momento di essere in un albergo con infinite camere $0, 1, 2, \ldots$, e che queste camere siano tutte occupate da (infiniti) clienti. Stavolta, se dovesse arrivare un nuovo cliente, il portiere dell'albergo infinito non sarebbe più costretto a rifiutargli ospitalità poiché gli basterebbe far spostare l'ospite della camera 0 nella camera 1, quello della camera 1 nella 2, $\ldots$, l'ospite della camera n nella $n+1$, e così via, liberando in tale maniera la camera 0 per il nuovo arrivato. Il tutto sarebbe lecito proprio perché l'albergo è infinito. L'argomento di Hilbert traduce così in termini elementari e intuitivi il fatto che la funzione s è una corrispondenza biunivoca tra i naturali e i naturali maggiori di 0, quindi ribadisce come un insieme infinito possa avere tanti elementi quanti un suo sottoinsieme proprio.

I due esempi precedenti ci mostrano, tra l'altro, come per uno stesso insieme infinito X – come $\mathbb{N}$ – ci possano essere funzioni di X in X iniettive ma non suriettive, al contrario di quel che accade nell'ambito finito. Ad esempio s, vista come funzione da $\mathbb{N}$ in $\mathbb{N}$, è, appunto, iniettiva, ma non suriettiva, e lo stesso si può dire della funzione f dell'Esempio 1.10.1. Del resto, altri esempi dello stesso fenomeno sono stati illustrati nel paragrafo 1.5, e Richard Dedekind, un altro famoso matematico di fine Ottocento, propose di assumere questa proprietà per caratterizzare il concetto di insieme infinito, di definire cioè un insieme X *infinito* se c'è una funzione g da X a X iniettiva e non suriettiva, cioè se c'è una corrispondenza biunivoca tra X e un suo sottoinsieme proprio (nella fattispecie $g(X)$).

Ma torniamo al problema del "numero" degli elementi di un insieme infinito. Altri esempi non banali, in gran parte dovuti a Georg Cantor, sostengono l'idea che tutti gli insiemi infiniti siano in corrispondenza biunivoca tra loro.

Esempi 1.10.3

1. L'insieme $\mathbb{N}$ dei naturali 0, 1, 2, $\ldots$ si potrebbe valutare ad occhio come la metà dell'insieme $\mathbb{Z}$ di tutti gli interi $\ldots, -2, -1, 0, 1, 2, \ldots$; ma in effetti è possibile determinare una corrispondenza biunivoca f che li collega. Basta osservare che i naturali, a loro volta, si suddividono a metà tra pari 0, 2, 4, $\ldots$ e dispari 1, 3, 5, $\ldots$ e dunque trasformare gli interi non negativi nei primi e quelli negativi nei secondi: in termini rigorosi, porre per ogni naturale x
$$f(x) = \begin{cases} 2x & \text{se } x \geq 0, \\ -2x - 1 & \text{altrimenti.} \end{cases}$$

2. Lo stesso accade tra $\mathbb{N}$ e l'insieme dei razionali $\mathbb{Q}$: anche questi insiemi possono essere posti in corrispondenza biunivoca. La cosa può sembrare, di primo acchito, strana e sorprendente, viste le loro intrinseche differenze; si osserva infatti che l'usuale ordine dei naturali ha un primo elemento

0 ed è discreto (cioè ogni elemento ha un suo immediato successore e ogni elemento escluso lo 0 ammette un immediato predecessore), mentre quello dei razionali non ha né minimo né massimo ed è denso (cioè tra due numeri razionali $a < b$ se ne trova sempre uno intermedio $a < c < b$), il che lo rende costituzionalmente diverso dal precedente. Ma a noi non interessa avere una biiezione di $\mathbb{N}$ su $\mathbb{Q}$ che preservi anche le loro relazioni d'ordine, ci basta eventualmente trovare una corrispondenza biunivoca che prescinda dagli ordini. Cantor riuscì a costruirla: ecco i dettagli. Facciamo riferimento alla rappresentazione dei razionali non negativi come frazioni m/n, con m e n naturali, $n > 0$, m e n primi tra loro; riordiniamoli allora prima secondo $m + n$ e poi, a parità di somma, secondo il loro ordine abituale, ottenendo così in definitiva una successione

$$0 = 0/1, 1/1, \underbrace{1/2, 2/1}_{m+n=3}, \underbrace{1/3, 3/1}_{m+n=4}, \underbrace{1/4, 2/3, 3/2, 4/1}_{m+n=5}, \ldots$$

che può essere così posta in corrispondenza biunivoca con quella dei naturali $\mathbb{N}$

$$0, 1, 2, 3, 4, 5, 6, 7, 8, 9, 10, \ldots$$

(0 in $0/1$, 1 in $1/1$, 2 in $1/2$, 3 in $2/1$, e via dicendo). A questo punto si estende la funzione così ottenuta tra naturali (cioè interi non negativi) e razionali non negativi, coinvolgendo da un lato tutti gli interi e dall'altro tutti i razionali: basta trasformare -1 in $-1/1$, -2 in $-1/2$, -3 in $-2/1$, e così via. In questo modo si conclude nuovamente che gli interi sono tanti quanti i razionali (pur costituendone un sottoinsieme proprio). Fatto questo, componendo la biiezione appena trovata tra $\mathbb{Z}$ e $\mathbb{Q}$ con quella che già conosciamo tra $\mathbb{N}$ e $\mathbb{Z}$ otteniamo la corrispondenza biunivoca cercata tra $\mathbb{N}$ e $\mathbb{Q}$. Questo fu l'ingegnoso argomento con cui Cantor provò nel 1895, in un articolo sui *Mathematische Annalen*, che i naturali sono tanti quanti i razionali (in realtà Cantor aveva già raggiunto questa conclusione nel 1874 sul *Journal für Mathematik*, usando però una dimostrazione diversa e più complicata).

Ma l'impressione superficiale che tutti gli insiemi infiniti hanno lo stesso "numero" di elementi, concordemente appoggiata dagli esempi appena mostrati, va a cadere non appena confrontiamo gli insiemi dei naturali $\mathbb{N}$ e dei reali $\mathbb{R}$. In effetti nel 1874 Cantor dimostrò che, al contrario dei casi precedenti, non c'è corrispondenza biunivoca possibile tra $\mathbb{N}$ e $\mathbb{R}$. In verità la dimostrazione che presentiamo, quella che oggi viene usualmente citata nei manuali di Teoria degli insiemi e che usa l'argomento comunemente chiamato *diagonalizzazione*, è quella che Cantor presentò nel 1891, in versione assai più semplificata ed elegante rispetto a quella del 1874.

Teorema 1.10.4 (Cantor). *Non c'è corrispondenza biunivoca possibile tra l'insieme $\mathbb{N}$ dei naturali e l'insieme $\mathbb{R}$ dei reali.*

Dimostrazione. Anzitutto osserviamo che $\mathbb{R}$ è in corrispondenza biunivoca con il sottoinsieme $]0, 1[$ formato da tutti i reali strettamente compresi tra 0 e 1: infatti già abbiamo osservato negli esercizi 1.5.14 che $]0, 1[$ è in corrispondenza biunivoca con l'insieme $] - \frac{\pi}{2}, \frac{\pi}{2}[$ dei reali strettamente compresi tra $-\frac{\pi}{2}$ e $\frac{\pi}{2}$ tramite la funzione $g(x) = \pi x - \pi/2$; a sua volta $] - \frac{\pi}{2}, \frac{\pi}{2}[$ è in corrispondenza biunivoca con tutto $\mathbb{R}$ tramite la funzione tangente, ristretta a $] - \frac{\pi}{2}, \frac{\pi}{2}[$; componendo le funzioni g e la tangente si determina allora una corrispondenza biunivoca tra l'insieme dei reali compresi tra 0 e 1 e tutto $\mathbb{R}$. A questo punto ci basta escludere qualunque biiezione tra l'insieme $]0, 1[$ e $\mathbb{N}$. Prendiamo allora una qualunque funzione f da $\mathbb{N}$ a $]0, 1[$ e mostriamo che non può essere biiettiva (anzi neppure suriettiva). Per questo scopo, facciamo riferimento alla rappresentazione decimale infinita dei reali r in $]0, 1[$ nella forma $0, r_0 r_1 r_2 \cdots r_n \cdots$ dove ogni r_i (per i naturale) è una cifra tra 0 e 9 e non capita che tutti gli r_i siano 0 (se no il reale che si ottiene è 0), né che siano tutti 9 (perché $0, 9999 \cdots$ coincide con 1). La rappresentazione di r che così si ricava è unica tranne che per un solo rischio di ambiguità: infatti, come $0, 9999 \cdots$ eguaglia 1, così ogni $0, r_0 r_1 r_2 \cdots r_n 000 \cdots$ con $r_n \neq 0$ determina lo stesso numero di $0, r_0 r_1 r_2 \cdots r_{n-1} 999 \cdots$. Ad esempio $0, 3 = 0, 2999 \cdots$. Ma in questi casi possiamo concordare di privilegiare, ad esempio, la seconda rappresentazione. Così, per ogni naturale n, $f(n)$ riceve la sua rappresentazione decimale unica

$$f(n) = 0, r_{n0} r_{n1} r_{n2} \cdots r_{nn} \cdots.$$

In particolare $f(0) = 0, r_{00} r_{01} r_{02} \cdots r_{0n} \cdots$, $f(1) = 0, r_{10} r_{11} r_{12} \cdots r_{1n} \cdots$, e via dicendo.

Costruiamo allora un nuovo numero reale r compreso tra 0 e 1 ma diverso da tutti gli $f(n)$, e quindi non appartenente all'immagine di f, nel modo seguente. Poniamo

$$0, r_0 r_1 r_2 \cdots r_n \cdots$$

dove si sceglie

- r_0 diverso da r_{00} (e per prudenza, per evitare ogni ambiguità, anche da 0 e 9),
- $r_1 \neq r_{11}, 0, 9,$
- $r_2 \neq r_{22}, 0, 9,$

e in generale per ogni n

- $r_n \neq r_{nn}, 0, 9.$

Così r è ben definito, ma non può coincidere con nessun $f(n)$ perché la sua decomposizione si differenzia da quella di $f(n)$ almeno in r_{nn}: $r \neq f(0)$ perché $r_0 \neq r_{00}$, $r \neq f(1)$ perché $r_1 \neq r_{11}$, e così via.

$$
\begin{aligned}
f(1) &= 0, \quad \boxed{r_{00}} \; r_{01} \; r_{02} \; r_{03} \; r_{04} \; \dots \\
f(2) &= 0, \quad r_{10} \; \boxed{r_{11}} \; r_{12} \; r_{13} \; r_{14} \; \dots \\
f(3) &= 0, \quad r_{20} \; r_{21} \; \boxed{r_{22}} \; r_{23} \; r_{24} \; \dots \\
f(4) &= 0, \quad r_{30} \; r_{31} \; r_{32} \; \boxed{r_{33}} \; r_{34} \; \dots \\
&\quad \; \dots \quad \dots \; \dots \quad \dots \quad \dots \quad \dots \quad \dots
\end{aligned}
$$

Figura 1.10. Procedimento di diagonalizzazione

Dunque r non può appartenere all'immagine di f, e quindi f non è suriettiva.

$\square$

Così il "numero" dei naturali, che pure coincide con quello degli interi e dei razionali, non è lo stesso dei reali: non c'è infatti corrispondenza biunivoca possibile tra $\mathbb{N}$ e $\mathbb{R}$. Si chiamano allora *numerabili* quegli insiemi che sono in corrispondenza biunivoca con i naturali $\mathbb{N}$, mentre si dice che quelli in biiezione con $\mathbb{R}$ hanno la *potenza del continuo*.

Ad esempio $\mathbb{Z}$, $\mathbb{Q}$ sono numerabili (come $\mathbb{N}$); invece si può provare che $\mathbb{C}$ ha la potenza del continuo (come $\mathbb{R}$). Ma si possono trovare – e Cantor effettivamente scoprì – insiemi infiniti che non sono in corrispondenza biunivoca né con $\mathbb{N}$ né con $\mathbb{R}$, e anzi hanno "più" elementi di $\mathbb{R}$, in un senso appropriato.

Lo studio dei numeri infiniti è uno dei settori più profondi, difficili e affascinanti della Matematica, e in particolare della Teoria degli insiemi. Ma la sua trattazione trascende abbondantemente gli scopi del presente testo.

1.11 Gli assiomi: come e perché

In quest'ultima parte del capitolo, trattiamo un altro tema impegnativo e delicato, eppure importante e meritevole di un minimo accenno: quello degli *"assiomi"* e del loro ruolo in Matematica. Terremo un tono informale, talora impreciso. Il lettore allergico alle troppe astrazioni può semmai procedere col prossimo capitolo, evitando questo paragrafo finale.

Sappiamo tutti che la Matematica si compone in larga parte da definizioni e dimostrazioni, ma

- la definizione di ogni nuova nozione si rifà forzatamente a concetti già noti,
- la dimostrazione di ogni nuovo teorema si basa inevitabilmente su risultati già conosciuti.

Ma questo gioco a ritroso, che introduce nuovi concetti rifacendosi a nozioni precedenti, e prova nuovi risultati sulla base di altri più vecchi, non può continuare all'infinito. Emerge così evidente la necessità di fondamenti iniziali, atti a:

- mettere a fuoco i concetti base, da cui gli altri sono definiti,
- consentire la deduzione e la prova dei "primi" teoremi, e collaborare eventualmente alla dimostrazione di quelli successivi.

Per dirla in termini ufficiali, ogni teoria matematica richiede *"assiomi"* su cui svilupparsi. Ad esempio, nella geometria euclidea del piano, si introducono senza definizione rigorosa i concetti di *punto, retta,* ... e, a partire da essi, si definiscono nuove nozioni (*semiretta, angolo, triangolo,* ...) e si dimostrano teoremi. Ma, proprio per avviare questo sviluppo, si assumono come "verità" fondamentali alcune affermazioni prive di prova, ma di evidenza intuitivamente incontestabile, come quella secondo cui

"per due punti distinti passa una e una sola retta"

oppure l'altra (in realtà più ambigua e discussa) secondo cui

"per un punto fuori da una retta data, passa una e una sola retta ad essa parallela"

(il famoso *Quinto postulato di Euclide*).
Da queste affermazioni, accettate non per prova ragionata, ma per *"ovvia"* evidenza, si parte per lo sviluppo di tutta la teoria. Così avviene in Geometria, ed anche in altri rami della Matematica.
Ma il nostro approccio agli insiemi è stato, almeno finora, molto più ingenuo e naïf: li abbiamo infatti introdotti in modo informale ed intuitivo, come "collezioni di elementi"; non ci siamo preoccupati di definirli (e qui non c'è ragione di scandalo, visto che neppure punti e rette sono definiti in geometria), ma non ci siamo neanche presi cura di fissare assiomi fondamentali su cui basare la nostra trattazione. E questa omissione può essere pericolosa, come il seguente esempio mostra.

Paradosso di Russell. Si sono già incontrati insiemi che sono elementi di altri insiemi (ad esempio, per ogni insieme A, $A \in \mathcal{P}(A)$). Pare perciò sensato (seppur stravagante) domandarsi se un insieme A può appartenere o no a se stesso. La seconda eventualità $A \notin A$ sembra più fondata. Formiamo comunque l'"insieme" degli insiemi che non appartengono a se stessi.

$$X = \{A : A \notin A\}.$$

Ci chiediamo se $X \in X$. Ma si vede facilmente che

$$X \in X \text{ se e solo se } X \notin X$$

e questo è ovviamente contraddittorio.

Così il concetto stesso di insieme e la libertà di costruire insiemi come "collezioni" di oggetti accomunati da una qualche proprietà vengono radicalmente contestati da un semplice ragionamento di poche righe, neppure troppo originale. In effetti Bertrand Russell, quando lo propose nel 1901, non fece altro che adattare al contesto degli insiemi e dell'appartenenza un paradosso noto sin dall'antichità, attribuito ad Epimenide di Creta, quello secondo cui chi afferma *"io sto mentendo"*

sta mentendo se e solo se sta dicendo la verità.

Il paradosso di Russell attesta comunque l'esigenza di introdurre gli insiemi non più in modo naïf, ma su solidi fondamenti assiomatici. Ed in effetti, negli anni successivi al 1901, vari sistemi assiomatici furono elaborati e proposti per gli insiemi. Tra di essi, quello a cui oggi si fa talora riferimento è quello denotato ZF dalle iniziali dei cognomi di chi – prima Zermelo e poi Fraenkel – lo costruì. Non staremo qui a dare dettagliato resoconto di tutte le sue "verità" fondamentali, e ci limiteremo a dire quanto segue.

1. Una di esse (chiamata *"assioma di estensionalità"*) ribadisce quanto abbiamo già affermato nel paragrafo 1.1, e cioè che due insiemi sono uguali quando hanno gli stessi elementi: tesi che ci pare facilmente condivisibile.

2. Altrettanto accettabili sono altri assiomi che autorizzano la costruzione di insiemi con i procedimenti di $\cup$ (unione), $\cap$ (intersezione), insieme delle parti e così via; in particolare, dato un insieme B, è possibile formare un nuovo insieme ritagliando dentro B il sottoinsieme di quegli elementi che soddisfano una certa proprietà P:

$$\{x \in B : x \text{ soddisfa } P\}.$$

3. Vi sono poi assiomi che assicurano l'esistenza di insiemi vuoti e infiniti.

4. Si deve comunque evitare in qualche modo il paradosso di Russell, e l'unica maniera ragionevole per raggiungere questo risultato è quella di escludere che ogni "collezione" di oggetti sia per ciò stesso un insieme; nel caso specifico, basta vietare che la collezione X degli insiemi A tale che $A \notin A$ sia un insieme. In questo modo, il paradosso non ha più ragion di essere perché X non è un insieme, e dunque non ha più senso chiedersi se $X \in X$ o no: soluzione che può forse produrre una qualche delusione – come capita a certi romanzi polizieschi carichi di tensione quando alla fine si scopre che l'assassino è solo il maggiordomo –, e che comunque è perfettamente logica. Ebbene, in ZF, un assioma (detto di *"regolarità"*) si preoccupa di vietare, nel modo adeguato, che ogni collezione di oggetti sia un insieme e di superare conseguentemente il paradosso di Russell nel modo ora spiegato.

Tale è, dunque, il sistema ZF. Va semmai ribadito che ZF ammette la possibilità di costruire **dentro** un insieme B il nuovo insieme degli elementi di B che soddisfano un'assegnata proprietà P e quindi, in particolare, quando P è la proprietà di non appartenenza a se stessi, di formare

$$\{A \in B : A \notin A\},$$

ma vieta di considerare come insieme la collezione $\{A : A \notin A\}$ di **tutti** gli A che non appartengono a se stessi, **dentro e fuori** di B. Tra l'altro, è questo il motivo per cui in precedenza abbiamo preferito collocarci sempre dentro un insieme "grande" S, per poter così operare correttamente tutte le costruzioni necessarie.

Prima di accettare definitivamente ZF come base della Teoria degli insiemi, ci si può giustamente domandare quanto segue.

1. ZF esclude ogni possibile contraddizione (così come fa col paradosso di Russell)? La risposta è delicata. Qui ci limitiamo ad affermare che, per ora, nessun nuovo paradosso è stato rilevato all'interno di ZF, e dunque non ci sono qui motivi evidenti per rifiutare ZF.

2. C'è poi da chiedersi se ZF, quand'anche privo di contraddizioni, sia un sistema "*completo*" di assiomi, capace cioè di provare o confutare qualunque affermazione sugli insiemi, e dunque di chiarire ogni dubbio che li riguardi.

Ebbene, si mostra che, ZF **non** è completo, e necessita dunque di essere arricchito di ulteriori basi assiomatiche.

Consideriamo infatti ad esempio la seguente affermazione:

> *il prodotto cartesiano di insiemi non vuoti (eventualmente di un'infinità di insiemi non vuoti) è non vuoto.*

Si tratta di una proposizione facile da accettare, almeno a livello intuitivo. Ma quando si prova a dimostrarla con ZF, si incontrano grandi difficoltà. Riepiloghiamo infatti la situazione: abbiamo un insieme I non vuoto di indici e, per ogni $i \in I$, un insieme $A_i \neq \emptyset$; vogliamo assicurarci dell'esistenza di una funzione f da I a $\bigcup_{i \in I} A_i$ che ad ogni $i \in I$ associa un elemento $f(i)$ scelto in A_i. L'affermazione pare evidente e condivisibile. Tuttavia, ZF non sa dimostrare che questo è "falso" (come osservato da Kurt Gödel nel 1938), ma neppure che è "vero" (come notato da Paul Cohen nel 1963). Dunque la proposizione è da assumere, affermata o negata, come nuovo assioma. In effetti, nella forma in cui l'abbiamo enunciata, riceve proprio il nome di *Assioma Moltiplicativo*. Una sua versione equivalente è:

Assioma della Scelta: per ogni insieme A esiste una funzione f di $\mathcal{P}(A) - \{\emptyset\}$ in A che ad ogni insieme non vuoto $X \in \mathcal{P}(A)$ associa $f(X) \in X$.

È relativamente facile (almeno a chi non si spaventa di troppe astrazioni) provare (per **esercizio**) il collegamento tra Assioma Moltiplicativo e Assioma della Scelta. Altre formulazioni equivalenti, spesso usate nelle applicazioni, e dunque ricorrenti nei testi di Matematica, sono le seguenti.

1. *Lemma di Zorn.* Sia $A \neq \emptyset$, A parzialmente ordinato da $\leq$. Assumiamo che, per ogni $S \subseteq A$ totalmente ordinato da $\leq$, esista $s \in A$ tale che $s \geq x$ per ogni $x \in S$. Allora A ha elementi massimali.
2. *Teorema di Zermelo.* Qualunque insieme A non vuoto ammette una relazione $\leq$ di buon ordine.

In realtà non è facile provare la coincidenza di questi enunciati. Tra l'altro anche i nomi con cui sono usualmente conosciuti sono motivo di equivoco. Ad esempio l'affermazione che abbiamo chiamato *Teorema di Zermelo* non è affatto un teorema, ma semmai una maniera equivalente di esprimere l'Assioma della Scelta: quello che Zermelo (matematico tedesco di inizio Novecento e allievo di Hilbert) provò fu piuttosto una parte di questa equivalenza, e cioè che, se si assume l'Assioma della Scelta, allora ogni insieme si può bene ordinare. Analoghe considerazioni si possono svolgere per il "Lemma di Zorn".

Ci si può allora domandare se sia più plausibile aggiungere a ZF l'Assioma della Scelta o la sua negazione. Quale dei due è il più intuitivo? Notiamo che da un lato l'Assioma Moltiplicativo sembra assolutamente ragionevole, e dunque più facile da accettare del suo contrario; ma d'altra parte se consideriamo il "Teorema" di Zermelo, e cioè l'affermazione che ogni insieme non vuoto si può bene ordinare, possiamo ben avere giuste riserve a condividerlo: ad esempio, se $A = \mathbb{R}$, come possiamo immaginare di ordinarlo in questa via, specificandone il primo elemento, poi il secondo, il terzo, e così via, fino a elencarli tutti? Quanto al Lemma di Zorn, è così involuto e indigesto che è difficile valutarne la plausibilità. Così possiamo concludere (citando una battuta di J. Bona) che

> *"l'Assioma della Scelta è ovviamente vero, il Teorema di Zermelo è ovviamente falso e, circa il Lemma di Zorn, chi è capace di capirci qualcosa?".*

Eppure i tre enunciati in questione sono equivalenti, dunque affermano "la stessa cosa". D'altra parte, molti risultati di Matematica familiari a chi si è addentrato nella materia dipendono dall'Assioma della Scelta: citiamo, ad esempio,

- l'esistenza di base e dimensione degli spazi vettoriali in Algebra Lineare,
- l'esistenza di insiemi non misurabili di reali in Analisi.

Infatti, scorrendo i manuali di Algebra Lineare e di Analisi, si controlla facilmente che la dimostrazione di queste proposizioni adopera l'Assioma della Scelta in una sua qualche formulazione (spesso il Lemma di Zorn) – del resto avremo modo di trattare l'argomento particolare degli spazi vettoriali proprio nella parte finale del libro –. Invece, in un mondo che rinnega l'Assioma della Scelta, si possono incontrare spazi vettoriali senza base, o senza dimensione. Dunque possiamo convenire in conclusione di accettare l'Assioma della Scelta per pigrizia se non proprio per convinzione, per non disturbare troppo la nostra mentalità di tranquilli matematici benpensanti. Ma non tutto procede così liscio: ad esempio il nostro assioma ha, tra le sue conseguenze, quella particolarmente sorprendente che adesso citiamo.

"Paradosso" di Banach-Tarski. *È possibile dividere una sfera in un numero finito di parti che, ricomposte opportunamente, formano due sfere dello stesso raggio della sfera data.*

Qui "paradosso" non significa contraddizione come nel caso di Russel, ma piuttosto risultato strano e inatteso. Si tratta infatti di un correttissimo teorema, basato proprio sull'Assioma della Scelta. Né c'è da stupirsi troppo del suo enunciato: infatti, se ammettiamo insiemi senza misura (come poc'anzi accennato), ed in particolare solidi senza volume, non è troppo scandaloso (o comunque fuori dal mondo) accettare di poter suddividere una sfera in un numero finito di queste parti senza volume e poi di riaggregarle alterandone il volume complessivo.

Così la storia dell'Assioma della Scelta finisce per testimoniare quel che Galileo presagiva quattro secoli fa, e cioè di quanto complicato e incerto sia *"il discorrer che noi facciamo col nostro intelletto finito"* della matematica dell'infinito e della ricerca delle sue basi fondamentali.

Quanto al nostro assioma, la conclusione più ragionevole a suo proposito sembra essere quella di adoperarlo con discrezione, evitandone l'uso quando possibile.

Esercizi.

1. Si provi che le funzioni f, g da $\mathbb{N} \times \mathbb{N}$ in $\mathbb{N}$ definite ponendo, per m, n naturali,

$$f(m,n) = 2^m(2n+1) - 1, \quad g(m,n) = m + \frac{(m+n) \cdot (m+n+1)}{2}$$

   sono entrambe corrispondenze biunivoche.

2. Sia $\mathbb{R}$ l'insieme dei numeri reali. Si considerino le seguenti relazioni binarie E in $\mathbb{R}$ e in ogni caso si stabilisca quali proprietà tra la riflessiva, la simmetrica, la transitiva, l'antisimmetrica sono soddisfatte e quali no: per $x, y \in \mathbb{R}$,
   a) xEy se e solo se $x^2 + y^2 = 1$,
   b) xEy se e solo se $(x - y)(x^2 - 4y^2) = 0$,
   c) xEy se e solo se $|x - y + 1| = 0$,
   d) xEy se e solo se $x - y$ è un numero intero non negativo,
   e) xEy se e solo se esiste un razionale r tale che $x = r \cdot y$,
   f) xEy se e solo se esiste un intero positivo m tale che $x = m \cdot y$.

3. Sia E la relazione binaria sull'insieme dei naturali $\mathbb{N}$ definita come segue: xEy se e solo se $|x - y|$ è pari. Si dica se E è una relazione di equivalenza ed eventualmente si descriva il suo insieme quoziente.

4. Quante relazioni di equivalenza esistono su un insieme di 5 elementi?

5. Siano $\leq$, $<$ e $|$ rispettivamente le usuali relazioni di ordine, ordine stretto e di divisibilità sull'insieme $\mathbb{N}$ dei naturali. Si considerino le relazioni binarie E su $\mathbb{N}^2$ definite come segue: per a, b, c, d naturali, vale $(a,b)E(c,d)$ se e solo se
   a) $a \leq c$ e $b \leq d$;

   b) $a < c$ e $b \leq d$;
   c) $a | c$ e $b \leq d$;
   d) $a < c$ e $b < d$;
   e) $a + c < b + d$;
   f) $a + b \leq c + d$;
   g) $a \leq c$ e, se $a = c$, $b \leq d$.
   Si verifichi quali tra queste relazioni sono
   (i) di ordine parziale;
   (ii) di ordine totale;
(iii) di buon ordine.

6. Nell'insieme $\mathbb{N} \times \mathbb{Q}$ delle coppie ordinate (a, b) con $a \in \mathbb{N}$ e $b \in \mathbb{Q}$ si introduca la seguente relazione binaria $\leq$ (analoga a quella del punto g) dell'esercizio precedente): $(a, b) \leq (a', b')$ se e solo se $a \leq a'$ e, se $a = a'$, allora $b \leq b'$. Si provi che questa relazione è di ordine totale (si chiama relazione di ordine alfabetico perché richiama quella usata nei vocabolari per ordinare le parole). Questo ordine è anche denso?

Riferimenti bibliografici

Per approfondimenti di Teoria degli insiemi il lettore può consultare [21] oppure [48]. I principali insiemi di numeri (naturali, interi, razionali, reali, complessi) saranno descritti in maggior dettaglio nel seguito di questo libro. Il lettore può comunque trovare approfondimenti in [26].

I numeri naturali

2.1 Il principio di induzione

Abbiamo già incontrato nel Capitolo 1 l'insieme $\mathbb{N}$ dei numeri naturali 0, 1, 2, 3,... e l'insieme $\mathbb{Z}$ dei numeri interi $0, \pm 1, \pm 2, \pm 3, \ldots$. Approfondiamo qui la loro conoscenza. La nostra esposizione sarà, almeno inizialmente, informale, volta a ricordare alcune proprietà fondamentali di $\mathbb{N}$ e $\mathbb{Z}$ e a insinuarne altre, piuttosto che a trattare sistematicamente l'uno e l'altro insieme numerico. Assumiamo quindi che il lettore abbia già qualche confidenza con $\mathbb{N}$ e $\mathbb{Z}$, sappia ad esempio che in $\mathbb{Z}$ la sottrazione è sempre possibile, e in $\mathbb{N}$ no, o che il prodotto di due interi positivi è positivo, e così via; anzi adoperiamo liberamente alcune di queste proprietà in certe nostre dimostrazioni.

Cominciamo a considerare l'insieme $\mathbb{N}$ dei numeri naturali $0, 1, 2, 3, \ldots$ (quelli con cui siamo abituati a contare). Se, anziché snocciolarne l'elenco, del resto infinito, preferiamo introdurli in modo essenziale e rigoroso, possiamo seguire la via suggerita alla fine dell'Ottocento (e precisamente negli anni 1888-89) da Richard Dedekind e Giuseppe Peano: partire dall'elemento 0 e dalla *funzione successore* $s : \mathbb{N} \to \mathbb{N}$, quella per cui $s(0) = 1, s(1) = 2, s(2) = 3$, e così via (dunque $s(n) = n + 1$ per ogni n), e osservare:

(P1) s è iniettiva;

(P2) per ogni $n \in \mathbb{N}$, $0 \neq s(n)$;

(P3) *(Principio di Induzione)* se $A \subseteq \mathbb{N}$, $0 \in A$ e A è chiuso rispetto a s (in altre parole, per ogni $a \in A$, anche $s(a) = a + 1$ è in A), allora $A = \mathbb{N}$.

In effetti si mostra che (P1), (P2), (P3) caratterizzano in modo sostanziale $\mathbb{N}$ (rispetto a $0, s$). Delle tre affermazioni, quella cruciale è la terza, che del resto abbiamo già avuto modo di incontrare e adoperare nel precedente capitolo: essa ci dice che tutti i naturali possono ottenersi partendo da 0 e aggiungendo progressivamente 1. Se dunque una proprietà vale per 0 e, ogni volta che è soddisfatta da un certo n, è soddisfatta anche dal successivo $s(n) = n + 1$, allora questa proprietà vale per tutti i naturali. Più in generale, se una proprietà vale per un certo naturale n_0 e si preserva per s, allora questa proprietà è soddisfatta da ogni naturale $n \geq n_0$ (basta applicare (P3) all'insieme A formato dai naturali $< n_0$ e da quelli che soddisfano la proprietà).

Esercizi 2.1.1 Si dimostrino le seguenti proprietà per ogni naturale positivo n attraverso il principio di induzione:

1. $1 + 2 + 3 + \cdots + n = \frac{n \cdot (n+1)}{2}$;
2. $1 + 3 + 5 + \cdots + (2n - 1) = n^2$;
3. $1^2 + 2^2 + 3^2 + \cdots + n^2 = \frac{n \cdot (n+1) \cdot (2n+1)}{6}$.

Svolgiamo per esempio in dettaglio 1. L'uguaglianza lì enunciata vale certamente per $n = 1$, infatti in questo caso $\frac{n \cdot (n+1)}{2} = \frac{1 \cdot 2}{2} = 1$. Supponiamo allora che la proprietà sia vera per un certo $n \geq 1$ e proviamola per $n+1$; assumiamo cioè

$$1 + 2 + 3 + \cdots + n = \frac{n \cdot (n + 1)}{2};$$

dobbiamo provare

$$1 + 2 + 3 + \cdots + n + (n + 1) = \frac{(n + 1) \cdot (n + 2)}{2}.$$

Sfruttando l'ipotesi di induzione, si ha in effetti

$$1 + 2 + 3 + \cdots + n + (n + 1) = (1 + 2 + 3 + \cdots + n) + n + 1 =$$
$$= \frac{n \cdot (n+1)}{2} + n + 1 = \frac{n \cdot (n+1) + 2 \cdot (n+1)}{2} = \frac{(n+1) \cdot (n+2)}{2}.$$

4. Con l'uso del Principio di Induzione si riesce anche a provare che tutte le mele del mondo sono rosse: il ragionamento che segue ha proprio questa conclusione. Quale è il suo errore?

   "Dimostrazione" che tutte le mele sono rosse. Siccome esiste qualche mela rossa, basta provare che tutte le mele del mondo hanno lo stesso colore, e cioè che per ogni intero positivo n un qualunque insieme di n mele non ha differenze di colore. Proviamolo per induzione su n. Se $n = 1$, la tesi è ovvia. Mostriamo adesso che la tesi si preserva da n a $n + 1$. Siano $m_0, m_1, \ldots, m_n$ $n + 1$ mele distinte. Se dimentichiamo m_0, troviamo un insieme di n mele $m_1, \ldots, m_n$ che, per induzione, hanno tutte lo stesso colore; allo stesso modo anche le mele $m_0, m_1, \ldots, m_{n-1}$ hanno lo stesso colore. Così $m_0, \ldots, m_{n-1}$ hanno lo stesso colore di $m_1, \ldots, m_n$ e dunque $m_0, m_1, \ldots, m_{n-1}, m_n$ hanno tutte il medesimo colore.

5. Si provi che in $\mathbb{N}$ l'immagine della funzione s è $\mathbb{N} - \{0\}$ (*suggerimento:* si usi (P3) per mostrare che ogni $n \geq 1$ è in $Im\, s$. Si usi poi (P2)).

Come detto, l'approccio a $\mathbb{N}$ tramite l'induzione (e (P1), (P2), (P3)) usa soltanto 0 e s, dimentica quindi le usuali operazioni di addizione $+$ e moltiplicazione $\cdot$, e la relazione $\leq$ in $\mathbb{N}$. Tuttavia l'addizione e la moltiplicazione possono essere facilmente definite adoperando proprio l'induzione. Infatti, anziché introdurre la somma o il prodotto di due naturali m, n, possiamo alternativamente definire, per ogni prefissato naturale m, quali sono la sua somma e il suo prodotto per un generico naturale n; procedere allora per induzione su n, dicendo prima quale è la somma di m e 0, e poi quale è quella di m con il successore di n immaginando di sapere già quella con n (e analogamente per il prodotto). Si pone allora:

- $m + 0 = m$,
- $m + s(n) = s(m + n)$,

e

- $m \cdot 0 = 0$,
- $m \cdot s(n) = m \cdot n + m$.

In particolare si riscopre in questo modo che, per ogni m, $s(m+0) = m+s(0) = m + 1$. Così le uguaglianze

$$m + s(n) = s(m + n),$$

$$m \cdot s(n) = m \cdot n + m$$

si possono riscrivere nella forma con cui più comunemente le conosciamo:

$$m + (n + 1) = (m + n) + 1,$$

$$m \cdot (n + 1) = m \cdot n + m.$$

Si controllano facilmente, sulla base di questa definizione, le proprietà di somma e prodotto in $\mathbb{N}$ che tutti conoscono (ad esempio, che $m + n = n + m$ per ogni scelta di m e n, e così via). Useremo liberamente queste semplici proprietà nel seguito. Le elenchiamo per comodità senza attardarci in dimostrazioni dettagliate. Il lettore munito di molta pazienza può tentare di provarle direttamente, se vuole.

Fatto. Per m, n, q naturali,

1. $m + n = n + m$;
2. $m \cdot n = n \cdot m$;
3. $(m + n) + q = m + (n + q)$;
4. $(m \cdot n) \cdot q = m \cdot (n \cdot q)$;
5. $m + 0 = m$;
6. $m \cdot 1 = m$;
7. $m \cdot (n + q) = m \cdot n + m \cdot q$;
8. $m \cdot 0 = 0$;
9. se $m + n = m + q$, allora $n = q$;
10. se $m \cdot n = 0$, allora $m = 0$ o $n = 0$; in particolare, se $m \cdot n = m \cdot q$ e $m \neq 0$, allora $n = q$.

Converrà anche ricordare le denominazioni con cui alcune di queste proprietà sono conosciute. Così 1 si chiama la proprietà *commutativa* della somma, mentre 2 rappresenta la stessa proprietà per il prodotto; 3 e 4 esprimono la proprietà *associativa* (di somma e prodotto, rispettivamente); la 7 è la proprietà *distributiva* del prodotto rispetto alla somma (anzi, a essere pignoli, è la proprietà distributiva sinistra perché il fattore m si trova a sinistra; ma, siccome il prodotto è commutativo, vale ovviamente anche la proprietà distributiva destra $(n + q) \cdot m = n \cdot m + q \cdot m$ per ogni scelta di m, n, q). La 9 si chiama talora *legge di cancellazione* della somma; anche 10 esprime una forma debole di cancellazione per il prodotto, legata all'ipotesi $m \neq 0$. 10 ci dice anche che in $\mathbb{N}$ non ci sono *divisori dello zero*: se un prodotto si annulla, è perché almeno uno dei fattori è già nullo.

Anche l'usuale relazione di ordine $\leq$ in $\mathbb{N}$ si può recuperare in questo ambito tramite $+$, basta porre

$$n \leq m \text{ se e solo se esiste } d \in \mathbb{N} \text{ tale che } m = n + d$$

(ad esempio, $2 \leq 3$ perché $2 + 1 = 3$, ma $3 \nleq 2$ perché, per ogni $d \in \mathbb{N}$, $3 + d \neq 2$). Del resto, abbiamo già considerato questa caratterizzazione di $\leq$ in $\mathbb{N}$ nello scorso capitolo.

Esercizio 2.1.2 Si verifichi che la relazione binaria $\leq$ sopra definita in $\mathbb{N}$ è una relazione di ordine totale, e che 0 è il minimo di $\mathbb{N}$. Si noti che, per n, m naturali, $n < m$ (cioè $n \leq m$ e $n \neq m$) equivale a chiedere che esiste un naturale $d \neq 0$ tale che $n + d = n$.

Osservazione 2.1.3 Si noti che dalla proprietà 10 prima elencata segue che, se m, n sono naturali e $n \leq m$, allora c'è un **unico** $d \in \mathbb{N}$ tale che $n + d = m$; d si dice la *differenza* di m e n, e si indica con $m - n$.

0 è il minimo di $\mathbb{N}$ rispetto a $\leq$, infatti, per ogni naturale $< n$, $m = 0 + m$. Si vede poi che in $\mathbb{N}$ c'è un minimo elemento 1 maggiore di 0, e ancora un minimo elemento 2 maggiore di 1, e via dicendo. In realtà una conseguenza importante del principio di induzione è:

Principio del minimo 2.1.4 *Sia A un sottoinsieme non vuoto di $\mathbb{N}$. Allora A ha un minimo rispetto a $\leq$.*

In altre parole, $\leq$ definisce un buon ordine in $\mathbb{N}$: se c'è un naturale con una certa proprietà, allora c'è un minimo naturale con quella proprietà.

Dimostrazione. Sia A privo di minimo. Poniamo

$$B = \{n \in \mathbb{N} : 0, 1, \ldots, n \notin A\}.$$

Notiamo che:

- $0 \in B$, altrimenti $0 \in A$ e dunque 0 è il minimo di A;

- sia $n \in B$, così $0, 1, \ldots, n \notin A$; se $s(n) \in A$, allora A ha $s(n)$ come minimo; ma allora $s(n) \notin A$, dunque $s(n) \in B$ perché $0, 1, \ldots, n, s(n) \notin A$.

Per il principio di induzione, $B = \mathbb{N}$. Segue $A = \emptyset$. $\qquad\square$

Un'altra conseguenza del principio di induzione è:

Principio di induzione completa 2.1.5 *Sia A un sottoinsieme di $\mathbb{N}$ tale che, per ogni $n \in \mathbb{N}$, se $\{m \in \mathbb{N} : m < n\} \subseteq A$, allora $n \in A$. Allora $A = \mathbb{N}$.*

Dimostrazione. Se $A \neq \mathbb{N}$, $\mathbb{N} - A \neq \emptyset$ e dunque ha minimo n. Così $n \notin A$, ma ogni naturale $m < n$ è in A, e questo è assurdo. $\qquad\square$

Dunque, se una certa proprietà dei naturali si trasferisce, per ogni naturale n, da tutti i naturali $< n$ a n, allora questa proprietà vale per l'intero $\mathbb{N}$.

2.2 La divisione in $\mathbb{N}$: quoziente e resto

Abbiamo già introdotto in $\mathbb{N}$ la relazione di divisibilità $|$: per ogni scelta di $a, b \in \mathbb{N}$

$$b|a \text{ significa che esiste } q \in \mathbb{N} \text{ tale che } a = b \cdot q.$$

Si è visto che $|$ è una relazione di ordine parziale (e non totale) in $\mathbb{N}$. Aggiungiamo altre osservazioni utili (alcune già implicitamente utilizzate nello scorso capitolo).

Osservazioni 2.2.1

1. Per ogni $b \in \mathbb{N}$, $b|b$ e $1|b$: infatti $b = 1 \cdot b$. In particolare 1 è un minimo per $|$ e 1 è l'unico divisore di 1.
2. Per ogni $b \in \mathbb{N}$, $b|0$: infatti $0 = 0 \cdot b$ (dunque 0 è un massimo per $|$). Quindi, per ogni $b \in \mathbb{N}$, se $0|b$, allora $b = 0$: infatti esiste $q \in \mathbb{N}$ tale che $b = 0 \cdot q = 0$.
3. Siano $b, a, a' \in \mathbb{N}$, $b|a$, $b|a'$. Allora $b|(a + a')$ e $b|(a - a')$ (se $a - a'$ esiste, cioè se $a \geq a'$), inoltre $b|(r \cdot a)$ per ogni $r \in \mathbb{N}$.
   Infatti, siano $q, q' \in \mathbb{N}$ tali che $a = b \cdot q$, $a' = b \cdot q'$. Segue
   - $a + a' = b \cdot q + b \cdot q' = b \cdot (q + q')$,
   - $a - a' = b \cdot q - b \cdot q' = b \cdot (q - q')$ (per $a \geq a'$, si deduce $q \geq q'$),
   - $r \cdot a = r \cdot (b \cdot q) = b \cdot (r \cdot a)$.

   Il lettore osserverà che in realtà la terza affermazione non fa che riformulare la proprietà transitiva della divisibilità; quanto alla prima, è già stata adoperata – tra gli interi – a proposito della proprietà transitiva della relazione di congruenza modulo un m prefissato.
4. Siano $a, b \in \mathbb{N}$, $a, b \neq 0$. Se $b|a$, allora $b \leq a$.
   Infatti sappiamo che $a = b \cdot q$ per qualche $q \in \mathbb{N}$. Poiché $a \neq 0$, deve essere $q \neq 0$, così $q \geq 1$ ed esiste $q - 1 \in \mathbb{N}$; inoltre $q = (q - 1) + 1$. Segue

$$a = b \cdot q = b \cdot (q - 1) + b \geq b.$$

Se $b|a$ diremo che a è *divisibile* per b, o anche che a è *multiplo* di b, o che b è *divisore* di a. Non sempre la divisibilità di a per $b \neq 0$ è assicurata, vale cioè esattamente $a = b \cdot q$ per qualche q. Tuttavia l'ultima uguaglianza è sempre vera a meno di un errore $r < b$; questo è quanto affermato dal seguente:

Teorema 2.2.2 (del quoziente e del resto). *Siano $a, b \in \mathbb{N}$, $b \neq 0$. Allora esistono due naturali q, r (unici) tali che*

$$a = b \cdot q + r, \ \ r < b.$$

Ad esempio, 7 non è divisibile per 2, ma si può scrivere $7 = 2 \cdot 3 + 1$ con $q = 3$ e $r = 1 < 2$. q si dice il *quoziente* e r il *resto* della divisione di a per b. Si osservi poi che $b|a$ se e solo se $r = 0$.

Dimostrazione. Proviamo dapprima che q, r come richiesti esistono, poi che essi sono unicamente determinati.
Esistenza. Si procede per induzione completa su a; assumiamo cioè la tesi vera per ogni naturale minore di a, e la proviamo per a.
Se $a < b$, si ha $a = 0 \cdot b + a$ con $a < b$, dunque $q = 0$ e $r = a$.
Sia $a \geq b$, allora esiste $a - b < a$ (perché $b \neq 0$); per l'induzione, esistono $q', r' \in \mathbb{N}$ tali che
$$a - b = b \cdot q' + r', \ \ r' < b.$$
Segue
$$a = a - b + b = b \cdot q' + r' + b = b \cdot (q' + 1) + r'.$$
Così possiamo scegliere $q = q' + 1$ e $r = r' < b$.

Unicità. Sia $a = b \cdot q + r = b \cdot q' + r'$ con $r, r' < b$. Vale $r \leq r'$ o $r' \leq r$. Possiamo assumere $r \leq r'$, così esiste $r' - r$ e $r' - r \leq r' < b$; inoltre
$$r' - r = b \cdot (q - q').$$

Se $q \neq q'$, $r' - r \neq 0$, e dunque $r' - r \geq b$, e questo è assurdo. Così $q = q'$ e $r = r'$. $\qquad\square$

2.3 Numeri e dita

Quando comunemente scriviamo il naturale 1527, intendiamo in genere indicare con

- 7 la cifra delle unità,
- 2 la cifra delle decine,
- 5 la cifra delle centinaia,
- 1, infine, la cifra delle migliaia.

In altre parole, rappresentiamo 1527 come

$$1527 = 1 \cdot 10^3 + 5 \cdot 10^2 + 2 \cdot 10^1 + 7 \cdot 10^0$$

rispetto alla base 10. Allo stesso modo

$$340 = 3 \cdot 10^2 + 4 \cdot 10^1 + 0 \cdot 10^0.$$

Osserviamo che le unità, le decine, le centinaia, ... di un numero come 1527 o 340 si possono ricavare ad occhio, leggendo il numero, o anche dividendo il numero per 10, il quoziente ancora per 10, e così via, come di seguito spiegato:

- $1527 = 152 \cdot 10 + 7$,
- $152 = 15 \cdot 10 + 2$,
- $15 = 1 \cdot 10 + 5$,
- $1 = 0 \cdot 10 + 1$.

Come si vede, la sequenza dei resti dal basso verso l'alto determina proprio 1527. Allo stesso modo

- $340 = 34 \cdot 10 + 0$,
- $34 = 3 \cdot 10 + 4$,
- $3 = 0 \cdot 10 + 3$

definisce 340.

Né c'è da stupirsi di questo risultato: se in ognuna delle precedenti uguaglianze sostituiamo il quoziente con la sua espressione al rigo successivo, abbiamo la conferma che tutto quadra:

- $1527 = (((0 \cdot 10 + 1) \cdot 10 + 5) \cdot 10 + 2) \cdot 10 + 7$,
- $340 = ((0 \cdot 10 + 3) \cdot 10 + 4) \cdot 10$.

Tra parentesi, ricordiamo che l'uso della notazione $0, 1, 2, 3, 4, 5, 6, 7, 8, 9$ per indicare le 10 cifre coinvolte in questa rappresentazione ci è stato tramandato dagli Indiani tramite gli Arabi, Al-Khwarizmi e Fibonacci: non è stato dunque processo banale.

La scelta della base 10 per esprimere i numeri naturali è la più ovvia, visto che 10 sono le dita delle nostre mani e spesso adoperiamo le dita per contare. Ma 10 non è l'unico riferimento possibile, potremmo alternativamente decidere di rappresentare i naturali in base 2, o 3, o 4, o in altri modi ancora.

La base 2 è relativamente comune, ad esempio in informatica e nel funzionamento dei calcolatori. Corrisponde alla scelta di disporre di due sole cifre $0, 1$ e dunque di poter formare solo numeri come

$$0, 1, 10, 11, 100, 101, 110, 111, 1000, \ldots$$

a intendere, rispettivamente,

$$0, 1, 2, 3, 4, 5, 6, 7, 8, \ldots$$

Questo sarebbe, del resto, il modo di contare di un E. T. marziano che ha un solo dito per mano, e dunque può disporre di 2 sole cifre ($0, 1$, appunto, se ammettiamo che anche i marziani conoscano ed adottino la numerazione araba). Così 110101 in base 2 significa

$$1 \cdot 2^5 + 1 \cdot 2^4 + 0 \cdot 2^3 + 1 \cdot 2^2 + 0 \cdot 2^1 + 1 \cdot 2^0 = 32 + 16 + 4 + 1 = 53$$

in base 10. Viceversa, la rappresentazione in base 2 di un numero noto in base 10 si ottiene guardando ai resti (presi in ordine inverso) nella divisione, sua e dei suoi quozienti, per 2, come già illustrato per la base 10. Ad esempio:

$$
\begin{aligned}
340 &= 2 \cdot 170 \\
170 &= 2 \cdot 85 \\
85 &= 2 \cdot 42 + 1 \\
42 &= 2 \cdot 21 \\
21 &= 2 \cdot 10 + 1 \\
10 &= 2 \cdot 5 \\
5 &= 2 \cdot 2 + 1 \\
2 &= 2 \cdot 1 \\
1 &= 2 \cdot 0 + 1
\end{aligned}
$$

da cui si ricava che 340 in base 2 è 101010100. Infatti

$$1 \cdot 2^8 + 1 \cdot 2^6 + 1 \cdot 2^4 + 1 \cdot 2^2 = 256 + 64 + 16 + 4 = 340.$$

Il lettore può calcolarsi per **esercizio** come si esprime 1527 in base 2. Noi preferiamo qui il più semplice esempio del numero che in base 10 si scrive 100; si ha

$$
\begin{aligned}
100 &= 2 \cdot 50 \\
50 &= 2 \cdot 25 \\
25 &= 2 \cdot 12 + 1 \\
12 &= 2 \cdot 6 \\
6 &= 2 \cdot 3 \\
3 &= 2 \cdot 1 + 1 \\
1 &= 2 \cdot 0 + 1
\end{aligned}
$$

dunque 100 è, in base 2, 1100100. Infatti

$$1 \cdot 2^6 + 1 \cdot 2^5 + 1 \cdot 2^2 = 64 + 32 + 4 = 100.$$

Le basi 10 e 2 risultano le più comuni, ma come detto altre basi, quali $3, 4$ e così via, sono ammissibili e i procedimenti di conversione tra esse e la base 10 sono del tutto simili a quelli valevoli tra le basi 2 e 10: per trasformare un numero dalla base 10 alla base b basta considerare la sequenza in ordine inverso dei resti nella divisione per b; per convertire dalla base b alla base 10 si moltiplicano le cifre (che variano tra 0 e $b - 1$) del numero scritto in base b per la relativa potenza di b, sommando poi il tutto.

Esercizi 2.3.1

1. Come si rappresentano 340 e 1527 in base 3 (cioè se le sole cifre disponibili sono $0, 1, 2$)?
2. Si rappresentino in base 10 il numero che in base 4 si scrive 3012 e il numero che in base 8 si scrive 7401.
3. A questo mondo ci sono solo 10 categorie di persone: quelle che capiscono la numerazione in base 2, e le altre. Come mai?

Approfittiamo di questo paragrafo per trattare anche il tema della "lunghezza" di un naturale a, cioè del numero di cifre necessario a rappresentarlo. Questa lunghezza dipende dalla base a cui ci si riferisce. Allora lavoriamo, tanto per cominciare, in base 10. Osserviamo che sotto questa ipotesi

- $1 = 10^0$ richiede 1 cifra (cioè $1 +$ il suo logaritmo in base 10, che è 0),
- $10 = 10^1$ richiede 2 cifre (cioè $1 +$ il suo logaritmo in base 10, che è 1),
- $100 = 10^2$ richiede 3 cifre (cioè $1 +$ il suo logaritmo in base 10, che è 2),

In generale 10^k richiede $k + 1$ cifre (cioè $1 +$ il suo logaritmo in base 10, che è, appunto, k). Conseguentemente, un numero a tra 10^k (compreso) e 10^{k+1} (escluso) richiederà ancora $k + 1$ cifre per la sua rappresentazione in base 10. Ad esempio

- 1527 necessita di 4 cifre (come $1000 = 10^3$),
- 340 necessita di 3 cifre (come $100 = 10^2$).

D'altra parte, il logaritmo in base 10 di un naturale a tra 10^k e 10^{k+1} (escluso), quando espresso in forma decimale, ha parte intera k: ad esempio

- $log_{10} 1525 = 3, \ldots,$
- $log_{10} 340 = 2, \ldots.$

In conclusione la "lunghezza" in base 10 di un naturale a è

$$\lfloor log_{10} a \rfloor + 1$$

dove $\lfloor \ \rfloor$ denota la parte intera (ad esempio $\lfloor log_{10} 1525 \rfloor = 3$, $\lfloor log_{10} 340 \rfloor = 2$; in generale, per ogni reale positivo x, $\lfloor x \rfloor$ è il massimo intero che precede o eguaglia x).

Il discorso si estende ovviamente a qualunque base, ed in particolare a 2. Infatti, rispetto a 2,

- $1 = 2^0$ richiede 1 cifra (cioè $1 +$ il suo logaritmo in base 2, che è 0),
- $2 = 2^1$ (che in base 2 diventa 10) richiede 2 cifre (cioè $1 +$ il suo logaritmo in base 2, che è 1),
- $4 = 2^2$ (che diventa 100) richiede 3 cifre (cioè $1 +$ il suo logaritmo in base 2, che è 2),
- $8 = 2^3$ (che diventa 1000) richiede 4 cifre (cioè $1 +$ il suo logaritmo in base 2, che è 3),

e così via. In generale

- 2^k richiede $k+1$ cifre (cioè $1+$ il suo logaritmo in base 2, che è k).

Conseguentemente, un naturale a tra 2^k (compreso) e 2^{k+1} (escluso) avrà lunghezza $k+1$ in base 2. Ad esempio:

- 340, che è compreso tra $256 = 2^8$ e $512 = 2^9$, in base 2 si scrive 101010100 e dunque necessita di 9 cifre;
- 100, che è compreso tra $64 = 2^6$ e $128 = 2^7$, in base 2 si scrive 1100100 e dunque coinvolge 7 cifre.

D'altra parte, se a è compreso tra 2^k e 2^{k+1} (escluso), k è la parte intera del suo logaritmo in base 2. Così, in generale, la lunghezza di a in base 2 è

$$\lfloor log_2\, a \rfloor + 1.$$

Ovviamente, questa rappresentazione in base 2 richiede più cifre di quella in base 10. Del resto, per $a \geq 1$,

$$log_{10}\, a < log_2\, a.$$

Tuttavia è ben noto che

$$log_2\, a = log_{10}\, a \cdot log_2\, 10,$$

così anche le lunghezze di a nelle basi 2 e 10 sono (più o meno) direttamente proporzionali tramite la costante $log_2\, 10$ (compresa tra 3 e 4).

Esercizi 2.3.2

1. Si scriva 152 in base $2, 3$ e 5.
2. Il numero che si scrive 11101010110 in base 2 a che cosa corrisponde in base 10?
3. Se un numero a è composto di 8 cifre in base 4, da quante cifre sarà composto in base 7?
4. Il *gioco del polinomio*. Abbiamo un polinomio "misterioso" $p(x) = a_n x^n + a_{n-1} x^{n-1} + \cdots + a_1 x + a_0$ di grado arbitrario $n > 0$; di $p(x)$ sappiamo solo che ha coefficienti $a_0, a_1, \ldots, a_n$ in $\mathbb{N}$. Ci viene richiesto di scoprire questi coefficienti. Lo strumento che ci viene concesso per raggiungere l'obiettivo è la possibilità di scegliere liberamente due naturali c_1, c_2 e calcolare i valori $p(c_1), p(c_2)$ che il polinomio assume in essi. Una strategia vincente è di scegliere $c_1 = 1$, $c_2 = p(1) + 1$. Sia infatti $p(c_2) = a$. A questo punto si può dividere a per c_2, il resto coinciderà con a_0; poi si ripete il procedimento dividendo il quoziente della divisione precedente sempre per c_2, il resto fornirà a_1. Si itera fino ad avere un quoziente nullo, ottenendo così tutti i coefficienti del polinomio $p(x)$.
Sapreste spiegare il meccanismo che sta alla base di questa strategia alla luce di quanto appreso circa la rappresentazione di un numero nelle varie basi?

2.4 Massimo comun divisore e minimo comune multiplo

Definizione 2.4.1 Siano $a, b \in \mathbb{N}$, $a \neq 0$ o $b \neq 0$. Si dice che $d \in \mathbb{N}$ è *massimo comun divisore* di a, b se

(i) $d|a$, $d|b$,
(ii) se $e \in \mathbb{N}$, $e|a$, $e|b$, allora $e \leq d$.

Si noti che c'è almeno un divisore comune di a e b, ed è 1. Inoltre, per $a \neq 0$, l'insieme dei divisori comuni di a, b è incluso nell'insieme dei numeri naturali n per cui $1 \leq n \leq a$, e quindi è finito; ha perciò un massimo rispetto a $\leq$. Lo stesso vale per $b \neq 0$. In conclusione un massimo comun divisore di a, b esiste. È poi banale che un massimo comun divisore di a, b è unico. Possiamo allora denotarlo con un simbolo particolare, e porre:

$$(a, b) = \text{ massimo comun divisore di } a, b.$$

Si faccia attenzione a non confondere questa notazione con quella del tutto analoga introdotta per indicare la coppia ordinata composta da a, b in $\mathbb{N}^2$: il significato dovrebbe essere sempre chiaro dal contesto.

Esercizio 2.4.2 Si spieghi perché conviene escludere il caso $a = b = 0$ nella definizione di massimo comun divisore.

Vediamo ora come si può calcolare in modo rapido (a, b) a partire da a e b.

Osservazioni 2.4.3 Siano $a, b \in \mathbb{N}$, $a \neq 0$ o $b \neq 0$.

1. $(a, b) = (b, a)$.
2. Supponiamo $a = 0$, dunque $b \neq 0$. Allora $b|0$ e $b|b$. Inoltre b è ovviamente massimo tra i divisori di b. Così $(0, b) = b$. Allo stesso modo, se $b = 0$, $(a, 0) = a$.
3. Siano ora $a, b \neq 0$, $b|a$. Allora $(a, b) = b$.

Notiamo adesso:

Teorema 2.4.4 *Siano $a, b \in \mathbb{N}$, $b \neq 0$, e siano q, r quoziente e resto della divisione di a per b. Allora*
$$(a, b) = (b, r).$$

Dimostrazione. Ricordiamo $a = b \cdot q + r$ e $r < b$. Allora i divisori comuni di b e r dividono anche $a = b \cdot q + r$, quindi $(b, r) \leq (a, b)$, e viceversa i divisori comuni di a, b dividono anche $r = a - b \cdot q$, dunque $(a, b) \leq (b, r)$. Pertanto in definitiva $(a, b) = (b, r)$. $\qquad\square$

Metodo di Euclide delle divisioni successive. Sul precedente teorema si basa il seguente algoritmo, dovuto a Euclide e dunque antichissimo, per la ricerca del massimo comun divisore.

Siano $a, b \in \mathbb{N}$, $a, b \neq 0$, $a \geq b$. Dividiamo a per b, poi b per l'eventuale resto non nullo, e così via finché non si trova un resto nullo. L'ultimo resto non nullo (eventualmente b) è (a, b).

Infatti la prima divisione produce q_0, r_0 tali che

$$a = b \cdot q_0 + r_0, \quad r_0 < b;$$

se $r_0 = 0$, $b|a$ e dunque $(a, b) = b$. Altrimenti si avrà

$$b = r_0 \cdot q_1 + r_1, \quad r_1 < r_0;$$

se $r_1 = 0$, $r_0|b$ e dunque $(b, r_0) = r_0$. Ma per il Teorema 2.4.4 $(a, b) = (b, r_0)$, così $(a, b) = r_0$. Altrimenti si prosegue. Dopo al più un numero finito di passi, il procedimento deve avere termine, altrimenti si costruisce una successione discendente infinita di naturali non nulli

$$b > r_0 > r_1 > r_2 > \cdots$$

e quindi si produce un insieme di naturali

$$\{b, r_0, r_1, r_2, \ldots\}$$

privo di minimo.
Dunque per qualche indice s si deve avere

$$r_{s-2} = r_{s-1} \cdot q_s, \quad r_s = 0.$$

In tal caso

$$r_{s-1} = (r_{s-1}, r_{s-2}) = \cdots = (r_1, r_0) = (r_0, b) = (a, b).$$

Esempio 2.4.5 $(72, 22) = 2$, infatti:

- $72 = 22 \cdot 3 + 6$,
- $22 = 6 \cdot 3 + 4$,
- $6 = 4 \cdot 1 + 2$,
- $4 = 2 \cdot 2 + 0$.

Così 2 è l'ultimo resto non nullo.

Altri metodi per la ricerca del massimo comun divisore saranno visti più tardi, non appena si saranno introdotti i numeri primi. Il massimo comun divisore di a, b si può anche caratterizzare come segue.

Identità di Bézout 2.4.6 *Siano a, b due naturali non entrambi nulli, $d = (a, b)$. Allora esistono $x, y \in \mathbb{Z}$ tali che $d = a \cdot x + b \cdot y$.*

Si noti che x, y sono **interi**, dunque eventualmente negativi.

Dimostrazione. La tesi è ovvia se $a = 0$ (o $b = 0$) poiché in tal caso $d = b = a \cdot 0 + b \cdot 1$. Sia allora $a, b \neq 0$. Procediamo per induzione sul numero s dei passi del metodo di Euclide.

Se $s = 0$, si ha nuovamente $(a, b) = b = a \cdot 0 + b \cdot 1$.

Sia ora $s > 0$. Assumiamo il risultato vero per $s - 1$ e proviamolo per s. Siccome la ricerca di (b, r_0) richiede un numero inferiore $s - 1$ di passi, esistono $x_1, y_1 \in \mathbb{Z}$ tali che $(b, r_0) = b \cdot x_1 + r_0 \cdot y_1$. Ma $(a, b) = (b, r_0)$ e $r_0 = a - b \cdot q_0$, così

$$(a, b) = b \cdot x_1 + r_0 \cdot y_1 = b \cdot x_1 + (a - b \cdot q_0) \cdot y_1 = a \cdot y_1 + b \cdot (x_1 - q_0 \cdot y_1)$$

(x_1 e $q_0 \cdot y_1$ si possono sottrarre liberamente, indipendentemente dal loro ordine, perché si ammettono anche valori negativi). $\qquad\qquad\square$

Una nota storica: Étienne Bézout visse nella Francia del '700 e, oltre a scrivere manuali di Matematica per artiglieri e guardie di marina, si occupò in modo significativo della soluzione dei sistemi di equazioni.

Esempi 2.4.7

- $(6, 4) = 2 = 6 - 4 = 6 \cdot 1 + 4 \cdot (-1)$,
- $(21, 15) = 3 = -42 + 45 = 21 \cdot (-2) + 15 \cdot 3$.

Notiamo anche che la dimostrazione dell'identità di Bézout non solo conferma l'esistenza di x, y, ma suggerisce anche come calcolarli esplicitamente, in riferimento al metodo di Euclide. Consideriamo ad esempio il caso di 72 e 22, per il quale abbiamo visto

$$(72, 22) = (22, 6) = (6, 4) = 2.$$

Sappiamo
$$(6, 4) = 6 \cdot 1 + 4 \cdot (-1).$$

Poiché $22 = 3 \cdot 6 + 4$ e dunque $4 = 22 - 3 \cdot 6$,

$$(22, 6) = 6 \cdot 1 + (22 - 3 \cdot 6) \cdot (-1) = 22 \cdot (-1) + 6 \cdot (1 + 3) = 22 \cdot (-1) + 6 \cdot 4.$$

Finalmente, da $72 = 22 \cdot 3 + 6$, e cioè $6 = 72 - 22 \cdot 3$,

$$(72, 22) = 22 \cdot (-1) + (72 - 22 \cdot 3) \cdot 4 = 72 \cdot 4 + 22 \cdot (-1 - 12) = 72 \cdot 4 + 22 \cdot (-13).$$

In conclusione, in questo caso, $x = 4$ e $y = -13$.

Corollario 2.4.8 *Sia $e \in \mathbb{N}$, $e|a$, $e|b$. Allora $e|(a, b)$.*

Dimostrazione. Siano $a = p \cdot e$, $b = q \cdot e$ per opportuni $p, q \in \mathbb{N}$, e siano $x, y \in \mathbb{Z}$ tali che $(a, b) = a \cdot x + b \cdot y$. Allora

$$(a, b) = p \cdot e \cdot x + q \cdot e \cdot y = e \cdot (p \cdot x + q \cdot y),$$

dove $p \cdot x + q \cdot y$ è un numero naturale: infatti, anche se x, y possono essere negativi, $p \cdot x + q \cdot y \geq 0$ perché $(a, b), e \geq 0$. $\qquad\square$

Così il massimo comun divisore di a, b è multiplo di ogni altro divisore di a, b.

Corollario 2.4.9 *Siano $a, b, c \in \mathbb{N} - \{0\}$ tali che a divide il prodotto $b \cdot c$. Se $(a, b) = 1$, allora $a|c$.*

Dimostrazione. Sia $q \in \mathbb{N}$ tale che $b \cdot c = a \cdot q$. Ricordiamo $1 = a \cdot x + b \cdot y$ per opportuni $x, y \in \mathbb{Z}$. Così $c = c \cdot (a \cdot x + b \cdot y) = c \cdot a \cdot x + c \cdot b \cdot y = c \cdot a \cdot x + a \cdot q \cdot y = a \cdot (c \cdot x + q \cdot y)$ dove $c \cdot x + q \cdot y$ è, forzatamente, un naturale perché tali sono a, c. Segue che $a|c$. $\qquad\square$

Non vale in generale che, se a divide $b \cdot c$, allora a divide b o c.

Controesempio. $6|12 = 4 \cdot 3$ ma $6 \nmid 4$ e $6 \nmid 3$; del resto $(6, 4) = 2 \neq 1$, $(6, 3) = 3 \neq 1$.

Passiamo ora alla nozione di minimo comune multiplo.

Definizione 2.4.10 Siano $a, b \in \mathbb{N}$, $a, b \neq 0$. Si dice che un naturale m è *minimo comune multiplo* di a, b se $m \neq 0$ e

(i) $a|m$, $b|m$,
(ii) se $n \neq 0$ è un multiplo comune di a, b allora $m \leq n$.

Si noti che c'è sempre un multiplo comune $\neq 0$ di a e b, ad esempio $a \cdot b$ (che è $\neq 0$ per $a, b \neq 0$). Per il principio del minimo, allora, c'è un minimo multiplo comune $\neq 0$ di a, b. Così il minimo comune multiplo di a, b esiste (ed è unico).

Useremo la seguente notazione per indicarlo:

$$[a, b] = \text{ minimo comune multiplo di } a, b.$$

Si osservi che, se $b|a$, allora $[a, b] = a$.

Nel prossimo paragrafo spiegheremo come ricavare facilmente il minimo comune multiplo di due numeri a, b quando se ne conosce il massimo comun divisore.

Esercizio 2.4.11 Si spieghi perché conviene escludere $a = 0, b = 0, m = 0$ nella definizione di minimo comune multiplo.

2.5 Numeri primi

Definizione 2.5.1 Un numero naturale p si dice *primo* se $p > 1$ e gli unici divisori di p sono 1 e p.

Ad esempio sono numeri primi

$$2, 3, 5, 7, 11, 13, 17, 19, 23, 29, \ldots$$

Si osservi che 2 è l'unico primo pari. Infatti "pari" significa "divisibile per 2". Quindi, per $p > 1$, se p è pari e $p \neq 2$, p ha il divisore $2 \neq 1, p$, dunque p non è primo.

Definizione 2.5.2 Sia $a \in \mathbb{N}$, $a > 1$; a si dice *composto* se a non è primo (cioè se esistono $b, c \in \mathbb{N}$ per cui $1 < b, c < a$ e $a = b \cdot c$).

Teorema 2.5.3 (Fondamentale dell'Aritmetica). *Sia $a \in \mathbb{N}$, $a > 1$. Allora a si decompone in uno e un solo modo (a meno dell'ordine dei fattori) nel prodotto di numeri primi.*

Ad esempio 6 è composto e si esprime come il prodotto $2 \cdot 3$ dei primi $2, 3$; di più, a meno di una permutazione di fattori, come $6 = 3 \cdot 2$, questa decomposizione è l'unica possibile.

Dimostrazione. Proviamo prima l'esistenza e poi l'unicità della decomposizione.

Esistenza. Procediamo per induzione completa su $a > 1$. Supponiamo quindi dimostrata l'esistenza della decomposizione per ogni numero naturale b tale che $1 < b < a$, e la proviamo per a. Se a è primo, la tesi è ovvia perché $a = a$ è la decomposizione richiesta. Se invece a è composto, esistono $b, c \in \mathbb{N}$ tali che $a = b \cdot c$ e $1 < b, c < a$. Per l'induzione completa, b, c si esprimono come prodotto di primi. Altrettanto vale, allora, per a.

Unicità. Ci serve

Lemma 2.5.4 *Siano $b, c \in \mathbb{N}$, p un numero primo tale che p divide $b \cdot c$. Allora $p | b$ o $p | c$.*

Dimostrazione del lemma. Se $p \nmid b$, allora $(p, b) \neq p$; ma i soli divisori di p sono p e 1, e dunque $(p, b) = 1$. Dal corollario 2.4.9, $p | c$. $\qquad\square$

Passiamo ora a provare l'unicità della decomposizione di $a > 1$ nel prodotto di fattori primi. Procediamo ancora per induzione completa su a: assumiamo la tesi soddisfatta da ogni naturale b per cui $1 < b < a$, e la proviamo per a. Se a è primo, la tesi è ovvia: l'unica decomposizione possibile per a è a stesso. Sia allora a composto, e supponiamo

$$a = p_0 \cdots p_n = q_0 \cdots q_m$$

con $p_0, \ldots, p_n, q_0, \ldots, q_m$ primi, $m, n > 0$. Dobbiamo provare che $m = n$ e, salvo permutare gli indici, $p_0 = q_0, \ldots, p_n = q_n$.

Notiamo che $p_0|a$, ossia $p_0|q_0 \cdots q_m$. Per il lemma precedente, esiste $j \leq m$ tale che $p_0|q_j$. Salvo riordinare gli indici, possiamo assumere $p_0|q_0$. Ma $p_0 > 1$ e q_0 è primo, così $p_0 = q_0$. Consideriamo ora

$$\frac{a}{p_0} = p_1 \cdots p_n = q_1 \cdots q_m.$$

Notiamo che $\frac{a}{p_0} < a$; inoltre $\frac{a}{p_0} > 1$ perché a non è primo e quindi $a \neq p_0$ e $a > p_0$. Per l'induzione completa applicata a $\frac{a}{p_0}$, si ha $m = n$ e, salvo riordinare gli indici, $p_1 = q_1, \ldots, p_n = q_n$. Così la tesi è provata. $\square$

Due problemi sorgono naturalmente in questo ambito; possiamo infatti proporci i seguenti obiettivi: per ogni naturale $a > 1$,

1) (*problema della primalità*) stabilire se a è primo o no;
2) (*problema della fattorizzazione*) decomporre a in fattori primi.

Ovviamente 2) è più impegnativo di 1) perché, per a composto, 1) si accontenta di accorgersene, 2) richiede di individuare tutti i fattori primi di a. L'una e l'altra questione si possono risolvere con algoritmi molto elementari. Ad esempio si può dividere a per tutti i numeri compresi tra 2 e $a - 1$, alla ricerca di possibili quozienti esatti: se ogni divisione dà resto $\neq 0$, si conclude che a è primo; se invece la divisione per un qualche b dà resto 0, allora possiamo dedurre che a è composto e anzi abbiamo informazioni sulla sua decomposizione, perché sappiamo che $b|a$ e quale è il quoziente esatto q per cui $a = b \cdot q$.
Purtroppo questo procedimento può richiedere fino a $a-2$ divisioni, dunque un numero eccessivo di operazioni almeno quando a ha un valore molto grande: non è dunque soddisfacente nella pratica.
In realtà, solo nel 2002 è stato proposto da Agrawal, Kayal e Saxena un algoritmo pienamente soddisfacente e capace di lavorare in tempi rapidi per il problema della primalità. Niente di analogo è invece noto per il problema della fattorizzazione, per il quale i migliori algoritmi oggi disponibili richiedono ancora – per grossi valori di a – tempi proibitivi di lavoro.
Una parzialissima spiegazione delle difficoltà di questi problemi è suggerita dal seguente.

Teorema 2.5.5 *Ci sono infiniti numeri primi.*

Dimostrazione. Esistono svariate dimostrazioni di questo risultato. Tra esse scegliamo qui quella classica (e semplicissima) data da Euclide.
Siano $p_0 < p_1 < \cdots < p_r$ numeri primi, mostriamo come costruirne uno nuovo p. Formiamo

$$a = p_0 \cdot p_1 \cdots p_r + 1;$$

allora $a > 1$ ed esiste un primo p che divide a; ma non può essere $p = p_j$ per $j \leq r$, altrimenti p_j divide tanto a quanto $p_0 \cdot p_1 \cdots p_r$, così $p_j|a - p_0 \cdot p_1 \cdots p_r = 1$, e questo è assurdo. $\square$

Sia dunque $a \in \mathbb{N}$, $a > 1$. Possiamo scrivere

$$a = p_0^{k_0} \cdot p_1^{k_1} \cdots p_n^{k_n}$$

con $p_0, p_1, \ldots, p_n$ primi a due a due distinti, $k_0, k_1, \ldots, k_n$ interi positivi; sappiamo che questa decomposizione è unica a meno dell'ordine dei fattori. Ad esempio $6 = 2 \cdot 3$, $12 = 2^2 \cdot 3$, $360 = 2^3 \cdot 3^2 \cdot 5$.
Notiamo che, se $d | a$, allora d si scrive

$$d = p_0^{h_0} \cdot p_1^{h_1} \cdots p_n^{h_n}$$

con $h_0, h_1, \ldots, h_n \in \mathbb{N}$, eventualmente nulli, $h_0 \leq k_0, \ldots, h_n \leq k_n$. Infatti, se $d = 1$, $d = p_0^0 \cdot p_1^0 \cdots p_n^0$; se $d > 1$, d si decompone in fattori primi (che devono essere tra $p_0, p_1, \ldots, p_n$ perché tramite d dividono anche a) con esponenti $h_0 \leq k_0, \ldots, h_n \leq k_n$. Allo stesso modo, se $a | m$ e $m \neq 0$, deve essere

$$m = p_0^{t_0} \cdot p_1^{t_1} \cdots p_n^{t_n} \cdot q$$

con $t_0, t_1, \ldots, t_n \in \mathbb{N}$, $t_0 \geq k_0, \ldots, t_n \geq k_n$, $(q, p_i) = 1$ per $i = 0, \ldots, n$.
Siano ora $a, b \in \mathbb{N}$, $a, b > 1$; supponiamo

$$a = p_0^{k_0} \cdot p_1^{k_1} \cdots p_n^{k_n}, \quad b = p_0^{s_0} \cdot p_1^{s_1} \cdots p_n^{s_n}$$

con $p_0, p_1, \ldots, p_n$ primi a due a due distinti, $k_0, k_1, \ldots, k_n, s_0, s_1, \ldots, s_n \in \mathbb{N}$ (eventualmente nulli, per consentire una notazione uniforme). Dalle precedenti osservazioni e dal Teorema Fondamentale dell'Aritmetica si deduce facilmente:

Corollario 2.5.6 *Per a, b come sopra*

- $(a, b) = p_0^{min\{k_0, s_0\}} \cdot p_1^{min\{k_1, s_1\}} \cdots p_n^{min\{k_n, s_n\}}$,
- $[a, b] = p_0^{max\{k_0, s_0\}} \cdot p_1^{max\{k_1, s_1\}} \cdots p_n^{max\{k_n, s_n\}}$.

Esempio 2.5.7 Si noti $72 = 2^3 \cdot 3^2$ e $22 = 2 \cdot 11$ (cioè $72 = 2^3 \cdot 3^2 \cdot 11^0$, $22 = 2^1 \cdot 3^0 \cdot 11^1$). Allora $(72, 22) = 2$, $[72, 22] = 2^3 \cdot 3^2 \cdot 11$.

Si hanno poi altre semplici conseguenze: ad esempio ogni multiplo comune di a, b è multiplo anche di $[a, b]$. Si ricava poi:

Corollario 2.5.8 *Siano $a, b \in \mathbb{N}$, $a, b \geq 1$. Allora $(a, b) \cdot [a, b] = a \cdot b$.*

Si ottiene così un nuovo metodo di ricerca di $[a, b]$. Infatti

$$[a, b] = \frac{a \cdot b}{(a, b)},$$

dunque per avere $[a, b]$ basta calcolare (a, b) con l'algoritmo di Euclide, e poi usare la formula precedente per ricavare $[a, b]$. Naturalmente ci si può chiedere quale dei due procedimenti di calcolo di $(a, b), [a, b]$ sia migliore, se quello che fa riferimento alla decomposizione di a, b in fattori primi, o quello di Euclide.

Ebbene, nonostante le apparenze, per a, b grandi, il metodo di Euclide è (almeno per ora) preferibile, perché opera più rapidamente rispetto al numero massimo l di cifre di a, b: si vede infatti che il numero di operazioni richieste è limitato da un polinomio di grado 2 in l. Invece, come già detto, non sono attualmente noti procedimenti altrettanto veloci per decomporre a, b in fattori primi e quindi per trovare (a, b), $[a, b]$ sulla base di questa decomposizione. Si noti poi che

$$[a, b] = a \cdot b \text{ se e solo se } (a, b) = 1,$$

cioè, come anche si dice, se e solo se a, b sono *primi tra loro*.

Un'ultima considerazione a proposito del Lemma 2.5.4, quello che afferma che, se un primo divide un prodotto, allora divide uno dei due fattori. In realtà questa proprietà caratterizza i numeri primi, vale infatti:

Proposizione 2.5.9 *Sia* $p \in \mathbb{N}$, $p \geq 2$. *Allora* p *è primo se e solo se, per ogni scelta di* $b, c \in \mathbb{N}$, *se* p *divide* $b \cdot c$, *allora* $p|b$ *o* $p|c$

Dimostrazione. $(\Rightarrow)$ è il Lemma 2.5.4.

$(\Leftarrow)$ Viceversa sia $p = b \cdot c$ con $b, c \in \mathbb{N}$. Allora $p|b \cdot c$, dunque $p|b$ o $p|c$. D'altra parte b, c dividono ambedue p. Così $p = b$ o $p = c$. Dunque p è primo. $\square$

2.6 Congruenze

Allarghiamo adesso per convenienza la nostra analisi all'insieme $\mathbb{Z}$ degli interi

$$\ldots, -3, -2, -1, 0, 1, 2, 3, \ldots.$$

Come già ricordato, l'introduzione di $\mathbb{Z}$ nasce dall'impossibilità di sottrarre in $\mathbb{N}$ due elementi arbitrari: ad esempio $3 - 2 = 1$ si può fare in $\mathbb{N}$, $2 - 3$ no. Si provvede allora ad allargare $\mathbb{N}$ con i "risultati" di tutte le possibili sottrazioni (inclusa $2 - 3 = -1$), identificando ovviamente i risultati uguali di sottrazioni diverse (ad esempio -1 è anche $3 - 4$, $5 - 6$, e così via). Questa costruzione può essere fatta con assoluto rigore. Ai vecchi naturali n si aggiungono così i loro opposti $-n$. Tralasciamo comunque i dettagli relativi e consideriamo direttamente l'insieme che ne risulta, $\mathbb{Z}$ appunto, con le usuali operazioni $+, \cdot, -$. Ricapitoliamo le proprietà fondamentali di queste operazioni: per $a, b, c \in \mathbb{Z}$,

- $a + b = b + a$;
- $a \cdot b = b \cdot a$;
- $(a + b) + c = a + (b + c)$;
- $(a \cdot b) \cdot c = a \cdot (b \cdot c)$;
- $a + 0 = a$;
- $a \cdot 0 = 0$;
- $a \cdot 1 = a$;
- $a + (-a) = 0$.

In particolare l'addizione e la moltiplicazione degli interi mantengono le proprietà commutativa e associativa. Non sempre invece per $a \in \mathbb{Z}$ esiste $b \in \mathbb{Z}$ per cui $a \cdot b = 1$. Questo è ovviamente escluso se $a = 0$ (infatti $a \cdot b = 0$ per ogni b). Ma gli unici $a \neq 0$ per cui esiste b come richiesto (e dunque possono chiamarsi *invertibili*) sono ± 1, per i quali $1^2 = (-1)^2 = 1$. Vale poi, per a, b, c interi,

$$a \cdot (b + c) = a \cdot b + a \cdot c$$

(la proprietà distributiva del prodotto rispetto alla somma).

La relazione di ordine totale $\leq$ in $\mathbb{N}$ si estende a $\mathbb{Z}$ nel modo ben noto: formalmente, per $n, m, r, s \in \mathbb{N}$, si conviene che in $\mathbb{Z}$ le differenze $m - n$ e $r - s$ soddisfano

$$m - n \leq r - s$$

se e solo se $m + s \leq n + r$ in $\mathbb{N}$. L'effetto sostanziale è quello di una relazione di ordine totale in $\mathbb{Z}$ che allarga, appunto, quella di $\mathbb{N}$ e prevede, poi, per $n, m \in \mathbb{N}$,

- $-n \leq 0, \quad 0 \leq n,$
- $-n \leq -m$ se e solo se $m \leq n.$

Inoltre il prodotto di due interi si annulla solo se si annulla almeno uno dei fattori.

Circa la divisione, essa manifesta in $\mathbb{Z}$ più o meno le stesse difficoltà che abbiamo incontrato in $\mathbb{N}$. Anche i risultati ottenuti in $\mathbb{N}$ a questo proposito si estendono facilmente a $\mathbb{Z}$, con le opportune modifiche. Ad esempio si ha:

Teorema 2.6.1 (del quoziente e del resto). *Siano $a, b \in \mathbb{Z}$, $b \neq 0$. Allora esistono (unici!) $q, r \in \mathbb{Z}$ tali che*

$$a = b \cdot q + r, \quad 0 \leq r < |b|.$$

$|b|$ denota qui il valore assoluto di b: ricordiamo che $|b| = b$ se $b \geq 0$, $|b| = -b$ altrimenti. Gli interi q e r si dicono rispettivamente il *quoziente* e il *resto* della divisione di a per b.

Se $r = 0$, cioè $a = b \cdot q$ per qualche $q \in \mathbb{Z}$, si dice che b *divide* a, o che b è *divisore* di a, o ancora che a è *multiplo* di b, e si scrive $b|a$. $|$ è una relazione binaria su $\mathbb{Z}$, ma non è più una relazione di ordine parziale, infatti non è più antisimmetrica: per $a \in \mathbb{Z}$, $a \neq 0$, $a| - a$ perché $-a = a \cdot (-1)$, $-a|a$ perché $a = -a \cdot (-1)$, ma $-a \neq a$. Resta invece vero che la somma e la differenza di due multipli di b sono multiple di b, e che il multiplo di un multiplo di b è multiplo di b.

Si definiscono ancora il *massimo comun divisore* ed il *minimo comune multiplo*, con le opportune modifiche. Si può infatti convenire quanto segue:

Definizione 2.6.2 Siano $a, b \in \mathbb{Z}$, $a \neq 0$ o $b \neq 0$. Si dice che $d \in \mathbb{Z}$ è *massimo comun divisore* di a, b se

(i) $d|a$, $d|b$,

(ii) se $e \in \mathbb{Z}$, $e|a$, $e|b$, allora $e|d$.

Definizione 2.6.3 Siano $a, b \in \mathbb{Z}$, $a, b \neq 0$. Si dice che un intero m è *minimo comune multiplo* di a, b se $m \neq 0$ e

(i) $a|m$, $b|m$,
(ii) se $n \neq 0$ è un multiplo comune di a, b allora $m|n$.

Si hanno così, in genere, due massimi comun divisori (opposti) e due minimi comuni multipli (opposti anch'essi) per $a, b \in \mathbb{Z}$. Infatti supponiamo che d soddisfi le condizioni per essere massimo comun divisore di a, b, allora si vede facilmente che anche $-d$ lo fa ed è l'unico intero oltre a d a condividere questa proprietà. Lo stesso vale per il minimo comune multiplo.
Continuiamo comunque a usare la notazione (a, b) e $[a, b]$ per indicare rispettivamente il massimo comun divisore e il minimo comune multiplo **positivi** di a e b. Così $(-12, 8) = +4$, $(-18, 12) = +6$.

Definizione 2.6.4 Un intero p si dice *primo* se tale è $|p|$ in $\mathbb{N}$.

Un intero a si intende invece *composto* quando tale è $|a|$ (in particolare deve essere $|a| \geq 2$). Anche il Teorema Fondamentale dell'Aritmetica si trasferisce in modo opportuno agli interi a, per i quali afferma che ogni a con $|a| \geq 2$ si rappresenta come prodotto di fattori primi e che questa decomposizione è sostanzialmente unica: come motivo di possibile confusione compare infatti, oltre all'ordine dei fattori, anche il loro segno, ad esempio 6 ha formalmente 4 decomposizioni distinte in fattori primi

$$6 = 2 \cdot 3 = 3 \cdot 2 = (-2) \cdot (-3) = (-3) \cdot (-2).$$

Ma queste differenze superficiali sono le uniche ammissibili.

Ricordiamo poi, per m intero positivo, la seguente nozione.

Definizione 2.6.5 Siano $a, b \in \mathbb{Z}$. Si dice che a è *congruo* b *modulo* m e si scrive $a \equiv b \,(mod\, m)$ se e solo se $m|a - b$.

Sappiamo che la relazione di congruenza modulo m è una relazione di equivalenza in $\mathbb{Z}$. Per ogni $a \in \mathbb{Z}$ sia

$$a_m = a_{|_{\equiv (mod\, m)}} = \{b \in \mathbb{Z} : a \equiv b \,(mod\, m)\} = \{k \cdot m + a : k \in \mathbb{Z}\}$$

la classe di congruenza di a modulo m; sia poi $\mathbb{Z}_m$ l'insieme quoziente di $\mathbb{Z}$ rispetto a $\equiv (mod\, m)$,

$$\mathbb{Z}_m = \{a_m : a \in \mathbb{Z}\}.$$

Osservazioni 2.6.6

1. Sia $a \in \mathbb{Z}$, allora $a = m \cdot q + r$ per opportuni $q, r \in \mathbb{Z}$, con $0 \leq r < m$ (ricordiamo $m > 0$, così $m = |m|$). Allora $a - r = m \cdot q$, cioè $a \equiv r \ (mod\, m)$, ovvero $a_m = r_m$. Dunque ogni intero a è congruo modulo m al suo resto nella divisione per m e due interi a e b sono congrui modulo m se e solo se hanno lo stesso resto nella divisione per m.

2. Siano ora $r, s \in \mathbb{Z}$ due possibili resti nella divisione per m, $0 \leq r < s < m$. Si ha $0 < s - r < m$, quindi $m \nmid s - r$. Dunque $s \not\equiv r \ (mod\, m)$, ovvero $s_m \neq r_m$.

Così ci sono in $\mathbb{Z}_m$ esattamente m classi, che corrispondono ai possibili resti nella divisione per m, e quindi sono chiamate *classi di resti modulo m*,

$$0_m, 1_m, \ldots, (m-1)_m.$$

Per ogni $r \in \mathbb{Z}$ con $0 \leq r < m$,

$$r_m = \{k \cdot m + r : k \in \mathbb{Z}\} = \{\ldots, r - m, r, r + m, r + 2m, \ldots\}.$$

In particolare

- $0_m = \{k \cdot m : k \in \mathbb{Z}\} = \{\ldots, -2m, -m, 0, m, 2m, \ldots\},$
- $1_m = \{k \cdot m + 1 : k \in \mathbb{Z}\} = \{\ldots, -m + 1, 1, m + 1, \ldots\},$

$$\ldots\ldots\ldots\ldots$$

- $(m-1)_m = \{k \cdot m + m - 1 : k \in \mathbb{Z}\} =$
  $= \{\ldots, -m - 1, -1, m - 1, 2m - 1, \ldots\}.$

Esempi 2.6.7

1. $\mathbb{Z}_2 = \{0_2, 1_2\}$. Inoltre
   - $0_2 = \{2k : k \in \mathbb{Z}\} = \{0, \pm 2, \pm 4, \ldots\},$
   - $1_2 = \{2k + 1 : k \in \mathbb{Z}\} = \{\pm 1, \pm 3, \pm 5, \ldots\},$

2. $\mathbb{Z}_3 = \{0_3, 1_3, 2_3\}$. Inoltre
   - $0_3 = \{3k : k \in \mathbb{Z}\} = \{0, \pm 3, \pm 6, \ldots\},$
   - $1_3 = \{3k + 1 : k \in \mathbb{Z}\} = \{\ldots, -2, 1, 4, \ldots\},$
   - $2_3 = \{3k + 2 : k \in \mathbb{Z}\} = \{\ldots, -1, 2, 5, \ldots\}.$

3. $\mathbb{Z}_4 = \{0_4, 1_4, 2_4, 3_4\}$. Inoltre, ad esempio,

$$3_4 = \{4k + 3 : k \in \mathbb{Z}\} = \{\ldots, -5, -1, 3, 7, 11, \ldots\}.$$

Allarghiamo di nuovo il discorso ad un qualunque intero positivo m.

Proposizione 2.6.8 *Siano $a, a', b, b' \in \mathbb{Z}$ tali che $a \equiv a' \ (mod\, m)$, $b \equiv b' \ (mod\, m)$. Allora*

$$a + b \equiv a' + b' \ (mod\, m), \quad a \cdot b \equiv a' \cdot b' \ (mod\, m).$$

Dimostrazione. Per ipotesi $m|a - a'$ e $m|b - b'$. Così $m|(a - a') + (b - b')$, dunque $m|(a+b) - (a'+b')$, cioè $a+b \equiv a'+b' \,(mod\,m)$. Inoltre $m|(a-a')\cdot b$ e $m|a'\cdot(b-b')$, da cui $m|(a-a')\cdot b + a'\cdot(b-b')$, dunque $m|a\cdot b - a'\cdot b + a'\cdot b - a'\cdot b' = a\cdot b - a'\cdot b'$, cioè $a\cdot b \equiv a'\cdot b' \,(mod\,m)$. $\qquad\square$

Possiamo allora definire, per ogni scelta di $a, b \in \mathbb{Z}$,

$$a_m + b_m = (a + b)_m, \quad a_m \cdot b_m = (a \cdot b)_m.$$

Infatti questa definizione è corretta e non dipende dalla scelta di a e di b tra gli infiniti elementi di a_m e b_m rispettivamente, come la proposizione precedente conferma.

Esempi 2.6.9 L'indice m, quando risulta chiaro dal contesto, è omesso.

1. $m = 12$. Abbiamo 12 elementi

$$0, 1, 2, \dots, 11$$

che si sommano proprio come le ore del giorno

$$11 + 2 = 13 \equiv 1 \,(mod\,12)$$

(2 ore dopo le 11, sono le 1), e si possono anche moltiplicare

$$11 \cdot 2 = 22 \equiv 10 \,(mod\,12).$$

L'esempio giustifica il nome di *aritmetica dell'orologio* dato alle operazioni modulo m. Ma nel nostro caso ci sono orologi anche con un numero di ore diverso da 12 (o da 24) e anzi uguale a $2, 3, 4, \dots$.

2. $m = 2$. Allora $\mathbb{Z}_2 = \{0, 1\}$ e si calcola facilmente

$$0 + 0 = 1 + 1 = 0, \quad 0 + 1 = 1 + 0 = 1,$$

$$0 \cdot 0 = 0 \cdot 1 = 1 \cdot 0 = 0, \quad 1 \cdot 1 = 1.$$

Possiamo riassumere queste computazioni mediante le seguenti tavole additive e moltiplicative: in ogni caso la somma o il prodotto di due elementi sono dati dall'incrocio della riga del primo e della colonna del secondo.

$+$	0	1
0	0	1
1	1	0

$\cdot$	0	1
0	0	0
1	0	1

3. $m = 3$. Stavolta si hanno 3 elementi $0, 1, 2$ che si sommano e moltiplicano come descritto dalle tavole seguenti.

$$
\begin{array}{c|ccc}
+ & 0 & 1 & 2 \\
\hline
0 & 0 & 1 & 2 \\
1 & 1 & 2 & 0 \\
2 & 2 & 0 & 1
\end{array}
$$

$$
\begin{array}{c|ccc}
\cdot & 0 & 1 & 2 \\
\hline
0 & 0 & 0 & 0 \\
1 & 0 & 1 & 2 \\
2 & 0 & 2 & 1
\end{array}
$$

4. $m = 4$. I 4 elementi distinti $0, 1, 2, 3$ si sommano e moltiplicano secondo le tavole che seguono.

$$
\begin{array}{c|cccc}
+ & 0 & 1 & 2 & 3 \\
\hline
0 & 0 & 1 & 2 & 3 \\
1 & 1 & 2 & 3 & 0 \\
2 & 2 & 3 & 0 & 1 \\
3 & 3 & 0 & 1 & 2
\end{array}
$$

$$
\begin{array}{c|cccc}
\cdot & 0 & 1 & 2 & 3 \\
\hline
0 & 0 & 0 & 0 & 0 \\
1 & 0 & 1 & 2 & 3 \\
2 & 0 & 2 & 0 & 2 \\
3 & 0 & 3 & 2 & 1
\end{array}
$$

Si osservi in particolare che $2 \cdot 2 = 4 = 0$ (ma $2 \neq 0$).

5. $m = 31$. Abbiamo 31 elementi, da 0 a 30; in particolare $28 + 5 = 33 = 2 \, (mod \, 31)$. La situazione ricorda quella dei giorni dei mesi (supponendo che i mesi abbiano tutti 31 giorni). Infatti 5 giorni dopo il 28 gennaio abbiamo il 2 febbraio.

Esercizio 2.6.10 Si provi che, modulo 2, Natale, cioè il 25-12, coincide con Ferragosto, cioè il 15-8. E Pasqua?

Si estendono a $+, \cdot$ in $\mathbb{Z}_m$ molte delle principali proprietà di $+, \cdot$ in $\mathbb{Z}$. Infatti, per a, b, c interi, è semplice verificare:

- $a_m + b_m = b_m + a_m, \ a_m \cdot b_m = b_m \cdot a_m;$
- $(a_m + b_m) + c_m = a_m + (b_m + c_m), \ (a_m \cdot b_m) \cdot c_m = a_m \cdot (b_m \cdot c_m);$
- $a_m + 0_m = a_m, \ a_m \cdot 1_m = a_m, \ a_m \cdot 0_m = 0_m;$
- $a_m \cdot (b_m + c_m) = a_m \cdot b_m + a_m \cdot c_m.$

Esercizio 2.6.11 Si provino le precedenti uguaglianze.

A questo punto ci possiamo domandare quali sono gli interi a tali che a_m è invertibile in $\mathbb{Z}_m$, nel senso che esiste $x \in \mathbb{Z}$ per cui $a_m \cdot x_m = 1_m$; in tal caso si pone $x_m = a_m^{-1}$. Infatti un tale x, se esiste, è unico modulo m: se $x, x' \in \mathbb{Z}$ soddisfano entrambi

$$a_m \cdot x_m = a_m \cdot x'_m = 1_m,$$

si ha

$$x_m = 1_m \cdot x_m = (x'_m \cdot a_m) \cdot x_m = x'_m \cdot (a_m \cdot x_m) = x'_m \cdot 1_m = x'_m.$$

Ricordiamo che gli unici elementi invertibili in $\mathbb{Z}$ sono ± 1. Ma in $\mathbb{Z}_m$ la situazione è più articolata, si ha infatti:

Teorema 2.6.12 *Per ogni $a \in \mathbb{Z}$, a_m è invertibile in $\mathbb{Z}_m$ se e solo se $(a, m) = 1$.*

Dimostrazione. a_m è invertibile in $\mathbb{Z}_m$ se e solo se esiste $x \in \mathbb{Z}$ tale che $1_m = a_m \cdot x_m = (a \cdot x)_m$, dunque se e solo se $a \cdot x \equiv 1 \, (mod \, m)$ per qualche $x \in \mathbb{Z}$, e cioè se e solo se esistono $x, y \in \mathbb{Z}$ tali che $a \cdot x + m \cdot y = 1$. Ma allora il massimo comun divisore di a, m, che divide a e m, divide anche 1, e quindi coincide con 1. Viceversa, per l'identità di Bézout, se $(a, m) = 1$, allora ci sono $x, y \in \mathbb{Z}$ per cui $1 = a \cdot x + m \cdot y$ e quindi, ripercorrendo a ritroso i precedenti passaggi, a_m risulta invertibile. $\qquad\square$

Esempio 2.6.13 Gli elementi invertibili modulo 5 sono $1_5, 2_5, 3_5, 4_5$, infatti $1, 2, 3, 4$ sono gli interi tra 0 e 4 primi con 5. Allo stesso modo, quelli invertibili modulo 12 sono $1_{12}, 5_{12}, 7_{12}, 11_{12}$.

Che accade invece quando $(a, m) \neq 1$?

- Può succedere che $(a, m) = m$, cioè che m divida a. Ma in tal caso $a_m = 0_m$.
- Altrimenti $1 < (a, m) < m$. Poniamo $d = (a, m)$. Si noti che $m = d \cdot q$ dove anche q soddisfa $1 < q < m$. Così $d_m \neq 0_m$, $q_m \neq 0_m$ ma $d_m \cdot q_m = (d \cdot q)_m = m_m = 0_m$: si dice allora che d_m – così come q_m – è *divisore dello zero* in $\mathbb{Z}_m$. Lo stesso accade ad a, infatti anche a_m è diverso da 0_m così come q_m (perché $m \nmid a$), ma $a \cdot q$ è multiplo di $d \cdot q = m$ e quindi $a_m \cdot q_m = 0_m$.

Distinguiamo adesso due casi rispetto a m.

Caso 1. Sia $m = p$ numero primo. Allora ogni $a = 1, 2, \ldots, p - 1$ è primo con p, infatti $(a, p) \neq p$ e dunque (a, p) deve essere 1. Così $1_p, 2_p, \ldots, (p - 1)_p$, cioè tutti gli elementi $\neq 0_p$ in $\mathbb{Z}_p$, sono invertibili in $\mathbb{Z}_p$ (come accade nell'esempio 2.6.13 quando $m = 5$).

Caso 2. m non è primo. Ci sono allora interi a che dividono m e soddisfano $1 < a < m$. Esistono di conseguenza interi per cui $1 < (a, m) < m$ e dunque divisori dello zero a_m in $\mathbb{Z}_m$. Invece, per $(a, m) = m$, $a_m = 0_m$ e per $(a, m) = 1$ a_m è invertibile.

Ad esempio in $\mathbb{Z}_{12}$ $2_{12} \cdot 6_{12} = 3_{12} \cdot 4_{12} = 0_{12}$, così 2_{12}, 3_{12} e di conseguenza 4_{12}, 6_{12}, 8_{12}, 9_{12}, 10_{12} dividono lo zero.

Esercizio 2.6.14 Si provi direttamente che nessun elemento invertibile di $\mathbb{Z}_m$ può contemporaneamente dividere lo zero (*suggerimento:* si supponga $a_m \cdot q_m = 0_m$ e si deduca

$$0_m = a_m^{-1} \cdot 0_m = a_m^{-1} \cdot (a_m \cdot q_m) = (a_m^{-1} \cdot a_m) \cdot q_m = 1_m \cdot q_m = q_m).$$

Una questione che emerge naturalmente nel contesto che stiamo studiando è quella di calcolare l'inverso a_m^{-1} di a_m quando a è primo con m.

Un semplice metodo a questo proposito fa ancora riferimento all'algoritmo di Euclide per il massimo comun divisore e all'identità di Bézout. Infatti, come il Teorema 2.6.12 mostra, quando $(a, m) = 1$, a_m^{-1} è la classe di ogni intero x che soddisfa l'identità di Bézout $a \cdot x + m \cdot y = 1$ insieme ad un opportuno y. Ma sappiamo già come calcolare esplicitamente x, y conoscendo a, m, indipendentemente dal valore di (a, m). Ci basta allora applicare quella procedura quando $(a, m) = 1$.

Esempi 2.6.15

1. Siano $a = 2$, $m = 3$: abbiamo visto che $2_3 \cdot 2_3 = 1_3$, così $2_3^{-1} = 2_3$; del resto $1 = (2, 3) = 2 \cdot (-1) + 3 \cdot 1$, e così $x = -1 \equiv 2 \,(mod\, 3)$.
2. Siano $a = 3$, $m = 4$: abbiamo visto che $3_4 \cdot 3_4 = 1_4$, così $3_4^{-1} = 3_4$; del resto $1 = (3, 4) = 3 \cdot (-1) + 4 \cdot 1$, e quindi $x = -1 \equiv 3 \,(mod\, 4)$.
3. Siano $a = 2$, $m = 9$: allora $1 = (9, 2) = 2 \cdot (-4) + 9 \cdot 1$, dunque $x = -4 \equiv 5 \,(mod\, 9)$; così $2_9^{-1} = 5_9$.

Esercizio 2.6.16 Calcolare in $\mathbb{Z}_8$, se esistono, 3_8^{-1}, 4_8^{-1}, 7_8^{-1}.

2.7 Calcolo di potenze modulo m

3^{100} è, come ben noto, il prodotto di 100 fattori, tutti uguali a 3. Ma non c'è bisogno di operare 99 successive moltiplicazioni per ottenere questo risultato. Possiamo infatti osservare che $100 = 2 \cdot 50$ e dunque

$$3^{100} = \left(3^{50}\right)^2$$

si ricava come il quadrato di 3^{50}. Naturalmente l'osservazione si può ripetere: siccome $50 = 2 \cdot 25$, si ha

$$3^{50} = \left(3^{25}\right)^2,$$

quindi

$$3^{100} = \left(\left(3^{25}\right)^2\right)^2.$$

Di nuovo $25 = 2 \cdot 12 + 1$, così

$$3^{25} = \left(3^{12}\right)^2 \cdot 3,$$

da cui

$$3^{100} = \left(\left(\left(3^{12}\right)^2 \cdot 3\right)^2\right)^2.$$

Dalle successive divisioni per 2

- $12 = 2 \cdot 6$,
- $6 = 2 \cdot 3$,
- $3 = 2 \cdot 1 + 1$,
- $1 = 2 \cdot 0 + 1$,

si ottiene finalmente l'espressione

$$3^{100} = ((((((1 \cdot 3)^2 \cdot 3)^2)^2)^2 \cdot 3)^2)^2.$$

che fornisce 3^{100} a partire da 1 con

- 3 moltiplicazioni per 3,
- 6 elevamenti al quadrato,

dunque con 9 moltiplicazioni, cioè con un numero di operazioni largamente inferiore alle 99 moltiplicazioni prospettate in partenza. Si noti che la sequenza delle divisioni che permettono questa semplificazione è la stessa che ha condotto in precedenza a rappresentare l'esponente 100 in base 2 nella forma 1100100. Le cifre $0, 1$ corrispondono per la precisione:

- 0 a quadrare,
- 1 a quadrare e a moltiplicare per 3.

Così se abbreviamo con

- Q l'istruzione "*quadrare*",
- X l'istruzione "*moltiplicare*" (in questo caso *per 3*),

il numero 1100100 determina la sequenza di istruzioni $QXQXQQQXQQ$ da applicare a 1 per ottenere 3^{100}. Naturalmente, quando si lavora modulo m, tutte queste istruzioni si svolgono modulo m, e i risultati possono essere ristretti tra $0, 1, \ldots, m - 1$ al prezzo massimo di una divisione per ogni passaggio.

Esempio 2.7.1 Poniamo $m = 101$, e dunque calcoliamo 3^{100} modulo 101. Applicando le precedenti istruzioni $QXQXQQQXQQ$ a 1, otteniamo

$$1 \to_Q 1 \to_X 3 \to_Q 9 \to_X 27 \to_Q 729 \equiv 22 \to_Q 484 \equiv 80$$
$$\to_Q 6400 \equiv 37 \to_X 111 \equiv 10 \to_Q 100 \equiv -1 \to_Q 1 \,(mod\,101).$$

Si deduce $3^{100} \equiv 1 \,(mod\,101)$.

L'algoritmo. In generale il procedimento da seguire per calcolare

$$a^k \,(mod\,m)$$

per a, k, m interi, $k, m > 1$ è il seguente:

- rappresentare k in base 2;
- sostituire le cifre $0, 1$ della rappresentazione di k rispettivamente con le istruzioni
  - Q: quadrare,
  - QX: quadrare e moltiplicare per a;
- applicare la sequenza di istruzioni così ottenuta a 1 modulo m.

Esempi 2.7.2

1. $2^{340} \equiv 1 \,(mod\,341)$. Infatti già sappiamo che 340 in base 2 diviene 101010100. Si ha dunque la sequenza di istruzioni

   $$QXQQXQQXQQXQQ,$$

   che applicata ad $a = 2$ a partire da 1 produce

   $$1 \to_Q 1 \to_X 2 \to_Q 4 \to_Q 16 \to_X 32 \to_Q 1024 \equiv 1$$
   $$\to_{QXQQXQ} 1 \to_Q 1 \,(mod\,341)$$

   (si noti infatti che l'esecuzione delle prime 6 istruzioni conduce da 1 ancora a 1, e che le seconde 6 ripetono fedelmente le prime 6).

2. $5^7 \equiv 5 \,(mod\,24)$. Infatti 7 in base 2 è 111, e genera la sequenza di istruzioni

   $$QXQXQX,$$

   che, applicata a 1, produce

   $$1 \to_Q 1 \to_X 5 \to_Q 25 \equiv 1 \to_X 5 \to_Q 1 \to_X 5 \,(mod\,24).$$

Esercizi 2.7.3

1. Si provi che $2^{560} \equiv 1 \,(mod\,561)$.
2. Si determini 15^{15} modulo 15 (**attenzione**).
3. Si determini 15^{15} modulo 17.

2.8 Criteri di divisibilità

Abbiamo già sottolineato come il problema di decomporre in fattori primi un naturale $a > 1$ non ha ancora trovato algoritmi capaci di soddisfarlo in modo rapido, almeno per grandi valori di a. A questo proposito può essere utile esplorare la seguente questione.

Problema. Siano $a \in \mathbb{Z}$, p primo: a è divisibile per p?

Ovviamente la domanda si può proporre per un p arbitrario, non necessariamente primo, e l'algoritmo elementare che le risponde consiste nel dividere a per p, verificando che il resto è 0. Ma esistono talora metodi più rapidi che adesso descriviamo. Chiaramente possiamo assumere $a, p > 0$.

Esempio 2.8.1 Vogliamo controllare se 41257 è divisibile per 3. Ricordiamo che
$$41257 = 7 + 5 \cdot 10 + 2 \cdot 10^2 + 1 \cdot 10^3 + 4 \cdot 10^4.$$

Inoltre
$$10 \equiv 1 \,(mod\, 3)$$

dunque
$$10^k \equiv 1^k \equiv 1 \,(mod\, 3) \text{ per ogni } k \in \mathbb{N}.$$

Allora
$$41257 \equiv 7 + 5 \cdot 1 + 2 \cdot 1 + 1 \cdot 1 + 4 \cdot 1 = 7 + 5 + 2 + 1 + 4 = 19 \,(mod\, 3).$$

Ma $3 \nmid 19$, così $3 \nmid 41257$.

Vediamo nei dettagli l'algoritmo usato nell'esempio precedente.

1. Calcolare le potenze di 10 modulo p.
2. Fissato a, scrivere a secondo la rappresentazione in base 10
$$a = a_0 + a_1 \cdot 10 + a_2 \cdot 10^2 + \cdots + a_k \cdot 10^k + \cdots + a_n \cdot 10^n$$
   con $0 \le a_0, a_1, \ldots, a_n \le 9$.
3. Calcolare a modulo p usando questa rappresentazione e i risultati del punto 1.

In questo modo si spiegano i criteri di divisibilità studiati alle scuole medie: ne ripresentiamo alcuni qui di seguito sotto questa nuova luce.

Esempi 2.8.2

1. $p = 2$. Allora $10 \equiv 0 \,(mod\, 2)$ e così $10^k \equiv 0 \,(mod\, 2)$ per ogni $k \in \mathbb{N}$, $k > 0$. Così, per ogni a, $a \equiv a_0 \,(mod\, 2)$ dove a_0 è la cifra delle unità di a, e
$$2 | a \text{ se e solo se } 2 | a_0, \text{ cioè se e solo se } a_0 = 0, 2, 4, 6, 8.$$

2. $p = 5$. Come già per 2, $10 \equiv 0 \, (mod\,5)$ e così $10^k \equiv 0 \, (mod\,5)$ per ogni $k \in \mathbb{N}$, $k > 0$. Di nuovo, per un dato a, $a \equiv a_0 \, (mod\,5)$ e

$$5|a \text{ se e solo se } 5|a_0, \text{ cioè se e solo se } a_0 = 0 \text{ o } a_0 = 5.$$

3. $p = 3$. Come già osservato, $10^k \equiv 1 \, (mod\,3)$ per ogni $k \in \mathbb{N}$. Così ogni a è $\equiv a_0 + \cdots + a_n \, (mod\,3)$, e

$$3|a \text{ se e solo se } 3|a_0 + a_1 + \cdots + a_n;$$

in altre parole a è divisibile per 3 se e solo se lo è la somma delle sue cifre.

4. $p = 11$. Stavolta $10 \equiv -1 \, (mod\,11)$, così $10^k \equiv (-1)^k \, (mod\,11)$ per ogni $k \in \mathbb{N}$. Allora $10^k \equiv 1 \, (mod\,11)$ se k è pari e $10^k \equiv -1 \, (mod\,11)$ se k è dispari. Segue che, per ogni a,

$$11|a \text{ se e solo se } 11|a_0 - a_1 + a_2 - a_3 + \cdots + (-1)^n a_n;$$

dunque a è divisibile per 11 se e solo se lo è la differenza tra la somma delle sue cifre di posto pari e quella delle sue cifre di posto dispari.

5. $p = 7$. In questo caso
$$10 \equiv 3 \, (mod\,7),$$
$$10^2 \equiv 9 \equiv 2 \, (mod\,7).$$

Moltiplicando membro a membro si ottiene

$$10^3 \equiv 2 \cdot 3 = 6 \equiv -1 \, (mod\,7),$$

$$10^4 \equiv -3 \, (mod\,7), \ \ldots$$

In particolare si ha che 7 divide un certo a se e solo se divide

$$a_0 + 3a_1 + 2a_2 - a_3 - 3a_4 + \cdots$$

Ad esempio, $7|41257$ se e solo se $7|7 + 5 \cdot 3 + 2 \cdot 2 + 1 \cdot (-1) + 4 \cdot 4$.
Così il criterio per $p = 7$ non è affatto utile, e non fa risparmiare gran tempo rispetto alla divisione diretta di a per 7. Del resto, difficilmente alle scuole si impara e si insegna questo procedimento.

Esercizi 2.8.3

1. Si stabiliscano dei criteri di divisibilità per 4, 9 e per il primo $p = 101$ (si osservi in particolare che a è divisibile per 9 se e solo se lo è la somma delle sue cifre) .
2. Si stabilisca un criterio di divisibilità generale per 2^n con n naturale positivo.

2.9 Un'altra applicazione: la prova del 9

Molti di noi conservano tra i remoti ricordi delle scuole elementari la prova del 9 adoperata per controllare la correttezza di varie operazioni tra interi, ad esempio della moltiplicazione. Oggi, con l'avvento dei calcolatori, l'uso di queste tecniche elementari sta scomparendo, perché si è sempre meno abituati a fare calcoli "a mano". Pur tuttavia vale la pena di cercare di capire il funzionamento di questa vecchia procedura. Ebbene, le proprietà delle congruenze ce ne chiariscono il meccanismo. Ricordiamo dapprima che nel caso della moltiplicazione la prova del 9 consiste nel prendere ciascun fattore, sommarne le cifre, e poi eventualmente le cifre della somma risultante e così via fino ad ottenere un valore minore di 10; a questo punto si moltiplicano i numeri così ottenuti da ciascun fattore; la somma delle cifre di questo prodotto deve coincidere con la somma delle cifre del risultato da controllare (sempre assumendo di iterare le somme delle cifre fino a che non si ottengono valori inferiori a 10). Facciamo un esempio: consideriamo il prodotto $371 \cdot 4156$ il cui risultato presunto da controllare è 1541875. Procedendo come appena descritto

- da 371 si ottiene $3 + 7 + 1 = 11$ e poi $1 + 1 = 2$,
- da 4156 si ottiene $4 + 1 + 5 + 6 = 16$ e successivamente $1 + 6 = 7$,
- da 1541875 si ottiene $1 + 5 + 4 + 1 + 8 + 7 + 5 = 31$, da cui si ha poi $3 + 1 = 4$.

A questo punto si esegue il prodotto $2 \cdot 7 = 14$, che ha come somma delle cifre $1 + 4 = 5$, dunque un valore diverso della somma delle cifre del risultato presunto 1541875. Ne deduciamo che la moltiplicazione è sbagliata.
Cerchiamo adesso di capire in base a quale meccanismo possiamo acquisire questa certezza. Il prodotto $371 \cdot 4156 = 1541875$, se corretto, vale anche modulo 9 e dunque implica

$$371_9 \cdot 4156_9 = 1541875_9.$$

Ma modulo 9

$$371 \equiv 3 + 7 + 1 \equiv 11 \equiv 1 + 1 \equiv 2 \,(mod\,9)$$

e, allo stesso modo,

$$4156 \equiv 7 \,(mod\,9),$$

$$1541875 \equiv 4 \,(mod\,9).$$

Così, invece di

$$371_9 \cdot 4156_9 = 1541875_9,$$

possiamo controllare

$$2_9 \cdot 7_9 \equiv 4_9;$$

ma in realtà

$$2 \cdot 7 \equiv 14 \equiv 5 \not\equiv 4 \,(mod\,9),$$

dunque il risultato 1541875 è sbagliato e va ricalcolato. In effetti si ha $371 \cdot 4156 = 1541876$, come anche la prova del 9 conferma, visto che

$$1541876 \equiv 5 \,(mod\,9).$$

Si noti però che la prova non ha affidabilità assoluta e può talora essere ingannevole. Ad esempio, l'eventuale errore $371 \cdot 4156 = 1541885$ non viene segnalato perché 1541885 è congruo 5 modulo 9 come il risultato esatto 1541876

$$1541885 \equiv 1 + 5 + 4 + 1 + 8 + 8 + 5 \equiv 32 \equiv 3 + 2 \equiv 5 \,(mod\,9).$$

Finalmente è da osservare che una prova del 9 si potrebbe sostituire con una prova del 7, o del 13, o dell'11, o di qualunque altro numero ≥ 2. 9 si fa preferire perché è più facile calcolare la classe modulo 9 dei fattori e del risultato, tramite la somma delle loro cifre, mentre le basi differenti da 9 sono assai meno maneggevoli. In realtà, anche la base 3 andrebbe bene al posto di 9, ma i resti modulo 3 sono solo 0, 1, 2 e la possibilità che la prova modulo 3 non segnali errori effettivi aumenta sensibilmente rispetto al modulo 9.

2.10 Equazioni congruenziali

In $\mathbb{Z}$ capita di affrontare equazioni come quella classica di secondo grado in una indeterminata x

$$ax^2 + bx + c = 0 \text{ con } a, b, c \in \mathbb{Z},\, a \neq 0,$$

o altre equazioni e sistemi di equazioni, per trovarne la soluzione. Abbiamo già accennato alle tecniche risolutive di queste equazioni, e avremo modo di approfondirle nuovamente nei prossimi capitoli. D'altra parte si possono considerare equazioni e sistemi di equazioni anche in $\mathbb{Z}_m$, alla ricerca delle loro soluzioni. Si parla allora di *equazioni congruenziali*. Un esempio è, appunto, l'equazione di secondo grado, che diventa

$$ax^2 + bx + c \equiv 0 \,(mod\,m) \text{ con } a, b, c \in \mathbb{Z}, m \in \mathbb{N},\, m > 0,\, a \not\equiv 0 \,(mod\,m).$$

Le sue soluzioni sono le classi di resti degli interi z per cui

$$az^2 + bz + c \equiv 0 \,(mod\,m).$$

Si noti che, se $z \in \mathbb{Z}$ è soluzione, ogni intero congruo z modulo m è ancora soluzione. In modo analogo si introducono i sistemi di più equazioni in più incognite. Visto che c'è soltanto un numero finito di classi distinte di interi modulo m – quelle di $0, 1, 2, \ldots, m-1$ –, un metodo rozzo di soluzione di questi sistemi consiste nel procedere per tentativi controllando quali tra questi m valori sono capaci di soddisfare tutte le uguaglianze coinvolte nei sistemi. Ma, per m grande, il metodo non è efficace perché richiede un numero eccessivo di controlli. D'altra parte le tecniche che si applicano alle equazioni in $\mathbb{Z}$ non sempre si trasferiscono automaticamente alle congruenze modulo m. Ad esempio, sappiamo che, per $a \neq \pm 1$, l'equazione $a \cdot x = 1$ non ha soluzioni in $\mathbb{Z}$ (cioè a non ha inverso); ma l'equazione congruenziale

$$a \cdot x \equiv 1 \, (mod \, m)$$

è senz'altro risolubile, purché $(a, m) = 1$. Ecco un altro caso in cui ridurre il nostro ambito modulo m produce qualche "anomalia".

Osservazione 2.10.1 Per ogni $m > 0$, $(\pm 1)^2 \equiv 1 \, (mod \, m)$ cioè $+1, -1$ sono soluzioni di $x^2 \equiv 1 \, (mod \, m)$ e dunque costituiscono radici quadrate di 1 modulo m. Non sempre però sono le uniche soluzioni. Per $m = 8$ (un numero non primo, dunque),

$$1^2 \equiv 1 \, (mod \, 8),$$

$$3^2 = 9 \equiv 1 \, (mod \, 8),$$

$$5^2 \equiv (-3)^2 \equiv 3^2 \equiv 1 \, (mod \, 8),$$

$$7^2 \equiv (-1)^2 \equiv 1^2 \equiv 1 \, (mod \, 8),$$

così ci sono 4 valori distinti modulo 8, e cioè $\pm 1, \pm 3$, che risolvono tutti $x^2 \equiv 1 \, (mod \, 8)$ e quindi formano le radici quadrate di 1 modulo 8.

Vale però il seguente

Teorema 2.10.2 *Siano p primo, $a \in \mathbb{Z}$ tale che $a^2 \equiv 1 \, (mod \, p)$. Allora $a \equiv +1 \, (mod \, p)$ oppure $a \equiv -1 \, (mod \, p)$. Dunque ± 1 sono le uniche soluzioni di $x^2 \equiv 1 \, (mod \, p)$.*

Dimostrazione. Sappiamo che $p | a^2 - 1 = (a - 1) \cdot (a + 1)$. Ma p è primo, così per la Proposizione 2.5.9 $p | a - 1$ o $p | a + 1$. $\qquad \square$

Ecco un altro esempio di sistema congruenziale, con relativa soluzione. Stavolta anche il modulo m varia.

Teorema 2.10.3 (del resto cinese). *Siano $m_0, m_1, \ldots, m_n$ interi > 1 a due a due primi tra loro, e siano $a_0, a_1, \ldots, a_n \in \mathbb{Z}$. Allora esiste $a \in \mathbb{Z}$ che soddisfa tutte le equazioni $x \equiv a_j \, (mod \, m_j)$ per $j \leq n$, cioè*

$$a \equiv a_j \, (mod \, m_j) \quad \text{per ogni } j \leq n.$$

Inoltre, per ogni $b \in \mathbb{Z}$, b soddisfa le suddette equazioni (cioè $b \equiv a_j \, (mod \, m_j)$ per ogni $j \leq n$) se e solo se $b \equiv a \, (mod \, M)$ dove $M = m_0 \cdot m_1 \cdots m_n$.

Dimostrazione. Per ogni $j \leq n$, sia $q_j = \frac{M}{m_j}$. Siccome $m_0, m_1, \ldots, m_n$ sono a due a due primi tra loro, per ogni j deve essere $(q_j, m_j) = 1$, così esistono per l'Identità di Bézout $s_j, t_j \in \mathbb{Z}$ per cui $1 = q_j \cdot s_j + m_j \cdot t_j$, e dunque

$$a_j = a_j \cdot q_j \cdot s_j + a_j \cdot m_j \cdot t_j,$$

da cui segue

$$a_j \cdot q_j \cdot s_j \equiv a_j \, (mod \, m_j).$$

Sia ora $a = \sum_{i \leq n} a_i \cdot q_i \cdot s_i$. Notiamo che, per ogni $i \leq n$ con $i \neq j$, $m_j | q_i$. Quindi, per $j \leq n$,

$$a \equiv a_j \cdot q_j \cdot s_j \equiv a_j \, (mod \, m_j).$$

Inoltre, per ogni $b \in \mathbb{Z}$,

$$b \equiv a_j \, (mod \, m_j) \; \forall j \leq n \text{ se e solo se } b \equiv a \, (mod \, m_j) \; \forall j \leq n,$$

e dunque, ricordando che $m_0, m_1, \ldots, m_n$ sono a due a due primi tra loro e che quindi hanno come minimo comune multiplo il loro prodotto M, se e solo se $b \equiv a \, (mod \, M)$. $\qquad\square$

2.11 Il Piccolo Teorema di Fermat

Il seguente teorema è attribuito al grande matematico francese del '600 Pierre de Fermat. In realtà la prima dimostrazione che ci è pervenuta è dovuta ad Eulero, e risale al '700. Comunque è generalmente accettato che Fermat già conoscesse il risultato e disponesse di una sua prova. Lo si chiama, dunque, *Piccolo Teorema di Fermat*, per distinguerlo dall'altra famosa affermazione denominata *Ultimo Teorema di Fermat*, che avremo modo di trattare più tardi in queste note.

Teorema 2.11.1 (Piccolo Teorema di Fermat). *Sia p un numero primo. Allora, per ogni $a \in \mathbb{Z}$,*

$$a^p \equiv a \, (mod \, p).$$

Se poi $p \nmid a$, cioè $(a, p) = 1$, allora

$$a^{p-1} \equiv 1 \, (mod \, p).$$

Dimostrazione. Possiamo supporre $a \geq 0$ perché ogni intero è congruo modulo p a qualche naturale. Procediamo allora per induzione sul naturale a.
Se $a = 0$, si vede facilmente che $0^p = 0 \equiv 0 \, (mod \, p)$. Assumiamo ora la tesi vera per un dato a, e proviamola per $a + 1$. Ricordando il Teorema Binomiale 1.9.13, si ha

$$(a + 1)^p = a^p + 1^p + \sum_{k=1}^{p-1} \binom{p}{k} a^k \cdot 1^{p-k}.$$

Ora, per $0 < k < p$, $\binom{p}{k}$ è un intero positivo e vale

$$\binom{p}{k} = \frac{p \cdot (p-1) \cdots (p-k+1)}{k!}.$$

Così la frazione al secondo membro deve semplificarsi. Ma i fattori $\neq 1$ di $k!$ al denominatore, cioè gli interi n tali che $1 < n \leq k$, sono tutti minori di p e dunque non dividono p e non si semplificano con p; perciò p resiste al numeratore anche dopo tutte le semplificazioni, cioè $p|\binom{p}{k}$ per $0 < k < p$. Segue $(a+1)^p = a^p + 1^p + p \cdot q$ per qualche q, dunque

$$(a+1)^p \equiv a^p + 1^p + p \cdot q \equiv a + 1 \,(mod\, p),$$

infatti $1^p = 1$ e $a^p \equiv a \,(mod\, p)$ per l'induzione.
Sia ora $(a,p) = 1$, ovvero $p \nmid a$; ma $p|a^p - a = a \cdot (a^{p-1} - 1)$, così $p|a^{p-1} - 1$, cioè $a^{p-1} \equiv 1 \,(mod\, p)$. $\qquad\qquad\square$

Esempi e osservazioni 2.11.2

1. Il teorema ci assicura che $3^{100} \equiv 1 \,(mod\, 101)$: infatti 101 è primo e $(3, 101) = 1$ (del resto abbiamo già avuto modo di calcolare esplicitamente 3^{100} modulo 101 nel paragrafo 2.7).
2. Si è visto $2^{340} \equiv 1 \,(mod\, 341)$; inoltre $(2, 341) = 1$. Ma $341 = 31 \cdot 11$ non è primo. Dunque, se esiste $a \in \mathbb{Z}$ tale che $(a,p) = 1$ e $a^{p-1} \equiv 1 \,(mod\, p)$, non è detto che p sia primo.
3. Consideriamo $p = 561$; p non è primo, infatti $p = 3 \cdot 11 \cdot 17$. D'altra parte si può vedere che, per ogni intero a primo con p, $a^{560} \equiv 1 \,(mod\, 561)$.

Così la condizione

$$\text{per ogni } a \in \mathbb{Z}, \text{ se } (a,p) = 1, \text{ allora } a^{p-1} \equiv 1 \,(mod\, p)$$

è solo necessaria, ma non sufficiente a garantire la primalità di p. Ci sono però criteri necessari e sufficienti di primalità che si basano sul Piccolo Teorema di Fermat. Anche l'algoritmo rapido di Agrawal, Kayal e Saxena prima citato vi fa un qualche riferimento.
Così il Piccolo Teorema di Fermat è utile per la primalità. Può anche servire per calcolare l'inverso modulo un primo p di un intero a primo con p. Si ha infatti

$$a^{p-1} \equiv 1 \,(mod\, p) \text{ cioè } (a_p)^{p-1} = 1_p.$$

Così, per $p > 2$,

$$a_p^{-1} = (a_p)^{p-2}.$$

Ad esempio, per $p = 7$,

$$2_7^{-1} = (2_7)^5 = 32_7 = 4_7,$$

infatti si controlla facilmente

$$2_7 \cdot 4_7 = 8_7 = 1_7.$$

Invece per $p = 2$ l'unico intero invertibile modulo 2 è 1, che ha per inverso se stesso, non c'è dunque bisogno di teoremi (piccoli e grandi) per chiarire la questione.

Ricordiamo che conosciamo già un metodo di calcolo dell'inverso modulo un primo p e anzi modulo m per qualunque intero $m > 1$: quello che adopera l'algoritmo di Euclide per il massimo comun divisore e l'Identità di Bézout. Questo procedimento risulta generalmente preferibile a quello che si riferisce al Piccolo Teorema di Fermat, che del resto si applica solo ai numeri primi.

2.12 La φ di Eulero e il Teorema di Eulero

Vediamo adesso come generalizzare il Piccolo Teorema di Fermat quando p è sostituito da un qualunque intero $m > 1$.

Definizione 2.12.1 φ è la funzione di $\mathbb{N}-\{0\}$ in $\mathbb{N}-\{0\}$ che ad ogni $m \in \mathbb{N}$, $m \neq 0$, associa il numero $\varphi(m)$ dei naturali s per cui $1 \leq s \leq m$ e $(s,m) = 1$. φ è chiamata la *funzione di Eulero*.

Esercizio 2.12.2 Si provi che, per ogni $m > 1$, $\varphi(m)$ è il numero delle classi di congruenza modulo m di interi primi con m.
(*Suggerimento*: si ricordi che, per ogni intero a, se r è il resto della divisione di a per m, allora $(a,m) = 1$ se e solo se $(r,m) = 1$; in particolare a è primo con m se e solo se r lo è).

Esempi 2.12.3

1. $\varphi(1) = 1$.
2. È facile controllare $\varphi(2) = 1$, $\varphi(3) = 2$, $\varphi(5) = 4$; in generale, per ogni p primo, $\varphi(p) = p - 1$; infatti tutti i naturali $1, 2, \ldots, p-1$ sono primi con p.
3. Per $4 = 2^2$, $\varphi(4) = 2$, infatti ci sono 2 numeri tra 1 e 4 primi con 4 (1 e 3). Analogamente, per $8 = 2^3$, $\varphi(8) = 4$ (i numeri tra 1 e 8 primi con 8 sono $1, 3, 5, 7$). Si noti ancora, per $9 = 3^2$, $\varphi(9) = 6$ (i numeri tra 1 e 9 primi con 9, cioè con 3, sono $1, 2, 4, 5, 7, 8$). Ricapitolando, possiamo scrivere

$$\varphi(2^2) = 2^1 \cdot (2 - 1),$$

$$\varphi(2^3) = 2^2 \cdot (2 - 1),$$

$$\varphi(3^2) = 3^1 \cdot (3 - 1).$$

In effetti il risultato di questi esempi si può generalizzare: per $m = p^k$ potenza di un primo p, si ha

$$\varphi(m) = p^{k-1} \cdot (p - 1).$$

Infatti ci sono p^k numeri tra 1 e p^k e, siccome p è primo, quelli tra loro che non sono primi con p sono i multipli di p

$$p = 1 \cdot p, 2 \cdot p, 3 \cdot p, \ldots, p^{k-1} \cdot p \ (= p^k),$$

dunque sono p^{k-1}. Segue

$$\varphi(p^k) = p^k - p^{k-1} = p^{k-1} \cdot (p - 1).$$

4. Si può controllare facilmente che $\varphi(6) = 2$, $\varphi(10) = 4$, $\varphi(15) = 8$, risultati che si possono anche esprimere così

$$\varphi(2 \cdot 3) = 1 \cdot 2 = \varphi(2) \cdot \varphi(3),$$

$$\varphi(2 \cdot 5) = 1 \cdot 4 = \varphi(2) \cdot \varphi(5),$$

$$\varphi(3 \cdot 5) = 2 \cdot 4 = \varphi(3) \cdot \varphi(5).$$

A quest'ultimo proposito vale la seguente

Proposizione 2.12.4 *Siano a, b interi positivi tali che $(a, b) = 1$. Allora*

$$\varphi(a \cdot b) = \varphi(a) \cdot \varphi(b).$$

Dimostrazione. $\varphi(a \cdot b)$ è il numero degli interi compresi tra 1 e $a \cdot b$ e primi con $a \cdot b$, ovvero primi tanto con a quanto con b, visto che $(a, b) = 1$ e dunque a, b non hanno divisori non banali comuni. Distribuiamo tutti gli interi tra 1 e $a \cdot b$ su b righe e a colonne nel modo che segue:

$$
\begin{array}{ccccccc}
1 & b+1 & \ldots & k \cdot b+1 & \ldots & (a-1) \cdot b+1 \\
2 & b+2 & \ldots & k \cdot b+2 & \ldots & (a-1) \cdot b+2 \\
\ldots & \ldots & \ldots & & \ldots & \ldots \\
r & b+r & \ldots & k \cdot b+r & \ldots & (a-1) \cdot b+r \\
\ldots & \ldots & \ldots & \ldots & \ldots & \ldots \\
b & 2b & \ldots & (k+1) \cdot b & \ldots & a \cdot b
\end{array}
$$

Dunque r varia da 1 a b, k da 0 a $a-1$. Selezioniamo in questa tabella anzitutto gli interi primi con b e poi, tra i sopravvissuti, quelli che sono anche primi con a.

Cominciamo con b. Notiamo che per $1 \leq r \leq b$ tutti gli elementi della riga di r hanno lo stesso resto di r nella divisione con b; dunque, se $(r, b) = 1$, tutti gli elementi della riga di r sono primi con b; altrimenti nessuno lo è. Osserviamo poi che i numeri r tra 1 e b che sono anche primi con b sono $\varphi(b)$, per la definizione stessa di φ. Concludiamo che, nella nostra tabella, gli elementi primi con b si distribuiscono su $\varphi(b)$ righe, corrispondenti ai valori r tali che $(r, b) = 1$.

Passiamo adesso a calcolare quanti elementi su queste righe sono anche primi con a. Osserviamo che elementi distinti di una stessa riga sono complessivamente in numero di a e hanno resti distinti nella divisione per a. Infatti, per

$1 \leq r \leq b$ e $0 \leq k, k' < a$, si ha $k \cdot b + r \equiv k' \cdot b + r \, (mod \, a)$ se e solo se $k \cdot b \equiv k' \cdot b \, (mod \, a)$, dunque se e solo se $k \equiv k' \, (mod \, a)$ e in conclusione se e solo se $k = k'$. La prima equivalenza è banale, la seconda dipende dal fatto che b è primo con a e dunque è invertibile modulo a, l'ultima dall'osservazione che $0 \leq k, k' < a$. Dunque gli elementi di una stessa riga rappresentano tutte le possibili classi di resti modulo a; quelle di 0 (cioè a), $1, 2, \ldots, a - 1$. Ma sappiamo che esattamente $\varphi(a)$ classi riguardano elementi primi con a. Quindi su ogni riga ci sono precisamente $\varphi(a)$ elementi primi con a.

In conclusione, gli elementi tra 1 e $a \cdot b$ che sono primi con $a \cdot b$ si distribuiscono nella nostra tabella su $\varphi(b)$ righe (di elementi primi con b), ciascuna delle quali contiene precisamente $\varphi(a)$ elementi primi con a. Di conseguenza $\varphi(a \cdot b) = \varphi(a) \cdot \varphi(b)$. $\square$

Abbiamo così un metodo per calcolare $\varphi(m)$ per ogni intero positivo m. Infatti $\varphi(1) = 1$. Se poi $m > 1$, si decompone m in fattori primi

$$m = p_0^{k_0} \cdot p_1^{k_1} \cdots p_t^{k_t}$$

con $p_0, p_1, \ldots p_t$ a due a due distinti, $k_0, k_1, \ldots, k_t$ interi positivi. Si ricorda che $p_0^{k_0}, p_1^{k_1}, \ldots, p_t^{k_t}$ sono a due a due primi tra loro, e si deduce

$$\varphi(m) = \varphi(p_0^{k_0}) \cdot \varphi(p_1^{k_1}) \cdots \varphi(p_t^{k_t}) =$$
$$= p_0^{k_0 - 1} \cdot (p_0 - 1) \cdot p_1^{k_1 - 1} \cdot (p_1 - 1) \cdots p_t^{k_t - 1} \cdot (p_t - 1).$$

In notazione più sintetica, per $m = \prod_{j \leq t} p_j^{k_j}$,

$$\varphi(m) = \prod_{j \leq t} p_j^{k_j - 1} \cdot (p_j - 1).$$

Ad esempio $\varphi(24) = \varphi(2^3 \cdot 3) = \varphi(2^3) \cdot \varphi(3) = 2^2 \cdot 1 \cdot 2 = 8$.

L'unica obiezione a questo procedimento di calcolo di φ è legata al fatto che esso coinvolge la decomposizione di m in fattori primi (computazione non sempre agevole, come già sottolineato).

Si noti comunque che, se $m = p_1 \cdot p_2$ è il prodotto di due primi distinti p_1, p_2, allora $\varphi(m) = \varphi(p_1) \cdot \varphi(p_2) = (p_1 - 1) \cdot (p_2 - 1)$.

Adesso ricordiamo che, per p primo, $\varphi(p) = p - 1$ e che, secondo il Piccolo Teorema di Fermat, per ogni $a \in \mathbb{Z}$, se $(a, p) = 1$, allora $a^{p-1} \equiv 1 \, (mod \, p)$. Il Teorema di Eulero, che ora enunciamo, generalizza allora questo risultato.

Teorema 2.12.5 (Eulero). *Siano m un intero positivo, a un intero primo con m. Allora*

$$a^{\varphi(m)} \equiv 1 \, (mod \, m).$$

Dimostrazione. Siano $b_1, \ldots, b_{\varphi(m)}$ i naturali compresi tra 1 e m e primi con m. Consideriamo

$$a \cdot b_1, \ldots, a \cdot b_{\varphi(m)}.$$

Osserviamo:

- per ogni $j = 1, \ldots, \varphi(m)$, $a \cdot b_j$ è primo con m, perché tanto a quanto b_j lo sono;
- per ogni scelta di $i, j = 1, \ldots, \varphi(m)$, se $a \cdot b_i \equiv a \cdot b_j \,(mod\, m)$ allora $b_i \equiv b_j \,(mod\, m)$ e quindi $i = j$, perché a è primo con m, cioè è invertibile modulo m.

Così $a \cdot b_1, \ldots, a \cdot b_{\varphi(m)}$ si distribuiscono nelle $\varphi(m)$ classi di congruenza modulo m degli interi primi con m, uno per classe. Dunque, per ogni $j = 1, \ldots, \varphi(m)$, esiste $h = 1, \ldots, \varphi(m)$ (unico) tale che

$$a \cdot b_j \equiv b_h \,(mod\, m).$$

Moltiplicando al variare di j,

$$a^{\varphi(m)} \cdot \prod_{j=1}^{\varphi(m)} b_j \equiv \prod_{h=1}^{\varphi(m)} b_h \,(mod\, m).$$

Ma m è primo con ciascun b_j e dunque con il loro prodotto $\prod_{j=1}^{\varphi(m)} b_j = \prod_h^{\varphi(m)} b_h$ che dunque è invertibile modulo m. Moltiplicando per il suo inverso, si ottiene

$$a^{\varphi(m)} \equiv 1 \,(mod\, m),$$

come richiesto. $\qquad\qquad\qquad\qquad\qquad\qquad\qquad\qquad\qquad\qquad\qquad\qquad$ $\square$

Il Teorema di Eulero può servire per determinare l'inverso modulo m (> 1) di un intero a primo con m. Infatti dalla congruenza

$$a^{\varphi(m)} \equiv 1 \,(mod\, m)$$

ricaviamo

$$a_m^{-1} = (a_m)^{\varphi(m)-1}.$$

Ad esempio $(5, 24) = 1$, così 5_{24} è invertibile, e dal Teorema di Eulero si ha

$$5_{24}^{-1} = (5_{24})^7 = (5^7)_{24}$$

(infatti $\varphi(24) = 8$). D'altra parte $5^7 \equiv 5 \,(mod\, 24)$ (come già in precedenza calcolato). Dunque $5_{24}^{-1} = 5_{24}$. Infatti $5 \cdot 5 = 25 \equiv 1 \,(mod\, 24)$.

D'altra parte, dobbiamo prendere atto che il calcolo di φ non è facile in generale; così l'altro procedimento di calcolo dell'inverso modulo m, e cioè quello legato all'algoritmo euclideo, si conferma ancora preferibile.

Esercizi 2.12.6

1. Calcolare $\varphi(8863)$, $\varphi(1331)$, $\varphi(270400)$.
2. Calcolare, sfruttando il Teorema di Eulero, gli inversi di $4_{25}, 7_{27}, 9_{60}, 11_{12}$, se esistono.

2.13 Il criptosistema RSA

La crittografia si preoccupa di escogitare metodi che possano cifrare e decifrare messaggi riservati per garantirne la sicurezza da occhi indiscreti. Già nell'antichità Giulio Cesare usava il semplice procedimento di criptare i suoi messaggi scambiandone le lettere dell'alfabeto secondo una permutazione prefissata e concordata con i suoi interlocutori (ad esempio spostandone ogni lettera di 3 passi avanti, A in D, B in E, ..., e infine, ovviamente, Z in C). Metodi più sofisticati vennero perfezionati nei secoli successivi. Ma questi perfezionamenti condividevano col procedimento di Cesare le seguenti caratteristiche:

(1) chi sa come cifrare sa anche come decifrare: le due operazioni hanno la stessa difficoltà computazionale;

(2) è necessario che gli utenti si scambino preventivamente la chiave segreta.

Infatti, nel caso di Cesare,

(1) se la cifratura richiede di spostare 3 passi in avanti ogni lettera, la decifratura si ottiene spostando 3 passi indietro ogni lettera (D in A, E in B, e via dicendo),

(2) è comunque essenziale che Cesare e i suoi interlocutori si accordino preliminarmente sulla chiave 3, e se la scambino in gran segretezza.

D'altra parte, le esigenze crittografiche di Cesare si limitavano essenzialmente a ordini di battaglia (da nascondere alle spie nemiche), ed i suoi interlocutori si restringevano ai suoi luogotenenti più fidati (Labieno, o Marco Antonio). La crittografia moderna ha orizzonti più vasti e un numero crescente di utenti, oggi infatti la rete permette a chiunque acquisti, transazioni, voti telematici, firme digitali; deve in cambio fornire ovvie garanzie di riservatezza. Ma, in questo contesto, uno scambio preventivo di una chiave comune tra tutti gli utenti è da evitare, perché l'ampia diffusione del sistema ne pregiudicherebbe la segretezza. Così:

(1) è preferibile che ogni utente disponga di una chiave personale, anzi di due chiavi, l'una da usare per cifrare i messaggi che gli sono destinati, l'altra per decifrarli: la prima può essere pubblica, aperta ad ogni interlocutore, la seconda deve rimanere rigidamente segreta, riservata al suo solo proprietario;

(2) in queste condizioni, cifrare è lecito a chiunque, ma solo il destinatario può decifrare; dunque le operazioni del criptare e decriptare **non** devono essere computazionalmente equivalenti.

Su questi fondamenti si basa quella che viene comunemente chiamata *crittografia a chiave pubblica*. Il sistema *RSA* (proposto da Rivest, Shamir, Adleman nel 1977) è il più noto metodo in questo ambito. È tuttavia semplice da introdurre poiché si basa su pochi preliminari di Aritmetica, dei quali il Teorema di Eulero pare il principale. Questo paragrafo è dedicato a darne la descrizione.

Per cominciare conveniamo di rappresentare i simboli dell'alfabeto tramite numeri naturali da 1 a 26 secondo la tabella che segue

–	A	B	C	D	E	F	G	H	I	J	K	L
0	1	2	3	4	5	6	7	8	9	10	11	12

M	N	O	P	Q	R	S	T	U	V	W	X	Y	Z
13	14	15	16	17	18	19	20	21	22	23	24	25	26

($-$ sta a indicare lo spazio vuoto tra due parole).

Così "$CIAO$" diviene 3 9 1 15. Più in generale le lettere dell'alfabeto vengono a coincidere con le classi di congruenza modulo 27. In questo modo, ad esempio, l'operazione di codifica di Giulio Cesare si riconduce alla funzione che ad ogni intero a modulo 27 associa $a + 3$ (o meglio il suo resto modulo 27), dunque trasforma 0 in 3, 1 in 4, 2 in 5 e via dicendo, fino a portare 24 in 0, 25 in 1 e 26 in 2: dobbiamo infatti tener conto del simbolo $-$ aggiunto all'alfabeto, così X finisce, appunto, in $-$, Y in A e Z in B. La decodifica di Cesare consiste invece nella sottrazione per 3 modulo 27. Si osservi che molti analoghi procedimenti di codifica e decodifica possono essere ideati su questa base: basta fissare due interi b, c modulo 27 con b invertibile modulo 27, cioè primo con 27, e cifrare con la funzione

$$a \mapsto b \cdot a + c \, (mod \, 27) \text{ per ogni } a,$$

decifrare con la funzione inversa

$$a \mapsto b^{-1} \cdot (a - c) \, (mod \, 27),$$

dove b^{-1} è l'inverso di b modulo 27.

Ma torniamo a RSA e vediamo in particolare come un utente **A** costruisce le sue chiavi pubblica e privata. **A** fissa un numero naturale q sufficientemente grande e comunque primo con tutti i numeri a con $1 \leq a \leq 26$. **A** rende pubblico q. Per il teorema di Eulero, per ogni intero a compreso tra 1 e 26, dunque primo con q

$$a^{\varphi(q)} \equiv 1 \, (mod \, q).$$

A sceglie due naturali s, t l'uno inverso dell'altro modulo $\varphi(q)$

$$s \cdot t \equiv 1 \, (mod \, \varphi(q))$$

cioè tali che, per qualche intero k,

$$s \cdot t = 1 + k \cdot \varphi(q);$$

allora, per ogni intero a da 1 a 26,

$$(a^s)^t \equiv a^{1 + k \cdot \varphi(q)} \equiv a \cdot (a^{\varphi(q)})^k \equiv a \cdot 1^k \equiv a \, (mod \, q).$$

Si noti che anche $a = 0$ soddisfa banalmente

$$(a^s)^t \equiv a \,(mod\,q).$$

A rende pubblico anche s ma mantiene segreto t. Così

- q, s costituiscono la *chiave pubblica* di **A**;
- t la sua *chiave segreta*.

Se **B** è un interlocutore che vuole cifrare una corrispondenza rivolta ad **A**, **B** eleva ogni lettera a del suo messaggio alla s modulo q e trasmette a **A**

$$a^s \,(mod\,q).$$

A decifra elevando quanto ricevuto, cioè a^s, alla chiave segreta t modulo q e sfruttando

$$(a^s)^t \equiv a \,(mod\,q).$$

Presentiamo un semplice esempio per chiarire meglio il metodo.
Sia $q = 101$. Sappiamo che 101 è primo, dunque $\varphi(101) = 100$. Osserviamo poi

$$3 \cdot 67 \equiv 201 \equiv 1 \,(mod\,100),$$

così possiamo scegliere $s = 3, t = 67$. **A** rende pubblici $q = 101$ e $s = 3$, e mantiene segreto $t = 67$. Se **B** vuole scrivere $CIAO$, cioè 3 9 1 15, ad **A**, eleva i corrispondenti numeri alla 3 modulo 101.

$$3^3 \equiv 27 \,(mod\,101),$$

$$9^3 \equiv 47 \,(mod\,101),$$

$$1^3 \equiv 1 \,(mod\,101),$$

$$15^3 \equiv 42 \,(mod\,101),$$

e scrive

$$27 \ 47 \ 1 \ 42$$

ad **A**. **A** decifra elevando alla 67

$$27^{67} \equiv 3 \,(mod\,101),$$

$$47^{67} \equiv 9 \,(mod\,101),$$

$$1^{67} \equiv 1 \,(mod\,101),$$

$$42^{67} \equiv 15 \,(mod\,101),$$

e recupera appunto

$$3 \ 9 \ 1 \ 15,$$

cioè "$CIAO$".

Si ricordi che il calcolo di potenze modulo q può essere svolto tramite metodi ragionevolmente rapidi. Ma quale è la sicurezza di RSA rispetto ad eventuali attacchi di un pirata $\mathbf{C}$? Non certo nella scelta $q = 101$, che va bene solo per gli esempi sui libri: recuperare $t = 67$ da $q = 101$ e $s = 3$ è facile. Scegliamo piuttosto

- $p_1 \neq p_2$ primi *"titanici"* (cioè enormemente grandi),
- $q = p_1 \cdot p_2$.

Ricordiamo $\varphi(q) = (p_1 - 1) \cdot (p_2 - 1)$. Il pirata $\mathbf{C}$ conosce q e s, ma deve comunque recuperare t per infrangere il sistema. Ma t è l'inverso di s modulo $\varphi(q)$, dunque $\mathbf{C}$ ha verosimilmente bisogno di sapere $\varphi(q) = (p_1 - 1) \cdot (p_2 - 1)$, cioè p_1, p_2; in altre parole, deve decomporre q nei suoi fattori primi p_1, p_2. Ma, come già accennato, questa operazione di fattorizzazione, allo stato attuale delle conoscenze, può richiedere, anche usando i migliori algoritmi ed i più potenti calcolatori, tempi proibitivamente lunghi, addirittura superiori a quanto trascorso dalla nascita dell'universo fino ad oggi secondo la teoria del Big Bang. Tale difficoltà insormontabile (almeno per ora) è stata simpaticamente descritta dal matematico H. Lenstra jr nel 1986 con questi termini:

> *"Supponiamo di avere due primi $p_1 \neq p_2$ di almeno 100 cifre. Supponiamo che p_1, p_2 finiscano in un pagliaio e che ci resti solo $q = p_1 \cdot p_2$. Deve essere avvertito come una sconfitta della scienza l'ammettere che il metodo più sensato che possiamo oggi seguire per trovare p_1 e p_2 è quello di cercare nel pagliaio"*.

Dunque, per una scelta di $q = p_1 \cdot p_2$ con $p_1 \neq p_2$ primi titanici, la segretezza di RSA è garantita proprio dalla difficoltà di decomporre q e recuperare i suoi fattori primi p_1, p_2 in tempi brevi. Tutti possono facilmente cifrare conoscendo q, s; nessuno (se non $\mathbf{A}$ e chi conosce t) può facilmente decifrare.

Esercizi 2.13.1

1. Relativamente al metodo RSA, sia data la chiave pubblica $q = 47$, $s = 3$. Quale sarà la codifica del messaggio *"AUGURI"*? Calcolare poi la chiave privata t.
2. Sapendo che $q = 31$ e che la chiave privata è $t = 13$, si decifri il messaggio "1 24 28 5 4 9 1".

Esercizi.

1. Sia $f : \mathbb{Z} \to \mathbb{Z}$ tale che, per ogni $x \in \mathbb{Z}$, $f(x) = 5 + 2x$. Si definisca poi ricorsivamente la funzione $f^n : \mathbb{Z} \to \mathbb{Z}$ ponendo $f^1 = f$, $f^n = f \circ f^{n-1}$ per ogni naturale ≥ 2. Si provi che $f^n(x) = 5 \cdot (2^n - 1) + 2^n x$.
2. Ammettiamo di avere francobolli solamente da 45 e da 50 centesimi (in grande quantità). È possibile affrancare e, se sì, in quanti modi un pacco da 13,95 euro? E da 7,65 euro?

3. Siano $m, n \in \mathbb{N}$ tali che $(m, n) = 45$. Quali valori può assumere (m^2, n^2)? E (m^4, n^3)?

4. Siano $m, n \in Z$ non entrambi nulli.

    a) Si provi che esiste almeno un intero positivo in $m\mathbb{Z} \cap n\mathbb{Z}$.

    b) Si mostri che il minimo intero positivo d in $m\mathbb{Z} \cap n\mathbb{Z}$ è (m, n).

    c) Si provi che, dato $c \in \mathbb{Z}$, l'equazione $mx + ny = c$ ha soluzioni x, y in $\mathbb{Z}$ se e solo se c è multiplo di (m, n).

    d) Si mostri che m e n sono primi fra loro se e solo se l'equazione $mx + ny = 1$ ha soluzione.

    e) Si discuta l'esistenza di soluzioni $x \in \mathbb{Z}$ per la congruenza $k \cdot x \equiv c \,(mod\, n)$, e si determinino tutte queste eventuali soluzioni.

    (*Suggerimento:* si adoperi il Teorema del Quoziente e del Resto in $\mathbb{Z}$).

5. Si mostri che

    a) $x^{12} - 1$ ha 12 soluzioni in $\mathbb{Z}_{13}$;

    b) $x^3 - x$ ha 6 soluzioni in $\mathbb{Z}_6$;

    c) $x^p - x$ ha p soluzioni in $\mathbb{Z}_p$ per ogni primo p.

Riferimenti bibliografici

Un'introduzione sistematica e rigorosa ai numeri naturali si può trovare ad esempio in [26]. Vi sono poi svariati libri che parlano di primi e fattorizzazione. Citiamo: [19], [44], [47], [53]. [44] e [47] parlano anche delle applicazioni della Teoria dei numeri alla Crittografia, e trattano in maggior dettaglio il tema della complessità delle computazioni. Per l'approfondimento di quest'ultimo tema si possono consultare [9], [13], [65]. A livello divulgativo, citiamo anche [24] per il tema dei primi e [60] per la Crittografia.

3

Razionali, reali, complessi e quaternioni

3.1 Un intermezzo

Questo breve capitolo è una sorta di parentesi, o di intermezzo, che si propone di descrivere, dopo i naturali e gli interi, altri fondamentali insiemi numerici e di riepilogarne le principali proprietà. Ci riferiamo per la precisione ai numeri *razionali*, a quelli *reali* e finalmente ai *complessi*. Ne ricorderemo la costruzione e poi ne discuteremo le operazioni di addizione e moltiplicazione e, almeno nel caso di razionali e reali, la relazione di ordine. Avremo modo di incontrare e conoscere anche un altro insieme numerico, quello dei *quaternioni*, che estende ulteriormente l'ambito dei complessi.

Adotteremo prevalentemente un linguaggio informale e talora impreciso. Del resto, almeno su reali e complessi maggiori dettagli sono in genere forniti dai corsi e dai testi di Analisi e Geometria. Anzi, il lettore che ha già confidenza con tutti questi insiemi numerici può ovviamente passare direttamente al capitolo successivo.

3.2 Razionali

Sappiamo bene che la divisione tra interi non sempre si può fare: per $a, b \in \mathbb{Z}$ e b diverso da 0, il quoziente di a per b si calcola solo in modo approssimato, a meno di un errore r – il resto – tale che $0 \leq r < |b|$. Se dunque vogliamo che ogni divisione di interi a e b con $b \neq 0$ abbia un risultato esatto, dobbiamo estendere l'ambito numerico in cui ci muoviamo. Possiamo allora procedere nel modo che adesso descriviamo. Come già anticipato, adoperiamo un tono essenzialmente informale: del resto, avremo modo nel paragrafo 9.2 di allargare la nostra costruzione a contesti che, come gli interi, escludono divisori dello zero, e cercheremo allora di proporre una esposizione precisa ed accurata.

In effetti la necessità di dividere in parti uguali (dunque con precisione) sorge in modo naturale in vari contesti, quando si tratta di spartire un'eredità, o una torta, o un bottino. È così che l'idea delle "*frazioni*" prende forma a livello intuitivo. D'altra parte già gli antichi Greci conoscevano procedimenti per dividere in parti uguali una grandezza, ad esempio una lunghezza. Supponiamo infatti che nella figura che segue si intenda suddividere il segmento OA in tre parti uguali.

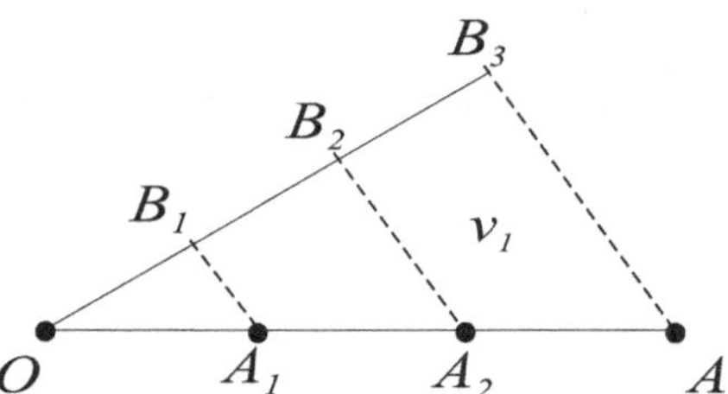

Allora su una retta incidente in O ma diversa da OA si riporta tre volte di seguito a partire da O nello stesso verso lo stesso segmento, ottenendo tre estremi consecutivi B_1, B_2, B_3. Si collega poi B_3 con A e si tracciano le parallele a B_3A per B_1 (e volendo per B_2). I punti A_1, A_2 in cui queste parallele incontrano OA determinano la ripartizione di OA in tre segmenti uguali, come la teoria geometrica delle similitudini dimostra. In particolare, se la misura di OA è 1, allora la misura di OA_1 è $\frac{1}{3}$ e quella di OA_2 è $\frac{2}{3}$.

Così l'introduzione delle frazioni è assolutamente ragionevole e intuitiva. Dobbiamo però svolgerla in dettaglio nel modo più attento possibile. L'idea allora è quella di allargare l'insieme degli interi accogliendo una frazione

$$\frac{a}{b}$$

per ogni scelta di interi a, b con $b \neq 0$. Informalmente $\frac{a}{b}$ è da intendersi come il *quoziente esatto* della divisione di a per b, dunque è quel numero che moltiplicato per b dà come risultato a; a si chiama il *numeratore* e b il *denominatore* di $\frac{a}{b}$.

Osservazioni 3.2.1

1. È da notare che può essere $\frac{a}{b} = \frac{a'}{b'}$ pur essendo $(a, b) \neq (a', b')$. Ad esempio $\frac{3}{2} = \frac{6}{4} = \frac{9}{6}$, e via dicendo. In effetti la condizione per cui due divisioni tra interi, quella di a per b e quella di a' per b', finiscono per avere lo stesso quoziente (e dunque $\frac{a}{b} = \frac{a'}{b'}$) è che $a \cdot b' = a' \cdot b$. Ad esempio $\frac{3}{2} = \frac{6}{4}$ perché $3 \cdot 4 = 6 \cdot 2 = 12$.

2. In particolare, per $b \neq 0$, $\frac{-a}{-b} = \frac{a}{b}$ perché $(-a) \cdot b = a \cdot (-b)$. Così è lecito assumere d'ora in poi di trattare frazioni $\frac{a}{b}$ con $b > 0$.

3. Anzi, se d rappresenta il massimo comun divisore (a, b) di a, b, e $a = d \cdot a'$, $b = d \cdot b'$, allora si ha $\frac{a}{b} = \frac{a'}{b'}$ perché $a \cdot b' = d \cdot a' \cdot b' = a' \cdot b$. È dunque lecito considerare, al posto di $\frac{a}{b}$, la frazione $\frac{a'}{b'}$, che eguaglia $\frac{a}{b}$ e ha numeratore a' e denominatore b' primi tra loro: come si usa dire è semplificata o *ridotta*

ai minimi termini. In questo modo si ha, ad esempio, che $\frac{10}{6} = \frac{5}{3}$ con $(3,5) = 1$, e così via.

4. In conclusione, *ogni frazione* si può scrivere nella forma $\frac{a}{b}$ con b positivo e a, b primi tra loro. Di più, *questa rappresentazione è unica*. Infatti, ammettiamo che a, a' siano interi, che b, b' siano interi positivi, che a sia primo con b, che a' sia primo con b' e che valga

$$a \cdot b' = a' \cdot b.$$

Siccome b non ha fattori primi comuni con a e divide $a \cdot b'$, segue che b divide b'. Allo stesso modo b' divide b perché non ha fattori primi comuni con a'. Siccome b e b' sono entrambi positivi, deduciamo $b = b'$ e quindi $a = a'$.

5. Le frazioni $\frac{a}{1}$ (con $b = 1$) coincidono naturalmente con gli interi a. Più in generale ogni frazione $\frac{a}{b}$ per cui b divide a già in $\mathbb{Z}$ – con quoziente q – è da identificare con q. Ad esempio

$$2 = \frac{2}{1} = \frac{4}{2} = \frac{6}{3} = \frac{2 \cdot b}{b} \text{ per ogni } b \neq 0,$$

$$0 = \frac{0}{1} = \frac{0}{b} \text{ per ogni } b \neq 0.$$

Indichiamo in conclusione con $\mathbb{Q}$ l'insieme delle "frazioni" $\frac{a}{b}$ con a, b interi, $b > 0$, e chiamiamo *numeri razionali* questi suoi elementi. Sulla base delle precedenti osservazioni conveniamo poi che due razionali $\frac{a}{b}$ e $\frac{a'}{b'}$ coincidono se e solo se in $\mathbb{Z}$ $a \cdot b' = a' \cdot b$ e notiamo che, di conseguenza, ogni numero razionale si esprime in modo unico come $\frac{a}{b}$ con a e b primi tra loro e $b > 0$. Osserviamo infine che i numeri interi si possono immergere tra i razionali identificando ciascuno di loro a con $\frac{a}{1}$.

Esercizio 3.2.2 Si provi che, se a e a' sono interi e $\frac{a}{1} = \frac{a'}{1}$, allora $a = a'$.

Adesso nel nuovo insieme $\mathbb{Q}$ introduciamo due operazioni + (addizione) e · (moltiplicazione) ponendo, per a, c interi e b, d interi positivi

$$\frac{a}{b} + \frac{c}{d} = \frac{a \cdot d + b \cdot c}{b \cdot d},$$

$$\frac{a}{b} \cdot \frac{c}{d} = \frac{a \cdot c}{b \cdot d}:$$

definizione forse complicata da leggersi, ma nella quale si può riconoscere l'usuale maniera per calcolare la somma e il prodotto delle "frazioni". Ad esempio

$$\frac{3}{4} + \frac{1}{6} = \frac{3 \cdot 6 + 4 \cdot 1}{4 \cdot 6} = \frac{22}{24} = \frac{11}{12},$$

$$\frac{3}{4} \cdot \frac{1}{6} = \frac{3 \cdot 1}{4 \cdot 6} = \frac{3}{24} = \frac{1}{8}.$$

Una verifica attenta mostra che queste operazioni di addizione e moltiplicazione tra i razionali sono definite correttamente e non dipendono dalla scelta di a, b per rappresentare la frazione $\frac{a}{b}$ e dalla scelta di c, d per rappresentare $\frac{c}{d}$: se $\frac{a}{b} = \frac{a'}{b'}$ e $\frac{c}{d} = \frac{c'}{d'}$, allora

$$\frac{a \cdot d + b \cdot c}{b \cdot d} = \frac{a' \cdot d' + b' \cdot c'}{b' \cdot d'}$$

e

$$\frac{a \cdot c}{b \cdot d} = \frac{a' \cdot c'}{b' \cdot d'}.$$

Inoltre le due operazioni soddisfano ciascuna le proprietà associativa e commutative, e insieme la proprietà distributiva; ogni razionale $\frac{a}{b}$ è lasciato fisso dalla addizione per $0 = \frac{0}{1}$ e dalla moltiplicazione per $1 = \frac{1}{1}$

$$\frac{a}{b} + \frac{0}{1} = \frac{a \cdot 1 + b \cdot 0}{b \cdot 1} = \frac{a}{b},$$

$$\frac{a}{b} \cdot \frac{1}{1} = \frac{a \cdot 1}{b \cdot 1} = \frac{a}{b}$$

e ammette $\frac{-a}{b}$ come opposto rispetto all'addizione, infatti

$$\frac{a}{b} + \frac{-a}{b} = \frac{0}{b^2} = \frac{0}{1} = 0.$$

Ma stavolta $\frac{a}{b}$, se diverso da zero (dunque se $a \neq 0$), ammette anche inverso rispetto alla moltiplicazione: questo inverso è $\frac{b}{a}$ perché

$$\frac{a}{b} \cdot \frac{b}{a} = \frac{a \cdot b}{a \cdot b} = \frac{1}{1}.$$

In particolare ogni intero non nullo a trova tra i razionali un suo inverso $\frac{1}{a}$. A questo proposito, anticipiamo che ci capiterà in futuro anche fuori dell'ambito razionale di indicare talvolta l'inverso moltiplicativo di un elemento a con $\frac{1}{a}$. L'addizione e la moltiplicazione ora introdotte tra i razionali hanno anche il pregio di estendere le corrispondenti operazioni degli interi: con la regola stabilita in $\mathbb{Q}$ si conferma infatti, per a e c in $\mathbb{Z}$,

$$\frac{a}{1} + \frac{c}{1} = \frac{a+c}{1}, \quad \frac{a}{1} \cdot \frac{c}{1} = \frac{a \cdot c}{1}.$$

Così possiamo continuare a confondere nel seguito con piena libertà gli interi a e i corrispondenti razionali $\frac{a}{1}$.

Come ultimo argomento del paragrafo, consideriamo adesso la relazione di ordine $\leq$ di $\mathbb{Q}$. Per la precisione, prendiamo spunto dalla analoga relazione degli interi e vediamo come estenderla a tutti i razionali. Prendiamo allora due elementi $\frac{a}{b}$ e $\frac{c}{d}$ in $\mathbb{Q}$ (con b e d positivi!) e chiediamoci in quali casi possiamo convenire $\frac{a}{b} \leq \frac{c}{d}$. Siccome $\frac{a}{b} = \frac{a \cdot d}{b \cdot d}$, $\frac{c}{d} = \frac{b \cdot c}{b \cdot d}$ e $b \cdot d > 0$ in $\mathbb{Z}$, è ragionevole assumere che questo accada per $a \cdot d \leq b \cdot c$ in $\mathbb{Z}$, porre quindi

$$\frac{a}{b} \leq \frac{c}{d} \quad \text{se e solo se } a \cdot d \leq b \cdot c.$$

Verifiche noiose confermano che questa definizione è ben posta e determina effettivamente una relazione di ordine totale tra i razionali, che estende quella analoga tra gli interi: il lettore potrà controllare tutto questo per **esercizio**, se vuole.

Si pone poi, come in casi analoghi, $\frac{a}{b} < \frac{c}{d}$ quando $\frac{a}{b} \leq \frac{c}{d}$ ma $\frac{a}{b} \neq \frac{c}{d}$.

Ci preme allora verificare quanto già affermato nel Capitolo 1, e cioè che questo ordine tra razionali è *denso*:

se a, b, c e d sono interi, b e d sono positivi e $\frac{a}{b} < \frac{c}{d}$, allora esiste sempre un razionale $\frac{e}{f}$ che soddisfa $\frac{a}{b} < \frac{e}{f} < \frac{c}{d}$.

Basta prendere come $\frac{e}{f}$ la semisomma $\frac{1}{2}(\frac{a}{b} + \frac{c}{d}) = \frac{a \cdot d + b \cdot c}{2 \cdot b \cdot d}$ di $\frac{a}{b}$ e $\frac{c}{d}$. Infatti da $\frac{a}{b} < \frac{c}{d}$ segue in $\mathbb{Z}$ che $a \cdot d < b \cdot c$, da cui otteniamo

$$a \cdot d \cdot b < b^2 \cdot c, \quad a \cdot d^2 < b \cdot c \cdot d$$

moltiplicando rispettivamente per b e per d (che sono entrambi positivi). Sommando i due membri della diseguaglianza a sinistra per $a \cdot d \cdot b$ e quelli della diseguaglianza a destra per $b \cdot c \cdot d$ si deduce

$$2 \cdot a \cdot d \cdot b < a \cdot d \cdot b + b^2 \cdot c, \quad a \cdot d^2 + b \cdot c \cdot d < 2 \cdot b \cdot c \cdot d,$$

che è quanto ci occorre per concludere

$$\frac{a}{b} < \frac{a \cdot d + b \cdot c}{2 \cdot b \cdot d} < \frac{c}{d},$$

come richiesto.

Ulteriori proprietà della relazione di ordine tra i razionali, che il lettore può verificare direttamente per esercizio, sono le seguenti.

Esercizi 3.2.3

1. Siano a, b, c, d, e, f interi, con b, d, $f > 0$. Ammettiamo che $\frac{a}{b} \leq \frac{c}{d}$. Si provi che, allora, $\frac{a}{b} + \frac{e}{f} \leq \frac{c}{d} + \frac{e}{f}$ e, se $e \geq 0$, $\frac{a}{b} \cdot \frac{e}{f} \leq \frac{c}{d} \cdot \frac{e}{f}$.

2. Si deduca che in $\mathbb{Q}$ somme e prodotti di elementi non negativi (cioè ≥ 0) restano non negativi. Si mostri anche che somme e prodotti di elementi positivi (cioè > 0) restano positivi.

3. Si provi che in $\mathbb{Q}$ nessun quadrato, e nessuna somma di quadrati, può essere negativo. Anzi una somma di quadrati, dei quali almeno uno non è nullo, deve essere positiva.

Finalmente accenniamo ad una possibilità alternativa di rappresentare i numeri razionali. Consideriamo ad esempio $\frac{1}{2}$. Si rappresenta anche come $\frac{5}{10}$ e in questo senso si può anche esprimere con lo *sviluppo decimale finito* $0,5$. Ogni razionale ha una rappresentazione analoga, che determina uno sviluppo decimale talora *finito*, come nel caso di $\frac{1}{2}$, talora *infinito periodico*, come mostrato dai seguenti esempi:

* $\frac{1}{3}$ diventa $0,3333\ldots$ che si sintetizza $0,\overline{3}$: dopo la virgola, la cifra 3 si ripete indefinitamente;
* $\frac{1}{30}$ diventa $0,0333\ldots = 0,0\overline{3}$: dopo la virgola, c'è uno 0 di anticamera, dopo di che inizia il periodo 3 che si ripete infinitamente;
* $\frac{1}{7}$ si scrive $0,142857142857142857\ldots$ con un periodo più lungo 142857.

3.3 Reali

L'introduzione dei *numeri reali* ha motivazioni più complicate e profonde di quelle che portano alla costruzione dei razionali, e risulta anche assai più elaborata. La accenniamo procedendo ancora in modo *"ingenuo"* e talora impreciso. Ammettiamo allora di voler risolvere la questione che segue.

Problema *Sono dati*

* *una retta r,*
* *una coppia di punti distinti O, U su r.*

O e U determinano una orientazione di r (da O verso U, appunto) e un segmento unità di misura OU. Vogliamo allora assegnare ad ogni punto P di r una sua ascissa, e cioè una misura con segno $\pm$ al segmento OP.

È facile allora trovare su r

* punti P ad ascissa intera: infatti 0 corrisponde a O, 1 a U, 2 al secondo estremo del segmento che duplica OU dalla parte di U, -1 al punto simmetrico di U rispetto ad O, e così via;

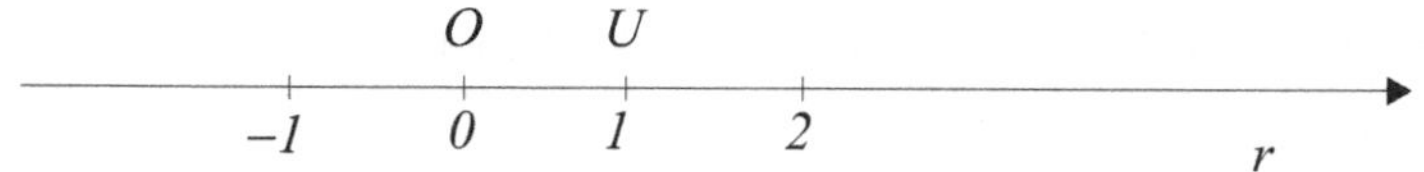

Figura 3.1. Retta reale

* punti ad ascissa razionale (in aggiunta a quelli che hanno già ascissa intera): infatti, se prestiamo fede a quello che si chiama *Postulato della Divisibilità*, per ogni intero positivo n si può determinare un punto N su r tale che la lunghezza di OU è n volte quella di ON, dunque N ha ascissa $\frac{1}{n}$; è immediato allora ricavare su r anche punti di ascissa $\frac{m}{n}$ per ogni intero m (e del resto abbiamo visto nel paragrafo 3.2 come costruirli effettivamente).

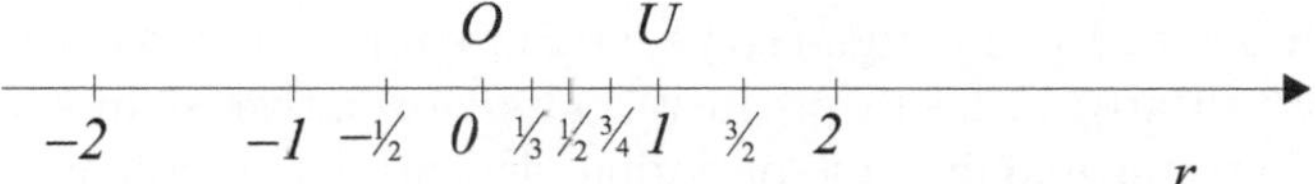

Osservazioni 3.3.1

1. Possiamo ammettere che i punti di ascissa razionale siano *"densi"* in r, nel senso che, se P e Q sono su r e P precede Q secondo la orientazione fissata su r, allora c'è qualche punto intermedio T che segue P, precede Q e ha ascissa razionale:

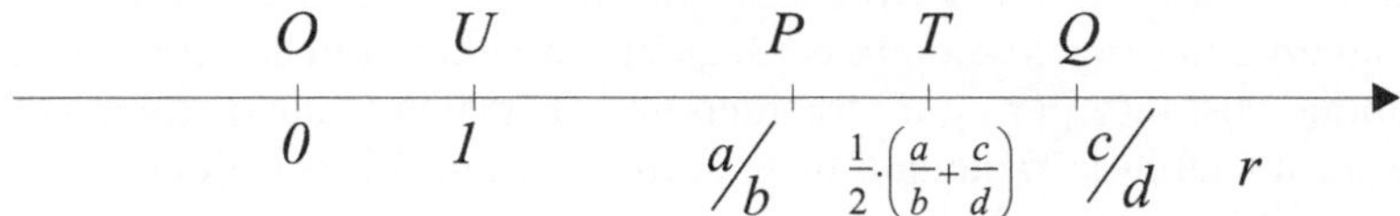

2. D'altra parte ci sono punti di r privi di ascissa razionale. Ad esempio, consideriamo il punto P_1 che si ottiene costruendo il quadrato di lato OU, tracciando poi la circonferenza che ha centro O e raggio la diagonale di questo quadrato, intersecando finalmente questa circonferenza con r dalla parte di U. Per il Teorema di Pitagora, la lunghezza x di OP_1, dunque la ascissa di P_1, soddisfa $x^2 = 1^2 + 1^2 = 2$. Ma nessun numero razionale $\frac{m}{n}$ possiede questa proprietà. Altrimenti si deduce tra gli interi l'uguaglianza $m^2 = 2 \cdot n^2$, dove il fattore primo 2 compare a sinistra un numero pari di volte (il doppio delle sue occorrenze come divisore di m) e a destra un numero dispari di volte (il doppio delle sue occorrenze come divisore di n, più una ancora): ma questo contraddice l'unicità della decomposizione in fattori primi di $m^2 = 2 \cdot n^2$. Dunque il punto P_1 costruito nel modo sopra descritto non può avere ascissa razionale; l'osservazione era già nota agli antichi Greci e viene anzi attribuita alla stessa scuola di Pitagora.

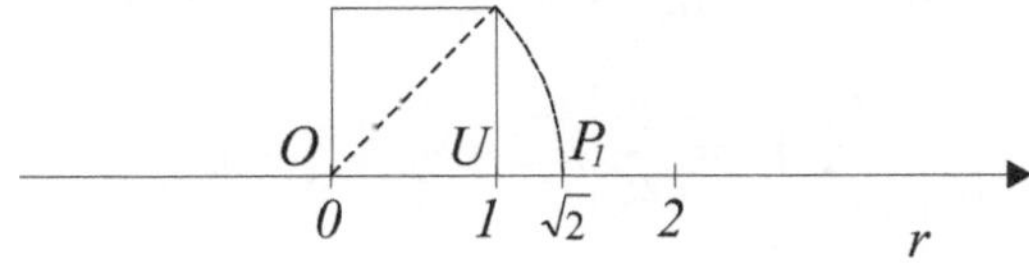

Figura 3.2. Irrazionalità di $\sqrt{2}$

3. Del resto, nessun intero positivo a che non sia un quadrato in $\mathbb{Z}$ può esserlo in $\mathbb{Q}$. Dunque quanto appena osservato per $a = 2$ si estende ad $a = 3$, 5, 7, 8, 10, ..., 15, 17, e via dicendo: nessuno di questi valori è un quadrato in $\mathbb{Q}$. Il lettore può cercare di provarlo per **esercizio**. D'altra parte, la

geometria euclidea ci insegna come costruire un segmento che è lato di un quadrato di area a: basta prendere l'altezza relativa all'ipotenusa di un triangolo rettangolo in cui le proiezioni dei cateti sull'ipotenusa misurano 1 e a. Se disponiamo questo segmento sulla retta r con un estremo in O dalla parte di U, il suo secondo estremo ha ascissa x che soddisfa, appunto, $x^2 = a$ e quindi non può essere razionale.

4. Alternativamente, riportiamo su r a partire da O secondo la orientazione scelta su r un segmento tanto lungo quanto la semicirconferenza di raggio OU. Sia P_2 il secondo estremo di questo segmento. Allora P_2 non ha ascissa razionale. Ricordiamo infatti che la ascissa di P_2, cioè il rapporto tra la lunghezza della semicirconferenza e il suo raggio, è in genere indicato con la lettera greca π. I Greci osservarono anche che π non dipende dalla lunghezza del raggio e dalla conseguente lunghezza della circonferenza, è dunque costante per ogni circonferenza. Tuttavia il fatto che π non può essere un numero razionale fu provato solo molti secoli dopo gli antichi greci. Chi ci riuscì fu Johann Lambert, matematico del settecento che operò a Berlino con Eulero. Lambert usò per la sua dimostrazione idee e tecniche assolutamente innovative, e certamente sconosciute ai greci. Infatti provò in generale che, se a è un numero razionale non nullo, allora la tangente di a non può essere razionale. Applicando questo risultato ad $a = \frac{\pi}{4}$ che ha tangente razionale 1, dedusse che $\frac{\pi}{4}$ e conseguentemente π non sono razionali.

In definitiva l'insieme $\mathbb{Q}$ dei razionali è insufficiente a garantire una ascissa ad ogni punto di r. Per raggiungere questo obiettivo occorre introdurre un più ampio insieme numerico.

Riprendiamo comunque il riferimento al punto P_1 la cui ascissa (positiva) x deve soddisfare $x^2 = 2$ e quindi non può essere trovata tra i razionali. Tuttavia x si approssima anzitutto tra i razionali 1 e 2, visto che

$$1^2 = 1 < 2 < 4 = 2^2,$$

con un errore che è dunque minore di 1. Una stima più precisa colloca x tra $\frac{14}{10}$ (cioè $\frac{7}{5}$, cioè ancora $1,4$) e $\frac{15}{10}$ (cioè $\frac{3}{2}$, ovvero $1,5$), dato che

$$\left(\frac{7}{5}\right)^2 = \frac{49}{25} < 2 < \frac{9}{4} = \left(\frac{3}{2}\right)^2 \, ;$$

in questo caso lo sbaglio della approssimazione scende sotto $\frac{1}{10}$. Il margine di errore si abbassa addirittura sotto $\frac{1}{100}$ se restringiamo x tra $\frac{141}{100}$ e $\frac{142}{100}$, osservando

$$\left(\frac{141}{100}\right)^2 < 2 < \left(\frac{142}{100}\right)^2 .$$

Si forma in questo modo una successione strettamente crescente di razionali

$$1 < 1,4 < 1,41 < 1,414 < \ldots$$

che approssima x per difetto, anzi con errore che, per il suo n-simo elemento, scende sotto $\frac{1}{10^n}$. Alternativamente, si può considerare la successione strettamente decrescente di razionali

$$2 > 1,5 > 1,42 > 1,415 > \ldots$$

che stavolta approssima x per eccesso, con errore che, nuovamente, per l'n-simo elemento è inferiore a $\frac{1}{10^n}$. I punti di r che hanno per ascisse i razionali della prima successione salgono verso P_1 e si avvicinano tra loro e a P_1 oltre ogni possibile limitazione razionale, quelli che invece si riferiscono ai razionali della seconda successione scendono verso P_1, avvicinandosi tra loro e a P_1 oltre ogni barriera razionale.

Possiamo allora identificare $x = \sqrt{2}$ come il *limite* ideale della prima (o della seconda) successione, e P_1 come l'esito ideale delle corrispondenti sequenze di punti. In questo senso $x = \sqrt{2}$ si rappresenta con un numero decimale illimitato e aperiodico

$$\sqrt{2} = 1,414\ldots \quad .$$

Più in generale possiamo chiamare *numero reale* ogni limite ideale di una successione di razionali come quella che approssima $\sqrt{2}$ per difetto (o per eccesso, se preferiamo): strettamente crescente nel primo caso (e strettamente decrescente nel secondo), limitata, tale che la differenza di due elementi oltre l'n-mo è inferiore a $\frac{1}{10^n}$. Un numero reale si può allora esprimere come un numero decimale che ha infinite cifre dopo la virgola. Ritroviamo per questa via i numeri razionali, ad esempio 2 come

$$2 = 1,999999\ldots = 1,\overline{9},$$

e poi anche nuovi numeri (che si chiamano conseguentemente *reali irrazionali*), come $\sqrt{2}, \sqrt{3}, \sqrt{5}$, o anche

$$\pi = 3,14\ldots \quad .$$

L'unico pericolo di confusione rispetto alla rappresentazione decimale dei razionali è quello appena osservato e già accennato nel Capitolo 1: un numero razionale che ha rappresentazione decimale finita come 2 si può ora esprimere anche come $1,\overline{9}$. Ma, esclusa questa ambiguità, ogni numero reale si scrive in modo unico nel modo decimale appena descritto. L'insieme dei numeri reali si indica con $\mathbb{R}$ e include, nel senso che abbiamo detto, anche $\mathbb{Q}$.

Quanto ai punti della retta r, ciascuno di essi riceve in $\mathbb{R}$ la sua ascissa, allo stesso modo in cui P_1 ottiene come ascissa $\sqrt{2}$. Anzi, se prestiamo fede ad una nuova affermazione che prende il nome di *Postulato di Continuità della Retta*, ogni numero reale (inteso come limite ideale di una successione di razionali come sopra descritta) determina rispetto a O e U un punto di r che poi si prova facilmente essere unico, e dunque viene stabilita una corrispondenza biunivoca tra numeri reali e punti di una retta.

Viene così risolto con l'insieme $\mathbb{R}$ dei reali il problema sopra proposto di assegnare una ascissa ad ogni punto di r. A questo punto si procede a introdurre in

modo appropriato in $\mathbb{R}$ un'addizione $+$ e una moltiplicazione $\cdot$ che estendano
le analoghe operazioni dei razionali. Si tratta di un impegno laborioso, stanti
le complicazioni teoriche della definizione stessa dei reali; si può comunque
soddisfare convenientemente in modo tale da preservare tutte le proprietà più
significative di addizione e moltiplicazione in $\mathbb{Q}$, quali commutatività, associatività, distributività; inoltre ogni reale a rimane fisso se sommato per 0 o
moltiplicato per 1, ha poi opposto $-a$ rispetto a $+$ e, se diverso da 0, inverso
a^{-1} rispetto a $\cdot$ (a^{-1} si scriverà talora anche $\frac{1}{a}$, in analogia al caso razionale).
Anche la relazione di ordine totale $\leq$ dei razionali si estende tra i reali in modo
appropriato, tale da preservarne anche la densità: per $a < b$ reali, c'è sempre
un reale c per cui vale $a < c < b$, ad esempio la semisomma $c = \frac{a+b}{2}$. Resta
vero che somma e prodotto di reali non negativi (ovvero ≥ 0) rimangono non
negativi e che ogni quadrato è non negativo. Anzi, stavolta si ha, a differenza
dei razionali, che ogni reale non negativo è un quadrato, così come abbiamo
visto per 2. Anzi l'equazione $x^2 = a$ ha due soluzioni distinte per $a > 0$ (le
due radici quadrate di a), due soluzioni coincidenti con 0 se $a = 0$, nessuna
soluzione se $a < 0$. Analogo comportamento ha in $\mathbb{R}$ l'equazione $x^n = a$ quando n è pari, $n \geq 2$: due soluzioni per $a > 0$ (le due radici n-me reali di a), due
soluzioni coincidenti con 0 se $a = 0$, nessuna soluzione se $a < 0$. Invece per n
dispari $x^n = a$ ha sempre un'unica soluzione reale.

3.4 Complessi

Il polinomio $x^2 + 1$ ha coefficienti reali (e, se è per questo, addirittura razionali
ed anzi interi), ma non ha radici reali: infatti i reali negativi, come -1, non
possono essere quadrati. Vogliamo allora costruire un insieme numerico che

- allarghi i reali,
- contenga anche una radice i di $x^2 + 1$,
- ammetta poi una addizione $+$ e una moltiplicazione $\cdot$ che estendano
  le analoghe operazioni di $\mathbb{R}$ e ne mantengano le principali proprietà di
  associatività, commutatività, distributività, e via dicendo.

L'insieme che cerchiamo conterrà allora anche elementi della forma $a + b \cdot i$ con
a e b reali. Quanto a i^2, esso coincide con -1 e dunque appartiene all'ambito
reale; di conseguenza $i^3 = -i$, $i^4 = 1$ e così via. Dunque non c'è motivo
di menzionare esplicitamente nel nuovo ambito che stiamo costruendo né i^2
né alcuna altra potenza di i oltre i. Possiamo allora concentrare la nostra
attenzione proprio sulle espressioni $a + b \cdot i$ appena introdotte. A loro proposito
è obbligato porre, per a, b, c e d reali,

$$a + b \cdot i = c + d \cdot i \text{ se e solo se } a = c,\ b = d.$$

Infatti, non c'è problema ad ammettere che $a + b \cdot i$ e $c + d \cdot i$ coincidono
quando a eguaglia c e b eguaglia d; viceversa supponiamo $a + b \cdot i = c + d \cdot i$,

allora, applicando quelle proprietà che già conosciamo per $\mathbb{R}$ e che intendiamo estendere per $\mathbb{C}$, possiamo dedurre $a - c = (d - b) \cdot i$; quindi, se $d = b$, segue $a = c$; se poi $d \neq b$, allora $d - b$ ha inverso in $\mathbb{R}$ e $(a - c) \cdot (d - b)^{-1} = i$, e dunque i viene a coincidere con un numero reale, il che è assurdo.

È anche ragionevole definire addizione e moltiplicazione tra questi numeri ponendo rispettivamente

$$(a + b \cdot i) + (c + d \cdot i) = (a + c) + (b + d) \cdot i$$

e, se vogliamo rispettata la condizione $i^2 = -1$,

$$(a + b \cdot i) \cdot (c + d \cdot i) = (a \cdot c - b \cdot d) + (a \cdot d + b \cdot c) \cdot i.$$

In realtà i pignoli potrebbero rilevare che, nelle due precedenti uguaglianze, i simboli $+$ e $\cdot$ sono usati con tre significati diversi: dentro le parentesi a destra rappresentano le operazioni di addizione e moltiplicazione tra reali, fuori delle parentesi a sinistra indicano invece le nuove operazioni che vogliamo introdurre; servono finalmente (fuori delle parentesi a destra e dentro le parentesi a sinistra) ad individuare i "nuovi" elementi, come $a + b \cdot i$ e $c + d \cdot i$. Ma i tre diversi significati confluiranno presto in una comune interpretazione, quella delle operazioni di addizione e moltiplicazione del nuovo mondo.

Consideriamo infatti proprio l'insieme degli elementi che si scrivono formalmente $a + b \cdot i$ con a e b reali, indichiamo questo insieme con $\mathbb{C}$ e chiamiamo *numeri complessi* i suoi elementi, definiamovi poi uguaglianza, addizione e moltiplicazione nel modo appena descritto.

Notiamo che i numeri reali a possono essere identificati con le espressioni formali $a + 0 \cdot i$; per la precisione $a \mapsto a + 0 \cdot i$ definisce una funzione iniettiva da $\mathbb{R}$ a $\mathbb{C}$. In questo modo le operazioni di addizione e di moltiplicazione appena introdotte in $\mathbb{C}$ vengono a estendere le analoghe operazioni di $\mathbb{R}$ visto che, per a e c reali, si ha

$$(a + 0 \cdot i) + (c + 0 \cdot i) = (a + c) + 0 \cdot i,$$

$$(a + 0 \cdot i) \cdot (c + 0 \cdot i) = (a \cdot c - 0 \cdot 0) + (a \cdot 0 + 0 \cdot c) \cdot i = a \cdot c + 0 \cdot i.$$

Osserviamo anche che, per a, c e d reali,

$$(a + 0 \cdot i) \cdot (c + d \cdot i) = a \cdot c + (a \cdot d) \cdot i.$$

Inoltre si ha

$$(0 + 1 \cdot i)^2 = (0 \cdot 0 - 1 \cdot 1) + (0 \cdot 1 + 1 \cdot 0) \cdot i = -1 + 0 \cdot i = -1.$$

Possiamo allora confondere senza ambiguità ogni reale a con il numero complesso $a + 0 \cdot i$, e scrivere i al posto di $0 + 1 \cdot i$ e bi invece di $0 + b \cdot i$ per ogni reale b.

Esempio 3.4.1 A illustrare ulteriormente l'addizione e la moltiplicazione dei complessi, osserviamo $(2+3i)+(-3-i) = -1+2i$, $(2+3i)\cdot(-3-i) = -3-11i$.

Si verifica poi che l'addizione e la moltiplicazione definite in $\mathbb{C}$ soddisfano ciascuna le proprietà commutativa e associativa e insieme la proprietà distributiva, come accade alle analoghe operazioni tra i razionali e i reali. L'addizione per 0 lascia fisso ogni numero complesso, e lo stesso fa la moltiplicazione per 1. Ogni complesso $a + bi$ ha il suo opposto $-a - bi$ rispetto all'addizione e ogni complesso $a + bi$ diverso da 0 ha il suo inverso rispetto alla moltiplicazione: per determinarlo, osserviamo che $a + bi \neq 0$ significa che almeno uno tra a e b non si annulla, e quindi $a^2 + b^2 > 0$ in $\mathbb{R}$; notiamo poi che

$$(a + bi) \cdot (a - bi) = a^2 + b^2 \neq 0$$

e quindi

$$(a + bi) \cdot (a - bi) \cdot (a^2 + b^2)^{-1} = 1$$

cioè

$$(a + bi) \cdot \left(\frac{a}{a^2 + b^2} - \frac{b}{a^2 + b^2} i \right) = 1,$$

il che identifica in

$$\frac{a}{a^2 + b^2} - \frac{b}{a^2 + b^2} i$$

l'inverso in $\mathbb{C}$ di $a + bi$.

Esempio 3.4.2 L'inverso di $2 + 3i$ è $\frac{2}{13} - \frac{3}{13}i$. Per ogni reale non nullo a, l'inverso di a in $\mathbb{C}$ è $a \cdot (a^2)^{-1}$, dunque coincide con l'inverso a^{-1} di a in $\mathbb{R}$. L'inverso di i è $-i$.

Dato un numero complesso $z = a + bi$ con a e b in $\mathbb{R}$, a si dice la *parte reale* di z, e bi la sua *parte immaginaria*; il reale b si chiama il *coefficiente* di questa parte immaginaria; $a - bi$ si chiama il *coniugato* di z e si indica con $\overline{z}$. A proposito di questo coniugato, osserviamo che:

$z + \overline{z} = (a + bi) + (a - bi) = 2a$ è reale,
$z \cdot \overline{z} = (a + bi) \cdot (a - bi) = a^2 + b^2$ è ancora reale (ed anzi non negativo):

la prima di queste proprietà è banale, la seconda è appena più complicata ed è stata già osservata quando si è calcolato l'inverso in $\mathbb{C}$. Il numero reale non negativo $\sqrt{a^2 + b^2}$ si chiama il *modulo* del numero complesso $z = a + bi$ e si indica $|z|$.

Esempio 3.4.3 i ha parte reale 0, coefficiente della parte immaginaria 1, coniugato $-i$, modulo $\sqrt{0^2 + 1^2} = 1$. Un numero reale a coincide con la sua parte reale e ha coefficiente della parte immaginaria 0; a coincide anche con il suo coniugato e ha per modulo $\sqrt{a^2 + 0^2}$, cioè il suo valore assoluto $|a|$ come reale. $2 + 3i$ ha parte reale 2, coefficiente della parte immaginaria 3, coniugato $2 - 3i$, modulo $\sqrt{2^2 + 3^2} = \sqrt{13}$.

Esercizio 3.4.4 Si provi che la funzione (*coniugio*) che associa ad ogni complesso $z = a + bi$ il suo coniugato $\overline{z} = a - bi$ è una corrispondenza biunivoca di $\mathbb{C}$ su $\mathbb{C}$, lascia fisso ogni reale e trasforma i in $-i$. Si mostri poi che tale funzione preserva anche l'addizione e la moltiplicazione in $\mathbb{C}$: per $z = a + bi$, $z' = a' + b'i$ in $\mathbb{C}$,

$$\overline{z + z'} = \overline{z} + \overline{z'}, \quad \overline{z \cdot z'} = \overline{z} \cdot \overline{z'}.$$

C'è una maniera molto semplice di rappresentare geometricamente un numero complesso $z = a + bi$. Infatti, da un punto di vista formale, z è determinato dalla coppia ordinata (a, b) di numeri reali e quindi, rispetto ad un prefissato sistema di riferimento cartesiano ortogonale nel piano, z corrisponde ad un punto del piano, appunto quello di coordinate (a, b). Ad esempio i determina il punto $(0, 1)$, $-i$ corrisponde a $(0, -1)$, ogni numero reale a al punto $(a, 0)$ sull'asse delle ascisse, e via dicendo.

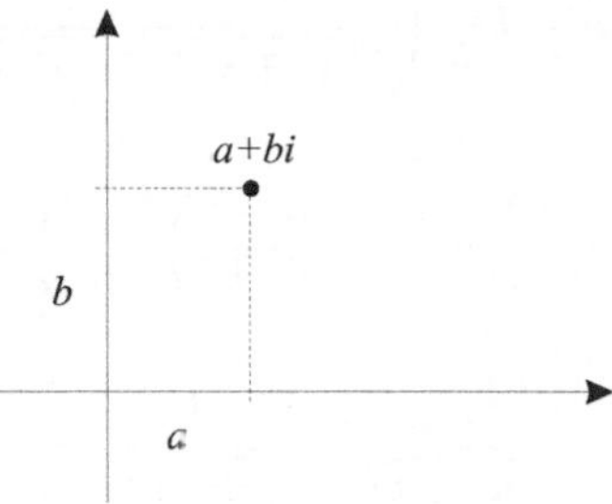

Figura 3.3. Piano complesso

Una rappresentazione dei numeri complessi leggermente più complicata, ma utilissima nelle applicazioni, è quella *trigonometrica*. È valida per complessi $z \neq 0$. Eccone la descrizione.

Consideriamo dapprima un complesso $z = a + bi$ di modulo 1, dunque tale che $a^2 + b^2 = 1$. Dal punto di vista geometrico, z definisce un punto del piano sulla circonferenza di raggio 1 e centro nell'origine; esiste allora uno e un solo reale x tale che $0 \leq x < 1$ e

$$a = \cos 2\pi x, \quad b = sen\, 2\pi x.$$

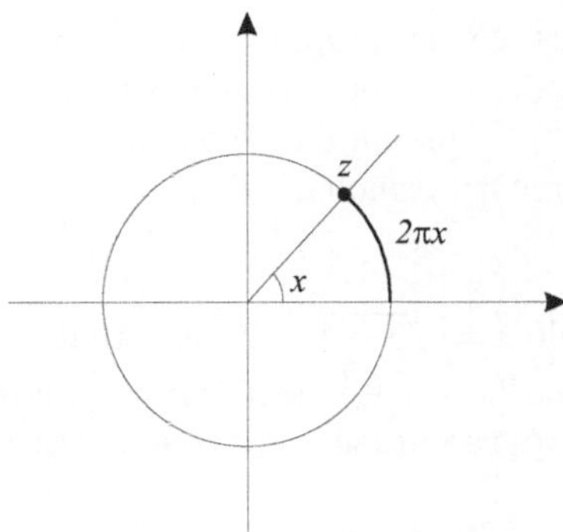

Figura 3.4. Rappresentazione trigonomentrica

Dunque z si può scrivere

$$z = \cos 2\pi x + \operatorname{sen} 2\pi x\, i$$

o anche

$$z = \cos 2\pi(x + k) + \operatorname{sen} 2\pi(x + k)\, i$$

per ogni intero k (visto che seno e coseno sono funzioni periodiche di periodo 2π).

Sia ora $z = a + bi$ un qualunque numero complesso non nullo. Quindi $a \neq 0$ o $b \neq 0$ e $a^2 + b^2 > 0$. Così z si può scrivere

$$z = \sqrt{a^2 + b^2} \cdot \left(\frac{a}{\sqrt{a^2 + b^2}} + \frac{b}{\sqrt{a^2 + b^2}}\, i \right)$$

dove

$$\left(\frac{a}{\sqrt{a^2 + b^2}} \right)^2 + \left(\frac{b}{\sqrt{a^2 + b^2}} \right)^2 = \frac{a^2 + b^2}{a^2 + b^2} = 1$$

e dunque

$$\frac{a}{\sqrt{a^2 + b^2}} + \frac{b}{\sqrt{a^2 + b^2}}\, i$$

ha modulo 1. Segue che c'è un unico reale x tale che $0 \leq x < 1$ e

$$\frac{a}{\sqrt{a^2 + b^2}} = \cos 2\pi x, \quad \frac{b}{\sqrt{a^2 + b^2}} = \operatorname{sen} 2\pi x$$

così che in conclusione, se si pone $r = \sqrt{a^2 + b^2}$, si ha

$$z = r \cdot (\cos 2\pi x + \operatorname{sen} 2\pi x\, i)$$

o anche, più in generale,

$$z = r \cdot (\cos 2\pi(x + k) + \operatorname{sen} 2\pi(x + k)\, i)$$

per ogni intero k. Questa è la *rappresentazione trigonometrica* di z: $r = \sqrt{a^2 + b^2}$ è il *modulo* di z (un reale positivo per $z \neq 0$), mentre ogni angolo in radianti $2\pi(x + k)$ si chiama un *argomento* di z; in particolare $2\pi x$ per $0 \leq x < 1$ si dice l'*argomento principale* di z.

Esempi 3.4.5

1. $z = \sqrt{3} + i$ ha modulo $r = \sqrt{3 + 1} = 2$, mentre il suo argomento principale $2\pi x$ è definito da $\cos 2\pi x = \frac{\sqrt{3}}{2}$, $\operatorname{sen} 2\pi x = \frac{1}{2}$, così che si ha $2\pi x = \frac{\pi}{6}$ e $x = \frac{1}{12}$. Quindi la rappresentazione trigonometrica di z è

$$2 \cdot \left(\cos \frac{\pi}{6} + \operatorname{sen} \frac{\pi}{6}\, i \right)$$

   o anche $2 \cdot (\cos(\frac{\pi}{6} + 2\pi k) + \operatorname{sen}(\frac{\pi}{6} + 2\pi k)\, i)$ per ogni intero k.

2. $z' = 1 + \sqrt{3}i$ ha ancora modulo $r = \sqrt{1+3} = 2$, mentre l'argomento principale $2\pi x$ deve soddisfare $\cos 2\pi x = \frac{1}{2}$, $\text{sen}\, 2\pi x = \frac{\sqrt{3}}{2}$, e quindi coincide con $\frac{\pi}{3}$ (in altre parole $x = \frac{1}{6}$). Allora la rappresentazione trigonometrica di z' è

$$2 \cdot (\cos\frac{\pi}{3} + \text{sen}\frac{\pi}{3} i).$$

3. i ha modulo 1 e argomento principale $\frac{\pi}{2}$, ha dunque rappresentazione trigonometrica $\cos\frac{\pi}{2} + \text{sen}\frac{\pi}{2} i$. -1 ha ancora modulo 1 ma argomento principale π, dunque la sua rappresentazione trigonometrica è $\cos\pi + \text{sen}\pi\, i$.

Il lettore può provare a cercare per esercizio la rappresentazione trigonometrica di altri complessi non nulli, come 2, o $1 \pm i$.

La rappresentazione trigonometrica permette una descrizione semplice e diretta della regola di moltiplicazione in $\mathbb{C}$. Ritorniamo infatti all'Esempio 3.4.5 e consideriamo

$$z = \sqrt{3} + i = 2 \cdot (\cos\frac{\pi}{6} + \text{sen}\frac{\pi}{6} i),$$

$$z' = 1 + \sqrt{3}i = 2 \cdot (\cos\frac{\pi}{3} + \text{sen}\frac{\pi}{3} i).$$

Osserviamo che il prodotto

$$z \cdot z' = (\sqrt{3} + i) \cdot (1 + \sqrt{3}i) = (\sqrt{3} - \sqrt{3}) + (3 + 1)i = 4i$$

ha a sua volta rappresentazione trigonometrica

$$4 \cdot (\cos\frac{\pi}{2} + \text{sen}\frac{\pi}{2}i).$$

Il modulo $4 = 2 \cdot 2$ del prodotto coincide allora con il *prodotto* dei moduli dei fattori z e z', mentre l'argomento principale $\frac{\pi}{2} = \frac{\pi}{6} + \frac{\pi}{3}$ è la *somma* degli argomenti principali dei fattori.

Questa conclusione è del tutto generale. Siano infatti z e z' due complessi non nulli, con rappresentazioni trigonometriche

$$z = r \cdot (\cos 2\pi x + \text{sen}\, 2\pi x\, i), \quad z' = r' \cdot (\cos 2\pi x' + \text{sen}\, 2\pi x'\, i)$$

rispettivamente. Allora

$$z \cdot z' = r \cdot r' \cdot (\cos 2\pi x + \text{sen}\, 2\pi x\, i) \cdot (\cos 2\pi x' + \text{sen}\, 2\pi x'\, i) =$$

$$= r \cdot r' \cdot ((\cos 2\pi x \cos 2\pi x' - \text{sen} 2\pi x\, \text{sen} 2\pi x') +$$

$$+ (\cos 2\pi x\, \text{sen} 2\pi x' + \cos 2\pi x'\, \text{sen} 2\pi x)i)$$

che per le formule di addizione di seno e coseno va a coincidere con

$$r \cdot r' \cdot (\cos 2\pi(x + x') + \text{sen}\, 2\pi(x + x')\, i).$$

Resta così confermato che:

- il modulo del prodotto $z \cdot z'$ coincide con il prodotto dei moduli di z e z',
- l'argomento (principale) del prodotto $z \cdot z'$ è la somma degli argomenti (principali) di z e z'.

Siccome gli argomenti sono angoli in radianti, si intende qui che la loro somma va calcolata modulo 2π, cioè a meno di multipli interi di 2π.

In particolare si noti che moltiplicare un numero complesso z per i (che ha modulo 1 e argomento principale $\frac{\pi}{2}$) significa mantenerne inalterato il modulo e aumentarne l'argomento principale di $\frac{\pi}{2}$, ruotare dunque complessivamente z di un angolo retto in senso antiorario rispetto al centro 0.

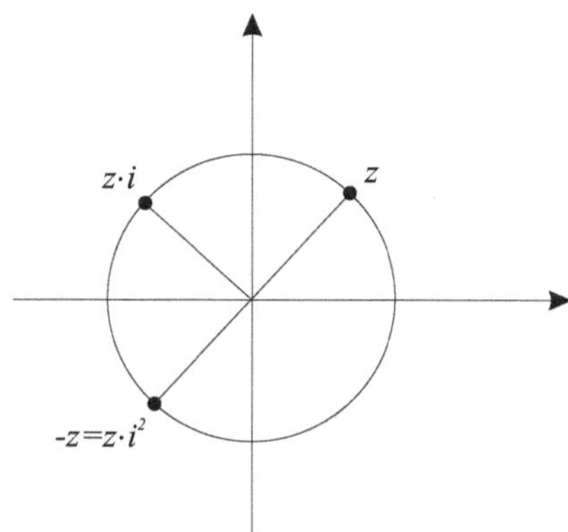

Figura 3.5. Moltiplicazione per i

Ma allora moltiplicare z per i^2, cioè ripetere due volte la moltiplicazione per i, significa ruotare z in senso orario di un angolo piatto rispetto a 0, e dunque portarlo nel punto simmetrico rispetto a 0, cioè nel suo opposto $-z$. Si conferma così che $i^2 = -1$, e si dà una motivazione geometrica di questo fatto.

Dalla caratterizzazione trigonometrica del prodotto in $\mathbb{C}$ si deduce anche la seguente regola per il calcolo delle potenze di un complesso z: se z ha rappresentazione trigonometrica $r \cdot (cos\,2\pi x + sen\,2\pi x\,i)$ e n è un intero positivo, allora

$$z^n = r^n \cdot (cos\,2\pi n x + sen\,2\pi n x\,i).$$

Dunque

- il modulo della potenza z^n è la potenza n-ma del modulo di z,
- l'argomento (principale) della potenza z^n è il multiplo n-mo dell'argomento (principale) di z (calcolato a meno di multipli interi di 2π).

Esempio 3.4.6 Sia $z = \sqrt{3} + i = 2 \cdot (cos\frac{\pi}{6} + sen\frac{\pi}{6}\,i)$, allora $z^4 = 2^4 \cdot (cos\frac{2\pi}{3} + sen\frac{2\pi}{3}\,i)$. Se poi consideriamo $i = cos\frac{\pi}{2} + sen\frac{\pi}{2}\,i$, deduciamo facilmente $i^2 = cos\pi + sen\pi\,i = -1$.

La rappresentazione trigonometrica dei complessi facilita anche il calcolo delle loro radici n-me. Vediamo perché.

Problema. *Sono dati un numero complesso z e un intero positivo n, cerchiamo i numeri complessi w per cui $w^n = z$.*

Se $z = 0$, l'unica soluzione possibile è $w = 0$.
Altrimenti rappresentiamo z nella forma trigonometrica

$$z = r \cdot (\cos 2\pi x + \operatorname{sen} 2\pi x \, i).$$

Anche w sarà diverso da 0 e quindi si rappresenterà trigonometricamente come

$$w = s \cdot (\cos 2\pi y + \operatorname{sen} 2\pi y \, i) :$$

s e y sono da determinare in funzione di r e di x. D'altra parte sappiamo che

$$w^n = s^n \cdot (\cos 2\pi n y + \operatorname{sen} 2\pi n y \, i),$$

dunque $z = w^n$ significa

$$r \cdot (\cos 2\pi x + \operatorname{sen} 2\pi x \, i) = s^n \cdot (\cos 2\pi n y + \operatorname{sen} 2\pi n y \, i),$$

in altri termini

$$s^n = r \quad \text{e} \quad ny - x \in \mathbb{Z}$$

(cioè $ny - x = 0, \pm 1, \pm 2, \ldots$). Ricordiamo poi che r e s sono reali positivi, e deduciamo che

- $s = \sqrt[n]{r}$ coincide con la radice n-ma di r in $\mathbb{R}$,
- y assume i valori $\frac{x}{n}$, $\frac{x \pm 1}{n}$, $\frac{x \pm 2}{n}$, ..., dei quali quelli distinti a meno di una differenza intera sono $\frac{x}{n}$, $\frac{x+1}{n}$, ..., $\frac{x+n-1}{n}$.

In conclusione z ammette esattamente n radici n-me in $\mathbb{C}$, per la precisione

$$w = \sqrt[n]{r} \cdot \left(\cos \frac{2\pi(x + h)}{n} + \operatorname{sen} \frac{2\pi(x + h)}{n} \, i\right)$$

dove h è un naturale $< n$.
Di particolare interesse è il caso in cui

$$z = 1 = \cos 0 + \operatorname{sen} 0 \, i.$$

Si hanno allora, per ogni intero positivo n, le n radici n-me di 1

$$w = \cos \frac{2\pi h}{n} + \operatorname{sen} \frac{2\pi h}{n} \, i$$

per $0 \leq h < n$. La rappresentazione geometrica e trigonometrica di queste radici è illuminante. In effetti $z = 1$ corrisponde al punto $(1, 0)$ di intersezione tra l'asse delle ascisse e la circonferenza di raggio 1 e centro 0. Le n radici n-me di 1 definiscono allora gli n vertici distinti del poligono regolare che ha

n lati, è inscritto in questa circonferenza e ha un vertice, appunto, in $(1, 0)$. Infatti n successive rotazioni di $\frac{2\pi}{n}$ radianti in senso antiorario attorno a 0 (e cioè l'elevamento alla potenza n-ma) portano ciascuno di questi punti in $(1, 0)$ (cioè in 1). Di più, se ζ_n denota $cos\,\frac{2\pi}{n} + sen\,\frac{2\pi}{n}\,i$, le radici n-me dell'unità in $\mathbb{C}$ sono proprio le potenze distinte $1, \zeta_n, \zeta_n^2, \ldots, \zeta_n^{n-1}$ di ζ_n: infatti, per $0 \le h < n$, $\zeta_n^h = cos\,\frac{2\pi h}{n} + sen\,\frac{2\pi h}{n}\,i$.

Vediamo qualche esempio relativo a queste radici dell'unità e ad altre estrazioni di radici tra i complessi.

Esempi 3.4.7

1. Siano $z = 1 = cos\,0 + sen\,0\,i$, $n = 3$. Allora le radici cubiche di 1 in $\mathbb{C}$ sono

$$w = cos\,\frac{2\pi h}{3} + sen\,\frac{2\pi h}{3}\,i$$

per $0 \le h < 3$, dunque in dettaglio

$$cos\,0 + sen\,0\,i = 1, \quad cos\,\frac{2\pi}{3} + sen\,\frac{2\pi}{3}\,i = -\frac{1}{2} + \frac{\sqrt{3}}{2}\,i,$$

$$cos\,\frac{4\pi}{3} + sen\,\frac{4\pi}{3}\,i = -\frac{1}{2} - \frac{\sqrt{3}}{2}\,i.$$

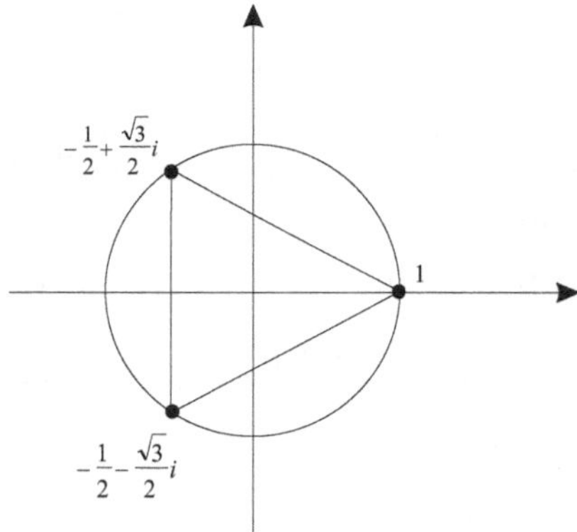

Figura 3.6. Radici cubiche dell'unità

2. Il lettore può verificare che le quattro radici quarte di 1 in $\mathbb{C}$ sono ± 1 e $\pm i$.

3. Sia ora $z = i = cos\,\frac{\pi}{2} + sen\,\frac{\pi}{2}\,i$. Le radici quarte di i in $\mathbb{C}$ sono allora

$$w = cos(\frac{\pi}{8} + \frac{2\pi h}{4}) + sen(\frac{\pi}{8} + \frac{2\pi h}{4})\,i$$

con $0 \le h < 4$, quindi, in dettaglio,

$$cos\frac{\pi}{8} + sen\frac{\pi}{8}\,i, \quad cos\frac{5\pi}{8} + sen\frac{5\pi}{8}\,i,$$

$$cos\frac{9\pi}{8} + sen\frac{9\pi}{8}\,i, \quad cos\frac{13\pi}{8} + sen\frac{13\pi}{8}\,i.$$

Esercizio 3.4.8 Il lettore calcoli le radici complesse n-me di z in ciascuno dei seguenti casi: $z = \sqrt{3} + i$, $n = 2$; $z = 1 + i$, $n = 2$; $z = -i$, $n = 6$.

In conclusione, per ogni complesso $z \neq 0$ e per ogni intero positivo n, il polinomio di grado n a coefficienti complessi

$$f(x) = x^n - z$$

ammette esattamente n radici complesse (le n radici n-me distinte di z, appunto). Questa proprietà è del tutto generale e si estende ad ogni polinomio $f(x)$ a coefficienti complessi e di grado ≥ 1. Vale infatti il seguente risultato.

Teorema 3.4.9 (Fondamentale dell'Algebra). *Un polinomio $f(x)$ di grado $n > 0$ a coefficienti complessi in una indeterminata x ammette sempre esattamente n radici complesse.*

Si intende che ogni radice sia considerata con la sua *molteplicità*: ad esempio il polinomio $f(x) = x^5$ ha l'unica radice 0, che però conta 5 volte.
3.4.9 viene usualmente chiamato *Teorema Fondamentale dell'Algebra* perché in effetti è un risultato basilare di Algebra, visto che sottolinea la capacità che i numeri complessi hanno di risolvere completamente qualunque polinomio che li abbia come coefficienti e ammetta un'unica indeterminata. Il primo a darne una prova corretta fu Gauss nel 1799, nella sua tesi di laurea. Ma le dimostrazioni più accessibili che se ne conoscono, tutte impegnative, usano comunque pesanti strumenti di Analisi. Prove di carattere algebrico sono infatti ancora più complicate e difficili. Dunque il *Teorema Fondamentale dell'Algebra* è, paradossalmente, più un teorema di Analisi che di Algebra, adatto comunque per la sua dimostrazione più a un corso di Analisi che a uno di Algebra.
Un'ultima osservazione riguarda la possibilità di definire tra i complessi una relazione di ordine totale che, come nei casi dei razionali e dei reali, sia compatibile con le operazioni di addizione e moltiplicazione, nel senso che somma e prodotto di elementi non negativi restino non negativi e, conseguentemente, nessun quadrato sia negativo.
Tra i complessi nessuna relazione $\leq$ di questo genere può essere introdotta: infatti l'elemento non nullo $i^2 = -1 = -1^2$ sarebbe rispetto a una simile relazione $\leq$ contemporaneamente positivo (come quadrato) e negativo (come opposto di un quadrato).

3.5 Quaternioni

Il Teorema Fondamentale dell'Algebra esclude ogni possibile ulteriore ampliamento di $\mathbb{C}$ volto a costruire soluzioni per polinomi $f(x)$ in una indeterminata

x, grado ≥ 1 e coefficienti complessi: infatti $f(x)$ ha già le sue radici in $\mathbb{C}$.
Possiamo comunque immaginare di duplicare le radici che già esistono, ad
esempio accompagnare le soluzioni $\pm i$ di $x^2 + 1$ con una nuova radice quadrata di -1, diversa da entrambe, che possiamo provvisoriamente indicare con
j; costruire un conseguente ampliamento di $\mathbb{C}$ con j, dotato magari di un'addizione e una moltiplicazione che estendano le corrispondenti operazioni dei
complessi e ne mantengano le principali proprietà. Tuttavia, siccome anche la
fantasia matematica ha un limite, l'ingresso di j ha qualche dazio da pagare.
Infatti le due uguaglianze $i^2 = j^2 = -1$ implicano che $i^2 - j^2 = 0$. Ora, se
vale la proprietà commutativa del prodotto e dunque, in particolare, si ha
$i \cdot j = j \cdot i$, si deduce che anche

$$(i - j) \cdot (i + j) = i^2 + i \cdot j - j \cdot i - j^2$$

si annulla; se quindi escludiamo anche la presenza di divisori dello zero, e cioè
ammettiamo che un prodotto si annulla solo quando almeno uno dei suoi fattori si annulla, concludiamo che $i - j = 0$ o che $i + j = 0$ e in definitiva che j
coincide con $\pm i$.
Dunque l'introduzione di j richiede di rinunciare o alla legge di annullamen-
to del prodotto o alla commutatività della moltiplicazione. Se manteniamo
l'assenza di divisori dello zero e sacrifichiamo la proprietà commutativa di $\cdot$,
accettiamo in particolare $i \cdot j \neq j \cdot i$, allora le cose si aggiustano. Ad esempio
possiamo fissare $i \cdot j = -j \cdot i$, nel qual caso il prodotto $i \cdot j$ diventa una nuova
radice quadrata di -1, differente tanto da $\pm i$ quanto da $\pm j$: infatti

$$(i \cdot j)^2 = i \cdot j \cdot i \cdot j = -i^2 \cdot j^2 = -(-1) \cdot (-1) = -1$$

(il lettore può poi controllare per esercizio che $i \cdot j$ è effettivamente diverso da
$\pm i$ e $\pm j$).
Poniamo per semplicità $k = i \cdot j$. Ricapitolando i, j, k sono elementi a 2 a 2
né uguali né opposti e soddisfano le uguaglianze

$$i^2 = j^2 = k^2 = -1,$$

$$i \cdot j = k = -j \cdot i,$$

cui si aggiungono le altre

$$j \cdot k = i = -k \cdot j, \quad k \cdot i = j = -i \cdot k,$$

tutte di facile verifica.
A questo punto procediamo con i, j e k come abbiamo fatto nel caso dei
complessi a partire dal solo i. Consideriamo cioè espressioni del tipo

$$a + bi + cj + dk$$

con a, b, c e d reali. Chiamiamo *quaternione* ciascuna di esse, a sottolineare che la sua costruzione deriva da una quaterna di reali. Indichiamo con $\mathbb{H}$

l'insieme che esse formano: la lettera H fa riferimento a Sir William Rowan Hamilton, grande matematico irlandese dell'Ottocento che introdusse questa struttura (ed in effetti l'idea dei quaternioni non è soltanto una stramberia fine a se stessa, ma ha un suo serio fondamento, e rilevanti motivazioni in Geometria, in Teoria della Relatività e in Meccanica Quantistica).

Introduciamo uguaglianza e addizione in $\mathbb{H}$ nella maniera più naturale, ponendo, per $w = a + bi + cj + dk$ e $w' = a' + b'i + c'j + d'k$ quaternioni,

$$w = w' \text{ se e solo se } a = a',\, b = b',\, c = c', d = d',$$

$$w + w' = (a + a') + (b + b')i + (c + c')j + (d + d')k;$$

quanto alla moltiplicazione, ricordiamo le condizioni che i, j e k soddisfano e definiamo corrispondentemente

$$w \cdot w' = (a \cdot a' - b \cdot b' - c \cdot c' - d \cdot d') + (a \cdot b' + b \cdot a' + c \cdot d' - d \cdot c')i +$$
$$+ (a \cdot c' + c \cdot a' - b \cdot d' + d \cdot b')j + (a \cdot d' + d \cdot a' + b \cdot c' - c \cdot b')k.$$

Osserviamo che i numeri complessi si possono intendere come particolari quaternioni, quelli per cui $c = d = 0$ e quindi si scrivono, appunto, nella forma $a + b \cdot i$ con a e b reali: l'uguaglianza, l'addizione e la moltiplicazione dei quaternioni, se ristrette a questo ambito particolare, vanno a coincidere con le corrispondenti relazioni e operazioni dei complessi.

Inoltre tutte le principali proprietà di addizione e moltiplicazione dei complessi vengono preservate anche tra i quaternioni, con l'unica eccezione della commutatività del prodotto: per il resto, commutatività della somma, associatività di somma e prodotto, distributività del prodotto rispetto alla somma sono soddisfatte. Le relative verifiche sono più noiose che difficili. Vi è comunque un'ulteriore complicazione da tenere presente. Infatti proprio la mancanza della proprietà commutativa della moltiplicazione costringe ad una doppia verifica di certe altre condizioni: ad esempio la proprietà distributiva richiede il controllo di due uguaglianze

$$w \cdot (w' + w'') = w \cdot w' + w \cdot w'',$$

$$(w' + w'') \cdot w = w' \cdot w + w'' \cdot w$$

per ogni scelta di tre quaternioni w, w', w'', distinguendo il caso in cui il fattore w compare a sinistra da quello in cui compare a destra. Infatti non c'è garanzia che $w \cdot w'$ coincida con $w' \cdot w$ e così via.

Si vede poi che ogni quaternione $a + bi + cj + dk$ è lasciato fisso dalla somma con 0 e dal prodotto con 1 (sia a destra che a sinistra), ha poi un opposto $-a + (-b)i + (-c)j + (-d)k$ rispetto alla somma e, se non nullo, anche un inverso rispetto al prodotto. Per determinare quest'ultimo, si procede come per i complessi: si osserva preliminarmente che

$$(a + bi + cj + dk) \cdot (a + (-b)i + (-c)j + (-d)k) = a^2 + b^2 + c^2 + d^2,$$

è dunque un numero reale; si nota poi che, per $a + bi + cj + dk$ non nullo, allora almeno un reale della quaterna (a, b, c, d) è diverso da 0 e quindi anche $a^2 + b^2 + c^2 + d^2$ è differente da 0 (ed anzi maggiore di 0 in $\mathbb{R}$); si deduce che il quaternione

$$\frac{a}{a^2 + b^2 + c^2 + d^2} + \frac{-b}{a^2 + b^2 + c^2 + d^2}i +$$

$$+\frac{-c}{a^2 + b^2 + c^2 + d^2} \cdot j + \frac{-d}{a^2 + b^2 + c^2 + d^2}k$$

è inverso di $a + bi + cj + dk$ sia a destra che a sinistra:

$$(a + bi + cj + dk) \cdot \left(\frac{a}{a^2 + b^2 + c^2 + d^2} + \frac{-b}{a^2 + b^2 + c^2 + d^2}i +\right.$$

$$\left. +\frac{-c}{a^2 + b^2 + c^2 + d^2}j + \frac{-d}{a^2 + b^2 + c^2 + d^2}k \right) =$$

$$= \left(\frac{a}{a^2 + b^2 + c^2 + d^2} + \frac{-b}{a^2 + b^2 + c^2 + d^2}i +\right.$$

$$\left. +\frac{-c}{a^2 + b^2 + c^2 + d^2}j + \frac{-d}{a^2 + b^2 + c^2 + d^2}k \right) \cdot (a + bi + cj + dk) = 1.$$

Esercizio 3.5.1 Si calcolino in $\mathbb{H}$ i prodotti $(i + j) \cdot (j + k)$ e $(j + k) \cdot (i + j)$ e si controlli se i due risultati coincidono o no. Si determini poi l'inverso in $\mathbb{H}$ sia di $i + j$ che di $j + k$.

Esercizi.

1. Nel paragrafo 3.3 (più precisamente nell'Osservazione 3.3.1.3) abbiamo proposto come esercizio la dimostrazione che la radice quadrata di un numero intero è razionale se e solo se è intera.
   - Si generalizzi il risultato per le radici n-me di un intero per ogni naturale $n \geq 2$.
   - Si generalizzi ulteriormente il risultato provando che ogni soluzione dell'equazione

$$a_0 + a_1 x + \cdots + a_{n-1} x^{n-1} + x^n = 0$$

   con $a_0, \ldots, a_{n-1} \in \mathbb{Z}$ è intera o irrazionale.
2. Si determini la frazione generatrice del numero periodico $2, \overline{41}$.
   (*Suggerimento*: si scriva $2, 41$ come $2 + 0, \overline{41} = 2 + 41 \cdot \left(\frac{1}{100} + \frac{1}{10000} + \cdots \right)$. L'espressione tra parentesi è una serie geometrica di termine iniziale $a_1 = 1/100$ e di ragione $q = 1/100$. Si ricordi che la somma di una tale serie è $s = \frac{a_1}{1-q}$).

3. Si mostri che l'inverso di una radice n-ma dell'unità in $\mathbb{C}$ è ancora una
   radice n-ma dell'unità. Si provi inoltre che anche il prodotto di due radici
   n-me dell'unità è una radice n-ma dell'unità.

Riferimenti bibliografici

[26] fornisce un panorama ampio ed essenziale sui maggiori insiemi numerici
(dai naturali ai complessi, e oltre), discutendone l'introduzione, la storia e le
applicazioni.

Grafi e multigrafi

4.1 La nascita della teoria dei grafi

La nascita ufficiale della teoria dei grafi si può far risalire alla prima metà del XVIII secolo e precisamente al 1736. Fu infatti in quell'anno che Eulero adoperò il modello astratto dei grafi per ottenere la soluzione di quello che oggi chiameremmo un problema di traffico. Non che prima del 1736 non si fossero affrontati problemi che coinvolgessero direttamente o indirettamente l'uso dei grafi; ma è solo dopo il contributo di Eulero che si prese gradualmente coscienza della valenza e dell'utilità di queste strutture per la soluzione di questioni della natura più disparata. Un forte impulso allo studio dei grafi da un punto di vista astratto e rigoroso si ebbe poi dopo la prima metà del XIX secolo, quando la teoria dei grafi assunse le dimensioni di una disciplina matematica vera e propria. Così oggi il modello matematico dei grafi trova applicazione nei settori più vari, dalla fisica alla chimica, dall'informatica all'economia.

Ma torniamo al problema risolto da Eulero nel 1736. La città che oggi ha nome Kaliningrad e fa parte nella Federazione Russa si chiamava a quei tempi *Königsberg*, e apparteneva alla Prussia orientale. Königsberg era – ed è – situata in un punto dove il fiume *Pregel* (oggi *Pregolya*) si divide in due rami, che racchiudono al loro interno un'isola detta *Kneiphof*. In quel tratto del fiume sorgevano allora sette ponti disposti come in figura.

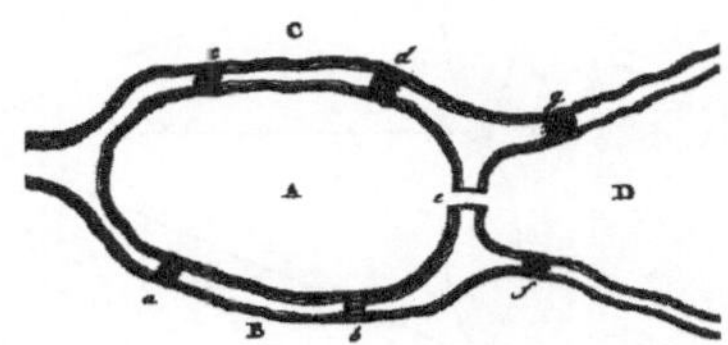

Figura 4.1. I ponti di Königsberg (disegno tratto da [27])

Si racconta che taluni abitanti di Königsberg si posero un problema di apparente semplicità, almeno nell'enunciato, e si chiesero:

Problema dei ponti di Königsberg. È possibile fare una passeggiata partendo dalla propria abitazione, ovunque essa sia, percorrere ciascuno dei sette ponti della città *una e una sola volta*, quindi far ritorno a casa?

Di primo acchito il quesito di Königsberg può essere affrontato in maniera euristica e näif tentando di elencare tutti i possibili percorsi e controllando se tra questi ve ne sia qualcuno con le caratteristiche desiderate. Ma ci si rende presto conto di quanto sia elevato il numero delle verifiche da effettuare e dunque quanto sia facile trascurare qualche percorso potenzialmente idoneo. Presumibilmente questo fu l'approccio empirico adottato inizialmente dagli abitanti di Königsberg; ma le difficoltà che essi incontrarono non permisero loro di risolvere in maniera definitiva la questione.
Eulero, venutone a conoscenza, scrisse a tal proposito in [27]:

> *"Mi fu detto che alcuni negavano ed altri dubitavano che ciò si potesse fare, ma nessuno lo dava per certo. Da ciò io ho tratto questo problema generale: qualunque sia la configurazione e la distribuzione in rami del fiume e qualunque sia il numero dei ponti, si può scoprire se è possibile passare per ogni ponte una ed una sola volta?"*

Eulero, dunque, da buon matematico, prese spunto dal problema particolare posto dagli abitanti di Königsberg per riformularlo (e poi risolverlo) in termini assai più astratti e generali, riferibili anche ad altre cittadine fluviali, arcipelaghi e in genere ai percorsi più disparati.
Infatti la soluzione del problema dei ponti di Königsberg non dipende affatto dalla dimensione e dalla forma dell'isola di *Kneiphof*, o dalla lunghezza e dalla larghezza dei ponti, o ancora dalla conformazione degli argini e delle sponde, bensì dal numero dei vari lembi di terra e dai loro collegamenti. Un modello astratto può concepire i primi come punti, e i secondi come segmenti o archi che uniscono alcuni di questi punti, e in questo modo si può applicare a ogni situazione analoga, che differisca da quella di Königsberg solo per il numero di punti coinvolti e per i segmenti che li collegano. Se seguiamo questa convenzione grafica possiamo fornire la seguente rappresentazione della cittadina di Königsberg (indicando ad esempio con il punto a l'isola di *Kneiphof*):

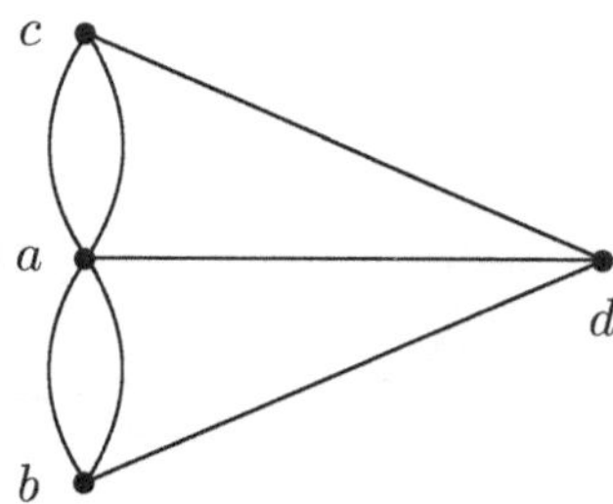

Abbiamo già avuto modo di incontrare analoghe figure e situazioni nel paragrafo 1.7 relativo ai grafi. In effetti, uno schema come quello presentato poc'anzi, composto da punti, segmenti e archi, eventualmente etichettati, assomiglia a quello di un *grafo*: nel paragrafo 1.7 i punti sono stati chiamati *vertici*, gli archi e i segmenti *lati*.
In questa nuova prospettiva, il problema degli abitanti di Königsberg si può riformulare nel modo seguente.

È possibile, partendo da un vertice qualunque del grafo di Königsberg, percorrere di seguito tutti i suoi lati una ed una sola volta ritornando alla fine al vertice di partenza?

Eulero, come già detto, riuscì a risolvere il quesito: per la precisione provò che un tale percorso non può esistere; anzi, ciò che è più importante, diede delle condizioni necessarie per l'esistenza di un percorso del tipo desiderato, stabilendo un criterio del tutto generale e svincolato dalla particolare problematica di Königsberg, valido dunque per ogni situazione analoga. Eulero inaugurò in questo modo la teoria dei grafi. Ma, prima di descrivere la soluzione di Eulero, sarà bene approfondire le nostre conoscenze sui grafi.

4.2 Grafi e multigrafi

Rammentiamo anzitutto la definizione di grafo già proposta nel paragrafo 1.7.

Definizione 4.2.1 Si dice *grafo non orientato* (o semplicemente *grafo*) una coppia $G = (V, R)$ dove V è un insieme non vuoto e R è una relazione binaria su V che gode delle proprietà

(i) (antiriflessiva) per ogni $u \in V$, $(u, u) \notin R$;
(ii) (simmetrica) per ogni scelta di $u, v \in V$, se $(u, v) \in R$, allora $(v, u) \in R$.

I punti di V sono detti i *vertici* (o *nodi*) del grafo; due vertici u, v tali che $(u, v) \in R$ (e dunque anche $(v, u) \in R$) determinano un *lato* o *arco* di G – l'insieme $\{u, v\}$ –; u e v si chiamano gli *estremi* di questo lato.
Allora un grafo G si può rappresentare in modo del tutto equivalente come una struttura (V, L) dove V è ancora l'insieme non vuoto dei vertici e L è un insieme di sottoinsiemi di V, tutti composti da esattamente due elementi. Infatti, se (V, R) è un grafo in base alla vecchia definizione, si può prendere come L l'insieme dei lati di (V, R), che sono tutti sottoinsiemi di V di cardinalità 2. Viceversa, se V non è vuoto e L è un insieme di sottoinsiemi di V composti da due elementi, allora si pone, per u e v in V,

$$(u, v) \in R \text{ se e solo se } \{u, v\} \in L$$

e si ottiene così una relazione binaria R che si dimostra facilmente essere antiriflessiva e simmetrica: infatti

(i) ogni insieme $\{u,v\} \in L$ ha due elementi distinti, dunque, se $(u,v) \in R$, deve essere $u \neq v$,

(ii) per ogni scelta di $u, v \in V$, $\{u,v\} = \{v,u\}$.

Quindi è equivalente considerare un grafo come una struttura (V, R) secondo la Definizione 4.2.1, o come coppia (V, L). Questa seconda opzione risulta però più utile e maneggevole nello sviluppo della Teoria dei grafi e nelle applicazioni. Dunque la adotteremo per il resto del capitolo. Illustriamola con un esempio.

Esempio 4.2.2 Consideriamo il grafo $G = (V, L)$ con 5 vertici v_1, v_2, v_3, v_4, v_5 e 4 lati

$$l_1 = \{v_1, v_2\}, \ l_2 = \{v_2, v_3\}, \ l_3 = \{v_3, v_4\}, \ l_4 = \{v_2, v_4\}.$$

Allora $G = (V, L)$ ha la seguente rappresentazione.

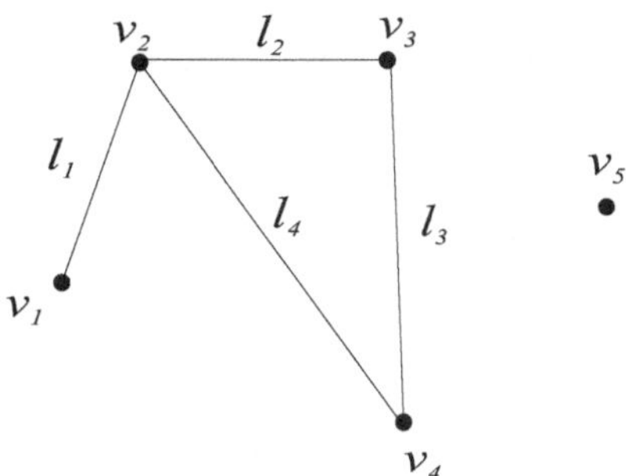

Sia $G = (V, L)$ un grafo.

Definizione 4.2.3

- Due vertici $u, u' \in V$ si dicono *adiacenti* se $\{u, u'\} \in L$ (come capita a v_1 e v_2 in 4.2.2): diremo allora che il lato $l = \{u, u'\}$ *collega* u e u'.
- Due lati $l, l' \in L$ si dicono *incidenti* nel vertice $v \in V$ (o *consecutivi* in v) se $\{v\} = l \cap l'$, cioè se v è l'unico estremo comune di l e l' (è questo il caso di l_1 e l_2 – che sono incidenti in v_2 – in 4.2.2).
- Un vertice $v \in V$ si dice *isolato* se non ci sono lati di L incidenti in v (come v_5 in 4.2.2).

Un grafo $G = (V, L)$ si dice poi *finito* se tale è l'insieme V dei suoi vertici (si noti che in questo caso anche l'insieme dei lati sarà forzatamente finito).

Esercizio 4.2.4 Quale è il numero massimo di lati per un grafo con n vertici? Se il lettore trova difficile rispondere, può attendere il Corollario 4.2.14.

Definizione 4.2.5 Il *grado* di un vertice $v \in V$ nel grafo $G = (V, L)$ è il numero di lati di G incidenti in v: lo indichiamo con $d_G(v)$, o, più semplicemente, con $d(v)$ quando non ci sono pericoli di confusione. Si noti che un vertice isolato ha grado 0. Un vertice $v \in V$ si dice *pari* o *dispari* secondo che il grado $d(v)$ è pari o dispari. Un grafo avente tutti i vertici dello stesso grado d si dice *regolare* di grado d.

Definizione 4.2.6 Se $G = (V, L)$ è un grafo finito, chiamiamo *grado minimo* di G il minimo grado $\delta \in \mathbb{N}$ dei suoi vertici: $\delta = \min\{d_G(v) : v \in V\}$.

Nell'esempio 4.2.2, $d(v_1) = 1$, $d(v_2) = 3$, $d(v_3) = 2$, $d(v_4) = 2$, $d(v_5) = 0$, cioè v_5 è un vertice isolato, v_1, v_2 sono vertici dispari, mentre v_3, v_4, v_5 sono vertici pari; il grafo non è regolare.

Esempi di grafi regolari di grado rispettivamente $1, 2, 3, 4$ sono i seguenti.

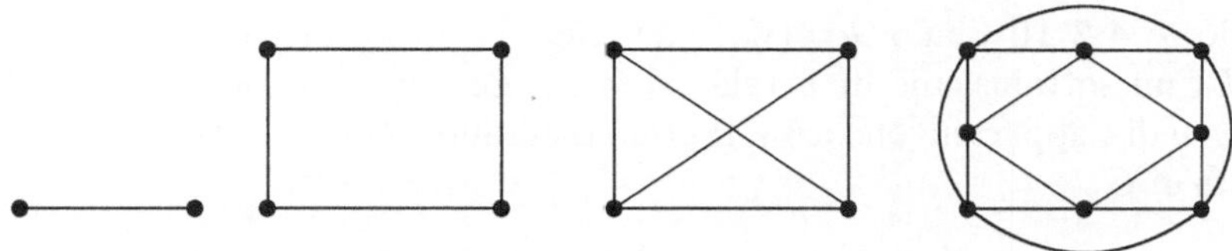

Vale il seguente semplice risultato.

Proposizione 4.2.7 *In un grafo finito $G = (V, L)$ il numero dei lati soddisfa* $|L| = \frac{1}{2} \sum_{v \in V} d(v)$.

Dimostrazione. Ogni vertice $v \in V$ è estremo di $d(v)$ lati, ma ogni lato collega due vertici distinti. Così $\sum_{v \in V} d(v)$ è il doppio del numero dei lati, cioè $\sum_{v \in V} d(v) = 2|L|$. $\qquad\square$

Se ne deduce il seguente

Corollario 4.2.8 *In un grafo finito il numero di vertici di grado dispari è pari.*

Dimostrazione. Sappiamo dalla Proposizione 4.2.7 che $\sum_{v \in V} d(v)$ è un numero pari. D'altra parte, se indichiamo con V_p il sottoinsieme dei vertici pari di V e con V_d quello dei vertici dispari, possiamo scrivere

$$\sum_{v \in V} d(v) = \sum_{v \in V_p} d(v) + \sum_{v \in V_d} d(v).$$

Ovviamente $\sum_{v \in V_p} d(v)$ è pari, pertanto anche $\sum_{v \in V_d} d(v) = \sum_{v \in V} d(v) - \sum_{v \in V_p} d(v)$ è un numero pari, perché differenza di numeri pari. Ma $\sum_{v \in V_d} d(v)$ è la somma di addendi dispari, è dunque è pari se e solo se il numero dei suoi addendi – e cioè dei vertici dispari – è pari. $\qquad\square$

Esercizi 4.2.9

1. Si provi che un grafo finito regolare di grado d con n vertici ha $\frac{d \cdot n}{2}$ lati.
2. Esistono grafi:
   - di quattro vertici v_1, v_2, v_3, v_4 con $d(v_1) = 2$, $d(v_2) = 1$, $d(v_3) = 4$ e $d(v_4) = 3$?
   - di cinque vertici v_1, v_2, v_3, v_4, v_5 con $d(v_1) = 5$, $d(v_2) = 4$, $d(v_3) = 5$, $d(v_4) = 2$ e $d(v_5) = 1$?
3. È possibile che in un gruppo di nove persone ognuno sia amico di esattamente tre persone del gruppo? Si assume che l'amicizia sia una relazione antiriflessiva (nessuno è amico di se stesso) e simmetrica (se A è amico di B, B lo è di A).
4. Provare che in un gruppo di $n \geq 2$ persone ce ne sono sempre almeno due con lo stesso numero di amici. Chi incontra difficoltà nella soluzione può attendere il Teorema 4.2.17.

Definizione 4.2.10 Siano $G = (V, L)$ un grafo, V_0 un sottoinsieme non vuoto di V e L_0 un sottoinsieme di L tale che, per ogni lato $l = \{u, v\} \in L_0$, gli estremi u, v di l appartengono a V_0. Il grafo risultante $G_0 = (V_0, L_0)$ si chiama *sottografo* di G.

Dunque G_0 si compone di alcuni tra i vertici di V e di alcuni tra i lati di L che collegano questi vertici. In particolare, può anche escludere alcuni dei lati di L che collegano in G vertici di V_0.

Dato un grafo $G = (V, L)$, ogni sottoinsieme non vuoto V_0 di V determina comunque un grafo che ha

- V_0, appunto, come insieme dei vertici,
- l'insieme L_0 dei lati costituito da **tutti** quei lati di L i cui estremi appartengono a V_0.

Il grafo (V_0, L_0) che ne deriva si indica con G_{V_0} e si dice sottografo di G *indotto* o *generato* da V_0.

Esempio 4.2.11 Siano dati i grafi G, G_0 rappresentati come segue.

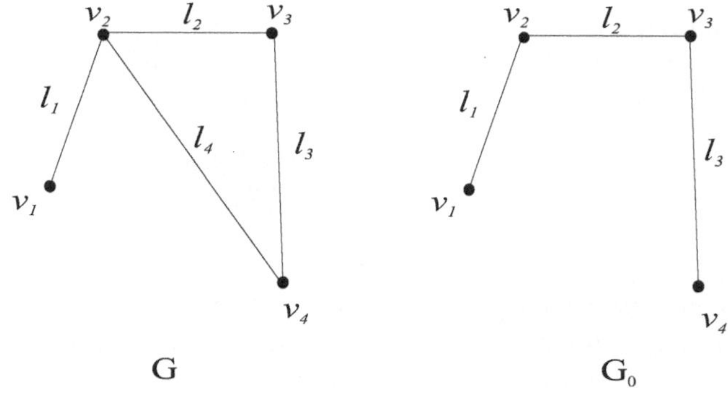

Allora G_0 è sottografo di G; anzi, G_0 ha gli stessi vertici di G, ma esclude il lato l_4 di G.

Consideriamo adesso i due grafi G', G'_0 rappresentati come segue:

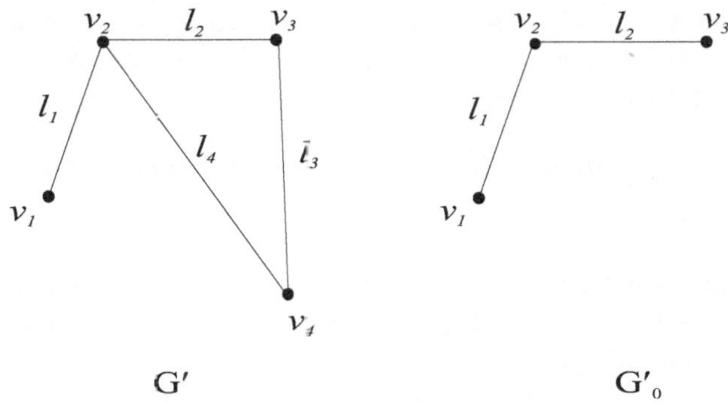

allora il grafo G'_0 è il sottografo di G' indotto dal sottoinsieme $\{v_1, v_2, v_3\}$.

Definizione 4.2.12 Il grafo $G = (V, L)$ si dice *completo* se tutti i suoi vertici sono a due a due adiacenti, cioè se, per ogni scelta di $u, v \in V$ con $u \neq v$, $\{u, v\}$ è lato di L.

Un grafo completo si chiama anche *cricca* (*clique* in inglese) a sottolineare che tutti i suoi vertici sono collegati tra loro.

Proponiamo alcuni esempi di grafi completi, rispettivamente con 1, 2, 3, 4, 5 vertici. Li denotiamo, nell'ordine, K_1, K_2, K_3, K_4, K_5.

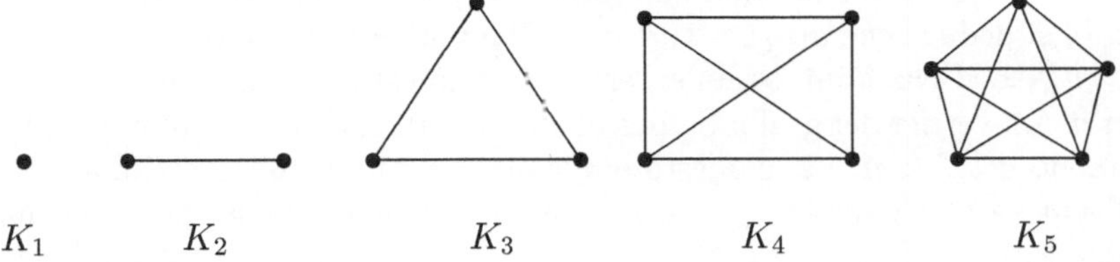

Osserviamo che, per ogni intero positivo n, la struttura di un grafo completo di n vertici è chiaramente determinata: ci sono, appunto, n vertici e ogni coppia di vertici distinti è collegata da un lato. In questo senso possiamo affermare che un grafo completo con n vertici è univocamente definito: possono cambiare i nomi dei vertici e dei lati, ma la struttura del grafo non muta (renderemo questa affermazione più precisa e rigorosa nel giro di poche pagine). In genere, per ogni intero positivo n, l'"unico" grafo completo con n vertici viene indicato con K_n.

Si noti poi che ogni grafo $G = (V, L)$ è sottografo di un opportuno grafo completo (addirittura con lo stesso numero di vertici): basta aggiungere a G un lato $\{u, v\}$ per ogni coppia di vertici distinti u e v di V non già collegati in L.

Per i grafi completi finiti vale il seguente risultato.

Proposizione 4.2.13 *Per ogni intero positivo n, il grafo completo K_n ha esattamente $\frac{n \cdot (n-1)}{2} = \binom{n}{2}$ lati.*

Dimostrazione. Un lato è un sottoinsieme di K_n composto da due vertici. Per il Teorema 1.9.8 il numero dei sottoinsiemi di K_n costituiti da esattamente 2 elementi è proprio $\binom{n}{2} = \frac{n \cdot (n-1)}{2}$. $\qquad\square$

Corollario 4.2.14 *Un grafo $G = (V, L)$ con n vertici ha al più $\frac{n \cdot (n-1)}{2} = \binom{n}{2}$ lati.*

Dimostrazione. G è sottografo di un grafo completo con lo stesso numero di vertici, ed evidentemente G non può superare quanto a numero di lati questa sua estensione completa. $\qquad\square$

Esercizio 4.2.15 Quante sono le diagonali di un poligono convesso di n lati?

Esercizio 4.2.16 Possono esistere grafi di:

- 7 vertici e 23 lati?
- 6 vertici e 14 lati?

Proposizione 4.2.17 *Ogni grafo finito con più di un vertice ha almeno due vertici dello stesso grado.*

Dimostrazione. Siano $v_1, \ldots, v_n$ i vertici distinti del grafo; dunque $n \geq 2$. Ammettiamo che due vertici differenti non abbiano mai lo stesso grado, cioè $d(v_1) \neq \cdots \neq d(v_n)$. Possiamo supporre $d(v_1) < \cdots < d(v_n)$. Quindi, se $d(v_1) > 0$, si deduce che $d(v_2) > 1$, $d(v_3) > 2$ e via dicendo, fino a concludere $d(v_n) > n - 1$, il che è impossibile perché v_n può essere al più collegato con gli altri $n - 1$ vertici del grafo. Se invece $d(v_1) = 0$, si deduce comunque allo stesso modo $d(v_n) > n - 2$, e questo è ugualmente impossibile perché v_n è al più collegato a $n - 2$ vertici $v_2, \ldots, v_{n-1}$ (infatti v_1 non è adiacente a nessun vertice). $\qquad\square$

Definizione 4.2.18 Siano $G = (V, L)$ un grafo, $u, w \in V$. Si dice *cammino* (finito) di G tra tra u e w una sequenza finita $\alpha = (l_1, l_2, \ldots, l_m)$ di lati $l_1, l_2, \ldots, l_m$ di L a due a due distinti tali che, per ogni $i < m$, l_{i+1} è consecutivo a l_i.

Così ci sono vertici $v_0, v_1, v_2, \ldots, v_m$ di V tali che $u = v_0$, $w = v_m$ e, per ogni $i = 1, \ldots, m$, $l_i = \{v_{i-1}, v_i\}$. m si chiama la *lunghezza* del cammino.
Va ribadito che la definizione di cammino esclude l'eventualità che uno stesso lato compaia due o più volte tra $l_1, \ldots, l_m$; consente tuttavia che uno stesso vertice ricorra più di una volta tra $v_0, \ldots, v_m$ come estremo di due o più lati distinti.

Ammettiamo poi anche il caso $m = 0$, cioè la possibilità di un cammino che partendo da u si esaurisca subito in $u = w$ senza percorrere alcun lato: lo chiameremo *cammino nullo* (o di *lunghezza zero*) con origine u. Naturalmente può capitare che u coincida con w, cioè che si abbia $v_0 = v_m$, anche in cammini di lunghezza $m > 0$: in tal caso la sequenza α è detta un *circuito*. Quindi un circuito è un cammino che, partendo da un vertice, attraversa un certo numero di lati distinti e infine ritorna al vertice di partenza. Si noti che un circuito deve contenere almeno 3 lati (**perchè?**).

Definizione 4.2.19 Un grafo $G = (V, L)$ si dice *connesso* se per ogni coppia di vertici distinti $u, v \in V$ esiste un cammino tra u e v.

Allora il grafo dell'Esempio 4.2.2 non è connesso, perchè il vertice v_5 non è collegato ad altri vertici. Però, se eliminiamo v_5, il sottografo che si ottiene (composto dai 4 vertici v_1, v_2, v_3, v_4 e dai lati che li hanno per estremi) è connesso.

Esercizio 4.2.20 Un grafo completo è connesso? E uno regolare?

In generale, per ogni grafo $G = (V, L)$ si può considerare la relazione binaria $\sim$ in V tale che, per ogni scelta di u e v in V, vale $u \sim v$ se e solo se c'è un cammino – eventualmente nullo – tra u e v.

Esercizio 4.2.21 Si provi che $\sim$ è una relazione di equivalenza in V (*suggerimento:* le proprietà riflessiva e simmetrica sono immediate, ma si faccia attenzione alla proprietà transitiva: i lati di un cammino devono essere a 2 a 2 distinti!).

Così $\sim$ determina una partizione di V in classi di equivalenza tra loro disgiunte. Ognuna di queste classi C – in quanto sottoinsieme di V – genera un sottografo di G, come spiegato dopo la Definizione 4.2.10. Questo sottografo è evidentemente connesso perchè tutti i punti di C sono tra loro equivalenti e dunque sono collegati a 2 a 2 da cammini di G. Inoltre non è possibile ampliare C con nuovi vertici in $V - C$ senza pregiudicare questa proprietà di connessione, perchè i punti di $V - C$ non sono equivalenti in $\sim$ a quelli di C e quindi non possono esserci cammini tra vertici di C e vertici fuori di C.
Le classi di equivalenza di $\sim$ si chiamano allora *componenti connesse* di G: ognuna di esse è un sottografo connesso di G che non si può estendere mantenendo la proprietà di connessione.
Ogni vertice v di V fa parte di una e una sola componente connessa di G, che indichiamo C_v.

Esempio 4.2.22 Sia dato il grafo $G = (V, L)$ con 7 vertici $v_1, \ldots, v_7$ e altrettanti lati $l_1, \ldots, l_7$ rappresentato dalla figura che segue.

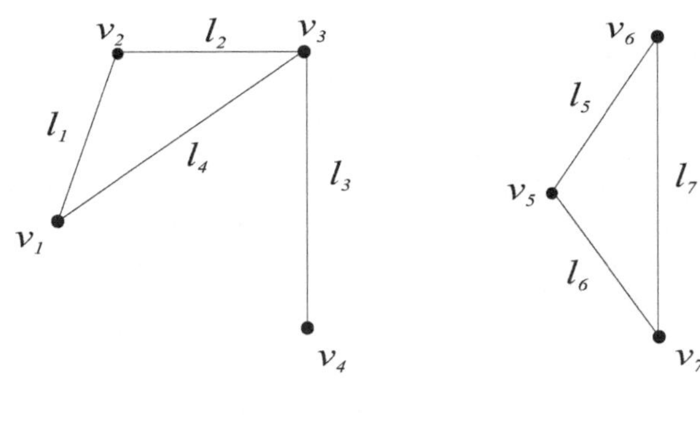

G

v_1 e v_4 appartengono alla stessa componente connessa di G, perchè ci sono addirittura due cammini che li collegano, rispettivamente $\alpha_1 = (l_1, l_2, l_3)$ e $\alpha_2 = (l_4, l_3)$. Ma il grafo non è connesso perchè, ad esempio, non esiste alcun cammino che collega v_2 a v_6; in effetti è ben visibile che G è composto da due componenti connesse, l'una composta dai vertici v_1, v_2, v_3, v_4, l'altra da v_5, v_6, v_7.

Teorema 4.2.23 *Siano $G = (V, L)$ un grafo finito, $\delta > 0$ il grado minimo di G. Allora valgono le seguenti condizioni:*

1. G contiene un cammino di lunghezza $\geq \delta$;

2. se $\delta \geq 2$, allora G contiene un circuito di lunghezza $\geq \delta + 1$.

Dimostrazione. Sia $\alpha = (l_1, l_2 \ldots, l_m)$ un cammino di G di lunghezza m massima. Per $1 \leq i \leq m$ indichiamo con v_{i-1} e v_i i due estremi di l_i. Osserviamo che, per ogni vertice v adiacente a v_0, il relativo lato $l = \{v, v_0\}$ deve comparire già in α, altrimenti $(l, l_1, \ldots, l_m)$ contraddice la massimalità di m. Conseguentemente ogni vertice v adiacente a v_0 è tra $v_1, \ldots, v_m$. Quindi $m \geq d(v_0) \geq \delta$.

Sia poi $\delta \geq 2$. Riferiamoci ancora al cammino $\alpha = (l_1, \ldots, l_m)$ di lunghezza m massima in G e, per ogni $i = 1, \ldots, m$, agli estremi v_{i-1} e v_i di l_i. Sia k il massimo degli indici $j \leq m$ per cui $\{v_0, v_j\} \in L$. Ovviamente $k \geq 1$. Inoltre sappiamo che tutti i vertici adiacenti a v_0 sono tra $v_1, \ldots, v_m$ e quindi, per la definizione di k, tra $v_1, \ldots, v_k$; segue che $k \geq \delta \geq 2$. Finalmente $l = \{v_k, v_0\} \in L$, quindi $(l_1, \ldots, l_k, l\}$ risulta essere un circuito di lunghezza $k + 1 \geq \delta + 1$ in G. $\qquad\square$

Il disegno di un grafo è strumento utile per facilitarne la comprensione, ma nulla di più. Infatti la disposizione su un foglio dei vertici di un grafo è puramente arbitraria e può succedere che collocazioni differenti dei vertici portino a rappresentazioni visive differenti della stesso grafo, o facciano sembrare strutturalmente distinti grafi che non lo sono.

Esempio 4.2.24 I due grafi $G = (V, L)$, $G' = (V', L')$ sotto riportati (una stella e un pentagono)

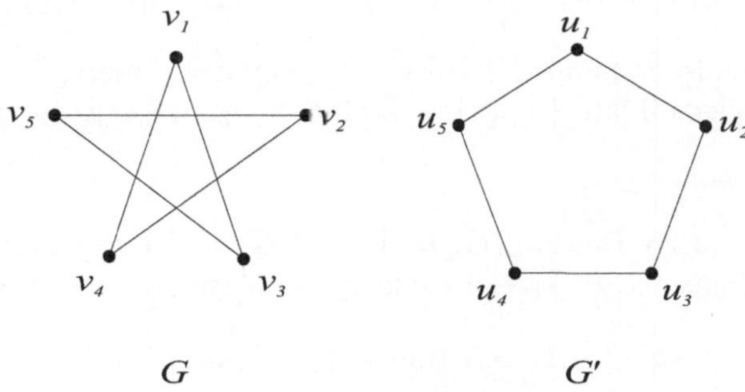

hanno entrambi 5 vertici e 5 lati, ma paiono chiaramente diversi. Eppure proviamo a muovere il vertice v_2 di G verso sinistra, tra v_5 e v_4, accompagnandolo con i lati che lo contengono. Otteniamo

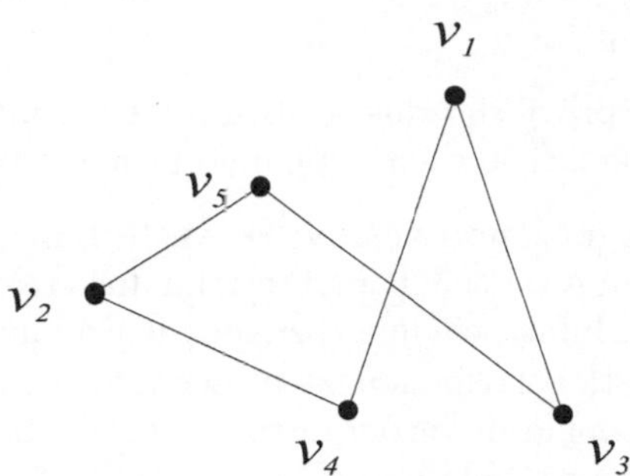

Un analogo movimento di v_1 verso il basso, tra v_4 e v_3, determina il nuovo disegno

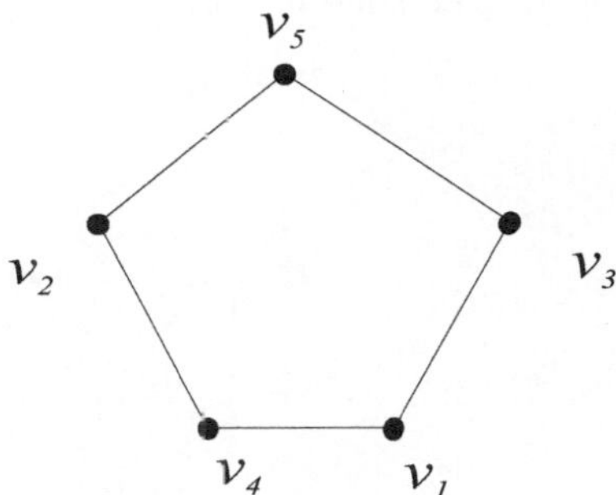

che è del tutto somigliante a quello di G'. Per la precisione, la funzione f di V in V' tale che

$$f(v_5) = u_1, \ f(v_3) = u_2, \ f(v_1) = u_3, \ f(v_4) = u_4, \ f(v_2) = u_5$$

è una corrispondenza biunivoca tra V e V' e inoltre preserva i lati di L e L', ad esempio collega il lato $\{v_1, v_3\}$ di L al lato $\{u_3, u_2\}$ di L', e via dicendo.

In generale si pone:

Definizione 4.2.25 Due grafi $G_1 = (V_1, L_1)$, $G_2 = (V_2, L_2)$ si dicono *isomorfi* se esiste una biiezione $f : V_1 \to V_2$ tale che, per ogni scelta di $u, v \in V_1$, si ha

$$\{u, v\} \in L_1 \text{ se e solo se } \{f(u), f(v)\} \in L_2.$$

f si dice *isomorfismo* di G_1 su G_2.

Un isomorfismo f tra due grafi finiti $G_1 = (V_1, L_1)$ e $G_2 = (V_2, G_2)$ conserva in particolare il numero dei vertici e dei lati, oltre che l'adiacenza tra vertici. Di conseguenza l'isomorfismo tra grafi manda sottografi in sottografi. Inoltre, per ogni $v \in V_1$, $d_{G_1}(v) = d_{G_2}(f(v))$: in altre parole, f preserva anche il grado di vertici corrispondenti.

Esercizio 4.2.26 Si provi che due grafi finiti costituiti esclusivamente da vertici isolati sono isomorfi se e solo se hanno lo stesso numero di vertici.

Si noti poi che, per ogni intero positivo n, esiste a meno di isomorfismi un unico grafo completo di n vertici: in altri termini due grafi completi di n vertici sono tra loro isomorfi. Infatti c'è una corrispondenza biunivoca tra gli insiemi dei loro vertici, e questa corrispondenza preserva anche i lati, visto che in un grafo completo ogni coppia di vertici distinti è collegata da un lato. Dunque è lecito indicare con un simbolo apposito K_n l'"unico" grafo completo con n vertici (come abbiamo già accennato qualche pagina fa).

Esercizi 4.2.27

1. Si provi che, per $n \leq m$, K_n è sottografo di K_m.
2. Si controlli se i seguenti grafi sono isomorfi.

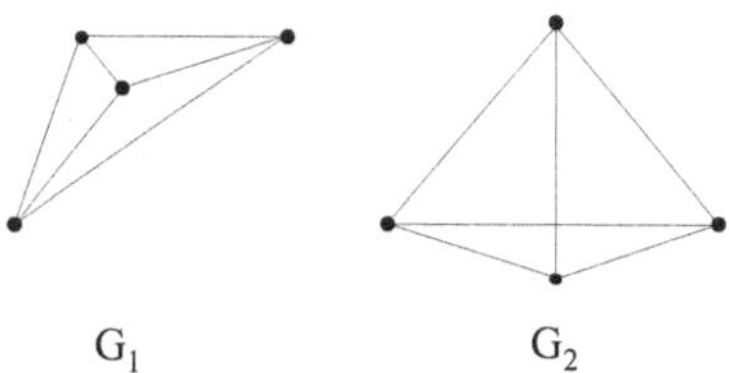

G_1 G_2

3. Non è detto che due grafi con lo stesso numero di vertici e lo stesso numero di lati siano isomorfi: come **esercizio** si fornisca un controesempio al riguardo.

Definizione 4.2.28 Dato un grafo $G = (V, L)$ chiamiamo grafo *complementare* di G il grafo $G' = (V, L')$ dove, per u, v elementi distinti di V, $\{u, v\} \in L'$ se e solo se $\{u, v\} \notin L$.

Per esempio i due grafi di seguito riportati sono l'uno il complementare dell'altro.

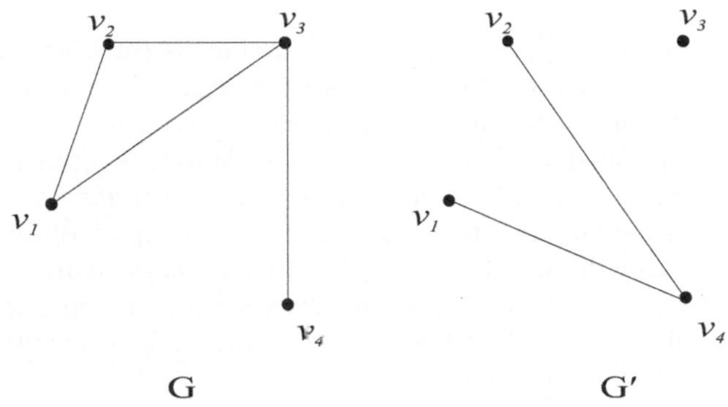

Si osservi anche che il complementare di un grafo completo è costituito esclusivamente da vertici isolati. Vale inoltre il seguente risultato.

Proposizione 4.2.29 *Siano $G = (V, L)$ un grafo finito di n vertici e $G' = (V, L')$ il suo complementare. Se $v \in V$, allora $n = d_G(v) + d_{G'}(v) + 1$.*

Dimostrazione. Sia $v \in V$. I vertici che non sono adiacenti a v in G lo sono in G'. Dunque tutti gli $n - 1$ vertici di V diversi da v sono adiacenti a v in G o in G'. Quindi la somma dei gradi di v nei due grafi è $n - 1$. $\square$

Esercizio 4.2.30 Si provi che se due grafi sono isomorfi allora anche i loro complementari lo sono.

Fino a questo momento non abbiamo preso in considerazione la possibilità che tra due vertici distinti di una grafo possa esistere più di un lato che li colleghi, ma lo stesso problema dei ponti di Königsberg e il "grafo" ad esso relativo

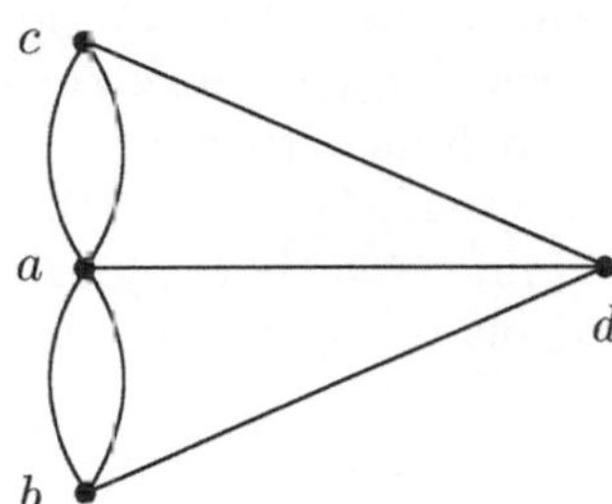

suggeriscono di valutare questa ulteriore eventualità. Sembra dunque ragionevole proporre una generalizzazione della nozione di grafo in cui sia possibile che due vertici distinti possano essere uniti anche da più lati. Nasce così il concetto di *multigrafo*, che adesso presentiamo in dettaglio.

Definizione 4.2.31 Un *multigrafo (non orientato)* G è una tripla (V, L, φ) in cui

- V è un insieme non vuoto di *vertici*,
- L è un insieme disgiunto da V di elementi detti *lati*,
- φ è una funzione da L in $\{\{u, v\} : u, v \in V, \ u \neq v\}$, e si chiama *funzione di incidenza*.

Rispetto alla nozione di grafo, abbiamo dunque l'ovvia complicazione tecnica che due vertici distinti u e v possono essere collegati da più di un lato; la notazione $\{u, v\}$ non basta allora a identificare tutti i lati tra u e v, e si deve ricorrere alla funzione di incidenza φ per chiarire la situazione. Infatti φ associa ad ogni lato $l \in L$ l'insieme $\{u, v\}$ dei suoi *estremi*. Non si richiede che φ sia iniettiva, e quindi φ può associare la stessa coppia di estremi a più lati distinti: si parla allora di lati *multipli* tra gli stessi estremi.

I multigrafi si possono ancora rappresentare visivamente con punti e archi, ma l'esistenza di lati multipli richiede gli opportuni aggiustamenti anche per questi disegni. Ecco un esempio.

Esempio 4.2.32 Sia dato il multigrafo $G = (V, L, \varphi)$ dove $V = \{v_1, v_2, v_3, v_4\}$, $L = \{l_1, l_2, l_3\}$, $\varphi(l_1) = \{v_1, v_2\}$, $\varphi(l_2) = \varphi(l_3) = \{v_2, v_3\}$. I lati multipli sono l_2, l_3 come si può anche vedere dalla seguente rappresentazione grafica.

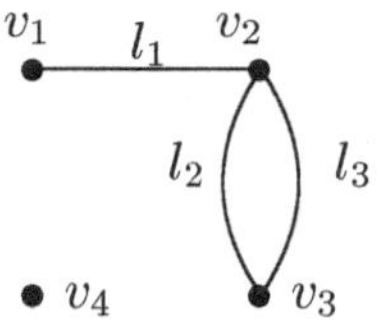

La maggior parte delle nozioni introdotte per i grafi si estende in maniera naturale ai multigrafi. Ad esempio, se $G = (V, L, \varphi)$ è un multigrafo, due vertici distinti $u, v \in V$ si dicono *adiacenti* se c'è (almeno) un lato $l \in L$ tale che $\varphi(l) = \{u, v\}$, e due lati distinti $l_1, l_2 \in L$ si dicono *incidenti* (o *consecutivi*) se hanno un estremo comune $v \in \varphi(l_1) \cap \varphi(l_2)$ (dunque, due lati multipli con gli stessi estremi sono incidenti; per **esercizio** si provi che in generale non è vero il contrario). Il *grado* di un vertice v è ancora il numero dei lati l che lo hanno come estremo, cioè soddisfano $v \in \varphi(l)$.

Si intende che un multigrafo $G = (V, L, \varphi)$ è *finito* se entrambi gli insiemi V ed L sono finiti. In particolare, rispetto al caso dei grafi, abbiamo l'obbligo di precisare che non solo V ma anche L è finito. Infatti non è detto che la funzione di incidenza φ sia iniettiva, e quindi possiamo immaginare multigrafi con un numero finito di vertici ma un'infinità di lati. Ad esempio, possiamo pensare al caso di due soli vertici con un'infinità di lati multipli che li collegano: il multigrafo che ne risulta non è finito.

Un multigrafo G si dice poi *completo* se per ogni scelta di $u, v \in V$ con $u \neq v$, esiste almeno un $l \in L$ tale che $\varphi(l) = \{u, v\}$.

Nell'ambito esteso dei multigrafi, i vecchi grafi (come definiti in precedenza) si possono ritrovare come quei multigrafi che non hanno lati multipli. Un tale multigrafo G – privo di lati multipli, cioè con funzione di incidenza φ iniettiva – si dice *semplice*. Dunque i grafi corrispondono ai multigrafi semplici.

Anche la nozione di isomorfismo ha il suo opportuno adattamento tra i multigrafi. Per la precisione, due multigrafi $G_1 = (V_1, L_1, \varphi)$ e $G_2 = (V_2, L_2, \psi)$ si dicono *isomorfi* se esistono due biiezioni $f : V_1 \to V_2$, $g : L_1 \to L_2$, tali che, per ogni scelta di $l \in L_1$ e $u, v \in V_1$, si ha $\varphi(l) = \{u, v\}$ se e solo se $\psi(g(l)) = \{f(u), f(v)\}$.

Si osservi che se $G_1 = (V_1, L_1, \varphi)$ e $G_2 = (V_2, L_2, \psi)$ sono due multigrafi isomorfi, e $f : V_1 \to V_2$ e $g : L_1 \to L_2$ due biiezioni che lo certificano, allora per ogni $v \in V_1$ si ha che $d_{G_1}(v) = d_{G_2}(f(v))$: cioè anche nel contesto dei multigrafi il grado dei vertici si conserva per isomorfismi.

Esercizi 4.2.33

1. Si disegnino due grafi (cioè due multigrafi semplici) che non sono isomorfi ma hanno lo stesso numero di vertici e di lati.

2. Si disegnino due multigrafi non semplici e non isomorfi che hanno lo stesso numero di vertici, di lati e per i quali esiste una biiezione dei vertici che conserva i gradi.

3. E' vero che due multigrafi completi con lo stesso numero di vertici sono isomorfi?

Anche i concetti di *cammino* e di *circuito* si estendono opportunamente tra i multigrafi (finiti), ma la presenza di lati multipli richiede qualche ovvia modifica alle definizioni già fornite nel caso dei grafi.

Definizione 4.2.34 Sia $G = (V, L, \varphi)$ un multigrafo finito. Un *cammino* (finito) in G tra due vertici $u, w \in V$ è una sequenza finita $\alpha = (l_1, \ldots, l_m)$ di lati distinti di L tali che m è un intero positivo, $u \in \varphi(l_1)$ e $w \in \varphi(l_m)$: m si dice *lunghezza* del cammino.

Dunque ci sono $v_0, v_1, \ldots, v_m \in V$ tali che $v_0 = u$, $v_m = w$ e, per $i = 1, \ldots, m$, $\varphi(l_i) = \{v_{i-1}, v_i\}$. Le differenze di questa definizione rispetto al caso dei grafi consistono nel riferimento a φ e nella possibilità che due lati distinti l_i e l_j (con $1 \leq i < j \leq m$) abbiano la stessa immagine in φ e quindi gli stessi estremi.

Per ogni vertice u c'è poi un unico cammino che partendo da u non percorre alcun lato; tale cammino, di lunghezza 0, è detto *cammino nullo* (di origine u).

Un cammino α di lunghezza > 0 per cui $u = v$ si dice ancora un *circuito*.

Le nozioni di *sottomultigrafo*, di *sottomultigrafo indotto*, di multigrafo *connesso* e di *componente connessa* di un multigrafo ricalcano quelle date per i grafi. Ad esempio, un *sottomultigrafo* di un multigrafo $G = (V, L, \varphi)$ è un multigrafo (V', L', φ') per cui $V' \subseteq V$, $L' \subseteq L$ e $\varphi'(l') = \varphi(l')$ per ogni lato l' di L' (in particolare $\varphi(l')$ deve avere i suoi estremi in V'). Si dice poi che un multigrafo è connesso se ogni coppia di suoi vertici tra loro diversi ha un cammino che la congiunge.

Il lettore può provare a sviluppare per conto proprio (per **esercizio**) la teoria delle componenti connesse nei multigrafi.

4.3 Circuiti euleriani e i ponti di Königsberg

Il problema dei ponti di Königsberg si riferisce a un multigrafo finito e consiste nell'individuarvi un circuito che ne includa tutti i lati. Per inquadrare meglio la questione, conviene allora fissare la definizione che segue.

Definizione 4.3.1 Sia $G = (V, L, \varphi)$ un multigrafo finito. Un cammino $\alpha = (l_1, \ldots, l_m)$ di G si dice *euleriano* se i lati di L sono esattamente $l_1, \ldots, l_m$ (senza ripetizioni!). Un *circuito euleriano* è un circuito che è anche un cammino euleriano.

Si noti che secondo questa definizione un multigrafo che è privo di lati, e dunque ha tutti i vertici isolati, ammette pur sempre un cammino euleriano: un qualunque cammino di lunghezza zero. Ecco qualche esempio di maggior interesse.

Esempio 4.3.2 Consideriamo i multigrafi G_1 e G_2 di seguito rappresentati.

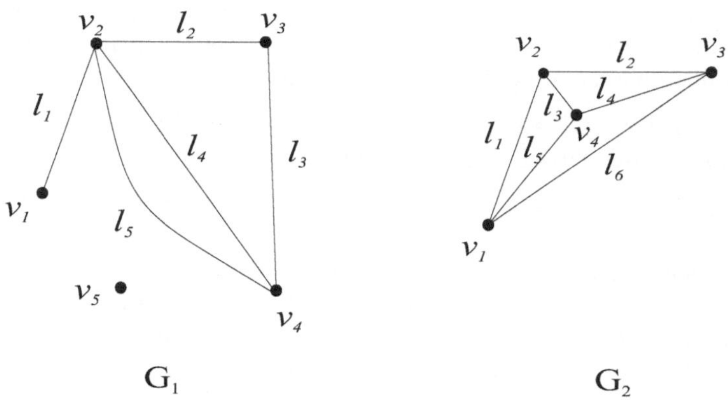

Si vede piuttosto facilmente che G_1 ammette cammini euleriani, ad esempio $\alpha = (l_1, l_2, l_3, l_4, l_5)$, anche se ha un vertice v_5 isolato. Ma G_1 non ha circuiti euleriani possibili, non c'è modo infatti di percorrere una sola volta il lato l_1 includendolo in un circuito euleriano. Il grafo G_2, invece, non possiede né cammini euleriani, né circuiti euleriani.

Il problema dei ponti di Königsberg ricerca dunque un circuito euleriano nel relativo multigrafo. Il teorema che segue è allora la chiave per la sua soluzione.

Teorema 4.3.3 (Eulero, 1736 – Hierholzer, 1873). *Sia G un multigrafo finito senza vertici isolati. Allora*

> *G ha un circuito euleriano se e solo se G è connesso e tutti i suoi vertici sono pari.*

A onor del vero la paternità del teorema è sovente attribuita solo a Eulero, il quale in realtà dimostrò rigorosamente solo una delle due implicazioni del teorema (quella da sinistra a destra); infatti la costruzione che egli propose per provare l'implicazione inversa aveva qualche carenza. Solo nel 1873 venne pubblicata la prima dimostrazione corretta dell'intero teorema, grazie all'opera di Carl Hierholzer. In realtà Hierholzer morì nel 1871 prima di vedere pubblicato il suo lavoro e senza neppure averne lasciata alcuna copia scritta. Fortunatamente egli ne aveva discusso con alcuni colleghi, in particolare con C. Wiener e J. Lürotche, ed essi ricostruirono il suo lavoro e ne permisero la stampa postuma.

Dimostrazione.
Sia $G = (V, L, \varphi)$ un multigrafo finito privo di vertici isolati.

Supponiamo dapprima che G abbia un circuito euleriano α. Dimostriamo anzitutto che G è connesso. Fissiamo allora due vertici distinti $u, v \in V$. Siccome G non ha vertici isolati, sia u che v sono estremi di qualche lato di G. Di conseguenza il circuito euleriano α, che coinvolge tutti i lati di L, deve passare anche per u e v e congiungerli. Quindi G è connesso. Proviamo adesso che i vertici di G sono tutti pari. Siccome G è privo di vertici isolati, V deve avere almeno due vertici distinti; inoltre α raggiunge tutti i vertici di G. Fissiamo allora $v \in V$ e supponiamo di percorrere il circuito euleriano α partendo da v. Per ogni vertice $w \neq v$, ogni volta che α incontra w, α arriva a w e parte da w attraverso due lati mai adoperati prima. Tutti i lati che hanno estremo in w sono attraversati prima o poi da α. Dunque il numero di lati incidenti in w risulta alla fine forzatamente pari. Rimane però da controllare la parità di v. Per v, infatti, valgono le stesse considerazioni svolte per gli altri vertici w, ma occorre anche tenere conto del lato di uscita iniziale; c'è però da considerare il lato di chiusura finale di α, quello che riconduce a v al termine del percorso; così in definitiva anche v ha grado pari.

Viceversa ammettiamo che $G = (V, L, \varphi)$ sia connesso e che tutti i vertici abbiano grado pari, dobbiamo costruire un circuito euleriano in G. G ha almeno due vertici distinti perché è privo di vertici isolati. Allora, per l'ipotesi di connessione, ogni $v \in V$ ha (almeno) un lato incidente. Fissiamo un vertice

v_0 e percorriamo un lato incidente in v_0. Sia v_1 il secondo estremo di questo lato; v_1 ha grado pari e quindi almeno un altro lato che lo contiene. Percorriamo questo secondo lato e incontriamo l'altro estremo v_2. Ripetiamo allora il ragionamento, sfruttando ogni volta la parità dei vertici di V. D'altra parte, siccome V è finito, il procedimento deve aver termine: ma questo è possibile se e solo se il cammino che così si costruisce ritorna a v_0, l'unico vertice da cui si è percorso un solo lato. C'è quindi un circuito α_0 che passa per v_0. Se α_0 contiene tutti i lati di L, allora α_0 è il circuito euleriano cercato. Altrimenti consideriamo il sottografo G_1 di G che si ottiene dimenticando tutti i lati di α_0 e quei vertici che sono collegati solo da lati di α_0. G_1 non è necessariamente connesso, ma ogni suo vertice v resta estremo di almeno un lato in G_1 (e dunque di un numero pari di lati, visto che v ha grado pari in G e che α_0 gli ha sottratto un numero pari di lati). Possiamo allora applicare la precedente costruzione a G_1, costruendovi un nuovo circuito α_1; ripetere poi i precedenti ragionamenti anche per G_1, considerando, se necessario, un ulteriore sottografo G_2, e via dicendo. Tuttavia, siccome G è finito, l'algoritmo deve aver termine dopo un numero finito k di passi. A quel punto avremo $k \geq 2$ circuiti $\alpha_0, \alpha_1, \ldots, \alpha_{k-1}$ che esauriscono tutti i lati di G. $\alpha_0, \alpha_1, \ldots, \alpha_{k-1}$ non hanno lati comuni. D'altra parte, possiamo sfruttare l'ipotesi che G è connesso e dedurre che almeno due circuiti α_i e α_j tra $\alpha_0, \alpha_1, \ldots, \alpha_{k-1}$ (con $i \neq j$) devono condividere un vertice comune. Infatti fissiamo due vertici in circuiti distinti, e prendiamo atto che ci deve essere almeno un cammino $(l_0, \ldots, l_t)$ di G che va dall'uno all'altro. Siccome ogni lato di questo cammino sta in uno e uno solo dei circuiti $\alpha_0, \alpha_1, \ldots, \alpha_{k-1}$, devono esistere $i, j < k$, $i \neq j$ e $h < t$ tali che l_h compare in α_i e l_{h+1} compare in α_j. L'estremo comune di l_h e l_{h+1} appare dunque sia in α_i che in α_j. Sia dunque w vertice comune dei due circuiti distinti α_i e α_j. Partiamo da w e percorriamo prima il circuito α_i e, ritornati a w, seguiamo poi α_j: costruiamo così una sequenza di lati C_{ij}, che include tutti i vertici e tutti i lati sia di α_i che di α_j ed è un circuito perchè α_i e α_j non hanno lati comuni. Ripetendo questo procedimento $k-1$ volte allacciamo tutti i circuiti $\alpha_0, \alpha_1, \ldots, \alpha_{k-1}$ costruendone uno unico, che è evidentemente euleriano. $\qquad\square$

Corollario 4.3.4 *Sia $G = (V, L, \varphi)$ un multigrafo finito connesso di n vertici con $n > 1$. Allora*

G ha un cammino euleriano se e solo G ha non ha nessun vertice dispari, oppure ne ha esattamente due.

Dimostrazione. Se G non ha alcun vertice dispari, cioè ha tutti i vertici pari, per il Teorema 4.3.3 ammette un circuito euleriano (che è anche un cammino euleriano). Supponiamo ora che G abbia tutti i vertici pari tranne due dispari $u, v \in V$. Si aggiungono a G un nuovo vertice $w \notin V$ e due nuovi lati $l, l' \notin L$ tali che $\varphi(l) = \{u, w\}$ e $\varphi(l') = \{v, w\}$. Otteniamo così un multigrafo G' con tutti i vertici pari. Allora, per il Teorema 4.3.3, G' ha un circuito euleriano α che naturalmente deve passare anche per u, v, w, attraversando consecutivamente l e l' (gli unici lati di G' che hanno estremo w). Ma allora, se da α togliamo l e l' (e il vertice w), si ottiene un cammino euleriano tra u e v.

Viceversa, sia $\alpha = (l_1, \ldots, l_m)$ un cammino euleriano di G; per $i = 1, \ldots, m$ poniamo $\varphi(l_i) = \{v_{i-1}, v_i\}$. Se α è anche un circuito, per il Teorema 4.3.3 G non ha nessun vertice dispari. Supponiamo allora che α non sia un circuito, cioè $v_m \neq v_0$. Anche in questo caso il cammino α raggiunge comunque tutti i vertici v di V e, per ogni v, coinvolge (una e una sola volta, in entrata o in uscita) tutti i lati che lo hanno come estremo. Ne segue che ogni $v \neq v_0, v_m$ deve essere pari, perchè ogni volta che α lo raggiunge lo deve poi lasciare mediante un lato non attraversato prima. Lo stesso discorso si applica anche a v_0 e v_m nel senso che, ogni volta che α li raggiunge ad un suo passo intermedio ne esce per un lato diverso da quello di entrata. Ma nel caso di v_0 si deve anche computare il lato di partenza di α e nel caso di v_m si deve considerare il lato di arrivo. Quindi v_0 e v_m sono entrambi dispari. $\qquad\Box$

A questo punto è immediato rispondere al problema dei ponti di Königsberg. Infatti il grafo ad esso relativo

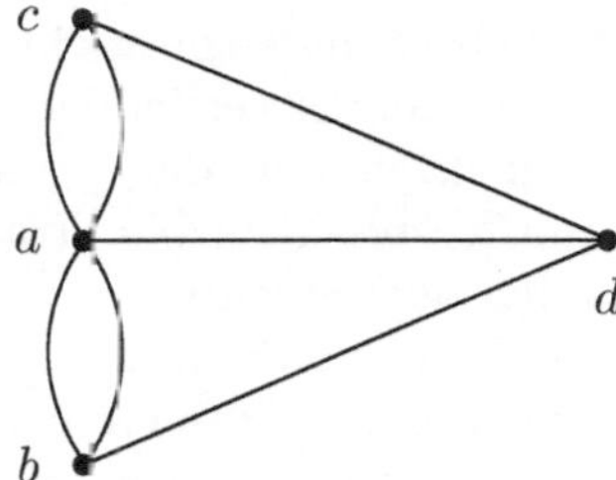

ha tutti e quattro i vertici a, b, c, d di grado dispari: per la precisione a ha grado 5, b, c, d hanno grado 3. Dunque, per il Teorema 4.3.3, non può contenere un circuito euleriano, cioè una passeggiata che partendo da un qualunque punto e passando esattamente una volta per ciascun ponte riporti al punto di partenza. In realtà il multigrafo dei ponti di Königsberg non ha neppure un cammino euleriano (a causa del Corollario 4.3.4).

4.4 Cammini e circuiti hamiltoniani

In questo paragrafo continuiamo a considerare multigrafi finiti G ma, anziché domandarci se G ammette o meno un circuito che attraversa tutti i **lati** una e una sola volta (cioè è euleriano), ci chiediamo se esiste un circuito che passa per tutti i **vertici** una e una sola volta (con l'ovvia esclusione del vertice di partenza e di arrivo, che viene necessariamente toccato due volte).

La questione fu sollevata in un caso particolare già nel 1857 dal matematico irlandese Sir William Rowan Hamilton (lo stesso dei quaternioni) sotto la forma del seguente rompicapo. Hamilton considerò un dodecaedro regolare di legno e propose di trovare un itinerario lungo gli spigoli che toccasse ciascun vertice una e una sola volta.

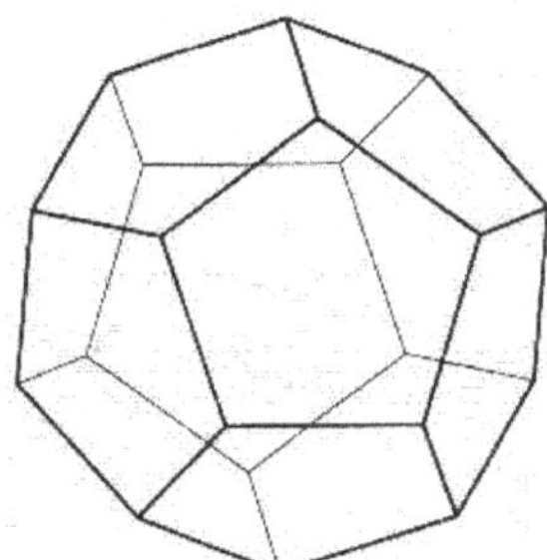

Figura 4.2. Dodecaedro regolare

Si noti però che il dodecaedro si può pensare in modo naturale come un grafo $G = (V, L)$. V consta, appunto, dei vertici del dodecaedro, mentre i lati di L corrispondono ai suoi spigoli: dunque due vertici sono adiacenti se e solo se si trovano agli estremi dello stesso spigolo. Tra l'altro, si osservi che questa identificazione è valida per ogni poliedro.

Così il problema di Hamilton si può intendere come una questione di grafi. Quanto alla sua soluzione, Hamilton osservò come ridurlo ad una versione bidimensionale, sostituendo il dodecaedro con un grafo piano isomorfo ottenuto proiettando gli spigoli del poliedro da un punto opportuno dello spazio, nel modo che viene mostrato dalla figura che segue.

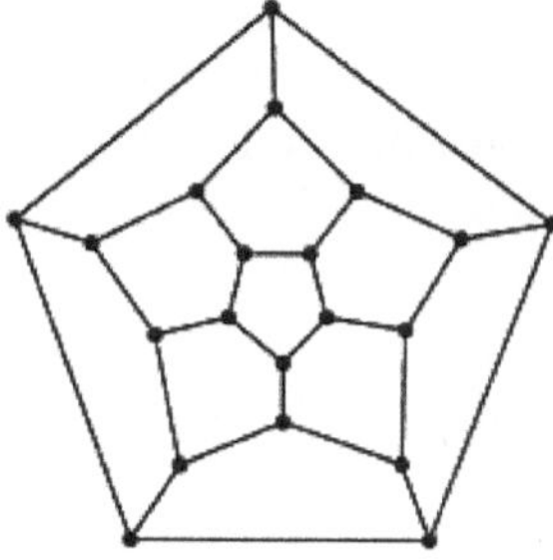

Figura 4.3. Proiezione del dodecaedro regolare

Esercizio 4.4.1 Si trovi un cammino che passi esattamente una volta per tutti i vertici del grafo precedente.

Una questione analoga sorse oltre cento anni dopo, non più come gioco, ma come un fondamentale problema di ottimizzazione: essa prende il nome di *Problema del Commesso Viaggiatore* (in inglese *Travelling Salesman Problem*). Vi si considera il caso di un commesso viaggiatore che deve raggiungere un certo numero di clienti dislocati in varie città e vuole determinare il percorso che gli permette di partire da casa sua e di farvi ritorno dopo aver visitato ogni città una sola volta e, in più, gli consente il massimo risparmio in termini di spese di viaggio. In questo situazione alla ricerca di un itinerario privo di ripetizioni si accompagna la necessità di ottimizzare l'ulteriore parametro dei costi di trasferta.
Torniamo comunque al problema di Hamilton. Conviene fissare anzitutto la seguente definizione.

Definizione 4.4.2 Sia $G = (V, L, \varphi)$ un multigrafo finito. Un cammino di G si dice *hamiltoniano* se i suoi lati passano per tutti i vertici di G una e una sola volta (con l'unica ovvia eccezione di un eventuale vertice comune di partenza e di arrivo). Un *circuito hamiltoniano* è un circuito che è anche un cammino hamiltoniano.

L'esistenza di cammini o circuiti *euleriani* e di cammini o circuiti *hamiltoniani* sono questioni tra loro indipendenti, come il seguente esempio mostra nel caso dei circuiti.

Esempio 4.4.3 Siano dati i grafi G_1, G_2 sotto disegnati

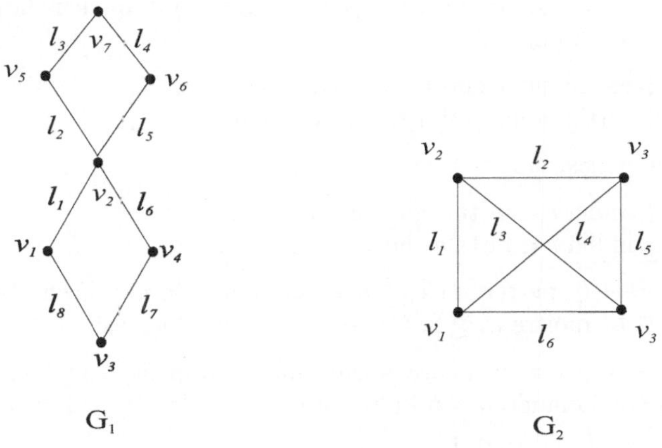

È facile verificare che G_1 possiede circuiti euleriani, come $(l_1, l_2, l_3, l_4, l_5, l_6, l_7, l_8)$; ma non ammette circuiti hamiltoniani (il lettore lo può controllare per

esercizio). Invece il grafo G_2 ammette circuiti hamiltoniani come (l_1, l_2, l_5, l_6), ma non circuiti euleriani (come il lettore può verificare ancora per **esercizio**).

In effetti, anche se i cammini e circuiti euleriani e quelli hamiltoniani si introducono in modo assai simile (almeno nell'enunciazione), i problemi relativi alla loro esistenza presentano livelli di difficoltà assai difformi. Infatti conosciamo criteri necessari e sufficienti per stabilire l'esistenza di cammini e circuiti euleriani, come il Teorema 4.3.3, ma non sono attualmente note analoghe caratterizzazioni di cammini e circuiti hamiltoniani: in questo ambito i risultati più incisivi sono soltanto alcuni criteri sufficienti.

Il seguente teorema di G. A. Dirac (figlio di Paul Dirac, il fondatore della meccanica quantistica) esemplifica questo filone di ricerca nel caso dei multigrafi semplici (cioè dei grafi).

Teorema 4.4.4 (Dirac, 1952). *Sia $G = (V, L)$ un **grafo** con un numero $n \geq 3$ di vertici e con grado minimo $\delta \geq \frac{n}{2}$. Allora G contiene un circuito hamiltoniano.*

Dimostrazione. Se $n \geq 3$ e $\delta \geq \frac{n}{2}$ allora G deve essere connesso, altrimenti G deve avere almeno due componenti connesse distinte, e una tra questa ha un numero di vertici $\leq \frac{n}{2}$; ma il grado di ciascuno di questi vertici viene così a essere $\leq \frac{n}{2} - 1 < \delta$.

Scegliamo ora un cammino $\alpha = (l_1, \ldots, l_m)$ di G tale che

- i vertici $v_0, v_1, \ldots, v_m$ che compaiono in α (quelli per cui si ha $l_i = \{v_{i-1}, v_i\}$ per ogni $i = 1, \ldots, m$) sono a due a due distinti,
- m è massimo.

La massimalità di m impone che i vertici adiacenti a v_0 e quelli adiacenti a v_m siano tra $v_0, v_1, \ldots, v_m$, altrimenti si può allungare α di qualche lato ulteriore. Siccome $\delta \geq \frac{n}{2}$ si hanno allora

- almeno $\frac{n}{2}$ vertici adiacenti a v_0, tutti tra $v_1, \ldots, v_m$,
- almeno $\frac{n}{2}$ vertici adiacenti a v_m, tutti tra $v_0, \ldots, v_{m-1}$.

In altri termini esistono

- almeno $\frac{n}{2}$ indici $i < m$ tale che $\{v_m, v_i\} \in L$,
- almeno $\frac{n}{2}$ indici $i < m$ tale che $\{v_0, v_{i+1}\} \in L$.

Ma $m < n = \frac{n}{2} + \frac{n}{2}$, pertanto c'è almeno un indice $i < m$ tale che $\{v_m, v_i\} \in L$ e $\{v_0, v_{i+1}\} \in L$. Inoltre $m \geq 2$. Ora distinguiamo due casi.

- Se $i = 0$ o $i + 1 = m$ allora segue immediatamente che $\{v_0, v_m\} \in L$ e pertanto combinando α con l'ulteriore lato $l = \{v_0, v_m\}$ si ottiene in G un circuito $\beta = (l_1, \ldots, l_m, l)$.
- Se $0 < i < m - 1$ e l, l' denotano rispettivamente i lati $\{v_0, v_{i+1}\}$, $\{v_i, v_m\}$, otteniamo nuovamente un circuito in G considerando $\beta = (l, l_{i+2}, \ldots, l_m, l', l_i, \ldots, l_1)$, cioè la sequenza di lati corrispondenti ai vertici $v_0, v_{i+1}, \ldots, v_m, v_i, \ldots, v_0$.

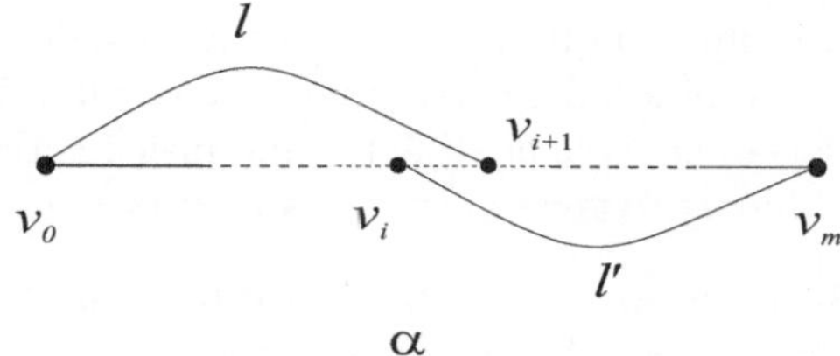

Consideriamo allora il circuito β ottenuto in G in ciascuno dei due casi. β ha gli stessi vertici $v_0, \ldots, v_m$ di α e $m + 1$ lati, che indichiamo per semplicità nell'ordine $l'_0, \ldots, l'_m$. Notiamo che β non può escludere nessun elemento $v \in V$. Altrimenti, siccome G è connesso, ci deve essere un cammino di G tra v e un arbitrario vertice di β, e questo cammino deve contenere un lato $\bar{l}$ che ha un estremo in β e uno fuori di β. Senza perdita di generalità supponiamo che l'estremo in β sia il vertice comune tra l'_0 e l'_m. Ma allora $\beta' = (\bar{l}, l'_0, \ldots, l'_m)$ è un cammino di G che ha lunghezza $m + 1$ e vertici $v, v_0, \ldots, v_m$ a 2 a 2 distinti, e quindi contraddice la scelta di m. Dunque β tocca tutti i vertici di V, dunque $V = \{v_0, \ldots, v_m\}$ e $n = m + 1$.

Resta da provare che β è hamiltoniano. Ma questo deriva dal fatto che $n \geq 3$, quindi β include almeno 3 vertici. $\qquad\qquad\square$

Una conseguenza immediata del Teorema di Dirac è rappresentata dal seguente

Corollario 4.4.5 *Sia $G = (V, L)$ un grafo con n vertici e grado minimo $\delta \geq \frac{n-1}{2}$. Allora G contiene un cammino hamiltoniano.*

Dimostrazione. Per $n = 1$ la tesi è banalmente vera. Per $n \geq 2$ consideriamo il grafo G' ottenuto da G aggiungendo un nuovo vertice v e nuovi lati che collegano v a ciascuno dei vertici di V. Così il grafo G' ha $n + 1 \geq 3$ vertici e grado minimo almeno $\frac{n-1}{2} + 1 = \frac{n+1}{2}$, infatti i vecchi vertici di G hanno in G' grado minimo $\delta + 1 \geq \frac{n-1}{2} + 1 = \frac{n+1}{2}$, mentre v ha grado n e, per $n \geq 2$, si ha $n \geq \frac{n+1}{2}$. Per il Teorema 4.4.4 G' ha un circuito hamiltoniano. In questo circuito ci sono 2 lati incidenti in v: eliminandoli si ottiene un cammino hamiltoniano in G. $\qquad\qquad\square$

4.5 Grafi bipartiti

I grafi riescono utili anche alle agenzie matrimoniali. Infatti un'agenzia efficiente che vuole avere un quadro complessivo della situazione dei suoi clienti può costruire un grafo che ha

- come vertici gli uomini e le donne che le si rivolgono,
- come lati le possibili coppie $\{uomo, donna\}$ per cui si rileva una qualche simpatia.

È notevole osservare come, in questo caso, i vertici si suddividano in due sottoinsiemi disgiunti – uomini e donne, appunto – e che la relazione R di adiacenza colleghi esclusivamente elementi del primo insieme a quelli del secondo. La nozione di grafo *bipartito* generalizza questa situazione.

Definizione 4.5.1 Un grafo $G = (V, L)$ si dice *bipartito* se esiste una partizione di V in due sottoinsiemi X e Y tale che ogni lato di L ha un estremo in X e uno in Y. $\{X, Y\}$ si dice allora una *bipartizione* di G.

Il lettore può provare a formulare da solo la definizione di multigrafo bipartito. Si osservi che un grafo bipartito che non sia privo di lati deve avere almeno 2 vertici, uno in X e uno in Y. La figura che segue mostra alcuni esempi di grafi bipartiti. Per semplicità di disegno, conveniamo che gli elementi di X siano quelli a sinistra e quelli di Y siano quelli a destra. Si noti che, negli esempi che proponiamo, ogni elemento di X risulta adiacente a ogni elemento di Y. Denotiamo il grafo che ne deriva come $K_{m,n}$ dove $m = |X|$ e $n = |Y|$.

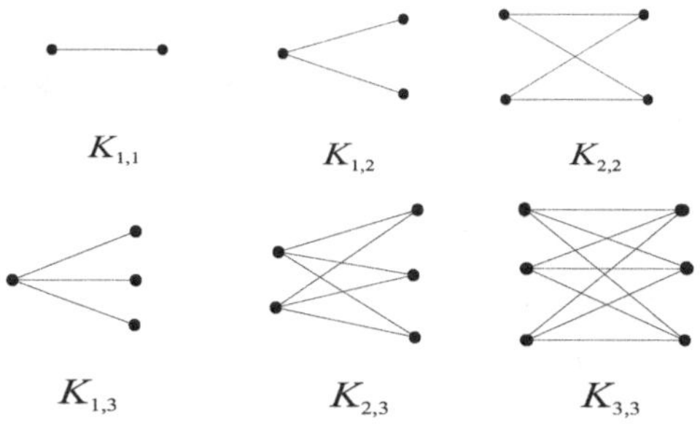

Figura 4.4. Grafi bipartiti completi

Naturalmente può capitare in un arbitrario grafo bipartito $G = (V, L)$ con bipartizione $\{X, Y\}$ che ci siano punti di X che non sono adiacenti a punti di Y (e viceversa): ecco un esempio a questo proposito (al solito, i vertici di X sono quelli a sinistra e quelli di Y quelli a destra).

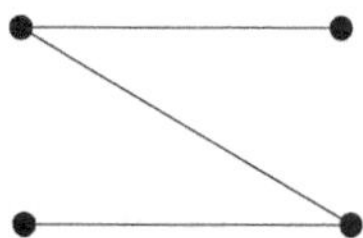

Vediamo adesso un teorema che caratterizza i grafi bipartiti.

Teorema 4.5.2 *Un grafo $G = (V, L)$ è bipartito se e solo se ogni circuito in G ha lunghezza pari.*

Il lettore può provare a controllare per **esercizio** questa condizione per i grafi bipartiti delle figure precedenti.

Dimostrazione. Sia $G = (V, L)$ un grafo bipartito, e sia $\{X, Y\}$ una sua bipartizione. Un qualsiasi circuito di G che inizi, ad esempio, da un vertice in X, deve alternare vertici in Y e in X, e terminare nel vertice di partenza in X. Quindi deve percorrere un numero pari di lati.

Viceversa, supponiamo che ogni circuito in $G = (V, L)$ abbia lunghezza pari; vogliamo provare che G è bipartito. Se tutti i vertici di V sono isolati, questa tesi è ovvia. Altrimenti costruiamo una bipartizione di G procedendo come segue. Per ogni componente connessa C di V, fissiamo un vertice $v(C)$ di C; allora, per ogni vertice $u \in C$ diverso da $v(C)$ ci sono cammini tra u e $v(C)$, sia $e(u)$ la minima lunghezza di questi cammini. Collochiamo allora

- u in X se $e(u)$ è pari,
- u in Y se $e(u)$ è dispari.

Ripetiamo l'operazione per ogni componente connessa di V. È chiaro che i due insiemi X e Y così definiti formano una partizione di V. Inoltre, dato che G ammette punti che non sono isolati, c'è qualche componente connessa di G che ha almeno due vertici, e quindi almeno un vertice in X e almeno uno in Y. Così X e Y non sono vuoti. Vogliamo provare che $\{X, Y\}$ costituisce una bipartizione di G. Procediamo per assurdo e supponiamo di no. Allora c'è un lato $l \in L$ che ha ambedue gli estremi u, w in X, o in Y. Osserviamo anzitutto che u e w fanno parte della stessa componente connessa C di G. Consideriamo poi due cammini $\alpha(u)$ e $\alpha(w)$ che collegano rispettivamente u e w a $v(C)$ e hanno lunghezza minima (dunque lunghezza $e(u)$ e $e(w)$ rispettivamente). Notiamo che $e(u)$ ed $e(w)$ hanno la stessa parità perchè u e w sono entrambi in X o entrambi in Y.

Se $\alpha(u)$ e $\alpha(w)$ non hanno lati in comune, allora la successione dei lati di $\alpha(u)$ da u a $v(C)$, seguita prima dalla sequenza dei lati di $\alpha(w)$ da $v(C)$ a w e poi da l, determina un circuito di G di lunghezza dispari $e(u) + e(w) + 1$: ma questo contraddice l'ipotesi.

Ammettiamo allora che $\alpha(u)$ e $\alpha(w)$ abbiano qualche lato comune e quindi qualche vertice comune prima di $v(C)$. Sia v il primo vertice di $\alpha(u)$ da u verso $v(C)$ che compare anche in $\alpha(w)$. I cammini da v a $v(C)$ secondo $\alpha(u)$ e secondo $\alpha(w)$ hanno lunghezza minima, dunque la stessa lunghezza. Così i cammini da u a v secondo $\alpha(u)$ e da w a v secondo $\alpha(w)$ hanno lunghezza di ugual parità e nessun lato in comune per la scelta di v (né vertici comuni prima di v). Ma allora la sequenza di lati formata dal cammino da u a v secondo $\alpha(u)$, seguito da quello da v a w secondo $\alpha(w)$ e finalmente da l, è un circuito ed ha nuovamente lunghezza dispari, il che contraddice ancora l'ipotesi.

Dunque non ci sono in L lati con entrambi gli estremi in X, o in Y. Perciò $\{X, Y\}$ è una bipartizione di G. $\qquad\square$

Esercizio 4.5.3 Si provi la seguente conseguenza del Teorema 4.5.2: un grafo bipartito con un numero dispari di nodi non ammette alcun circuito hamiltoniano.

4.6 Alberi

Dopo aver dedicato molte pagine ai grafi che contengono circuiti (euleriani, hamiltoniani, e via dicendo), rivolgiamo adesso la nostra attenzione al caso di grafi che invece di circuiti non ne hanno nessuno. Fissiamo quindi la seguente definizione.

Definizione 4.6.1 Chiamiamo *foresta* un grafo senza circuiti, e *albero* un grafo connesso senza circuiti.

Il collegamento tra i due nomi (alberi e foreste) è chiaro: infatti, la assenza di circuiti si trasmette ovviamente ai sottografi, ed è dunque facile osservare che le componenti connesse di una foresta sono, appunto, alberi. Semmai c'è da capire la ragione per cui si adoperano denominazioni così fantasiose. In attesa di chiarire questo punto, proponiamo alcuni esempi di alberi.

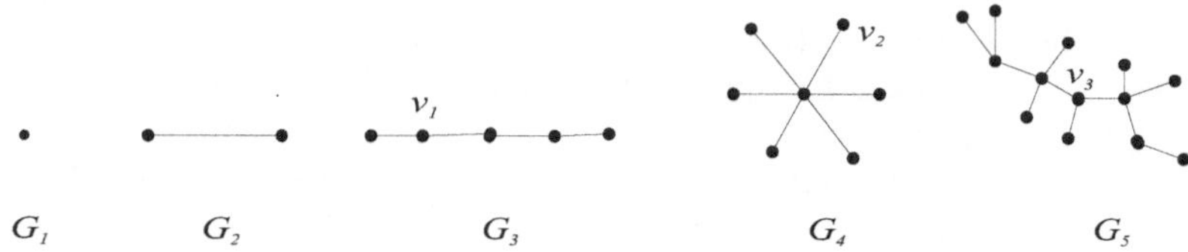

Figura 4.5. Esempi di alberi

In tutti questi disegni si osserva che tra due punti distinti di uno stesso albero c'è sempre un unico cammino di collegamento: in realtà vedremo tra poco, nel Teorema 4.6.3, che questa proprietà di unicità caratterizza gli alberi.
Consideriamo comunque un albero $G = (V, L)$ e scegliamone un vertice, che chiamiamo "radice", disponiamo poi gli altri punti di V nelle ramificazioni che si dipartono dalla radice: si osserva allora una struttura che ricorda lo scheletro di un albero. Per chiarire meglio, consideriamo i grafi G_3, G_4 e G_5 della figura precedente: se scegliamo come vertici "radice" rispettivamente v_1, v_2 e v_3 essi si rappresentano come segue.

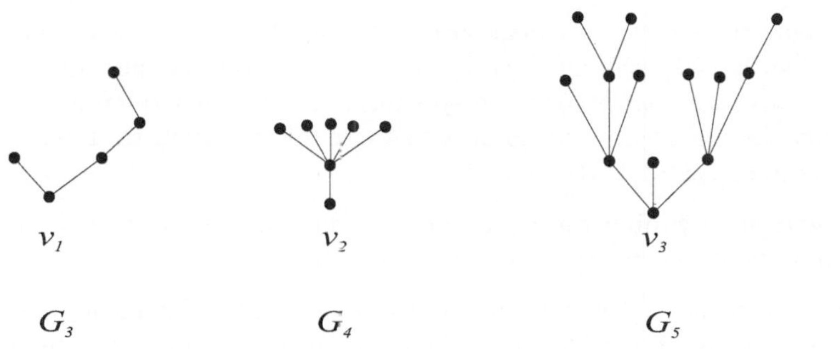

Un vertice di grado 1 in un albero si chiama poi *foglia*. Quindi negli esempi precedenti G_2 e G_3 hanno 2 foglie, G_4 ne ha 6 (e tra queste v_2), G_5 invece ne ha 8. Proviamo una semplice proprietà delle foglie.

Proposizione 4.6.2 *Un albero finito $G = (V, L)$ con più di un vertice ha almeno 2 foglie.*

Dimostrazione. Siccome G è connesso ed ha più di un vertice, L contiene almeno un lato l_0. Siano u_0 e v_0 i due estremi di l_0. Se v_0 è una foglia , siamo a posto. Se invece $d(v_0) \geq 2$, c'è un altro lato l_1 di L che ha estremo v_0 ed è diverso da l_0. Il secondo estremo v_1 di l_1 è diverso da u_0 perché $l_0 \neq l_1$. Si ripete allora il ragionamento: se v_1 è una foglia, siamo a posto; se non lo è, $d(v_1) \geq 2$ e c'è un lato l_2 diverso da l_1 che ha estremo v_1; il secondo estremo v_2 di l_2 non può essere v_0 perché $l_1 \neq l_2$ e non può essere u_0 perché G non ha circuiti. Il procedimento determina allora una successione di lati $l_0 \neq l_1 \neq l_2 \neq \ldots$; ma, siccome G è finito e quindi anche L lo è, la costruzione deve aver termine. Ma questo significa che prima o poi incontra una foglia.
Lo stesso ragionamento si può ripetere a partire da u_0, senza mai coinvolgere i vertici $v_0, v_1, v_2, \ldots$ perché altrimenti si costruiscono circuiti. In questo modo da u_0 si ottiene una seconda foglia in G, diversa dalla prima. $\square$

Proviamo adesso il teorema già preannunciato, quello che assicura che due vertici distinti di un albero ammettono un solo cammino di collegamento e che anzi questa proprietà caratterizza gli alberi (tra i grafi connessi).

Teorema 4.6.3 *Sia $G = (V, L)$ un grafo con n vertici. Allora le seguenti affermazioni sono equivalenti:*

(i) G è un albero;
(ii) per ogni coppia di vertici distinti $u, v \in V$ esiste uno e un solo cammino tra u e v;
(iii) G è connesso e per ogni $l \in L$ il grafo $G' = (V, L - \{l\})$ non è connesso;
(iv) G non ha circuiti e, per ogni coppia di vertici $u, v \in V$ distinti e non adiacenti, il grafo $G'' = (V, L \cup \{u, v\})$ ha esattamente un circuito.

Così alla caratterizzazione degli alberi già ricordata (ii) se ne accompagnano altre due: la (iii), che dice che un albero è un grafo connesso che perde la sua proprietà di connessione non appena rinuncia a un suo lato; e la (iv), che afferma che un albero è un grafo senza circuiti che acquista un circuito non appena aumenta i lati tra i suoi vertici.

Dimostrazione. Stabiliamo l'equivalenza delle quattro affermazioni provando le implicazioni $(i) \Rightarrow (ii) \Rightarrow (iii) \Rightarrow (iv) \Rightarrow (i)$.

$(i) \Rightarrow (ii)$. Siano $u \neq v$ in V. Siccome G è connesso, c'è almeno un cammino tra u e v. Ammettiamo che ce ne siano due, α e α' rispettivamente. Se α e α' non hanno lati comuni, il cammino che segue α da u a v e poi torna da v a u lungo α' è un circuito di G, e questo è assurdo. Il lettore provi a pensare per **esercizio** al caso in cui α e α' hanno un lato comune: anche in questa ipotesi si costruisce un circuito in G e si cade dunque in contraddizione. Quindi il cammino tra u e v deve essere unico.

$(ii) \Rightarrow (iii)$. G è connesso perché, comunque scelti due suoi vertici $u \neq v$, c'è un cammino tra u e v. Consideriamo il caso particolare in cui u e v sono adiacenti, e quindi il lato $l = \{u, v\}$ che li collega è l'unico cammino di G tra u e v. Se eliminiamo l da L, non c'è più cammino tra u e v, e G perde la sua connessione.

$(iii) \Rightarrow (iv)$. Ammettiamo che G possegga un circuito $\alpha = (l_1, \ldots, l_m)$ (con $m \geq 3$); per ogni naturale $i = 1, \ldots, m$, v_{i-1} e v_i denotino gli estremi di l_i. Se omettiamo l_1 da α, i due estremi v_1 e v_0 di l_1 restano comunque collegati dal cammino $l_2, \ldots, l_m$, e si deduce facilmente che $(V, L - \{l\})$ resta connesso, il che contraddice (iii). Così G non ha circuiti.
Consideriamo ora due vertici distinti non adiacenti u e v di V. Siccome G è connesso, esiste un cammino α tra u e v, e α ha almeno due lati. Se aggiungiamo ad α il lato $l = \{u, v\}$, il grafo risultante $G'' = (V, L \cup \{l\})$ acquista un circuito, quello costituito appunto da tutti i lati di α seguiti da l. Inoltre questo circuito è l'unico possibile in G''. Infatti ogni altro circuito γ in G'' deve contenere un lato fuori di G perché G non ha circuiti. Dunque l è lato di γ, ed anzi è l'unico lato di γ fuori di L, e u e v compaiono in γ. Ma allora c'è in G un altro cammino tra u e v oltre α, quello che si ottiene da γ eliminando l; procedendo come sopra, se ne deduce che G ammette circuiti, e questo è assurdo.

$(iv) \Rightarrow (i)$. Siccome (iv) vieta esplicitamente circuiti in G, ci basta dimostrare che G è connesso. Siano u e v due vertici distinti di V, dobbiamo mostrare l'esistenza di un cammino in G tra u e v. Se u e v sono adiacenti, allora c'è addirittura un lato che li collega. Se u e v non sono adiacenti e aggiungiamo a L il lato $l = \{u, v\}$, otteniamo un grafo $G'' = (V, L \cup \{l\})$ che, per ipotesi, ha un unico circuito α. l deve far parte di α perché G non ha circuiti. Ma allora il cammino che si ottiene da α eliminando l si compone di lati di G e collega u e v. In ogni caso G è connesso. $\square$

Gli alberi finiti ammettono ulteriori caratterizzazioni, che specificano il numero dei loro lati. Vale infatti quanto segue.

Teorema 4.6.4 *Sia $G = (V, L)$ un grafo finito con n vertici. Le seguenti affermazioni sono allora equivalenti:*

(i) G è un albero;
(ii) G è privo di circuiti e ha esattamente $n - 1$ lati;
(iii) G è connesso e ha esattamente $n - 1$ lati.

Dimostrazione. Di nuovo proviamo nell'ordine le implicazioni $(i) \Rightarrow (ii) \Rightarrow (iii) \Rightarrow (i)$.

$(i) \Rightarrow (ii)$. Sia $G = (V, L)$ un albero finito. Sappiamo che G è privo di circuiti, dobbiamo provare che, se G ha n vertici, allora G ha $n - 1$ lati. Si procede per induzione su n. Il caso $n = 1$ è banale: un albero con 1 solo vertice non ha né lati né circuiti. Assumiamo ora la tesi vera per n e proviamola per $n + 1$. Sia quindi $G = (V, L)$ un albero con $n + 1 \geq 2$ vertici. Per la proposizione 4.6.2 G ha almeno una foglia (in realtà almeno due foglie), cioè almeno un vertice v di grado 1. Questo significa che in G c'è un unico lato l che ha estremo v. Se eliminiamo dall'albero G il vertice v e il lato l otteniamo un grafo G_0 che è ancora connesso e privo di circuiti, dunque è un albero. Ma G_0 ha n vertici, quindi per l'ipotesi induttiva G_0 ha $n - 1$ lati. Di conseguenza G ha n lati: gli $n - 1$ di G_0 più l.

$(ii) \Rightarrow (iii)$. Sia $G = (V, L)$ un grafo con n vertici, $n - 1$ lati e privo di circuiti. Dobbiamo mostrare che G è connesso. Siano $C(0), \ldots, C(k)$ le componenti connesse di G e, per ogni $i \leq k$, sia n_i il numero dei vertici di $C(i)$: dunque $n = \sum_{i \leq k} n_i$. Ciascun $C(i)$ è un albero e quindi dall'implicazione $(i) \Rightarrow (ii)$ possiamo dedurre che $C(i)$ ha $n_i - 1$ lati. Allora i lati di G sono in totale $\sum_{i \leq k} (n_i - 1)$. Ma questa somma eguaglia $n - 1 = \sum_{i \leq k} n_i - 1$ se e solo se $k = 0$, cioè se e solo se G ha un'unica componente connessa $C(0)$, cioè ancora se e solo se G è connesso.

$(iii) \Rightarrow (i)$. Sia $G = (V, L)$ un grafo connesso con n vertici e $n - 1$ lati. Dobbiamo mostrare che G è un albero, cioè esclude circuiti. Ammettiamo invece che G abbia un circuito α_1. Se da α_1 eliminiamo un lato $l_1 \in L$, il grafo $G_1 = (V, L - \{l_1\})$ che ne risulta resta connesso, possiede inoltre n vertici e $n-2$ lati. Se anche G_1 contiene un circuito α_2, ne cancelliamo come prima un lato $l_2 \in L - \{l_1\}$ e otteniamo un nuovo grafo $G_2 = (V, L - \{l_1, l_2\})$ ancora connesso e con n vertici, ma con $n - 3$ lati. Siccome G è finito, questo procedimento si deve interrompere entro un numero finito h di passi: a quel punto si sono eliminati h lati $l_1, \ldots, l_h$ e si è ottenuto un grafo $G_h = (V, L - \{l_1, \ldots, l_h\})$ connesso e privo di circuiti. Quindi G_h è un albero: ma G_h ha n lati e $n - h - 1$ lati. Così la precedente implicazione $(i) \Rightarrow (ii)$ impone che $h = 0$, cioè che già il grafo G è connesso. $\qquad\square$

4.7 Grafi piani e planari

Disegnare un grafo su un foglio di carta è talora utile per comprenderne la struttura, ma può anche essere fuorviante, come abbiamo già avuto modo di osservare nel corso di questo capitolo. E pur tuttavia disporre di una chiara rappresentazione visiva di un grafo, ad esempio priva di intrecci e sovrapposizioni di lati, riesce utile, piacevole e tranquillizzante. Vogliamo allora identificare quei grafi che permettono un tale disegno, capace di escludere lati che si accavallano.

Perchè il progetto abbia senso, dobbiamo concentrarci su grafi $G = (V, L)$ i cui vertici siano punti del piano $\mathbb{R}^2$. Si noti che allora ogni lato $l = \{u, v\}$ di L determina in modo naturale un segmento del piano $\mathbb{R}^2$, quello che ha per estremi, appunto, u e v. Possiamo allora proporre la seguente definizione.

Definizione 4.7.1 Un grafo $G = (V, L)$ si dice *piano* se

- $V \subseteq \mathbb{R}^2$,
- per ogni coppia di lati distinti di L, i segmenti di $\mathbb{R}^2$ determinati da questi lati hanno in comune al più un estremo.

Un'analoga nozione si può proporre anche nell'ambito dei multigrafi. In queste note concentreremo la nostra attenzione al caso dei grafi piani, ma il lettore interessato può provare a definire in dettaglio che cosa si intende per *multigrafo piano* e a sviluppare i punti fondamentali della relativa teoria, sulla base di quanto diremo per i grafi.

Torniamo, appunto, ai grafi piani finiti $G = (V, L)$. Ognuna delle regioni (connesse!) in cui un tale G suddivide $\mathbb{R}^2$ si dice una *faccia* di G. Tra le facce di G si intendono anche eventuali regioni illimitate di $\mathbb{R}^2$ esterne a G. Ad esempio il grafo G di seguito rappresentato divide il piano in tre facce 1, 2, 3 e in particolare 3 denota la regione illimitata esterna a G.

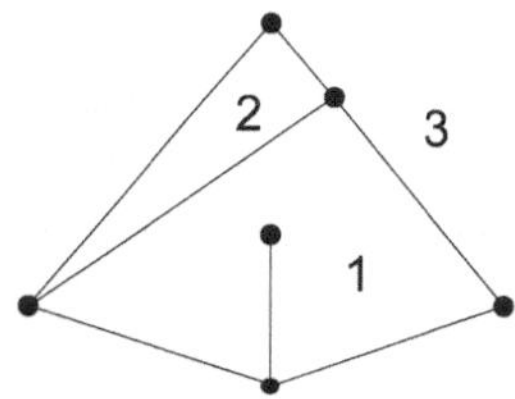

Un sottografo di un grafo piano è ancora piano. Ma, come l'esempio 4.2.24 ci mostra, può capitare che un grafo che non è piano sia comunque isomorfo a un grafo piano: infatti un grafo i cui vertici e lati in $\mathbb{R}^2$ definiscono una stella a 5 punte non è piano, ma un grafo i cui vertici e lati in $\mathbb{R}^2$ determinano un pentagono lo è, e i due grafi sono tra loro isomorfi. Introduciamo allora la seguente nozione:

Definizione 4.7.2 Un grafo G si dice *planare* se è isomorfo a un grafo piano.

Ovviamente un grafo piano è anche planare, ma non viceversa. Si noti poi che un sottografo di un grafo planare G resta planare: un isomorfismo tra G e un grafo piano G' trasforma infatti i sottografi di G in sottografi (piani!) di G'.

Esempi 4.7.3

1. Consideriamo i due grafi sotto disegnati.

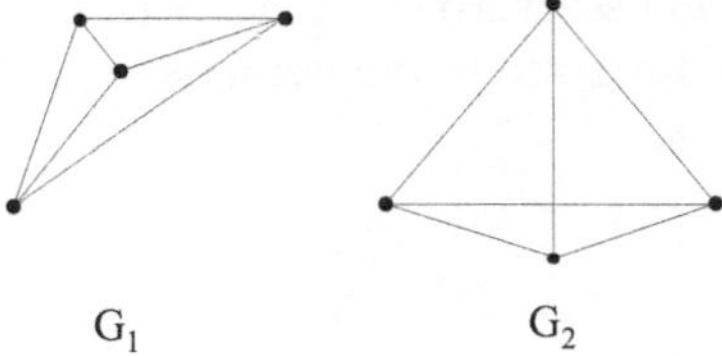

G_1 è un grafo piano con 4 facce (inclusa la regione illimitata di piano esterna), mentre G_2, che rappresenta gli spigoli di un tetraedro, ha due lati che si intrecciano e dunque non è piano. Ma nell'Esercizio 4.2.27 abbiamo avuto modo di constatare che i due grafi sono isomorfi e dunque G_2, benchè non sia piano, è comunque planare. In effetti G_1 è ottenibile come proiezione sul piano da un opportuno punto esterno al tetraedro G_2, come rappresentato dalla figura che segue.

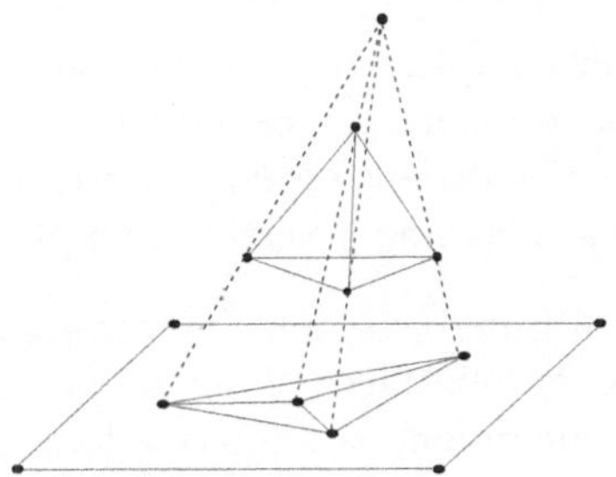

Figura 4.6. Proiezione di un tetraedro

2. Un altro esempio che possiamo rammentare è quello presentato nel paragrafo 4.4 e relativo al rompicapo inventato da Hamilton nel 1857.
   Il grafo (connesso) che abbiamo incontrato in quella occasione – quello corrispondente al dodecaedro – non è certamente piano.

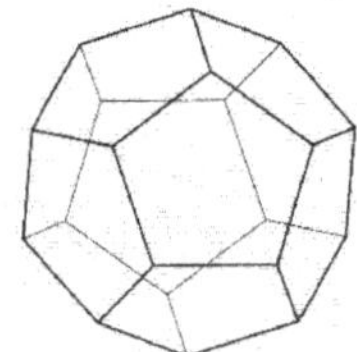

Figura 4.7. Dodecaedro

Pur tuttavia abbiamo osservato che il dodecaedro si proietta da un punto opportuno sul seguente grafo piano connesso:

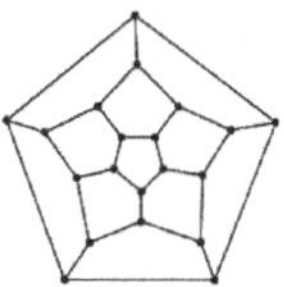

Figura 4.8. Grafo piano isomorfo al dodecaedro

Dunque il dodecaedro è, come grafo, planare. Si noti che il grafo piano isomorfo al dodecaedro che abbiamo appena costruito ha ovviamente tanti vertici e tanti lati quanti il dodecaedro, di più il numero delle sue facce (come grafo piano, dunque inclusa la faccia illimitata esterna) eguaglia quello delle facce del dodecaedro (inteso come poliedro).

3. Si osservi che i grafi completi K_1, K_2, K_3 sono planari. Anche K_4 lo è (come il lettore può verificare per **esercizio**). Di conseguenza, visto che ogni grafo con n vertici si ottiene da K_n omettendo qualche lato, si deduce che tutti i grafi con al massimo 4 vertici sono planari.

C'è un famoso teorema di Eulero sui poliedri convessi, che ne collega i numeri dei vertici, degli spigoli e delle facce. Il teorema afferma che, se n, s e f rappresentano rispettivamente questi numeri, allora si ha

$$n - s + f = 2.$$

D'altra parte ogni poliedro corrisponde in modo naturale ad un grafo piano finito e connesso, proprio come capita al dodecaedro: basta operare un'opportuna proiezione da un punto dello spazio a un piano conveniente. Il grafo che si ottiene in tal modo ha tanti vertici quanti il poliedro di partenza, tanti lati quanti gli spigoli del poliedro e, finalmente, un numero di facce (come grafo piano) che eguaglia quello delle facce del poliedro. In realtà il Teorema di Eulero si può estendere a ogni grafo piano finito nel modo che segue.

Teorema 4.7.4 (Eulero, circa 1750). *Sia $G = (V, L)$ un grafo piano finito connesso con n vertici, s lati e f facce. Allora vale l'uguaglianza*

$$n - s + f = 2.$$

Dimostrazione. Procediamo per induzione sul numero s di lati di G. Se $l = 0$, allora $n = 1$ e $f = 1$ (la sola faccia è la regione di piano illimitata esterna all'unico vertice), dunque l'uguaglianza è verificata: $1 - 0 + 1 = 2$.

Osserviamo anche che la tesi è soddisfatta certamente da ogni albero finito. Infatti, se G è un albero, n è il numero dei suoi vertici e s quello dei suoi lati, allora vale $n - s = 1$ per il Teorema 4.6.4; inoltre G è privo di circuiti, e quindi ha un'unica faccia. Vale quindi $n - s + f = 2$.

Procediamo adesso con l'induzione: per s naturale fissato, supponiamo la tesi vera per tutti i grafi piani finiti connessi con s lati e dimostriamola per un qualunque grafo piano finito connesso $G = (V, L)$ con $s + 1$ lati. Indichiamo ancora con n e con f i numeri dei vertici e delle facce di G, rispettivamente. Sappiamo già che, se G è un albero, allora G soddisfa l'uguaglianza di Eulero. Così possiamo ammettere che G abbia un circuito. Se eliminiamo un lato l di questo circuito, il grafo $G' = (V, L - \{l\})$ che ricaviamo è ancora piano e connesso ma ha solo s lati, dunque per l'ipotesi induttiva soddisfa l'uguaglianza di Eulero. G' mantiene lo stesso numero di vertici, mentre il numero delle sue facce diminuisce di 1 perché le due facce di G separate dal lato eliminato l si congiungono in G' in un'unica faccia. L'uguaglianza di Eulero afferma allora nel caso di G'

$$n - s + (f - 1) = 2,$$

che può anche scriversi

$$n - (s + 1) + f = 2$$

e dunque stabilisce la tesi anche per G. $\qquad\square$

Il Teorema 4.7.4 si può applicare anche per individuare grafi non planari. Infatti se ne deduce:

Corollario 4.7.5 *Sia $G = (V, L)$ un grafo planare finito con $n \geq 3$ vertici e l lati. Allora $l \leq 3n - 6$.*

Dimostrazione. Un grafo planare è isomorfo ad un grafo piano, e un isomorfismo preserva sia il numero dei vertici che quello dei lati. Basta allora provare la tesi nel caso in cui G è piano.

Siano $C(0), \ldots, C(k)$ le componenti connesse di G. Vediamo ciascuna di esse $C(i)$ $(i \leq k)$ come un sottografo (V_i, L_i) di G e indichiamo con n_i, s_i, f_i i numeri dei suoi vertici, lati e facce rispettivamente. Per ogni $i \leq k$, applichiamo il Teorema 4.7.4 a $C(i)$ e deduciamo

$$n_i - s_i + f_i = 2.$$

Sappiamo che in $C(i)$ ogni lato separa al massimo due facce e che ogni faccia (limitata) è circondata da un circuito di almeno 3 lati. Perciò

$$s_i \geq \frac{3f_i}{2},$$

o equivalentemente

$$f_i \leq \frac{2s_i}{3}.$$

Di conseguenza

$$s_i = n_i + f_i - 2 \leq n_i + \frac{2s_i}{3} - 2,$$

quindi $\frac{s_i}{3} \leq n_i - 2$, cioè $s_i \leq 3n_i - 6$. Adesso ricordiamo che ogni vertice di G appartiene a una e una sola componente connessa e ogni lato di G collega estremi nella stessa componente connessa, valgono dunque

$$n = \sum_{i \leq k} n_i, \quad s = \sum_{i \leq k} s_i.$$

Sommando membro a membro le disuguaglianze stabilite nelle varie componenti connesse $C(i)$ si ottiene allora

$$s = \sum_{i \leq k} s_i \leq 3 \sum_{i \leq k} n_i - (k+1) \cdot 6 \leq 3n - 6.$$

$\square$

Dal corollario 4.7.5 discende allora ad esempio che il grafo completo K_5 non è planare; infatti dalla rappresentazione di K_5

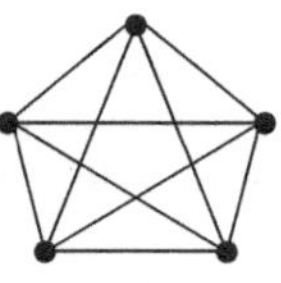

$$K_5$$

si deduce facilmente che K_5 ha $\binom{5}{2} = 10$ lati e 5 vertici. Ma $10 > 3 \cdot 5 - 6 = 9$. In effetti vale il seguente

Corollario 4.7.6 *Per $n \geq 5$ nessun grafo completo K_n è planare.*

Dimostrazione. Se lo fosse, lo sarebbe ogni suo sottografo, in particolare K_5.

$\square$

Citiamo un importante teorema dovuto a Kuratowski che caratterizza i grafi finiti planari. Ne omettiamo la dimostrazione perché troppo complessa per essere riportata in queste note.

Teorema 4.7.7 *(***Kuratowski, 1930***) Un grafo finito è planare se e solo se non contiene sottografi isomorfi a K_5 o a $K_{3,3}$.*

Ricordiamo che $K_{3,3}$ è il grafo

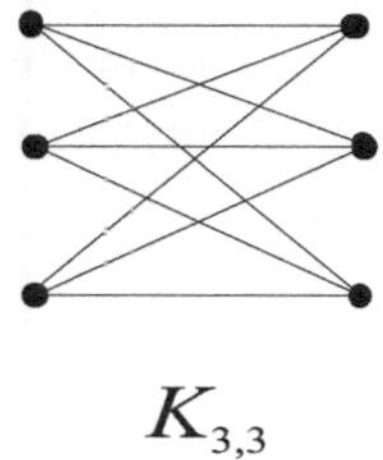

$$K_{3,3}$$

Dal Teorema 4.7.4 discende anche un risultato classico e bello, e cioè la classificazione dei poliedri regolari.

Corollario 4.7.8 *Esistono esattamente 5 classi di poliedri regolari: i tetraedri, gli esaedri (cubi), gli ottaedri, i dodecaedri e gli icoesaedri.*

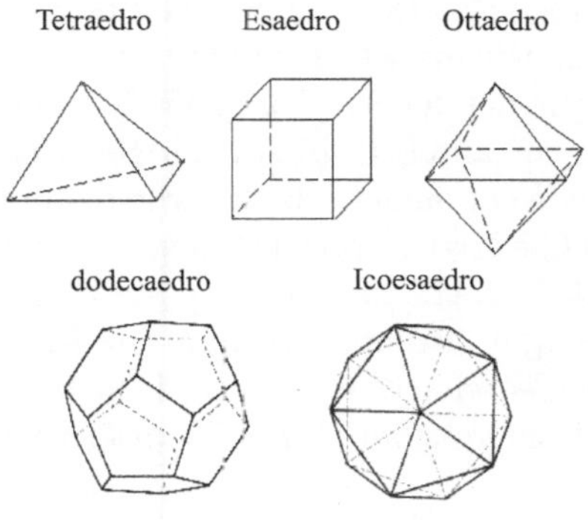

Figura 4.9. Solidi platonici

Questi cinque poliedri sono regolari, nel senso che le loro facce sono poligoni regolari fra loro congruenti e che il numero degli spigoli che incidono in ogni vertice è sempre lo stesso. Essi sono anche noti con il nome di *solidi platonici*. Infatti Platone (IV secolo a.C.) li descrisse nel suo dialogo *Timeo*, ed anzi associò 4 di loro ai 4 *elementi* fondamentali di Empedocle, il tetraedro al fuoco, l'esaedro alla terra, l'ottaedro all'aria e l'icosaedro all'acqua, ed elesse quello restante, e cioè il dodecaedro, a simbolo dell'universo.

Del resto il risultato affermato dal corollario 4.7.8 non è certo recente, anzi compare già nel XIII libro degli *Elementi* di Euclide (circa 300 a.C.), e ne costituisce proprio l'ultimo dei teoremi presenti. Noi ne daremo una dimostrazione totalmente differente, basata sul concetto di grafo planare e sulla formula di Eulero.

Dimostrazione. Come abbiamo già osservato è possibile associare ad ogni poliedro convesso (e in particolare a ogni poliedro regolare) un grafo piano isomorfo, ottenuto tramite la proiezione da un punto opportuno dello spazio. Ad esempio i solidi platonici risultano rispettivamente isomorfi ai seguenti grafi piani.

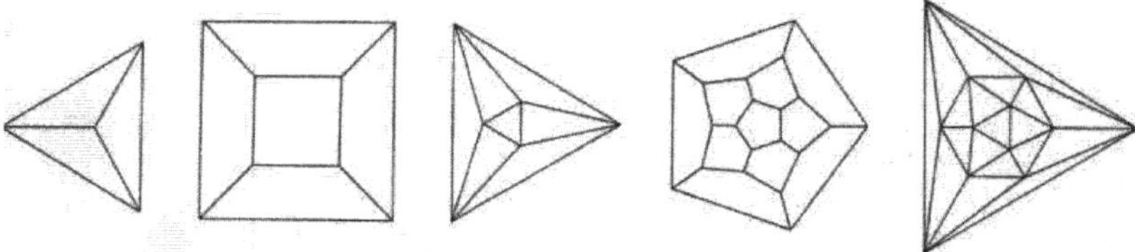

I grafi che si ottengono tramite isomorfismo da poliedri regolari sono *regolari* nel senso della definizione 4.2.3: in ciascuno di essi il grado dei vertici resta costante. Consideriamo allora un grafo piano regolare di grado d ottenuto per tal via da un poliedro regolare. Denotiamolo con $G = (V, L)$. Indichiamo poi, al solito, con n, s, f rispettivamente il numero dei suoi vertici, dei suoi lati e delle sue facce (dunque dei vertici, degli spigoli e delle facce del poliedro). Sia infine r il numero (costante!) degli spigoli che circondano una faccia del poliedro, allora r coincide col numero dei lati che delimitano ogni faccia di G. Usando la regolarità di G e l'ovvia considerazione che ogni lato di G congiunge due vertici distinti si deduce che $2s = d \cdot n$, ossia $n = \frac{2s}{d}$. D'altra parte ogni faccia di G ha r lati e ogni lato appartiene a due facce, quindi $2s = r \cdot f$ e $f = \frac{2s}{r}$. Ricordiamo dal Teorema di Eulero 4.7.4 che $n - s + f = 2$. Sostituiamo in questa uguaglianza le espressioni di n e f sopra ricavate in funzione di s, d e r e ricaviamo:

$$\frac{2s}{d} - s + \frac{2s}{r} = 2,$$

da cui

$$\frac{2r - d \cdot r + 2d}{d \cdot r} \cdot s = 2.$$

Pertanto $2r - d \cdot r + 2d = \frac{2d \cdot r}{s}$, dunque $s = \frac{2d \cdot r}{2r - d \cdot r + 2d}$; inoltre $2r - d \cdot r + 2d > 0$. Allora $(r - 2) \cdot (d - 2) = 4 - (2r - d \cdot r + 2d) < 4$. In definitiva $r - 2$ e $d - 2$ sono numeri interi che hanno prodotto < 4. D'altra parte una faccia ha almeno tre lati, quindi $r \geq 3$ cioè $r - 2 \geq 1$, e in un vertice incidono almeno tre lati, così $d \geq 3$ cioè $d - 2 \geq 1$. Così le condizioni $(r - 2) \cdot (d - 2) < 4$, $r \geq 3$, $d \geq 3$ determinano 5 possibili casi per r e d, e in ognuno di essi n, s, f si ricavano con le formule $n = \frac{2s}{d}$, $s = \frac{2d \cdot r}{2r - d \cdot r + 2d}$, $f = \frac{2s}{r}$. Risultano così determinati cinque possibili scelte per G, che vengono a corrispondere proprio ai cinque poliedri regolari platonici, secondo la tabella che segue.

r-2	d-2	r	d	n	s	f	Poliedro regolare
1	1	3	3	4	6	4	Tetraedro
1	2	3	4	8	12	6	Esaedro
1	3	3	5	6	12	8	Ottaedro
2	1	4	3	20	30	12	Dodecaedro
3	1	5	3	12	30	20	Icoesaedro

$\square$

4.8 Grafi, mappe e colorazioni

Ognuno di noi è abituato ad osservare carte geografiche che rappresentano gli
stati del mondo, distinguendoli tra loro grazie a un'opportuna scelta di colore.
A evitare ogni confusione, si ha cura infatti che stati confinanti abbiano colori
diversi. Questa distinzione richiede ovviamente almeno due colori. Ma può
anche accadere che 3 stati siano a 2 a 2 confinanti: si pensi al caso di Italia,
Francia e Svizzera, o comunque a situazioni quali quella descritta nella figura
che segue.

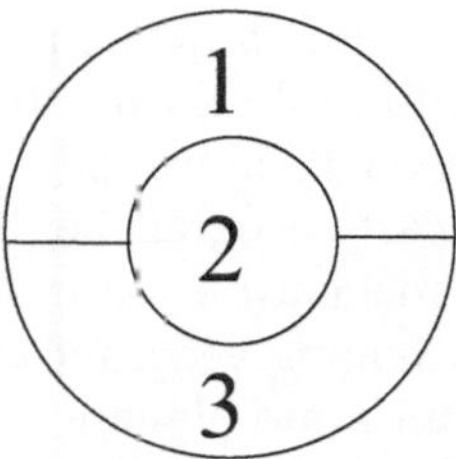

Figura 4.10. Mappa a 3 colori

Si hanno allora bisogno di almeno 3 colori diversi. Ma si possono immaginare
casi ancor più complicati, come quello della figura seguente.

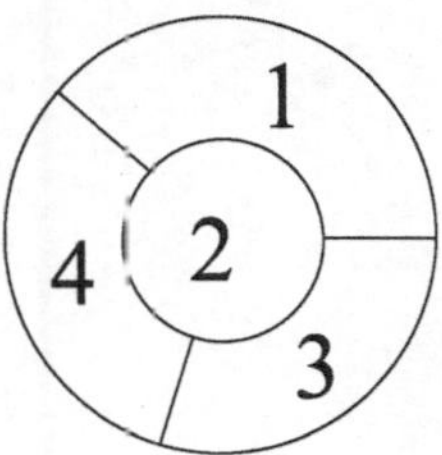

Figura 4.11. Mappa a 4 colori

Dunque talora occorrono 4 colori per la nostra carta geografica. Ci domandiamo allora quale sia il numero dei colori necessario per disegnare una carta

geografica. Una ovvia soluzione è quella di riservare a ogni stato il suo particolare colore, mai condiviso con altri: è chiaro che, in questo modo, stati confinanti risultano distinti. Ma è evidente che questa soluzione non è ottimale perché richiede tanti colori quanti stati. Ci interessa piuttosto sapere quale è il numero *minimo* di colori necessario per distinguere gli stati di una qualunque mappa geografica. La nascita ufficiale di questo problema può essere fatta risalire all'ottobre del 1852, periodo in cui Francis Guthrie, uno studente di Matematica dello University College di Londra, si accorse che per dipingere la cartina delle contee inglesi erano sufficienti quattro colori e che i cartografi di allora riuscivano a colorare una qualunque mappa geografica politica appunto con al più quattro colori. Guthrie, quindi, si domandò quale fosse il numero minimo di colori necessario per colorare una qualsiasi mappa e in particolare se ne bastassero quattro. Comunicò la questione a suo fratello Frederick, studente di fisica, allievo di De Morgan (fondatore insieme a Boole della cosiddetta "*Algebra della logica*"). Il primo scritto relativo al problema si ritrova proprio in una lettera che De Morgan inviò a Hamilton in quell'anno. Da allora numerose dimostrazioni sono state presentate per avvalorare la tesi che quattro colori sono sufficienti per dipingere una qualunque mappa, ma tutte si sono poi rivelate errate, fino a quella proposta nel 1977 da K. Appel e W. Haken, con un contributo di J. Koch. Torneremo tra poco su questa dimostrazione. Cerchiamo adesso di capire che relazione c'è tra i grafi e il problema della colorazione delle carte geografiche. In effetti i grafi hanno fornito il supporto matematico più adeguato e naturale per affrontare il problema della colorabilità. Infatti una mappa geografica politica è rappresentabile in maniera semplice attraverso un grafo planare finito: ad ogni stato si associa un vertice (eventualmente collocandolo nella capitale), si traccia poi un lato tra due vertici se e solo se i due stati associati sono confinanti (nel senso che hanno un tratto di frontiera comune che non sia costituito da un solo punto).

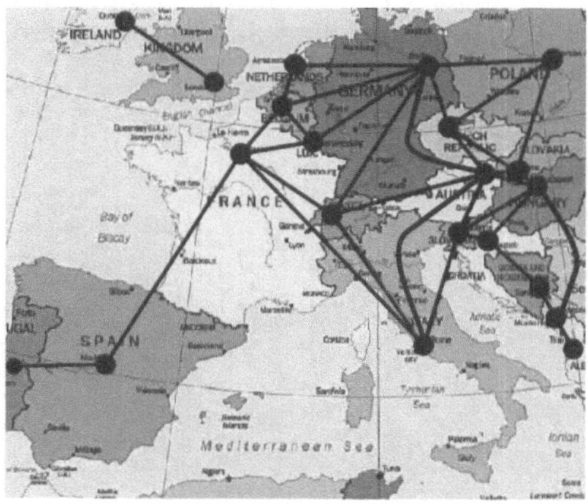

Figura 4.12. Mappa e grafo d'Europa

Il problema di colorare gli stati della mappa si riconduce allora a quello di colorare i vertici del grafo corrispondente (in modo che vertici adiacenti ricevano colori diversi). Per semplicità etichettiamo i colori disponibili con i numeri interi positivi $1, 2, 3$ e via dicendo. Arriviamo così alla seguente definizione.

Definizione 4.8.1 Sia k un intero positivo. Un grafo $G = (V, L)$ si dice *k-colorabile* se esiste una funzione $c : V \to \{1, 2, \ldots, k\}$ tale che per ogni coppia u, v di vertici per cui $\{u, v\} \in L$, si ha $c(u) \neq c(v)$. La funzione c si dice una *k-colorazione* di G.

Il minimo k per cui esiste una k-colorazione di G è chiamato *numero cromatico* di G e indicato $\chi(G)$.

Esercizio 4.8.2 Quali sono i grafi 1-colorabili?

Possiamo riformulare il problema dei quattro colori nel modo seguente:

Problema dei 4 colori. Dato un grafo planare finito G, è sempre possibile trovare una 4-colorazione di G?

Un primo risultato a questo proposito, semplice e molto parziale, è quello che adesso introduciamo. Abbiamo già notato che si può ovviamente colorare una qualsiasi mappa utilizzando un numero di colori pari al numero dei suoi vertici; la seguente proposizione fornisce una limitazione migliore.

Proposizione 4.8.3 *Un qualunque grafo finito G si può colorare con $\Delta_G + 1$ colori, dove Δ_G è il massimo grado dei vertici di G.*

Dimostrazione. Fissiamo una qualche enumerazione $v_1, v_2, \ldots, v_n$ di tutti i vertici di G. Al vertice v_1 associamo un colore qualsiasi, ad esempio il numero 1. A v_2 diamo lo stesso colore 1 se v_1 e v_2 non sono adiacenti, e il colore 2 altrimenti. Si prosegue allo stesso modo, in base alla regola generale seguente: per $i = 1, \ldots, n$, si colora v_i con il più piccolo intero positivo non usato in precedenza per colorare quei vertici tra $v_1, \ldots, v_{i-1}$ che sono adiacenti a v_i. Si vede allora che in definitiva $\Delta_G + 1$ colori bastano per ottenere il nostro obiettivo. $\square$

La precedente dimostrazione ha anche il pregio di essere costruttiva: suggerisce cioè esplicitamente la strategia da seguire per colorare il grafo G con al più $\Delta_G + 1$ colori.

Vediamo adesso un altro risultato che fornisce un limite superiore al numero dei colori da utilizzare, ma stavolta in funzione del numero dei lati del grafo.

Proposizione 4.8.4 *Un qualunque grafo finito G con l lati soddisfa*

$$\chi(G) \leq \frac{1}{2} + \sqrt{2l + \frac{1}{4}}.$$

Dimostrazione. Per semplicità poniamo $k = \chi(G)$. Sia poi c una k-colorazione di G. Le possibile coppie (non ordinate) di colori distinti i, j tra $1, \ldots, k$ sono $\binom{k}{2} = \frac{k \cdot (k-1)}{2}$. Per ogni scelta di i, j, ci deve essere un lato del grafo che collega tra loro due vertici di colore rispettivamente i e j (altrimenti $k - 1$ colori bastano per colorare il grafo). Pertanto $l \geq \frac{k \cdot (k-1)}{2}$. Risolvendo la disuguaglianza rispetto a k si ottiene la tesi. $\qquad\square$

Ma questi risultati parziali sono ancora ben lunghi dal fornire la soluzione definitiva al problema dei 4 colori. Una risposta positiva generale fu comunque ottenuta da Appel, Haken e Koch nel 1977.

Teorema 4.8.5 (dei quattro colori, Appel, Haken, Koch, 1977). *Ogni grafo planare finito G ammette una 4-colorazione.*

La dimostrazione originale, di impressionante lunghezza (139 pagine), esula ovviamente dagli scopi di queste note. Ha comunque alcune notevoli peculiarità, discusse e discutibili, e vale dunque la pena di fornirne una traccia, per quanto imprecisa e superficiale. L'idea di fondo consiste nel *"ridurre"* progressivamente il grafo planare di partenza G "fondendo" sotto opportune condizioni due o più vertici adiacenti. L'obiettivo finale è quello di ottenere dopo un numero finito di passi un grafo che ha al più quattro vertici e quindi richiede al massimo 4 colori. La riduzione deve ovviamente garantire che il processo di "fusione" non diminuisca il numero dei colori necessari per la colorazione di G. I seguenti esempi cercano di illustrare in che consiste la fusione.

1. Se un vertice u è adiacente in G a un solo vertice v, possiamo fondere u con v, perché una qualsiasi colorazione con almeno due colori del nuovo grafo senza u può essere estesa al grafo originale con u utilizzando per u un qualsiasi colore diverso da quello di v.

2. Anche nel caso in cui u è adiacente a due soli vertici v e w, si può procedere alla eliminazione di u fondendolo indifferentemente con v o w. Infatti se il nuovo grafo senza u è colorabile con almeno tre colori, anche quello di partenza lo è: basta colorare il vertice "scomparso" u con un colore diverso da quelli usati per v e w.

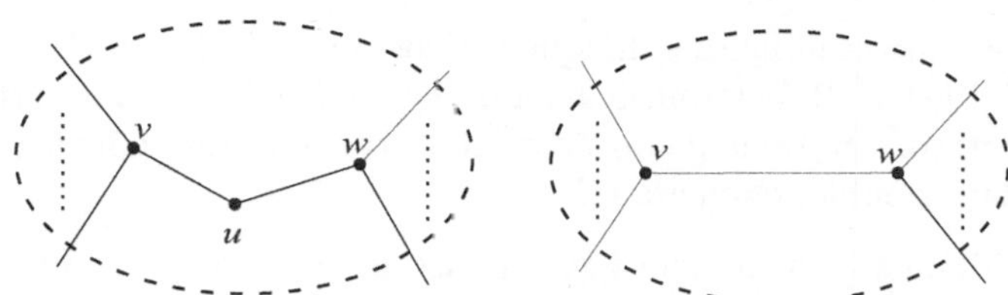

L'effetto di questi processi di fusione è dunque quello di *"ridurre"* il numero dei vertici del grafo originario.

La prova di Appel, Haken e Koch procede allora come segue.

1. Si ricorda anzitutto che ogni grafo planare finito è isomorfo a un grafo piano finito, e si osserva che ogni grafo piano finito si può estendere ad un grafo piano finito "massimale" (nel senso che ogni ulteriore aggiunta di un lato gli fa perdere la sua proprietà di essere piano). Si deduce che la 4-colorabilità dei grafi piani finiti massimali implica quella di tutti i grafi planari finiti.

2. Si passa ad esaminare la struttura dei grafi piani finiti massimali, e si osserva che ogni loro faccia (esclusa quella esterna) deve essere un triangolo: in effetti i grafi piani finiti massimali si chiamano anche *triangolazioni piane.*

3. Si arriva al primo punto chiave della dimostrazione: si prova infatti che ogni triangolazione piana deve contenere almeno una di 1482 "configurazioni fondamentali" di vertici, opportunamente individuate. Questa parte della dimostrazione si deve esclusivamente ad Appel e Haken.

4. Il secondo passo cruciale consiste nel provare che tutte queste 1482 "configurazioni fondamentali" di vertici sono 4-colorabili. Si ricorre qui in modo decisivo all'aiuto del calcolatore. A questa parte della dimostrazione ha contribuito anche Koch.

5. Un argomento induttivo prova finalmente che ogni triangolazione piana è 4-colorabile. Si conclude che ogni ogni grafo planare finito è 4-colorabile.

Dunque una caratteristica notevole della dimostrazione è rappresentata dal fatto che essa, per la prima volta nella storia della Matematica, fa uso esplicito e pesante del calcolatore, allo scopo di accelerare il tempo della verifica pratica delle 1482 configurazioni possibili, che risulterebbe altrimenti proibitivamente lungo. Ma proprio questo ricorso al computer è la ragione delle critiche piovute su questa dimostrazione, soprattutto negli anni immediatamente successivi alla sua divulgazione. Si osservò infatti che una prova che richiede l'aiuto decisivo del calcolatore per essere svolta non può essere controllata se non con l'aiuto del calcolatore stesso, e quindi trascende le capacità umane di verifica, di convalida e di approvazione; in questo senso non può essere accettata. Anche per rispondere a queste riserve, Appel e Haken nel 1989 perfezionarono il loro argomento teorico riducendo a 1256 il numero delle "configurazioni fondamentali" da esaminare e dunque il ricorso al calcolatore. Un recente risultato del 1994 di Robertson, Sanders, Seymour e Thomas ha ottenuto un ulteriore notevole accorciamento della dimostrazione che coinvolge meno di 700 "configurazioni fondamentali".

Il Teorema 4.8.5 ci assicura che 4 colori bastano per dipingere una qualunque mappa. Naturalmente ci sono mappe, cioè grafi piani finiti, che sono colorabili anche solo con 3 o magari 2 colori: ad esempio è facile controllare che il seguente grafo è 2-colorabile.

Anzi vale la

Proposizione 4.8.6 *Un grafo G è 2-colorabile se e solo se è bipartito (ovvero, per il Teorema 4.5.2, se solo se G non ha circuiti di lunghezza dispari).*

Dimostrazione. Sia $G = (V, L)$ un grafo 2-colorabile. Sia poi X l'insieme dei vertici di G che hanno il colore 1 e $Y = V - X$ quello dei vertici di colore 2. Chiaramente $\{X, Y\}$ è una bipartizione di G. Viceversa, da una bipartizione $\{X, Y\}$ di un grafo bipartito $G = (V, L)$ si deriva una 2-colorazione c ponendo $c(v) = 1$ se $v \in X$ e $c(v) = 2$ se $v \in Y$. $\qquad\square$

Citiamo infine due importanti risultati riguardanti la 3-colorabilità.

Teorema 4.8.7 (Heawood, 1898). *Un grafo piano a facce triangolari (cioè una triangolazione piana) è 3-colorabile se e solo se tutti i vertici hanno grado pari.*

Teorema 4.8.8 (Grötzsch, 1959). *Ogni grafo planare G non contenente K_3 è 3-colorabile.*

Ma, come già osservato, 3 colori non sono sempre sufficienti, e bisogna spesso usarne anche un quarto: è questo il caso, ad esempio, del grafo planare K_4:

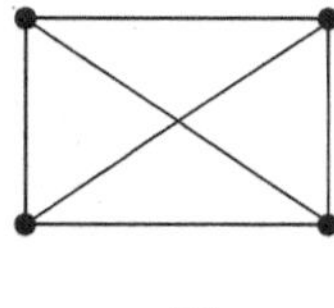

$$K_4$$

Esercizio 4.8.9 Si controlli che K_4 rappresenta in forma di grafo una carta geografica come quella della figura 4.11.

Di conseguenza ogni grafo planare che ha K_4 come suo sottografo necessita di quattro colori.

4.9 Grafi e multigrafi orientati

Ricordiamo che un *grafo orientato* (o *grafo diretto*, o *digrafo*) è una coppia $G = (V, L)$ dove V è un insieme non vuoto e L è una relazione binaria su V. I punti di V continuano a chiamarsi *vertici*, e gli elementi di L *lati* (o anche *lati orientati*). Non si chiede tuttavia né che L sia antiriflessiva né che sia simmetrica. Così

- è ammessa l'eventualità che i due estremi di uno stesso lato l di L coincidano, cioè $l = (v, v)$ per lo stesso $v \in V$; in questo caso l si dice un *cappio*;
- può accadere che, per u, v in V, la coppia (u, v) sia in L, ma la coppia (v, u) no: intuitivamente, questo significa che la strada tra u e v si può percorrere solo in un verso, da u a v, ma non nell'altro.

In particolare un lato $l = (u, v)$ di L non è determinato soltanto dai suoi estremi u e v, ma anche dall'ordine in cui essi si succedono. È comunque possibile che, per u e v vertici distinti di V, tanto (u, v) quanto (v, u) occorrano in L, come lati distinti: abbiamo in questo caso due strade distinte, una da u a v, l'altra da v a u.

Esempio 4.9.1 Il grafo orientato $G = (V, L)$ dove V consiste di 5 vertici distinti v_1, v_2, v_3, v_4, v_5 e L di 5 lati

$$l_1 = (v_1, v_2), \; l_2 = (v_2, v_3), \; l_3 = (v_4, v_3), \; l_4 = (v_2, v_4), \; l_5 = (v_2, v_1)$$

si può rappresentare con il seguente disegno.

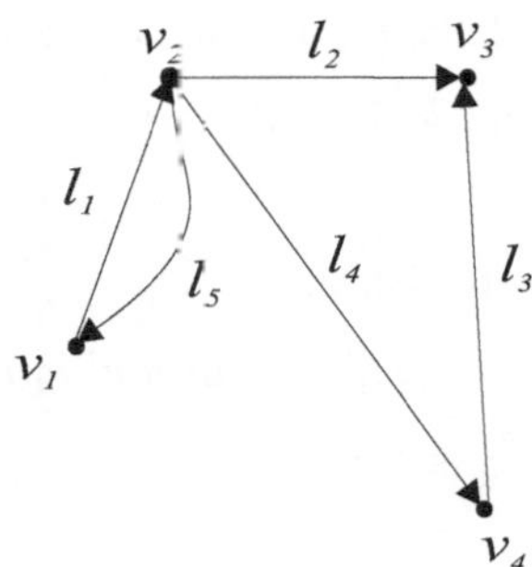

In particolare si usa l'espediente di una freccia per indicare il verso secondo il quale un lato va percorso.

Ecco allora l'esempio di un cappio.

Figura 4.13. Cappio

Anche i multigrafi ammettono una loro versione *orientata*.

Definizione 4.9.2 Un *multigrafo orientato* (o *diretto*) G è una terna (V, L, φ) in cui

- V è un insieme non vuoto di *vertici*,
- L è un insieme disgiunto da V di elementi detti *lati orientati*,
- φ è una funzione da L in $V \times V = \{(u, v) : u, v \in V\}$ (ed è chiamata *funzione di incidenza*).

Così in un multigrafo la funzione φ assegna ad ogni lato l di L la coppia ordinata dei suoi estremi in V.

La teoria dei grafi e dei multigrafi si può estendere nel modo opportuno al caso orientato. Ad esempio la nozione di grado di un vertice va raffinata distinguendo un *grado di entrata* e un *grado di uscita*. Per la precisione si pone quanto segue.

Definizione 4.9.3 Sia $G = (V, L, \varphi)$ un multigrafo orientato e sia $v \in V$.

- Il *grado di entrata* $d_G^+(v)$ di v in G è il numero di lati orientati l in L per cui $\varphi(l) = (u, v)$ per qualche $u \in V$ (cioè che terminano in v).
- Il *grado di uscita* $d_G^-(v)$ di v in G è il numero di lati orientati $l \in L$ per cui $\varphi(l) = (v, u)$ per qualche $u \in V$ (cioè che iniziano in v).

Si definisce finalmente il *grado complessivo* di v in G come la differenza $d_G(v) = d_G^+(v) - d_G^-(v)$.

È semplice provare il seguente risultato.

Proposizione 4.9.4 *Sia* $G = (V, L, \varphi)$ *un multigrafo orientato. Allora*

1. $|L| = \sum_{v \in V} d_G^+(v) = \sum_{v \in V} d_G^-(v)$.
2. $\sum_{v \in V} d_G(v) = 0$.

Dimostrazione. L'affermazione 1 deriva dal fatto che ogni lato inizia in uno e un solo vertice e termina in uno e un solo vertice (eventualmente lo stesso). La 2 è una semplice conseguenza. Si ha infatti

$$\sum_{v \in V} d_G(v) = \sum_{v \in V} (d_G^+(v) - d_G^-(v)) = \sum_{v \in V} d_G^+(v) - \sum_{v \in V} d_G^+(v) = |L| - |L| = 0.$$

$\square$

Ecco l'adattamento al caso orientato di altre nozioni che ci sono familiari tra grafi e multigrafi.

Definizioni 4.9.5 Sia $G = (V, L, \varphi)$ un multigrafo orientato.

- Un *cammino orientato* di lunghezza m in G da $u \in V$ a $v \in V$ è una sequenza ordinata finita di m lati distinti $l_1 = (v_0, v_1), l_2 = (v_1, v_2), \ldots, l_m = (v_{m-1}, v_m)$ tale che $u = v_0$ e $v = v_m$. Un *circuito orientato* è un cammino orientato da un vertice $v \in V$ allo stesso vertice v. Un cammino orientato è *euleriano* se passa per tutti i lati di G. Un cammino orientato è *hamiltoniano* se passa esattamente una volta per tutti i vertici di G.
- G si dice *completo* se, per ogni scelta di vertici distinti $u, v \in V$, c'è un lato orientato che inizia in u e termina in v oppure un lato orientato che inizia in v e termina in u.

La teoria dei grafi e multigrafi orientati si sviluppa conseguentemente, talora in sintonia col caso non orientato, talora in modo nuovo ed autonomo. Ci limitiamo a citarne un risultato per esemplificarne tecniche e idee.

Teorema 4.9.6 (Redei, 1934) *In un multigrafo orientato finito completo $G = (V, L, \varphi)$ esiste sempre un cammino orientato hamiltoniano.*

Dimostrazione. Sia n il numero dei vertici di V. Ci basta mostrare che ogni cammino orientato α di G che ha lunghezza $m < n-1$ e coinvolge $m+1$ vertici distinti si può ampliare a un cammino di lunghezza $m + 1$ e $m + 2$ vertici distinti. In questo modo, applicando ripetutamente la procedura, a partire da un qualunque vertice di G si finisce col costruire un cammino orientato hamiltoniano. Sia dunque $\alpha = (l_1, \ldots, l_m)$ con $m < n - 1$, $l_i = (v_{i-1}, v_i)$ per ogni $i = 1, \ldots, m$ e $v_0 \neq \cdots \neq v_m$. Siccome $m < n$ esiste qualche $v_{m+1} \in V$ diverso da $v_0, \ldots, v_m$. Fissiamo v_{m+1} e procediamo come segue.

1. Se $(v_m, v_{m+1}) \in L$ allora $(l_1, \ldots, l_m, (v_m, v_{m+1}))$ è un nuovo cammino orientato che estende α col nuovo vertice v_{m+1}, ha comunque lunghezza $m + 1$ e $m + 2$ vertici distinti.

2. Ammettiamo allora che $(v_m, v_{m+1}) \notin L$, ma che esista $i < m$ tale che $(v_i, v_{m+1}) \in L$. Assumiamo poi che l'indice i sia il massimo con questa proprietà. Allora $i < m$ e $(v_{i+1}, v_{m+1}) \notin L$. Siccome G è completo, deve essere $(v_{m+1}, v_{i+1}) \in L$. Allora è facile controllare che la sequenza di lati $(l_1, \ldots, l_i, (v_i, v_{m+1}), (v_{m+1}, v_{i+1}), l_{i+2}, \ldots, l_m)$ è un nuovo cammino orientato che accoglie il nuovo vertice v_{m+1}, ha lunghezza $m + 1$ e $m + 2$ vertici distinti.

3. Supponiamo finalmente che $(v_m, v_{m+1}) \notin L$ e che inoltre per nessun $i < m$ esista un lato (orientato) da v_i a v_{m+1}. La completezza di G implica in particolare che $(v_{m+1}, v_0) \in L$. Pertanto $((v_{m+1}, v_0), l_1, \ldots, l_m)$ è un cammino orientato di lunghezza $m + 1$ contenente, appunto, v_{m+1}.

$\square$

Esercizio 4.9.7 Il Teorema 4.9.6 può essere ulteriormente potenziato affermando che ogni multigrafo orientato finito completo ammette un circuito hamiltoniano?

Esercizi.

1. Ad una festa si possono sempre trovare due persone che conoscono lo stesso numero di altre persone? (Si intende che la relazione di conoscenza è antiriflessiva e simmetrica).

2. Si dimostri che ogni grafo finito con meno di 9 lati è planare (*suggerimento:* si sfrutti il Teorema 4.7.7).

3. Sull'insieme $V = \{1, 2, \ldots, 10\}$ si definiscano più strutture di grafo $G = (V, L)$ ponendo, per ogni scelta di due elementi distinti u, v in V, $\{u, v\} \in L$ se e solo se, rispettivamente,

   a) $u + v$ è pari;

   b) $u \cdot v$ è dispari;

   c) $u + v$ è multiplo di 4.

   In quali dei casi a), b), c) G è connesso? bipartito? ha un circuito euleriano? ha un circuito hamiltoniano?

4. Si mostri che in un albero $G = (V, L)$ con n vertici la somma dei gradi è $2n - 2$.

5. Si descrivano a meno di isomorfismi tutti gli alberi che hanno rispettivamente 1, 2, 3, 4 e 5 vertici.

Riferimenti bibliografici

Per approfondimenti sulla nascita e sullo sviluppo storico concettuale della Teoria dei grafi si veda [10]. [51] è una piacevole lettura introduttiva sulla Teoria dei grafi e sulle sue applicazioni. Una ottima introduzione alla moderna Teoria dei grafi è invece [23].

Gli articoli originali di Eulero relativi al problema dei ponti di Königsberg e ai circuiti euleriani sono esposti in [27] e [28]. La pubblicazione postuma contenente il contributo di Hierholzer alla caratterizzazione dei multigrafi con circuiti euleriani si trova in [36].

[41] affronta in dettaglio le questioni inerenti la colorabilità dei grafi, ne espone l'evoluzione storica e ne discute oltre 200 problemi ancora aperti. La prova originale di Appel, Haken e Koch del Teorema dei Quattro Colori (4.8.5) è in [1] e [5]. La versione successivamente migliorata e semplificata dagli stessi

Appel e Haken è contenuta in [4]. Una dimostrazione molto più breve, elaborata nel 1994 da Robertson, Sanders, Seymour e Thomas, si trova in [56]. Una discussione del Teorema dei Quattro Colori si trova anche in [22]. Il Teorema è introdotto e commentato in [2], [3].

5

Gruppi e permutazioni

5.1 Gruppi

Nella introduzione di questo libro abbiamo già incontrato il concetto di gruppo. Ne vediamo qui alcuni esempi, e la definizione.

Esempi 5.1.1

1. Consideriamo l'insieme $\mathbb{Z}$ degli interi e sottolineiamo le seguenti proprietà della loro operazione binaria $+$ di addizione:

   (i) per ogni scelta di $a, b, c \in \mathbb{Z}$, $a + (b + c) = (a + b) + c$;

   (ii) c'è un intero 0 tale che, per ogni $a \in \mathbb{Z}$, $a + 0 = 0 + a = a$;

   (iii) per ogni intero a, esiste un intero $-a$ tale che $a + (-a) = (-a) + a = 0$.

   A sintetizzare questa situazione, si dice che $\mathbb{Z}$ è un *gruppo* rispetto all'operazione $+$, o anche che $(\mathbb{Z}, +)$ è un gruppo. Notiamo che si ha anche:

   (iv) per ogni scelta di $a, b \in \mathbb{Z}$, $a + b = b + a$.

   $(\mathbb{Z}, +)$ viene allora chiamato *gruppo commutativo* o *abeliano* (un aggettivo che intende ricordare N. Abel, matematico norvegese di inizio Ottocento).

2. Procedendo come per $\mathbb{Z}$, si verifica facilmente che

   $$(\mathbb{Q}, +), \ (\mathbb{R}, +), \ (\mathbb{C}, +),$$

   sono altrettanti gruppi abeliani. Invece $(\mathbb{N}, +)$ non è un gruppo (**Esercizio:** perché? Si pensi alla proprietà (iii)).

3. Consideriamo adesso l'insieme $\mathbb{Q}$ dei razionali con l'operazione binaria $\cdot$ di moltiplicazione. Si ha:

   (i) per ogni scelta di $a, b, c \in \mathbb{Q}$, $a \cdot (b \cdot c) = (a \cdot b) \cdot c$;

   (ii) esiste un razionale 1 tale che, per ogni $a \in \mathbb{Q}$, $a \cdot 1 = 1 \cdot a = a$;

(iv) per ogni scelta di $a, b \in \mathbb{Q}$, $a \cdot b = b \cdot a$.

Invece (iii) non vale sempre: per $a = 0$ e per ogni $b \in \mathbb{Q}$, $a \cdot b = 0 \cdot b = 0 \neq 1$. Se però escludiamo 0 dal nostro contesto e ci limitiamo a $\mathbb{Q}^\star = \mathbb{Q} - \{0\}$, allora (i), (ii), (iv) restano valide nell'ambiente ristretto, inoltre

(iii) per ogni $a \in \mathbb{Q}^\star = \mathbb{Q} - \{0\}$, $a \cdot a^{-1} = a^{-1} \cdot a = 1$.

In conclusione $(\mathbb{Q}^\star, \cdot)$ è un gruppo abeliano.

4. Allo stesso modo, $\mathbb{R}^\star = \mathbb{R} - \{0\}$, $\mathbb{C}^\star = \mathbb{C} - \{0\}$ sono gruppi rispetto alla moltiplicazione. Invece $\mathbb{Z}^\star = \mathbb{Z} - \{0\}$ non è un gruppo rispetto a questa operazione. Infatti, anche escludendo lo 0, (iii) continua a non valere; ad esempio, quando $a = 2$, nessun $b \in \mathbb{Z}$ soddisfa $a \cdot b = 2 \cdot b = 1$.

5. Fissiamo ora un intero positivo m, e consideriamo l'insieme $\mathbb{Z}_m$ delle classi di resti modulo m. $\mathbb{Z}_m$ è l'insieme quoziente di $\mathbb{Z}$ rispetto alla relazione (di equivalenza) di congruenza modulo m: per ogni scelta di $a, b \in \mathbb{Z}$

$$a \equiv b \,(mod\, m) \text{ se e solo se } m | a - b.$$

Nel Capitolo 2 abbiamo definito un'operazione $+$ in $\mathbb{Z}_m$ ponendo, per ogni scelta di $a, b \in \mathbb{Z}$,

$$a_m + b_m = (a + b)_m$$

ed abbiamo verificato che $\mathbb{Z}_m$ soddisfa le proprietà (i), (ii), (iii), (iv) rispetto a $+$. Quindi anche $(\mathbb{Z}_m, +)$ è un gruppo abeliano; è finito, ed ha anzi m elementi.

6. Consideriamo ancora $\mathbb{Z}_m$ con $m > 1$. Ricordiamo che tra le classi di congruenza modulo m possiamo anche introdurre un'operazione di moltiplicazione ponendo, per ogni scelta di $a, b \in \mathbb{Z}$,

$$a_m \cdot b_m = (a \cdot b)_m.$$

Ci chiediamo se $\mathbb{Z}_m$, o magari $\mathbb{Z}_m^\star = \mathbb{Z}_m - \{0\}$ è un gruppo rispetto a questa operazione. Certamente valgono (i), (ii), (iv) per ogni scelta di $a, b, c \in \mathbb{Z}$ come visto nel Capitolo 2: semmai ricordiamo che in (ii) l'elemento cui riferirsi è 1_m. Tuttavia abbiamo finora constatato che la proprietà più delicata da controllare è la (iii). Per verificarla dobbiamo anzitutto escludere 0_m per gli stessi motivi degli esempi precedenti. A questo punto, domandiamoci, per $a \in \mathbb{Z}$ e $a_m \neq 0_m$, cioè $m \nmid a$, se esiste $b \in \mathbb{Z}$ per cui

$$a_m \cdot b_m = (a \cdot b)_m = 1_m.$$

Sappiamo che questo accade se e solo se $(a, m) = 1$. Sia allora $\mathcal{U}(\mathbb{Z}_m)$ l'insieme delle classi a_m con a intero primo con m. Notiamo che, per $a, b \in \mathbb{Z}$ e $(a, m) = (b, m) = 1$, si ha anche $(a \cdot b, m) = 1$: in altre parole, se a_m, b_m appartengono a $\mathcal{U}(\mathbb{Z}_m)$, anche $a_m \cdot b_m = (a \cdot b)_m$ appartiene a $\mathcal{U}(\mathbb{Z}_m)$. Dunque l'operazione binaria $\cdot$, se ristretta a $\mathcal{U}(\mathbb{Z}_m)$, mantiene in

$\mathcal{U}(\mathbb{Z}_m)$ i suoi valori. Sappiamo già che (i), (ii), (iv) valgono per ogni scelta di elementi a, b, c in $\mathbb{Z}$, in particolare per a, b, c primi con m. D'altra parte è chiaro che

(iii) per ogni $a \in \mathbb{Z}$ con $(a, m) = 1$, esiste $b \in \mathbb{Z}$ tale che $a_m \cdot b_m = 1_m$ (e $(b, m) = 1$, ovviamente).

Così $(\mathcal{U}(\mathbb{Z}_m), \cdot)$ è un gruppo abeliano. Osserviamo che $\mathcal{U}(\mathbb{Z}_m)$ è finito e il numero dei suoi elementi coincide con quello delle classi di congruenza modulo m di interi primi con m, è dunque $\varphi(m)$ dove φ è la funzione di Eulero; in particolare $|\mathcal{U}(\mathbb{Z}_m)| = m - 1$, cioè $\mathcal{U}(\mathbb{Z}_m) = \mathbb{Z}_m^\star$, se e solo se m è primo. Così, per m primo, $(\mathbb{Z}_m^\star, \cdot)$ è un gruppo abeliano. Invece, sia m composto, $m = a \cdot b$ con $1 < a, b < m$. Allora $a_m, b_m \neq 0_m$, cioè $a_m, b_m \in \mathbb{Z}_m^\star$ (anche se $a_m, b_m \notin \mathcal{U}(\mathbb{Z}_m)$). Tuttavia

$$a_m \cdot b_m = (a \cdot b)_m = 0_m \notin \mathbb{Z}_m^\star.$$

In altre parole l'operazione $\cdot$, se ristretta a $\mathbb{Z}_m^\star$, non mantiene i suoi valori in $\mathbb{Z}_m^\star$: è inutile allora chiedersi se $\mathbb{Z}_m^\star$ è un gruppo rispetto a $\cdot$.

7. Torniamo agli interi. Sia $2\mathbb{Z}$ l'insieme degli interi pari. Osserviamo che, se $a, b \in 2\mathbb{Z}$, anche $a + b$ è in $2\mathbb{Z}$; così la restrizione di $+$ a $2\mathbb{Z}$ è una operazione binaria su $2\mathbb{Z}$, mantiene così i suoi valori in $2\mathbb{Z}$. Inoltre:

(i) è chiaro che, per ogni scelta di $a, b, c \in 2\mathbb{Z}$, $a + (b + c) = (a + b) + c$; questo vale più in generale per $a, b, c \in \mathbb{Z}$;

(ii) $0 \in 2\mathbb{Z}$ e ovviamente, per ogni $a \in 2\mathbb{Z}$, $a + 0 = 0 + a = a$, la proprietà è infatti vera per ogni $a \in \mathbb{Z}$;

(iii) se $a \in 2\mathbb{Z}$, $-a \in 2\mathbb{Z}$ (e $a + (-a) = (-a) + a = 0$).

Così $(2\mathbb{Z}, +)$ è un gruppo, ed anzi è abeliano perché vale:

(iv) per ogni scelta di $a, b \in 2\mathbb{Z}$, $a + b = b + a$ (proprietà vera addirittura per ogni scelta di $a, b \in \mathbb{Z}$).

Si noti però che la verifica delle condizioni per cui $(2\mathbb{Z}, +)$ è un gruppo (abeliano) si riduce a questi tre punti essenziali:
- per ogni scelta di $a, b \in 2\mathbb{Z}$, $a + b \in 2\mathbb{Z}$;
- $0 \in 2\mathbb{Z}$;
- per ogni $a \in 2\mathbb{Z}$, $-a \in 2\mathbb{Z}$;

Il resto è banale conseguenza del fatto che $2\mathbb{Z} \subseteq \mathbb{Z}$ e che l'operazione $+$ su $2\mathbb{Z}$ è la restrizione dell'addizione $+$ su $\mathbb{Z}$, per la quale sappiamo che valgono le condizioni che definiscono un gruppo (abeliano).

Esercizi 5.1.2

1. Che cosa si può dire dell'esempio 7 se sostituiamo 2 con un qualunque intero $m \geq 0$ e dunque $2\mathbb{Z}$ con l'insieme $m\mathbb{Z}$ dei multipli di m? $m\mathbb{Z}$ è ancora un gruppo rispetto a $+$?

2. L'insieme degli interi dispari è un gruppo rispetto a $+$?

I precedenti esempi ci conducono complessivamente a introdurre il seguente concetto.

Definizione 5.1.3 Siano G un insieme, $\cdot$ un'operazione binaria su G (cioè una funzione da $G \times G$ a G). Si dice che $(G, \cdot)$ è un *gruppo*, o anche che G è un *gruppo* rispetto a $\cdot$, se

(i) (proprietà associativa) per ogni scelta di $a, b, c \in G$, $a \cdot (b \cdot c) = (a \cdot b) \cdot c$;

(ii) (esistenza di un elemento neutro, o identico) esiste $e \in G$ tale che, per ogni $a \in G$, $a \cdot e = e \cdot a = a$;

(iii) (esistenza di un inverso per ogni elemento) per ogni $a \in G$, esiste $b \in G$ tale che $a \cdot b = b \cdot a = e$.

Se poi si ha che

(iv) (proprietà commutativa) per ogni scelta di $a, b \in G$, $a \cdot b = b \cdot a$,

si dice che $(G, \cdot)$ è un gruppo *abeliano* (o *commutativo*).

Chiamiamo *ordine* di un gruppo finito $(G, \cdot)$ il numero (finito) $|G|$ dei suoi elementi.

Osserviamo che la notazione moltiplicativa $\cdot$ usata nella definizione è adottata soltanto per semplicità. Si è già visto negli esempi precedenti che l'operazione può talora essere l'addizione, in altri casi si possono incontrare ulteriori operazioni, differenti da addizione e moltiplicazione.

In realtà, finora abbiamo prodotto soltanto esempi di gruppi abeliani. Ma esistono anche gruppi che non rispettano la proprietà commutativa; anzi, vedremo che questi casi sono quelli più interessanti e generali. Ecco un esempio rilevante a questo riguardo.

Esempio.

8. Sia X un insieme non vuoto, denotiamo con $S(X)$ l'insieme di tutte le *permutazioni* su X, e cioè delle corrispondenze biunivoche di X su X. Ricordiamo che, per $f, g \in S(X)$, è definita la composizione $f \circ g$ di f e g: è una funzione di X in X, ed è anzi iniettiva e suriettiva perché tali sono f, g; in altre parole $f \circ g \in S(X)$. Così la composizione è una operazione binaria su $S(X)$. Si ha poi quanto segue.

   (i) Per ogni scelta di $f, g, h \in S(X)$, $f \circ (g \circ h) = (f \circ g) \circ h$: questo è vero, più in generale, per ogni terna f, g, h di funzioni per le quali esistano $f \circ (g \circ h)$ e $(f \circ g) \circ h$.

   (ii) In $S(X)$ c'è la funzione identità id_X, quella che ad ogni $x \in X$ associa $id_X(x) = x$. È chiaro allora che, per ogni $f \in S(X)$,

$$f \circ id_X = id_X \circ f = f,$$

infatti, per ogni $x \in X$,

$$(f \circ id_X)(x) = f(id_X(x)) = f(x),$$

$$(id_X \circ f)(x) = id_X(f(x)) = f(x).$$

(iii) Per $f \in S(X)$ è definita la funzione inversa f^{-1} di X in X, quella per cui, comunque scelti $x, y \in X$, $f^{-1}(x) = y$ se e solo se $f(y) = x$. Sappiamo che $f^{-1} \in S(X)$ e che

$$f^{-1} \circ f = f \circ f^{-1} = id_X.$$

In conclusione $S(X)$ è un gruppo rispetto alla composizione. Ma stavolta $(S(X), \circ)$ può non essere abeliano, cioè non soddisfare (iv). Ad esempio consideriamo $X = \{1, 2, 3\}$ e $f, g \in S(X)$ definite da:

$$f(1) = 2, \; f(2) = 1, \; f(3) = 3,$$

$$g(1) = 2, \; g(2) = 3, \; g(3) = 1.$$

Allora

$$(f \circ g)(1) = f(g(1)) = f(2) = 1,$$

$$(g \circ f)(1) = g(f(1)) = g(2) = 3.$$

Così $f \circ g$ e $g \circ f$ operano in modo diverso sull'elemento 1, quindi $f \circ g \neq g \circ f$. Chiariremo il problema della commutatività di $(S(X), \circ)$ nel prossimo paragrafo.

Esercizi 5.1.4

1. Nell'insieme $\mathcal{P}(S)$ delle parti di un insieme S si consideri l'operazione binaria $\triangledown$ tale che, per $A, B \in \mathcal{P}(S)$,

$$A \triangledown B = (A - B) \cup (B - A) \; (= (A \cup B) - (A \cap B)).$$

Si provi che $\mathcal{P}(S)$ è un gruppo abeliano rispetto a $\triangledown$.
2. Sia $G = \{3^n : n \in \mathbb{Z}\}$. Si verifichi che G è un gruppo (abeliano) rispetto alla moltiplicazione.
3. Si considerino l'insieme $\mathbb{Q}^\star = \mathbb{Q} - \{0\}$ e l'operazione $\odot$ tale che, per ogni scelta di $a, b \in \mathbb{Q}^\star$, $a \odot b = 10 \cdot a \cdot b$. $\mathbb{Q}^\star$ è un gruppo rispetto a $\odot$?
4. Sia $\mathbb{H}$ l'insieme dei quaternioni. Si provi che $\mathbb{H}$ è un gruppo abeliano rispetto all'addizione, e che $\mathbb{H}^\star = \mathbb{H} - \{0\}$ è un gruppo non abeliano rispetto alla moltiplicazione (la verifica è talora noiosa; si possono comunque sfruttare argomenti analoghi a quelli che valgono per $(\mathbb{C}, +)$ e $(\mathbb{C}^\star, \cdot)$).

5.2 Permutazioni

Riprendiamo e approfondiamo (in un caso particolare) l'esempio 8 del paragrafo 5, quello dei gruppi $(S(X), \circ)$. Si tratta infatti di un esempio assai più importante e nevralgico di tutti quelli che l'hanno preceduto, come avremo modo di constatare più tardi. Consideriamo in particolare un insieme X finito con $n \geq 2$ elementi, anzi fissiamo per semplicità $X = \{1, 2, \ldots, n\}$. Indichiamo poi con S_n l'insieme delle permutazioni su $\{1, 2, \ldots, n\}$. Allora S_n è un gruppo rispetto alla composizione (ci capiterà comunque nel seguito di chiamare *prodotto* la composizione di permutazioni di S_n). S_n viene usualmente chiamato *gruppo simmetrico* su n oggetti. Ricordiamo poi che $|S_n| = n!$, quindi

$$|S_2| = 2, \ |S_3| = 6, \ |S_4| = 24, \ |S_5| = 120, \ \text{ e così via.}$$

È utile rappresentare qui ogni funzione $f \in S_n$ nel modo che segue

$$\begin{pmatrix} 1 & 2 & \cdots & n \\ f(1) & f(2) & \cdots & f(n) \end{pmatrix}$$

disponendo nella prima riga gli elementi di X e sotto di essi corrispondentemente, in una seconda riga, le loro immagini in f.

Esempi 5.2.1

1. Le due permutazioni di S_2 sono

$$\begin{pmatrix} 1 & 2 \\ 1 & 2 \end{pmatrix}, \ \begin{pmatrix} 1 & 2 \\ 2 & 1 \end{pmatrix} \quad \text{(la prima in particolare è l'identità)}.$$

2. Le sei permutazioni di S_3 sono

$$\begin{pmatrix} 1 & 2 & 3 \\ 1 & 2 & 3 \end{pmatrix}, \ \begin{pmatrix} 1 & 2 & 3 \\ 1 & 3 & 2 \end{pmatrix}, \ \begin{pmatrix} 1 & 2 & 3 \\ 3 & 2 & 1 \end{pmatrix}, \ \begin{pmatrix} 1 & 2 & 3 \\ 2 & 1 & 3 \end{pmatrix}, \ \begin{pmatrix} 1 & 2 & 3 \\ 2 & 3 & 1 \end{pmatrix}, \ \begin{pmatrix} 1 & 2 & 3 \\ 3 & 1 & 2 \end{pmatrix}$$

(anche stavolta la prima permutazione elencata è l'identità, le tre successive fissano un oggetto, 1 o 2 o 3, e scambiano gli altri due, le ultime due mandano ciascun oggetto nel successivo o nel precedente, e ovviamente l'ultimo nel primo, o il primo nell'ultimo).

La precedente rappresentazione è utile per calcolare la composizione e l'inversa di permutazioni $f \in S_n$. Ad esempio, in S_3 prendiamo le due permutazioni già considerate alla fine del precedente paragrafo: adesso possiamo esprimerle come

$$f = \begin{pmatrix} 1 & 2 & 3 \\ 2 & 1 & 3 \end{pmatrix}, \ g = \begin{pmatrix} 1 & 2 & 3 \\ 2 & 3 & 1 \end{pmatrix}.$$

Allora

$$g \circ f = \begin{pmatrix} 1 & 2 & 3 \\ 2 & 3 & 1 \end{pmatrix} \circ \begin{pmatrix} 1 & 2 & 3 \\ 2 & 1 & 3 \end{pmatrix} = \begin{pmatrix} 1 & 2 & 3 \\ 3 & 2 & 1 \end{pmatrix}$$

(infatti f, che è la permutazione scritta a destra ma è anche la prima che opera, trasforma ad esempio 1 in 2, dopo di che g – la permutazione a sinistra, la seconda che opera – trasforma 2 in 3, così alla fine $g(f(1)) = 3$; analogamente per 2 e 3).
Invece

$$f \circ g = \begin{pmatrix} 1\,2\,3 \\ 2\,1\,3 \end{pmatrix} \circ \begin{pmatrix} 1\,2\,3 \\ 2\,3\,1 \end{pmatrix} = \begin{pmatrix} 1\,2\,3 \\ 1\,3\,2 \end{pmatrix}.$$

In particolare si conferma che $f \circ g \neq g \circ f$ (e che quindi il gruppo S_3 non è abeliano). Si ha poi

$$f^{-1} = \begin{pmatrix} 2\,1\,3 \\ 1\,2\,3 \end{pmatrix} = \begin{pmatrix} 1\,2\,3 \\ 2\,1\,3 \end{pmatrix} = f,$$

$$g^{-1} = \begin{pmatrix} 2\,3\,1 \\ 1\,2\,3 \end{pmatrix} = \begin{pmatrix} 1\,2\,3 \\ 3\,1\,2 \end{pmatrix}.$$

Dunque per ricavare l'inversa di f si rovesciano le corrispondenti 2 righe e si riordinano poi le colonne; allo stesso modo si procede per g^{-1}.

Esercizio 5.2.2 In riferimento alla permutazione g appena introdotta, si provi che $g^{-1} = g^2$ (cioè $g^{-1} = g \circ g$).

Abbiamo osservato che S_3 non è abeliano. Allo stesso modo, per ogni $n \geq 3$, S_n non è abeliano: esistono dunque $f, g \in S_n$ tali che $f \circ g \neq g \circ f$. Il lettore provi a dimostrarlo per **esercizio** (*suggerimento*: l'argomento di S_3 si adatta facilmente a S_n per $n \geq 3$, si fissano 3 elementi 1, 2, 3 tra gli n disponibili 1,2, $\ldots, n$ e si definiscono f, g come per S_3, aggiungendo $f(4) = 4, \ldots, f(n) = n$ e $g(4) = 4, \ldots, g(n) = n$). Invece S_2 è abeliano, come è facile controllare.

Definizione 5.2.3 Due permutazioni $f, g \in S_n$ si dicono *disgiunte* se, per ogni $i = 1, 2, \ldots, n$, $f(i) = i$ oppure $g(i) = i$.

Così, per f, g disgiunte, gli elementi non fissati da f sono fissati da g. Ad esempio le seguenti permutazioni sono disgiunte

$$f = \begin{pmatrix} 1\,2\,3\,4 \\ 1\,3\,2\,4 \end{pmatrix}, \quad g = \begin{pmatrix} 1\,2\,3\,4 \\ 4\,2\,3\,1 \end{pmatrix},$$

perché g fissa gli elementi 2 e 3 su cui f non agisce identicamente.
Osserviamo anche:

Proposizione 5.2.4 *Se $f, g \in S_n$ sono disgiunte, allora $f \circ g = g \circ f$.*

Dimostrazione. Sia infatti $i = 1, \ldots, n$. Se $f(i) \neq i$, allora, siccome f è iniettiva, si ha anche $f^2(i) = f(f(i)) \neq f(i)$. Siccome g è disgiunta da f, deve essere $g(i) = i$ e $g(f(i)) = f(i)$. Segue che

$$(f \circ g)(i) = f(g(i)) = f(i) = g(f(i)) = (g \circ f)(i).$$

Se poi $f(i) = i$ ma $g(i) \neq i$, si procede allo stesso modo per provare $(f \circ g)(i) = (g \circ f)(i)$; se finalmente $f(i) = i = g(i)$, la stessa conclusione è banale. Dunque $(f \circ g)(i) = (g \circ f)(i)$ per ogni $i = 1, \ldots, n$, e $f \circ g = g \circ f$. $\qquad\square$

Definizione 5.2.5 Sia k un intero tale che $1 \leq k \leq n$. Una permutazione $f \in S_n$ si dice un *k-ciclo*, o *ciclo di lunghezza* k, se esistono $i_1, \ldots, i_k \in \{1, 2, \ldots, n\}$ tali che $i_1 \neq i_2 \neq \cdots \neq i_k$ e

- $f(i_1) = i_2, f(i_2) = i_3, \ldots, f(i_{k-1}) = i_k, f(i_k) = i_1$;
- per ogni $j = 1, \ldots, n$ diverso da $i_1, \ldots, i_k$, $f(j) = j$.

In altre parole, tra $1, 2, \ldots, n$ ci sono k elementi che si succedono in f, e l'ultimo di essi è trasformato da f nel primo; gli altri punti di $\{1, \ldots, n\}$ sono fissati da f. Nel seguito rappresenteremo un k-ciclo f come sopra nella forma $f = (i_1 \, i_2 \cdots i_k)$ proprio a sottolineare il suo modo di operare. Si noti che questa rappresentazione non è unica, perché si ha ovviamente

$$f = (i_2 \cdots i_k \, i_1) = (i_3 \cdots i_k \, i_1 \, i_2) = \cdots$$

Esempio 5.2.6 In S_3,

$$\begin{pmatrix} 1\,2\,3 \\ 2\,1\,3 \end{pmatrix} = (1\,2)$$

è un 2-ciclo, come anche

$$\begin{pmatrix} 1\,2\,3 \\ 3\,2\,1 \end{pmatrix} = (1\,3) \quad \text{e} \quad \begin{pmatrix} 1\,2\,3 \\ 1\,3\,2 \end{pmatrix} = (2\,3).$$

Invece

$$\begin{pmatrix} 1\,2\,3 \\ 2\,3\,1 \end{pmatrix} = (1\,2\,3)$$

è un 3-ciclo, come anche

$$\begin{pmatrix} 1\,2\,3 \\ 3\,1\,2 \end{pmatrix} = (1\,3\,2).$$

Osservazioni 5.2.7

1. L'unico 1-ciclo di S_n è l'identità. Nel seguito escluderemo questo caso: così *ciclo* significherà k-ciclo per qualche $k \geq 2$.

2. Un 2-ciclo f si chiama anche *scambio*: infatti ci sono due elementi $i_1 \neq i_2$ tali che $f(i_1) = i_2$, $f(i_2) = i_1$ (cioè f scambia i_1 ed i_2), mentre f opera identicamente sugli altri oggetti di $\{1, \ldots, n\}$. Tra l'altro si noti che l'inverso di uno scambio $(i_1 \, i_2)$ è lo scambio stesso (**esercizio:** perché?).

3. Siano $f, g \in S_n$ due cicli, $f = (i_1 \, i_2 \cdots i_k)$, $g = (j_1 \, j_2 \cdots j_h)$ per qualche scelta di $k, h \geq 2$. Allora

$$f \text{ e } g \text{ sono disgiunti}$$

se e solo se

$$\{i_1, \ldots, i_k\} \cap \{j_1, \ldots, j_h\} = \emptyset.$$

Infatti gli elementi non fissati da f sono $i_1, i_2 \ldots, i_k$ e quelli non fissati da g sono $j_1, j_2, \ldots, j_h$.

L'importanza dei cicli all'interno di S_n è mostrata dal seguente

Teorema 5.2.8 *Sia $f \in S_n$ non identica. Allora f si può esprimere come prodotto di cicli disgiunti in uno e un sol modo a meno dell'ordine dei fattori (si ricordi infatti che cicli disgiunti commutano).*

Dimostrazione. Sia $f \in S_n$, f non identica. Allora esiste $i = 1, \ldots, n$ per cui $f(i) \neq i$. Sia i minimo con questa proprietà, e formiamo la sequenza

$$\begin{aligned}
&i \; f(i) \; \cdots \\
&i \; f(i) \; f^2(i) \; \cdots \\
&i \; f(i) \; f^2(i) \; f^3(i) \cdots
\end{aligned}$$

fino a quando (entro n passi) non si trova una ripetizione $f^h(i) = f^k(i)$ per $0 \leq h < k \leq n$. Se $h > 0$, l'iniettività di f implica una ripetizione precedente $i = f^{k-h}(i)$. Così deve essere $h = 0$, $i = f^k(i)$. Si ottiene allora il ciclo

$$(i \; f(i) \; f^2(i) \; \cdots \; f^{k-1}(i)).$$

A questo punto, se f fissa tutti gli elementi $j \neq i, f(i), \ldots, f^{k-1}(i)$, f coincide col ciclo sopra costruito. Altrimenti si prende il minimo $j \neq i, f(i), \ldots, f^{k-1}(i)$ tale che $j \neq f(j)$, e si ripete il procedimento costruendo il ciclo che parte da j e che è ovviamente disgiunto da quello di i. Dopo un numero finito di passi, la costruzione si chiude, e fornisce la decomposizione desiderata per f. È anche ovvio che questa rappresentazione è unica a meno dell'ordine dei fattori. Infatti, se $f_1, f_2, \ldots, f_t$ sono cicli disgiunti,

$$f_1 \circ f_2 \circ \cdots \circ f_t = f_2 \circ f_1 \circ \cdots \circ f_t = f_t \circ f_1 \circ f_3 \circ \cdots \circ f_2 = \cdots$$

ma questo è l'unico motivo di confusione tra due rappresentazioni $\qquad\square$

Esempi 5.2.9

1. In S_3, i 2-cicli

$$(1\,2), (2\,3), (3\,1)$$

   e i 3-cicli

$$(1\,2\,3), (1\,3\,2)$$

   esauriscono (insieme all'identità) l'intero gruppo.

2. In S_8,

$$\begin{pmatrix} 1\,2\,3\,4\,5\,6\,7\,8 \\ 2\,3\,4\,7\,1\,5\,6\,8 \end{pmatrix} = (1\,2\,3\,4\,7\,6\,5),$$

$$\begin{pmatrix} 1\,2\,3\,4\,5\,6\,7\,8 \\ 8\,1\,2\,5\,7\,4\,6\,3 \end{pmatrix} = (1\,8\,3\,2) \circ (4\,5\,7\,6),$$

$$\begin{pmatrix} 1\,2\,3\,4\,5\,6\,7\,8 \\ 4\,5\,6\,1\,8\,7\,2\,3 \end{pmatrix} = (1\,4) \circ (2\,5\,8\,3\,6\,7).$$

Lemma 5.2.10 *Sia* $f = (i_1\, i_2 \cdots i_k)$ *un k-ciclo di* S_n *(con* $k \geq 2$*). Allora* f *è il prodotto di* $k - 1$ *scambi.*

Dimostrazione. Infatti si verifica facilmente che

$$(i_1\, i_2 \cdots i_k) = (i_1\, i_k) \circ (i_1\, i_{k-1}) \circ \cdots \circ (i_1\, i_3) \circ (i_1\, i_2). \qquad \square$$

Possiamo dedurre:

Teorema 5.2.11 *Ogni permutazione* f *di* S_n *è il prodotto di scambi.*

Dimostrazione. Se f è l'identità, $f = (i_1\, i_2) \circ (i_2\, i_1)$ per ogni scelta di $i_1 \neq i_2$ tra $1, \ldots, n$. Se f non è l'identità, per il Teorema 5.2.8 f è composizione di cicli, ciascuno dei quali per il Lemma 5.2.10 è prodotto di scambi. Così f è a sua volta prodotto di scambi. $\qquad \square$

Si noti che la decomposizione di f nel prodotto di scambi non è unica. Ad esempio in S_4

$$\begin{pmatrix} 1\,2\,3\,4 \\ 3\,4\,1\,2 \end{pmatrix} = (1\,3) \circ (2\,4) = (1\,4) \circ (1\,2) \circ (4\,3) \circ (1\,4).$$

Dunque si hanno almeno due rappresentazioni distinte, una con 2 scambi, l'altra con 4. Tuttavia, almeno in questo caso, è costante la parità del numero degli scambi occorrenti nelle decomposizioni. Questa proprietà vale anche in generale, come adesso mostriamo.

Teorema 5.2.12 *Sia* $f \in S_n$*. Allora il numero degli scambi che compaiono in una decomposizione di* f *nel prodotto di scambi è costantemente pari oppure costantemente dispari.*

f si dice *pari* nel primo caso, *dispari* nel secondo.

Ad esempio la permutazione appena considerata in S_4

$$\begin{pmatrix} 1\,2\,3\,4 \\ 3\,4\,1\,2 \end{pmatrix}$$

è pari perché prodotto di un numero pari (2, o 4) di scambi.

La dimostrazione del teorema appena enunciato è impegnativa. Iniziamo con alcune osservazioni.

Sia dunque $f \in S_n$. Siano poi $i, j = 1, \ldots, n$ con $i \neq j$, in particolare $i < j$. Si ha $f(i) \neq f(j)$ perché f è iniettiva, e poi

$$\frac{i-j}{f(i)-f(j)} = \begin{cases} > 0 \ \text{se} \ f(i) < f(j) \\ \\ < 0 \ \text{se} \ f(i) > f(j). \end{cases}$$

Notiamo che, siccome f è iniettiva, quando i varia tra $1, \ldots, n$, anche $f(i)$ descrive tutti i valori tra $1, \ldots, n$ (e lo stesso vale per j e $f(j)$). Quindi

$$\prod_{1 \leq i < j \leq n} \frac{i-j}{f(i)-f(j)} = \pm 1$$

perché i denominatori delle varie frazioni coinvolte riproducono complessivamente, magari in altro ordine e con segni cambiati, i numeratori. Ad esempio, per $n = 3$ e $f = (2\,3)$, il prodotto risultante è

$$\frac{1-2}{1-3} \cdot \frac{1-3}{1-2} \cdot \frac{2-3}{3-2} = -1.$$

Invece, per $g = (1\,2\,3)$, otteniamo

$$\frac{1-2}{2-3} \cdot \frac{1-3}{2-1} \cdot \frac{2-3}{3-1} = +1.$$

Si osservi anche che, per $i > j$,

$$\frac{i-j}{f(i)-f(j)} = \frac{j-i}{f(j)-f(i)}$$

e quindi

$$\prod_{1 \leq i < j \leq n} \frac{i-j}{f(i)-f(j)} = \prod_{1 \leq j < i \leq n} \frac{i-j}{f(i)-f(j)}$$

(si faccia attenzione agli indici dei due prodotti). Così la scelta di considerare coppie ordinate di elementi (i, j) con $1 \leq i, j \leq n$ e $i < j$ è solo dovuta alla necessità di mantenere un certo ordine ed evitare confusioni. Avremmo potuto indifferentemente considerare le coppie (i, j) con $i > j$, ottenendo il medesimo risultato, o anche talora coppie (i, j) con $i > j$ e tal'altra coppie (i, j) con $j > i$: basta che, una volta considerata la coppia (i, j), si eviti di coinvolgere anche (j, i). Manteniamo comunque l'opzione $i < j$ e associamo a $f \in S_n$

$$\varepsilon(f) = \prod_{1 \leq i < j \leq n} \frac{i-j}{f(i)-f(j)},$$

dunque un valore ± 1. $\varepsilon(f)$ si dice (per motivi ancora da chiarire) la *parità* di f. ε è quindi una funzione da S_n in $\{+1, -1\}$. Si noti che ε associa alla funzione identica il valore 1.

Adesso proviamo che la funzione ε preserva il prodotto.

Lemma 5.2.13 *Per ogni scelta di $f, g \in S_n$, $\varepsilon(f \circ g) = \varepsilon(f) \cdot \varepsilon(g)$.*

Dimostrazione. Si ha

$$\varepsilon(f \circ g) = \prod_{i<j} \frac{i-j}{(f\circ g)(i)-(f\circ g)(j)} = \prod_{i<j} \frac{i-j}{g(i)-g(j)} \cdot \frac{g(i)-g(j)}{(f\circ g)(i)-(f\circ g)(j)} =$$

$$= \prod_{i<j} \frac{i-j}{g(i)-g(j)} \cdot \prod_{i<j} \frac{g(i)-g(j)}{(f\circ g)(i)-(f\circ g)(j)}$$

dove il primo fattore

$$\prod_{i<j} \frac{i-j}{g(i)-g(j)}$$

coincide ovviamente con $\varepsilon(g)$; inoltre $g(1), \ldots, g(n)$ esauriscono tutto l'insieme $\{1, 2, \ldots, n\}$ e quindi, per le precedenti osservazioni il secondo fattore

$$\prod_{i<j} \frac{g(i)-g(j)}{(f \circ g)(i) - (f \circ g)(j)} = \prod_{i<j} \frac{g(i)-g(j)}{f(g(i))-f(g(j))}$$

coincide con $\varepsilon(f)$. In conclusione

$$\varepsilon(f \circ g) = \varepsilon(g) \cdot \varepsilon(f) = \varepsilon(f) \cdot \varepsilon(g).$$

$\square$

Mostriamo ora che gli scambi hanno tutti parità -1.

Lemma 5.2.14 *Se $f \in S_n$ è uno scambio, $\varepsilon(f) = -1$ (cioè f è dispari).*

Dimostrazione. Sia $f = (h\,k)$ con $h \neq k$, $h, k \in \{1, \ldots, n\}$. Siccome f è anche uguale a $(k\,h)$, possiamo assumere $h < k$. Per $i < j$, $i, j \in \{1, \ldots, n\}$, calcoliamo $\frac{i-j}{f(i)-f(j)}$. Ricordiamo che $f(h) = k$, $f(k) = h$, mentre f fissa ogni altro elemento tra $1, \ldots, n$.

- Caso 1: $i = h$, $j = k$. Allora

$$\frac{h-k}{f(h)-f(k)} = \frac{h-k}{k-h} = -1.$$

- Caso 2: $i, j \notin \{h, k\}$. Stavolta

$$\frac{i-j}{f(i)-f(j)} = \frac{i-j}{i-j} = 1.$$

- Caso 3: $i \notin \{h, k\}$, $j \in \{h, k\}$.
  Per $i < h$ (quindi $i < k$) e $j = h$,

$$\frac{i-h}{f(i)-f(h)} = \frac{i-h}{i-k} > 0;$$

per $i < h$ e $j = k$, si ottiene in modo analogo

$$\frac{i-k}{f(i)-f(k)} = \frac{i-k}{i-h} > 0.$$

Per $h < i < k$ (dunque $j = k$), $\frac{i-k}{i-h} < 0$.

Finalmente non può essere $i > k$ perché $k \geq j > i$.

Si noti che, in questo terzo caso, un risultato < 0 compare $k - h - 1$ volte (una volta per ogni valore di i tale che $h < i < k$).

- Caso 4: $i \in \{h, k\}$, $j \notin \{h, k\}$. Procedendo come nel caso 3, si vede che il segno negativo occorre $k - h - 1$ volte.

Complessivamente, allora, nel prodotto

$$\varepsilon(f) = \prod_{1 \leq i < j \leq n} \frac{i-j}{f(i)-f(j)}$$

un fattore negativo occorre $2 \cdot (k - h - 1) + 1$ volte, dunque un numero dispari di volte. Così $\varepsilon(f) = -1$. $\qquad\square$

Possiamo finalmente dimostrare il Teorema 5.2.12.

Dimostrazione del Teorema 5.2.12. Sia $f = s_1 \circ \cdots \circ s_k$ con $s_1, \ldots, s_k$ scambi. Allora

$$\varepsilon(f) = \prod_{i=1}^{k} \varepsilon(s_i) = \prod_{i=1}^{k} (-1) = (-1)^k.$$

Così $\varepsilon(f) = 1$ se e solo se k è pari. Ma $\varepsilon(f)$ non dipende dalla decomposizione $f = s_1 \circ \cdots \circ s_k$ considerata. Dunque, al variare della decomposizione, k resta sempre pari o sempre dispari. $\qquad\square$

Ripetiamo che le permutazioni pari sono quelle f per cui $\varepsilon(f) = +1$, le dispari quelle per cui $\varepsilon(f) = -1$. La proprietà giustifica il nome di *parità* assegnato a ε.

Corollario 5.2.15 *Sia $f \in S_n$ un k-ciclo (con $k \geq 2$). Allora f è pari se e solo se k è dispari.*

Dimostrazione. Sia $f = (i_1 \, i_2 \cdots i_k)$, si ricordi che possiamo anche scrivere $f = (i_1 \, i_k) \circ (i_1 \, i_{k-1}) \circ \cdots \circ (i_1 \, i_3) \circ (i_1 \, i_2)$, così f è il prodotto di $k - 1$ scambi e $\varepsilon(f) = (-1)^{k-1}$. La tesi è una semplice conseguenza. $\qquad\square$

Corollario 5.2.16 *Per ogni $f \in S_n$, $\varepsilon(f) = \varepsilon(f^{-1})$.*

Dimostrazione. Sia $f = s_1 \circ \cdots \circ s_k$, con $s_1, \ldots, s_k$ scambi. Allora $f^{-1} = (s_1 \circ \cdots \circ s_k)^{-1} = s_k^{-1} \circ \cdots \circ s_1^{-1}$; ma ogni scambio è l'inverso di se stesso, perciò $f^{-1} = s_k \circ \cdots \circ s_1$ si decompone nel prodotto di un numero di scambi uguale a quello di f. $\qquad\square$

Sia A_n l'insieme delle permutazioni pari di S_n.

Proposizione 5.2.17 *A_n è un gruppo rispetto alla composizione.*

Dimostrazione. A_n è sottoinsieme di S_n. Sappiamo allora che (come nel caso di $\mathbb{Z}$ e $2\mathbb{Z}$) ci basta verificare le condizioni di seguito riportate.

- Per ogni scelta di $f, g \in A_n$, anche $f \circ g \in A_n$: infatti $\varepsilon(f \circ g) = \varepsilon(f) \cdot \varepsilon(g) = 1 \cdot 1 = 1$.
- $id \in A_n$: infatti $\varepsilon(id) = 1$.
- Per ogni $f \in A_n$, anche $f^{-1} \in A_n$: infatti $\varepsilon(f^{-1}) = \varepsilon(f) = 1$.

$\square$

A_n viene chiamato *gruppo alterno* su n oggetti.

Osserviamo che

$$|A_n| = \frac{n!}{2}.$$

Infatti la funzione ε definisce la relazione di equivalenza che collega due permutazioni f, g se e solo se f, g hanno la stessa parità e che quindi suddivide S_n in due classi disgiunte, una composta dalle permutazioni pari (dunque coincidente con A_n), l'altra dalle permutazioni dispari. La composizione (a destra) di una qualsiasi permutazione pari per lo scambio $(1\,2)$ è una funzione di S_n in S_n, è iniettiva perché coincide con la sua inversa e trasforma l'una classe nell'altra. Così le due classi hanno lo stesso numero di elementi. Ricordando $|S_n| = n!$, deduciamo facilmente $|A_n| = \frac{n!}{2}$. Il seguito del capitolo ci fornirà un argomento assai più diretto per confermare questo risultato.

Esercizio 5.2.18 Fissiamo $i = 1, \dots, n$ e consideriamo

$$S = \{f \in S_n : f(i) = i\}.$$

Si provi che S è un gruppo rispetto alla composizione. Quanti elementi ha S?

5.3 Un assaggio di Teoria dei gruppi

Dopo aver fatto conoscenza con tanti esempi specifici di gruppi, iniziamo adesso uno studio teorico dei gruppi astratti $(G, \cdot)$. Prescindiamo cioè da casi particolari e ci basiamo semplicemente sulle tre condizioni (i), (ii), (iii) che definiscono $(G, \cdot)$, unite semmai alla proprietà (iv) che identifica i gruppi abeliani: traiamo le conseguenze di queste premesse teoriche. Vedremo che questo esame astratto, lungi dall'essere fine a se stesso, consente anzi significative applicazioni pratiche anche nei casi "concreti". Sia dunque $(G, \cdot)$ un gruppo (scritto in astratto con la notazione moltiplicativa, come prima spiegato).

1. Anzitutto, $G \neq \emptyset$ (dalla (ii)).

2. I pignoli potrebbero storcere il naso di fronte alle condizioni (ii) e (iii) della definizione di gruppo; infatti in (ii) si afferma l'esistenza di un elemento neutro e senza precisare in alcun modo quanti elementi neutri ci sono; eppure in (iii) si procede come se l'elemento neutro e fosse unico. Mostriamo che, in effetti, esiste un solo elemento neutro per G: se e, f sono due elementi neutri, applicando (ii) tanto a e quanto a f, si ottiene

$$f = e \cdot f = e.$$

Possiamo allora denotare l'unico elemento neutro di G con 1_G, in omaggio alla scelta moltiplicativa; nei casi particolari, l'elemento neutro potrà ben essere 0, o id_X, e via dicendo.

3. Per ogni $a \in G$, esiste un solo inverso di a in G: siano infatti b, c due inversi di G,
$$a \cdot b = b \cdot a = 1_G, \quad a \cdot c = c \cdot a = 1_G.$$

Allora, applicando (iii) tanto a b quanto a c, si ha

$$b = b \cdot 1_G = b \cdot (a \cdot c) = (b \cdot a) \cdot c = 1_G \cdot c = c.$$

Denotiamo con a^{-1} l'unico inverso di a in G (ancora seguendo la notazione moltiplicativa; ma si vedano gli esempi dei precedenti paragrafi per possibili variazioni sul tema).

4. Sia $a \in G$. Allora le funzioni di G in G che ad ogni $x \in G$ associano rispettivamente $a \cdot x$ e $x \cdot a$ (dunque le moltiplicazioni per a a sinistra, o a destra) sono biiezioni di G su G.
Infatti, fissato $b \in G$, l'unico $x \in G$ per cui $a \cdot x = b$ non può essere che

$$x = 1_G \cdot x = (a^{-1} \cdot a) \cdot x = a^{-1} \cdot (a \cdot x) = a^{-1} \cdot b$$

e, d'altra parte,

$$a \cdot (a^{-1} \cdot b) = (a \cdot a^{-1}) \cdot b = 1_G \cdot b = b.$$

Allo stesso modo si procede per la moltiplicazione a destra per a; per ogni $b \in G$, $x \cdot a = b$ se e solo se $x = b \cdot a^{-1}$. È da notare che, per G non abeliano, $a^{-1} \cdot b$ e $b \cdot a^{-1}$ possono essere diversi tra loro.
Possiamo riformulare 4 dicendo: per ogni scelta di $a, b \in G$, esistono un **unico** $x \in G$ tale che $a \cdot x = b$ $(x = a^{-1} \cdot b)$ e un **unico** $x' \in G$ tale che $x' \cdot a = b$ $(x' = b \cdot a^{-1})$. Da questo segue che, per ogni scelta di $a, x, y \in G$,
- se $a \cdot x = a \cdot y$, allora $x = y$,
- se $x \cdot a = y \cdot a$, allora $y = x$.

Queste proprietà si dicono *leggi di cancellazione* (sinistra e destra, rispettivamente) di G.

Vediamo alcune conseguenze di 4.

5. Sia $e \in G$. Ammettiamo che esista $a \in G$ tale che $a \cdot e = a$ (oppure $e \cdot a = a$). Allora $e = 1_G$.

   Infatti $a \cdot e = a = a \cdot 1_G$, dunque per la legge di cancellazione sinistra $e = 1_G$. Analogamente per $e \cdot a$. Si noti che la condizione "*esiste $a \in G$ tale che $a \cdot e = a$ (oppure $e \cdot a = a$)*" è apparentemente più debole di "*per ogni $a \in G$, $a \cdot e = e \cdot a = a$*".

6. Siano $a, b \in G$ tali che $a \cdot b = 1_G$ (oppure $b \cdot a = 1_G$). Allora $a = b^{-1}$ (e $b = a^{-1}$).

   Infatti $a \cdot b = 1_G = a \cdot a^{-1}$, dunque per la legge di cancellazione sinistra $b = a^{-1}$. Analogamente per $b \cdot a$. Si noti che, allora, $a \cdot b = 1_G$ implica $b \cdot a = 1_G$, e viceversa.

7. Per ogni $a \in G$, $\left(a^{-1}\right)^{-1} = a$. Infatti $a^{-1} \cdot a = 1_G$.

8. Per ogni $a, b \in G$, $(a \cdot b)^{-1} = b^{-1} \cdot a^{-1}$. Infatti $(a \cdot b) \cdot (b^{-1} \cdot a^{-1}) = (a \cdot (b \cdot b^{-1})) \cdot a^{-1} = (a \cdot 1_G) \cdot a^{-1} = a \cdot a^{-1} = 1_G$.

Si noti che, per G non abeliano, $b^{-1} \cdot a^{-1}$ può essere diverso da $a^{-1} \cdot b^{-1}$. Anzi, per ogni scelta di $a, b \in G$,

$(a \cdot b)^{-1} = a^{-1} \cdot b^{-1}$ se e solo se $(a \cdot b)^{-1} = (b \cdot a)^{-1}$ e dunque se e solo se $a \cdot b = b \cdot a$.

Si ha allora:

Corollario 5.3.1 *Un gruppo $(G, \cdot)$ è abeliano se e solo se, per ogni scelta di $a, b \in G$, $(a \cdot b)^{-1} = a^{-1} \cdot b^{-1}$.*

Osserviamo poi che, per $a, b, c \in G$, $a \cdot (b \cdot c)$ coincide con $(a \cdot b) \cdot c$ per (i), è dunque lecito scrivere, senza ambiguità, $a \cdot b \cdot c$ per indicare l'uno o l'altro di questi elementi. La conclusione si estende ovviamente al caso di quattro o ancor più fattori a, b, c, d e via dicendo.

Nell'esempio 7 del paragrafo 5, abbiamo mostrato come i numeri interi pari formino un gruppo $2\mathbb{Z}$ rispetto all'addizione (in realtà, lo stesso vale per l'insieme $m\mathbb{Z}$ dei multipli di m per ogni intero m): la relativa verifica si è avvantaggiata dell'osservazione che $2\mathbb{Z}$ è sottoinsieme del gruppo $(\mathbb{Z}, +)$, così certe proprietà già verificate per $(\mathbb{Z}, +)$ si sono trasferite automaticamente a $2\mathbb{Z}$, mentre altre hanno richiesto una verifica puntuale.

La stessa situazione si è riscontrata alla fine del paragrafo 5.2, in riferimento al gruppo alterno $(A_n, \circ)$; infatti A_n è sottoinsieme del gruppo simmetrico $(S_n, \circ)$ (si veda la Proposizione 5.2.17). Introduciamo allora in generale il seguente concetto.

Definizione 5.3.2 Sia $(G, \cdot)$ un gruppo. Si dice *sottogruppo* di G un sottoinsieme S di G che è un gruppo rispetto alla restrizione a S dell'operazione $\cdot$ di G.

Con $S \leq G$ intendiamo che S è un sottogruppo di G.

Esempi 5.3.3

1. Per ogni intero m, $m\mathbb{Z}$ forma un sottogruppo di $(\mathbb{Z}, +)$.
2. Per ogni intero $n \geq 2$, A_n è sottogruppo di $(S_n, \circ)$.

I due esempi ci suggeriscono il seguente criterio per controllare se un sottoinsieme di un gruppo è un sottogruppo.

Teorema 5.3.4 *Siano* $(G, \cdot)$ *un gruppo,* $S \subseteq G$. *Allora* $S \leq G$ *se e solo se valgono le seguenti condizioni:*

(1) per ogni scelta di $a, b \in S$, $a \cdot b \in S$,
(2) $1_G \in S$,
(3) per ogni $a \in S$, $a^{-1} \in S$.

Dimostrazione. Sia dapprima $S \leq G$. Allora S è un gruppo rispetto alla restrizione a S dell'operazione $\cdot$ di G, in particolare questa restrizione è un'operazione binaria su S: un modo involuto per esprimere *(1)*.
Inoltre S ha un suo elemento neutro 1_S; ma in G $1_S \cdot 1_G = 1_S = 1_S \cdot 1_S$; così $1_G = 1_S$, e $1_G \in S$, dunque vale *(2)*.
Finalmente, per ogni $a \in S$, a ha un suo inverso b in S; ma in G $a \cdot b = 1_S = 1_G = a \cdot a^{-1}$; così $b = a^{-1}$, e $a^{-1} \in S$: vale *(3)*.

Viceversa assumiamo *(1)*, *(2)*, *(3)*. *(1)* ci dice che la restrizione di $\cdot$ a S è una operazione binaria su S. Vogliamo provare che S è un gruppo rispetto a questa restrizione. In riferimento alla definizione di gruppo, (i) è chiara: vale per ogni scelta di $a, b, c \in G$, quindi anche per $a, b, c \in S$. Da *(2)*, $1_G \in S$, e chiaramente soddisfa $a \cdot 1_G = 1_G \cdot a = a$ per ogni $a \in S$. Finalmente, da *(3)*, per ogni $a \in S$, anche $a^{-1} \in S$ (e certamente soddisfa $a^{-1} \cdot a = a \cdot a^{-1} = 1_G$). Così $S \leq G$. $\square$

Un altro criterio per stabilire se $S \subseteq G$ è sottogruppo di G è il seguente.

Teorema 5.3.5 *Siano* $(G, \cdot)$ *un gruppo,* $S \subseteq G$. *Allora* $S \leq G$ *se e solo se* $S \neq \emptyset$ *e, per ogni scelta di* $a, b \in S$, $a \cdot b^{-1} \in S$.

Dimostrazione. Sia $S \leq G$, allora S soddisfa le condizioni *(1)*, *(2)*, *(3)* del criterio precedente. Da *(2)*, $S \neq \emptyset$. Se poi $a, b \in S$, *(3)* assicura $b^{-1} \in S$ e quindi *(1)* garantisce $a \cdot b^{-1} \in S$.

Viceversa assumiamo che $S \neq \emptyset$ e, per ogni scelta di $a, b \in S$, $a \cdot b^{-1} \in S$. Vogliamo provare $S \leq G$, e dunque che S soddisfa *(1)*, *(2)*, *(3)*. Cominciamo da *(2)*: siccome $S \neq \emptyset$, esiste $s \in S$. Ma allora $s \cdot s^{-1} \in S$, cioè $1_G \in S$ (applicando l'ipotesi alla coppia costituita da s e ancora da s).
Proviamo adesso *(3)*: per $a \in S$, si ha $1_G, a \in S$, dunque $1_G \cdot a^{-1} \in S$, cioè $a^{-1} \in S$ (si applica l'ipotesi a $1_G, a$).
Terminiamo con *(1)*: siano $a, b \in S$; da *(3)*, $b^{-1} \in S$; dall'ipotesi (applicata a a, b^{-1}) si ha $a \cdot b = a \cdot (b^{-1})^{-1} \in S$. $\square$

Esempi 5.3.6

1. $S = \{-1, +1\}$ è un sottogruppo di $(\mathbb{R}^\star, \cdot)$. Possiamo verificarlo adoperando il Teorema 5.3.4. Infatti S contiene l'unità 1 ed è chiuso rispetto sia al prodotto che all'inverso:

$$1 \cdot 1 = (-1) \cdot (-1) = 1, \quad (-1) \cdot 1 = 1 \cdot (-1) = -1,$$

$$1^{-1} = 1, \quad (-1)^{-1} = -1.$$

2. Anche l'insieme $\mathbb{R}^{>0}$ dei reali positivi è un sottogruppo di $(\mathbb{R}^\star, \cdot)$. Ci basta osservare che $\mathbb{R}^{>0}$ non è vuoto e, se a, b sono reali positivi, anche $a \cdot b^{-1}$ lo è: possiamo quindi applicare il Teorema 5.3.5.
3. Per ogni gruppo G, $\{1_G\}$ e G sono sottogruppi di G. In particolare, per $\{1_G\}$, basta notare che $1_G \cdot 1_G = 1_G$ e $1_G^{-1} = 1_G$. Il caso di G è, invece, banalissimo.

Esercizio 5.3.7 Siano $(G, \cdot)$ un gruppo abeliano, $S \leq G$. Si provi che anche S è abeliano.

Sia ora a un elemento arbitrario del gruppo moltiplicativo $(G, \cdot)$. Per ogni intero n, definiamo la *potenza* a^n di a come segue:

- se $n > 0$, $a^n = \underbrace{a \cdot a \cdots a}_{n \text{ volte}}$ è il prodotto di n fattori uguali ad a; usando il principio di induzione possiamo equivalentemente definire $a^1 = a$ e, per ogni $n > 0$, $a^{n+1} = a^n \cdot a$;
- se $n = 0$, poniamo $a^0 = 1_G$;
- sia ora $n < 0$; per $n = -1$, già abbiamo concordato che a^{-1} indica l'inverso di a; più in generale, per $n < 0$, notiamo che $-n > 0$, dunque già sappiamo cosa significa $(a^{-1})^{-n}$; poniamo, appunto, $a^n = (a^{-1})^{-n}$. Ad esempio $a^{-2} = (a^{-1})^2$, $a^{-3} = (a^{-1})^3$, e così via.

È chiaro che questa definizione va adattata, caso per caso, alla specifica operazione di G. Ad esempio vale la pena di illustrare che cosa accade per un gruppo **additivo** $(G, +)$. Anzitutto, per $a \in G$, $n \in \mathbb{Z}$, si parla di *multiplo* $n \cdot a$ di a (anziché di potenza); si pone poi:

- se $n > 0$, $n \cdot a = \underbrace{a + a + \cdots + a}_{n \text{ volte}}$;
- se $n = 0$, $0 \cdot a =$ elemento neutro di G;
- se $n < 0$, cioè $-n > 0$, $n \cdot a = (-n) \cdot (-a)$ (dove $-a$ indica l'opposto di a).

Ritornando alla notazione generale (moltiplicativa), affermiamo che valgono le seguenti proprietà (la cui verifica è lasciata ai lettori volenterosi).

Esercizio 5.3.8 Siano G un gruppo moltiplicativo, $a, b \in G$, $m, n \in \mathbb{Z}$. Allora

1. $a^m \cdot a^n = a^{m+n}$;
2. $(a^m)^n = a^{m \cdot n}$ (in particolare $(a^m)^{-1} = a^{-m}$);
3. se $a \cdot b = b \cdot a$, $(a \cdot b)^n = a^n \cdot b^n$.

(Si noti che, per G additivo, le precedenti uguaglianze diventano:

1. $m \cdot a + n \cdot a = (m + n) \cdot a$;
2. $n \cdot (m \cdot a) = (n \cdot m) \cdot a$;
3. se $a + b = b + a$, allora $n \cdot (a + b) = n \cdot a + n \cdot b$).

Si osservi che, per $a \cdot b \neq b \cdot a$, non c'è sicurezza che $(a \cdot b)^n = a^n \cdot b^n$ quando $n \geq 2$. Ad esempio $(a \cdot b)^2 = a^2 \cdot b^2$ significa $a \cdot b \cdot a \cdot b = a \cdot a \cdot b \cdot b$ e quindi, con le leggi di cancellazione, equivale proprio a $a \cdot b = b \cdot a$.

Adesso consideriamo, per $a \in G$, l'insieme di tutte le potenze di a in G. Lo indichiamo con $\langle a \rangle$, dunque $\langle a \rangle = \{a^n : n \in \mathbb{Z}\}$; per esteso

$$\langle a \rangle = \{\ldots, a^{-3}, a^{-2}, a^{-1}, 1_G, a, a^2, a^3, \ldots\}.$$

Osservazione 5.3.9 Per $a \in G$, $\langle a \rangle \leq G$. Infatti:

(i) per ogni scelta di $m, n \in \mathbb{Z}$, dal precedente esercizio segue che $a^m \cdot a^n = a^{m+n} \in \langle a \rangle$;

(ii) $1_G = a^0 \in \langle a \rangle$;

(iii) per ogni $n \in \mathbb{Z}$, $(a^n)^{-1}$ coincide con a^{-n} (dalla 2 dell'esercizio precedente), dunque sta in $\langle a \rangle$.

Vogliamo adesso capire la struttura di $\langle a \rangle$. Distinguiamo allora due casi.
Primo caso: per ogni scelta di $m, n \in \mathbb{Z}$, con $m \neq n$, $a^m \neq a^n$. Si noti che, allora, $\langle a \rangle$ "assomiglia" a $(\mathbb{Z}, +)$ ed è comunque infinito.
Secondo caso: esistono $m, n \in \mathbb{Z}$ tali che $m \neq n$ e $a^m = a^n$. Supponiamo allora, per fissare le idee, $m > n$, e notiamo che moltiplicando a destra per a^{-n} i due membri dell'uguaglianza $a^m = a^n$ si deduce

$$a^{m-n} = 1_G.$$

Esiste quindi un intero positivo $p = m - n$ tale che $a^p = 1_G$. Sia p il minimo intero positivo con questa proprietà. Per ogni intero h, poniamo $h = p \cdot q + r$ per opportuni $q, r \in \mathbb{Z}, 0 \leq r < p$. Allora

$$a^h = a^{p \cdot q + r} = (a^p)^q \cdot a^r = 1_G^q \cdot a^r = a^r,$$

così a^h coincide con a^r per qualche $r = 0, 1, \ldots, p-1$. D'altra parte, se $r, s \in \mathbb{Z}$ e $0 \leq r < s < p$, allora $a^r \neq a^s$. Altrimenti si avrebbe $a^{s-r} = 1_G$ dove $0 < s - r < p$, contraddicendo così la scelta di p. Segue che

$$\langle a \rangle = \{1_G, a, a^2, a^3, \ldots, a^{p-1}\}.$$

Si noti che $\langle a \rangle$ ha allora p elementi, e "assomiglia" a $(\mathbb{Z}_p, +)$.
Renderemo più precisa nel seguito del capitolo questa vaga nozione di "somiglianza".

Definizione 5.3.10 Sia $a \in G$. Si chiama *ordine* di a, e si denota $o(a)$, il numero degli elementi di $\langle a \rangle$, e cioè delle potenze distinte di a.

Così, nel primo caso sopra discusso, $o(a)$ è infinito; nel secondo caso, $o(a) = p$ è il minimo intero positivo p tale che $a^p = 1_G$. In particolare $o(1_G) = 1$, e 1_G è l'unico elemento di ordine 1 in G.

Teorema 5.3.11 *Siano* $(G, \cdot)$ *un gruppo* **finito**, $S \subseteq G$. *Allora* $S \leq G$ *se e solo se*

- *per ogni scelta di* $a, b \in S$, $a \cdot b \in S$,
- $1_G \in S$.

Dimostrazione. In altre parole, per G finito, la condizione *(3)* del Teorema 5.3.4 diventa superflua e *(1)* e *(2)* bastano a identificare un sottogruppo. Infatti si prova che, se valgono *(1)*, *(2)*, allora segue anche

(3) per ogni $a \in S$, $a^{-1} \in S$.

Infatti $\langle a \rangle$ è finito perché G è finito; così l'ordine p di a è finito; ma per $a^p = 1_G$ si ha $a^{-1} = 1_G \cdot a^{-1} = a^p \cdot a^{-1} = a^{p-1}$, e $a^{p-1} \in S$ per *(1)*. $\quad\square$

Definizione 5.3.12 Un gruppo $(G, \cdot)$ si dice *ciclico* se esiste $a \in G$ tale che $G = \langle a \rangle$ (ovvero, per ogni $b \in G$, esiste $m \in \mathbb{Z}$ per cui $b = a^m$). Allora si dice anche che a *genera* $(G, \cdot)$.

Così un gruppo ciclico è costituito esattamente dalle potenze di un suo elemento opportuno a.
Vale però la pena di ricordare ancora che, quando trattiamo un gruppo additivo $(G, +)$ e un elemento $a \in G$, $\langle a \rangle$ consiste dei multipli di a

$$\langle a \rangle = \{m \cdot a : m \in \mathbb{Z}\} = \{\ldots, -2a, -a, 0, a, 2a, \ldots\}.$$

Così in questo caso $(G, +)$ è ciclico se e solo se G coincide con l'insieme dei multipli $m \cdot a$ (m intero) di un qualche elemento a.

Esempi 5.3.13

1. $(\mathbb{Z}, +)$ è ciclico, infatti $\mathbb{Z} = \langle 1 \rangle = \{m \cdot 1 : m \in \mathbb{Z}\}$. Alternativamente $\mathbb{Z} = \langle -1 \rangle$. Invece per $q \in \mathbb{Z}$, $q \neq \pm 1$, $\langle q \rangle = \{m \cdot q : m \in \mathbb{Z}\} = q\mathbb{Z}$; è diverso da $\mathbb{Z}$, ma costituisce sempre un sottogruppo di $(\mathbb{Z}, +)$.

2. Per ogni $q \in \mathbb{Z}$, $q > 0$, $(\mathbb{Z}_q, +)$ è ciclico. Infatti $\mathbb{Z}_q$ coincide con l'insieme dei multipli della classe 1_q di 1 modulo q, $\mathbb{Z}_q = \langle 1_q \rangle$. In generale, per ogni $a \in \mathbb{Z}$,

$$\mathbb{Z}_q = \langle a_q \rangle \text{ se e solo se } (a, q) = 1.$$

Infatti vale $\mathbb{Z}_q = \langle a_q \rangle$ se e solo se $1_q = m \cdot a_q$ per qualche intero m; è facile verificare che $m \cdot a_q = m_q \cdot a_q = (m \cdot a)_q$. Allora $\mathbb{Z}_q = \langle a_q \rangle$ se e solo se $1 \equiv m \cdot a \, (mod \, q)$ per qualche intero m, e dunque se e solo se esistono $m, n \in \mathbb{Z}$ tali che $1 = m \cdot a + n \cdot q$. Ma sappiamo che quest'ultima affermazione equivale a dire $(a, q) = 1$.

Ad esempio, per $q = 8$, $(\mathbb{Z}_8, +)$ è generato da 1_8, 3_8, 5_8, 7_8.

3. Nel gruppo $(\mathbb{R}^\star, \cdot)$ il sottogruppo $S = \{-1, +1\}$ è ciclico. Chi lo genera è -1, infatti $(-1)^2 = 1$. Così $S = \{(-1)^0, (-1)^1\}$. Dunque S "assomiglia" a $(\mathbb{Z}_2, +)$. Invece $\mathbb{R}^{>0}$ non è ciclico (perché?).

4. Nel gruppo moltiplicativo $(\mathbb{C}^\star, \cdot)$ dei complessi non nulli, i genera un sottogruppo di 4 elementi $\langle i \rangle = \{\pm 1, \pm i\}$; infatti

$$i^1 = i, \ i^2 = -1, \ i^3 = -i, \ i^4 = 1 = i^0.$$

Così $\langle i \rangle = \{i^0, i^1, i^2, i^3\}$. L'altro possibile generatore di questo gruppo è $-i$. Si noti una qualche "somiglianza" con $(\mathbb{Z}_4, +)$. Notiamo che $\pm i, \pm 1$ costituiscono le 4 radici quarte dell'unità in $\mathbb{C}$ (cioè le soluzioni di $x^4 = 1$ in $\mathbb{C}$).

5. Sappiamo che, più in generale, $\mathbb{C}$ contiene per ogni $n \geq 1$ esattamente n radici n-me di 1. Per la precisione, se poniamo

$$\zeta_n = cos \frac{2\pi}{n} + sen \frac{2\pi}{n} i,$$

allora le radici n-me di 1 in $\mathbb{C}$ sono $1, \zeta_n, \zeta_n^2, \zeta_n^3, \ldots, \zeta_n^{n-1}$. Inoltre $\zeta_n^n = 1$. Così le n radici n-me di 1 in $\mathbb{C}$ formano un sottogruppo ciclico $\mathbb{C}_n$ del gruppo moltiplicativo $(\mathbb{C}^\star, \cdot)$ dei complessi non nulli. Una radice n-ma di 1 in $\mathbb{C}$ si dice *primitiva* se genera $\mathbb{C}_n$. Ad esempio, le radici primitive quarte di 1 in $\mathbb{C}$ sono i e $-i$, mentre 1 e -1 sono radici quarte ma non sono primitive. In generale dall'analisi dei gruppi ciclici svolta in precedenza si deduce che una radice n-ma di 1 in $\mathbb{C}$ è primitiva se e solo se ha la forma ζ_n^m con m naturale $< n$, m primo con n. Si noti poi la "somiglianza" tra $(\mathbb{C}_n, \cdot)$ e $(\mathbb{Z}_n, +)$.

Esercizio 5.3.14 Siano n, m interi, m multiplo di n. Si provi che $\mathbb{C}_n$ è sottogruppo di $\mathbb{C}_m$.

Proposizione 5.3.15 *Un gruppo ciclico è abeliano.*

Dimostrazione. Sia $G = \langle a \rangle$. Per $m, n \in \mathbb{Z}$, si ha allora

$$a^m \cdot a^n = a^{m+n} = a^{n+m} = a^n \cdot a^m.$$

Dunque G è abeliano. $\qquad\qquad\qquad\qquad\qquad\qquad\qquad\qquad\qquad\qquad\qquad\square$

Teorema 5.3.16 *Siano* $(G, \cdot)$ *un gruppo ciclico,* S *un sottogruppo di* G. *Allora anche* S *è ciclico.*

Dimostrazione. Se $S = \{1_G\}$, S è ciclico perché $S = \langle 1_G \rangle$. Sia allora $S \neq \{1_G\}$; se a denota un generatore di G, esiste un intero $n \neq 0$ tale che $a^n \in S$. Ma in tal caso anche $a^{-n} = (a^n)^{-1}$ è in S, e dunque possiamo assumere $n > 0$. Esiste allora un minimo intero positivo p tale che $a^p \in S$. Proviamo che, per ogni $m \in \mathbb{Z}$,

$$a^m \in S \text{ se e solo se } p \text{ divide } m.$$

(Allora gli elementi di S sono tutti e soli quelli della forma $a^{p \cdot q} = (a^p)^q$ per $q \in \mathbb{Z}$, e dunque S è ciclico, generato da a^p).

Se p divide m, cioè $m = p \cdot q$ per qualche $q \in \mathbb{Z}$, è chiaro che $a^m = a^{p \cdot q} = (a^p)^q$ è in S, perché in S c'è a^p. Viceversa sia $a^m \in S$. Dividiamo m per p, $m = p \cdot q + r$ con $q, r \in \mathbb{Z}, 0 \leq r < p$. Segue

$$a^m = a^{p \cdot q + r} = (a^p)^q \cdot a^r$$

da cui

$$a^r = (a^p)^{-q} \cdot a^m \in S.$$

Ma $0 \leq r < p$ e p è il minimo intero positivo per cui $a^p \in S$. Allora deve essere $r = 0$, cioè $m = p \cdot q$. $\qquad\square$

Osservazione 5.3.17 Si è già notato che tra i sottogruppi di $(\mathbb{Z}, +)$ ci sono quelli della forma $q\mathbb{Z}$ con $q \in \mathbb{Z}$. Inoltre vale ovviamente $q\mathbb{Z} = (-q)\mathbb{Z}$, per ogni $q \in \mathbb{Z}$. Inoltre $q\mathbb{Z} = \langle q \rangle$. D'altra parte $(\mathbb{Z}, +)$ è ciclico, dunque tutti i suoi sottogruppi sono ciclici. Segue che i sottogruppi di $(\mathbb{Z}, +)$ sono *esattamente* quelli della forma $q\mathbb{Z}$ con $q \in \mathbb{Z}, q \geq 0$.

Per concludere il paragrafo, proponiamo la seguente proposizione, che non riguarda più soltanto i gruppi ciclici.

Proposizione 5.3.18 *Sia* $(G, \cdot)$ *un gruppo. Supponiamo che ogni elemento* a *di* G *soddisfi* $a^2 = 1_G$ *(in altre parole, che ogni elemento* $a \neq 1_G$ *di* G *abbia ordine 2). Allora* G *è abeliano.*

Dimostrazione. Siano $a, b \in G$. Allora $(a \cdot b)^2 = 1_G = 1_G \cdot 1_G = a^2 \cdot b^2$, e da questo segue, come già sappiamo, che $b \cdot a = a \cdot b$. $\qquad\square$

5.4 Ancora gruppi

Prima di addentrarci in nuovi sviluppi teorici, conviene che definiamo e prendiamo confidenza con altri esempi di gruppi. Ci riferiamo in particolare a certi sottogruppi dei gruppi simmetrici S_n $(n \geq 3)$ che prendono il nome di *gruppi diedrali*. Per introdurli, consideriamo un poligono regolare di n lati e concordiamo di indicarne i vertici consecutivi in senso orario con $1, 2, \ldots, n$.

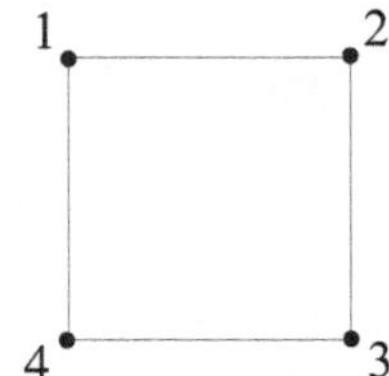

Figura 5.1. Caso $n = 4$

Consideriamo poi le permutazioni di S_n che trasformano in sè il poligono. È facile osservare che l'insieme di queste permutazioni

- contiene l'identità *id*,
- è chiuso per composizione (ed inverso).

Forma così un sottogruppo D_n di S_n che si chiama, appunto, *gruppo diedrale di grado n*, e costituisce essenzialmente il gruppo dei movimenti rigidi del piano che lasciano fisso il poligono regolare di n lati. Notiamo che possono esistere permutazioni di S_n che non hanno questa proprietà. Ad esempio, per $n = 4$, la permutazione $(1\,2)$ non è in D_4, non è capace infatti di trasformare il quadrato in sé.

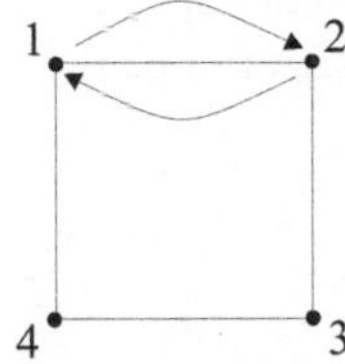

Figura 5.2. Caso $n = 4$

Più in generale vedremo che, per $n \geq 4$, D_n è contenuto propriamente in S_n. Esamianiamo allora la specifica struttura di D_n per $n \geq 3$.

(1) Sia α_n la permutazione di S_n definita ponendo

$$\alpha_n = \begin{pmatrix} 1\,2 \cdots n-1\,\,n \\ 2\,3 \cdots \,\,\,\,n\,\,\,\,\,1 \end{pmatrix} = (1\,2\,3 \cdots n).$$

Allora $\alpha_n \in D_n$ perché α_n corrisponde alla rotazione di $\frac{2\pi}{n}$ in senso orario rispetto al centro di simmetria del poligono regolare.

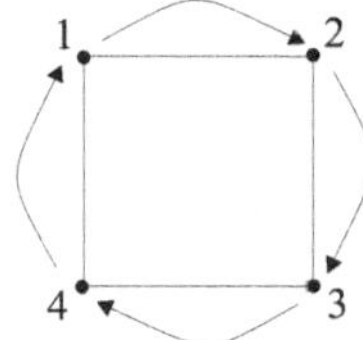

Figura 5.3. Caso $n = 4$

Di conseguenza, sono in D_n le permutazioni (distinte)

$$id, \alpha_n, \alpha_n^2, \ldots, \alpha_n^{n-1} :$$

per ogni $h < n$, α_n^h è la rotazione di $\frac{2\pi h}{n}$ in senso orario rispetto al centro. Si noti che $\alpha_n^n = id$; inoltre, se f indica una qualunque delle permutazioni $id, \alpha_n, \alpha_n^2, \ldots, \alpha_n^{n-1}$, allora per ogni scelta di vertici $i, j = 1, \ldots, n$, se i precede immediatamente j in senso orario, anche $f(i)$ precede immediatamente $f(j)$ in senso orario.

(2) Sia β_n la permutazione di S_n definita ponendo

$$\beta_n = \begin{pmatrix} 1 \, 2 & 3 & \cdots n-1 & n \\ 1 \, n & n-1 \cdots & 3 & 2 \end{pmatrix} = (2 \; n) \circ (3 \; n-1) \circ \cdots \circ (n-1 \; 3) \circ (n \; 2).$$

Allora $\beta_n \in D_n$ perché β_n corrisponde alla rotazione di π del poligono regolare rispetto all'asse passante per il centro del poligono e per il vertice 1. In particolare $\beta_n^2 = id$.

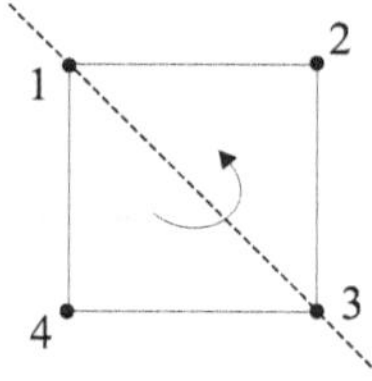

Figura 5.4. Caso $n = 4$

Così sono in D_n anche le permutazioni

$$\beta_n, \alpha_n \circ \beta_n, \alpha_n^2 \circ \beta_n, \ldots, \alpha_n^{n-1} \circ \beta_n.$$

Esse sono a due a due distinte per la legge di cancellazione: se $\alpha_n^h \circ \beta_n = \alpha_n^k \circ \beta_n$ per $0 \le h, k < n$, allora $\alpha_n^h = \alpha_n^k$, dunque $h = k$.
Si può verificare che

$$\beta_n, \alpha_n \circ \beta_n, \alpha_n^2 \circ \beta_n, \ldots, \alpha_n^{n-1} \circ \beta_n$$

esauriscono le rotazioni del poligono regolare intorno ai suoi assi. In particolare, per ogni $f = \beta_n, \alpha_n \circ \beta_n, \alpha_n^2 \circ \beta_n, \ldots, \alpha_n^{n-1} \circ \beta_n$, esistono due vertici $i, j = 1, \ldots, n$ tali che i precede immediatamente j in senso orario, ma $f(i)$ segue immediatamente $f(j)$ in senso orario. Così queste permutazioni sono diverse dalle precedenti $id, \alpha_n, \alpha_n^2, \ldots, \alpha_n^{n-1}$.

Proposizione 5.4.1 $|D_n| = 2n$.

Dimostrazione. Abbiamo appena visto che D_n ha almeno $2n$ elementi. Mostriamo che D_n ha proprio $2n$ elementi. Infatti sia $f \in D_n$. Allora

- $f(1)$ può assumere n valori distinti $1, 2, \ldots, n$;
- $f(2)$ deve seguire o precedere (immediatamente) $f(1)$ in senso orario, così $f(2)$ ha solo due possibili valori;
- $f(3), \ldots, f(n)$ sono univocamente definiti da $f(1), f(2)$ perché li devono seguire ordinatamente in senso orario o antiorario.

Segue $|D_n| \leq 2n$. In conclusione $|D_n| = 2n$. $\qquad\square$

Corollario 5.4.2 *Per $n \geq 3$, $D_n = S_n$ se e solo se $n = 3$.*

Dimostrazione. $n! = 2n$ se e solo se $n = 3$. $\qquad\square$

Esercizio 5.4.3 Si verifichi in dettaglio che tutte le permutazioni di S_3 determinano movimenti rigidi che lasciano fisso il triangolo equilatero.

Abbiamo così provato che

$$D_n = \{id, \alpha_n, \alpha_n^2, \ldots, \alpha_n^{n-1}, \beta_n, \alpha_n \circ \beta_n, \alpha_n^2 \circ \beta_n, \ldots, \alpha_n^{n-1} \circ \beta_n\}.$$

Ovviamente D_n non è ciclico. Gli elementi di D_n si ottengono comunque moltiplicando opportunamente α_n, β_n. In effetti, per completare l'esame della struttura di D_n come gruppo, dobbiamo chiarire come opera la composizione in D_n. Ad esempio, tra gli elementi di D_n c'è anche il prodotto $\beta_n \circ \alpha_n \circ \beta_n^{-1} \circ \alpha_n^2 \circ \beta_n \circ \alpha_n^{-1} \circ \beta_n$. Ci chiediamo con quale tra

$$id, \alpha_n, \alpha_n^2, \ldots, \alpha_n^{n-1}, \beta_n, \alpha \circ \beta_n, \ldots, \alpha_n^{-1} \circ \beta_n$$

esso coincide.

Per chiarire questo genere di problemi ci basta fare riferimento alle seguenti uguaglianze valide in D_n:

(1) $\alpha_n^n = id$;
(2) $\beta_n^2 = id$ (dunque $\beta_n^{-1} = \beta_n$);
(3) $\beta_n \circ \alpha_n = \alpha_n^{n-1} \circ \beta_n$.

Le prime due uguaglianze sono ovvie. La terza si verifica direttamente, infatti:

$$\beta_n \circ \alpha_n = \begin{pmatrix} 1\,2 & 3 & \cdots & n-1 & n \\ 1\,n & n-1 & \cdots & 3 & 2 \end{pmatrix} \circ \begin{pmatrix} 1\,2\,3 & \cdots & n-1 & n \\ 2\,3\,4 & \cdots & n & 1 \end{pmatrix} =$$

$$= \begin{pmatrix} 1 & 2 & 3 & \cdots & n-1 & n \\ n & n-1 & n-2 & \cdots & 2 & 1 \end{pmatrix},$$

$$\alpha_n^{n-1} \circ \beta_n = \begin{pmatrix} 1\,2\,3 & \cdots & n-1 & n \\ n\,1\,2 & \cdots & n-2 & n-1 \end{pmatrix} \circ \begin{pmatrix} 1 & 2 & 3 & \cdots & n-1 & n \\ 1 & n & n-1 & \cdots & 3 & 2 \end{pmatrix} =$$

$$= \begin{pmatrix} 1 & 2 & 3 & \cdots & n-1 & n \\ n & n-1 & n-2 & \cdots & 2 & 1 \end{pmatrix}.$$

Sulla base di (1), (2), (3) si calcola facilmente che, ad esempio,

$$\beta_n \circ \alpha_n \circ \beta_n^{-1} \circ \alpha_n^2 \circ \beta_n \circ \alpha_n^{-1} \circ \beta_n = \beta_n \circ \alpha_n \circ \beta_n \circ \alpha_n^2 \circ \beta_n \circ \alpha_n^{n-1} \circ \beta_n =$$

$$= \alpha_n^{n-1} \circ \beta_n^2 \circ \alpha_n^2 \circ \beta_n^2 \circ \alpha_n = \alpha_n^{n-1} \circ \alpha_n^2 \circ \alpha_n = \alpha_n^{n+2} = \alpha_n^2.$$

In generale (3) implica

$$\beta_n \circ \alpha_n^h = \alpha_n^{n-h} \circ \beta_n \quad \text{per ogni } h = 1, \ldots, n-1.$$

In conclusione, D_n è il gruppo composto dai $2n$ elementi

$$id, \; \alpha_n, \; \alpha_n^2, \; \ldots, \; \alpha_n^{n-1}, \; \beta_n, \; \alpha \circ \beta_n, \; \ldots, \; \alpha_n^{n-1} \circ \beta_n$$

generati da α_n, β_n. Inoltre ogni moltiplicazione in D_n si può calcolare tenendo conto che

(1) $\alpha_n^n = id$,
(2) $\beta_n^2 = id$,
(3) $\beta_n \circ \alpha_n = \alpha_n^{n-1} \circ \beta_n$.

Il caso particolare $n = 4$. Il gruppo D_4 è formato da $2 \cdot 4 = 8$ permutazioni, per la precisione dalle 4 potenze distinte di $\alpha_4 = (1\,2\,3\,4)$

$$id, \quad \alpha_4 = (1\,2\,3\,4), \quad \alpha_4^2 = (1\,3) \circ (2\,4), \quad \alpha_4^3 = (1\,4\,3\,2)$$

e dei loro prodotti con $\beta_4 = (2\,4)$

$$\beta_4 = (2\,4), \quad \alpha_4 \circ \beta_4 = (1\,2) \circ (3\,4), \quad \alpha_4^2 \circ \beta_4 = (1\,3), \quad \alpha_4^3 \circ \beta_4 = (1\,4) \circ (2\,3).$$

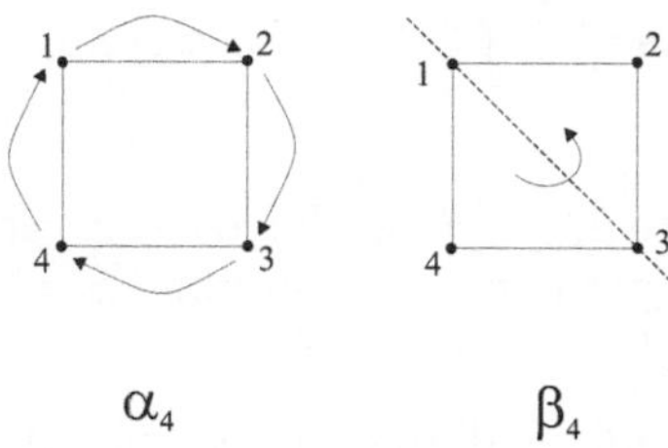

$$\alpha_4 \qquad\qquad \beta_4$$

Figura 5.5. Caso $n = 4$

Le leggi fondamentali dell'operazione di composizione in D_4 sono

$$\alpha_4^4 = id, \quad \beta_4^2 = id, \quad \beta_4 \circ \alpha_4 = \alpha_4^3 \circ \beta_4.$$

Un ultimo esempio. Un gruppo per certi versi simile a D_4 è quello Q che si ottiene estraendo dal gruppo moltiplicativo $\mathbb{H}^\star$ dei quaternioni non nulli gli 8 elementi

$$\pm 1, \pm i, \pm j, \pm k.$$

È facile vedere che Q è sottogruppo di $\mathbb{H}^\star$. Ricordando che $\mathbb{H}^\star$ è finito, basta osservare che Q

- è chiuso rispetto al prodotto (si ricordi che $i^2 = j^2 = k^2 = -1$, $i \cdot j = k$, $j \cdot k = i$, $k \cdot i = j$, $j \cdot i = -k$, $k \cdot j = -i$, $i \cdot k = -j$);
- contiene l'unità 1 di $\mathbb{H}^\star$.

Anzi gli 8 elementi di Q si ottengono come

- le 4 potenze distinte di i: $1, i, i^2 = -1, i^3 = -i$,
- i loro prodotti con j: $1 \cdot j = j, i \cdot j = k, i^2 \cdot j = -j, i^3 \cdot j = -i \cdot j = -k$.

Così opportuni prodotti di i, j esauriscono l'intero gruppo Q. Q si dice gruppo *quaternionico* (di ordine 8). Si può osservare che le leggi fondamentali che la moltiplicazione di Q soddisfa rispetto a i, j sono

$$i^4 = 1, \quad j^2 = i^2, \quad j \cdot i = i^3 \cdot j$$

(da confrontare con quelle di D_4: $\alpha_4^4 = id, \beta_4^2 = id, \beta_4 \circ \alpha_4 = \alpha_4^3 \circ \beta_4$). Sulla base di queste uguaglianze si può determinare ogni altro prodotto in Q, ad esempio

$$i^3 \cdot j^3 \cdot i \cdot j^{-1} \cdot i^2 = i^3 \cdot i^2 \cdot j \cdot i \cdot j^{-1} \cdot i^2 = i^5 \cdot i^3 \cdot j \cdot j^{-1} \cdot i^2 = i^2 = -1.$$

5.5 Unioni e intersezioni di sottogruppi

Sia $(G, \cdot)$ un gruppo. Ci chiediamo se le usuali operazioni insiemistiche di intersezione e unione preservano le proprietà di essere un sottogruppo di G. La cosa è vera per l'intersezione.

Proposizione 5.5.1 *Sia* $S = \bigcap_{i \in I} S_i$ *l'intersezione di sottogruppi* S_i *di* G *(*$i \in I$*). Allora* $S \leq G$.

Dimostrazione. Anzitutto $1_G \in S$ perché $1_G \in S_i$ per ogni $i \in I$. Siano poi $a, b \in S$; allora $a, b \in S_i$ per ogni $i \in I$; siccome $S_i \leq G$, $a \cdot b \in S_i$ e $a^{-1} \in S_i$ per ogni $i \in I$. Segue $a \cdot b \in S$ e $a^{-1} \in S$. $\qquad\square$

Invece non è detto che l'unione di due sottogruppi di G sia un sottogruppo di G.

Esempio 5.5.2 Consideriamo il gruppo additivo degli interi $(\mathbb{Z}, +)$ e i due sottogruppi $S = 2\mathbb{Z}$, $S' = 3\mathbb{Z}$. Allora

$$2 \in 2\mathbb{Z} \subseteq 2\mathbb{Z} \cup 3\mathbb{Z}, \ 3 \in 3\mathbb{Z} \subseteq 2\mathbb{Z} \cup 3\mathbb{Z},$$

ma $2 + 3 = 5 \notin 2\mathbb{Z} \cup 3\mathbb{Z}$ perché $5 \notin 2\mathbb{Z}$ e $5 \notin 3\mathbb{Z}$. Così $2\mathbb{Z} \cup 3\mathbb{Z}$ non è un sottogruppo di $\mathbb{Z}$. Utilizzando la caratterizzazione dei sottogruppi di $(\mathbb{Z}, +)$ data in 5.3.17, si può anzi osservare che il minimo sottogruppo di $\mathbb{Z}$ che contiene $2\mathbb{Z} \cup 3\mathbb{Z}$ è $\mathbb{Z}$.

Si noti comunque:

Proposizione 5.5.3 *Sia* H *un insieme di indici totalmente ordinato da* $\leq$. *Per ogni* $h \in H$, *sia* S_h *un sottogruppo del gruppo* $(G, \cdot)$. *Supponiamo poi* $S_h \subseteq S_k$ *per* $h \leq k$ *in* H. *Sia poi* $S = \bigcup_{h \in H} S_h$. *Allora* S *è un sottogruppo di* $(G, \cdot)$.

Dimostrazione. Siano $a, b \in S$, allora ci sono due indici $h, k \in H$ tali che $a \in S_h$, $b \in S_k$. Ma in H si ha $h \leq k$ o $k \leq h$. Se supponiamo, ad esempio, $h \leq k$, si ha che a e b sono entrambi in S_k perché $S_h \subseteq S_k$. Siccome S_k è un sottogruppo, $a \cdot b^{-1} \in S_k$. Di conseguenza $a \cdot b^{-1} \in S$, perché S contiene S_k. Dato che S chiaramente non è vuoto, per il Teorema 5.3.5 concludiamo che S è un sottogruppo. $\qquad\square$

C'è comunque il problema di definire un ragionevole sostituto del concetto di unione tra sottogruppi: un "minimo" sottogruppo contenente i sottogruppi dati. Affrontiamo la questione considerando una prospettiva più generale.

Definizione 5.5.4 Sia $A \subseteq G$. Si dice *sottogruppo generato* da A, e si indica con $\langle A \rangle$, l'intersezione di tutti i sottogruppi di G contenenti A.

Si noti che c'è almeno un sottogruppo di G contenente A: è G stesso. L'intersezione S di tutti questi sottogruppi è un sottogruppo (per la Proposizione 5.5.1) e contiene A. Inoltre S è "minimo" nel senso seguente: se H è un sottogruppo contenente A, allora $S \subseteq H$.

Esempio 5.5.5 Sia $A = \{a\}$ per $a \in G$. Allora

$$\langle A \rangle = \langle a \rangle = \{a^n : n \in \mathbb{Z}\}.$$

Infatti $\langle a \rangle$ è un sottogruppo di G contenente a, e ogni sottogruppo H di G che contiene a deve anche includere a^n per ogni $n \in \mathbb{Z}$, dunque $\langle a \rangle$.

Più in generale si ha

Proposizione 5.5.6 *Siano $(G, \cdot)$ un gruppo, $A \subseteq G$. Se $A = \emptyset$, $\langle A \rangle = \{1_G\}$. Se $A \neq \emptyset$, $\langle A \rangle$ è l'insieme dei prodotti $a_0 \cdots a_k$ con k naturale e $a_i \in A$ oppure $a_i^{-1} \in A$ per ogni $i \leq k$.*

Dimostrazione. È chiaro che $\langle \emptyset \rangle = \{1_G\}$ perché $\{1_G\}$ è il minimo sottogruppo di G. Sia quindi $A \neq \emptyset$, indichiamo con S l'insieme

$$\{a_0 \cdots a_k : k \in \mathbb{N}, \text{ per ogni } i \leq k \ a_i \in A \text{ o } a_i^{-1} \in A\}.$$

Allora $S \subseteq \langle A \rangle$. Siano infatti $k \in \mathbb{N}$, $a_0, \ldots, a_k \in G$ tali che, per ogni $i \leq k$, $a_i \in A$ o $a_i^{-1} \in A$; allora, per ogni $i \leq k$, $a_i \in \langle A \rangle$ e quindi $a_0 \cdots a_k \in \langle A \rangle$. Viceversa $\langle A \rangle \subseteq S$: infatti $A \subseteq S$ per la definizione di S, così basta provare che S è sottogruppo di G; ma $S \neq \emptyset$ perché $S \supseteq A \neq \emptyset$ e, per ogni scelta di $a, b \in S$, è facile controllare $a \cdot b^{-1} \in S$. Infatti si ha $a = a_0 \cdots a_k$ dove $a_i \in A$ o $a_i^{-1} \in A$ per ogni $i \leq k$ e $b = b_0 \cdots b_h$ dove $b_j \in A$ o $b_j^{-1} \in A$ per ogni $j \leq h$. Lo stesso vale allora per $a \cdot b^{-1} = a_0 \cdots a_k \cdot b_h^{-1} \cdots b_0^{-1}$. $\qquad\square$

Siano ora $S, S' \leq G$. Abbiamo già visto che $S \cup S'$ non è in generale un sottogruppo di G e sappiamo che il "minimo" sottogruppo di G contenente S e S' coincide con $\langle S \cup S' \rangle$.

Corollario 5.5.7 *$\langle S \cup S' \rangle$ coincide con l'insieme dei prodotti $s_0 \cdot s_0' \cdots s_k \cdot s_k'$ dove $h \in \mathbb{N}$ e, per ogni $i \leq k$, $s_i \in S$ e $s_i' \in S'$.*

Dimostrazione. Già sappiamo che $\langle S \cup S' \rangle$ eguaglia l'insieme dei prodotti $a_0 \cdots a_k$ dove $k \in \mathbb{N}$ e, per ogni $i \leq k$, $a_i \in S \cup S'$ o $a_i^{-1} \in S \cup S'$. D'altra parte $S, S' \leq G$, così prodotti o inversi di elementi di S sono ancora in S, e lo stesso vale per S'. Si arriva così alla enunciata caratterizzazione di $\langle S \cup S' \rangle$, che alterna elementi di S con elementi di S' e, senza perdita di generalità, inizia con un elemento di S – eventualmente 1_G – e termina con un elemento di S' – eventualmente ancora 1_G –. $\qquad\square$

Per gruppi abeliani $\langle S \cup S' \rangle$ si caratterizza in modo più semplice.

Corollario 5.5.8 *Se G è abeliano, $\langle S \cup S' \rangle = \{s \cdot s' : s \in S, s' \in S'\}$.*

Dimostrazione. Per G abeliano, un prodotto $s_0 \cdot s_0' \cdots s_h \cdot s_h'$ con $s_i \in S$ e $s_i' \in S'$ per ogni $i \leq h$ si scrive anche $s_0 \cdots s_h \cdot s_0' \cdots s_h'$ con $s = s_0 \cdots s_h \in S$ e $s' = s_0' \cdots s_h' \in S'$. $\qquad\square$

Nel seguito indicheremo con $S \cdot S'$ (e chiameremo prodotto dei sottogruppi S, S') l'insieme dei prodotti $s \cdot s'$ con $s \in S, s' \in S'$. Così $\langle S \cup S' \rangle = S \cdot S'$ se G è abeliano; di conseguenza sotto questa condizione si ha anche che $S \cdot S'$ è ovviamente un sottogruppo. Ma in realtà le conclusioni che $\langle S \cup S' \rangle = S \cdot S'$ e che $S \cdot S'$ è un sottogruppo si possono raggiungere anche sotto ipotesi più deboli, e cioè assumendo che ogni prodotto $s'_j \cdot s_j$ con $s'_j \in S$, $s_i \in S$ si scriva, se non proprio come $s_i \cdot s'_j$, almeno come $\bar{s}_i \cdot \bar{s}'_j$ per qualche $\bar{s}_i \in S$ e $\bar{s}'_j \in S'$: il lettore può verificare per **esercizio** il perché.

Definizione 5.5.9 Ammettiamo che $(G, \cdot)$ sia un gruppo e che A sia un sottoinsieme di G tale che $G = \langle A \rangle$. Allora A si dice un *insieme di generatori* di G.

Esempi 5.5.10

1. Nel gruppo simmetrico S_3, consideriamo

$$S = \langle (1\,2) \rangle = \{id, (1\,2)\}, \quad S' = \langle (1\,2\,3) \rangle = \{id, (1\,2\,3), (1\,3\,2)\}.$$

Allora $\langle S \cup S' \rangle$ contiene, oltre agli elementi di S e S', anche

$$(2\,3) = (1\,2) \circ (1\,2\,3), \quad (1\,3) = (1\,2) \circ (1\,3\,2).$$

Così $\langle S \cup S' \rangle = S_3$. Invece $\langle S \cap S' \rangle = \{id\}$.

2. Sia $(\mathbb{R}^\star, \cdot)$ il gruppo moltiplicativo (abeliano) dei reali non nulli, consideriamo i due sottogruppi

$$S = \mathbb{R}^{>0}, \quad S' = \{-1, +1\}.$$

Allora $\langle S \cup S' \rangle$ eguaglia l'intero gruppo $\mathbb{R}^\star$, perché ogni reale non nullo è prodotto di un reale positivo e di ± 1. Invece $S \cap S' = \{1\}$

3. Nel gruppo (additivo!) degli interi $(\mathbb{Z}, +)$ consideriamo due sottogruppi

$$S = m\mathbb{Z}, \quad S' = n\mathbb{Z} \quad \text{con } n, m \text{ interi non nulli.}$$

Allora $S \cap S'$ è l'insieme dei multipli tanto di m quanto di n, dunque coincide con $[m, n]\mathbb{Z}$ (dove $[m, n]$ è il minimo comune multiplo di m, n). Invece $\langle S \cup S' \rangle$ coincide con l'insieme delle somme di due addendi, l'uno in S, l'altro in S', dunque con gli elementi $mx + ny$ con $x, y \in \mathbb{Z}$. Il lettore può controllare che in questo modo si ottiene $(m, n)\mathbb{Z}$ (dove (m, n) è il massimo comun divisore di m, n). Il lettore determini anche $S \cap S'$ e $\langle S \cup S' \rangle$ quando S o S' coincide col sottogruppo nullo $\{0\}$ di $\mathbb{Z}$.

4. Per $n \geq 3$, D_n è il sottogruppo di S_n generato dai due elementi α_n, β_n.

5. Il gruppo quaternionico di ordine 8 coincide col sottogruppo generato da i, j.

5.6 Classi laterali

Siano $(G, \cdot)$ un gruppo, S un suo sottogruppo. In G consideriamo la seguente relazione binaria $\equiv_S$: per ogni scelta di $a, b \in G$,

$$a \equiv_S b \text{ se e solo se } a \cdot b^{-1} \in S.$$

$\equiv_S$ è una relazione di equivalenza in G, infatti si ha:

- per ogni $a \in G$, $a \equiv_S a$ (perché $a \cdot a^{-1} = 1_G \in S$);
- per ogni scelta di $a, b \in G$, se $a \equiv_S b$ allora $b \equiv_S a$ (infatti se $a \cdot b^{-1} \in S$, allora S contiene anche $(a \cdot b^{-1})^{-1} = (b^{-1})^{-1} \cdot a^{-1} = b \cdot a^{-1}$);
- per ogni scelta di $a, b, c \in G$, se $a \equiv_S b$ e $b \equiv_S c$, allora $a \equiv_S c$ (infatti se $a \cdot b^{-1} \in S$ e $b \cdot c^{-1} \in S$, allora S contiene anche il prodotto $(a \cdot b^{-1}) \cdot (b \cdot c^{-1}) = a \cdot b^{-1} \cdot b \cdot c^{-1} = a \cdot c^{-1}$).

Così $\equiv_S$ determina una partizione di G in classi di equivalenza. Cerchiamo di capirne la natura.

Definizione 5.6.1 Per ogni $a \in G$, sia Sa l'insieme dei prodotti $s \cdot a$ per s che varia in S

$$Sa = \{s \cdot a : s \in S\};$$

Sa si dice *classe laterale destra* di a in G rispetto a S.

Proposizione 5.6.2 *Per ogni $a \in G$, $a_{|\equiv_S} = Sa$.*

Dimostrazione. Sia $b \in G$ tale che $b \in a_{|\equiv_S}$, cioè $b \equiv_S a$; allora $b \cdot a^{-1} \in S$ e dunque $b = b \cdot a^{-1} \cdot a \in Sa$. Viceversa sia $b \in Sa$, quindi $b = s \cdot a$ per qualche $s \in S$. Allora $b \cdot a^{-1} = s \in S$, dunque $b \equiv_S a$ e $b \in a_{|\equiv_S}$. $\qquad\square$

Allora, per ogni scelta di $a, b \in G$,

$$a \equiv_S b \text{ se e solo se } Sa = Sb.$$

Notiamo che tra le classi laterali destre di S in G c'è anche $S1_G = S$. Inoltre, ribadiamo che, per ogni $a \in S$, $a \in Sa$ (perché $a = 1_G \cdot a$ con $1_G \in S$, oppure perché $a \in a_{|\equiv_S}$ e $a_{|\equiv_S} = Sa$).

In modo analogo si può definire una seconda relazione di equivalenza $_S\!\equiv$ in G: per ogni scelta di $a, b \in G$,

$$a \;_S\!\equiv b \text{ se e solo se } a^{-1} \cdot b \in S.$$

Si verifica come prima che, per ogni $a \in G$, la classe di equivalenza di a rispetto a $_S\!\equiv$ è

$$aS = \{a \cdot s : s \in S\}$$

(la *classe laterale sinistra* di a rispetto a S). In particolare $1_{G\,|\equiv_S} = 1_G S = S$.

Quanto abbiamo fatto sin qui in astratto in questo paragrafo generalizza in realtà un esempio che conosciamo bene: quello delle relazioni di congruenza tra interi.

Esempio 5.6.3 Sia infatti $(\mathbb{Z}, +)$ il gruppo additivo degli interi. Consideriamo un suo sottogruppo S. Sappiamo che S ha la forma $q\mathbb{Z}$ con q intero non negativo. Assumiamo $q \neq 0$. Allora, per ogni scelta di $a, b \in \mathbb{Z}$, si ha:

- $a \equiv_S b$ se e solo se $a - b \in q\mathbb{Z}$ cioè se e solo se q divide $a - b$, quindi se e solo se $a \equiv b \,(mod\, q)$;
- $a \,_S\!\equiv b$ se e solo se $-a + b \in q\mathbb{Z}$ cioè se e solo se q divide $-a + b$, quindi di nuovo se e solo se $a \equiv b \,(mod\, q)$.

Così, in questo caso, $\equiv_S$ e $_S\!\equiv$ coincidono tra loro e con la relazione di congruenza modulo q. Inoltre, per ogni $a \in \mathbb{Z}$,

- $q\mathbb{Z} + a$ (la classe laterale destra di a in $\mathbb{Z}$ rispetto a $q\mathbb{Z}$),
- $a + q\mathbb{Z}$ (la classe laterale sinistra di a in $\mathbb{Z}$ rispetto a $q\mathbb{Z}$)

coincidono tra loro e con la classe di resti di a modulo q.

Esercizio 5.6.4 Siano $(G, \cdot)$ un gruppo abeliano, $S \leq G$. Si provi che, allora, $\equiv_S$ e $_S\!\equiv$ coincidono. Inoltre, per ogni $a \in G$, $Sa = aS$.

Mostriamo altri esempi.

Esempi 5.6.5

1. Consideriamo il gruppo simmetrico S_n $(n \geq 2)$ e il sottogruppo alterno A_n. Per $f, g \in S_n$, si ha

    $$f \equiv_{A_n} g \text{ se e solo se } f \circ g^{-1} \in A_n, \text{ quindi se e solo se } 1 = \varepsilon(f \circ g^{-1}) = \varepsilon(f) \cdot \varepsilon(g)^{-1}, \text{ in definitiva se e solo se } f, g \text{ hanno la stessa parità.}$$

    Anche per $_{A_n}\!\equiv$ vale la stessa caratterizzazione: per $f, g \in S_n$, $f \equiv_{A_n} g$ se e solo se $\varepsilon(f) = \varepsilon(g)$.
    Così, per $f \in S_n$,

    $$A_n f = f A_n = \{g \in S_n : g \text{ ha la stessa parità di } f\}.$$

    Si hanno allora due classi laterali (contemporaneamente destre e sinistre): A_n (la classe delle permutazioni pari), $S_n - A_n$ (quella delle permutazioni dispari).
2. Nel gruppo $(\mathbb{R}^\star, \cdot)$ consideriamo il sottogruppo $\mathbb{R}^{>0}$. Allora, per $a, b \in \mathbb{R}^\star$,

    $$a \equiv_{\mathbb{R}^{>0}} b \text{ se e solo se } a \cdot b^{-1} \in \mathbb{R}^{>0}, \text{ e cioè se solo se } a, b \text{ hanno ugual segno.}$$

    Lo stesso vale per $_{\mathbb{R}^{>0}}\!\equiv$; del resto $\mathbb{R}^\star$ è abeliano. Così, per $a \in \mathbb{R}$, $\mathbb{R}^{>0} a = a\mathbb{R}^{>0}$ è l'insieme dei reali che hanno lo stesso segno di a. Si hanno di nuovo due classi laterali (destre e sinistre): $\mathbb{R}^{>0}$ e il suo complemento, cioè l'insieme dei reali negativi.
3. Consideriamo ancora $(\mathbb{R}^\star, \cdot)$ ma stavolta riferiamoci a $A = \{-1, +1\}$. Allora, per $a, b \in \mathbb{R}^\star$,

$a \equiv_S b$ se e solo se $a = \pm b$.

Lo stesso vale per ${}_S\equiv$. Così, per $a \in \mathbb{R}^\star$,

$$S\,a = a\,S = \{+a, -a\}.$$

Si hanno allora infinite classi laterali (contemporaneamente destre e sinistre).

4. Sia $G = S_3 = D_3$ il gruppo delle permutazioni su 3 oggetti, ovvero il gruppo diedrale di grado 3. Sappiamo

$$G = \{id, \alpha, \alpha^2, \beta, \alpha \circ \beta, \alpha^2 \circ \beta\}$$

dove α, β abbreviano qui α_3, β_3 e quindi denotano rispettivamente le seguenti permutazioni, l'una $\alpha = (1\,2\,3)$,

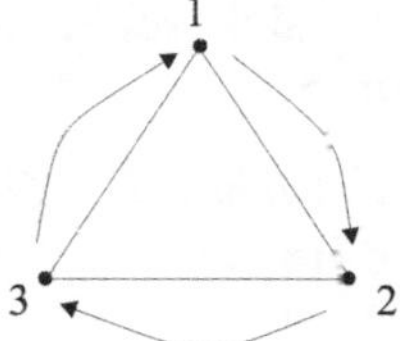

Figura 5.6. $\alpha = (1\,2\,3)$

e l'altra $\beta = (2\,3)$.

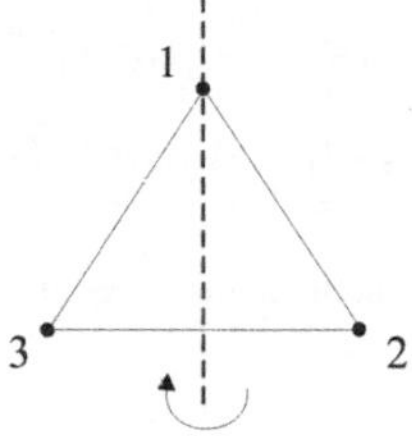

Figura 5.7. $\beta = (2\,3)$

In particolare $\alpha^3 = \beta^2 = id$, $\beta \circ \alpha = \alpha^2 \circ \beta$. Sia ora $S = \langle \beta \rangle = \{id, \beta\}$. Cerchiamo le classi di equivalenza di $\equiv_S$ e ${}_S\equiv$ in G, cioè le classi laterali destre e sinistre di S in G. Quelle destre in G sono

$$S = \{id, \beta\}, \quad S\alpha = \{\alpha, \beta \circ \alpha\} = \{\alpha, \alpha^2 \circ \beta\},$$

$$S\alpha^2 = \{\alpha^2, \beta \circ \alpha^2\} = \{\alpha^2, \alpha \circ \beta\}.$$

Invece quelle sinistre sono

$$S = \{id, \beta\}, \ \alpha S = \{\alpha, \alpha \circ \beta\}, \ \alpha^2 S = \{\alpha^2, \alpha^2 \circ \beta\}.$$

Si deduce che, in questo caso, $S\alpha \neq \alpha S$ e $S\alpha^2 \neq \alpha^2 S$; $S\alpha, S\alpha^2$ non sono neanche classi laterali sinistre, né $\alpha S, \alpha^2 S$ sono classi laterali destre. Se invece $S' = \langle \alpha \rangle = \{id, \alpha, \alpha^2\}$, allora S' ha due classi laterali sinistre che coincidono con quelle destre: una è S', l'altra $G - S'$.

Lemma 5.6.6 *Siano $(G, \cdot)$ un gruppo, $S \leq G$. Due classi laterali (destre o sinistre) di S in G sono in corrispondenza biunivoca.*

Dimostrazione. Per ogni $a \in G$, la moltiplicazione a destra per a è iniettiva e trasforma S su Sa; così S e Sa sono in corrispondenza biunivoca. Allo stesso modo, per ogni $b \in G$, la moltiplicazione a sinistra per b è iniettiva e trasforma S su bS; così S e bS sono in corrispondenza biunivoca. A questo punto due classi laterali arbitrarie (destre o sinistre) sono in corrispondenza biunivoca tra loro perché ciascuna lo è con S. $\square$

Lemma 5.6.7 *Siano $(G, \cdot)$ un gruppo, $S \leq G$. Allora esiste una corrispondenza biunivoca tra l'insieme delle classi laterali destre e quello delle classi laterali sinistre di S in G.*

Dimostrazione. Associamo che ad ogni classe laterale destra Sa (con $a \in G$) la classe laterale sinistra $a^{-1}S$. Si ottiene così una funzione dall'insieme della classi laterali destre in quello delle classi laterali sinistre di S in G perché, per ogni scelta di $a, b \in G$, se $Sa = Sb$, allora è $a \cdot b^{-1} \in S$, cioè $(a^{-1})^{-1} \cdot b^{-1} \in S$, dunque $a^{-1}S = b^{-1}S$. Sia φ la funzione così definita; φ è suriettiva perché, per ogni $a \in G$,

$$aS = \varphi(Sa^{-1});$$

φ è iniettiva perché, per ogni scelta di $a, b \in G$, se vale $a^{-1}S = b^{-1}S$, allora si ha

$$(a^{-1})^{-1} \cdot b^{-1} \in S, \ \text{cioè } a \cdot b^{-1} \in S, \ \text{dunque } Sa = Sb.$$

$\square$

Esercizio 5.6.8 Perché non porre, più semplicemente, $\varphi(Sa) = aS$ per ogni $a \in G$? (Si rifletta sull'Esempio 5.6.5.4).

Sia ora $(G, \cdot)$ un gruppo *finito*, e sia $S \leq G$. Il Lemma 5.6.6 ci dice che tutte le classi laterali (destre o sinistre) di S in G hanno lo stesso numero (finito) $|S|$ di elementi. Il Lemma 5.6.7 ci assicura poi che il numero delle classi laterali destre coincide con quello delle classi laterali sinistre.

Definizione 5.6.9 Si chiama *indice* di S in G, e si indica $|G : S|$, il numero delle classi laterali destre (sinistre) di S in G.

Teorema 5.6.10 (Lagrange). *Siano $(G, \cdot)$ un gruppo finito, $S \leq G$. Allora*

$$|G| = |S| \cdot |G : S|.$$

In particolare $|S|$ e $|G : S|$ dividono $|G|$.

Dimostrazione. $\equiv_S$ determina una partizione di G in $|G : S|$ classi laterali destre, ciascuna con $|S|$ elementi. $\qquad\square$

Corollario 5.6.11 *Siano $(G, \cdot)$ un gruppo finito, $a \in G$. Allora l'ordine di a divide $|G|$; in particolare $a^{|G|} = 1_G$.*

Dimostrazione. L'ordine di a coincide con $|\langle a \rangle|$, e, per G finito, coincide col minimo intero positivo q tale che $a^q = 1_G$. Così la prima tesi è un caso particolare del Teorema di Lagrange. Circa la seconda tesi, si ponga $|G| = q \cdot m$ per un opportuno m intero positivo; allora

$$a^{|G|} = (a^q)^m = 1_G^m = 1_G.$$

$\qquad\square$

Corollario 5.6.12 *Sia $(G, \cdot)$ un gruppo finito di ordine p, dove p è un numero primo. Allora G è ciclico e non ha sottogruppi oltre $\{1_G\}$ e G.*

Dimostrazione. La seconda tesi segue dal Teorema di Lagrange e dal fatto che gli unici divisori di p in $\mathbb{N}$ sono 1 e p. Sia ora $a \in G$, $a \neq 1_G$; allora $\langle a \rangle \neq \{1_G\}$. Così $\langle a \rangle = G$. $\qquad\square$

Joseph–Louis Lagrange fu matematico del 1700. Per la precisione nacque nel 1736 a Torino che a quei tempi faceva parte del Regno di Sardegna, e morì a Parigi nel 1813. C'è allora chi lo considera italiano, e chi lo ritiene francese. Diede contributi notevoli in vari settori della Matematica e della Fisica. Il suo teorema appena citato è semplice, ma utile nelle applicazioni. Ad esempio, permette di dedurre rapidissimamente il Piccolo Teorema di Fermat e la successiva generalizzazione di Eulero (di cui abbiamo parlato nel Capitolo 2) per m intero positivo. Applichiamolo infatti al gruppo moltiplicativo $\mathcal{U}(\mathbb{Z}_m)$ degli elementi invertibili modulo m (cioè delle classi modulo m di interi a primi con m). Sappiamo che questo gruppo ha ordine $\varphi(m)$. Così dal Corollario 5.6.11 segue che, per ogni intero a primo con m,

$$a_m^{\varphi(m)} = 1_m$$

ovvero

$$a^{\varphi(m)} \equiv 1 \, (mod\, m),$$

che costituisce, appunto il Teorema di Eulero.

5.7 Sottogruppi normali e gruppi quoziente

Sia $(G, \cdot)$ un gruppo.

Definizione 5.7.1 Un sottogruppo S di G si dice *normale* se, per ogni $a \in G$, $aS = Sa$.

Scriveremo $S \trianglelefteq G$ per indicare che S è, appunto, sottogruppo normale di G.

Osservazioni ed esempi.

1. Sia $G = S_3 = D_3$, $S = \{id, \beta\}$. Allora $S \leq G$, ma S non è sottogruppo normale di G, infatti $S\alpha \neq \alpha S$ e $S\alpha^2 \neq \alpha^2 S$.
2. La condizione $aS = Sa$ non significa che $a \cdot s = s \cdot a$ per ogni $s \in S$. L'uguaglianza dei due insiemi aS e Sa equivale piuttosto a chiedere che
$$\text{per ogni } s \in S, \text{ esiste } s' \in S \text{ per cui } a \cdot s = s' \cdot a$$
   e
$$\text{per ogni } s \in S, \text{ esiste } s'' \in S \text{ per cui } s \cdot a = a \cdot s''.$$
3. Tuttavia, se $a \cdot s = s \cdot a$ per ogni $s \in S$, allora si ha certamente $aS = Sa$. In particolare, in un gruppo abeliano ogni sottogruppo S è normale.
4. Se S è sottogruppo di G di indice 2, S è normale. Infatti le uniche due classi laterali destre di S in G coincidono la prima con S e la seconda forzatamente con $G - S$. Altrettanto vale per le classi laterali sinistre. Così, le due classi laterali destre coincidono con le due classi sinistre.

La verifica che un sottogruppo S è normale è semplificata dai seguenti criteri.

Teorema 5.7.2 *Sia $S \leq G$. Allora $S \trianglelefteq G$ se e solo se, per ogni $a \in G$, $aS \subseteq Sa$ (equivalentemente: per ogni $a \in G$, $Sa \subseteq aS$).*

Dimostrazione. È chiaro che, se $S \trianglelefteq G$, allora, per ogni $a \in G$, $aS \subseteq Sa$ (vale addirittura l'uguaglianza). Viceversa dobbiamo provare che, se $aS \subseteq Sa$ per ogni $a \in G$, allora si ha anche $Sa \subseteq aS$ per ogni $a \in G$. Sia allora $b \in Sa$, dunque $b = s \cdot a$ per qualche $s \in S$. Dunque $b^{-1} = a^{-1} \cdot s^{-1} \in a^{-1}S$ perché $s^{-1} \in S$; per l'ipotesi $a^{-1}S \subseteq Sa^{-1}$, quindi $b^{-1} \in Sa^{-1}$, cioè $b^{-1} = s' \cdot a^{-1}$ per qualche $s' \in S$. Così $b = a \cdot s'^{-1} \in aS$.
In modo analogo si procede se l'ipotesi è: $Sa \subseteq aS$ per ogni $a \in G$. □

Teorema 5.7.3 *Sia $S \leq G$. Allora $S \trianglelefteq G$ se e solo se, per ogni $a \in G$, $aSa^{-1} \subseteq S$.*

Dimostrazione. Sia $S \trianglelefteq G$. Allora, per ogni $a \in G$, $aS \subseteq Sa$, cioè per ogni $s \in S$ esiste $s' \in S$ per cui $a \cdot s = s' \cdot a$. Quindi $a \cdot s \cdot a^{-1} = s' \cdot a \cdot a^{-1} = s' \in S$. Segue che, per ogni $a \in G$, $aSa^{-1} \subseteq S$.
Viceversa siano $a \in G$, $s \in S$; allora $a \cdot s$ si può scrivere $(a \cdot s \cdot a^{-1}) \cdot a$ dove $a \cdot s \cdot a^{-1} \in S$; così $a \cdot s \in Sa$ per ogni $s \in S$. Segue che, per ogni $a \in G$, $aS \subseteq Sa$. Dunque $S \trianglelefteq G$. □

Esercizio 5.7.4 Sia $S \trianglelefteq G$. Si provi che, per ogni sottogruppo S' di G, $\langle S \cup S' \rangle = S \cdot S'$.

(*Suggerimento:* si ricordino le osservazioni che seguono il Corollario 5.5.8 e si noti che, se $S \trianglelefteq G$, per $s' \in S$, $s \in S$, il prodotto $s' \cdot s$ si scrive anche $s' \cdot s \cdot s'^{-1} \cdot s'$ dove $s' \cdot s \cdot s'^{-1} \in S$).

Sia $S \trianglelefteq G$. Allora, per ogni $a \in G$, la classe laterale destra di a in G rispetto a S coincide con quella sinistra: $Sa = aS$. Parleremo allora liberamente di classe laterale di a in G.

Lemma 5.7.5 *Siano $S \trianglelefteq G$, Sa, Sb due classi laterali di S in G. Allora tutti i possibili prodotti di un elemento di Sa per uno di Sb sono in una stessa classe laterale di S in G (quella di ab).*

Dimostrazione. Siano $a' \in Sa$, $b' \in Sb$, così $a' = s \cdot a$, $b' = t \cdot b$ per opportuni $s, t \in S$. Allora

$$a' \cdot b' = (s \cdot a) \cdot (t \cdot b) = s \cdot (a \cdot t) \cdot b.$$

Siccome $S \trianglelefteq G$, esiste $t' \in S$ tale che $a \cdot t = t' \cdot a$; quindi $a' \cdot b' = s \cdot (t' \cdot a) \cdot b = (s \cdot t') \cdot a \cdot b$ con $s \cdot t' \in S$. In conclusione $a' \cdot b' \in Sab$. $\qquad\square$

Per $S \trianglelefteq G$, denotiamo con G/S l'insieme quoziente di $\equiv_S$ (ovvero $_S\equiv$) in G, cioè l'insieme delle classi laterali di S in G.

In G/S definiamo un'operazione binaria $\cdot$ ponendo, per ogni scelta di $a, b \in G$,

$$Sa \cdot Sb = S(a \cdot b).$$

Questa definizione è corretta perché, se a' è un qualunque elemento in Sa e b' è un qualunque elemento in Sb (cioè vale $Sa = Sa'$ e $Sb = Sb'$), allora per il Lemma 5.7.5 $a' \cdot b' \in S(a \cdot b)$, quindi $S(a' \cdot b') = S(a \cdot b)$.
Si verifica allora facilmente che $(G/S, \cdot)$ è un gruppo, che viene chiamato *gruppo quoziente* di G rispetto a S. Infatti:

(i) per ogni scelta di $a, b, c \in G$, $(Sa \cdot Sb) \cdot Sc = Sa \cdot (Sb \cdot Sc)$ (**esercizio**);
(ii) $S = S1_G$ è in G/S e, per ogni $a \in S$, $Sa \cdot S = Sa \cdot S1_G = Sa \cdot 1_G = Sa$ e, analogamente, $Sa = S \cdot Sa$: dunque S è l'unità di G/S;
(iii) per ogni $a \in S$, $Sa \cdot Sa^{-1} = Sa \cdot a^{-1} = S1_G = S$ e, analogamente, $Sa^{-1} \cdot Sa = S$: così per ogni $a \in S$, l'inverso $(Sa)^{-1}$ di Sa in G/S è la classe Sa^{-1} di a^{-1}.

Si noti poi che, per G finito, $|G/S| = |G : S| = |G|/|S|$.

Esempi 5.7.6

1. Sia $(\mathbb{Z}, +)$ il gruppo additivo degli interi, e sia q un intero positivo. Sappiamo che $q\mathbb{Z} \leq \mathbb{Z}$; siccome $\mathbb{Z}$ è abeliano, $q\mathbb{Z} \trianglelefteq \mathbb{Z}$. Consideriamo allora il gruppo quoziente $(\mathbb{Z}/q\mathbb{Z}, +)$. Abbiamo già visto che le classi laterali di $q\mathbb{Z}$ in $\mathbb{Z}$ coincidono con le classi di resti modulo q. Dunque, per ogni $a \in \mathbb{Z}$, $q\mathbb{Z} + a = a_q$ e quindi

$$\mathbb{Z}/q\mathbb{Z} = \{q\mathbb{Z}, q\mathbb{Z} + 1, \ldots, q\mathbb{Z} + q - 1\} = \mathbb{Z}_q$$

è l'insieme delle classi di resti modulo q. Inoltre, per ogni scelta di $a, b \in \mathbb{Z}$, si ha

$$(q\mathbb{Z} + a) + (q\mathbb{Z} + b) = q\mathbb{Z} + (a + b)$$

il che conferma $a_q + b_q = (a + b)_q$.

2. Sia $n \in \mathbb{N}$, $n \geq 2$. Conosciamo

   $S_n =$ gruppo simmetrico sugli n oggetti $1, 2, \ldots, n$,

   $A_n =$ gruppo alterno sugli n oggetti $1, 2, \ldots, n$,

   e sappiamo già che A_n è sottogruppo di S_n e che ha indice 2 in S_n. Così $A_n \trianglelefteq S_n$. Inoltre, per il Teorema 5.6.10 di Lagrange, $|A_n| = \frac{n!}{2}$ e il gruppo quoziente S_n/A_n ha due elementi; siccome 2 è primo, S_n/A_n è ciclico; dunque "assomiglia" a $(\mathbb{Z}_2, +)$ o, se si preferisce, a $(\mathbb{C}_2, \cdot)$, dove $\mathbb{C}_2 = \{-1, +1\}$ è il gruppo delle radici quadrate di 1 in $\mathbb{C}$.

3. $S = \{-1, +1\}$ è sottogruppo normale di $(\mathbb{R}^\star, \cdot)$ perché $\mathbb{R}^\star$ è abeliano. Nel gruppo quoziente ci sono infinite classi laterali, una $\{a, -a\}$ per ogni reale positivo a. In questo senso $\mathbb{R}^\star/S$ sembra assomigliare al gruppo moltiplicativo $(\mathbb{R}^{>0}, \cdot)$ dei reali positivi.

4. Allo stesso modo $\mathbb{R}^{>0}$ è sottogruppo normale di $(\mathbb{R}^\star, \cdot)$ e il gruppo quoziente si riduce a due classi, quelli dei reali positivi (in particolare di $+1$) e quella dei reali negativi (e di -1). Così il gruppo quoziente "assomiglia" a $\{-1, +1\}$ – e comunque a ogni gruppo ciclico di ordine 2 –.

Ma è tempo di specificare con precisione in che cosa consiste questa "somiglianza" più volte invocata.

5.8 Omomorfismi tra gruppi

Definizione 5.8.1 Siano $(G, \cdot)$, $(G', \star)$ due gruppi. Una funzione f di G in G' si dice un *omomorfismo* di $(G, \cdot)$ in $(G', \star)$ se, per ogni scelta di $a, b \in G$,

$$f(a \cdot b) = f(a) \star f(b).$$

Un omomorfismo suriettivo è anche chiamato *epimorfismo*, e un omomorfismo iniettivo riceve anche il nome di *monomorfismo*. Finalmente un omomorfismo f che è anche una corrispondenza biunivoca si dice un *isomorfismo* di $(G, \cdot)$ su $(G', \star)$. Se c'è un isomorfismo di $(G, \cdot)$ su $(G', \star)$, si dice che $(G, \cdot)$ e $(G', \star)$ sono *isomorfi*, e si scrive di $(G, \cdot) \simeq (G', \star)$.

Un omomorfismo di $(G, \cdot)$ in $(G', \star)$ è dunque una funzione di G in G' che preserva l'operazione di gruppo di G e G'. Ma f preserva allora anche gli elementi neutri e gli inversi. Si ha infatti:

Proposizione 5.8.2 *Sia f un omomorfismo di $(G, \cdot)$ in $(G', \star)$. Allora $f(1_G) = 1_{G'}$ e, per ogni $a \in G$, $f(a^{-1}) = (f(a))^{-1}$.*

Dimostrazione. Sia $b \in G$, allora

$$f(b) \star 1_{G'} = f(b) = f(b \cdot 1_G) = f(b) \star f(1_G).$$

Dalla legge di cancellazione segue che $1_{G'} = f(1_G)$. Se poi $a \in G$,

$$f(a) \star f(a^{-1}) = f(a \cdot a^{-1}) = f(1_G) = 1_{G'}.$$

Così $f(a^{-1}) = (f(a))^{-1}$. $\qquad\qquad\qquad\qquad\qquad\qquad\qquad\qquad$ $\square$

Esaminiamo ora il caso di due gruppi $(G, \cdot)$, $(G', \star)$ che sono isomorfi. C'è allora una corrispondenza biunivoca tra G e G' (e quindi G, G', se finiti, hanno lo stesso numero di elementi), e questa corrispondenza biunivoca può essere scelta in modo da preservare l'operazione di gruppo in G e G'. Così G e G' possono essere superficialmente diversi (ad esempio i loro elementi e le loro operazioni possono avere nomi differenti, o simboli diversi a indicarli), ma, al di là di queste differenze esteriori, $(G, \cdot)$ e $(G', \star)$ sono strutturalmente lo "stesso" gruppo.

Esercizio 5.8.3 Si provi che se f è un isomorfismo di $(G, \cdot)$ su $(G', \star)$ la funzione inversa f^{-1} è un isomorfismo di $(G', \star)$ su $(G, \cdot)$.

Definizione 5.8.4 Sia f un omomorfismo di $(G, \cdot)$ in $(G', \star)$. Si dice *nucleo* di f, e si denota con $Ker\, f$, l'insieme $\{a \in G : f(a) = 1_G\}$.

Ker deriva dall'inglese *kernel*, che significa, appunto, nucleo. Si osservi che $Ker\, f \leq G$. Infatti:

(1) per ogni scelta di $a, b \in Ker\, f$, $a \cdot b \in Ker\, f$, poiché

$$f(a \cdot b) = f(a) \star f(b) = 1_{G'} \star 1_{G'} = 1_{G'};$$

(2) $1_G \in Ker\, f$, perché $f(1_G) = 1_{G'}$;
(3) per ogni $a \in Ker\, f$, $a^{-1} \in Ker\, f$, poiché $f(a^{-1}) = (f(a))^{-1} = 1_{G'}^{-1} = 1_{G'}$.

Anzi, $Ker\, f$ è sottogruppo normale di G: infatti, per $a \in G$ e $b \in Ker\, f$, $a \cdot b \cdot a^{-1}$ appartiene ancora a $Ker\, f$, visto che

$$f(a \cdot b \cdot a^{-1}) = f(a) \star f(b) \star f(a)^{-1} = f(a) \star 1_{G'} \star f(a)^{-1} = f(a) \star f(a)^{-1} = 1_{G'}.$$

Proposizione 5.8.5 *Sia f un omomorfismo di $(G, \cdot)$ in $(G', \star)$. Allora f è iniettivo se e solo se $Ker\, f = \{1_G\}$.*

Dimostrazione. Sia f iniettivo, allora c'è un solo elemento $a \in G$ tale che $f(a) = 1_{G'}$, e questo elemento non può che essere 1_G; così $Ker\, f = \{1_G\}$.
Viceversa, sia $Ker\, f = \{1_G\}$, e siano $a, b \in G$ tali che $f(a) = f(b)$; allora $f(a \cdot b^{-1}) = f(a) \star (f(b))^{-1} = 1_{G'}$ e $a \cdot b^{-1} \in Ker\, f$; segue $a \cdot b^{-1} = 1_G$, cioè $a = b$. $\qquad\qquad\qquad$ $\square$

Esercizio 5.8.6 Sia f un omomorfismo di $(G, \cdot)$ in $(G', \star)$, e sia $f(G) = \{f(a) : a \in G\}$. Si provi che $f(G)$ è sottogruppo di G'. Si noti che f è suriettivo se e solo se questo sottogruppo $f(G)$ eguaglia G'.

Esempi 5.8.7

1. Per ogni gruppo $(G, \cdot)$, id_G è un isomorfismo di $(G, \cdot)$ su $(G, \cdot)$.

2. Sia f la funzione di $\mathbb{R}$ in $\mathbb{R}$ tale che, per ogni $a \in \mathbb{R}$, $f(a) = |a|$. Allora f **non** è un omomorfismo di $(\mathbb{R}, +)$ in $(\mathbb{R}, +)$: ad esempio

$$|2 + (-1)| = 1, \quad \text{ma } |2| + |-1| = 2 + 1 = 3 \neq 1.$$

   Se restringiamo f a $\mathbb{R}^\star = \mathbb{R} - \{0\}$, otteniamo invece un omomorfismo di $(\mathbb{R}^*, \cdot)$ in $(\mathbb{R}^*, \cdot)$. Infatti, per $a, b \in \mathbb{R}$,

$$|a \cdot b| = |a| \cdot |b|.$$

   Si noti che
$$Ker\, f = \{a \in \mathbb{R}^* : |a| = 1\} = \{-1, +1\};$$

   in particolare f non è iniettiva. Infine f non è neanche suriettiva, infatti $f(\mathbb{R}^\star) = \{a \in \mathbb{R} : a > 0\}$.

3. Sia poi g la funzione di $\mathbb{R}^\star$ in $\{-1, +1\}$ che associa -1 ai reali negativi, $+1$ a quelli positivi. g si chiama la *funzione segno*, ed è facile controllare che è un omomorfismo di $\mathbb{R}^\star$ su $\{-1, +1\}$. $Ker\, g$ è $\mathbb{R}^{>0}$.

4. Sia f la funzione di $\mathbb{R}$ in $\mathbb{R}^{>0}$ tale che, per ogni $a \in \mathbb{R}$,

$$f(a) = 2^a.$$

   Allora f è un isomorfismo di $(\mathbb{R}, +)$ su $(\mathbb{R}^{>0}, \cdot)$ perché f è una corrispondenza biunivoca e, per ogni scelta di $a, b \in \mathbb{R}$,

$$f(a + b) = 2^{a+b} = 2^a \cdot 2^b = f(a) \cdot f(b).$$

   Si determini f^{-1} per **esercizio**, e si controlli che f^{-1} è un isomorfismo di $(\mathbb{R}^{>0}, \cdot)$ su $(\mathbb{R}, +)$.

5. La *funzione parità* $\varepsilon : S_n \to \{-1, +1\}$ è un epimorfismo del gruppo simmetrico S_n sul gruppo moltiplicativo $(\{-1, +1\}, \cdot)$. Infatti, per $f, g \in S_n$, $\varepsilon(f \circ g) = \varepsilon(f) \cdot \varepsilon(g)$. Il nucleo di ε è A_n (il che conferma che A_n è sottogruppo normale di S_n).

6. Fissiamo un intero positivo q e consideriamo la funzione f di $\mathbb{Z}$ su $\mathbb{Z}_q = \mathbb{Z}/q\mathbb{Z}$ tale che, per ogni $a \in \mathbb{Z}$,

$$f(a) = q\mathbb{Z} + a.$$

   Allora f è un omomorfismo di $(\mathbb{Z}, +)$ su $(\mathbb{Z}_q, +)$: è evidentemente suriettiva e soddisfa, per ogni scelta di $a, b \in \mathbb{Z}$,

$$f(a+b) = q\mathbb{Z} + (a+b) = (q\mathbb{Z}+a) + (q\mathbb{Z}+b) = f(a) + f(b).$$

Inoltre

$$Ker\, f = \{a \in \mathbb{Z} : q\mathbb{Z}+a = q\mathbb{Z}\} = q\mathbb{Z}.$$

Nell'ultimo esempio $q\mathbb{Z} \unlhd \mathbb{Z}$ e f è una funzione di $\mathbb{Z}$ sul gruppo quoziente $\mathbb{Z}/q\mathbb{Z}$ che ad ogni intero a associa la sua classe laterale $q\mathbb{Z}+a$. Possiamo generalizzare questo risultato osservando quanto segue.

Proposizione 5.8.8 *Siano* $(G,\cdot)$ *un gruppo,* S *un sottogruppo* **normale** *di* G, π *la funzione di* G *su* G/S *tale che, per ogni* $a \in G$, $\pi(a) = Sa$. *Allora* π *è un omomorfismo di* G *su* G/S *e* $Ker\,\pi = S$.

Dimostrazione. Per $a, b \in G$, $\pi(a \cdot b) = S(a \cdot b) = Sa \cdot Sb = \pi(a) \cdot \pi(b)$; il nucleo di π è $\{a \in G : Sa = \pi(a) = S\} = S$; finalmente, per ogni $X \in G/S$, X è della forma Sa per qualche $a \in G$, così $X = \pi(a)$. $\square$

Diciamo che π è l'omomorfismo *naturale* di G su G/S. Così

- ogni sottogruppo normale S di G è il nucleo,
- il corrispondente gruppo quoziente G/S è l'immagine

di qualche omomorfismo suriettivo che parte da G (π, appunto). Ma, viceversa, per ogni omomorfismo f di G su qualche gruppo G',

- il nucleo di f è sottogruppo normale di G,
- l'immagine di f è – a meno di isomorfismi – il relativo gruppo quoziente.

È questo, infatti, il contenuto del seguente fondamentale teorema.

Teorema 5.8.9 (degli omomorfismi). *Siano* $(G,\cdot)$, $(G',\star)$ *due gruppi,* f *un omomorfismo di* $(G,\cdot)$ **su** $(G',\star)$. *Allora* $Ker\,f \unlhd G$ *ed esiste un isomorfismo* h *di* $(G/Ker\,f, \cdot)$ *su* $(G',\star)$ *tale che, se* π *è l'omomorfismo naturale di* G *su* $G/Ker\,f$, *allora* $h \circ \pi = f$.

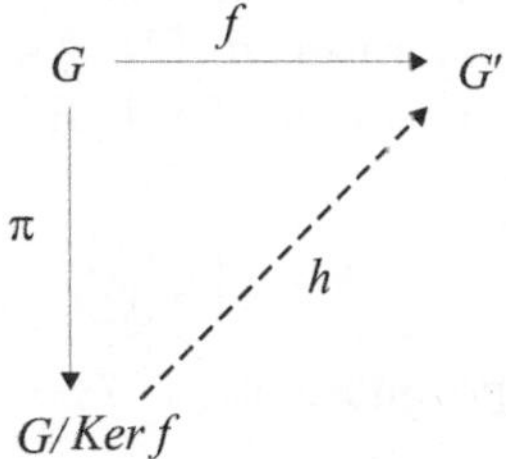

Figura 5.8. Il Teorema degli omomorfismi

Dimostrazione. Poniamo per semplicità $K = Ker\, f$. Già sappiamo che $K \unlhd G$. Definiamo allora la seguente relazione h tra G/K e G':

$$h = \{(Ka, f(a)) : a \in G\}.$$

Notiamo che, per ogni $a, b \in G$,

$Ka = Kb$ se e solo se $a \cdot b^{-1} \in K$, dunque se e solo se $1_{G'} = f(a \cdot b^{-1}) = f(a) \star f(b)^{-1}$, e in conclusione se e solo se $f(a) = f(b)$.

Così

- h è una funzione di G/K in G': infatti $f(a) = f(b)$ se $a = b$; possiamo allora porre, per ogni $a \in G$, $h(Ka) = f(a)$;
- h è iniettiva: infatti se $h(Ka) = h(Kb)$, cioè $f(a) = f(b)$, allora $Ka = Kb$.

Inoltre

- h è suriettiva perché, per ogni $a' \in G'$, esiste $a \in G$ tale che $a' = f(a) = h(Ka)$;
- h è un omomorfismo perché, per ogni scelta di $a, b \in G$,

$$h(Ka \cdot Kb) = h(K(a \cdot b)) = f(a \cdot b) = f(a) \star f(b) = h(Ka) \star h(Kb).$$

Segue che h è un omomorfismo di $(G/K, \cdot)$ su $(G', \star)$. Finalmente, per ogni $a \in G$,

$$(h \circ \pi)(a) = h(\pi(a)) = h(Ka) = f(a),$$

così $h \circ \pi = f$. $\qquad\square$

Esempi 5.8.10

1. Sia ε la funzione parità di S_n in $\{-1, +1\}$. Sappiamo che ε è un epimorfismo e ha nucleo A_n. Segue che la funzione h da S_n/A_n in $\{-1, +1\}$ tale che, per ogni $f \in S_n$, $h(A_n f) = \varepsilon(f)$ è un isomorfismo di S_n/A_n su $\{-1, +1\}$. In questo senso il gruppo quoziente S_n/A_n e il gruppo moltiplicativo $\{-1, +1\}$ si assomigliano.

2. Sia f la funzione di $\mathbb{R}^*$ in $\mathbb{R}^{>0}$ tale che, per ogni $a \in \mathbb{R}$, $f(a) = |a|$. Sappiamo che f è un omomorfismo di $(\mathbb{R}^*, \cdot)$ **su** $(\mathbb{R}^{>0}, \cdot)$ di nucleo $Ker\, f = \{-1, +1\}$. Segue che c'è un isomorfismo h di $\mathbb{R}^*/\{-1, +1\}$ su $\mathbb{R}^{>0}$ definito ponendo, per ogni $a \in \mathbb{R}^*$,

$$h(Ka) = |a|.$$

In questo senso il gruppo quoziente $\mathbb{R}^*/\{-1, +1\}$ assomiglia al gruppo $(\mathbb{R}^{>0}, \cdot)$.

3. Sia g la funzione segno di $\mathbb{R}^*$ su $\{-1, +1\}$. Sappiamo che g è un omomorfismo di nucleo $\mathbb{R}^{>0}$. Così c'è un isomorfismo h tra il gruppo quoziente $\mathbb{R}/\mathbb{R}^{>0}$ e il gruppo $\{-1, +1\}$ definito ponendo $h(\mathbb{R}^{>0}) = 1$ e $h(\mathbb{R}^* - \mathbb{R}^{>0}) = -1$. In questo senso $\mathbb{R}/\mathbb{R}^{>0}$ assomiglia al gruppo ciclico $\{-1, +1\}$.

Possiamo usare il Teorema degli omomorfismi per classificare finalmente in modo preciso i gruppi ciclici.

Teorema 5.8.11 *Sia $(G, \cdot)$ un gruppo ciclico. Allora $(G, \cdot) \simeq (\mathbb{Z}, +)$ oppure $(G, \cdot) \simeq (\mathbb{Z}_q, +)$ per qualche intero positivo q.*

Dimostrazione. Sia $a \in G$ tale che $G = \langle a \rangle$. Consideriamo la funzione f di $\mathbb{Z}$ in G tale che, per ogni $n \in \mathbb{Z}$, $f(n) = a^n$. Allora f è suriettiva perché G è ciclico ed è generato da a; inoltre, per ogni scelta di $n, m \in \mathbb{Z}$,

$$f(n + m) = a^{n+m} = a^n \cdot a^m = f(n) \cdot f(m).$$

Così f è un omomorfismo di $(\mathbb{Z}, +)$ su $(G, \cdot)$. In particolare $Ker\, f$ è sottogruppo normale di $\mathbb{Z}$. Ma sappiamo che i sottogruppi di $\mathbb{Z}$ (tutti normali perché $\mathbb{Z}$ è abeliano) sono esattamente quelli della forma $q\mathbb{Z}$ per q intero non negativo.

- Se $q = 0$, cioè $Ker\, f = \{0\}$, allora f è iniettiva e dunque è un isomorfismo: G è isomorfo a $(\mathbb{Z}, +)$.
- Se $q > 0$, dal Teorema degli omomorfismi segue che $\mathbb{Z}_q = \mathbb{Z}/q\mathbb{Z}$ è isomorfo a $(G, \cdot)$ tramite la funzione h che, per ogni $n \in \mathbb{Z}$, è definita come

$$h(n + q\mathbb{Z}) = a^n.$$

$\square$

Esercizi 5.8.12

1. Siano f un omomorfismo del gruppo $(G, \cdot)$ nel gruppo $(G', \star)$, a un elemento di G. Si provi che l'ordine di $f(a)$ divide quello di a. Si mostri poi che i due ordini coincidono se f è un isomorfismo.
2. Si provi che il gruppo diedrale $(D_4, \cdot)$ e il gruppo quaternionico $(Q, \cdot)$, pur avendo lo stesso ordine 8, non possono essere isomorfi.
   (*Suggerimento:* in $(Q, \cdot)$, i, j sono elementi di ordine 4 né uguali né inversi, ma con uguale quadrato; vale nulla di analogo in $(D_4, \cdot)$?).

5.9 Automorfismi di un gruppo

Definizione 5.9.1 Si dice *endomorfismo* di un gruppo $(G, \cdot)$ un omomorfismo f di $(G, \cdot)$ in $(G, \cdot)$ (dunque una funzione f di G in G che è anche un omomorfismo, cioè soddisfa

$$f(a \cdot b) = f(a) \cdot f(b) \text{ per ogni scelta di } a, b \in G).$$

Definizione 5.9.2 Si dice poi *automorfismo* di $(G, \cdot)$ un endomorfismo f di $(G, \cdot)$ che sia anche una corrispondenza biunivoca (dunque un isomorfismo f di $(G, \cdot)$ su $(G, \cdot)$).

$End(G, \cdot)$ denota l'insieme degli endomorfismi di G e $Aut(G, \cdot)$ quello degli automorfismi di $(G, \cdot)$. Spesso scriveremo più sbrigativamente $End(G)$ e $Aut(G)$ per indicare $End(G, \cdot)$, $Aut(G, \cdot)$ rispettivamente.

Chiaramente $Aut(G) \subseteq End(G)$. Inoltre $Aut(G)$ è sottoinsieme di $S(G)$ – l'insieme di tutte le permutazioni di G –; ma $S(G)$, rispetto alla composizione, è un gruppo. Si osservi allora:

Proposizione 5.9.3 $(Aut(G), \circ)$ *è sottogruppo di* $(S(G), \circ)$.

Dimostrazione. Ci rifacciamo al criterio stabilito dal Teorema 5.3.4. È chiaro che $id_G \in Aut(G)$. Siano poi $f, g \in Aut(G)$, allora, per ogni scelta di $a, b \in G$,

$$(f \circ g)(a \cdot b) = f(g(a \cdot b)) = f(g(a)) \cdot f(g(b)) = (f \circ g)(a) \cdot (f \circ g)(b);$$

dunque $f \circ g \in Aut(G)$. Sia infine $f \in Aut(G)$, vogliamo provare che $f^{-1} \in Aut(G)$: siano $a, b \in G$, poniamo

$$f^{-1}(a) = x, \ \text{cioè } f(x) = a,$$

$$f^{-1}(b) = y, \ \text{cioè } f(y) = b;$$

allora

$$f(x \cdot y) = f(x) \cdot f(y) = a \cdot b,$$

cioè

$$f^{-1}(a \cdot b) = x \cdot y = f^{-1}(a) \cdot f^{-1}(b);$$

si conferma così $f^{-1} \in Aut(G)$. $\qquad\qquad\square$

Esercizio 5.9.4 Sia $f \in Aut(G)$. Si provi che, per ogni $a \in G$, a e $f(a)$ hanno lo stesso ordine.

Esempi 5.9.5

1. Sia $a \in G$, consideriamo la funzione φ_a di G in G tale che, per ogni $x \in G$,

$$\varphi_a(x) = a \cdot x \cdot a^{-1}.$$

Allora $\varphi_a \in Aut(G)$. Eccone la verifica.
   - φ_a è iniettiva: sia $y \in G$, ci chiediamo per quanti elementi $x \in G$ si ha $y = \varphi_a(x) = a \cdot x \cdot a^{-1}$; ma, per questi elementi x, si ha necessariamente $a^{-1} \cdot y \cdot a = a^{-1} \cdot a \cdot x \cdot a^{-1} \cdot a = x$; così c'è al più un $x \in G$ per cui $y = \varphi_a(x)$, ed è $x = a^{-1} \cdot y \cdot a$.
   - φ_a è suriettiva: basta notare che, per ogni $y \in G$, si ha effettivamente $\varphi_a(a^{-1} \cdot y \cdot a) = a \cdot a^{-1} \cdot y \cdot a \cdot a^{-1} = y$.
   - φ_a è un omomorfismo: per ogni scelta di $x, y \in G$,

$$\varphi_a(x \cdot y) = a \cdot x \cdot y \cdot a^{-1} = a \cdot x \cdot a^{-1} \cdot a \cdot y \cdot a^{-1} = \varphi_a(x) \cdot \varphi_a(y).$$

Si noti che, se G è abeliano, allora per ogni $a \in G$ si ha che φ_a è l'identità di G id_G: infatti, per ogni $x \in G$,

$$\varphi_a(x) = a \cdot x \cdot a^{-1} = x \cdot a \cdot a^{-1} = x \cdot 1_G = x = id_G(x).$$

Si ha anzi che G è abeliano se e solo se $\varphi_a = id_G$ per ogni $a \in G$. Più in generale, per G arbitrario e $a \in G$, $\varphi_a = id_G$ se e solo se, per ogni $x \in G$, $a \cdot x \cdot a^{-1} = x$ e cioè $a \cdot x = x \cdot a$.

2. Sia φ la funzione di G in G tale che, per ogni $x \in G$, $\varphi(x) = x^{-1}$. È ovvio che $\varphi \in S(G)$ ma, per G non abeliano, $\varphi \notin Aut(G)$: infatti esistono $x, y \in G$ tali che $x \cdot y \neq y \cdot x$ e dunque

$$\varphi(x \cdot y) = (x \cdot y)^{-1} \neq x^{-1} \cdot y^{-1} = \varphi(x) \cdot \varphi(y).$$

Invece, per G abeliano, $\varphi \in Aut(G)$: infatti per $x, y \in G$,

$$\varphi(x \cdot y) = (x \cdot y)^{-1} = x^{-1} \cdot y^{-1} = \varphi(x) \cdot \varphi(y).$$

Tornando all'Esempio 5.9.5.1, per ogni $a \in G$ chiamiamo φ_a l'*automorfismo interno indotto* da a. $I(G)$ denota l'insieme degli automorfismi interni di G. Per studiare meglio $I(G)$ ci serve la seguente nozione.

Definizione 5.9.6 Si chiama *centro* di G, e si denota $Z(G)$, l'insieme degli elementi $a \in G$ che commutano con ogni $x \in G$, soddisfano cioè $a \cdot x = x \cdot a$ per ogni $x \in G$.

Dunque $Z(G)$ si può introdurre come l'insieme degli $a \in G$ tali che $\varphi_a = id_G$.

Esempi 5.9.7

1. Se G è abeliano, $Z(G) = G$.

2. Sia G il gruppo $S_3 = D_3$. Così

$$G = \{id, \alpha, \alpha^2, \beta, \alpha \circ \beta, \alpha^2 \circ \beta\}$$

dove $\alpha^3 = \beta^2 = id$ e $\beta \circ \alpha = \alpha^2 \circ \beta$ (da cui $\beta \circ \alpha^2 = \alpha \circ \beta$). È allora immediato escludere da $Z(S_3)$ $\alpha, \alpha^2, \beta, \alpha \circ \beta, \alpha^2 \circ \beta$. Segue $Z(S_3) = \{id\}$.

Sia ora φ la funzione di G in $Aut(G)$ che ad ogni $a \in G$ associa

$$\varphi(a) = \varphi_a = \text{ l'automorfismo interno indotto da } a.$$

Osserviamo che φ è un omomorfismo: infatti per $a, b \in G$ si ha $\varphi_{a \cdot b} = \varphi_a \cdot \varphi_b$ poiché, per ogni $x \in G$,

$$(\varphi_a \circ \varphi_b)(x) = \varphi_a(\varphi_b(x)) = a \cdot b \cdot x \cdot b^{-1} \cdot a^{-1} = a \cdot b \cdot x \cdot (a \cdot b)^{-1} = \varphi_{a \cdot b}(x).$$

In particolare, per ogni $a \in G$, $\varphi_{a^{-1}} = \varphi_a^{-1}$. Inoltre $\varphi(G) = I(G)$ e $Ker\,\varphi = \{a \in G : \varphi_a = id_G\} = Z(G)$. Allora dall'Esercizio 5.8.6 segue $I(G) \leq Aut(G)$. Dal Teorema degli omomorfismi, poi, si ha

- $Z(G) \trianglelefteq G$,
- $G/Z(G) \simeq I(G)$ tramite la funzione h tale che, per ogni $a \in G$, $h(Z(G)a) = \varphi_a$.

Si ha anzi

Proposizione 5.9.8 $I(G) \trianglelefteq Aut(G)$.

Dimostrazione. Siano $a \in G$, $f \in Aut(G)$, consideriamo in $Aut(G)$ $f \circ \varphi_a \circ f^{-1}$: per ogni $x \in G$

$$(f \circ \varphi_a \circ f^{-1})(x) = f(a \cdot f^{-1}(x) \cdot a^{-1}) = f(a) \cdot f(f^{-1}(x)) \cdot f(a^{-1}) =$$
$$= f(a) \cdot x \cdot (f(a))^{-1} = \varphi_{f(a)}(x).$$

Così $f \circ \varphi_a \circ f^{-1} = \varphi_{f(a)} \in I(G)$. Segue che $I(G) \trianglelefteq Aut(G)$. $\qquad\square$

Esempi 5.9.9

1. Per $(G, \cdot)$ abeliano, $Z(G) = G$ e $I(G) = \{id_G\}$. Consideriamo il caso particolare del gruppo $(\mathbb{Z}_6, +)$. $\mathbb{Z}_6$ è il gruppo ciclico generato da 1_6 o da $5_6 = -1_6$. Anche per $(\mathbb{Z}_6, +)$ si ha $Z(\mathbb{Z}_6) = \mathbb{Z}_6$, $I(\mathbb{Z}_6) = \{id_G\}$. Cerchiamo però di analizzare $Aut(\mathbb{Z}_6)$. Sia allora $f \in Aut(\mathbb{Z}_6)$. Notiamo che
   - f deve trasformare 1_6 in un elemento del suo stesso ordine 6, cioè in 1_6 o 5_6;
   - $f(1_6)$ determina f perché $f(2_6) = f(1_6 + 1_6) = f(1_6) + f(1_6) = 2 \cdot f(1_6)$, e così via.

   Si hanno allora due soli automorfismi in $\mathbb{Z}_6$, per la precisione
   - f tale che $f(1_6) = 1_6$, così che $f(2_6) = 2_6$, $f(3_6) = 3_6$, e via dicendo (dunque $f = id_{\mathbb{Z}_6}$);
   - f tale che $f(1_6) = 5_6 = -1_6$, così $f(2_6) = -2_6 = 4_6$, e via dicendo (dunque $f(a_6) = -a_6$, per ogni intero a).

Esercizio 5.9.10 Si determinino $Z(G), I(G), Aut(G)$ per $G = \mathbb{Z}_5, \mathbb{Z}_7, \mathbb{Z}_8$.

2. Sia ora $G = S_3 = D_3 = \{id, \alpha, \alpha^2, \beta, \alpha \circ \beta, \alpha^2 \circ \beta\}$ dove id denota la permutazione identica su $\{1, 2, 3\}$, $\alpha^3 = \beta^2 = id$, $\beta \circ \alpha = \alpha^2 \circ \beta$. Abbiamo già visto $Z(G) = \{id\}$, così

$$I(G) \simeq G/Z(G)$$

   ha 6 elementi: in altre parole $G = S_3$ ha 6 automorfismi interni (uno per elemento di S_3).
   Consideriamo poi $Aut(G)$. Sia $f \in Aut(S_3)$, notiamo:
   - f deve trasformare α in un elemento di ordine 3, cioè in α o in α^2 (e di conseguenza α^2 in α^2 e $(\alpha^2)^2 = \alpha$, rispettivamente); f trasforma poi β in un elemento di ordine 2, cioè in β o in $\alpha \circ \beta$ o in $\alpha^2 \circ \beta$; ci sono quindi 2 possibilità di scelta per $f(\alpha)$ e 3 per $f(\beta)$;

- $f(\alpha), f(\beta)$ determinano completamente l'automorfismo f perché α, β generano S_3. Ad esempio, deve essere $f(\alpha^2) = (f(\alpha))^2$, $f(\alpha \circ \beta) = f(\alpha) \cdot f(\beta)$, e così via.

Così $Aut(G)$ ha 6 elementi, tanti quanti $I(G)$, dunque

$$Aut(G) = I(G) = \{\varphi_{id}, \varphi_\alpha, \varphi_{\alpha^2}, \varphi_\beta, \varphi_{\alpha \circ \beta}, \varphi_{\alpha^2 \circ \beta}\}.$$

In particolare $\varphi_{id} = id_G$, φ_α è definito da $\varphi_\alpha(\alpha) = \alpha \circ \alpha \circ \alpha^{-1} = \alpha$ e $\varphi_\alpha(\beta) = \alpha \circ \beta \circ \alpha^{-1} = \alpha \circ \beta \circ \alpha^2 = \alpha^2 \circ \beta$, φ_β da $\varphi_\beta(\alpha) = \beta \circ \alpha \circ \beta^{-1} = \beta \circ \alpha \circ \beta = \alpha^2$, $\varphi_\beta(\beta) = \beta$, e così via.

5.10 Cayley e Sylow

Tra gli esempi principali di gruppi, abbiamo citato i gruppi di permutazioni. Anzi abbiamo già anticipato e avremo modo di confermare a fine capitolo che la teoria astratta dei gruppi nasce in qualche senso proprio dall'interesse per certi sottogruppi di gruppi di permutazioni (su radici di polinomi). Ci preme allora approfondire qui il legame tra gruppi e permutazioni.

Definizione 5.10.1 Siano $(G, \cdot)$ un gruppo, X un insieme. Si dice *rappresentazione* di $(G, \cdot)$ su X un omomorfismo τ di G in $S(X)$. Se τ è iniettivo, la rappresentazione si dice *fedele*.

Allora, se τ è una rappresentazione di $(G, \cdot)$ su X,

- ogni elemento $a \in G$ definisce una permutazione $\tau(a)$ su X;

- il prodotto di due elementi a, b di G determina in questo modo la composizione delle permutazioni corrispondenti ad a e b, nel senso che $\tau(a \cdot b) = \tau(a) \circ \tau(b)$; di conseguenza $\tau(1_G) = id_X$ e, per ogni $a \in G$, $\tau(a^{-1}) = \tau(a)^{-1}$.

τ è fedele quando l'unico elemento $a \in G$ tale che $\tau(a) = id_X$ è 1_G, ovvero quando elementi distinti $a \neq b$ di G determinano permutazioni distinte $\tau(a) \neq \tau(b)$ su X.

Esempi 5.10.2

1. Siano $X = G$, φ la funzione di G in $S(G)$ tale che, per ogni $a \in G$, $\varphi(a)$ è φ_a (cioè l'automorfismo interno indotto da a). Abbiamo già visto che φ è un omomorfismo di G in $S(G)$, dunque φ è una rappresentazione di G in G. Sappiamo poi che $Ker\,\varphi = Z(G)$. Così φ è fedele se e solo se $Z(G) = \{1_G\}$.

2. Sia ancora $X = G$, e guardiamo alla funzione τ di G in $S(G)$ tale che, per ogni $a \in G$, $\tau(a)$ è la moltiplicazione a sinistra per a: per ogni $x \in G$,

$$\tau(a)(x) = a \cdot x$$

(così $\tau(a) \in S(G)$, come richiesto). τ è un omomorfismo perché, per ogni scelta di $a, b, x \in G$,

$$\tau(a \cdot b)(x) = (a \cdot b) \cdot x = a \cdot (b \cdot x) = \tau(a) \cdot (\tau(b)(x)) = (\tau(a) \cdot \tau(b))(x).$$

Così τ è una rappresentazione di G su G. Inoltre τ è fedele, perché, per ogni $a \in G$,

$$\tau(a) = id_G \text{ se e solo se, per ogni } x \in G,\ a \cdot x = \tau(a)(x) = id_G(x) = x,$$
$$\text{quindi se e solo se } a = 1_G.$$

Abbiamo così implicitamente provato:

Teorema 5.10.3 (Cayley). *Ogni gruppo $(G, \cdot)$ è isomorfo ad un sottogruppo di un gruppo $S(X)$ per qualche insieme X.*

Dimostrazione. Basta prendere $X = G$; tramite τ, G è isomorfo a $\tau(G) \leq S(G)$. $\qquad\square$

Una parentesi storica: Arthur Cayley visse nell'Inghilterra dell'Ottocento ed esercitò la professione di avvocato, ma la sua abilità di matematico gli meritò una cattedra – di matematica, appunto – a Cambridge. Ebbe così modo di contribuire in modo significativo alla Teoria dei gruppi di permutazione e dei Gruppi astratti (e a molti altri argomenti di Matematica).

Continuiamo con gli esempi.

3. Siano $X = G$, τ la funzione di G in $S(G)$ tale che, per ogni $a \in G$, $\tau(a)$ è la moltiplicazione a destra per a^{-1}: così per ogni $x \in G$

$$\tau(a)(x) = x \cdot a^{-1};$$

τ è un omomorfismo perché, per ogni scelta di $a, b, x \in G$,

$$\tau(a \cdot b)(x) = x \cdot (a \cdot b)^{-1} = x \cdot (b^{-1} \cdot a^{-1}) =$$
$$= (x \cdot b^{-1}) \cdot a^{-1} = \tau(a) \cdot (\tau(b)(x)) = (\tau(a) \cdot \tau(b))(x)$$

(a proposito, perché conviene moltiplicare per a^{-1} e non direttamente per a?). Così τ è una rappresentazione di G su G, evidentemente fedele.

4. Sia ancora $X = G$. Sia poi H un sottogruppo di G e consideriamo la funzione τ di H in $S(G)$ che associa ad ogni $a \in H$ la moltiplicazione a sinistra di a. Si verifichi che τ è una rappresentazione di H su G. Lo stesso vale per la funzione τ' di H in $S(G)$ che associa ad ogni $a \in H$ la moltiplicazione a destra per a^{-1}. τ e τ' sono fedeli?

5. Sia stavolta $X = H$ con H sottogruppo normale di G. Per ogni $a \in G$, consideriamo la funzione $\tau(a)$ che ad ogni $x \in H$ associa $\tau(a)(x) = a \cdot x \cdot a^{-1}$: osserviamo che $a \cdot x \cdot a^{-1} \in H$ perché $H \trianglelefteq G$. Così $\tau(a)$ è una permutazione su H (anzi un automorfismo di H). È facile verificare che τ è un omomorfismo di G in $S(H)$, quindi una rappresentazione di G su H. In quali casi τ è fedele?

Siano $(G, \cdot)$ un gruppo, X un insieme, τ una rappresentazione di G su X. Conviene usare una notazione più snella in questo ambito e, per $a \in G$, $x \in X$, indicare $\tau(a)(x)$ più sbrigativamente come ${}^a x$ e dunque porre

$$\tau(a)(x) = {}^a x.$$

Allora, per $a, b \in G$ e per $x \in X$, vale ${}^{a \cdot b}x = {}^a({}^b x)$ e ${}^{1_G}x = x$.
In X definiamo poi la seguente relazione binaria $\sim$: per $x, y \in X$,

$$x \sim y \text{ se e solo se esiste } a \in G \text{ tale che } y = {}^a x.$$

È facile verificare che $\sim$ è una relazione di equivalenza in X. Si ha infatti:

- per ogni $x \in X$, $x \sim x$ (basta ricordare che $x = {}^{1_G}x$);
- per ogni scelta di $x, y \in X$, se $x \sim y$, allora $y \sim x$ (se $a \in G$ soddisfa $y = {}^a x$, allora $x = {}^{1_G}x = {}^{a^{-1} \cdot a}x = {}^{a^{-1}}({}^a x) = {}^{a^{-1}}y$);
- per ogni scelta di $x, y, z \in X$, se $x \sim y$ e $y \sim z$, allora $x \sim z$ (siano $a, b \in G$ tali che $y = {}^a x$, $z = {}^b y$, allora $z = {}^b({}^a x) = {}^{b \cdot a}x$).

Le classi di equivalenza di X rispetto a $\sim$ si dicono *orbite* di X rispetto a G (e τ, naturalmente).
Descriviamo i concetti ora introdotti facendo riferimento agli esempi trattati in 5.10.2.

1. Per ogni $x \in G$, l'orbita di G è

$$\{\varphi_a(x) : a \in G\} = \{a \cdot x \cdot a^{-1} : a \in G\}$$

   e si dice anche *classe di coniugio* di x in G.

2. e 3. Nel caso 2, per ogni $x \in G$, l'orbita di x è $\{a \cdot x : a \in G\} = G$; c'è dunque una sola orbita in G, cioè G stesso. Altrettanto accade nell'esempio 3.

4. Nel primo caso, per ogni $x \in G$, l'orbita di x è $\{a \cdot x : a \in H\}$, cioè Hx – la classe laterale destra di x in G rispetto a H –; invece nel secondo caso, per ogni $x \in G$, l'orbita di x è $\{x \cdot a^{-1} : a \in H\} = xH$ classe laterale sinistra di x in G rispetto a H.

5. Per $x \in H$, l'orbita di x è $\{a \cdot x \cdot a^{-1} : a \in G\}$.

Definizione 5.10.4 Per $x \in X$, si chiama *stabilizzatore* di x e si indica con $Stab(x)$

$$\{a \in G : {}^a x = x\}.$$

Teorema 5.10.5 *Per ogni $x \in X$, $Stab(x) \leq G$; inoltre c'è una corrispondenza biunivoca tra l'insieme delle classi laterali sinistre di $Stab(x)$ in G e l'orbita di x; in particolare, per G finito, il numero degli elementi dell'orbita di x eguaglia $|G : Stab(x)|$.*

Dimostrazione. Proviamo anzitutto che $Stab(x) \leq G$. In riferimento al criterio stabilito nel Teorema 5.3.4, notiamo:

(1) per ogni scelta di $a, b \in Stab(x)$, anche $a \cdot b \in Stab(x)$: infatti $^{a \cdot b}x = {}^{a}(^{b}x) = {}^{a}x = x$;

(2) $1_G \in Stab(x)$, poiché $^{1_G}x = x$;

(3) per ogni $a \in Stab(x)$, $a^{-1} \in Stab(x)$: se $^{a}x = x$, $x = {}^{a^{-1} \cdot a}x = {}^{a^{-1}}(^{a}x) = {}^{a^{-1}}x$.

Siano ora $a, b \in G$, allora $a\, Stab(x) = b\, Stab(x)$ se e solo se $a^{-1} \cdot b \in Stab(x)$, quindi se e solo se $x = {}^{a^{-1} \cdot b}x = {}^{a^{-1}}(^{b}x)$, e in conclusione se e solo se $^{a}x = {}^{b}x$. Dunque

$$a\, Stab(x) \mapsto {}^{a}x$$

definisce una funzione iniettiva (e anche suriettiva) dell'insieme dei laterali sinistri di $Stab(x)$ in G nell'orbita di x. $\qquad\qquad\square$

Nei precedenti esempi 2 e 3 in 5.10.2 si ha $Stab(x) = \{1_G\}$ (infatti $\{a \in G : a \cdot x = x\} = \{1_G\} = \{a \in G : x \cdot a^{-1} = x\}$); siccome G è l'unica orbita, c'è poi una corrispondenza biunivoca tra $G/Stab(x)$ e G.

Nell'esempio 4 si ha di nuovo $Stab(x) = \{1_G\}$: c'è una corrispondenza biunivoca tra $H/Stab(x)$ e H, e dunque tra $H/Stab(x)$ e l'orbita di x (che è la classe laterale destra o sinistra di x in G rispetto a H).

Nell'esempio 5, per ogni $x \in G$, $Stab(x) = \{a \in G : a \cdot x \cdot a^{-1} = x\} = \{a \in G : a \cdot x = x \cdot a\}$ si chiama *centralizzante* di x in G e si indica $C_G(x)$. Esaminiamo due casi particolari a suo proposito.

- Se G è abeliano, per ogni $x \in G$, l'orbita di x in G (ovvero la sua classe di coniugio $\{a \cdot x \cdot a^{-1} : a \in G\}$) si riduce al solo elemento x, perché $a \cdot x \cdot a^{-1} = x$ per ogni $a \in G$; d'altra parte $C_G(x) = G$, e dunque c'è una corrispondenza biunivoca tra $\{x\}$ e $G/C_G(x) = G/G$.

- Sia ora $G = S_3 = \{id, \alpha, \alpha^2, \beta, \alpha \circ \beta, \alpha^2 \circ \beta\}$ con $\alpha^3 = \beta^2 = id$, $\beta \circ \alpha = \alpha^2 \circ \beta$. Si verifica che
  - l'orbita di id è $\{id\}$,
  - l'orbita di α è $\{\alpha, \alpha^2\}$ (in particolare $\beta \circ \alpha \circ \beta^{-1} = \alpha^2$),
  - l'orbita di β è $\{\beta, \alpha \circ \beta, \alpha^2 \circ \beta\}$ (infatti $\alpha \circ \beta = \alpha^2 \circ \beta \circ (\alpha^2)^{-1}$; $\alpha^2 \circ \beta = \alpha \circ \beta \circ \alpha^{-1}$).

  Inoltre
  - $C_{S_3}(id) = S_3$ ha una sola classe laterale (sinistra) in S_3,
  - $C_{S_3}(\alpha) = \{id, \alpha, \alpha^2\}$ ha due classi laterali (sinistre) in S_3,
  - $C_{S_3}(\beta) = \{id, \beta\}$ ha tre classi laterali (sinistre) in S_3.

I precedenti risultati ci servono per provare un importante risultato sui possibili ordini dei sottogruppi di un gruppo finito $(G, \cdot)$. Ricordiamo che il Teorema 5.6.10 di Lagrange ci dice che l'ordine di un sottogruppo H di G divide quello di G. Ci chiediamo allora:

Problema. Siano $(G, \cdot)$ un gruppo finito, n un intero positivo tale che n divide $|G|$. Esiste un sottogruppo H di G tale che $n = |H|$?

La risposta è, in generale, negativa: ad esempio $|A_4| = 12$, ma si può verificare che A_4 non ha sottogruppi di ordine 6. Tuttavia il risultato è valido se il divisore n di $|G|$ è la potenza di un primo. È questo infatti il contenuto del seguente:

Teorema 5.10.6 (Sylow). *Siano $(G, \cdot)$ un gruppo finito, p un primo, k un intero positivo tale che p^k divide $|G|$. Allora G ha un sottogruppo di ordine p^k.*

Ludwig Sylow fu matematico norvegese dell'Ottocento, e si occupò della Teoria delle equazioni algebriche, e conseguentemente della Teoria dei gruppi, sulla scia dei risultati del suo connazionale Abel e di Galois.

Il Teorema di Sylow è risultato impegnativo e complicato da dimostrarsi. Eccone una prova.

Dimostrazione. Fissiamo $|G| = p^k \cdot m$ per qualche naturale m. Sia poi r il massimo intero positivo tale che $p^r | m$; così $p^{r+1} \nmid m$. Sia X l'insieme dei sottoinsiemi Y di G che hanno p^k elementi. Sappiamo allora che

$$|X| = \binom{p^k \cdot m}{p^k} = \frac{(p^k \cdot m)!}{p^k!(p^k \cdot m - p^k)!} =$$
$$= \frac{p^k \cdot m \cdot (p^k \cdot m - 1) \cdots (p^k \cdot m - p^k + 1)}{p^k \cdot (p^k - 1) \cdots (p^k - p^k + 1)}.$$

Si noti che, per $0 < i < p^k - 1$ e per $s \in \mathbb{N}$,

$$p^s | p^k \cdot m - i \text{ se e solo se } p^s | i, \text{ e quindi se e solo se } p^s | p^k - i.$$

Così i fattori uguali a p che compaiono nella decomposizione in fattori primi di $p^k \cdot (p^k \cdot m - 1) \cdots (p^k \cdot m - p^k + 1)$ sono dello stesso numero di quelli che dividono il denominatore $p^k \cdot (p^k - 1) \cdots (p^k - p^k + 1)$. Ricordiamo che p^r è anche la massima potenza di p che divide m, e deduciamo allora che p^r è anche la massima potenza di p che divide $|X| = \binom{p^k \cdot m}{p^k}$:

$$p^r \bigg| \binom{p^k \cdot m}{p^k}, \quad p^{r+1} \nmid \binom{p^k \cdot m}{p^k}.$$

Notiamo poi che, per ogni $a \in G$ e per ogni $Y \in X$, si ha $aY \in X$. Possiamo definire una funzione τ_a di X in X associando ad ogni $Y \in X$

$$\tau_a(Y) = aY.$$

Si verifica facilmente che τ_a è una corrispondenza biunivoca di X, cioè $\tau_a \in S(X)$. Consideriamo allora la funzione τ di G in $S(X)$ tale che, per ogni $a \in G$, $\tau(a) = \tau_a$. Si verifica che τ è una rappresentazione di G su X (lasciamo i dettagli al lettore per **esercizio**).

Ricordiamo che p^{r+1} non divide $\binom{p^k \cdot m}{p^k} = |X|$. Siccome le orbite di X determinano una partizione di X, deve esistere un elemento $Y \in X$ tale che p^{r+1}

non divide il numero n degli elementi dell'orbita di Y. Ma $n = |G : Stab(Y)|$ (dove $Stab(Y) = \{a \in G : aY = Y\}$), così p^{r+1} non divide $|G : Stab(Y)|$. Ma p^{r+k} divide $|G|$ perché p^r divide m, dunque p^k deve dividere $|Stab(Y)|$. D'altra parte si fissi $y \in Y$. Al variare di $a \in Stab(Y)$ gli elementi $a \cdot y$ sono tutti in Y, e sono a due a due distinti. Ma Y ha in tutto p^k elementi, quindi gli elementi $a \cdot y$ al variare di a in $Stab(Y)$ sono al più p^k, e di conseguenza anche $Stab(Y)$ ha al più ordine p^k. Dunque p^k divide $|Stab(Y)|$ e $|Stab(Y)| \leq p^k$. Ne segue che $|Stab(Y)|$ è proprio p^k. Si è quindi trovato un sottogruppo $Stab(Y)$ di G di ordine p^k. $\qquad\square$

5.11 Prodotti diretti

C'è un modo molto semplice con cui, partendo da due gruppi $(S_0, \star_0)$, $(S_1, \star_1)$ se ne costruisce un terzo. Basta considerare il prodotto cartesiano

$$G = S_0 \times S_1 = \{(a_0, a_1) : a_0 \in S_0, a_1 \in S_1\}$$

e definirvi la seguente operazione binaria: per $a_0, b_0 \in S_0$, $a_1, b_1 \in S_1$,

$$(a_0, a_1) \cdot (b_0, b_1) = (a_0 \star_0 b_0, a_1 \star_1 b_1).$$

È noioso ma non difficile controllare che G è un gruppo rispetto a questa operazione: basta notare che gli assiomi di gruppo, che valgono per $(S_0, \star_0)$ e $(S_1, \star_1)$, si trasferiscono anche a $(G, \cdot)$.

(i) È in questo modo che si verifica la proprietà associativa in $(G, \cdot)$, e cioè che, per ogni scelta di $a_0, b_0, c_0 \in S_0$ e $a_1, b_1, c_1 \in S_1$, si ha $(a_0, a_1) \cdot ((b_0, b_1) \cdot (c_0, c_1)) = ((a_0, a_1) \cdot (b_0, b_1)) \cdot (c_0, c_1)$: lasciamo al lettore volenteroso il relativo controllo.

(ii) L'elemento neutro di G è $(1_{S_0}, 1_{S_1})$. Infatti per ogni $a_0 \in S_0$ e $a_1 \in S_1$ $(a_0, a_1) \cdot (1_{S_0}, 1_{S_1}) = (a_0 \star_0 1_{S_0}, a_1 \star_1 1_{S_1}) = (a_0, a_1)$, e $(1_{S_0}, 1_{S_1}) \cdot (a_0, a_1) = (1_{S_0} \star_0 a_0, 1_{S_1} \star_1 a_1) = (a_0, a_1)$.

(iii) Finalmente per $a_0 \in S_0$ e $a_1 \in S_1$, l'inverso di (a_0, a_1) in G è (a_0^{-1}, a_1^{-1}), infatti $(a_0, a_1) \cdot (a_0^{-1}, a_1^{-1}) = (a_0 \star_0 a_0^{-1}, a_1 \star_1 a_1^{-1}) = (1_{S_0}, 1_{S_1})$ e $(a_0^{-1}, a_1^{-1}) \cdot (a_0, a_1) = (a_0^{-1} \star_0 a_0, a_1^{-1} \star_1 a_1) = (1_{S_0}, 1_{S_1})$.

$(G, \cdot)$ si dice il *prodotto diretto esterno* di $(S_0, \star_0)$ e $(S_1, \star_1)$.

Esercizio 5.11.1 In quali casi $(G, \cdot)$ è abeliano?

I due gruppi $(S_0, \star_0)$, $(S_1, \star_1)$ si possono recuperare, a meno di isomorfismi, come sottogruppi di $(G, \cdot)$. Infatti consideriamo

$$\overline{S}_0 = \{(a_0, 1_{S_1}) : a_0 \in S_0\}, \quad \overline{S}_1 = \{(1_{S_0}, a_1) : a_1 \in S_1\}.$$

Osserviamo che

(1) $\overline{S}_0, \overline{S}_1$ sono ambedue sottogruppi normali di $(G, \cdot)$.

Il lettore può verificarlo utilizzando i criteri per riconoscere i sottogruppi e sottogruppi normali, oppure fare riferimento alle funzioni

$$f_0 : G \to S_1, \quad f_1 : G \to S_0$$

tali che, per ogni $(a_0, a_1) \in G$, $f_0(a_0, a_1) = a_1$, $f_1(a_0, a_1) = a_0$. È facile vedere che ambedue sono omomorfismi, e che hanno nucleo rispettivamente proprio $\overline{S}_0, \overline{S}_1$. Così $\overline{S}_0, \overline{S}_1$ sono sottogruppi normali di G.

È poi chiaro che $\overline{S}_i$ è isomorfo a S_i per ogni $i = 0, 1$ (come il lettore può verificare per **esercizio**). Finalmente $G = \overline{S}_0 \cdot \overline{S}_1$, e anzi

(2) ogni elemento di G si rappresenta in modo unico come prodotto di un elemento di $\overline{S}_0$ e di uno di $\overline{S}_1$.

Infatti, se $a_0 \in S_0$ e $a_1 \in S_1$, si ha

$$(a_0, a_1) = (a_0, 1_{S_1}) \cdot (1_{S_0}, a_1),$$

e questa è l'unica decomposizione possibile di (a_0, a_1) nel modo appena descritto: se infatti $(a_0, a_1) = (b_0, 1_{S_1}) \cdot (1_{S_0}, b_1)$ con $b_0 \in S_0$ e $b_1 \in S_1$, si ha $(a_0, a_1) = (b_0, b_1)$, dunque $a_0 = b_0$, $a_1 = b_1$.
A questo proposito notiamo che $\overline{S}_0 \cdot \overline{S}_1$ coincide con il sottogruppo di G generato da $\overline{S}_0, \overline{S}_1$ perché $\overline{S}_0 \trianglelefteq G$, o anche perché $\overline{S}_1 \trianglelefteq G$.

Rovesciamo adesso la nostra prospettiva; ammettiamo cioè di avere un gruppo $(G, \cdot)$ e chiediamoci se sia possibile individuare due gruppi S_0, S_1 di cui G sia il prodotto diretto esterno. L'utilità di questa ricerca è evidente: una volta che S_0, S_1 sono determinati, lo studio della struttura di $(G, \cdot)$ si può ridurre a quello di S_0, S_1. Alternativamente, possiamo cercare al posto di S_0, S_1 due sottogruppi H_0, H_1 di $(G, \cdot)$ che si comportino come appena descritto per $\overline{S}_0, \overline{S}_1$ nel caso del prodotto diretto esterno. Poniamo allora:

Definizione 5.11.2 Siano $(G, \cdot)$ un gruppo, $H_0, H_1 \leq G$. Si dice che G è *prodotto diretto interno* di H_0, H_1 se

(1) $H_0, H_1 \trianglelefteq G$;
(2) per ogni $a \in G$, a si scrive in uno ed un solo modo nella forma $a = a_0 \cdot a_1$, con $a_0 \in H_0$, $a_1 \in H_1$.

Quindi, se G è prodotto diretto esterno di S_0, S_1, allora G è prodotto diretto interno di $\overline{S}_0, \overline{S}_1$. Notiamo poi che (2) si suddivide in due condizioni:

(2)′ per ogni $a \in G$, esistono $a_0 \in H_0$ e $a_1 \in H_1$ tali che $a = a_0 \cdot a_1$;

(2)″ per ogni scelta di $a_0, b_0 \in H_0$ e di $a_1, b_1 \in H_1$, se $a_0 \cdot a_1 = b_0 \cdot b_1$, allora $a_0 = a_1$ e $b_0 = b_1$.

Chiaramente

$$(2)' \text{ vale se e solo se } G = H_0 \cdot H_1.$$

Inoltre

$$(2)'' \text{ vale se e solo se } H_0 \cap H_1 = \{1_G\}.$$

Assumiamo infatti $(2)''$ e prendiamo $a \in H_0 \cap H_1$, allora $a = a \cdot 1_G$ con $a \in H_0$, $1_G \in H_1$, ma anche $a = 1_G \cdot a$ con $1_G \in H_0$, $a \in H_1$. Da $(2)''$, si ottiene allora $a = 1_G$.

Viceversa, sia $H_0 \cap H_1 = \{1_G\}$ e prendiamo $a_0, b_0 \in H_0$, $a_1, b_1 \in H_1$ per cui $a_0 \cdot a_1 = b_0 \cdot b_1$. Allora $b_0^{-1} \cdot a_0 = b_1 \cdot a_1^{-1}$, dove $b_0^{-1} \cdot a_0 \in H_0$ e $b_1 \cdot a_1^{-1} \in H_1$. Segue $b_0^{-1} \cdot a_0 = b_1 \cdot a_1^{-1} = 1_G$, cioè $a_0 = b_0$, $a_1 = b_1$.

Osserviamo adesso:

Proposizione 5.11.3 *Sia G prodotto diretto interno di H_0, H_1. Allora, per ogni $a_0 \in H_0$ e $a_1 \in H_1$, $a_0 \cdot a_1 = a_1 \cdot a_0$.*

Dimostrazione. Consideriamo l'elemento $a_0 \cdot a_1 \cdot a_0^{-1} \cdot a_1^{-1}$. Se lo scriviamo come $a_0 \cdot (a_1 \cdot a_0^{-1} \cdot a_1^{-1})$ deduciamo che appartiene a H_0 perché $H_0 \trianglelefteq G$ e quindi non solo a_0, ma anche $a_1 \cdot a_0 \cdot a_1^{-1}$ appartiene a H_0; si ha anche $a_0 \cdot a_1 \cdot a_0^{-1} \cdot a_1^{-1} = (a_0 \cdot a_1 \cdot a_0^{-1}) \cdot a_1^{-1}$ così $a_0 \cdot a_1 \cdot a_0^{-1} \cdot a_1^{-1} \in H_1$, perché $H_1 \trianglelefteq G$. In conclusione $a_0 \cdot a_1 \cdot a_0^{-1} \cdot a_1^{-1} \in H_0 \cap H_1$ e quindi $a_0 \cdot a_1 \cdot a_0^{-1} \cdot a_1^{-1} = a_0 \cdot a_1 \cdot (a_1 \cdot a_0)^{-1} = 1_G$. Segue $a_0 \cdot a_1 = a_1 \cdot a_0$. $\qquad\square$

Possiamo finalmente mostrare:

Teorema 5.11.4 *Sia $(G, \cdot)$ prodotto diretto interno dei sottogruppi H_0, H_1. Allora G è isomorfo al prodotto diretto esterno $H_0 \times H_1$.*

Dimostrazione. Sia f la funzione di G in $H_0 \times H_1$ che ad ogni elemento $a \in G$ associa $f(a) = (a_0, a_1)$ dove $a_0 \in H_0$, $a_1 \in H_1$ e $a = a_0 \cdot a_1$. Notiamo che:

- f è suriettiva per la definizione di $H_0 \times H_1$;
- f è un omomorfismo; infatti siano $a, b \in G$, $a = a_0 \cdot a_1$, $b = b_0 \cdot b_1$ per $a_0, b_0 \in H_0$ e $a_1, b_1 \in H_1$; osserviamo che $a \cdot b = a_0 \cdot a_1 \cdot b_0 \cdot b_1$ si scrive anche $a_0 \cdot b_0 \cdot a_1 \cdot b_1$ per la Proposizione 5.11.3; ma $a_0 \cdot b_0 \in H_0$, $a_1 \cdot b_1 \in H_1$, quindi

$$f(a \cdot b) = (a_0 \cdot b_0, a_1 \cdot b_1) = (a_0, a_1) \cdot (b_0, b_1) = f(a) \cdot f(b);$$

- f è iniettiva: sia infatti $a \in G$ tale che $a \in Ker\, f$, cioè $f(a) = (1_{H_0}, 1_{H_1})$; allora $a = 1_{H_0} \cdot 1_{H_1} = 1_G \cdot 1_G = 1_G$.

$$\square$$

Adotteremo allora la notazione $G = H_0 \times H_1$ per indicare anche che il gruppo $(G, \cdot)$ è prodotto diretto *interno* dei sottogruppi H_0, H_1.

Naturalmente la definizione di prodotto diretto (interno o esterno) si può estendere al caso di $3, 4, \ldots$, e anche infiniti sottogruppi. Ad esempio, il prodotto diretto esterno di 3 gruppi $(S_0, \star_0)$, $(S_1, \star_1)$, $(S_2, \star_2)$ è formalmente definito come il gruppo $S_0 \times S_1 \times S_2$ delle terne ordinate (a_0, a_1, a_2) con $a_i \in S_i$ per ogni $i \leq 2$, rispetto all'operazione binaria che moltiplica due terne (a_0, a_1, a_2), (b_0, b_1, b_2) associando loro $(a_0 \star_0 b_0, a_1 \star_1 b_1, a_2 \star_2 b_2)$.

Esempi 5.11.5

1. Consideriamo il prodotto diretto esterno dei gruppi **additivi** $(\mathbb{Z}_2, +)$ e $(\mathbb{Z}_3, +)$. Otteniamo un gruppo

$$\mathbb{Z}_2 \times \mathbb{Z}_3 = \{(0_2, 0_3), (0_2, 1_3), (0_2, 2_3), (1_2, 0_3), (1_2, 1_3), (1_2, 2_3)\}.$$

   Tra questo 6 elementi c'è $(1_2, 1_3)$ che ha ordine diverso da 1, 2, 3 (infatti $(1_2, 1_3) \neq (0_2, 0_3)$, $2 \cdot (1_2, 1_3) = (0_2, 2_3) \neq (0_2, 0_3)$, $3 \cdot (1_2, 1_3) = (1_2, 0_3) \neq (0_2, 0_3)$) e quindi deve avere ordine 6. Così $\mathbb{Z}_2 \times \mathbb{Z}_3$ è ciclico generato da $(1_2, 1_3)$ e quindi è isomorfo a $(\mathbb{Z}_6, +)$: $\mathbb{Z}_2 \times \mathbb{Z}_3 \simeq \mathbb{Z}_6$. È facile vedere che anche $\mathbb{Z}_3 \times \mathbb{Z}_2$ è isomorfo a $\mathbb{Z}_6$.

2. Viceversa consideriamo il gruppo ciclico **additivo** $(\mathbb{Z}_6, +)$ e in esso i due sottogruppi

$$H_0 = \langle 3_6 \rangle = \{0_6, 3_6\} \simeq \mathbb{Z}_2, \ \ H_1 = \langle 2_6 \rangle = \{0_6, 2_6, 4_6\} \simeq \mathbb{Z}_3.$$

   Allora $H_0, H_1 \trianglelefteq \mathbb{Z}_6$ (perché $\mathbb{Z}_6$ è abeliano), $H_0 + H_1 = \mathbb{Z}_6$ (basta osservare che $1_6 = 3_6 + 4_6 \in H_0 + H_1$), $H_0 \cap H_1 = \{0_6\}$. Così $\mathbb{Z}_6$ è prodotto diretto interno di H_0, H_1.

3. $\mathbb{Z}_2 \times \mathbb{Z}_2 = \{(0_2, 0_2), (1_2, 0_2), (0_2, 1_2), (1_2, 1_2)\}$ è un gruppo (additivo) abeliano di ordine 4, ma non è isomorfo a $\mathbb{Z}_4$ perché non ha elementi di ordine 4, infatti

$$2 \cdot (1_2, 0_2) = 2 \cdot (0_2, 1_2) = 2 \cdot (1_2, 1_2) = (0_2, 0_2).$$

Esercizi 5.11.6

1. Quali sono gli ordini degli elementi del prodotto diretto esterno $\mathbb{Z}_2 \times \mathbb{Z}_2 \times \mathbb{Z}_2 = \{(a, b, c) : a, b, c \in \mathbb{Z}_2\}$? E di $\mathbb{Z}_4 \times \mathbb{Z}_2$? Si deduca che $\mathbb{Z}_2 \times \mathbb{Z}_2 \times \mathbb{Z}_2$, $\mathbb{Z}_2 \times \mathbb{Z}_4$ e $\mathbb{Z}_8$ non possono essere isomorfi.

2. Si provi che se $(S_0, \star_0)$, $(S_0', \star_0')$ sono gruppi tra loro isomorfi, e lo stesso vale per $(S_1, \star_1)$, $(S_1', \star_1')$, allora anche i prodotti diretti $(S_0 \times S_1, \cdot)$ e $(S_0' \times S_1', \cdot')$ sono isomorfi.

5.12 Piccoli gruppi

Il Teorema di Sylow e la nozione di prodotto diretto sono strumenti utili per lo studio dei gruppi. Ad esempio, c'è un programma affascinante e ambizioso che richiede di classificare a meno di isomorfismi tutti i gruppi finiti, di produrre cioè una lista che includa ogni possibile esempio di gruppo finito (a meno di isomorfismi, come detto). Si tratta di obiettivo formidabile che, nel caso più "semplice" di gruppi privi di sottogruppi normali è stato raggiunto solo da pochi anni: le relative dimostrazioni occupano una serie di volumi illustrativi e migliaia di pagine, usano strumenti potentissimi e raffinati, ben più profondi del Teorema di Sylow e dei prodotti diretti.

Però a scopo illustrativo, quasi come esercizio, vediamo come questi ultimi due concetti permettano una classificazione dei gruppi finiti almeno fino all'ordine 8: un modestissimo antipasto del teorema generale.

La lista che cerchiamo deve contenere tutti i gruppi di ordine $n \leq 8$, evitando però che lo stesso gruppo vi compaia più volte, magari sotto spoglie diverse e con differenze solo superficiali; lavoriamo cioè, come già anticipato, "a meno di isomorfismi", nel senso che elenchiamo un solo rappresentante per ogni classe di gruppi tra loro isomorfi. Siccome gruppi finiti isomorfi hanno lo stesso numero di elementi, possiamo anzitutto distinguere l'ordine n dei gruppi da considerare e studiare separatamente i casi $n = 1, 2, \ldots, 8$.

D'altra parte, per $n = 1$, l'unico gruppo G da considerare (a meno di isomorfismi) si riduce al solo elemento unità 1_G.

Inoltre sappiamo che, se n è primo e quindi, nel nostro ambito, se $n = 2, 3, 5, 7$, un gruppo di ordine n è ciclico, quindi isomorfo a $(\mathbb{Z}_n, +)$. Ci restano allora da considerare i casi $n = 4, 6, 8$. Li discutiamo separatamente.

Sia dapprima $n = 4$. Conosciamo due gruppi di ordine 4:

- il gruppo ciclico $(\mathbb{Z}_4, +)$,
- il prodotto diretto di $(\mathbb{Z}_2, +)$ per se stesso.

I due gruppi non sono isomorfi perché il primo ha elementi di ordine 4, il secondo no. Ebbene, a meno di isomorfismi, non ci sono altri esempi possibili. Si ha infatti:

Teorema 5.12.1 *Un gruppo di ordine* 4 *è isomorfo a* $(\mathbb{Z}_4, +)$ *o a* $(\mathbb{Z}_2 \times \mathbb{Z}_2, +)$.

Dimostrazione. Sia $(G, \cdot)$ un gruppo di ordine 4. Se G è ciclico – cioè ha un elemento di ordine 4 –, allora $(G, \cdot)$ è isomorfo a $(\mathbb{Z}_4, +)$. Se G non è ciclico, tutti gli elementi diversi da 1_G in G hanno ordine 2, in particolare G è abeliano. Siano a, b due elementi di G distinti tra loro e da 1_G; il quarto elemento di G è allora $a \cdot b$, che si verifica facilmente essere diverso da 1_G, da a e da b (altrimenti si ha rispettivamente $a = b$, $b = 1_G$, $a = 1_G$). $H_0 = \langle a \rangle = \{1_G, a\}$ e $H_1 = \langle b \rangle = \{1_G, b\}$ sono sottogruppi di G, chiaramente normali e isomorfi a $(\mathbb{Z}_2, +)$, e ogni elemento $1_G, a, b, a \cdot b$ di G si esprime in modo unico come prodotto di un elemento di H_0 e di uno di H_1. Segue che $(G, \cdot)$ è il prodotto diretto interno di H_0 e H_1, dunque $(G, \cdot)$ è isomorfo a $(\mathbb{Z}_2 \times \mathbb{Z}_2, +)$. $\square$

Consideriamo ora $n = 6$. Anche in questo caso conosciamo già due gruppi di ordine 6,

- quello ciclico $(\mathbb{Z}_6, +)$,
- il gruppo $(S_3, \circ)$ delle permutazioni su 3 oggetti.

Tra l'altro, $(S_3, \circ)$ non è abeliano e ha due generatori α, β che soddisfano le uguaglianze $\alpha^3 = \beta^2 = id$, $\beta \circ \alpha = \alpha^2 \circ \beta$. Ovviamente $(S_3, \circ)$ non è isomorfo a $(\mathbb{Z}_6, +)$. Inoltre $(S_3, \circ)$ coincide col gruppo diedrale D_3. Invece $(\mathbb{Z}_6, +)$ è isomorfo al prodotto diretto $(\mathbb{Z}_2 \times \mathbb{Z}_3, +)$.

In realtà non ci sono altri gruppi di ordine 6 a meno di isomorfismi.

Teorema 5.12.2 *Un gruppo di ordine 6 è isomorfo a* $(\mathbb{Z}_6, +)$ *o a* $(S_3, \circ)$.

Dimostrazione. Sia $(G, \cdot)$ un gruppo di ordine 6. Dal Teorema di Sylow deduciamo che G ha

- un sottogruppo H_0 di ordine 3,
- un sottogruppo H_1 di ordine 2,

dunque

- un elemento a di ordine 3 per il quale $H_0 = \langle a \rangle = \{1_G, a, a^2\}$,
- un elemento b di ordine 2 per il quale $H_1 = \langle b \rangle = \{1_G, b\}$.

Ovviamente $b \notin H_0$. Segue che gli elementi

$$1_G, a, a^2, b, a \cdot b, a^2 \cdot b$$

sono tra loro distinti ed esauriscono dunque i 6 posti a disposizione in G. Sappiamo poi che $a^3 = b^2 = 1_G$. Consideriamo allora $b \cdot a$, che deve trovare posto in G e dunque coincidere con uno dei 6 elementi elencati. È semplice escludere $b \cdot a = 1_G, a, a^2, b$ altrimenti $b = a^2$, $b = 1_G$, $b = a$, $a = 1_G$ rispettivamente. Restano allora due possibilità.

1) $b \cdot a = a \cdot b$: in questo caso G è abeliano, di più si vede facilmente che $(G, \cdot)$ è il prodotto diretto interno di H_0, H_1, e quindi isomorfo a $(\mathbb{Z}_3 \times \mathbb{Z}_2, +)$ e di conseguenza a $(\mathbb{Z}_6, +)$.
2) $b \cdot a = a^2 \cdot b$: se ne deduce che $(G, \cdot)$ è isomorfo a $(S_3, \circ)$. $\square$

Passiamo finalmente all'ordine $n = 8$. Conosciamo già cinque esempi di gruppi di ordine 8 tra loro non isomorfi. Tre di loro

$$(\mathbb{Z}_8, +), \quad (\mathbb{Z}_4 \times \mathbb{Z}_2, +), \quad (\mathbb{Z}_2 \times \mathbb{Z}_2 \times \mathbb{Z}_2, +)$$

sono abeliani, gli altri due

$$(D_4, \circ), \quad (Q, \cdot)$$

no. Non ci sono altri esempi possibili a meno di isomorfismi.

Teorema 5.12.3 *Un gruppo di ordine 8 è isomorfo a uno tra* $(\mathbb{Z}_8, +)$, $(\mathbb{Z}_4 \times \mathbb{Z}_2, +)$, $(\mathbb{Z}_2 \times \mathbb{Z}_2 \times \mathbb{Z}_2, +)$, $(D_4, \circ)$, $(Q, \cdot)$.

Dimostrazione. Sia $(G, \cdot)$ un gruppo di ordine 8. Se G è ciclico, cioè ha un elemento di ordine 8, $(G, \cdot)$ è isomorfo a $(\mathbb{Z}_8, +)$. Se tutti gli elementi diversi da 1_G in G hanno ordine 2, allora G è abeliano per la Proposizione 5.3.18 e non è difficile vedere che $(G, \cdot)$ è isomorfo a $(\mathbb{Z}_2 \times \mathbb{Z}_2 \times \mathbb{Z}_2, +)$. Ammettiamo allora che G escluda elementi di ordine 8, ma ne abbia uno a di ordine 4. Così a ha 4 potenze distinte $1_G, a, a^2, a^3$, e $a^4 = 1_G$. Sia $b \in G$, $b \neq 1_G, a, a^2, a^3$. È facile dedurre che

$$1_G, a, a^2, a^3, b, a \cdot b, a^2 \cdot b, a^3 \cdot b$$

sono elementi a due a due distinti, e quindi esauriscono gli 8 posti a disposizione in G. Ma tra gli elementi di G c'è anche b^2, e possiamo chiederci con quale degli 8 elementi b^2 può coincidere. È facile escludere $b^2 = b, a \cdot b, a^2 \cdot b, a^3 \cdot b$. Se poi $b^2 = a$ o $b^2 = a^3$, allora b ha ordine 8, e questo è impossibile. Restano due possibilità

$$b^2 = 1_G \text{ o } b^2 = a^2.$$

Allo stesso modo, quando consideriamo $b \cdot a$, è facile escludere $b \cdot a = 1_G, a, a^2, a^3, b$. Si può poi notare che $b \cdot a \neq a^2 \cdot b$. Infatti ammettiamo $b \cdot a = a^2 \cdot b$; se $b^2 = 1_G$, si deduce $b \cdot a \cdot b^{-1} = b \cdot a \cdot b = a^2 \cdot b^2 = a^2$; ma a ha ordine 4 e a^2 ha ordine 2, dunque a e a^2 non possono corrispondersi in un automorfismo di $(G, \cdot)$ come quello indotto da b; se poi $b^2 = a^2$, $b \cdot a = a^2 \cdot b$ coincide anche con b^3, dunque $a = b^2 = a^2$, e questo è assurdo.

Restano allora anche per $b \cdot a$ due casi possibili:

$$b \cdot a = a \cdot b \text{ oppure } b \cdot a = a^3 \cdot b.$$

Discutiamo una a una le quattro eventualità rimaste per b^2 e $b \cdot a$. Il lettore può curare per **esercizio** i dettagli di tutti i casi.

1) $b^2 = 1_G$ e $b \cdot a = a \cdot b$. Allora G è abeliano ed anzi è prodotto diretto di $\langle a \rangle$ e $\langle b \rangle$, dunque risulta isomorfo a $(\mathbb{Z}_4 \times \mathbb{Z}_2, +)$.
2) $b^2 = a^2$ e $b \cdot a = a \cdot b$. Notiamo che

$$(a \cdot b)^2 = a^2 \cdot b^2 = a^4 = 1_G,$$

   così $a \cdot b$ ha ordine 2. Inoltre G è abeliano e se ci riferiamo agli elementi $a, a \cdot b$ invece che ad a, b troviamo che G risulta isomorfo a $(\mathbb{Z}_4 \times \mathbb{Z}_2, +)$, come nel caso precedente.
3) $b^2 = 1_G$ e $b \cdot a = a^3 \cdot b$. Siamo esattamente nella situazione di $(D_4, \circ)$, e si prova che $(G, \cdot)$ è, appunto, isomorfo a $(D_4, \circ)$.
4) $b^2 = a^2$ e $b \cdot a = a^3 \cdot b$. Siamo stavolta nel caso del gruppo quaternionico di ordine 8 $(Q, \cdot)$, e si prova che in effetti $(G, \cdot)$ è isomorfo a $(Q, \cdot)$. $\square$

5.13 Galois

Prima di concludere il capitolo, vale la pena di spendere qualche parola sul legame già accennato più volte tra la Teoria dei gruppi, e in particolare dei gruppi di permutazioni, e la possibilità di risolvere per *radicali* un polinomio $f(x)$ a coefficienti in un campo K.

Esempio 5.13.1 Per $K = \mathbb{Q}$, consideriamo il polinomio $f(x) = x^4 - 2$. Notiamo che $f(x)$ è risolubile per radicali, anzi le sue radici complesse sono

$$z_1 = \sqrt[4]{2}, \quad z_2 = -\sqrt[4]{2} = -z_1, \quad z_3 = i\sqrt[4]{2} = iz_1, \quad z_4 = -i\sqrt[4]{2} = -z_3.$$

Ci sono complessivamente $4! = 24$ permutazioni possibili tra le 4 radici z_1, z_2, z_3, z_4. Ma solo alcune di esse sono "algebricamente plausibili", nel senso che ora cerchiamo di spiegare.

- z_1 e z_2 sono opposte, $z_1 = -z_2$; da un punto di vista algebrico è dunque ragionevole prediligere tra tutte le permutazioni sulle 4 radici, quelle che trasformano z_1, z_2 in radici ancora tra loro opposte, come z_2, z_1, o z_3, z_4, o z_1, z_2, o z_4, z_3. Lo stesso vale per z_3 e z_4.
- z_1 e z_3 soddisfano $(z_3 \cdot z_1^{-1})^2 = -1$; da un punto di vista algebrico è dunque ragionevole limitarsi a considerare quelle permutazioni che trasformano z_1, z_3 in radici che soddisfano la stessa uguaglianza, come accade a z_1, z_4, o z_2, z_4, e così via.

In altre parole, le permutazioni che ci interessano

- hanno libertà di trasformare z_1 in una qualunque radice $\pm\sqrt[4]{2}$, $\pm i\sqrt[4]{2}$,
- ma devono operare conseguentemente su z_3 in modo che $z_3 \cdot z_1^{-1}$ sia trasformato in $\pm i$,
- hanno poi l'obbligo di trasformare z_2, z_4 negli opposti delle immagini di z_1, z_3.

Ad esempio, possiamo accettare le seguenti permutazioni α, β:

- $\alpha(z_1) = z_3$, $\alpha(z_3) = -z_1 = z_2$ (cioè $\alpha(\sqrt[4]{2}) = i\sqrt[4]{2}$, $\alpha(i\sqrt[4]{2}) = -\sqrt[4]{2}$), e di conseguenza, $\alpha(z_2) = z_4$, $\alpha(z_4) = z_1$: si noti che $z_3 \cdot z_1^{-1} = i$ in questo caso;
- $\beta(z_1) = z_1$, $\beta(z_3) = z_4$ (cioè $\beta(\sqrt[4]{2}) = \sqrt[4]{2}$, $\beta(i\sqrt[4]{2}) = -i\sqrt[4]{2}$), quindi $\beta(z_2) = z_2$, $\beta(z_4) = z_3$: stavolta $z_3 \cdot z_1^{-1} = -i$.

Naturalmente anche le possibili composizioni di α, β restano "algebricamente plausibili". In effetti, α ha ordine 4, cioè 4 potenze distinte

- id,
- α (appunto),
- α^2 (che trasforma z_1 in z_2 e z_3 in z_4),
- α^3 (che invia z_1 in z_4 e z_3 in z_1).

β ha invece ordine 2, ma α, β generano insieme, ancora,

- $\alpha \circ \beta$ (che scambia z_1 e z_3),
- $\alpha^2 \circ \beta$ (che trasforma z_1 in z_2 e z_3 in se stesso),
- $\alpha^3 \circ \beta$ (che invia z_1 in z_4 e z_3 in z_2).

In totale si ottengono 8 permutazioni "algebricamente plausibili" tra le 24 totali. Siccome si vede facilmente che $\beta \circ \alpha = \alpha^3 \circ \beta$, queste 8 permutazioni formano un sottogruppo di S_4 isomorfo al gruppo diedrale $(D_4, \circ)$.

Galois definì in generale, per ogni polinomio $f(x) \in K[x]$, un gruppo di permutazioni "algebricamente plausibili" delle radici di $f(x)$ e collegò la possibilità di risolvere per radicali $f(x)$ a proprietà strutturali di questo gruppo. Mostrò poi che, ad esempio, A_n, S_n non godono di queste proprietà quando $n \geq 5$. Così, se $f(x)$ ha come gruppo di permutazioni "plausibili" delle radici A_n o S_n per $n \geq 5$ – o comunque un gruppo privo delle proprietà decisive –, allora $f(x)$ non si può risolvere per radicali. Non è questo il caso del polinomio $x^4 - 2$ dell'esempio precedente, che del resto corrisponde al gruppo D_4; ci sono però polinomi di grado ≥ 5 che corrispondono a questa situazione negativa.

Esercizi.

1. Si stabilisca quali dei seguenti insiemi sono sottogruppi del gruppo moltiplicativo $\mathbb{C}^\star = \mathbb{C} - \{0\}$ dei numeri complessi non nulli.
   a) L'insieme dei numeri complessi con modulo razionale positivo.
   b) L'insieme dei reali della forma $a + b\sqrt{2}$ con a, b razionali non entrambi nulli.
   c) L'insieme dei numeri razionali che, ridotti ai minimi termini, hanno numeratore e denominatore dispari.
   d) L'insieme dei reali della forma $a + b\sqrt[3]{2}$ con a, b razionali non entrambi nulli.
   e) L'insieme dei complessi $a + bi$ con a, b razionali e $|a + bi| > 0$.
2. Si mostri che l'insieme delle applicazioni $f : \mathbb{R} \to \mathbb{R}$ della forma

$$f(x) = ax + b \;\; \forall x \in \mathbb{R}$$

   per a, b reali, $a \neq 0$, formano un gruppo rispetto alla composizione di applicazioni da $\mathbb{R}$ in $\mathbb{R}$; questo gruppo si chiama *gruppo affine di dimensione 1*.
3. Sia $(S(\mathbb{Z}), \circ)$ il gruppo simmetrico delle permutazioni sull'insieme dei numeri interi $\mathbb{Z}$. Si definisca $f : \mathbb{Z} \to \mathbb{Z}$ ponendo

$$f(x) = \begin{cases} x + 1 \text{ se } & x \equiv 0 \,(mod\,3), \\ x + 4 \text{ se } & x \equiv 1 \,(mod\,3) \\ x + 5 \text{ se } & x \equiv 2 \,(mod\,3). \end{cases}$$

   - Si provi che f è una permutazione di $\mathbb{Z}$.
   - Si determini l'ordine del sottogruppo ciclico $\langle f \rangle$ generato da f in $S(\mathbb{Z})$.
4. Si determini il centro del gruppo diedrale D_4. Più in generale si determini il centro di D_n per $n > 2$.

5. Ricordiamo che se G è un gruppo indichiamo con $Z(G)$, $I(G)$ rispettivamente il centro di G e il gruppo dei suoi automorfismi interni. Siano ora G_1, G_2 due gruppi e $G_1 \times G_2$ il loro prodotto diretto.
   - Si mostri che $Z(G_1 \times G_2) = Z(G_1) \times Z(G_2)$.
   - Si mostri che il gruppo $I(G_1 \times G_2)$ è isomorfo al gruppo $I(G_1) \times I(G_2)$.
6. Si dimostri che l'insieme $G = \{\sigma_0, \sigma_x, \sigma_y, id\}$ costituito dalle simmetrie del piano euclideo rispettivamente all'origine, all'asse x, all'asse y e dall'identità forma un gruppo rispetto alla composizione $\circ$. Si provi inoltre che $(G, \circ)$ è isomorfo a $C_2 \times C_2$ dove C_2 è il gruppo ciclico di ordine 2.

Riferimenti bibliografici

Riferimenti classici di Teoria dei gruppi, da consigliare al lettore per approfondimenti, sono [57], [58], [63]. La Teoria dei gruppi abeliani ha sue peculiarità, ed è sviluppata ad esempio in [31], [50]. A livello più elementare è di piacevole lettura [33]. Un'esposizione della Teoria di Galois è in [62], che contiene anche qualche breve cenno sulla vita di Galois. Sulla storia di Galois, si vedano anche [30], [66]. Finalmente un aggiornamento sulla classificazione dei gruppi finiti è in [6].

6

Anelli, matrici e polinomi

6.1 Strutture

Nell'introduzione abbiamo già visto l'evoluzione storica dell'Algebra verso lo studio astratto delle strutture. Abbiamo poi incontrato, nello scorso capitolo, un esempio specifico di struttura algebrica: i *gruppi*. Il capitolo che ora inizia introduce altre strutture che si chiamano *anelli*. Vale allora la pena di inquadrare questi esempi in un contesto più ampio e generale. Cominciamo col ricordare che si pone quanto segue.

Definizione 6.1.1 Per A insieme non vuoto e n intero positivo,

- *operazione n-aria* su A è una funzione di A^n in A;
- *relazione n-aria* su A è un sottoinsieme di A^n.

n è detto l'*arietà* della funzione o della relazione.

Esempi 6.1.2 Per $A = \mathbb{Z}$

- $+, \cdot$ sono operazioni binarie su $\mathbb{Z}$;
- $\leq$ è una relazione binaria su $\mathbb{Z}$.

Possiamo allora convenire che cosa si intende per *struttura*.

Definizione 6.1.3 Una *struttura* $\mathcal{A}$ è una sequenza composta da:

- un insieme $A \neq \emptyset$,
- operazioni f su A, ciascuna con la sua *arietà* n,
- relazioni R su A, ciascuna con la sua *arietà* n,
- elementi c privilegiati in A.

Così $(\mathbb{Z}, +)$ è una struttura, come anche l'insieme totalmente ordinato $(\mathbb{Z}, \leq)$: nel primo caso abbiamo un'operazione binaria, nel secondo un'unica relazione binaria. Anche $(\mathbb{Z}, +, \cdot)$ è una struttura, come anche $(\mathbb{R}, +, \cdot, \leq, 0, \pi, \sqrt{2})$; in quest'ultimo esempio abbiamo due operazioni e una relazione (tutte binarie) e tre elementi privilegiati. In genere, un gruppo si può intendere una struttura con un'unica operazione binaria (anche se ci sono strutture che hanno una sola operazione binaria e non sono gruppi, come ad esempio $(\mathbb{N}, +)$). Vediamo adesso quali strutture si definiscono come anelli.

6.2 Anelli, corpi e campi

Come già anticipato, il capitolo che inizia è dedicato alle strutture che si chiamano *anelli*. Esse hanno due operazioni binarie, usualmente denotate $+$, $\cdot$. Gli esempi che seguono servono a introdurle.

Esempi 6.2.1

1. Consideriamo l'insieme $\mathbb{Z}$ degli interi con le usuali operazioni di addizione $+$ e moltiplicazione $\cdot$. Sappiamo che:
   (i) rispetto a $+$, $\mathbb{Z}$ è un gruppo abeliano, gode quindi di tutte le varie condizioni (associatività, commutatività e così via) che corrispondono a questa nozione;
   (ii) rispetto a $\cdot$, $\mathbb{Z}$ soddisfa, se non altro, almeno la proprietà associativa: per ogni scelta di $a, b, c \in \mathbb{Z}$, $a \cdot (b \cdot c) = (a \cdot b) \cdot c$;
   (iii) valgono poi le proprietà distributive di $\cdot$ rispetto a $+$: per ogni scelta di $a, b, c \in \mathbb{Z}$,
$$a \cdot (b + c) = a \cdot b + a \cdot c,$$
$$(b + c) \cdot a = b \cdot a + c \cdot a.$$
   Si dice allora che $(\mathbb{Z}, +, \cdot)$ è un *anello*. Ma l'anello degli interi ha ulteriori proprietà relative a $\cdot$. Infatti:
   (iv) per ogni scelta di $a, b \in \mathbb{Z}$, $a \cdot b = b \cdot a$ (vale cioè la proprietà commutativa di $\cdot$);
   (v) esiste un intero, per la precisione 1, tale che, per ogni $a \in \mathbb{Z}$, $a \cdot 1 = a \, (= 1 \cdot a)$ (esiste quindi un elemento unitario).
   Si dice allora che $(\mathbb{Z}, +, \cdot)$ è un *anello commutativo* (per (iv)) e *unitario* (per (v)). Ci si può poi domandare quali interi a siano *invertibili*, ammettano cioè un elemento $b \in \mathbb{Z}$ per cui $a \cdot b = b \cdot a = 1$. Ma già sappiamo che gli unici interi con questa prerogativa si restringono a ± 1. In compenso $\mathbb{Z}$ non ha *divisori dello zero* e cioè coppie di elementi $a, b \neq 0$ il cui prodotto $a \cdot b$ è 0. Infatti, per ogni scelta di $a, b \in \mathbb{Z}$,
$$a \cdot b = 0 \text{ implica } a = 0 \text{ o } b = 0.$$

2. Anche $(\mathbb{Q}, +, \cdot)$ è un anello commutativo unitario. Ma ha la ulteriore proprietà che ogni elemento diverso da 0 è invertibile:
   (vi) per ogni $a \in \mathbb{Q}$ con $a \neq 0$, esiste $b \in \mathbb{Q}$ tale che $a \cdot b = 1 \, (= b \cdot a)$. Così $\mathbb{Q}^{\star} = \mathbb{Q} - \{0\}$ risulta un gruppo abeliano rispetto a $\cdot$.

Un anello commutativo unitario che soddisfi l'ulteriore condizione (vi) si dice un *campo*. Così $\mathbb{Q}$ è un campo rispetto a $+, \cdot$. Il lettore potrà osservare che anche $\mathbb{R}$ e $\mathbb{C}$ sono campi rispetto alle usuali operazioni di addizione e moltiplicazione in essi definite. Invece, già sappiamo che $(\mathbb{Z}, +, \cdot)$ non è un campo. Anche i quaternioni formano un anello $\mathbb{H}$ rispetto alle operazioni $+, \cdot$ introdotte a loro proposito; $(\mathbb{H}, +, \cdot)$ è unitario, e ogni suo elemento non nullo ha inverso rispetto al prodotto. $(\mathbb{H}, +, \cdot)$ non è però commutativo, e quindi non è un campo. Un anello unitario non necessariamente commutativo in cui ogni elemento non nullo è invertibile si chiama *corpo*: così i quaternioni sono un esempio di corpo non commutativo.

3. Sia m un intero ≥ 2. Abbiamo già implicitamente osservato nel capitolo scorso che $(\mathbb{Z}_m, +, \cdot)$ è un anello commutativo unitario. Inoltre gli elementi di $\mathbb{Z}_m$ invertibili rispetto a $\cdot$ sono esattamente quelli della forma a_m con a intero primo con m. In particolare, se m è primo, $(\mathbb{Z}_m, +, \cdot)$ è un campo. Invece, se m è composto e dunque possiamo trovare due interi a, b per cui

$$m = a \cdot b, \ 1 < a, b < m,$$

allora

$$a_m \cdot b_m = (a \cdot b)_m = 0_m, \ \text{ ma } a_m, b_m \neq 0;$$

così $(\mathbb{Z}_m, +, \cdot)$ ha divisori dello zero. Ad esempio, per $m = 6$,

$$2_6 \cdot 3_6 = 0_6, \ 2_6, 3_6 \neq 0_6;$$

per $m = 4$, si ha addirittura

$$(2_4)^2 = (2 \cdot 2)_4 = 0_4, \ 2_4 \neq 0_4$$

cioè 2_4, pur essendo diverso da 0_4, ha una sua potenza – addirittura il suo quadrato – uguale a 0_4 (2_4 si dice allora *nilpotente* in $\mathbb{Z}_4$).

4. L'insieme $2\mathbb{Z}$ degli interi pari, rispetto alle operazioni di addizione e moltiplicazione è un anello commutativo ma non unitario. Infatti $2\mathbb{Z}$ è un gruppo abeliano rispetto a $+$ perché è sottoinsieme di $\mathbb{Z}$ e soddisfa le tre condizioni chiave:
   - $2\mathbb{Z}$ è chiuso rispetto a $+$,
   - $2\mathbb{Z}$ contiene 0,
   - $2\mathbb{Z}$ è chiuso rispetto a $-$.

   Inoltre il prodotto di due numeri pari è ancora pari, cioè
   - $2\mathbb{Z}$ è chiuso rispetto a $\cdot$.

   Le ulteriori proprietà (ii), (iii) e (iv) valgono per ogni scelta di interi a, b, c, dunque anche per a, b, c pari. Pertanto il controllo che $(2\mathbb{Z}, +, \cdot)$ è un anello commutativo si riduce a quello delle condizioni chiave su $+$, 0, $-$, $\cdot$ sopra elencate. Il resto si deduce da $\mathbb{Z}$. È poi chiaro che $(2\mathbb{Z}, +, \cdot)$ non è unitario (**esercizio:** perché?).

Esercizio 6.2.2 Che succede se nell'esempio 6.2.1.4 sostituiamo 2 con un qualunque intero $m \geq 1$? $(m\mathbb{Z}, +, \cdot)$ è ancora un anello commutativo? È unitario?

Ricapitolando:

Definizione 6.2.3 Si dice *anello* una struttura $(R, +, \cdot)$ dove R è un insieme non vuoto, $+$, $\cdot$ sono operazioni binarie su R e:

(i) $(R, +)$ è un gruppo abeliano;

(ii) vale la proprietà associativa di $\cdot$: per ogni scelta di $a, b, c \in R$, $a \cdot (b \cdot c) = (a \cdot b) \cdot c$;

(iii) valgono le proprietà distributive di $\cdot$ rispetto a $+$: per ogni scelta di $a, b, c \in R$,

$$a \cdot (b + c) = a \cdot b + a \cdot c,$$
$$(b + c) \cdot a = b \cdot a + c \cdot a.$$

Denotiamo con 0_R l'*elemento identità* di R rispetto a $+$ (che ricordiamo essere unico) e, per ogni $a \in R$, con $-a$ l'*opposto* di a rispetto a $+$ (anch'esso unico, fissato a).

L'anello si dice *commutativo* se

(iv) per ogni scelta di $a, b \in R$, $a \cdot b = b \cdot a$ (vale la proprietà commutativa di $\cdot$);

e *unitario* se

(v) esiste $u \in R$ tale che, per ogni $a \in R$, $a \cdot u = u \cdot a = a$ (c'è un elemento neutro per $\cdot$).

Vediamo subito alcune semplici proprietà di un anello $(R, +, \cdot)$.

1. Per ogni $a \in R$, $a \cdot 0_R = 0_R \cdot a = 0_R$.
   Infatti $a \cdot 0_R = a \cdot (0_R + 0_R) = a \cdot 0_R + a \cdot 0_R$, dunque, usando la legge di cancellazione di $+$, che vale in R perché $(R, +)$ è un gruppo, $a \cdot 0_R = 0_R$. Si procede in modo analogo per $0_R \cdot a$.

2. Per ogni scelta di $a, b \in R$, $a \cdot (-b) = (-a) \cdot b = -a \cdot b$.
   Infatti $a \cdot b + a \cdot (-b) = a \cdot (b - b) = a \cdot 0_R = 0_R$. Così $a \cdot (-b) = -a \cdot b$. Analogamente per $(-a) \cdot b$.

3. L'elemento neutro di R rispetto a $\cdot$, se esiste, è unico. Siano infatti u, v due tali elementi, allora $u = u \cdot v = v$. È così lecito chiamare questo elemento l'*unità* di $(R, +, \cdot)$ ed indicarlo 1_R.

4. Se $R = \{0_R\}$, allora 0_R è anche l'unità di $(R, +, \cdot)$: $0_R = 1_R$. Ma escluso questo caso, si ha sempre $0_R \neq 1_R$: infatti, se $a \in R$ e $a \neq 0_R$, $a \cdot 0_R = 0_R \neq a$ mentre $a \cdot 1_R = a$.
   Nel seguito escludiamo il caso $R = \{0_R\}$ tra gli anelli unitari.

Sia $(R, +, \cdot)$ un anello unitario. Diciamo che un elemento $a \in R$ è *invertibile* se esiste $b \in R$ per cui $a \cdot b = b \cdot a = 1_R$. Un tale elemento b, se esiste, è unico: infatti, se $b, c \in R$ soddisfano la precedente condizione, in particolare si ha

$$c = 1_R \cdot c = (b \cdot a) \cdot c = b \cdot (a \cdot c) = b \cdot 1_R = b.$$

Allora è lecito chiamare questo elemento l'*inverso* di a ed indicarlo a^{-1}.
Si osservi poi che:

- 0_R non può essere invertibile (per ogni $b \in R$, $0_R \cdot b = 0_R \neq 1_R$);
- 1_R è invertibile ($1_R = 1_R \cdot 1_R$).

Osservazione 6.2.4 Gli elementi invertibili di $(R, +, \cdot)$ formano un gruppo $\mathcal{U}(R)$ rispetto a $\cdot$. Infatti, anzitutto, per ogni scelta di $a, b \in \mathcal{U}(R)$, anche $a \cdot b \in \mathcal{U}(R)$, poiché

$$(a \cdot b) \cdot (b^{-1} \cdot a^{-1}) = (b^{-1} \cdot a^{-1}) \cdot (a \cdot b) = 1_R$$

(dunque l'inverso di $a \cdot b$ è $(a \cdot b)^{-1} = b^{-1} \cdot a^{-1}$). È chiaro poi che vale la proprietà associativa di $\cdot$ in $\mathcal{U}(R)$ (vale addirittura in R) e che $1_R \in \mathcal{U}(R)$ è l'elemento unità di $\mathcal{U}(R)$. Finalmente, per ogni $a \in \mathcal{U}(R)$, l'elemento a^{-1} in R soddisfa $a \cdot a^{-1} = a^{-1} \cdot a = 1_R$, quindi è in $\mathcal{U}(R)$ e fa da inverso di a in $\mathcal{U}(R)$. Così si estende ad ogni anello unitario l'osservazione fatta a proposito di $\mathbb{Z}_m$ nel paragrafo 5.1 – quando si è osservato che gli interi primi con m formano un gruppo moltiplicativo modulo m –.

Esercizio 6.2.5 Siano $(R, +, \cdot)$ un anello unitario, a, b, c tre elementi di R tali che

$$a \cdot b = 1_R = c \cdot a$$

(dunque a ha b come inverso a destra e c come inverso a sinistra). Si provi che, allora, $b = c$, dunque che a è invertibile e $b = c$ è il suo inverso.
(*Suggerimento*: si ricordi quanto osservato sui gruppi all'inizio del paragrafo 5.3 al punto 3).

Definizione 6.2.6 Un anello commutativo unitario $(R, +, \cdot)$ si dice un *campo* se $\mathcal{U}(R)$ coincide con $R^\star = R - \{0\}$, cioè se si ha:

(vi) ogni $a \neq 0_R$ in R è invertibile, e quindi esiste (un unico) $b = a^{-1} \in R$ tale che $a \cdot b = b \cdot a = 1_R$.

In altri termini, R è un campo se e solo se $R^* = R - \{0\}$ è un gruppo – abeliano – rispetto alla moltiplicazione $\cdot$.

Se invece $(R, +, \cdot)$ è solo unitario ma non necessariamente commutativo, e vale (vi), $(R, +, \cdot)$ si dice un *corpo*.

In conclusione la definizione generale di anello richiede alla moltiplicazione $\cdot$ proprietà minime (la associatività e la distributività). In un anello commutativo unitario si aggiungono condizioni come, appunto, la commutatività e l'esistenza di un elemento unità. Pur tuttavia, anche gli anelli commutativi unitari possono avere una molteplicità di comportamenti rispetto a $\cdot$. In un campo, ad esempio, ogni elemento diverso da 0_R ha inverso, proprietà che si può interpretare affermando che in un campo è sempre possibile dividere per gli elementi $\neq 0_R$. Invece abbiamo visto nel Capitolo 2 che la divisione in $\mathbb{Z}$ è operazione assai più delicata (del resto, gli unici interi invertibili sono ± 1). Negli anelli $\mathbb{Z}_m$ la situazione è talora anche più ingarbugliata e si possono incontrare elementi che dividono lo zero.

Converrà fissare allora qualche definizione a questo proposito. Riferiamoci ad un anello arbitrario $(R, +, \cdot)$.

Definizione 6.2.7 Un elemento $a \in R$ si dice un *divisore sinistro* dello zero se $a \neq 0_R$ ma esiste $b \in R$ tale che $b \neq 0_R$ e $a \cdot b = 0_R$.

In modo analogo si introducono i divisori destri dello zero (chiedendo $b \cdot a = 0_R$). Ovviamente, per R commutativo, non ha senso distinguere destra o sinistra, e si può parlare direttamente di *divisori dello zero*.

Esercizio 6.2.8 Assumiamo R unitario. Si provi che un divisore (destro o sinistro) dello zero in R non può essere invertibile.

Gli esempi di anello che abbiamo sin qui considerato sono in realtà tutti commutativi salvo il caso dei quaternioni. Ma ci sono altri esempi fondamentali di anelli che non rispettano la legge di commutatività del prodotto. Nel corso del capitolo avremo modo di incontrarli. Prima di procedere con questi esempi e per evitare ogni confusione in futuro, converrà che sottolineiamo quanto segue. Ammettiamo che $(R, +, \cdot)$ sia un anello. Allora è quasi superfluo ripetere che:

- gli elementi di R si moltiplicano tra loro secondo l'operazione $\cdot$: dati $a, b \in R$, si forma $a \cdot b$ in R;
- d'altra parte, se guardiamo R come un gruppo rispetto a $+$, abbiamo che ogni suo elemento a ammette multipli $m \cdot a$ per ogni m intero, definiti nel modo usuale: $0 \cdot a = 0_R$; per $m > 0$, $m \cdot a$ è la somma di m addendi uguali ad a; per $m < 0$, $m \cdot a$ è l'opposto di $(-m) \cdot a$.

Bisogna prestare attenzione a distinguere i due contesti; del resto, nel primo caso si opera su due elementi a, b di R, nel secondo su un elemento a di R e su un intero m.

Dunque l'unico pericolo di fraintendimento consiste nel caso in cui $R = \mathbb{Z}$. Ma allora, per a, m interi,

$$m \cdot a \ \ (= \text{multiplo } m\text{-mo di } a)$$

coincide con

$$m \cdot a \ \ (= \text{prodotto di } m \text{ per } a),$$

e dunque possiamo confondere le due cose.

A proposito, per $a \in R$ e $m > 0$, possiamo definire anche a^m come il prodotto di m fattori tutti uguali ad a. Se poi R è unitario, si pone $a^0 = 1_R$; se finalmente a è invertibile, a^m prende senso anche per $m < 0$, come inverso di a^{-m}.

6.3 Polinomi

Un'altra classe di esempi familiari riguarda i polinomi. Ne trattiamo in questo paragrafo. Tutti abbiamo una minima confidenza con i polinomi. Ad esempio $x^2 - x + 2$ è un polinomio nella indeterminata x a coefficienti $1, -1, 2$ interi. Naturalmente possiamo immaginare polinomi che hanno più indeterminate $x, y, z, \ldots$; ma in questo paragrafo manteniamo la nostra attenzione sul caso di un'unica indeterminata x. Allarghiamo piuttosto l'ambito dei coefficienti e conveniamo di attingerli non solo tra gli interi, ma in qualunque anello commutativo unitario $(R, +, \cdot)$. Magari, per evitare troppe complicazioni, assumiamo che R sia privo di divisori dello zero.

Definizione 6.3.1 Si dice *polinomio* a coefficienti in R nell'indeterminata x un'espressione della forma

$$a(x) = a_0 + a_1 x + a_2 x^2 + \cdots + a_n x^n$$

con $a_0, a_1, \ldots, a_n \in R$ e n numero naturale.

Denotiamo con $R[x]$ l'insieme dei polinomi a coefficienti in R nell'indeterminata x. Si noti che ogni polinomio $a(x) \in R[x]$ definisce una funzione da R a R, quella che associa ad ogni $r \in R$ l'elemento $a(r) = a_0 + a_1 r + \cdots + a_n r^n \in R$.

Concordiamo anzitutto in quale caso due polinomi di $R[x]$ si debbano intendere uguali. Per $a(x) = a_0 + a_1 x + a_2 x^2 + \cdots + a_n x^n$, $b(x) = b_0 + b_1 x + b_2 x^2 + \cdots + b_m x^m$ in $R[x]$, $n, m \in \mathbb{N}$ (con $n \leq m$, tanto per fissare le idee), poniamo

$$a(x) = b(x)$$

se e solo se

$$a_i = b_i \text{ per ogni } i \leq n \text{ e } b_i = 0_R \text{ per } n + 1 \leq i \leq m.$$

Ad esempio $1 + 2x + 2x^2$ coincide in $\mathbb{Z}[x]$ – cioè tra i polinomi in x a coefficienti interi – con $1 + 2x + 2x^2 + 0\,x^3 + 0\,x^4$. Su questa base, e per semplicità, scriveremo anche, ad esempio, $1 + 2x^2$ a intendere $1 + 0\,x + 2x^2$; $1 + x^2$ abbrevierà, come d'uso, $1 + 1x^2$.

Si noti che l'uguaglianza appena definita non corrisponde all'uguaglianza delle funzioni che i due polinomi generano. Infatti, due polinomi uguali determinano ovviamente la stessa funzione, viceversa può capitare che polinomi diversi definiscano funzioni uguali. Ecco un esempio.

Esempio 6.3.2 Siano $R = \mathbb{Z}_2$, $a(x) = 1+x$, $b(x) = 1+x^3$. Allora $a(x) \neq b(x)$, ma

$$a(0) = b(0) = 1, \quad a(1) = b(1) = 0$$

e dunque le funzioni da $\mathbb{Z}_2$ a $\mathbb{Z}_2$ generate da $a(x)$, $b(x)$ coincidono.

Per $a(x)$, $b(x)$ come sopra, definiamo adesso la somma e il prodotto di $a(x), b(x)$. Le regole relative sono quelle ben note; si pone infatti

$$a(x) + b(x) = (a_0 + b_0) + (a_1 + b_1)x + \cdots + (a_n + b_n)x^n + b_{n+1}x^{n+1} + \cdots + b_m x^m,$$

$$a(x) \cdot b(x) = a_0 b_0 + (a_0 b_1 + a_1 b_0)x + (a_0 b_2 + a_1 b_1 + a_2 b_0)x^2 + \cdots + a_n b_m x^{n+m}$$

ovvero, più sinteticamente, per $a(x) = \sum_{i=0}^{n} a_i x^i$, $b(x) = \sum_{i=0}^{m} b_i x^i$,

$$a(x) + b(x) = \sum_{i=0}^{n}(a_i + b_i)x^i + \sum_{i=n+1}^{m} b_i x^i,$$

$$a(x) \cdot b(x) = \sum_{i=0}^{n+m} \left(\sum_{r+s=i} a_r \cdot b_s \right) x^i.$$

Esempio 6.3.3 Per $R = \mathbb{Z}_2$, $a(x) = 1 + x$, $b(x) = 1 + x^3$, si ha

$$a(x) + b(x) = 1 + x + x^3,$$

$$a(x) \cdot b(x) = (1 + x) \cdot (1 + x^3) = 1 + x + x^3 + x^4.$$

Si verifica facilmente che $R[x]$ diviene, rispetto a $+, \cdot$, un anello commutativo unitario:

- l'elemento identico rispetto a $+$ è ancora 0_R, inteso come

$$0_R + 0_R x + 0_R x^2 + \cdots,$$

- l'opposto di un polinomio $a(x)$ è

$$-a(x) = -a_0 + (-a_1)x + (-a_2)x^2 + \cdots + (-a_n)x^n,$$

- l'elemento unità è ancora 1_R inteso come polinomio

$$1_R + 0_R x + 0_R x^2 + \cdots$$

Si può poi notare che gli elementi a di R sono particolari polinomi (basta intendere a come $a + 0_R x + 0_R x^2 + \cdots$), e che la loro somma e il loro prodotto sono gli stessi se calcolati in R e in $R[x]$. Inoltre, per $a(x) = \sum_{i=0}^{n} a_i x^i \in R[x]$ e $b \in R$,

$$b \cdot a(x) = ba_0 + ba_1 x + \cdots + ba_n x^n.$$

In particolare, per $b = 0_R$, $0_R \cdot a(x) = 0_R$.

Definizione 6.3.4 Per $a(x) = \sum_{i=0}^{n} a_i x^i \in R[x]$ e $a_n \neq 0_R$,

- n è chiamato *grado* di $a(x)$ ed indicato con $\partial(a(x))$;
- a_n è detto *coefficiente direttivo* di $a(x)$;
- $a(x)$ è chiamato *monico* se il suo coefficiente direttivo è 1_R.

Il grado di 0_R è lasciato indefinito.

Dunque $1 + x^3$ ha grado 3 e coefficiente direttivo 1 ed è monico. Invece $2x^3$ ha grado 3 e non è monico.

Si noti che, allora, i polinomi di grado 0 in $R[x]$ sono esattamente gli elementi diversi da 0_R di R.

Osserviamo che, per $a(x)$, $b(x)$ non nulli e come sopra, si ha quanto segue.

- $\partial(a(x) + b(x)) \leq max\{\partial(a(x)), \partial(b(x))\} = m$, tuttavia può anche capitare che $\partial(a(x) + b(x))$ sia minore di m, o addirittura indefinito perché $a(x) + b(x) = 0_R$ (quando $b(x) = -a(x)$);

- $\partial(a(x) \cdot b(x)) = \partial(a(x)) + \partial(b(x))$ (infatti, per $a_n, b_m \neq 0_R$, si deduce $a_n \cdot b_m \neq 0_R$ perché R non ha divisori dello zero).

Ad esempio $(1 + x) + (1 + x^3) = 2 + x + x^3$ ha lo stesso grado 3 di $1 + x^3$, ma $(1 + x) + (1 - x) = 2$ ha grado 0 (minore di quelli di $1 + x$ e $1 - x$). Invece $(1 + x) \cdot (1 + x^3) = 1 + x + x^3 + x^4$ ha grado 4, cioè la somma dei gradi 1 e 3 di $1 + x$ e $1 + x^3$.

Concludiamo sottolineando due ulteriori proprietà dei polinomi.

Proposizione 6.3.5 *Un elemento di $R[x]$ è invertibile se e solo se è un elemento invertibile di R (in particolare $R[x]$ non è mai un campo).*

Dimostrazione. Gli elementi invertibili di R hanno inverso in R e dunque in $R[x]$. Viceversa un elemento a_0 di R invertibile in $R[x]$ lo è in R: esiste infatti $b(x) = b_0 + b_1 x + \cdots b_m x^m$ tale che

$$1_R = a_0 \cdot b(x) = a_0 b_0 + a_0 b_1 x + \cdots + a_0 b_m x^m;$$

Ma allora $1_R = a_0 \cdot b_0$ in R. Sia poi $a(x) \in R[x]$ di grado $n > 0$. Allora, per ogni $b(x) \in R[x] - \{0_R\}$,

$$\partial(a(x) \cdot b(x)) = \partial(a(x)) - \partial(b(x)) \geq n > 0$$

e dunque non può essere $a(x) \cdot b(x) = 1_K$ perché 1_K ha grado 0. $\square$

Proposizione 6.3.6 $R[x]$ *non ha divisori dello zero.*

Dimostrazione. Siano $a(x), b(x) \neq 0_R$ in $R[x]$. Possiamo assumere $a_n, b_m \neq 0_R$ e dedurre come sopra $a_n \cdot b_m \neq 0_R$. Così $a(x) \cdot b(x) \neq 0_R$. $\square$

Nel futuro scriveremo talora, per comodità, un polinomio come $1 + x + x^3$ anche nella forma $x^3 + x + 1$.

6.4 Ancora anelli

Proponiamo un altro esempio di anello, più astratto dei precedenti, e pur tuttavia assai più generale e fondamentale, capace di giocare un ruolo analogo a quello dei gruppi di permutazione tra tutti i gruppi.

Consideriamo un gruppo abeliano $(G, +)$ (che scriviamo dunque in notazione additiva). Sia R l'insieme di tutti gli *endomorfismi* di $(G, +)$, e cioè degli omomorfismi f da $(G, +)$ a $(G, +)$. R si indica anche $End(G, +)$. Per $f, g \in R$ definiamo due nuove funzioni di G in G

$$f + g, \ f \circ g$$

ponendo, per ogni $a \in G$,

$$(f + g)(a) = f(a) + g(a), \ (f \circ g)(a) = f(g(a))$$

(così $f \circ g$ è in particolare l'usuale composizione di f e g). Notiamo che anche $f + g$ e $f \circ g$ sono in R, cioè preservano l'addizione di G. Infatti, per ogni scelta di $a, b \in G$,

$$(f + g)(a + b) = f(a + b) + g(a + b) = f(a) + f(b) + g(a) + g(b) =$$
$$= f(a) + g(a) + f(b) + g(b) = (f + g)(a) + (f + g)(b).$$

$$(f \circ g)(a + b) = f(g(a + b)) = f(g(a) + g(b)) = f(g(a)) + f(g(b)) =$$
$$= (f \circ g)(a) + (f \circ g)(b).$$

Si noti che il controllo appena svolto sfrutta in modo essenziale l'ipotesi che $(G, +)$ è abeliano, quando afferma nella terza uguaglianza su $f + g$

$$f(b) + g(a) = g(a) + f(b),$$

cioè che $f(b)$ e $g(a)$ commutano rispetto a $+$ in G. Comunque, in conclusione $+, \circ$ sono operazioni binarie su A. Inoltre si ha quanto segue.

(i) Anzitutto $(R, +)$ è un gruppo abeliano (lasciamo la verifica dei dettagli al lettore e ci limitiamo ad affermare che 0_R è la funzione di G in G tale che, per ogni $a \in G$, $0_R(a) = 0_G$ e che, per ogni $f \in R$, $-f$ è la funzione di G in G che ad ogni $a \in G$ associa $(-f)(a) = -f(a)$);

(ii) come ben noto, per ogni scelta di $f, g, h \in R$, $f \circ (g \circ h) = (f \circ g) \circ h$;

(iii) per $f, g, h \in R$, si ha anche $f \circ (g+h) = f \circ g + f \circ h$ e $(g+h) \circ f = g \circ f + h \circ f$ (dimostriamo ad esempio la prima delle due uguaglianze: per ogni $a \in G$,

$$(f \circ (g + b))(a) = f((g + h)(a)) = f(g(a) + h(a)) = f(g(a)) + f(h(a)) =$$
$$= (f \circ g)(a) + (f \circ h)(a).$$

In conclusione $(R, +, \circ)$ è un anello. Inoltre:

(iv) sappiamo che possono esistere $f, g \in R$ per cui $f \circ g \neq g \circ f$; dunque $(R, +, \circ)$ non è in genere commutativo;

(v) $id_G \in R$ e, per ogni $f \in R$, $id_G \circ f = f \circ id_G = f$ (così id_G è l'unità di R e R è unitario);

(vi) gli elementi invertibili di R sono gli automorfismi di G.

6.5 Matrici

Il paragrafo che inizia intende presentare e descrivere un altro esempio di anello non commutativo. Per introdurlo, ci può essere utile il riferimento al tema della crittografia. Nel Capitolo 2 abbiamo visto come le lettere dei messaggi da comporre, cifrare e decifrare si possono sostituire con numeri interi – magari quelli da 0 a 26 – e che la codifica si può svolgere numero per numero, regolata ad esempio da una funzione

$$x \mapsto a \cdot x, \quad \text{per ogni } x \in \mathbb{Z}$$

dove a è un intero prefissato (la chiave di codifica) e la moltiplicazione si svolge modulo 27. Per permettere anche l'operazione inversa di decodifica, si avrà cura che a sia primo con 27 e dunque abbia inverso a' modulo 27, dopo di che la decifratura è determinata dalla funzione (modulo 27)

$$x \mapsto a' \cdot x, \quad \text{per ogni } x \in \mathbb{Z}$$

e ha dunque chiave a'.

Osservazioni 6.5.1

1. Naturalmente niente vieta che, anziché singoli numeri x, si cifrino stringhe finite di numeri: coppie, o terne, e sequenze ancora più lunghe. Ad esempio, nel caso di una coppia (x_1, x_2), si può far dipendere la codifica di x_1 e x_2 tanto da x_1 quanto da x_2 e prevedere dunque funzioni di cifratura della forma

$$(\star) \qquad \begin{cases} x_1 \mapsto a_{1,1} \cdot x_1 + a_{1,2} \cdot x_2 \\ x_2 \mapsto a_{2,1} \cdot x_1 + a_{2,2} \cdot x_2 \end{cases}$$

   con $a_{1,1}, a_{1,2}, a_{2,1}, a_{2,2}$ interi (eventualmente da intendersi modulo 27). La chiave di codifica è adesso costituita dal quadro di numeri

$$\begin{pmatrix} a_{1,1} & a_{1,2} \\ a_{2,1} & a_{2,2} \end{pmatrix}$$

   e l'operazione di codifica si può rappresentare nella forma

$$(\star) \qquad \begin{pmatrix} x_1 \\ x_2 \end{pmatrix} \mapsto \begin{pmatrix} a_{1,1} \cdot x_1 + a_{1,2} \cdot x_2 \\ a_{2,1} \cdot x_1 + a_{2,2} \cdot x_2 \end{pmatrix}$$

   dove le due coppie, quella $\begin{pmatrix} x_1 \\ x_2 \end{pmatrix}$ da cifrare e quella $\begin{pmatrix} a_{1,1} \cdot x_1 + a_{1,2} \cdot x_2 \\ a_{2,1} \cdot x_1 + a_{2,2} \cdot x_2 \end{pmatrix}$ che la cifra, vengono scritte in colonna per motivi che saranno chiari più tardi. Il risultato

$$\begin{pmatrix} a_{1,1} \cdot x_1 + a_{1,2} \cdot x_2 \\ a_{2,1} \cdot x_1 + a_{2,2} \cdot x_2 \end{pmatrix}$$

   della codifica si può anche esprimere come

$$\begin{pmatrix} a_{1,1} & a_{1,2} \\ a_{2,1} & a_{2,2} \end{pmatrix} \cdot \begin{pmatrix} x_1 \\ x_2 \end{pmatrix},$$

a sottolineare la dipendenza dalla coppia di partenza $\begin{pmatrix} x_1 \\ x_2 \end{pmatrix}$, ma anche dalla chiave $\begin{pmatrix} a_{1,1} & a_{1,2} \\ a_{2,1} & a_{2,2} \end{pmatrix}$: l'effetto che se ne ricava è una nuova operazione su quadri di numeri, quella che associa

$$\begin{pmatrix} a_{1,1} & a_{1,2} \\ a_{2,1} & a_{2,2} \end{pmatrix} \cdot \begin{pmatrix} x_1 \\ x_2 \end{pmatrix}$$

alla coppia formata da $\begin{pmatrix} a_{1,1} & a_{1,2} \\ a_{2,1} & a_{2,2} \end{pmatrix}$ e $\begin{pmatrix} x_1 \\ x_2 \end{pmatrix}$. L'operazione prende gli elementi di ciascuna delle due righe del primo quadro, li moltiplica ordinatamente per quelli corrispondenti dell'unica colonna del secondo quadro e somma i risultati per comporre la nuova colonna $\begin{pmatrix} a_{1,1}\cdot x_1 + a_{1,2}\cdot x_2 \\ a_{2,1}\cdot x_1 + a_{2,2}\cdot x_2 \end{pmatrix}$. Potremmo allora chiamare questa operazione una *moltiplicazione righe per colonne*.

Per le esigenze crittografiche dovremmo poi aver cura che questa operazione si possa invertire e permetta il recupero di $\begin{pmatrix} x_1 \\ x_2 \end{pmatrix}$ da $\begin{pmatrix} a_{1,1}\cdot x_1 + a_{1,2}\cdot x_2 \\ a_{2,1}\cdot x_1 + a_{2,2}\cdot x_2 \end{pmatrix}$: ma affronteremo più tardi questo argomento.

2. La "moltiplicazione righe per colonne" emerge in modo naturale da un altro problema legato alla crittografia. Ammettiamo infatti che il mittente che codifica i messaggi decida, per eccesso di prudenza e di scrupolo, di cifrarli due volte consecutive, prima con la chiave $\begin{pmatrix} b_{1,1} & b_{1,2} \\ b_{2,1} & b_{2,2} \end{pmatrix}$ e poi con $\begin{pmatrix} a_{1,1} & a_{1,2} \\ a_{2,1} & a_{2,2} \end{pmatrix}$. Il risultato sarà che ogni coppia $\begin{pmatrix} x_1 \\ x_2 \end{pmatrix}$ verrà prima trasformata in

$$\begin{pmatrix} b_{1,1} & b_{1,2} \\ b_{2,1} & b_{2,2} \end{pmatrix} \cdot \begin{pmatrix} x_1 \\ x_2 \end{pmatrix} = \begin{pmatrix} b_{1,1}\cdot x_1 + b_{1,2}\cdot x_2 \\ b_{2,1}\cdot x_1 + b_{2,2}\cdot x_2 \end{pmatrix}$$

poi, tramite $\begin{pmatrix} a_{1,1} & a_{1,2} \\ a_{2,1} & a_{2,2} \end{pmatrix}$, in

$$\begin{pmatrix} a_{1,1} & a_{1,2} \\ a_{2,1} & a_{2,2} \end{pmatrix} \cdot \left(\begin{pmatrix} b_{1,1} & b_{1,2} \\ b_{2,1} & b_{2,2} \end{pmatrix} \cdot \begin{pmatrix} x_1 \\ x_2 \end{pmatrix} \right) =$$

$$= \begin{pmatrix} a_{1,1}(b_{1,1}\cdot x_1 + b_{1,2}\cdot x_2) + a_{1,2}(b_{2,1}\cdot x_1 + b_{2,2}\cdot x_2) \\ a_{2,1}(b_{1,1}\cdot x_1 + b_{1,2}\cdot x_2) + a_{2,2}(b_{2,1}\cdot x_1 + b_{2,2}\cdot x_2) \end{pmatrix}$$

cioè in

$$\begin{pmatrix} (a_{1,1}b_{1,1} + a_{1,2}b_{2,1})\cdot x_1 + (a_{1,1}b_{1,2} + a_{1,2}b_{2,2})\cdot x_2 \\ (a_{2,1}b_{1,1} + a_{2,2}b_{2,1})\cdot x_1 + (a_{2,1}b_{1,2} + a_{2,2}b_{2,2})\cdot x_2 \end{pmatrix}.$$

Il quadro di numeri che corrisponde a questa trasformazione è

$$\begin{pmatrix} a_{1,1}b_{1,1} + a_{1,2}b_{2,1} & a_{1,1}b_{1,2} + a_{1,2}b_{2,2} \\ a_{2,1}b_{1,1} + a_{2,2}b_{2,1} & a_{2,1}b_{1,2} + a_{2,2}b_{2,2} \end{pmatrix}$$

e coincide esattamente con quello che si ottiene da $\left(\begin{smallmatrix} a_{1,1} & a_{1,2} \\ a_{2,1} & a_{2,2} \end{smallmatrix}\right)$, $\left(\begin{smallmatrix} b_{1,1} & b_{1,2} \\ b_{2,1} & b_{2,2} \end{smallmatrix}\right)$ con la moltiplicazione righe per colonne sopra descritta: ad esempio la "moltiplicazione" della prima riga $(a_{1,1} \; a_{1,2})$ per la prima colonna $\left(\begin{smallmatrix} b_{1,1} \\ b_{2,1} \end{smallmatrix}\right)$ produce $a_{1,1}b_{1,1}+a_{1,2}b_{2,1}$, quella della prima riga $(a_{1,1} \; a_{1,2})$ per la seconda colonna $\left(\begin{smallmatrix} b_{1,2} \\ b_{2,2} \end{smallmatrix}\right)$ determina $a_{1,1}b_{1,2} + a_{1,2}b_{2,2}$, e così via. Di nuovo questioni pratiche di crittografia conducono alla stessa strana operazione introdotta poco fa.

Vale la pena di approfondire. Fissiamo allora un anello arbitrario R, che può coincidere con quello $\mathbb{Z}$ degli interi, o con quello $\mathbb{Z}_{27}$ delle classi di congruenza modulo 27, o con un campo $\mathbb{Q}, \mathbb{R}, \mathbb{C}$ o $\mathbb{Z}_p$ per p primo, o col corpo $\mathbb{H}$ dei quaternioni, o con altro ancora. Consideriamo poi due interi positivi m, n. Chiamiamo *matrice* a m righe e n colonne con coefficienti in R un quadro

$$A = \begin{pmatrix} a_{1,1} & a_{1,2} & \cdots & a_{1,n} \\ a_{2,1} & a_{2,2} & \cdots & a_{2,n} \\ \cdots & \cdots & & \\ a_{m,1} & a_{m,2} & \cdots & a_{m,n} \end{pmatrix}$$

di elementi $a_{i,j}$ di R ($1 \leq i \leq m, 1 \leq j \leq n$), distribuiti su m righe e n colonne. Per la precisione, il primo indice i di $a_{i,j}$ indica la riga cui $a_{i,j}$ appartiene, il secondo indice j si riferisce invece alla colonna. Scriveremo anche, in forma più compatta,

$$A = (a_{i,j})_{1 \leq i \leq m, \, 1 \leq j \leq n}.$$

Per $1 \leq i \leq m$, la riga i-ma $(a_{i,1} \; a_{i,2} \; \cdots \; a_{i,n})$ di A si indica $A_{(i)}$; in modo simile, per $1 \leq j \leq n$, la j-ma colonna

$$\begin{pmatrix} a_{1,j} \\ a_{2,j} \\ \vdots \\ a_{m,j} \end{pmatrix}$$

si denota $A^{(j)}$.

Se $m = n$ la matrice A si dice *quadrata di ordine* n. In generale, per ogni scelta di m, n, R, $\mathcal{M}_{m \times n}(R)$ denota l'insieme delle matrici a coefficienti in R e a m righe e n colonne (o, come anche si dice più sbrigativamente, $m \times n$).

Esempio 6.5.2 La matrice

$$A = \begin{pmatrix} 2 & 3 \\ -1 & 1 \\ 2 & 0 \end{pmatrix}$$

è in $\mathcal{M}_{3 \times 2}(\mathbb{Z})$; $a_{2,2}$ è 1, $a_{3,1}$ è 2, $A_{(2)}$ è $(-1 \; -1)$, $A^{(2)} = \begin{pmatrix} 3 \\ 1 \\ 0 \end{pmatrix}$.

Tanto m quanto n possono assumere il valore 1:

- nel caso $m = 1$, le matrici che si ottengono in $\mathcal{M}_{1 \times n}(R)$ hanno la forma $(a_{1,1}\ a_{1,2}\ \cdots\ a_{1,n})$ e si chiamano anche *vettori riga*;
- nel caso $n = 1$, le matrici che si formano in $\mathcal{M}_{m \times 1}(R)$ sono composte da un'unica colonna

$$\begin{pmatrix} a_{1,1} \\ a_{2,1} \\ \vdots \\ a_{m,1} \end{pmatrix}$$

e si dicono anche *vettori colonna*.

Tanto i vettori riga che quelli colonna sono quindi essenzialmente sequenze ordinate di elementi di R, di lunghezza n, m rispettivamente e, in questo senso, si identificano con gli elementi dei prodotti cartesiani R^n o R^m.

Del resto, anche per m, n arbitrari, le matrici in $\mathcal{M}_{m \times n}(R)$ possono identificarsi come sequenze ordinate di $m \cdot n$ elementi di R distribuite nel modo sopra descritto in m righe e n colonne e quindi, sostanzialmente a prescindere da questa raffigurazione, come elementi di $R^{m \cdot n}$.

Esercizio 6.5.3 Quali sono le matrici di $\mathcal{M}_{1 \times 1}(R)$?

Siano A, A' due matrici $m \times n$ a coefficienti nello stesso anello R,

$$A = (a_{i,j})_{1 \leq i \leq m,\, 1 \leq j \leq n}, \quad A' = (a'_{i,j})_{1 \leq i \leq m,\, 1 \leq j \leq n}.$$

L'uguaglianza tra A e A' si definisce nel modo ovvio: si pone infatti $A = A'$ se e solo se $a_{i,j} = a'_{i,j}$ per ogni scelta di i e j.

Anche l'addizione tra matrici $A, A' \in \mathcal{M}_{m \times n}(R)$ si introduce nel modo più naturale: si definisce infatti $A + A'$ quella matrice in $\mathcal{M}_{m \times n}(R)$ il cui elemento di posto i, j è, per ogni scelta di i, j, $a_{i,j} + a'_{i,j}$.

Esempio 6.5.4 In $\mathcal{M}_{2 \times 3}(R)$ la somma $A + A'$ delle matrici

$$A = \begin{pmatrix} 1 & 2 & 0 \\ 3 & 1 & -2 \end{pmatrix}, \quad A' = \begin{pmatrix} -1 & 1 & -1 \\ 0 & 2 & -7 \end{pmatrix}$$

è

$$A = \begin{pmatrix} 0 & 3 & -1 \\ 3 & 3 & -9 \end{pmatrix}.$$

Dunque l'addizione in $\mathcal{M}_{m \times n}(R)$ ripete l'addizione di R $m \cdot n$ volte, una per ogni coppia di indici i, j, sugli elementi di posto i, j. Non è difficile dedurre che, così come $(R, +)$, $\mathcal{M}_{m \times n}(R)$ è un gruppo abeliano rispetto a $+$.

Esercizio 6.5.5 Si verifichi l'ultima affermazione.

In particolare la matrice che ha il ruolo di elemento neutro è quella composta da tutti 0_R. Invece l'opposto di una matrice $A = (a_{i,j})_{1 \leq i \leq m, 1 \leq j \leq n}$ è la matrice $-A$ che ha al posto i, j l'elemento $-a_{i,j}$ per ogni scelta di i, j.

A questo punto il lettore può ragionevolmente aspettarsi di vedere definita una operazione di moltiplicazione tra matrici che, insieme all'addizione introdotta, renda $\mathcal{M}_{m \times n}(R)$ un anello. Ma prima di affrontare l'argomento, apriamo una breve parentesi per introdurre rapidamente altre funzioni tra matrici. Ad esempio all'operazione di addizione di $\mathcal{M}_{m \times n}(R)$ possiamo accompagnarne un'altra, che moltiplica matrici A di $\mathcal{M}_{m \times n}(R)$ per elementi $r \in R$, ancora procedendo componente per componente: così, per $A = (a_{i,j})_{1 \leq i \leq m, 1 \leq j \leq n}$, $r \cdot A$ è la matrice di $\mathcal{M}_{m \times n}(R)$ il cui elemento di posto i, j è $r \cdot a_{i,j}$, per ogni scelta di i, j. In modo analogo si definisce $A \cdot r$. Per R commutativo, $A \cdot r$ e $r \cdot A$ coincidono per ogni A e per ogni r (**esercizio:** perché?).

Esempio 6.5.6 Per $R = \mathbb{Z}, r = -5$ e

$$A = \begin{pmatrix} 1 & 2 & 0 \\ 3 & 1 & -2 \end{pmatrix},$$

si ha

$$r \cdot A = \begin{pmatrix} -5 & -10 & 0 \\ -15 & -5 & 10 \end{pmatrix}.$$

Esercizio 6.5.7 Il lettore provi a mostrare che, per $r, s \in R$ e $A, A' \in \mathcal{M}_{m \times n}(R)$,

1) $(r + s) \cdot A = r \cdot A + s \cdot A$,
2) $(r \cdot s) \cdot A = r \cdot (s \cdot A)$,
3) $r \cdot (A + A') = r \cdot A + r \cdot A'$.

Inoltre, se R è unitario e 1_R denota la sua unità,

4) $1_R \cdot A = A$.

Finalmente

5) $0_R \cdot A$ è la *matrice nulla* (quella i cui elementi coincidono tutti con 0_R).

(*Suggerimento:* si tratta di osservare anzitutto che le matrici a sinistra e a destra di ogni uguaglianza hanno gli stessi numeri m di righe e n di colonne, e poi soprattutto di mostrare che, per ogni $i = 1, \ldots, m$ e $j = 1, \ldots, n$, gli elementi di posto i, j delle due matrici coincidono. Vediamo ad esempio come provare 2): $s \cdot A$ è la matrice il cui elemento di posto i, j è $s \cdot a_{i,j}$ per ogni i e per ogni j; quindi $r \cdot (s \cdot A)$ è la matrice il cui elemento di posto i, j è $r \cdot (s \cdot a_{i,j})$. Siccome nell'anello R il prodotto è associativo, $r \cdot (s \cdot a_{i,j}) = (r \cdot s) \cdot a_{i,j}$ per ogni scelta di i, j, e $(r \cdot s) \cdot a_{i,j}$ è l'elemento di posto i, j in $(r \cdot s) \cdot A$. Così $r \cdot (s \cdot A) = (r \cdot s) \cdot A$).

Un'altra operazione elementare tra matrici che è bene considerare è quella che ha il nome di *trasposta* e che trasforma una matrice in $\mathcal{M}_{m\times n}(R)$ in un'altra in $\mathcal{M}_{n\times m}(R)$ – dunque con gli indici n,m invertiti – che si chiama, appunto, *trasposta* di A e si indica con $^t\!A$.

Per la precisione, se $A = (a_{i,j})_{1\leq i\leq m,\, 1\leq j\leq n}$, $^t\!A$ è la matrice $A' \in \mathcal{M}_{n\times m}(R)$ tale che, per $j = 1,\ldots,n$ e $i = 1,\ldots,m$,

$$a'_{j,i} = a_{i,j}.$$

Esempio 6.5.8

$$^t\!\begin{pmatrix} 1 & 2 & 0 \\ 3 & 1 & -2 \end{pmatrix} = \begin{pmatrix} 1 & 3 \\ 2 & 1 \\ 0 & -2 \end{pmatrix}.$$

Così $^t\!A$ ha tante righe quante colonne ha A, e tante colonne quante righe ha A.

Osservazione 6.5.9

1. Per ogni $A \in \mathcal{M}_{m\times n}(R)$, $^t(^t\!A)) = A$.
   Infatti $^t\!A$ è in $\mathcal{M}_{n\times m}(R)$, e quindi $^t(^t\!A))$ torna a essere in $\mathcal{M}_{m\times n}(R)$. Inoltre, per $1 \leq i \leq m$ e $1 \leq j \leq n$, l'elemento di posto i,j in $^t(^t\!A)) = A$ coincide con quello di posto j,i in $^t\!A$ e quindi con quello di posto i,j di A.
2. Se ne deduce che la funzione ^{t} è una corrispondenza biunivoca tra $\mathcal{M}_{m\times n}(R)$ e $\mathcal{M}_{n\times m}(R)$ (il lettore può verificarlo per **esercizio**).

Esercizio 6.5.10 Si mostri poi che, per $A, A' \in \mathcal{M}_{m\times n}(R)$ e $r \in R$, $^t(A + A') = {}^t\!A + {}^t\!A'$ e $^t(r \cdot A) = r \cdot {}^t\!A$.

Arriviamo finalmente a introdurre l'operazione di moltiplicazione tra matrici. La regola per svolgerla è quella osservata a inizio paragrafo, negli esempi legati alla crittografia. Ammettiamo allora di avere due matrici A, A' tali che

il numero delle colonne di A eguaglia il numero di righe di A'.

Allora gli elementi di un'arbitraria riga di A sono tanti quanti quelli di una colonna di A'. Moltiplichiamo allora ordinatamente elementi corrispondenti e sommiamo i prodotti così ottenuti. Determiniamo in questo modo in elemento del prodotto $A \cdot A'$. Per la precisione, procediamo come segue.

Definizione 6.5.11 (Attenzione agli indici!) Siano m,n,p interi positivi, $A = (a_{i,j})_{1\leq i\leq m,\, 1\leq j\leq n}$ una matrice in $\mathcal{M}_{m\times n}(R)$, $A' = (a'_{j,h})_{1\leq j\leq n,\, 1\leq h\leq p}$ una matrice in $\mathcal{M}_{n\times p}(R)$. Il *prodotto righe per colonne* di A, A' è la matrice $A \cdot A' \in \mathcal{M}_{m\times p}(R)$ tale che, per ogni $i = 1,\ldots,m$ e $h = 1,\ldots,p$, l'elemento di posto i,h in $A \cdot A'$ è

$$a_{i,1} \cdot a'_{1,h} + a_{i,2} \cdot a'_{2,h} + \cdots + a_{i,n} \cdot a'_{n,h} = \sum_{j=1}^{n} a_{i,j} \cdot a'_{j,h}.$$

Si conferma così l'importanza che le colonne di A siano tante quante le righe di A': nessun prodotto è possibile altrimenti. Invece il numero delle righe di A e quello delle colonne di A' regolano le dimensioni della matrice $A \cdot A'$ la quale viene ad avere, appunto,

- tante righe quante A,
- tante colonne quante A'.

Il caso più semplice di prodotto si ha quando $m = p = 1$, cioè $A = (a_{1,1}\, a_{1,2} \cdots a_{1,n})$ è un vettore riga e

$$A' = \begin{pmatrix} a'_{1,1} \\ a'_{2,1} \\ \cdots \\ a'_{n,1} \end{pmatrix}$$

è un vettore colonna. Allora $A \cdot A'$ è una matrice 1×1, cioè si riduce ad un unico elemento di R, per la precisione a

$$a_{1,1} \cdot a'_{1,1} + a_{1,2} \cdot a'_{2,1} + \cdots + a_{1,n} \cdot a'_{n,1}.$$

Così, per m, p arbitrari e $A \in \mathcal{M}_{m \times n}(R)$, $A' \in \mathcal{M}_{n \times p}(R)$, si può dire che l'elemento di posto i, h in $A \cdot A'$ è il prodotto della riga i-ma $A_{(i)}$ di A e della colonna h-ma $A'^{(h)}$ di A' e indicarlo $A_{(i)} \cdot A'^{(h)}$.

Esempi 6.5.12 Sia $R = \mathbb{Z}$.

1. Consideriamo

$$A = \begin{pmatrix} 4 & 1 & 6 & 0 \\ 1 & 0 & -1 & -2 \\ 0 & 2 & 1 & 0 \end{pmatrix}, \quad A' = \begin{pmatrix} 2 & -1 \\ 3 & 4 \\ -2 & 0 \\ 1 & 4 \end{pmatrix}.$$

A è in $\mathcal{M}_{3 \times 4}(\mathbb{Z})$, A' in $\mathcal{M}_{4 \times 2}(\mathbb{Z})$, è dunque possibile calcolare la matrice prodotto $A \cdot A'$, che anzi è in $\mathcal{M}_{3 \times 2}(\mathbb{Z})$. Per la precisione

$$A \cdot A' = \begin{pmatrix} -1 & 0 \\ 2 & -9 \\ 4 & 8 \end{pmatrix}.$$

Infatti l'elemento di posto $1, 1$ in $A \cdot A'$ è $4 \cdot 2 + 1 \cdot 3 + 6 \cdot (-2) + 0 \cdot 1 = -1$, e così via. Invece non si può calcolare $A' \cdot A$ perché il numero di colonne di A' è diverso dal numero delle righe di A.

2. Siano adesso

$$A = \begin{pmatrix} 4 & 1 \\ 1 & 0 \end{pmatrix}, \quad A' = \begin{pmatrix} 1 & 3 \\ 0 & 1 \end{pmatrix}.$$

Stavolta entrambi i prodotti $A \cdot A'$ e $A' \cdot A$ possono essere calcolati e anzi definiscono matrici in $\mathcal{M}_{2 \times 2}(\mathbb{Z})$. Per l'esattezza

$$A \cdot A' = \begin{pmatrix} 4 & 13 \\ 1 & 3 \end{pmatrix}, \quad A' \cdot A = \begin{pmatrix} 7 & 1 \\ 1 & 0 \end{pmatrix}.$$

Ad esempio l'elemento di posto $1, 2$ è $4 \cdot 3 + 1 \cdot 1 = 13$ in $A \cdot A'$, e $1 \cdot 1 + 3 \cdot 0 = 1$ in $A' \cdot A$. Si noti che, tuttavia, $A \cdot A' \neq A' \cdot A$.

Dunque, se ci restringiamo a matrici quadrate di ordine n, la moltiplicazione righe per colonne è sempre definita, e anzi produce matrici quadrate di ordine n: è, quindi, un'operazione binaria in $\mathcal{M}_{n \times n}(R)$. Esaminiamo allora le proprietà di questa moltiplicazione in $\mathcal{M}_{n \times n}(R)$, o comunque nei casi in cui essa è possibile.

Osservazioni 6.5.13

1. Abbiamo già osservato nell'ultimo esempio che la moltiplicazione righe per colonne non è in genere commutativa per $n \geq 2$: anche se R è un anello commutativo (come nel caso $R = \mathbb{Z}$) si trovano matrici $A, A' \in \mathcal{M}_{n \times n}(R)$ per cui $A \cdot A' \neq A' \cdot A$ (**Esercizio:** che succede per $n = 1$?).

2. Invece la moltiplicazione righe per colonne soddisfa la proprietà associativa: per $A, A', A'' \in \mathcal{M}_{n \times n}(R)$,

$$A \cdot (A' \cdot A'') = (A \cdot A') \cdot A''.$$

   Anzi la proprietà vale per ogni terna di matrici A, A', A'' che consentano i prodotti $A \cdot (A' \cdot A'')$ o $(A \cdot A') \cdot A''$ (dunque quando A ha tante colonne quante sono le righe di A', e A' tante colonne quante sono le righe di A''. La dimostrazione richiede più pazienza e attenzione che genio. Il lettore munito di queste doti – e interessato – vi si può cimentare.

3. Se l'anello R è unitario, allora c'è una matrice di $\mathcal{M}_{n \times n}(R)$ che fa da unità rispetto alla moltiplicazione righe per colonne: viene indicata $I_n(R)$, o più stringatamente I_n quando il riferimento a R è chiaro, e ha la forma

$$I_n = \begin{pmatrix} 1_R & 0_R & \cdots & & 0_R \\ 0_R & 1_R & 0_R & \cdots & 0_R \\ & & \cdots & & \\ & & \cdots & & \\ 0_R & 0_R & \cdots & 0_R & 1_R \end{pmatrix};$$

   dunque 1_R vi compare al posto i, i per ogni $i = 1, \ldots, n$, mentre 0_R vi occupa ogni posto i, j quando i, j variano tra $1, \ldots, n$ e $i \neq j$. Ad esempio

$$I_2 = \begin{pmatrix} 1_R & 0_R \\ 0_R & 1_R \end{pmatrix}, \quad I_3 = \begin{pmatrix} 1_R & 0_R & 0_R \\ 0_R & 1_R & 0_R \\ 0_R & 0_R & 1_R \end{pmatrix}$$

   e così via. In genere, si conviene di rappresentare in R, per $i, j = 1, \ldots, n$

$$\delta_{i,j} = \begin{cases} 1_R & \text{se } i = j, \\ 0_R & \text{se } i \neq j. \end{cases}$$

Il simbolo $\delta_{i,j}$ viene chiamato abitualmente *delta di Kronecker*, a ricordare il matematico tedesco dell'Ottocento Leopold Kronecker, che si occupò in particolare di Algebra e di Analisi. Se adottiamo anche noi questa notazione, possiamo scrivere $I_n = (\delta_{i,j})_{1 \le i,j \le n}$.

È facile verificare che, per ogni $A \in \mathcal{M}_{n \times n}(R)$,

$$A \cdot I_n = I_n \cdot A = A.$$

Infatti, per $1 \le i, h \le n$, l'elemento di posto i, h in $A \cdot I_n$ è $\sum_{j=1}^{n} a_{i,j} \cdot \delta_{j,h} = a_{i,h} \cdot 1_R = a_{i,h}$ e in $I_n \cdot A$ è $\sum_{j=1}^{n} \delta_{i,j} \cdot a_{j,h} = 1_R \cdot a_{i,h} = a_{i,h}$. Più in generale,

- $A \cdot I_n = A$ per ogni matrice A a n colonne (a prescindere dal numero delle sue righe),
- $I_n \cdot A = A$ per ogni matrice A a n righe (a prescindere dal numero delle sue colonne).

4. Consideriamo la matrice nulla di $\mathcal{M}_{n \times n}(R)$. Indichiamola per semplicità con $\mathbf{0}_n(R)$, o anche soltanto $\mathbf{0}_n$ quando il riferimento a R è chiaro. Allora, per ogni $A \in \mathcal{M}_{n \times n}(R)$,

$$A \cdot \mathbf{0}_n = \mathbf{0}_n \cdot A = \mathbf{0}_n.$$

Infatti, per $1 \le i, h \le n$, l'elemento di posto i, h in $A \cdot \mathbf{0}_n$ è $\sum_{j=1}^{n} a_{i,j} \cdot 0_R = 0_R$, e in $\mathbf{0}_n \cdot A$ è $\sum_{j=1}^{n} 0_R \cdot a_{j,h} = 0_R$. Anzi, per ogni matrice A di n colonne, $A \cdot \mathbf{0}_n$ è la matrice nulla, così come $\mathbf{0}_n \cdot A$ per ogni matrice A di n righe.

Consideriamo allora $\mathcal{M}_{n \times n}(R)$ con le due operazioni $+, \cdot$ di addizione e moltiplicazione righe per colonne. Il lettore può controllare che anche la proprietà distributiva di $\cdot$ rispetto a $+$ vale in questo ambito.

Esercizio 6.5.14 Per $A, A', A'' \in \mathcal{M}_{n \times n}(R)$, si ha $A \cdot (A' + A'') = A \cdot A' + A \cdot A''$ e $(A' + A'') \cdot A = A' \cdot A + A'' \cdot A$.
(In realtà le proprietà valgono per ogni terna di matrici A, A', A'' per le quali ha senso calcolare $A \cdot (A' + A'')$ e $A \cdot A' + A \cdot A''$, o $(A' + A'') \cdot A$ e $A' \cdot A + A'' \cdot A$).

Per quanto riguarda $\mathcal{M}_{n \times n}(R)$, possiamo comunque concludere che

$$(\mathcal{M}_{n \times n}(R), +, \cdot) \text{ è un anello.}$$

Inoltre:

- $\mathcal{M}_{n \times n}(R)$ non è commutativo (salvo il caso in cui $n = 1$ e R è commutativo);
- $\mathcal{M}_{n \times n}(R)$ è unitario se R lo è (e l'unità di $\mathcal{M}_{n \times n}(R)$ è $I_n(R)$).

Esercizio 6.5.15 Si provi che, per $r \in R$, $A, A' \in \mathcal{M}_{n \times n}(R)$, $r \cdot (A \cdot A') = (r \cdot A) \cdot A'$. Per R commutativo, vale anche $r \cdot (A \cdot A') = A \cdot (r \cdot A')$.

Se supponiamo che R, e quindi $\mathcal{M}_{n \times n}(R)$, sono unitari, possiamo domandarci quali siano gli elementi invertibili di $\mathcal{M}_{n \times n}(R)$, cioè quali matrici $A \in \mathcal{M}_{n \times n}(R)$ ammettano inversa A^{-1} per cui $A \cdot A^{-1} = A^{-1} \cdot A = I_n$. Escludiamo ovviamente $\mathbf{0}_n = \mathbf{0}_n(R)$, che non può essere invertibile.

Esempi 6.5.16

1. La matrice I_n è certamente invertibile e ha per inversa se stessa: $I_n \cdot I_n = I_n$.

2. Esistono altre matrici invertibili. Ad esempio, per $n = 2$, ogni matrice della forma

$$\begin{pmatrix} 1_R & a \\ 0_R & 1_R \end{pmatrix}$$

con $a \in R$ è invertibile. Infatti, per ogni $a \in R$,

$$\begin{pmatrix} 1_R & a \\ 0_R & 1_R \end{pmatrix} \cdot \begin{pmatrix} 1_R & -a \\ 0_R & 1_R \end{pmatrix} = \begin{pmatrix} 1_R & a - a \\ 0_R & 1_R \end{pmatrix} = \begin{pmatrix} 1_R & 0_R \\ 0_R & 1_R \end{pmatrix} = I_2,$$

così che si ha anche (usando $-a$ al posto di a)

$$\begin{pmatrix} 1_R & -a \\ 0_R & 1_R \end{pmatrix} \cdot \begin{pmatrix} 1_R & a \\ 0_R & 1_R \end{pmatrix} = I_2.$$

Esercizio 6.5.17 Si provi che anche le matrici $\begin{pmatrix} 1_R & 0_R \\ c & 1_R \end{pmatrix}$ per $c \in R$ sono invertibili. Quale è l'inversa di ognuna di loro?

3. D'altra parte capita di incontrare anche tra le matrici il caso di divisori dello zero. Ad esempio si ha

$$\begin{pmatrix} 1_R & 1_R \\ 0_R & 0_R \end{pmatrix} \cdot \begin{pmatrix} 0_R & 1_R \\ 0_R & -1_R \end{pmatrix} = \begin{pmatrix} 0_R & 0_R \\ 0_R & 0_R \end{pmatrix},$$

$$\begin{pmatrix} 0_R & 1_R \\ 0_R & 1_R \end{pmatrix} \cdot \begin{pmatrix} 1_R & 1_R \\ 0_R & 0_R \end{pmatrix} = \begin{pmatrix} 0_R & 0_R \\ 0_R & 0_R \end{pmatrix}.$$

Sorge allora il problema di identificare e caratterizzare in $\mathcal{M}_{n \times n}(R)$ le matrici invertibili, o quelle che dividono lo zero. Torneremo sull'argomento nel Capitolo 8.

Concludiamo invece il paragrafo esaminando il legame tra la moltiplicazione righe per colonne e l'operazione di trasposta. Il seguente esempio illustra la situazione.

Esempio 6.5.18 Per $R = \mathbb{Z}$ consideriamo $A = \begin{pmatrix} 1 & 2 \\ 0 & 3 \end{pmatrix}$, $A' = \begin{pmatrix} 2 & 0 & 1 \\ 1 & 1 & 0 \end{pmatrix}$. Allora

$$A \cdot A' = \begin{pmatrix} 4 & 2 & 1 \\ 3 & 3 & 0 \end{pmatrix}$$

mentre $A' \cdot A$ non si può calcolare. D'altra parte ${}^t A = \begin{pmatrix} 1 & 0 \\ 2 & 3 \end{pmatrix}$, ${}^t A' = \begin{pmatrix} 2 & 1 \\ 0 & 1 \\ 1 & 0 \end{pmatrix}$, così stavolta non si può calcolare ${}^t A \cdot {}^t A'$, mentre ha senso cercare ${}^t A' \cdot {}^t A$ e anzi

$$^t A' \cdot {}^t A = \begin{pmatrix} 4\,3 \\ 2\,3 \\ 1\,0 \end{pmatrix} = {}^t(A \cdot A').$$

In genere si ha.

Teorema 6.5.19 *Siano* $A \in \mathcal{M}_{m \times n}(R)$, $A' \in \mathcal{M}_{n \times p}(R)$. *Allora* $^t A' \cdot {}^t A = {}^t(A \cdot A')$.

Dimostrazione. Anzitutto $^t A \in \mathcal{M}_{n \times m}(R)$, $^t A' \in \mathcal{M}_{p \times n}(R)$, dunque è possibile calcolare $^t A' \cdot {}^t A \in \mathcal{M}_{p \times m}(R)$. Si noti che anche $^t(A \cdot A')$ è in $\mathcal{M}_{p \times m}(R)$, dunque ha senso confrontare $^t(A \cdot A')$ e $^t A' \cdot {}^t A$, e chiedersi se coincidono. Per $1 \le i \le m$, $1 \le h \le p$, l'elemento di posto h, i di $^t(A \cdot A')$ eguaglia l'elemento di posto i, h di $A \cdot A'$, e cioè

$$\sum_{j=1}^{n} a_{i,j} \cdot a'_{j,h}.$$

D'altra parte l'elemento di posto h, i in $^t A' \cdot {}^t A$ è

$$({}^t A')_{(h)} \cdot ({}^t A)^{(i)} = \sum_{j=1}^{n} a'_{j,h} \cdot a_{i,j},$$

coincide pertanto ancora con $\sum_{j=1}^{n} a_{i,j} \cdot a'_{j,h}$. Segue $^t(A \cdot A') = {}^t A' \cdot {}^t A$. $\square$

Esercizio 6.5.20 Nell'anello $\mathcal{M}_{2 \times 2}(\mathbb{C})$ la matrice unità è $I_2 = \begin{pmatrix} 1\,0 \\ 0\,1 \end{pmatrix}$, e ha per opposto $-I_2 = \begin{pmatrix} -1 & 0 \\ 0 & -1 \end{pmatrix}$. Osserviamo che le tre matrici

$$\begin{pmatrix} 0 & i \\ i & 0 \end{pmatrix}, \quad \begin{pmatrix} 0 & 1 \\ -1 & 0 \end{pmatrix}, \quad \begin{pmatrix} -i & 0 \\ 0 & i \end{pmatrix}$$

hanno tutte per quadrato $-I_2$, e che ciascuna è il prodotto delle due che la precedono ed è l'opposta del prodotto delle due che la seguono. Ad esempio

$$\begin{pmatrix} 0 & i \\ i & 0 \end{pmatrix} \cdot \begin{pmatrix} 0 & 1 \\ -1 & 0 \end{pmatrix} = \begin{pmatrix} -i & 0 \\ 0 & i \end{pmatrix}$$

$$\begin{pmatrix} 0 & 1 \\ -1 & 0 \end{pmatrix} \cdot \begin{pmatrix} 0 & i \\ i & 0 \end{pmatrix} = \begin{pmatrix} i & 0 \\ 0 & -i \end{pmatrix} = - \begin{pmatrix} -i & 0 \\ 0 & i \end{pmatrix}.$$

La situazione ricorda qualcosa che già conosciamo?

6.6 Domini di integrità

Dopo aver esplorato vari esempi di anelli, torniamo a esaminare e approfondire lo studio teorico di tutti gli anelli. Anzitutto è utile identificare e presentare una nuova classe astratta di anelli: quella dei *domini di integrità*. Eccone la definizione.

Definizione 6.6.1 Si dice *dominio di integrità* un anello commutativo $(R, +, \cdot)$ privo di divisori dello zero (cioè tale che, per ogni scelta di $a, b \in R$, se $a \cdot b = 0_R$, allora $a = 0_R$ o $b = 0_R$).

Esempi 6.6.2

1. Per R anello unitario e $n \geq 2$, $\mathcal{M}_{n \times n}(\mathbb{R})$ non è commutativo ed ha divisori dello zero: non è un dominio di integrità.

2. Per $q \in \mathbb{Z}$, $q \geq 2$ e q composto, $\mathbb{Z}_q$ è commutativo ma ha divisori dello zero: non è un dominio di integrità.

3. Ogni campo è un dominio di integrità. Del resto sappiamo che nessun elemento invertibile di un anello unitario può essere divisore dello zero.

4. $(\mathbb{Z}, +, \cdot)$ è un dominio di integrità, ed è anche unitario, ma non è un campo.

5. $(2\mathbb{Z}, +, \cdot)$ è un dominio di integrità, ma non è unitario.

Teorema 6.6.3 *Siano $(R, +, \cdot)$ un dominio di integrità finito e diverso da $\{0_R\}$. Allora $(R, +, \cdot)$ è un campo.*

Dimostrazione. Sappiamo già che $(R, +, \cdot)$ è commutativo, così occorre provare che:

(1) $(R, +, \cdot)$ è unitario;
(2) ogni elemento diverso da 0_R di R è invertibile.

Sia $R = \{a_0, a_1, \ldots, a_n\}$ con $a_0 \neq a_1 \neq \cdots \neq a_n$ e $n > 0$. Per ogni $b \in R - \{0_R\}$, $b \cdot a_0 \neq b \cdot a_1 \neq \cdots \neq b \cdot a_n$, altrimenti esistono $i, j \leq n$ con $i \neq j$ per cui $a_i \neq a_j$ ma $b \cdot a_i = b \cdot a_j$; segue che $b \cdot (a_i - a_j) = 0_R$ con $b \neq 0_R$ e $a_i - a_j \neq 0_R$, il che produce divisori dello zero in R (assurdo). Quindi $b \cdot a_0, \ldots, b \cdot a_n$ esauriscono gli $n + 1$ elementi di R, cioè $R = \{b \cdot a_0, b \cdot a_1, \cdots, b \cdot a_n\}$. In particolare $b = b \cdot a_i$ per qualche $i \leq n$, ad esempio $b = b \cdot a_0$. Allora per ogni $j \leq n$, $(b \cdot a_j) \cdot a_0 = b \cdot a_j \cdot a_0 = b \cdot a_0 \cdot a_j = b \cdot a_j$, così $a_0 = 1_R$ è l'unità di R. Inoltre per ogni $b \in R$ con $b \neq 0_R$ esiste $j \neq n$ tale che $b \cdot a_j = a_0$ cioè $b \cdot a_j = 1_R$. $\qquad\square$

6.7 Sottoanelli

Definizione 6.7.1 Un sottoinsieme S di un anello $(R, +, \cdot)$ si dice *sottoanello* di R se S è un anello rispetto alle operazioni $+, \cdot$ di R ristrette a S.

Come nel caso dei sottogruppi di un gruppo, ci sono criteri atti a identificare "rapidamente" i sottoanelli S di $(R, +, \cdot)$. Ad esempio si ha:

Proposizione 6.7.2 *Siano $(R, +, \cdot)$ un anello, $S \subseteq R$. Allora S è un sottoanello di $(R, +, \cdot)$ se e solo se:*

(1) $S \neq \emptyset$;
(2) per ogni scelta di $a, b \in S$, $a - b \in S$;
(3) per ogni scelta di $a, b \in S$, $a \cdot b \in S$.

Dimostrazione. Sia dapprima S un sottoanello di $(R, +, \cdot)$. In particolare S è un sottogruppo di $(R, +)$ e dunque valgono *(1)* e *(2)*; inoltre $\cdot$ definisce un'operazione binaria su S, cioè vale *(3)*.
Viceversa assumiamo *(1)*, *(2)*, *(3)*. *(1)* e *(2)* dicono che S è sottogruppo di $(R, +)$, cioè un gruppo additivo rispetto a $+$; inoltre S è abeliano perché anche $(R, +)$ lo è. Da *(3)* segue che $\cdot$ definisce un'operazione binaria su S; siccome $S \subseteq R$, valgono anche in S la proprietà associativa di $\cdot$ e le due proprietà distributive. $\qquad\Box$

Esempi 6.7.3

1. $2\mathbb{Z}$ è sottoanello di $(\mathbb{Z}, +, \cdot)$. Infatti $2\mathbb{Z} \neq \emptyset$ e, per ogni scelta di interi pari a, b,

    $$a - b, \ a \cdot b \text{ sono ancora pari.}$$

    Si noti che $(2\mathbb{Z}, +, \cdot)$ non è unitario, anche se $(\mathbb{Z}, +, \cdot)$ lo è. Altrettanto può dirsi se si sostituisce $2\mathbb{Z}$ con $q\mathbb{Z}$ per un intero $q > 1$: $q\mathbb{Z}$ è sottoanello di $(\mathbb{Z}, +, \cdot)$, ma non è unitario.

2. $\mathbb{Z}$ è sottoanello di $(\mathbb{Q}, +, \cdot)$. Infatti $\mathbb{Z} \subseteq \mathbb{Q}$ e $\mathbb{Z}$ è anello rispetto alle restrizioni a $\mathbb{Z}$ delle operazioni $+, \cdot$ di $\mathbb{Q}$. Inoltre $\mathbb{Z}$ è unitario, come $(\mathbb{Q}, +, \cdot)$, ma non è un campo, a differenza di $(\mathbb{Q}, +, \cdot)$.

3. Per ogni anello commutativo unitario R, R è sottoanello di $R[x]$ (si veda il paragrafo 6.3).

4. Sia $\mathbb{Z}[\sqrt{15}]$ l'insieme dei reali della forma $a_0 + a_1 \cdot \sqrt{15}$ con a_0, a_1 interi. Allora $\mathbb{Z}[\sqrt{15}]$ è sottoanello di $\mathbb{R}$ perché $\mathbb{Z}[\sqrt{15}] \neq \emptyset$ (anzi include $\mathbb{Z}$) e, per ogni scelta di $a_0, a_1, b_0, b_1 \in \mathbb{Z}$,

    $$(a_0 + a_1 \cdot \sqrt{15}) - (b_0 + b_1 \cdot \sqrt{15}) = (a_0 - b_0) + (a_1 - b_1) \cdot \sqrt{15} \in \mathbb{Z}[\sqrt{15}],$$

    $$\begin{aligned}(a_0 + a_1 \cdot \sqrt{15}) \cdot (b_0 + b_1 \cdot \sqrt{15}) &= \\ = (a_0 \cdot b_0 + 15 a_1 \cdot b_1) &+ (a_0 \cdot b_1 + a_1 \cdot b_0) \cdot \sqrt{15} \in \mathbb{Z}[\sqrt{15}].\end{aligned}$$

Esercizio 6.7.4 Si provi che $\mathbb{Z}$ è sottoanello di $\mathbb{Z}[\sqrt{15}]$ e che ogni elemento di $\mathbb{Z}[\sqrt{15}]$ si scrive *in modo unico* come $a_0 + a_1 \cdot \sqrt{15}$ con $a_0, a_1 \in \mathbb{Z}$.

Esercizi 6.7.5

1. Si provi che un sottoanello di un anello commutativo è commutativo. È vero il contrario, cioè che un anello che ha un sottoanello commutativo deve essere commutativo?
2. Si provi che un sottoanello di un dominio di integrità resta un dominio di integrità.
3. Siano R un anello unitario, S un suo sottoanello contenente 1_R (e quindi unitario grazie a 1_R). Sia poi $a \in S$. Si mostri che, se a è invertibile in S, allora lo è anche in R e ha lo stesso inverso in S e in R. Si osservi poi che, se a è invertibile in R, non è detto che lo sia in S.

6.8 Ideali

Tra i sottoanelli di un anello $(R, +, \cdot)$ meritano un'attenzione particolare quelli che adesso introduciamo.

Definizione 6.8.1 Si dice *ideale destro* (*sinistro*) di $(R, +, \cdot)$ un sottoinsieme I di R tale che

(i) I è sottogruppo di $(R, +)$, dunque $I \neq \emptyset$ e, per ogni scelta di $a, b \in I$, $a - b \in I$;

(ii) per ogni $a \in I$ e per ogni $r \in R$, $a \cdot r \in I$ ($r \cdot a \in I$, rispettivamente);

I si dice *ideale* di $(R, +, \cdot)$ se è ideale tanto destro quanto sinistro, dunque se I è sottogruppo di $(R, +)$ e, per $a \in I$ e $r \in R$, tanto $a \cdot r$ quanto $r \cdot a$ sono in I.

(Attenzione: non è detto che $a \cdot r = r \cdot a$ perché non si è assunto che R sia commutativo)

Notiamo comunque che ogni ideale è anche un sottoanello di $(R, +, \cdot)$ e che, per $(R, +, \cdot)$ commutativo, I è ideale destro se e solo se è ideale sinistro, e dunque se e solo se è ideale di $(R, +, \cdot)$.
È poi ovvio che $\{0_R\}$ e R sono ideali di $(R, +, \cdot)$: il lettore può verificarlo per **esercizio** (si ricordi che $0_R \cdot r = r \cdot 0_R = 0_R$ per ogni $r \in R$). $\{0_R\}$ e R si dicono *ideali banali* di $(R, +, \cdot)$.

Esempi 6.8.2

1. Consideriamo un dominio di integrità R e formiamo l'anello (non commutativo) $(\mathcal{M}_{2 \times 2}(R), +, \cdot)$. Allora

$$S = \left\{ \begin{pmatrix} 0_R & b \\ 0_R & 0_R \end{pmatrix} : b \in R \right\}$$

è sottoanello di $(\mathcal{M}_{2 \times 2}(R), +, \cdot)$, ma non è ideale né destro né sinistro. Infatti è facile vedere che S è chiuso rispetto a $+, \cdot$, ma

$$\begin{pmatrix} 0_R & b \\ 0_R & 0_R \end{pmatrix} \cdot \begin{pmatrix} a' & b' \\ c' & d' \end{pmatrix} = \begin{pmatrix} b \cdot c' & b \cdot d' \\ 0_R & 0_R \end{pmatrix} \notin S \text{ per } b,c' \in R,\ b,c' \neq 0_R,$$

$$\begin{pmatrix} a' & b' \\ c' & d' \end{pmatrix} \cdot \begin{pmatrix} 0_R & b \\ 0_R & 0_R \end{pmatrix} = \begin{pmatrix} 0_R & a' \cdot b \\ 0_R & c' \cdot b \end{pmatrix} \notin S \text{ per } b,c' \in R,\ b,c' \neq 0_R.$$

Invece

$$I = \left\{ \begin{pmatrix} a & b \\ 0_R & 0_R \end{pmatrix} : a,b \in R \right\}$$

è ideale destro ma non sinistro infatti $I \neq \emptyset$ e, per $a,b,a',b',c',d' \in R$,

$$\begin{pmatrix} a & b \\ 0_R & 0_R \end{pmatrix} - \begin{pmatrix} a' & b' \\ 0_R & 0_R \end{pmatrix} = \begin{pmatrix} a - a' & b - b' \\ 0_R & 0_R \end{pmatrix} \in I,$$

$$\begin{pmatrix} a & b \\ 0_R & 0_R \end{pmatrix} \cdot \begin{pmatrix} a' & b' \\ c' & d' \end{pmatrix} = \begin{pmatrix} a \cdot a' + b \cdot c' & a \cdot b' + b \cdot d' \\ 0_R & 0_R \end{pmatrix} \in I,$$

ma

$$\begin{pmatrix} a' & b' \\ c' & d' \end{pmatrix} \cdot \begin{pmatrix} a & b \\ 0_R & 0_R \end{pmatrix} = \begin{pmatrix} a' \cdot a & a' \cdot b \\ c' \cdot a & c' \cdot b \end{pmatrix} \notin I \text{ per } c' \neq 0_R,\ \text{e } a \neq 0_R \text{ o } b \neq 0_R.$$

Finalmente

$$J = \left\{ \begin{pmatrix} a & 0_R \\ c & 0_R \end{pmatrix} : a,c \in R \right\}$$

è ideale sinistro ma non destro (**esercizio**).

2. Siano $(R,+,\cdot)$ un anello, $a \in R$. Allora $a \cdot R = \{a \cdot r : r \in R\}$ è ideale destro di $(R,+,\cdot)$. Infatti $a \cdot R \neq \emptyset$ e, per ogni scelta di $r,s \in R$,
   - $a \cdot r - a \cdot s = a \cdot (r - s) \in a \cdot R$,
   - $(a \cdot r) \cdot s = a \cdot (r \cdot s) \in a \cdot R$.

   Allo stesso modo $R \cdot a = \{s \cdot a : s \in R\}$ è ideale sinistro di $(R,+,\cdot)$.
   Per $(R,+,\cdot)$ commutativo, $a \cdot R = R \cdot a$ è ideale di $(R,+,\cdot)$. Non è detto però che $a \in a \cdot R$ o $a \in R \cdot a$: ad esempio, se $R = 2\mathbb{Z}$ e $a = 2$,

   $$R \cdot a = a \cdot R \text{ è l'insieme dei multipli di } 4$$

   e $2 \notin 4\mathbb{Z}$. Se però $(R,+,\cdot)$ è unitario,

   $$a = a \cdot 1_R \in a \cdot R, \quad a = 1_R \cdot a \in R \cdot a.$$

3. Consideriamo $(\mathbb{Z},+,\cdot)$. Dal punto precedente segue che, per ogni intero $q \geq 0$, $q\mathbb{Z} = (-q)\mathbb{Z}$ è ideale di $(\mathbb{Z},+,\cdot)$. Inoltre ogni ideale I di $(\mathbb{Z},+,\cdot)$ è di questa forma: infatti I è anche un sottogruppo di $(\mathbb{Z},+)$ e già sappiamo che, allora, $I = q\mathbb{Z}$ per qualche $q \geq 0$. Così, nel caso di $(\mathbb{Z},+,\cdot)$, possiamo affermare che gli ideali coincidono con i sottogruppi additivi (e quindi con i sottoanelli) di $(\mathbb{Z},+,\cdot)$.

4. Sia ora $(R, +, \cdot)$ un campo. Vogliamo provare che $(R, +, \cdot)$ non ha ideali oltre $\{0_R\}$ e R, e che questa proprietà caratterizza i campi (nel senso che vedremo).

Lemma 6.8.3 *Siano $(R, +, \cdot)$ un anello unitario, I un suo ideale. Se $1_R \in I$, allora $I = R$.*

Dimostrazione. Per ogni $r \in R$, $r = r \cdot 1_R \in I$. Così $R \subseteq I$, e $R = I$. $\square$

Teorema 6.8.4 *Sia $(R, +, \cdot)$ un anello commutativo unitario. Allora $(R, +, \cdot)$ è un campo se e solo se gli unici ideali di $(R, +, \cdot)$ sono $\{0_R\}$ e R.*

Dimostrazione. Sia dapprima $(R, +, \cdot)$ un campo, e sia $I \neq \{0_R\}$ un suo ideale. Esiste $a \in I - \{0_R\}$. Così $1_R = a \cdot a^{-1} \in I$. Dal Lemma 6.8.3, $I = R$.
Viceversa, supponiamo che i soli ideali di $(R, +, \cdot)$ siano $\{0_R\}$ e R. Per ogni elemento non nullo a di R, $I = a \cdot R$ è ideale di R, e contiene a perché R è unitario. Così $I \neq \{0_R\}$, e quindi deve essere $I = R$; in particolare $1_R \in I$ ed esiste $b \in R$ per cui $a \cdot b = 1_R$. $\square$

Osservazione 6.8.5 Consideriamo l'anello $(\mathbb{Z}, +, \cdot)$ degli interi, e i due ideali $I = 2\mathbb{Z}$, $J = 3\mathbb{Z}$. Notiamo:

- $I \cap J = 6\mathbb{Z}$ è un ideale di $(\mathbb{Z}, +, \cdot)$;
- $I \cup J$ non è un ideale di $(\mathbb{Z}, +, \cdot)$ (in realtà non è neppure un sottogruppo di $(\mathbb{Z}+)$).

In generale si ha che l'intersezione di ideali resta un ideale:

Proposizione 6.8.6 *Siano $(R, +, \cdot)$ un anello e, per ogni $h \in H$, I_h un ideale di R. Allora $\bigcap_{h \in H} I_h$ è un ideale di R.*

Dimostrazione. Poniamo $I = \bigcap_{h \in H} I_h$. I è sottogruppo di $(R, +)$ perché tale è I_h, per ogni $h \in H$. Siano poi $a \in I$, $r \in R$; allora, per ogni $h \in H$, $a \in I_h$ e quindi $r \cdot a \in I_h$ e $a \cdot r \in I_h$. Segue $a \cdot r \in I$, $r \cdot a \in I$. $\square$

Il lettore può verificare per **esercizio** che l'intersezione di ideali destri (sinistri) è un ideale destro (sinistro).

Esercizio 6.8.7 Sia I un ideale di un anello $(R, +, \cdot)$, e sia S un sottoanello di $(R, +, \cdot)$. Si provi che $I \cap S$ è ideale di S.

Invece l'unione di ideali non è in genere un ideale. Proviamo allora a identificare, per ogni coppia di ideali I, J di un anello $(R, +, \cdot)$, il "minimo" ideale che estende tanto I quanto J. Ci conviene anteporre la seguente definizione.

Definizione 6.8.8 Siano $(R, +, \cdot)$ un anello, $S \subseteq R$. Si dice *ideale generato* da S, e si indica con $\langle S \rangle$, l'intersezione di tutti gli ideali contenenti S.

Notiamo che c'è almeno un ideale di R contenente S: è R stesso. Inoltre

- $\langle S \rangle$ è un ideale di R (perché intersezione di ideali di R),
- $\langle S \rangle$ contiene S,
- qualunque ideale I di R contenente S contiene anche $\langle S \rangle$.

$\langle S \rangle$ è, quindi, il "minimo" ideale di R contenente S. Studiamo la struttura di $\langle S \rangle$ in due casi particolari. Anzitutto torniamo al discorso dell'unione di due ideali.

Proposizione 6.8.9 *Siano* $(R, +, \cdot)$ *un anello,* I, J *ideali di* R. *Allora* $\langle I \cup J \rangle$ *coincide con*

$$I + J = \{a + b : a \in I, b \in J\}.$$

Dimostrazione. $I + J$ è un sottogruppo di $(R, +)$ perché I, J sono sottogruppi di $(R, +)$ e $(R, +)$ è abeliano. Inoltre $I + J$ è il minimo sottogruppo additivo di R che contiene I e J. Allora ci basta mostrare che $I + J$ è un ideale di R, in tal caso infatti $I + J$ è anche il minimo ideale che contiene I e J perché ogni ideale di R è anche un sottogruppo additivo. Siano allora $a \in I$, $b \in J$, $r \in R$; si ha

- $r \cdot (a + b) = r \cdot a + r \cdot b \in I + J$ perché $r \cdot a \in I$ e $r \cdot b \in J$,
- $(a + b) \cdot r = a \cdot r + b \cdot r \in I + J$ perché $a \cdot r \in I$ e $b \cdot r \in J$.

In conclusione si conferma che $I + J$ è un ideale di $(R, +, \cdot)$, e questo conclude la dimostrazione. $\qquad\square$

Abbiamo così identificato $\langle I \cup J \rangle$ come il "minimo" ideale che contiene I e J.

Esempio 6.8.10 Consideriamo l'anello $(\mathbb{Z}, +, \cdot)$, $I = 2\mathbb{Z}$, $J = 3\mathbb{Z}$. Allora

$$\langle I \cup J \rangle = I + J = 2\mathbb{Z} + 3\mathbb{Z} = \mathbb{Z}$$

(infatti $1 = -2 + 3 \in 2\mathbb{Z} + 3\mathbb{Z}$ e dunque $\mathbb{Z} = 2\mathbb{Z} + 3\mathbb{Z}$).
Più in generale, siano $I = m\mathbb{Z}$, $J = n\mathbb{Z}$ con m, n naturali. Se $m = 0$, $I = \{0\}$, e $I + J = n\mathbb{Z}$. Analogamente, se $n = 0$, $I + J = m\mathbb{Z}$. Se poi $m, n \neq 0$ e $d = (m, n)$, si ha

$$I + J = d\mathbb{Z}.$$

Infatti esistono $r, s \in \mathbb{Z}$ tali che $d = m \cdot r + n \cdot s$, così $d \in m\mathbb{Z} + n\mathbb{Z}$, e conseguentemente $d\mathbb{Z} \subseteq m\mathbb{Z} + n\mathbb{Z}$. Viceversa, d divide m e d divide n, così $m\mathbb{Z} \subseteq d\mathbb{Z}$ e $n\mathbb{Z} \subseteq d\mathbb{Z}$. Segue $m\mathbb{Z} + n\mathbb{Z} \subseteq d\mathbb{Z}$. Così vale l'uguaglianza $m\mathbb{Z} + n\mathbb{Z} = d\mathbb{Z}$.

Esaminiamo ora la struttura di $\langle S \rangle$ quando S è un sottoinsieme finito di R.

Proposizione 6.8.11 *Siano* $(R, +, \cdot)$ *un anello commutativo unitario,* $S = \{a_0, a_1, \ldots, a_n\}$ *un sottoinsieme* **finito** *di* R. *Allora*

$$\langle S \rangle = \{a_0 \cdot r_0 + \cdots + a_n \cdot r_n : r_0, \ldots, r_n \in R\}.$$

Dimostrazione. Poniamo per semplicità $I = \{a_0 \cdot r_0 + \cdots + a_n \cdot r_n : r_0, \ldots, r_n \in R\}$. Anzitutto I è un ideale di R (**esercizio**). Inoltre $I \supseteq S$ perché, per ogni $i \leq n$,

$$a_i = a_0 \cdot 0_R + \cdots + a_i \cdot 1_R + \cdots + a_n \cdot 0_R \in I$$

(si noti che si sfrutta qui l'ipotesi che R è unitario). Finalmente, sia J un ideale di R contenente S. Allora $a_0, \ldots, a_n \in J$ e quindi, per ogni scelta di $r_0, \ldots, r_n \in R$, $a_0 \cdot r_0, \ldots, a_n \cdot r_n \in J$ e, finalmente, $a_0 \cdot r_0 + \cdots + a_n \cdot r_n \in J$. Così $I \subseteq J$. In conclusione $I = \langle S \rangle$. $\qquad\square$

Come caso particolare consideriamo un anello commutativo unitario $(R, +, \cdot)$, $a \in R$ e $S = \{a\}$. Allora

$$\langle S \rangle = \{a \cdot r : r \in R\} = a \cdot R.$$

Invece abbiamo già osservato che, per $(R, +, \cdot)$ non unitario, può capitare che $a \notin a \cdot R$, e dunque $\langle a \rangle$ non può coincidere con $a \cdot R = \{a \cdot r : r \in R\}$ (anche se certamente lo include).

Definizione 6.8.12 Siano $(R, +, \cdot)$ un anello, I un suo ideale. I si dice *principale* se esiste $a \in I$ per cui $I = \langle a \rangle$.

Dall'Esempio 6.8.2.3 segue che ogni ideale di $(\mathbb{Z}, +, \cdot)$ è principale.

Esercizio 6.8.13 Siano $(R, +, \cdot)$ un anello unitario, $a \in R$. Si provi che $R = \langle a \rangle$ se e solo se a invertibile.

Vale la pena di sottolineare che talora l'unione di ideali è un ideale. Si ha ad esempio una proprietà analoga a quella già osservata per i sottogruppi di un gruppo (si veda la Proposizione 5.5.3).

Proposizione 6.8.14 *Siano $(R, +, \cdot)$ un anello, H un insieme di indici totalmente ordinato da $\leq$ e, per ogni $h \in H$, sia I_h un ideale di $(R, +, \cdot)$. Supponiamo che $I_h \subseteq I_k$ quando $h \leq k$ in H. Allora $I = \bigcup_{h \in H} I_h$ è un ideale di $(R, +, \cdot)$.*

Dimostrazione. Già sappiamo che I è sottogruppo di $(R, +)$ e che l'ipotesi $I_h \subseteq I_k$ per $h \leq k$ in H ha ruolo chiave nella relativa dimostrazione. Ci resta da provare che, per $a \in I$ e $r \in R$, anche $a \cdot r$ e $r \cdot a$ appartengono a I. Ma questo è semplice: c'è un indice $h \in H$ per cui $a \in I_h$; I_h è un ideale, dunque $a \cdot r$ e $r \cdot a$ sono in I_h; ma $I \supseteq I_h$ dunque I include $a \cdot r$ e $r \cdot a$. $\qquad\square$

6.9 Anelli quoziente

Siano $(R, +, \cdot)$ un anello, S un suo sottoanello. Allora S è sottogruppo di $(R, +)$, normale perché $(R, +)$ è abeliano, e quindi possiamo formare il gruppo quoziente

$$R/S = \{S + a : a \in R\}$$

dove l'operazione di addizione è definita ponendo, per ogni scelta di $a, b \in R$,

$$(S + a) + (S + b) = S + (a + b)$$

(così l'elemento neutro di R/S è S e, per ogni $a \in R$, $-(S + a) = S + (-a)$).
Possiamo definire in R/S una struttura di anello, ponendo, per $a, b \in R$,

$$(S + a) \cdot (S + b) = S + a \cdot b? \tag{6.1}$$

In generale, no. Ad esempio, $\mathbb{Z}$ è sottoanello di $(\mathbb{Q}, +, \cdot)$ (ma non suo ideale, perché $(\mathbb{Q}, +, \cdot)$ è un campo) e si ha

$$\mathbb{Z} + \frac{1}{2} = \mathbb{Z} + \frac{3}{2}, \quad \mathbb{Z} + \frac{1}{3} = \mathbb{Z} + \frac{4}{3},$$

cioè $\frac{1}{2}$ e $\frac{3}{2}$ stanno nella stessa classe laterale di $\mathbb{Z}$ rispetto a $\mathbb{Q}$, così come $\frac{1}{3}$ e $\frac{4}{3}$; se facciamo riferimento a $\frac{1}{2}$ e $\frac{1}{3}$ come elementi delle due classi, otteniamo come prodotto in base a (6.1) $\mathbb{Z} + \frac{1}{2} \cdot \frac{1}{3} = \mathbb{Z} + \frac{1}{6}$; se invece preferiamo $\frac{3}{2}$ e $\frac{4}{3}$, il prodotto diventa

$$\mathbb{Z} + \frac{3}{2} \cdot \frac{4}{3} = \mathbb{Z} + 2 = \mathbb{Z}.$$

Ma

$$\mathbb{Z} + \frac{1}{6} \neq \mathbb{Z}$$

perché $\frac{1}{6} \notin \mathbb{Z}$. Così il risultato del prodotto di due classi varia in ragione degli elementi scelti come riferimento delle classi e, in conclusione, (6.1) non definisce nessuna operazione in $\mathbb{Q}/\mathbb{Z}$.
Si ha comunque:

Proposizione 6.9.1 *Siano* $(R, +, \cdot)$ *un anello,* I *un* **ideale** *di* R, $a, b \in R$.
Allora tutti i possibili prodotti di elementi di $I + a$ *con elementi di* $I + b$ *sono nella stessa classe laterale* $I + a \cdot b$.

Dimostrazione. Siano $a' \in I + a$, $b' \in I + b$, così $a' - a \in I$ e $b' - b \in I$. Segue

$$(a' - a) \cdot b' \in I, \, a \cdot (b' - b) \in I.$$

Così I include anche

$$(a' - a) \cdot b' + a \cdot (b' - b) = a' \cdot b' - a \cdot b' + a \cdot b' - a \cdot b = a' \cdot b' - a \cdot b.$$

In altre parole, $I + a' \cdot b' = I + a \cdot b$. $\qquad\square$

Siano allora $(R, +, \cdot)$ un anello, I un suo *ideale*. Consideriamo

$$R/I = \{I + a : a \in R\}$$

(dove vale la pena di sottolineare ancora che, per ogni $a \in R$, $I + a = \{i + a : i \in I\}$); poniamo, per ogni scelta di $a, b \in R$,

- $(I + a) + (I + b) = I + (a + b)$,
- $(I + a) \cdot (I + b) = I + a \cdot b$.

Allora non solo $+$, ma anche $\cdot$ determina (per la proposizione precedente) un'operazione binaria in R/I. Si definisce anzi in questo modo un anello $(R/I, +, \cdot)$, detto *anello quoziente* di R rispetto a I. Il lettore può verificarlo facilmente, e anche osservare che:

- se R è commutativo, anche R/I lo è;
- se R è unitario e $I \neq R$ (così $1_R \notin I$), R/I è unitario, ed ha unità $I + 1_R$: infatti, per ogni $a \in R$, $(I+a) \cdot (I+1_R) = I+a \cdot 1_R = I+a$ e $(I+1_R) \cdot (I+a) = I + a$ in maniera analoga; naturalmente, se $I = R$, $R/I = \{R\}$ si riduce a un solo elemento nullo.

In conclusione gli ideali svolgono tra gli anelli un ruolo analogo a quello dei sottogruppi normali tra i gruppi, permettono infatti la costruzione di strutture quoziente.

Esempio 6.9.2 Sia $(\mathbb{Z}, +, \cdot)$ l'anello degli interi, $I = q\mathbb{Z}$ per q intero positivo. Allora è definito l'anello quoziente $(\mathbb{Z}/q\mathbb{Z}, +, \cdot)$ dove le operazioni $+, \cdot$ sono determinate ponendo, per ogni scelta di $a, b \in \mathbb{Z}$,

- $(q\mathbb{Z} + a) + (q\mathbb{Z} + b) = q\mathbb{Z} + (a + b)$,
- $(q\mathbb{Z} + a) \cdot (q\mathbb{Z} + b) = q\mathbb{Z} + (a \cdot b)$.

Ritroviamo così l'anello delle classi di resti modulo q, già introdotto in precedenza.

6.10 Omomorfismi tra anelli

Anche tra gli anelli ha senso proporre il concetto di omomorfismo. Stavolta però sono due le operazioni da preservare. Si pone di conseguenza:

Definizione 6.10.1 Si dice *omomorfismo* di un anello $(R, +, \cdot)$ in un anello $(R', +, \cdot)$ una funzione di R in R' tale che, per ogni scelta di $a, b \in R$,

$$f(a + b) = f(a) + f(b), \ f(a \cdot b) = f(a) \cdot f(b).$$

(Si intende che le operazioni $+, \cdot$ a sinistra sono quelle di R e a destra quelle di R').
f si dice un *isomorfismo* di $(R, +, \cdot)$ su $(R', +, \cdot)$ se è un omomorfismo ed è anche una corrispondenza biunivoca (diremo in tal caso che $(R, +, \cdot)$ e $(R', +, \cdot)$ sono *isomorfi* tramite f).

Si noti che un omomorfismo f di $(R, +, \cdot)$ in $(R', +, \cdot)$ è, in particolare, un omomorfismo di gruppi da $(R, +)$ in $(R', +)$. Così

- $f(0_R) = 0_{R'}$,

- $f(-a) = -f(a)$, per ogni $a \in R$.

È poi definito il *nucleo* di f

$$Ker\, f = \{a \in R : f(a) = 0_{R'}\}$$

e resta valido che

$$f \text{ è iniettivo se e solo se } Ker\, f = \{0_R\}.$$

Esercizio 6.10.2 Sia f un omomorfismo di $(R, +, \cdot)$ in $(R', +, \cdot)$. Si provi che $f(R)$ è un sottoanello di $(R', +, \cdot)$.

Esempi 6.10.3

1. Siano $(R, +, \cdot)$ un anello commutativo unitario, f la funzione da $R[x]$ a R tale che, per $a(x) \in R[x]$ con $a(x) = a_0 + a_1 x + \cdots + a_n x^n$,

$$f(a(x)) = a_0.$$

   Allora f è un omomorfismo: siano infatti $a(x), b(x) \in R[x]$, allora
   - $f(a(x) + b(x)) = a_0 + b_0 = f(a(x)) + f(b(x))$,
   - $f(a(x) \cdot b(x)) = a_0 \cdot b_0 = f(a(x)) \cdot f(b(x))$.
   Inoltre
   $$Ker\, f = \{a(x) \in R[x] : a_0 = 0\} = x \cdot R[x] = \langle x \rangle$$

   è un ideale di $R[x]$. Siccome $Ker\, f \neq \{0_R\}$, f non è iniettiva. Invece f è suriettiva: per ogni $a_0 \in R$, $a_0 = f(a_0)$.

2. Sia R un anello unitario, consideriamo l'anello $\mathcal{M}_{2\times 2}(R)$. La funzione f da $\mathcal{M}_{2\times 2}(R)$ a R che ad ogni matrice

$$A = \begin{pmatrix} a_{1,1} & a_{1,2} \\ a_{2,1} & a_{2,2} \end{pmatrix}$$

   associa $a_{1,1}$ non è un omomorfismo di anelli, perché preserva l'addizione ma non la moltiplicazione. Infatti, per $A, A' \in \mathcal{M}_{2\times 2}(R)$,

$$f(A + A') = a_{1,1} + a'_{1,1} = f(A) + f(A'),$$

   ma

$$f(A \cdot A') = a_{1,1} \cdot a'_{1,1} + a_{1,2} \cdot a'_{2,1}$$

   non coincide in genere con

$$f(A) \cdot f(A') = a_{1,1} \cdot a'_{1,1}.$$

3. La funzione da $\mathbb{C}$ a $\mathbb{C}$ che associa ad ogni complesso $a + bi$ il suo coniugato $a - bi$ (e che viene chiamata *coniugio*) è un isomorfismo del campo complesso su se stesso: infatti preserva tanto l'addizione che la moltiplicazione (come osservato nell'esercizio 3.4.4). Si ricordi che il coniugio lascia fisso ogni reale e trasforma i in $-i$.

4. Dato un intero positivo q, sia f la funzione da $\mathbb{Z}$ a $\mathbb{Z}_q$ tale che, per ogni $a \in \mathbb{Z}$,

$$f(a) = q\mathbb{Z} + a = a_q.$$

f è un omomorfismo di anelli perché, per ogni scelta di $a, b \in \mathbb{Z}$,
- $f(a + b) = (a + b)_q = a_q + b_q = f(a) + f(b)$,
- $f(a \cdot b) = (a \cdot b)_q = a_q \cdot b_q = f(a) \cdot f(b)$.

f è chiaramente suriettiva e $Ker\, f = \{a \in \mathbb{Z} : a_q = 0_q\} = q\mathbb{Z}$ è un ideale di $\mathbb{Z}$.

5. Più in generale, siano $(R, +, \cdot)$ un anello, I un suo ideale, π la funzione da R a R/I tale che, per ogni $a \in R$, $\pi(a) = I + a$. Allora π è un omomorfismo di anelli poiché, per ogni scelta di $a, b \in R$,
- $\pi(a + b) = I + (a + b) = (I + a) + (I + b) = \pi(a) + \pi(b)$,
- $\pi(a \cdot b) = I + a \cdot b = (I + a) \cdot (I + b) = \pi(a) \cdot \pi(b)$.

Notiamo che π è suriettivo poiché, per ogni $a \in R$, $I + a = \pi(a)$ e che $Ker\, \pi = \{a \in R : I + a = I\} = I$ è un ideale di R. π si dice l'*omomorfismo naturale* di $(R, +, \cdot)$ su $(R'/I, +, \cdot)$.

Così ogni ideale può ritenersi il nucleo e ogni anello quoziente l'immagine di un opportuno omomorfismo π. Ma viceversa, per ogni omomorfismo f, il nucleo di f è un ideale e l'immagine di f è isomorfa al quoziente. Vale cioè anche per gli anelli un *Teorema degli omomorfismi*.

Teorema 6.10.4 (degli omomorfismi). *Siano $(R, +, \cdot)$, $(R', +, \cdot)$ due anelli e f un omomorfismo di $(R, +, \cdot)$ su $(R', +, \cdot)$. Allora $I = Ker\, f$ è un ideale di $(R, +, \cdot)$ e, se π denota l'omomorfismo naturale di $(R, +, \cdot)$ su $(R/I, +, \cdot)$, esiste un isomorfismo h di $(R/I, +, \cdot)$ su $(R', +, \cdot)$ tale che $f = h \circ \pi$.*

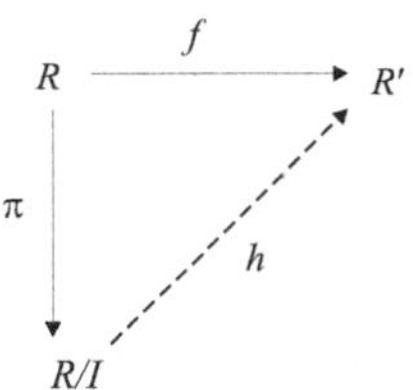

Figura 6.1. Teorema degli omomorfismi per gli anelli

Dimostrazione. Già sappiamo che I è un sottogruppo di $(R, +)$; siano allora $a \in I$, $r \in R$, così $a \cdot r \in I$ perché

$$f(a \cdot r) = f(a) \cdot f(r) = 0_{R'} \cdot f(r) = 0_{R'},$$

e analogamente $r \cdot a \in I$. Dunque I è ideale di $(R, +, \cdot)$. Già sappiamo che è definito un isomorfismo h di gruppi di $(R/I, +)$ su $(R', +)$ tale che $h \circ \pi = f$:

per ogni $a \in R$, $h(I + a) = f(a)$. Resta da provare che h è un omomorfismo di anelli; infatti, per $a, b \in R$,

$$h((I + a) \cdot (I + b)) = h(I + a \cdot b) = f(a \cdot b) = f(a) \cdot f(b) = h(I + a) \cdot h(I + b).$$

$$\square$$

Esercizio 6.10.5 Siano $(R, +, \cdot)$ un **campo**, $(R', +, \cdot)$ un anello, f un omomorfismo di $(R, +, \cdot)$ in $(R', +, \cdot)$. Si provi che f è iniettivo, oppure $f(a) = 0_{R'}$ per ogni $a \in R$.
(*Suggerimento*: si ricordi quali sono gli ideali di un campo).

Esercizio 6.10.6 Siano $(R, +, \cdot)$ e $(R', +, \cdot)$ due anelli commutativi unitari e sia f un isomorfismo di $(R, +, \cdot)$ in $(R', +, \cdot)$. Per ogni polinomio

$$a(x) = a_0 + a_1 x + \cdots + a_n x^n \in R[x],$$

si definisce un polinomio $\overline{f}(a(x)) \in R'[x]$ ponendo

$$\overline{f}(a(x)) = f(a_0) + f(a_1)x + \cdots + f(a_n)x^n.$$

Si mostri che $\overline{f}$ è un omomorfismo di $(R[x], +, \cdot)$ in $(R'[x], +, \cdot)$. Quale è il suo nucleo? In quali casi f è suriettivo? Si provi infine che, se f è un isomorfismo, anche $\overline{f}$ lo è.

Ricordiamo che, tra gli esempi di anelli, abbiamo considerato gli anelli di endomorfismi di gruppi abeliani. Essi sono unitari, ma non sono in genere commutativi. Abbiamo sostenuto che essi svolgono un ruolo chiave tra gli anelli unitari, paragonabile a quello dei gruppi di permutazione tra i gruppi. Siamo adesso in grado di rendere precisa questa osservazione; proviamo infatti che ogni anello unitario si può pensare come sottoanello di un anello di endomorfismi di un gruppo abeliano.

Teorema 6.10.7 *Sia $(R, +, \cdot)$ un anello unitario. Allora esiste un gruppo abeliano $(G, +)$ tale che $(R, +, \cdot)$ è isomorfo ad un sottoanello di $(End(G, +), +, \circ)$.*

Dimostrazione. Scegliamo come gruppo abeliano $(G, +)$ proprio $(R, +)$. Notiamo che, per ogni elemento $a \in R$, la moltiplicazione a sinistra per a individua un endomorfismo di $(R, +)$: infatti, per $r, s \in R$,

$$a \cdot (r + s) = a \cdot r + a \cdot s \text{ (per la proprietà distributiva)}.$$

Sia allora f la funzione di R in $End(R, +)$ che ad ogni elemento $a \in R$ associa la moltiplicazione a sinistra per a: per ogni $r \in R$, $f(a)(r) = a \cdot r$. f è un omomorfismo di anelli, in altre parole, per ogni scelta di $a, b \in R$

$$f(a + b) = f(a) + f(b), \quad f(a \cdot b) = f(a) \circ f(b).$$

Infatti, per $r \in R$,

- $f(a+b)(r) = (a+b) \cdot r = a \cdot r + b \cdot r = f(a)(r) + f(b)(r) = (f(a) + f(b))(r),$
- $f(a \cdot b)(r) = (a \cdot b) \cdot r = a \cdot (b \cdot r) = f(a)(f(b)(r)) = (f(a) \circ f(b))(r).$

Inoltre f è iniettivo, cioè $Ker\, f = \{0_R\}$. Sia infatti $a \in R$ tale che $f(a) = 0$, cioè $a \cdot r = 0_R$, per ogni $r \in R$. In particolare $a = a \cdot 1_R = 0_R$ (si sfrutta qui che I_R è unitario).

Così f è un isomorfismo di $(R, +, \cdot)$ sulla immagine di f (che è sottoanello di $(End(R, +), +, \circ))$. $\qquad\qquad\qquad\qquad\qquad\qquad\qquad\qquad\qquad\qquad\qquad$ $\square$

Il seguente esercizio include molte delle nozioni trattate nel corso di questo capitolo.

Esercizio 6.10.8 Consideriamo il corpo $\mathbb{H}$ dei quaternioni. Per evitare successivi fraintendimenti, indichiamo con i_1, i_2, i_3 gli elementi di $\mathbb{H}$ denotati in precedenza con i, j, k. Dunque

$$i_1^2 = i_2^2 = i_3^2 = -1, \quad i_1 \cdot i_2 = i_3 = -i_2 \cdot i_1,$$

$$i_2 \cdot i_3 = i_1 = -i_3 \cdot i_2, \quad i_3 \cdot i_1 = i_2 = -i_1 \cdot i_3.$$

Sia allora f la funzione di $\mathbb{H}$ in $\mathcal{M}_{2 \times 2}(\mathbb{C})$ tale che

$$f(i_1) = \begin{pmatrix} 0 & i \\ i & 0 \end{pmatrix}, \quad f(i_2) = \begin{pmatrix} 0 & 1 \\ -1 & 0 \end{pmatrix}, \quad f(i_3) = \begin{pmatrix} -i & 0 \\ 0 & i \end{pmatrix}$$

e, più in generale, per ogni scelta di $a_0, a_1, a_2, a_3 \in \mathbb{R}$,

$$f(a_0 + a_1 i_1 + a_2 i_2 + a_3 i_3) = a_0 \cdot \begin{pmatrix} 1 & 0 \\ 0 & 1 \end{pmatrix} + a_1 \cdot \begin{pmatrix} 0 & i \\ i & 0 \end{pmatrix} + a_2 \cdot \begin{pmatrix} 0 & 1 \\ -1 & 0 \end{pmatrix} + a_3 \cdot \begin{pmatrix} -i & 0 \\ 0 & i \end{pmatrix} =$$

$$= \begin{pmatrix} a_0 - a_3 i & a_2 + a_1 i \\ -a_2 + a_1 i & a_0 + a_3 i \end{pmatrix}.$$

Si provi che f è un omomorfismo iniettivo di anelli. Si deduca che il sottoanello di $(\mathcal{M}_{2 \times 2}(\mathbb{C}), +, \cdot)$ generato dalle matrici

$$\begin{pmatrix} 1 & 0 \\ 0 & 1 \end{pmatrix}, \quad \begin{pmatrix} 0 & i \\ i & 0 \end{pmatrix}, \quad \begin{pmatrix} 0 & 1 \\ -1 & 0 \end{pmatrix}, \quad \begin{pmatrix} -i & 0 \\ 0 & i \end{pmatrix}$$

è isomorfo al corpo dei quaternioni.

6.11 La caratteristica di un anello unitario

Prima di concludere il capitolo introduciamo la nozione di *caratteristica* di un anello unitario: ci sarà utile nel seguito. Consideriamo allora un anello unitario $(R, +, \cdot)$, il corrispondente gruppo additivo $(R, +)$ e, in questo gruppo, il sottogruppo ciclico generato da 1_R. Vi sono due casi possibili:

Caso 1. Il sottogruppo generato da 1_R è isomorfo a $(\mathbb{Z}, +)$, cioè è infinito, cioè ancora

$$\cdots \neq -1_R \neq 0_R \neq 1_R \neq 1_R + 1_R \neq \cdots$$

Si dice allora che $(R, +, \cdot)$ ha *caratteristica 0*.

Esempio 6.11.1 Hanno caratteristica 0 gli anelli $(\mathbb{Z}, +, \cdot)$, $(\mathbb{Q}, +, \cdot)$, $(\mathbb{R}, +, \cdot)$, $(\mathbb{Z}[x], +, \cdot)$, $(\mathcal{M}_{2\times 2}(\mathbb{Z}), +, \cdot), \ldots$

Caso 2. Per qualche intero $q \geq 2$, il sottogruppo generato da 1_R è isomorfo a $(\mathbb{Z}_q, +)$, ovvero

$$0_R \neq 1_R \neq \cdots \neq \underbrace{1_R + \cdots + 1_R}_{q-1 \text{ volte}},$$

ma $q \cdot 1_R = 0_R$. Si dice allora che $(R, +, \cdot)$ ha *caratteristica q*.

Esempio 6.11.2 Hanno caratteristica q gli anelli $(\mathbb{Z}_q, +, \cdot)$, $(\mathbb{Z}_q[x], +, \cdot)$, $(\mathcal{M}_{2\times 2}(\mathbb{Z}_q), +, \cdot), \ldots$

Osservazione 6.11.3 Se $(R, +, \cdot)$ è un dominio di integrità unitario, allora $(R, +, \cdot)$ ha per caratteristica 0 oppure un primo p.

Altrimenti la caratteristica è un composto $q = m \cdot n$ con $1 < m, n < q$. Allora

$$m \cdot 1_R \neq 0_R, \; n \cdot 1_R \neq 0_R,$$

ma

$$(m \cdot 1_R) \cdot (n \cdot 1_R) = (m \cdot n) \cdot 1_R = q \cdot 1_R = 0_R,$$

quindi $(R, +, \cdot)$ ha divisori dello zero.

6.12 La fabbrica degli anelli

È notevole rilevare come i pochi elementi di teoria astratta degli anelli che abbiamo presentato in questo capitolo manifestino tuttavia forte somiglianze con la precedente analisi dei gruppi: le nozioni di sottoanello, ideale, anello quoziente, omomorfismo di anelli vanno spesso a ripetere quanto già osservato a proposito dei corrispondenti concetti di sottogruppo, sottogruppo normale, gruppo quoziente, omomorfismo di gruppi. Anzi c'è da chiedersi se non sia possibile, e addirittura auspicabile, un'ulteriore astrazione che cerchi di spiegare questo comportamento comune e ne avvii la generalizzazione ad altre classi di strutture. La cosa si può fare, ma trascende i limiti di questo libro, così ci limitiamo qui a questo breve accenno a suo proposito.
Del resto, al di là di questo canovaccio comune, anelli e gruppi hanno ovvie differenze. Né la classe stessa degli anelli ha caratteristiche di grande uniformità; anzi, comportamenti assai dissimili e variegati sono già stati osservati quando si è distinto tra anelli commutativi e non commutativi, unitari e non unitari, e così via. Nel prossimo capitolo ci concentreremo proprio sugli anelli commutativi unitari, e avremo modo di notare quanto ampia e differenziata sia anche la loro classe.
Comunque vogliamo dedicare quest'ultimo paragrafo del presente capitolo a mostrare le motivazioni storiche che hanno condotto all'idea di anello e allo studio di queste strutture.

Va anzitutto riconosciuto che la nozione di anello non è poi così astratta e remota: in fin dei conti, la stessa *Aritmetica* consiste nello studio dell'addizione e della moltiplicazione tra numeri interi, quindi dell'anello $(\mathbb{Z}, +, \cdot)$ e delle sue proprietà. Emergono così risultati rilevanti, quali:

- il Teorema del quoziente e del resto, che permette tra l'altro il calcolo, tramite l'algoritmo euclideo, del massimo comun divisore;
- il concetto di numero primo ed il conseguente Teorema Fondamentale dell'Aritmetica (in base al quale ogni intero non nullo e non invertibile si decompone in modo sostanzialmente unico nel prodotto di primi).

Ma talora proprio l'esame degli interi conduce a considerare ambiti numerici più estesi. È scontato citare qui la costruzione dei razionali, dei reali e dei complessi, riassunta nel Capitolo 3. Ma vale la pena di menzionare anche il caso famoso dell'*Ultimo Teorema di Fermat*, cui già abbiamo avuto modo di accennare nei capitoli precedenti.

Riferiamo allora in maggior dettaglio l'intera storia. L'antefatto è costituito dal Teorema di Pitagora e dall'equazione (*"pitagorica"*) che collega le misure x, y e z dei due cateti e della ipotenusa di un triangolo rettangolo e afferma

$$x^2 + y^2 = z^2 :$$

è dunque un'equazione a coefficienti interi, e ammette anche alcune soluzioni intere, cioè terne (a, b, c) di interi che soddisfano

$$a^2 + b^2 = c^2.$$

Ci sono infatti anzitutto soluzioni intere che sono dette *banali*: quelle per cui uno tra a o b è 0 e l'altro eguaglia c; ma queste terne hanno poca rilevanza geometrica. Ma ci sono anche soluzioni più significative come

$$a = 3, \quad b = 4, \quad c = 5$$

o

$$a = 5, \quad b = 12, \quad c = 13 :$$

infatti $3^2 + 4^2 = 5^2$, $5^2 + 12^2 = 13^2$ e così via. Inoltre l'equazione pitagorica è *omogenea* di secondo grado, nel senso che tutti i monomi che vi compaiono hanno grado 2 e dunque, se (a, b, c) è una soluzione, allora, per ogni intero k, anche

$$(ka, kb, kc)$$

lo è: $a^2 + b^2 =^2$ implica $k^2 a^2 + k^2 b^2 = k^2(a^2 + b^2) = k^2 c^2$. Quindi ogni soluzione non banale ne genera infinite altre. Ad esempio, $(3, 4, 5)$ determina

$$(6, 8, 10), \quad (9, 12, 15), \quad \ldots$$

e anche soluzioni a valori negativi come

$$(-3,\, -4,\, -5),\quad (-6,\, -8,\, -10),\quad \ldots$$

(che ovviamente non corrispondono a nessun triangolo rettangolo).

Di conseguenza la ricerca delle soluzioni intere dell'equazione pitagorica si può concentrare sulle soluzioni non banali $(a,\, b,\, c)$ per le quali a, b e c sono primi tra loro. In particolare a, b e c non possono essere tutti pari. Ma è anche facile osservare che non possono neppure essere tutti dispari (**perché?**) e che in definitiva si può assumere che uno tra a e b (ad esempio b) sia pari e l'altro (quindi a) sia dispari, come anche c. Finalmente, possiamo restringere la nostra attenzione a terne $(a,\, b,\, c)$ di interi positivi, perché se si ha $a^2 + b^2 = c^2$ allora vale anche $(\pm a)^2 + (\pm b)^2 = (\pm c)^2$.

Esiste allora un bel teorema che era noto sin dai tempi degli antichi Greci e che classifica tutte le possibili soluzioni di questo tipo. Il teorema afferma che, se a, b e c sono, appunto, interi positivi primi tra loro e b è pari mentre a e c sono dispari, allora si ha

$$a^2 + b^2 = c^2$$

se e solo se esistono due interi positivi $r > s$ primi tra loro, uno pari e l'altro dispari tali che

$$a = r^2 - s^2,\quad b = 2rs,\quad c = r^2 + s^2.$$

Ad esempio

- se $r = 2$ e $s = 1$, si ha $a = 3$, $b = 4$, $c = 5$,
- se $r = 3$ e $s = 2$, si ha $a = 5$, $b = 12$, $c = 13$,

e così via. È da notare che il teorema si dimostra con strumenti relativamente elementari di Aritmetica, quelli che abbiamo riferito nel precedente Capitolo 2.

Molti secoli dopo Pitagora, intorno al 1638, nella Francia di Richelieu e dei tre moschettieri, un giudice che si chiamava Pierre de Fermat e, nel tempo libero, si dilettava di Matematica, stava studiando l'opera del matematico alessandrino Diofanto, e la arricchiva dei suoi commenti e delle sue personali (e brillanti) osservazioni. La lettura di Diofanto, ed in particolare la riflessione sull'equazione pitagorica, suscitarono la curiosità di Fermat a proposito delle soluzioni intere delle equazioni

$$x^3 + y^3 = z^3,\quad x^4 + y^4 = z^4,\quad \ldots$$

dunque per la classe di equazioni a coefficienti interi

$$x^n + y^n = z^n$$

quando n è un intero positivo più grande di 2. Si noti che anche $x^n + y^n = x^n$ è omogenea (ma di grado n). Ovviamente si riconoscono anche in questo caso soluzioni banali (per le quali x o y o z assume valore nullo). Ma sul bordo di una pagina del libro che stava leggendo Fermat annotò in latino la seguente osservazione:

Cubum autem in duos cubos, et quadratoquadratum in duos qua-
dratoquadratos, et nullam in infinitum ultra secundam potestatem
in duos ejusdem nominis fas est dividere. Cuius rei demonstrationem
mirabilem sane detexi. Hanc marginis exiguitas non caperet.

Una possibile traduzione italiana è

È impossibile suddividere una potenza cubica in due potenze cubiche,
e una potenza quarta in due potenze quarte e, in generale, ciascuna
delle infinite potenze superiori alla seconda in due dello stesso grado.
Della qual cosa ho scoperto una dimostrazione meravigliosa. Ma il
margine di questa pagina è troppo esiguo per contenerla.

In termini rigorosi e moderni, quel che Fermat affermava di avere scoperto
potrebbe enunciarsi come segue.

Sia n un numero intero maggiore di 2. Allora non esiste alcuna terna
di interi non nulli $(a,\ b,\ c)$ tali che $a^n + b^n = c^n$.

Dunque secondo l'opinione di Fermat l'equazione $x^n + y^n = z^n$ non ha mai
soluzioni non banali quando l'esponente n supera 2: del resto, questa affermazione viene ancor oggi comunemente chiamata *Ultimo Teorema di Fermat*.
Ma il fatto si è che la *dimostrazione meravigliosa* che Fermat sosteneva di aver
scoperto non si trovò mai tra le carte che egli lasciò. È vero che Fermat non
amava diffondere i suoi risultati e che molti *teoremi* da lui enunciati, ad esempio il *Piccolo Teorema* di cui abbiamo avuto modo di parlare, furono in realtà
riscoperti talora dai suoi contemporanei, spesso da Eulero nel secolo successivo, e pur tuttavia sono attribuiti ugualmente a Fermat senza polemiche. Ma
nel caso dell'Ultimo Teorema di Fermat, va rilevato che né i contemporanei, né
Eulero furono capaci di trovare la soluzione, così che l'affermazione di Fermat
cominciò a diventare, col passare degli anni e dei secoli, un sorta di mistero:
non un teorema, ad onta del nome, perché un teorema diventa tale solo quando se ne dà e se ne divulga una prova corretta; piuttosto un problema aperto,
o, se preferite, una sorta di sfida, un gioco tra chi — Fermat — sosteneva di
avere la dimostrazione e i contemporanei e posteri, chiamati a trovarla.
In realtà Fermat lasciò un argomento che permette di risolvere il caso dell'e-
sponente $n = 4$: prende il nome di *Metodo della Discesa Infinita* e corrisponde
essenzialmente a quel che abbiamo chiamato *Principio del Minimo*. Infatti,
data una soluzione $(a,\ b,\ c)$ di $x^4 + y^4 = z^4$ con $a,\ b,\ c$ interi positivi, ne produce un'altra $(a',\ b',\ c')$ – con a', b', c' ancora interi positivi – in cui il minimo
tra a', b' è più piccolo di a e di b. Così, salvo costruire una successione strettamente decrescente infinita di interi positivi e contraddire conseguentemente il
Principio del Minimo dei naturali, si deve ammettere che $n = 4$ non consente
soluzioni non banali.
È poi semplice notare che, se n, m sono due esponenti ≥ 3 e n divide m, allora
basta escludere soluzioni intere non banali di $x^n + y^n = z^n$ per dedurre automaticamente l'impossibilità di soluzioni intere non banali di $x^m + y^m = z^m$:

infatti, se q denota il quoziente di m per n e (a, b, c) è una terna di interi non nulli che risolve l'equazione di m

$$a^m + b^m = c^m,$$

allora (a^q, b^q, c^q) è una soluzione intera non nulla per l'equazione di n, visto che

$$(a^q)^n + (b^q)^n = a^m + b^m = c^m = (c^q)^n.$$

Ne segue che, ove si escludano soluzioni intere non banali per esponenti n primi, oppure $= 4$, l'Ultimo Teorema di Fermat è provato per ogni possibile $n \geq 3$. Come detto, il caso $n = 4$ aveva già la sua risposta, basata su argomenti dello stesso Fermat. Resta quindi da trattare il caso in cui n è primo dispari. Premesse queste semplificazioni, val forse la pena di ribadire che l'*Ultimo Teorema di Fermat* è un'affermazione genuina sulla addizione e la moltiplicazione degli interi, ovvero sull'anello $(\mathbb{Z}, +, \cdot)$, e quindi ci si può ragionevolmente attendere che il progresso dello studio degli interi ne fornisca alla fine la risposta.

Tuttavia ci volle oltre un secolo perché qualcuno, per la precisione Eulero, riuscisse a risolvere il caso apparentemente più semplice $n = 3$: inoltre la relativa dimostrazione ha peculiarità notevoli e sorprendenti. Infatti, a parte il rinnovato uso del metodo della discesa infinita, apre nuove prospettive e amplia l'originario orizzonte degli interi. In particolare, anche se i coefficienti dell'equazione da risolvere $x^3 + y^3 = z^3$ sono interi e le soluzioni che se ne cercano sono anch'esse intere, la dimostrazione finisce col coinvolgere i numeri complessi, in particolare le radici cubiche complesse dell'unità, dunque

$$\zeta_3 = \cos\frac{2\pi}{3} + sen\frac{2\pi}{3}\, i = -\frac{1}{2} + \frac{\sqrt{3}}{2}\, i$$

e le sue altre due potenze $\zeta_3^2 = -\frac{1}{2} - \frac{\sqrt{3}}{2}\, i$ e $\zeta_3^3 = 1$. Si allarga il contesto di $\mathbb{Z}$ e si va a considerare, all'interno del campo complesso $\mathbb{C}$, la sua estensione $\mathbb{Z}[\zeta_3]$ tramite ζ_3, dunque un nuovo *anello* (analogo per certi versi a quello $\mathbb{Z}[\sqrt{15}]$ che abbiamo avuto modo di trattare nel corso del capitolo). Per la precisione $\mathbb{Z}[\zeta_3]$ è l'insieme dei numeri complessi della forma

$$a_0 + a_1\zeta_3 + a_2\zeta_3^2$$

con a_0, a_1 e a_2 interi, e le usuali operazioni di addizione e moltiplicazione vi sono definite restringendo quelle di $\mathbb{C}$. È lavorando in questo ambito e adattandovi risultati classici degli interi, quali l'esistenza e l'unicità della decomposizione in fattori primi, che si riesce a completare la dimostrazione richiesta.

Dopo Eulero, altri grandi matematici si cimentarono nella soluzione dell'Ultimo Teorema per esponenti $n > 4$. Ma gli anni passarono senza che sostanziali miglioramenti fossero raggiunti. Comunque

- il caso $n = 5$ fu risolto da Dirichlet nel 1828, con qualche lacuna che fu chiarita da Legendre nel 1830;
- il caso $n = 14$ fu mostrato ancora da Dirichlet nel 1832;
- il caso $n = 7$ fu chiarito da Lamé nel 1839, anche se Legendre dovette nuovamente correggere qualche imperfezione.

Eppure, nonostante il contributo di cervelli così geniali, i progressi nell'Ultimo Teorema di Fermat restavano assai parziali, e ben lontani dall'obiettivo finale. Infatti, gli approcci proposti per i singoli casi $n = 5, 14, 7$ dipendevano fortemente dall'esponente trattato, e non sembravano prestarsi a ulteriori generalizzazioni. Del resto, è ben noto che esiste un'infinità di numeri primi dispari, e quindi un'analisi valida solo per un caso (per $n = 3$, o 5, o 7, ...) finisce per tralasciarne infiniti altri e non avvicina in alcun modo la soluzione complessiva del problema.

Dunque ancora a metà Ottocento, oltre due secoli dopo la misteriosa annotazione di Fermat, l'enigma sembrava ben lontano dall'essere sciolto. Nel frattempo, per la precisione nel 1816, l'Académie des Sciences di Parigi aveva deciso di premiare con una medaglia d'oro e 3000 franchi chi avesse trovato la dimostrazione mancante, e quindi molti dei migliori cervelli matematici vi si erano impegnati. Così, il primo marzo del 1847, proprio durante i lavori dell'Académie des Sciences a Parigi, Gabriel Lamé annunciò di aver finalmente trovato una dimostrazione dell'Ultimo Teorema di Fermat valida per ogni esponente primo dispari n. L'idea di Lamé era, anzitutto, quella di allargare l'orizzonte da $\mathbb{Z}$ a $\mathbb{C}$, in particolare alle n radici n-me di 1

$$1, \zeta_n, \zeta_n^2, \ldots, \zeta_n^{n-1}$$

dove

$$\zeta_n = cos \frac{2\pi}{n} + sen \frac{2\pi}{n} \, i.$$

Lamé lavorava in questo ambito esteso e dunque in $\mathbb{Z}[\zeta_n]$, vi applicava il Teorema Fondamentale dell'Aritmetica (dunque una tipica proprietà degli interi) e, usando ancora il metodo della discesa infinita, arrivava alla conclusione sperata.

Lamé attribuì poi, onestamente, a Liouville l'idea di operare non in $\mathbb{Z}$, ma in $\mathbb{C}$. Liouville, altrettanto onestamente, la fece risalire ad Eulero, ma si dichiarò poco convinto sul complesso della dimostrazione. Anche Cauchy espresse la sua perplessità, proponendo una prova parzialmente alternativa.

Ma il 24 maggio 1847 un matematico tedesco, Ernst Kummer, segnalò per lettera ai convegnisti parigini un errore in questi tentativi; rivelò in particolare di aver pensato alle stesse cose 3 anni prima, e di aver trovato una dimostrazione che funzionava per molti esponenti primi, ma forse non per $n = 37$; comunque mise in guardia a proposito del passaggio da $\mathbb{Z}$ a $\mathbb{Z}[\zeta_n]$, da fare con grande attenzione e cautela: infatti quella fondamentale proprietà di $\mathbb{Z}$ che si chiama il *Teorema Fondamentale dell'Aritmetica* **non si trasmette** automaticamente alle sue estensioni, è dunque imprudente adoperarla quando non si è sicuri della sua validità.

Kummer spiegava che proprio per questo motivo la dimostrazione di Lamè era sbagliata: in effetti, non sempre $\mathbb{Z}[\zeta_n]$ soddisfa il Teorema Fondamentale dell'Aritmetica; questo è falso, ad esempio, per $n = 23$, e anzi $n = 23$ è il minimo controesempio possibile.

Per illustrare meglio l'osservazione di Kummer evitando i grandi conti che $\mathbb{Z}[\zeta_{23}]$ richiederebbe, consideriamo una situazione analoga ma più accessibile e guardiamo al caso di $\mathbb{Z}[\sqrt{15}]$, cioè dell'anello di quei numeri reali che hanno la forma $a_0 + a_1\sqrt{15}$ con a_0 e a_1 interi. In esso si vede facilmente che 10 ammette due possibili decomposizioni

$$10 = 2 \cdot 5 = (5 + \sqrt{15}) \cdot (5 - \sqrt{15})$$

e qualche attento calcolo dimostra che i 4 fattori

$$2, 5, 5 \pm \sqrt{15}$$

sono tutti *"irriducibili"* in $\mathbb{Z}[\sqrt{15}]$, nel senso che non sono invertibili ma una loro ulteriore decomposizione richiede comunque un fattore invertibile: avremo modo di controllare in maggior dettaglio la cosa nel prossimo capitolo. Quindi il Teorema Fondamentale dell'Aritmetica non vale più in $\mathbb{Z}[\sqrt{15}]$.

Queste ed altre osservazioni indussero ad approfondire in quali casi le proprietà degli interi si mantengono nelle estensioni di $\mathbb{Z}$ e in quali no, e quali condizioni alternative valgono nei casi negativi. Si inaugurava così, grazie all'opera di Kummer e anche di Dedekind, la moderna teoria astratta degli anelli, volta a considerare strutture diverse dall'esempio originario degli interi e a ricercare strumenti generali adeguati alla loro analisi.

Ad esempio, nel caso di $\mathbb{Z}[\sqrt{15}]$, proviamo ad allargare ulteriormente l'orizzonte all'altro anello

$$\mathbb{Z}[\sqrt{3}, \sqrt{5}]$$

formato dai numeri complessi del tipo

$$b_0 + b_1\sqrt{3} + b_2\sqrt{5} + b_3\sqrt{15}$$

con b_0, b_1, b_2, b_3 interi. $\mathbb{Z}[\sqrt{3}, \sqrt{5}]$ è ancora sottoanello del campo reale ed estende propriamente $\mathbb{Z}[\sqrt{15}]$; ma in $\mathbb{Z}[\sqrt{3}, \sqrt{5}]$ le anomalie circa la fattorizzazione di 10 si aggiustano perché si ha

$$2 = (\sqrt{5} + \sqrt{3}) \cdot (\sqrt{5} - \sqrt{3}), \quad 5 = (\sqrt{5})^2,$$

$$5 \pm \sqrt{15} = \sqrt{5} \cdot (\sqrt{5} \pm \sqrt{3})$$

e conseguemente le due decomposizioni distinte di 10 in $\mathbb{Z}[\sqrt{15}]$ vanno a coincidere

$$10 = 2 \cdot 5 = (\sqrt{5} + \sqrt{3}) \cdot (\sqrt{5} - \sqrt{3}) \cdot (\sqrt{5})^2,$$

$$10 = (5 + \sqrt{15}) \cdot (5 - \sqrt{15}) = (\sqrt{5})^2 \cdot (\sqrt{5} + \sqrt{3}) \cdot (\sqrt{5} - \sqrt{3}).$$

L'unicità della decomposizione (a meno dell'ordine dei fattori) viene in questo modo recuperata. Ma i nuovi numeri $\sqrt{3}$ e $\sqrt{5}$ (e dunque anche $\sqrt{5} \pm \sqrt{3}$) non sono elementi effettivi di $\mathbb{Z}[\sqrt{15}]$. Lì compaiono solo in modo *ideale*, lasciano semmai una traccia parziale costituita da quei loro multipli in $\mathbb{Z}[\sqrt{3}, \sqrt{5}]$ che appartengono anche a $\mathbb{Z}[\sqrt{15}]$ (come ad esempio $\sqrt{15}$ per $\sqrt{3}$ o $\sqrt{5}$). Se vogliamo usare i termini che abbiamo appreso in questo capitolo, questa traccia corrisponde all'intersezione tra l'ideale che ciascuno di essi genera in $\mathbb{Z}[\sqrt{3}, \sqrt{5}]$ e il sottoanello $\mathbb{Z}[\sqrt{15}]$, dunque da un ideale in $\mathbb{Z}[\sqrt{15}]$.

Questo genere di osservazioni suggerì in generale a Kummer l'idea di una Teoria dei *numeri ideali*, che venne poi ulteriormente perfezionata da Dedekind: è così che si sviluppò il concetto di ideale che abbiamo imparato nelle pagine passate, e che ha un ruolo fondamentale nell'algebra degli anelli. Dunque, dove non è ammesso considerare $\sqrt{3}$ o $\sqrt{5}$ come elementi effettivi, si può fare comunque riferimento agli *"ideali"* che essi determinano.

In conclusione, la storia di Fermat ci insegna che proprio l'analisi di una questione che sembra riguardare solo gli interi — come, appunto, l'Ultimo Teorema di Fermat — apre invece nuovi orizzonti verso una più generale nozione di *anello* e verso uno sviluppo della Teoria degli anelli, ad esempio tramite la nozione di *ideale*. Inoltre questa astrazione teorica, lungi dall'essere fine a se stessa, fornisce nuovi strumenti e nuove consapevolezze anche a proposito del caso concreto che l'ha generata.

Quanto all'Ultimo Teorema di Fermat, va comunque ammesso che i progressi di Kummer e Dedekind non sono stati finora capaci di determinarne la soluzione. Il lettore sarà però contento di sapere che il mistero di Fermat ha comunque avuto nel frattempo la sua risposta: la predizione di Fermat è stata finalmente confermata. Ma il chiarimento della questione è arrivato solo in tempi recentissimi, per l'esattezza nel 1994, quando il matematico inglese Andrew Wiles ha finalmente trovato una dimostrazione del teorema. L'approccio di Wiles usa strumenti di Geometria Algebrica enormemente più sofisticati degli elementi di Teoria degli anelli che vengono proposti in questo libro; è verosimilmente molto diversa da quello che Fermat aveva in mente (ammesso che l'ispirazione di Fermat fosse corretta).

Esercizi.

1. Sia $(R, +, \cdot)$ un anello unitario. Definiamo su R due nuove operazioni con

$$a \oplus b = a + b + 1, \quad a \otimes b = ab + a + b \text{ per ogni scelta di } a, b \in R.$$

   - Si mostri che $(R, \oplus, \otimes)$ è un anello unitario.
   - Si dica quali sono gli elementi neutri di R rispetto a $\oplus$, $\otimes$.
   - Si verifichi che $(R, +, \cdot)$ è isomorfo a $(R, \oplus, \otimes)$.
2. Sia S un insieme. Provare che l'insieme delle parti di S con le operazioni di differenza simmetrica e di intersezione forma un anello commutativo.

3. Siano p, q due numeri interi primi distinti e si consideri il prodotto diretto esterno $R = \mathbb{Z}_p \times \mathbb{Z}_q$, come gruppo additivo.

   a) Si mostri che il gruppo additivo R è ciclico e ha esattamente 4 sottogruppi.

   b) Si provi che R diviene un anello se si introduce un'operazione di moltiplicazione in R ponendo, per $a, a' \in \mathbb{Z}_p$ e $b, b' \in \mathbb{Z}_q$

   $$(a, b) \cdot (a', b') = (a \cdot a', b \cdot b').$$

   R è commutativo? È unitario? Ha divisori dello zero? Quale è la caratteristica di R?

   c) Si descrivano gli ideali di R.

   (*Suggerimento.* a) Dapprima si mostri che $\mathbb{Z}_p \times \mathbb{Z}_q$ è isomorfo a $\mathbb{Z}_{pq}$. Si osservi poi che $\mathbb{Z}_{pq}$ ha 4 sottogruppi corrispondenti ai divisori positivi $1, p, q, pq$ di pq. b) pq è l'ordine dell'unità di R. c) Si ricordi che un ideale è necessariamente un sottogruppo del gruppo additivo di R e si noti che $\{(0,0)\}$, $\{0\} \times \mathbb{Z}_q$, $\mathbb{Z}_p \times \{0\}$, $\mathbb{Z}_p \times \mathbb{Z}_q$ sono ideali di R).

4. Sia $R = \mathbb{Q}^{\mathbb{N}}$ l'anello delle successioni in $\mathbb{Q}$, cioè delle funzioni dai naturali al campo razionale $\mathbb{Q}$. Le operazioni di R sono definite punto per punto: per $f, g \in R$, $f + g$, $f \cdot g$ sono le funzioni da $\mathbb{N}$ a $\mathbb{Q}$ tali che, per ogni $n \in \mathbb{N}$, $(f + g)(n) = f(n) + g(n)$ e $(f \cdot g)(n) = f(n) \cdot g(n)$ – dunque $f \cdot g$ non è la composizione di f e g –. Sia poi S l'insieme delle funzioni f di R tali che $f(n) = 0$ per $n < 4$.

   a) Si provi che S è un ideale di R.

   b) Si descrivano gli elementi di R che stanno nella classe laterale $S + g$ dove $g : \mathbb{N} \to \mathbb{Q}$ è la successione costante di valore $\frac{1}{2}$.

   c) Si provi che l'anello quoziente R/S è isomorfo all'anello $\mathbb{Q}^4$ delle quadruple (a, b, c, d) di razionali con le operazioni $+, \cdot$ definite componente per componente.

   d) Si provi che R/S è anche isomorfo all'anello quoziente $\mathbb{Q}[x]/\langle f(x) \rangle$ dell'anello dei polinomi $\mathbb{Q}[x]$ in x a coefficienti razionali rispetto all'ideale generato dal polinomio $f(x) = x^4 - 2x^3 - x^2 + 2x$.

5. Sia $\mathbb{Z}_5$ il campo dei resti modulo 5. Si mostri che l'insieme delle matrici 2×2 della forma

$$\begin{pmatrix} a & b \\ 2b & a \end{pmatrix}$$

   con $a, b \in \mathbb{Z}_5$ forma un campo rispetto alle usuali operazioni tra matrici.

6. Siano K un campo e h un elemento fissato di K. Sia M l'insieme delle matrici 2×2 della forma

$$\begin{pmatrix} a & b \\ hb & a \end{pmatrix}$$

   con $a, b \in K$. Si provi che M con le usuali operazioni tra matrici costituisce un anello commutativo.

   Si dimostri inoltre che, per $K = \mathbb{Q}$, M è un campo se e solo se non esiste un razionale r tale che $r^2 = h$. La proprietà resta vera se K è un campo arbitrario?

7. Siano $h \in \mathbb{Q}$ e M l'insieme delle matrici 2×2 della forma

$$\begin{pmatrix} a+b & b \\ hb & a \end{pmatrix}$$

con $a, b \in \mathbb{Q}$.

Si verifichi che M è un sottoanello commutativo unitario di $(\mathcal{M}_{2\times2}(\mathbb{Q}), +, \cdot)$.

Si dimostri poi che M è un campo quando $h = -1$.

Riferimenti bibliografici

Per maggiori riferimenti sulla Teoria degli anelli si possono vedere i testi generali [17], [39], [40], [45]. Un'introduzione molto accessibile alla storia dell'Ultimo Teorema di Fermat è in [61]: è adatta anche a chi non ha familiarità col linguaggio matematico. Per chi preferisce maggior rigore, consigliamo [55], che è altrettanto godibile. È da segnalare poi [54].

Anelli commutativi unitari

7.1 Introduzione

Consideriamo in questo capitolo anelli *commutativi unitari*. Assumiamo quindi più precise condizioni sulla moltiplicazione dell'anello: la commutatività, appunto, e l'esistenza di un elemento unitario. Questo ovviamente restringe l'ambito della nostra analisi e la classe dei possibili esempi. Pur tuttavia gli anelli che ne risultano continuano ad avere comportamento disparato e talora antitetico. Infatti essi includono

- da un lato esempi che ammettono divisori dello zero, come $(\mathbb{Z}_m, +, \cdot)$ per m intero, $m \geq 2$, m composto – e possiamo facilmente intuire quanto difficile sia "dividere" in queste condizioni –;
- d'altro canto tutti i campi $(K, +, \cdot)$ – e in un campo K ogni elemento b diverso da 0_K ha inverso rispetto al prodotto, così che la divisione esatta per b è sempre possibile –.

In realtà in questo capitolo non considereremo né il caso dei divisori dello zero né quello dei campi (cui dedicheremo spazio più tardi). Qui vogliamo concentrarci su quegli anelli commutativi unitari che sono strutturalmente "simili" all'anello $(\mathbb{Z}, +, \cdot)$ degli interi, nel senso che ne condividono le principali proprietà sulla divisione. Ricordiamo allora che $(\mathbb{Z}, +, \cdot)$ è un dominio di integrità (cioè non ha divisori dello zero) e che gli unici elementi invertibili di $(\mathbb{Z}, +, \cdot)$ sono ± 1. $(\mathbb{Z}, +, \cdot)$ possiede poi le seguenti proprietà fondamentali.

1. Vale il *Teorema del quoziente e del resto*: per ogni scelta di $a, b \in \mathbb{Z}$ con $b \neq 0$, si possono trovare $q, r \in \mathbb{Z}$ unici tali che $a = b \cdot q + r$ con $0 \leq r < |b|$ (q è il *quoziente* e r il *resto* della divisione di a per b).
2. È possibile poi definire il *massimo comun divisore* e il *minimo comune multiplo* di due o più interi, e l'algoritmo di Euclide fornisce un algoritmo rapido per il calcolo di entrambi.
3. Particolare attenzione meritano i numeri *primi* p, quelli che non sono invertibili e si dividono con precisione solo per ± 1 e $\pm p$. Essi si caratterizzano

anche come quegli elementi non invertibili p che, se dividono un prodotto $a \cdot b$, allora dividono già uno dei due fattori a, b. Vale poi il Teorema Fondamentale dell'Aritmetica: ogni intero $\neq 0, \pm 1$ si decompone in uno e un solo modo nel prodotto di fattori primi (a meno dell'ordine dei fattori e del loro segno).

In questo capitolo introduciamo e studiamo alcune classi di anelli commutativi unitari che condividono con $(\mathbb{Z}, +, \cdot)$ una o più di queste proprietà e presentiamo esempi fondamentali in ciascuna di queste classi.

7.2 Massimo comun divisore e minimo comune multiplo

Sia $(R, +, \cdot)$ un dominio di integrità con unità 1_R. Per $a, b \in R$, diciamo che b divide a, e scriviamo ancora $b|a$, se esiste $q \in R$ tale che $a = b \cdot q$. Come già nel caso degli interi, così anche per R si vede facilmente che, per ogni scelta di $a, b, c \in R$,

(i) $a|a$ (infatti $a = a \cdot 1_R$);

(ii) se $a|b$ e $b|c$, allora $a|c$ (infatti, se $b = a \cdot q$ e $c = b \cdot q'$ per opportuni $q, q' \in R$, segue $c = a \cdot q \cdot q'$);

(iii) se $a|b$ e $a|c$, allora $a|b+c$ (se $b = a \cdot q$ e $c = a \cdot q'$, allora $b+c = a \cdot q + a \cdot q' = a \cdot (q + q')$);

(iv) se $a|b$, allora $a|b \cdot c$.

(v) $1_R|a$ e $a|0_R$ (infatti $a = a \cdot 1_R$ e $0_R = a \cdot 0_R$).

Invece non è detto che, se $a|b$ e $b|a$, allora $a = b$. Del resto già in $(\mathbb{Z}, +, \cdot)$ si ha ad esempio $2| - 2$ e $-2|2$, ma $2 \neq -2$. Cerchiamo allora di chiarire questo punto.

Proposizione 7.2.1 *Siano $a, b \in R$. Allora $a|b$ e $b|a$ se e solo se esiste $\varepsilon \in \mathcal{U}(R)$ tale che $a = b \cdot \varepsilon$.*

Dimostrazione. Supponiamo dapprima $a = b \cdot \varepsilon$ con $\varepsilon \in \mathcal{U}(R)$, allora $b = a \cdot \varepsilon^{-1}$, dunque $b|a$ e $a|b$.

Ora assumiamo che $b|a$, $a|b$, così, per opportuni $\varepsilon, \varepsilon' \in R$, $a = b \cdot \varepsilon$ e $b = a \cdot \varepsilon'$. Segue $b = b \cdot \varepsilon \cdot \varepsilon'$, cioè $b \cdot (1_R - \varepsilon \cdot \varepsilon') = 0_R$. Siccome $(R, +, \cdot)$ è un dominio di integrità, deve essere $b = 0_R$ oppure $1_R - \varepsilon \cdot \varepsilon' = 0_R$. Nel secondo caso, $\varepsilon \cdot \varepsilon' = 1_R$ e dunque $\varepsilon \in \mathcal{U}(R)$. Nel primo caso, anche $a = b \cdot \varepsilon$ coincide con 0_R. Così $a = b \cdot \varepsilon$ per ogni $\varepsilon \in R$, in particolare per ε invertibile. $\qquad\square$

Per $a, b \in R$, scriviamo $a \sim b$ quando $a|b$ e $b|a$ (o, se si preferisce, quando esiste $\varepsilon \in \mathcal{U}(R)$ per cui $a = b \cdot \varepsilon$). Diciamo, in questo caso, che a, b sono *associati*.

$\sim$ è una relazione di equivalenza in R. Questa affermazione può essere verificata facendo diretto riferimento alla definizione di $\sim$. Il lettore può farlo per **esercizio**. Noi preferiamo comunque seguire anche un'altra strada che usa un'ulteriore caratterizzazione di $\sim$: ricordiamo infatti che ogni elemento $a \in R$ genera un ideale principale

$$\langle a \rangle = a \cdot R = \{a \cdot q : q \in R\}.$$

Segue che, per $a, b \in R$,

$$b \mid a \text{ se e solo se } a \in \langle b \rangle, \text{ dunque se e solo se } \langle a \rangle \subseteq \langle b \rangle$$

(la prima equivalenza è evidente; per la seconda si usa la precedente proprietà (iv)). Conseguentemente, per $a, b \in R$,

$$a \sim b \text{ se e solo se } \langle a \rangle = \langle b \rangle.$$

Questa caratterizzazione di $\sim$ permette, come anticipato, una prova immediata del fatto che $\sim$ è una relazione di equivalenza; mostra comunque che due elementi di R sono *associati* esattamente quando generano lo stesso ideale principale.

Esercizio 7.2.2 Quale è la classe di 0_R rispetto a $\sim$? E quella di 1_R?

Definizione 7.2.3 Siano $a, b \in R$. Un elemento d di R si dice *massimo comun divisore* di a, b se

(i) $d \mid a$, $d \mid b$;
(ii) per ogni $c \in R$, se $c \mid a$ e $c \mid b$, allora $c \mid d$.

Un elemento $m \in R$ si dice *minimo comune multiplo* di a, b se

(i) $a \mid m$, $b \mid m$;
(ii) per ogni $c \in R$, se $a \mid c$ e $b \mid c$, allora $m \mid c$.

Notiamo che questa definizione di massimo comun divisore e minimo comune multiplo riprende quella proposta nel paragrafo 2.4 per gli interi ma presenta qualche notevole differenza. Ad esempio, nel caso di $\mathbb{Z}$, si faceva riferimento in (ii) all'ordine $\leq$ degli interi; per un R arbitrario, invece, questo non è più possibile e dunque si ricorre alla relazione $\mid$ (come del resto capita anche per $\mathbb{Z}$: si veda il Corollario 2.4.8). In compenso questa scelta recupera un senso al massimo comun divisore e al minimo comune multiplo anche quando a o b è 0_R. È infatti facile dedurre dalla definizione precedente che, per $a = 0_R$,

- b è massimo comun divisore di $0_R, b$,
- 0_R è minimo comune multiplo di $0_R, b$.

Il lettore può verificarlo per **esercizio** (si ricordi che R è un dominio di integrità).

Notiamo poi che la precedente definizione si può riformulare in termini di ideali: ad esempio, $d \in R$ è *massimo comun divisore* di a, b se

(i) $\langle a \rangle \subseteq \langle d \rangle$, $\langle b \rangle \subseteq \langle d \rangle$;

(ii) per ogni $c \in R$, se $\langle a \rangle \subseteq \langle c \rangle$ e $\langle b \rangle \subseteq \langle c \rangle$, allora $\langle d \rangle \subseteq \langle c \rangle$.

In modo analogo si caratterizza il minimo comune multiplo.

È chiaro che, se d è massimo comun divisore di a e b, ogni elemento associato a d è ancora un massimo comun divisore di a, b; viceversa, dati due massimi comuni divisori d, d' di a, b, d, d' devono essere associati: infatti, siccome d è divisore di a, b e d' è massimo comun divisore, d' divide d; ma invertendo i ruoli si ha che anche d divide d'. Ad esempio, in $(\mathbb{Z}, +, \cdot)$, se d è massimo comun divisore di a, b, anche $-d$ lo è e non ci sono altri massimi comuni divisori di a e b. Analoghe considerazioni valgono per il minimo comune multiplo.

Il problema è, adesso, di stabilire se massimo comun divisore e minimo comune multiplo esistono in R per ogni scelta di a, b.

Definizione 7.2.4 $(R, +, \cdot)$ si dice *dominio a ideali principali* se ogni ideale di $(R, +, \cdot)$ è principale.

Esempi 7.2.5

1. Sappiamo che $(\mathbb{Z}, +, \cdot)$ è un dominio a ideali principali.

2. Ogni campo $(K, +, \cdot)$ è un dominio a ideali principali: infatti $(K, +, \cdot)$ ha due soli ideali $\{0_K\} = \langle 0_K \rangle$ e $K = \langle 1_K \rangle$.

Altri esempi, più interessanti, saranno implicitamente forniti nei prossimi paragrafi. Ma ora vogliamo mostrare dei controesempi, cioè dei domini di integrità unitari in cui esistono ideali **non** principali.

3. $(\mathbb{Z}[x], +, \cdot)$ è un dominio di integrità con unità. Consideriamo l'ideale

$$I = \langle 2, x \rangle = \{2 \cdot f(x) + x \cdot g(x) : f(x), g(x) \in \mathbb{Z}[x]\}.$$

Facilmente si verifica che I si compone dei polinomi $a(x) = a_0 + a_1 \cdot x + \cdots + a_n \cdot x^n \in \mathbb{Z}[x]$ il cui termine noto è pari. Ammettiamo per assurdo che I sia principale, $I = \langle a(x) \rangle$ per un opportuno $a(x) = a_0 + a_1 \cdot x + \cdots + a_n \cdot x^n \in \mathbb{Z}[x]$ con a_0 pari, $a(x) \neq 0$. Siccome $2 \in I$, $a(x)|2$ e, poiché 2 ha grado 0, anche $a(x)$ ha grado 0, cioè $a(x) = a_0$ è un intero pari (e diverso da 0). Ma anche x è in I, cioè $a_0|x$, cioè esiste $b(x) = b_0 + b_1 \cdot x + \cdots + b_m \cdot x^m \in \mathbb{Z}[x]$ tale che $x \in a_0 \cdot b(x)$. In particolare in $\mathbb{Z}$ $1 = a_0 \cdot b_1$, e questo è assurdo perché a_0 è pari. Segue che I non è principale: $(\mathbb{Z}[x], +, \cdot)$ non è un dominio a ideali principali.

4. Sia $(K, +, \cdot)$ un campo e consideriamo l'anello $K[x, y]$ dei polinomi a coefficienti in K nelle due indeterminate x, y. Gli elementi di $K[x, y]$ hanno la forma

$$a_{0,0} + a_{1,0}x + a_{0,1}y + a_{2,0}x^2 + a_{1,1}xy + a_{0,2}y^2 + \cdots$$

con i coefficienti $a_{i,j}$ $(i, j \in \mathbb{N})$ in K. $K[x, y]$ è ancora un dominio di integrità con unità 1_K: infatti gli elementi di K si possono pensare come polinomi in y a coefficienti in $K[x]$, convenendo cioè $K[x, y] = K[x][y]$; così, siccome K è un campo, $K[x]$ è un dominio di integrità con unità 1_K, e tale resta anche $K[x, y]$. Tuttavia $K[x, y]$ ammette ideali che non sono principali. Consideriamo infatti l'ideale

$$I = \langle x, y \rangle = \{x \cdot f(x, y) + y \cdot g(x, y) : f(x, y), g(x, y) \in K[x, y]\}.$$

Si verifica facilmente che I si compone dei polinomi di $K[x, y]$ con termine noto 0_K. Ammettiamo I principale, $I = \langle a(x, y) \rangle$ per qualche $a(x, y) \in K[x, y]$ con termine noto 0_K, $a(x, y) \neq 0_K$. Siccome $x \in I$, $a(x, y)|x$ e così $a(x, y)$ non contiene y. Ma anche $y \in I$, così $a(x, y)|y$, e $a(x, y)$ non contiene x. Segue che $a(x, y)$ coincide con il suo termine noto, cioè $a(x, y) = 0_K$ e $I = \{0_K\}$, il che è assurdo. Così I non può essere principale, e $(K[x, y], +, \cdot)$ non è un dominio di ideali principali.

Rivolgiamo ora la nostra attenzione ai domini a ideali principali.

Teorema 7.2.6 *Siano $(R, +, \cdot)$ un dominio a ideali principali, $a, b \in R$. Siano poi $d, m \in R$ tali che*

- $\langle d \rangle = \langle a \rangle + \langle b \rangle$,
- $\langle m \rangle = \langle a \rangle \cap \langle b \rangle$.

Allora d è un massimo comun divisore di a, b, e m è un minimo comune multiplo di a, b.

Dimostrazione. d, m esistono perché $(R, +, \cdot)$ è un dominio a ideali principali, dunque anche gli ideali $\langle a \rangle + \langle b \rangle$ e $\langle a \rangle \cap \langle b \rangle$ sono principali. Inoltre

(i) $\langle d \rangle \supseteq \langle a \rangle, \langle b \rangle$;
(ii) per ogni $c \in R$, se $\langle c \rangle \supseteq \langle a \rangle$, $\langle c \rangle \supseteq \langle b \rangle$, allora $\langle c \rangle \supseteq \langle a \rangle + \langle b \rangle = \langle d \rangle$;

in altre parole, d è massimo comun divisore di a, b. In modo analogo si procede per m. $\qquad\square$

Osservazioni 7.2.7

1. Ricordiamo che, se d è massimo comun divisore di a, b, gli altri massimi comuni divisori di a, b sono gli elementi di a associati a d, cioè capaci di generare lo stesso ideale principale. Possiamo allora dire che, per ogni $d \in R$,

   d è massimo comun divisore di a, b se e solo se $\langle d \rangle = \langle a \rangle + \langle b \rangle$.

   In modo analogo, per ogni $m \in R$,

   m è minimo comune multiplo di a, b se e solo se $\langle m \rangle = \langle a \rangle \cap \langle b \rangle$.

2. Ricordiamo poi che $\langle a \rangle + \langle b \rangle = \langle a, b \rangle = \{ax + by : x, y \in R\}$. Così se $d \in R$ è massimo comun divisore di a, b, cioè $\langle d \rangle = \langle a \rangle + \langle b \rangle$, si ha in particolare $d \in \langle a \rangle + \langle b \rangle$, quindi esistono $x, y \in R$ per cui $d = ax + by$, il che generalizza l'*identità di Bézout* già osservata per $(\mathbb{Z}, +, \cdot)$.

7.3 Gli anelli euclidei e l'algoritmo di Euclide

Nell'anello degli interi un metodo di calcolo del massimo comun divisore è fornito dall'algoritmo di Euclide delle divisioni successive, che si basa sul Teorema del quoziente e resto, e quindi anche sul concetto di valore assoluto. La seguente definizione generalizza questa situazione.

Definizione 7.3.1 Si dice *anello euclideo* (o *anello di valutazione*) un anello commutativo $(R, +, \cdot)$ (con $R \neq \{0_R\}$) per cui è data una funzione $v : R \to \mathbb{N}$ con le seguenti proprietà:

(i)   per ogni $a \in R$, $v(a) = 0$ se e solo se $a = 0_R$;
(ii) per ogni scelta di $a, b \in R$, $v(a \cdot b) = v(a) \cdot v(b)$;
(iii) per ogni scelta di $a, b \in R$ con $b \neq 0_R$, esistono $q, r \in R$ per cui $a = b \cdot q + r$ e $v(r) < v(b)$.

v si dice una *valutazione* di R.

Esempi 7.3.2

1. $(\mathbb{Z}, +, \cdot)$ è un anello euclideo (ed anzi è il prototipo di tutti gli anelli euclidei). Poniamo infatti, per ogni $a \in \mathbb{Z}$, $v(a) = |a|$. Allora (i), (ii) sono banalmente dimostrabili, (iii) è il Teorema di esistenza del quoziente e resto.

2. Ogni campo $(K, +, \cdot)$ è un anello euclideo se definiamo v ponendo, per ogni $a \in K$,

$$v(a) = \begin{cases} 0 & \text{se } a = 0_K \\ \\ 1 & \text{se } a \neq 0_K. \end{cases}$$

   È chiaro allora che vale (i). Circa (ii), si noti che, per $a, b \in K$,
   - se $a = 0_K$ o $b = 0_K$, anche $a \cdot b = 0_K$ e $v(a \cdot b) = 0 = v(a) \cdot v(b)$,
   - se $a, b \neq 0_K$, anche $a \cdot b \neq 0_K$, così $v(a \cdot b) = 1 = v(a) \cdot v(b)$.

   Finalmente, per (iii), dati $a, b \in K$ con $b \neq 0_K$, si ha $a = b \cdot q$ con $q = b^{-1} \cdot a$; $r = 0_K$ soddisfa $v(r) = 0 < 1 = v(b)$.

Se $(K, +, \cdot)$ è un campo, allora anche l'anello dei polinomi $(K[x], +, \cdot)$ a coefficienti in K nella indeterminata x è euclideo. Infatti il Teorema del quoziente e del resto vale in $K[x]$ nella forma seguente.

Teorema 7.3.3 (del quoziente e del resto). *Siano K un campo, $a(x), b(x)$* $\in K[x]$, *per la precisione* $a(x) = a_0 + a_1 x + \cdots + a_n x^n$, $b(x) = b_0 + b_1 x + \cdots + b_m x^m$. *Sia poi* $b(x) \neq 0_K$ *(dunque* $b_m \neq 0_K$ *senza perdita di generalità). Allora esistono* $q(x), r(x) \in K[x]$ *unici tali che:*

- $a(x) = b(x) \cdot q(x) + r(x)$,
- $r(x) = 0_K$ *oppure* $\partial(r(x)) < \partial(b(x))$.

La dimostrazione ricalca quella del caso degli interi, con qualche ovvia complicazione derivante dal fatto che stiamo trattando polinomi, e non più semplici numeri. Eccone i dettagli.

Dimostrazione. Mostriamo prima l'esistenza e poi l'unicità dei due polinomi $q(x), r(x)$.

Esistenza. Se $a(x) = 0_K$, si pone $q(x) = r(x) = 0_K$. Altrimenti, per $a(x) \neq 0_K$, possiamo anzitutto supporre $a_n \neq 0_K$, dunque $\partial(a(x)) = n$ e procedere per induzione completa su n. Se $n < m$, basta scegliere $q(x) = 0_K$, $r(x) = a(x)$, infatti $a(x) = b(x) \cdot 0_K + a(x)$.

Se $n \geq m$, poniamo

$$\bar{a}(x) = a(x) - a_n b_m^{-1} x^{n-m} b(x)$$

dove il polinomio $a_n b_m^{-1} x^{n-m} b(x)$ ha grado n e coefficiente direttivo $a_n = a_n b_m^{-1} b_m$ (usiamo qui il fatto che l'elemento non nullo b_m ha inverso b_m^{-1} in K). Allora $\bar{a}(x) = 0_K$ oppure $\partial(\bar{a}(x)) < n$ perché il coefficiente di grado n di $\bar{a}(x)$ è

$$a_n - a_n b_m^{-1} b_m = 0_K.$$

Per l'induzione completa, ci sono $\bar{q}(x), \bar{r}(x)$ in $K[x]$ tali che

- $\bar{a}(x) = b(x) \cdot \bar{q}(x) + \bar{r}(x)$,
- $\bar{r}(x) = 0_K$ oppure $\partial(\bar{r}(x)) < \partial(b(x))$.

Segue

$$a(x) = \bar{a}(x) + a_n b_m^{-1} x^{n-m} b(x) =$$

$$= b(x) \cdot \underbrace{(\bar{q}(x) + a_n b_m^{-1} x^{n-m})}_{q(x)} + \underbrace{\bar{r}(x)}_{r(x)}$$

dove $r(x) = 0_K$ oppure $\partial(\bar{r}(x)) < \partial(b(x))$. (Alla fine della dimostrazione illustreremo con un esempio il procedimento appena seguito).

Unicità. Supponiamo

$$b(x) \cdot q(x) + r(x) = b(x) \cdot \bar{q}(x) + \bar{r}(x)$$

con $q(x), \bar{q}(x), r(x), \bar{r}(x) \in K[x]$, $r(x), \bar{r}(x)$ nulli o di grado $< \partial(b(x))$. Allora

$$b(x) \cdot (q(x) - \bar{q}(x)) = \bar{r}(x) - r(x).$$

Se $q(x) \neq \bar{q}(x)$,

$$b(x) \cdot (q(x) - \bar{q}(x)) \neq 0_K$$

(infatti $K[x]$ non ha divisori dello zero), così $\bar{r}(x) - r(x) \neq 0_K$ e dunque $\bar{r}(x) - r(x)$ ha grado che soddisfa

$$\partial(\bar{r}(x) - r(x)) < \partial(b(x)) \leq \partial(b(x) \cdot (q(x) - \bar{q}(x)));$$

ma questo contraddice il fatto che $\bar{r}(x) - r(x)$ e $b(x) \cdot (q(x) - \bar{q}(x))$ sono uguali. Quindi $q(x) = \bar{q}(x)$ e, conseguentemente $r(x) = \bar{r}(x)$. $\square$

Esempio 7.3.4 Come promesso, illustriamo in un caso particolare la tecnica usata per provare l'esistenza di $q(x), r(x)$ quando $n \geq m$. Supponiamo $K = \mathbb{Q}$,

$$a(x) = 2x^3 - 4x + 1, \quad b(x) = x + 1,$$

quindi $n = 3$, $m = 1$, $a_n = 2$, $b_m = 1$. Si moltiplica $b(x)$ per $2x^2 = 2 \cdot 1^{-1} \cdot x^{3-1} = a_n b_m^{-1} x^{n-m}$, ottenendo $2x^2 \cdot (x+1) = 2x^3 + 2x^2$. Così

$$\bar{a}(x) = a(x) - (2x^3 + 2x^2) = -2x^2 - 4x + 1.$$

$\bar{a}(x)$ ha grado 2, minore di quello di $a(x)$, e per l'induzione completa si può supporre già dotato di quoziente $\bar{q}(x)$ e resto $\bar{r}(x)$ nella divisione per $b(x)$: del resto si vede facilmente

$$\bar{a}(x) = -2x^2 - 4x + 1 = -2 \cdot (x+1)^2 + 3,$$

dunque $\bar{q}(x) = -2 \cdot (x+1)$, $\bar{r}(x) = 3$. Deduciamo

$$\begin{aligned}
a(x) &= \bar{a}(x) + 2x^2 \cdot (x+1) = \\
&= -2 \cdot (x+1)^2 + 3 + 2x^2 \cdot (x+1) = \\
&= 2 \cdot (-x - 1 + x^2) \cdot (x+1) + 3 = 2 \cdot (x^2 - x - 1) \cdot (x+1) + 3,
\end{aligned}$$

e così otteniamo

$$q(x) = 2 \cdot (x^2 - x - 1) \quad \text{e} \quad r(x) = 3.$$

Si può in effetti notare che il Teorema 7.3.3 ripropone il classico metodo di divisione tra polinomi che si impara alle scuole superiori ed è analogo al procedimento valido per gli interi. Si ricorderà infatti che la divisione $7 = 3 \cdot 2 + 1$ in $\mathbb{Z}$ si può calcolare come segue:

$$\begin{array}{r|l}
7 & 3 \\
\hline
1 & 2
\end{array}$$

Allo stesso modo in $\mathbb{Q}[x]$ si ottiene

$$
\begin{array}{rr|l}
2x^3 \quad\quad -4x +1 & & x+1 \\
\cline{1-1}
-2x^3 -2x^2 & & 2x^2 - 2x - 2 \\
\cline{1-1}
-2x^2 -4x +1 & & \\
2x^2 +2x & & \\
\cline{1-1}
-2x +1 & & \\
+2x +2 & & \\
\cline{1-1}
3 & &
\end{array}
$$

Un altro esempio: vediamo come si divide $x^3 - 1$ per $x^2 + x + 1$ in $\mathbb{Q}[x]$. Si ha $x^3 - 1 = (x^2 + x + 1)(x - 1)$ (in particolare $x^2 + x + 1$ divide esattamente $x^3 - 1$), infatti

$$
\begin{array}{rr|l}
x^3 \quad\quad -1 & & x^2 + x + 1 \\
\cline{1-1}
-x^3 -x^2 -x & & x - 1 \\
\cline{1-1}
-x^2 -x -1 & & \\
+x^2 +x +1 & & \\
\cline{1-1}
0 & &
\end{array}
$$

Torniamo allora alla lista di esempi di anelli euclidei. Possiamo adesso includervi $(K[x], +, \cdot)$ per ogni campo K.

Esempi 7.3.5

1. Per ogni campo K, $(K[x], +, \cdot)$ è un anello euclideo. Per mostrarlo, dobbiamo introdurvi un'opportuna valutazione v. Il Teorema 7.3.3 suggerisce di riferirsi al grado dei vari polinomi. Ma è facile osservare che il grado non soddisfa né (i), né (ii), né (iii). Si può comunque rimediare ponendo, per $a(x) \in K[x]$,

$$
v(a(x)) = \begin{cases} 0 & \text{se } a(x) = 0_K \\[2mm] 2^{\partial(a(x))} & \text{se } a(x) \neq 0_K. \end{cases}
$$

È chiaro allora che vale (i). Riguardo a (ii), dati $a(x), b(x) \in K[x]$,
- se $a(x) = 0_K$ o $b(x) = 0_K$, anche $a(x) \cdot b(x) = 0_K$ e $v(a(x) \cdot b(x)) = 0 = v(a(x)) \cdot v(b(x))$,

- se $a(x), b(x) \neq 0_K$, anche $a(x) \cdot b(x) \neq 0_K$ e $\partial(a(x) \cdot b(x)) = \partial(a(x)) + \partial(b(x))$, da cui si deduce

$$v(a(x) \cdot b(x)) = 2^{\partial(a(x) \cdot b(x))} = 2^{\partial(a(x)) + \partial(b(x))} = 2^{\partial(a(x))} \cdot 2^{\partial(b(x))} =$$
$$= v(a(x)) \cdot v(b(x)).$$

Quanto a (iii), abbiamo appena visto che, dati $a(x), b(x) \in K[x]$ con $b(x) \neq 0_K$, si possono trovare $q(x), r(x) \in K[x]$ unici tali che $a(x) = b(x) \cdot q(x) + r(x)$ e $r(x) = 0_K$ o $\partial(r(x)) < \partial(b(x))$: ma questo significa $v(r(x)) < v(b(x))$.

Tra l'altro si noti che v è funzione crescente del grado, quando quest'ultimo è definito: per $a(x) \in K[x]$ non nullo, maggiore è $\partial(a(x))$ e maggiore è $v(a(x))$.

2. Sia ora $\mathbb{Z}[i] = \{a + bi : a, b \in \mathbb{Z}\}$. Si verifica facilmente che $\mathbb{Z}[i]$ è un sottoanello del campo complesso $\mathbb{C}$, e dunque $\mathbb{Z}[i]$ è un anello commutativo rispetto a $+, \cdot$. Di più, $\mathbb{Z}[i]$ è anche unitario perché $1 = 1 + 0 \cdot i \in \mathbb{Z}[i]$: $(\mathbb{Z}[i], +, \cdot)$ si chiama l'*anello degli interi di Gauss*. Anche $(\mathbb{Z}[i], +, \cdot)$ è euclideo.

Definiamo infatti $v : \mathbb{Z}[i] \to \mathbb{N}$ ponendo, per $a, b \in \mathbb{Z}$,

$$v(a + bi) = a^2 + b^2 = \text{ quadrato del modulo di } a + bi \text{ in } \mathbb{C}.$$

Allora $(\mathbb{Z}[i], +, \cdot)$ diviene un anello di valutazione. Valgono infatti (i), (ii), (iii), come adesso controlliamo.

(i) Per $a, b \in \mathbb{Z}$, il modulo di $a + bi$, e quindi la sua valutazione $v(a + bi)$, è 0 se e solo se $a + bi = 0$.

(ii) In $\mathbb{C}$ il modulo del prodotto è uguale al prodotto dei moduli; dunque, per $a, b, c, d \in \mathbb{Z}$,

$$v((a + bi) \cdot (c + di)) = v(a + bi) \cdot v(c + di).$$

(iii) Siano $a, b, c, d \in \mathbb{Z}$ con $c + di \neq 0$ (cioè $c \neq 0$ o $d \neq 0$). Possiamo allora calcolare $x + yi = (a + bi) \cdot (c + di)^{-1}$. Si ha anzi $x, y \in \mathbb{Q}$; ma non è detto che x, y siano in $\mathbb{Z}$, cioè che $x + yi$ sia un intero di Gauss. Comunque $a + bi = (c + di) \cdot (x + yi)$. Prendiamo $p, q \in \mathbb{Z}$ tali che $|q - x| \leq \frac{1}{2}$, $|p - y| \leq \frac{1}{2}$ e formiamo $q + pi \in \mathbb{Z}[i]$. Poniamo poi

$$r + si = (x + yi) - (q + pi) = (x - q) + (y - p)i.$$

Allora $|r|, |s| \leq \frac{1}{2}$, quindi $r^2, s^2 \leq \frac{1}{4}$ e $r^2 + s^2 \leq \frac{1}{2}$, ed inoltre

$$a + bi = (c + di) \cdot (x + yi) = (c + di) \cdot (q + pi) + (c + di) \cdot (r + si)$$

dove $(c + di) \cdot (r + si)$ deve appartenere a $\mathbb{Z}[i]$ perché eguaglia $a + bi - (c + di) \cdot (q + pi)$ che sta in $\mathbb{Z}[i]$. A questo punto basta notare

$$v((c + di) \cdot (r + si)) = (c^2 + d^2) \cdot (r^2 + s^2) \leq \frac{1}{2} \cdot (c^2 + d^2) <$$
$$< c^2 + d^2 = v(c + id)$$

(la penultima disuguaglianza deriva dal fatto che $c^2 + d^2 > 0$).

Questo completa la nostra lista di esempi di anelli euclidei. Adesso notiamo che la definizione di anello euclideo $(R, +, \cdot)$ non richiede esplicitamente che R sia un dominio di integrità. Ma questa è comunque una semplice conseguenza delle condizioni (i) e (ii).

Proposizione 7.3.6 *Se $(R, +, \cdot)$ è un anello euclideo, allora $(R, +, \cdot)$ è un dominio di integrità.*

Dimostrazione. Siano $a, b \in R$ tali che $a \cdot b = 0_R$. Allora $0 = v(a \cdot b) = v(a) \cdot v(b)$. Siccome $v(a)$ e $v(b)$ sono naturali, $v(a) = 0$ o $v(b) = 0$, e dunque $a = 0_R$ o $b = 0_R$. $\square$

La definizione di anello euclideo non richiede esplicitamente neppure che l'anello sia unitario. Ma anche questo segue dalla definizione.

Teorema 7.3.7 *Sia $(R, +, \cdot)$ un anello euclideo. Allora $(R, +, \cdot)$ è unitario, ed ogni ideale di $(R, +, \cdot)$ è principale. In particolare $(R, +, \cdot)$ è un dominio a ideali principali.*

Dimostrazione. Proviamo anzitutto che, per ogni ideale I di $(R, +, \cdot)$, esiste $a \in I$ tale che $I = R \cdot a$.

Se $I = \{0_R\}$, basta prendere $a = 0_R$. Altrimenti, per $I \neq \{0_R\}$, sia $H = \{v(s) : s \in I, s \neq 0_R\}$. H è un sottoinsieme diverso da $\emptyset$ di $\mathbb{N}$, e dunque ha un minimo elemento h. Sia $a \in I$ tale che $a \neq 0_R$ e $v(a) = h$. Siccome $a \in I$, $I \supseteq R \cdot a$. Viceversa, sia $b \in I$; dato che $a \neq 0_R$, esistono $q, r \in R$ tali che

$$b = a \cdot q + r, \quad v(r) < v(a) = h.$$

Si ha quindi $r = b - a \cdot q$ dove $b \in I$, $a \in I$, così $r \in I$. Se $r \neq 0_R$, $v(r)$ contraddice la scelta di h. Perciò $r = 0_R$ e $b = a \cdot q \in R \cdot a$. Così $I = R \cdot a$. Consideriamo ora il caso particolare $I = R$: sia $a \in R$ per cui $R = R \cdot a$; allora, per ogni $b \in R$, esiste $q \in R$ tale che $b = a \cdot q$; in particolare, esiste $u \in R$ tale che $a = a \cdot u$; ma di conseguenza, per ogni $b \in R$,

$$b = a \cdot q = a \cdot u \cdot q = (a \cdot q) \cdot u = b \cdot u.$$

In altre parole u è l'unità di $(R, +, \cdot)$. Consideriamo adesso ideali arbitrari I dell'anello $(R, +, \cdot)$. Già sappiamo che $I = R \cdot a$ per un opportuno elemento $a \in I$. Siccome $(R, +, \cdot)$ è unitario, $R \cdot a = \langle a \rangle$. $\square$

In un anello euclideo $(R, +, \cdot)$, come in ogni dominio a ideali principali, ogni coppia a, b di elementi ha un massimo comun divisore. Ammettiamo poi $b \neq 0_R$ e

$$a = b \cdot q + r, \quad v(r) < v(b).$$

Notiamo che i divisori comuni di a, b sono gli stessi di b, r e dunque, proprio come in $(\mathbb{Z}, +, \cdot)$, così anche in $(R, +, \cdot)$, per ogni $d \in R$, d è massimo comun divisore di a, b se e solo se d è massimo comun divisore di b, r. Si può così trasferire in $(R, +, \cdot)$ – senza sostanziali modifiche – l'algoritmo euclideo per la ricerca del massimo comun divisore: infatti la sequenza discendente di naturali $v(b) > v(r) > \cdots$ deve arrestarsi con 0 entro un numero finito di passi.

In conclusione gli anelli euclidei condividono con gli interi il Teorema del quoziente e del resto e molte fondamentali proprietà che ne derivano; includono vari esempi rilevanti oltre $(\mathbb{Z}, +, \cdot)$, come l'anello dei polinomi $(K[x], +, \cdot)$ per ogni campo K, o l'anello $(\mathbb{Z}[i], +, \cdot)$ degli interi di Gauss.

7.4 Elementi primi e irriducibili: domini a fattorizzazione unica

Un'altra proprietà degna di nota dell'anello degli interi è il Teorema Fondamentale dell'Aritmetica: ogni intero a diverso da $0, \pm 1$ (in altre parole: non nullo né invertibile) si esprime in modo sostanzialmente unico come prodotto di fattori primi. Per $p \in \mathbb{Z}$, "p primo" significa che $p \neq 0, \pm 1$ (cioè che p non è nullo né invertibile) e poi che

per ogni scelta di $a, b \in \mathbb{Z}$, se $p = a \cdot b$, allora $a = \pm 1$ o $b = \pm 1$;

una caratterizzazione che, almeno in $\mathbb{Z}$, è del tutto equivalente è la seguente:

per ogni scelta di $a, b \in \mathbb{Z}$ se $p | a \cdot b$, allora $p | a$ o $p | b$

(si ricordi la Proposizione 2.5.9, che è dimostrata per $\mathbb{N}$ ma si estende opportunamente a $\mathbb{Z}$).

Sia ora $(R, +, \cdot)$ un qualunque dominio di integrità con unità 1_R.

Definizione 7.4.1 Un elemento $p \in R$ si dice

- *irriducibile* se $p \neq 0_R$, $p \notin \mathcal{U}(R)$ e, per ogni scelta di $a, b \in R$, quando $p = a \cdot b$, allora $a \in \mathcal{U}(R)$ oppure $b \in \mathcal{U}(R)$;
- *primo* se $p \neq 0_R$, $p \notin \mathcal{U}(R)$ e, per ogni scelta di $a, b \in R$, quando $p | a \cdot b$, allora $p | a$ o $p | b$.

p si dice poi *riducibile* se $p \neq 0_R$ e $p \notin \mathcal{U}(R)$, ma p non è irriducibile, cioè p si esprime come $a \cdot b$ con $a, b \notin \mathcal{U}(R)$.

Osservazioni 7.4.2

1. Se p è primo, allora p è irriducibile.
   Siano infatti $a, b \in R$ tali che $p = a \cdot b$; in particolare $a | p$, $b | p$ e $p | a \cdot b$. Siccome p è primo, $p | a$ o $p | b$. Nel primo caso $p \sim a$ e dunque per la Proposizione 7.2.1 b è invertibile. Nel secondo caso, $p \sim b$ e a è invertibile.

2. Esistono tuttavia domini di integrità con unità nei quali ci sono elementi irriducibili e non primi.
   Consideriamo infatti $\mathbb{Z}[\sqrt{15}] = \{a_0 + a_1\sqrt{15} : a_0, a_1 \in \mathbb{Z}\}$ sottoanello unitario di $\mathbb{R}$ (dunque dominio di integrità); è un esempio con cui abbiamo

già preso confidenza alla fine dello scorso capitolo. Cerchiamo ora di esprimere con maggior precisione quanto già accennato in quella occasione. Per l'esattezza vogliamo provare che in $\mathbb{Z}[\sqrt{15}]$ 2 è irriducibile, ma non primo. Intanto $2 \neq 0$, e 2 non è invertibile: il suo inverso $\frac{1}{2}$ in $\mathbb{R}$ non appartiene a $\mathbb{Z}[\sqrt{15}]$. Adesso mostriamo che 2 è irriducibile in $\mathbb{Z}[\sqrt{15}]$. Sia dunque

$$2 = (a_0 + a_1\sqrt{15}) \cdot (b_0 + b_1\sqrt{15}) = (a_0b_0 + 15a_1b_1) + (a_0b_1 + a_1b_0) \cdot \sqrt{15}$$

per opportuni $a_0, a_1, b_0, b_1 \in \mathbb{Z}$. Siccome $\sqrt{15}$ non è un intero e neppure razionale, deve essere

$$2 = a_0b_0 + 15a_1b_1,$$
$$0 = a_0b_1 + 15a_1b_0,$$

cioè anche

$$\begin{aligned}
2 &= (a_0b_0 + 15a_1b_1) - (a_0b_1 + a_1b_0) \cdot \sqrt{15} = \\
&= a_0 \cdot (b_0 - b_1\sqrt{15}) - a_1\sqrt{15} \cdot (b_0 - b_1\sqrt{15}) = \\
&= (a_0 - a_1\sqrt{15}) \cdot (b_0 - b_1\sqrt{15}).
\end{aligned}$$

Segue

$$2^2 = (a_0 + a_1\sqrt{15}) \cdot (b_0 + b_1\sqrt{15}) \cdot (a_0 - a_1\sqrt{15}) \cdot (b_0 - b_1\sqrt{15}) =$$

$$= (a_0^2 - 15a_1^2) \cdot (b_0^2 - 15b_1^2).$$

Così gli interi $a_0^2 - 15a_1^2$, $b_0^2 - 15b_1^2$ dividono entrambi 4. Ma non c'è modo di esprimere, per a_0, a_1, b_0, b_1 interi, ± 2 come

$$a_0^2 - 15a_1^2 \ \text{o} \ b_0^2 - 15b_1^2;$$

altrimenti ± 2 viene a essere un quadrato modulo 15 e quindi modulo 5, mentre i possibili quadrati modulo 5 sono $0 \equiv 0^2 \, (mod\,5)$, $1 \equiv 1^2 \equiv 4^2 \, (mod\,5)$, $-1 \equiv 2^2 \equiv 3^2 \, (mod\,5)$ ed escludono ± 2. Così deve essere

$$a_0^2 - 15a_1^2 = \pm 1, \ b_0^2 - 15b_1^2 = \pm 4 \ (\text{o viceversa}),$$

da cui si deduce che

$$(a_0 + a_1\sqrt{15}) \cdot (a_0 - a_1\sqrt{15}) = \pm 1$$

e dunque che $a_0 + a_1\sqrt{15}$ è invertibile in $\mathbb{Z}[\sqrt{15}]$. Così è confermato che 2 è irriducibile.

D'altra parte 2 non è primo. Infatti $2|10 = (5 + \sqrt{15}) \cdot (5 - \sqrt{15})$, ma $2 \nmid 5 \pm \sqrt{15}$. Altrimenti, per opportuni $a_0, a_1 \in \mathbb{Z}$, $2 \cdot (a_0 + a_1\sqrt{15}) = 5 \pm \sqrt{15}$, da cui $2 \cdot a_0 = 5$ in $\mathbb{Z}$, il che è chiaramente impossibile.

Esercizio 7.4.3 Sia $(R, +, \cdot)$ un dominio di integrità con unità e siano $p, q \in R$. Si provi che:

1. se p è irriducibile (o primo) e $q \sim p$, allora anche q è irriducibile (primo);
2. se p, q sono irriducibili e $p|q$, allora $p \sim q$.

Definizione 7.4.4 Un dominio di integrità con unità $(R, +, \cdot)$ si dice un *dominio a fattorizzazione unica* se

(1) ogni elemento $a \in R$ non nullo e non invertibile si scrive come prodotto $a = b_0 \cdots b_k$ di fattori irriducibili $b_0, \ldots, b_k \in R$;
(2) se anche $c_0, \ldots, c_h \in R$ sono irriducibili e soddisfano $a = c_0 \cdots c_h$, allora $h = k$ e, a meno di permutazioni degli indici, $b_i \sim c_i$ per ogni $i \leq k$.

Proposizione 7.4.5 *Sia $(R, +, \cdot)$ un dominio a fattorizzazione unica, e sia $p \in R$. Se p è irriducibile, allora p è primo.*

Dimostrazione. Supponiamo $p|a \cdot b$ con $a, b \in R$. Se $a = 0_R$, $p|a$; se $a \in \mathcal{U}(R)$, $p|a^{-1} \cdot a \cdot b = b$. Analogamente si procede se $b = 0_R$ o $b \in \mathcal{U}(R)$. Così possiamo assumere $a, b \neq 0_R$, $a, b \notin \mathcal{U}(R)$. Lo stesso vale di conseguenza per $a \cdot b$. Sia ora $c \in R$ tale che $p \cdot c = a \cdot b$; $a \cdot b$ ha una decomposizione in fattori irriducibili che gli deriva da quelle di a e di b; ma, essendo $a \cdot b = p \cdot c$, $a \cdot b$ ha il fattore irriducibile p. Per la (2) della Definizione 7.4.4, il fattore p compare (a meno di $\sim$) nella decomposizione di a o in quella di b. Comunque $p|a$ o $p|b$. $\square$

Vale addirittura il seguente teorema di caratterizzazione dei domini a fattorizzazione unica.

Teorema 7.4.6 *Sia $(R, +, \cdot)$ un dominio di integrità con unità. Allora $(R, +, \cdot)$ è un dominio a fattorizzazione unica se e solo se valgono le condizioni:*

(i) ogni elemento irriducibile di R è anche primo;
(ii) R non ammette alcuna successione infinita di elementi non nulli $a_0, \ldots, a_n, \ldots$ tale che, per ogni $n \in \mathbb{N}$, $a_{n+1}|a_n$ ma $a_{n+1} \not\sim a_n$ (o, se si preferisce, $\langle a_{n+1} \rangle \supsetneq \langle a_n \rangle$).

Dimostrazione. Assumiamo dapprima che $(R, +, \cdot)$ sia un dominio a fattorizzazione unica. Già sappiamo che, allora, vale *(i)*. Supponiamo ora per assurdo che in R ci sia una successione di elementi (tutti diversi da 0_R) $a_0, a_1, \ldots, a_n, \ldots$ tali che, per ogni $n \in \mathbb{N}$, $a_{n+1}|a_n$ ma $a_{n+1} \not\sim a_n$: così, per ogni $n \in \mathbb{N}$ esiste $c_n \in R$ per cui $a_n = c_n \cdot a_{n+1}$, ma c_n non è invertibile (altrimenti $a_{n+1} \sim a_n$); di più a_n non è invertibile, altrimenti lo è anche a_{n+1} e $a_{n+1} \sim a_n$.

Consideriamo a_0, che non è né 0_R né invertibile. Così a_0 si esprime come prodotto di $k + 1$ fattori irriducibili $b_0, \ldots, b_k \in R$ (per un opportuno $k \in \mathbb{N}$). Ma

$$a_0 = c_0 \cdot a_1 = c_0 \cdot c_1 \cdot a_2 = \cdots = c_0 \cdot c_1 \cdots c_k \cdot a_k$$

è prodotto di $k + 2$ elementi non invertibili e dunque di $\geq k + 2$ elementi irriducibili. Questo contraddice la (2) di 7.4.4. Quindi deve valere *(ii)*.

Assumiamo adesso che $(R, +, \cdot)$ soddisfi *(i)* e *(ii)*, e proviamo (1) e (2). Ammettiamo dapprima che non valga (1): esiste allora $a_0 \in R$, $a_0 \neq 0_R$, a_0 non invertibile, a_0 non esprimibile come prodotto di elementi irriducibili. In particolare a_0 non è irriducibile, e dunque esistono $a_1, c_0 \in R$, entrambi non invertibili, tali che $a_0 = c_0 \cdot a_1$; di più, almeno uno tra c_0 e a_1 - diciamo a_1 - non si può esprimere come prodotto di elementi irriducibili in R (altrimenti lo stesso vale per a_0). Così a_1 soddisfa le stesse proprietà di a_0. Si ripete il procedimento (a partire da a_1), e si costruisce una successione $a_0, a_1, \ldots, a_n, \ldots$ esattamente nel modo escluso da *(ii)*: questo è assurdo. Perciò vale (1).

Passiamo a (2). Siano $b_0, \ldots, b_k, c_0, \ldots, c_h \in R$ irriducibili tali che

$$b_0 \cdots b_k = c_0 \cdots c_h.$$

Procediamo per induzione su k. Se $k = 0$, deve essere $h = 0$ perché b_0 è irriducibile, quindi (2) è provata. Sia allora $k > 0$; b_k è irriducibile, dunque primo per *(i)*, e $b_k | c_0 \cdots c_h$. Così esiste $j \leq h$ tale che $b_k | c_j$ e quindi $b_k \sim c_j$. Possiamo assumere $j = h$, $b_k = c_h$. Visto che $(\mathbb{R}, +, \cdot)$ non ha divisori dello zero, possiamo cancellare b_k in $b_0 \cdots b_k = c_0 \cdots c_h$ e ottenere $b_0 \cdots b_{k-1} = c_0 \cdots c_{h-1}$, da cui, usando l'ipotesi di induzione su k, ricaviamo $h - 1 = k - 1$ (il che implica $h = k$) e, salvo permutare gli indici, $b_i \sim c_i$ per ogni $i < k = h$. $\square$

Un esempio di dominio di integrità con unità che non è un dominio a fattorizzazione unica è, allora, $(\mathbb{Z}[\sqrt{15}], +, \cdot)$ (che ammette elementi irriducibili e non primi), come del resto sappiamo già dallo scorso capitolo (dove abbiamo visto che 10 ha almeno due possibili decomposizioni in fattori irriducibili in $\mathbb{Z}[\sqrt{15}]$). Un esempio di dominio a fattorizzazione unica è, ovviamente, $(\mathbb{Z}, +, \cdot)$. Mostriamo adesso che ogni dominio a ideali principali, in particolare ogni anello euclideo, è un dominio a fattorizzazione unica.

Corollario 7.4.7 *Ogni dominio a ideali principali è un dominio a fattorizzazione unica.*

Dimostrazione. Sia $(R, +, \cdot)$ un dominio a ideali principali, proviamo che $(R, +, \cdot)$ soddisfa le condizioni *(i)* e *(ii)* del teorema precedente.

(i) Sia $p \in R$ irriducibile, e siano $a, b \in R$ tali che $p | a \cdot b$. In particolare, sia $c \in R$ per cui $a \cdot b = p \cdot c$. Consideriamo un massimo comun divisore d di a, p. Se d è invertibile, possiamo assumere $d = 1_R$. Ricordiamo poi che $1_R = d = a \cdot x + p \cdot y$ per opportuni $x, y \in R$. Segue

$$b = b \cdot 1_R = b \cdot (a \cdot x + p \cdot y) = a \cdot b \cdot x + p \cdot b \cdot y = p \cdot c \cdot x + p \cdot b \cdot y =$$
$$= p \cdot (c \cdot x + b \cdot y),$$

cioè $p | b$.

Se d non è invertibile, siccome $d | p$ e p è irriducibile, deve essere $p \sim d$. Ma $d | a$, dunque $p | a$.

(ii) Siano $a_0, a_1, \ldots, a_n, \ldots$ in R tali che, per ogni $n \in \mathbb{N}$, $\langle a_n \rangle \subsetneq \langle a_{n+1} \rangle$. Sia $I = \bigcup_{n \in \mathbb{N}} \langle a_n \rangle$. Come sappiamo dalla Proposizione 6.8.14 I è un ideale di $(R, +, \cdot)$. Siccome $(R, +, \cdot)$ è un dominio a ideali principali, esiste $c \in I$ per cui $I = \langle c \rangle$. Sia $n \in \mathbb{N}$ tale che $c \in \langle a_n \rangle$, allora $I = \langle c \rangle \subseteq \langle a_n \rangle$ e dunque $\langle a_{n+1} \rangle \subseteq \langle a_n \rangle$: ma questo contraddice la scelta dei vari a_n. $\qquad\square$

Tuttavia la classe dei domini a fattorizzazione unica estende in modo proprio quella dei domini a ideali principali: ci sono domini a fattorizzazione unica che hanno ideali che non sono principali. Ad esempio vedremo nel Teorema 7.5.26 che l'anello $\mathbb{Z}[x]$ è, così come $\mathbb{Z}$, un dominio a fattorizzazione unica, mentre sappiamo che $\mathbb{Z}[x]$ ammette ideali che non sono principali.

In ogni dominio a fattorizzazione unica $(R, +, \cdot)$ nascono in modo naturale due problemi: dato un elemento $a \in R$, non nullo né invertibile,

- stabilire se a è irriducibile o no,
- decomporre a nel prodotto di fattori irriducibili.

Questi problemi sono ben familiari in $(\mathbb{Z}, +, \cdot)$. Vogliamo trattarli nell'ambito esteso dei domini a fattorizzazione unica. Dedicheremo all'argomento i paragrafi futuri.

Anticipiamo comunque qui qualche utile osservazione, valida quando $(R, +, \cdot)$ è un anello euclideo con valutazione v. Sia allora $a \in R$. Caratterizziamo anzitutto tramite v i casi in cui $a = 0_R$ o a è invertibile.

Osservazioni 7.4.8

1. Come già sappiamo, $a = 0_R$ se e solo se $v(a) = 0$.

2. $v(1_R) = 1$.
   Infatti $v(1_R) = v(1_R \cdot 1_R) = v(1_R)^2$. Ma gli unici naturali che sono uguali al proprio quadrato sono 0 e 1, e non può essere $v(1_R) = 0$ perché $1_R \neq 0_R$. Quindi $v(1_R) = 1$.

3. Più in generale a è invertibile se e solo se $v(a) = 1$.
   Infatti, se a è invertibile, allora $1_R = a \cdot a^{-1}$, e quindi $1 = v(1_R) = v(a \cdot a^{-1}) = v(a) \cdot v(a^{-1})$ da cui deduciamo $v(a) = v(a^{-1}) = 1$. Viceversa, sia $v(a) = 1$. Esistono $q, r \in R$ per cui $1_R = a \cdot q + r$ e $v(r) < v(a) = 1$. Così $v(r) = 0$, $r = 0_R$ e $1_R = a \cdot q$.

Circa le possibili valutazioni di elementi irriducibili in $(R, +, \cdot)$, notiamo:

Proposizione 7.4.9 *Se $v(a)$ è primo (in $\mathbb{N}$), a è irriducibile.*

Dimostrazione. Altrimenti $a = b \cdot c$ per opportuni $b, c \in R$, b, c non invertibili. Segue $v(a) = v(b) \cdot v(c)$ con $v(b), v(c) \in \mathbb{N}$, $v(b), v(c) > 1$. Così $v(a)$ non è primo. $\qquad\square$

Terminiamo il paragrafo illustrando con un esempio gli argomenti fin qui trattati nel capitolo.

Esempio 7.4.10 Consideriamo l'anello degli interi di Gauss $(\mathbb{Z}[i], +, \cdot)$. Ricordiamo che $\mathbb{Z}[i] = \{a + bi : a, \in \mathbb{Z}\}$ e che $(\mathbb{Z}[i], +, \cdot)$ è un anello euclideo (dunque un dominio a ideali principali e un dominio a fattorizzazione unica) purché poniamo

$$v(a + bi) = a^2 + b^2 \text{ per ogni scelta di } a, b \in \mathbb{Z}.$$

1. *La divisione* si esegue in $\mathbb{Z}[i]$ come suggerito dall'Esempio 7.3.5.2, prima cercando un quoziente esatto in $\mathbb{C}$ (con parte reale e coefficiente immaginario razionali) e poi approssimandolo in $\mathbb{Z}[i]$. In particolare la divisione di $3 + 4i$ per 5 si fa come segue:

$$3 + 4i = 5 \cdot (\tfrac{3}{5} + \tfrac{4}{5}i) = 5 \cdot (1 + i) + 5 \cdot (-\tfrac{2}{5} - \tfrac{1}{5}i) =$$
$$= 5 \cdot (1 + i) + (-2 - i).$$

   dove $v(-2 - i) = 4 + 1 = 5 < 25 = v(5)$. Così per $a = 3 + 4i$, $b = 5 \neq 0$, si ha $q = 1 + i$, $r = -2 - i$.

2. Vediamo adesso come opera l'*algoritmo euclideo* per determinare un massimo comun divisore, ad esempio quello di $3 + 3i$ e 4. Col metodo delle divisioni successive si ha

$$3 + 3i = 4 \cdot (\tfrac{3}{4} + \tfrac{3}{4}i) = 4 \cdot (1 + i) + 4 \cdot (-\tfrac{1}{4} - \tfrac{1}{4}i) =$$
$$= 4 \cdot (1 + i) + (-1 - i).$$

   dove $v(-1 - i) = 1 + 1 = 2 < 16 = v(4)$, e poi ancora

$$4 = (-1 - i) \cdot 4 \cdot (-1 - i)^{-1} = (-1 - i) \cdot 4 \cdot (-\tfrac{1}{2} + \tfrac{1}{2}i) =$$
$$= (-1 - i) \cdot 2 \cdot (-1 + i).$$

   Segue che un massimo comun divisore di $3 + 3i, 4$ è $-1 - i$.

3. Gli *elementi invertibili* di $\mathbb{Z}[i]$ sono ± 1, $\pm i$. Infatti, per $a, b \in \mathbb{Z}$, $a + bi$ è invertibile se e solo se $1 = v(a + bi) = a^2 + b^2$, dunque se e solo se $a = \pm 1$, $b = 0$ o $a = 0$, $b = \pm 1$.

4. Trattiamo ora la decomposizione in *fattori irriducibili* in $\mathbb{Z}[i]$. Consideriamo elementi non invertibili di $\mathbb{Z}[i]$. In ogni caso, cerchiamo di stabilirne l'irriducibilità e la decomposizione in fattori irriducibili.
   (a) $1 + 2i$. Notiamo che $v(1 + 2i) = 5$ è primo in $\mathbb{N}$; così $1 + 2i$ è irriducibile. Altri esempi dello stesso tipo sono: $\pm 1 \pm i$ (che hanno tutti $v = 2$), $\pm 2 \pm i$, $\pm 1 \pm 2i$ (con $v = 5$).
   (b) $3 + 4i$. Si ha $v(3 + 4i) = 9 + 16 = 25$. Se $3 + 4i = (a + bi) \cdot (c + di)$ con $a + bi$, $c + di$ non invertibili, allora

$$25 = (a^2 + b^2) \cdot (c^2 + d^2), \quad 1 < a^2 + b^2, c^2 + d^2 < 25.$$

   Segue $a^2 + b^2 = c^2 + d^2 = 5$, il che restringe l'analisi dei possibili fattori $a + bi$, $c + di$ a $\pm 2 \pm i$, $\pm 1 \pm 2i$ che, tra l'altro, sono tutti irriducibili. Si verifica allora

$$(2 + i)^2 = 4 - 1 - 4i = 3 + 4i.$$

In particolare $3 + 4i$ non è irriducibile.

(c) 2. Si ha $v(2) = 4$. Come sopra, se $2 = (a + bi) \cdot (c + di)$ con $a + bi$, $c + di$ non invertibili, allora

$$4 = (a^2 + b^2) \cdot (c^2 + d^2), \ 1 < a^2 + b^2, c^2 + d^2 < 4,$$

da cui $a^2 + b^2 = c^2 + d^2 = 2$, il che restringe l'analisi ai valori $\pm 1 \pm i$ (tutti irriducibili). In effetti $(1 + i) \cdot (1 - i) = 2$. Allora 2 è irriducibile in $\mathbb{Z}$ ma non in $\mathbb{Z}[i]$. Si noti anche $1 - i = (-i) \cdot (1 + i) \sim 1 + i$.

(d) 3. Si ha $v(3) = 9$. Procedendo come sopra si ottiene

$$9 = (a^2 + b^2) \cdot (c^2 + d^2), \ 1 < a^2 + b^2, c^2 + d^2 < 9,$$

il che impone $a^2 + b^2 = c^2 + d^2 = 3$: ma è impossibile in $\mathbb{Z}$ esprimere 3 come somma di due quadrati. Allora 3 è irriducibile in $\mathbb{Z}[i]$ (ma si noti che $v(3) = 9$ **non** è primo).

(e) Usiamo la decomposizione in fattori irriducibili per determinare massimi comuni divisori (e anche minimi comuni multipli) di $3 + 3i$ e 4 in modo alternativo a quello usato in precedenza. Sappiamo infatti
  - $3 + 3i = 3 \cdot (1 + i)$,
  - $4 = 2^2 = (1 + i)^2 \cdot (1 - i)^2$.

  Così un massimo comun divisore è $1 + i$, un minimo comune multiplo è $3 \cdot (1 + i)^2 \cdot (1 - i)^2 \sim 3 \cdot (1 + i)^4$.

I seguenti esercizi trattano gli stessi temi nell'ambito degli anelli di polinomi $K[x]$ con K campo.

Esercizi 7.4.11

1. Si controlli se in $\mathbb{Z}_7[x]$ i polinomi $x^2 + 3x + 1$ e $5x^2 + x + 5$ sono associati o meno.
2. Si determini un massimo comun divisore di
   (a) $x^2 + 1$ e $x^5 + 1$ in $\mathbb{Z}_2[x]$,
   (b) $x^2 + x - 4$ e $x^3 + 2x^2 + 3x + 2$ in $\mathbb{Z}_5[x]$.

7.5 Polinomi

Sia $(R, +, \cdot)$ un anello commutativo unitario (in particolare, un campo). Abbiamo già costruito l'anello $R[x]$ dei polinomi a coefficienti in R nella indeterminata x. Iterando il procedimento, possiamo ottenere anelli di polinomi a coefficienti in R in più indeterminate

$$R[x, y], \ R[x, y, z], \ R[x, y, z, t], \ldots$$

Si tratta di anelli commutativi unitari che contengono R come sottoanello; sono tutti domini di integrità, purché lo sia R. Infatti già sappiamo che, se R è un dominio di integrità, anche $R[x]$ lo è, così ci basta ripetere il discorso da $R[x]$ a $R[x][y] = R[x,y]$ e così via per estendere la proprietà al caso di due o più indeterminate. Anzi si ha:

Proposizione 7.5.1 *Sia $(R, +, \cdot)$ un anello commutativo unitario. R è un dominio di integrità se e solo se $R[x]$ lo è.*

Dimostrazione. Basta aggiungere a quanto sopra notato l'osservazione che, se $R[x]$ un dominio di integrità, allora anche R, come suo sottoanello, lo è. $\square$

Quando R è un campo, $R[x]$ è un dominio a ideali principali, ed anzi un anello euclideo. È però da rilevare che il risultato non vale più se rinunciamo all'ipotesi che R sia un campo, oppure permettiamo un numero di indeterminate ≥ 2: sappiamo ad esempio che $\mathbb{Z}[x]$ e $K[x,y]$ per K campo non sono domini a ideali principali. Si può comunque provare che questi anelli sono comunque domini a fattorizzazione unica: in generale, infatti, se R è un dominio a fattorizzazione unica, anche $R[x]$ lo è. Avremo modo di discutere questo punto nel seguito del paragrafo.

Concentriamoci comunque sugli anelli $(K[x], +, \cdot)$ dove K è un campo. In questo caso, $K[x]$ è un anello euclideo rispetto alla valutazione v per cui, per ogni $a(x) \in K[x]$,

$$
v(a(x)) = \begin{cases} 0 & \text{se } a(x) = 0_K, \\[2mm] 2^{\partial(a(x))} & \text{altrimenti.} \end{cases}
$$

Così $K[x]$ soddisfa il Teorema del quoziente e del resto, gode dell'algoritmo euclideo per la ricerca di massimi comuni divisori, è anche un dominio a fattorizzazione unica; in particolare vi si possono considerare i due problemi già introdotti nello scorso paragrafo:

- la ricerca di elementi irriducibili;
- la decomposizione in fattori irriducibili dei polinomi non nulli e non invertibili.

Esempio 7.5.2 In $\mathbb{Q}[x]$, $x^2 - 1$ ammette la decomposizione

$$
x^2 - 1 = (x - 1) \cdot (x + 1).
$$

In realtà $x^2 - 1$ ammette altre decomposizioni, come $\left(\frac{1}{2}x - \frac{1}{2}\right) \cdot (2x + 2)$. Tuttavia $x+1$ e $2x+2$ sono associati, differiscono cioè per un fattore invertibile 2. Allo stesso modo $x - 1$ e $\frac{1}{2}x - \frac{1}{2}$ sono associati. Quindi sostanzialmente le due decomposizioni

- $(x - 1) \cdot (x + 1)$,
- $\left(x - \frac{1}{2}\right) \cdot (2x + 2)$

coincidono (a meno, appunto, di fattori associati). Ci si può adesso chiedere se i fattori $x \pm 1$, $\frac{1}{2}x - \frac{1}{2}$, $2x + 2$ sono ancora riducibili. Ma vedremo subito che i polinomi di grado 1 (come $x + 1$, $2x + 2$ e così via) sono forzatamente irriducibili.

Osservazioni 7.5.3

1. Per ogni $a(x) \in K[x]$, $v(a(x)) = 1$ se e solo se $\partial(a(x)) = 0$, dunque se e solo se $a(x) = a_0 \neq 0_K$. Viene così confermato che gli elementi invertibili di $K[x]$ sono esattamente quelli diversi da 0_K in K.

2. Per ogni $a(x) \in K[x]$, $v(a(x))$ è un numero primo se e solo se $v(a(x)) = 2$ cioè se e solo se $\partial(a(x)) = 1$. Ne deriva che tutti i polinomi di grado 1 in $K[x]$ sono irriducibili.

Da 1 deduciamo che un polinomio $a(x) \in K[x]$ è irriducibile se ha grado > 0 e non si può esprimere come prodotto $a(x) = b(x) \cdot c(x)$ di fattori $b(x), c(x)$ di grado > 0 (ovvero di grado minore di $\partial(a(x))$: si ricordi infatti che in $K[x]$ il grado di un prodotto coincide con la somma dei gradi, in particolare

$$\partial(a(x)) = \partial(b(x)) + \partial(c(x));$$

quindi, se $a(x)$ si esprime come $b(x) \cdot c(x)$ con $b(x), c(x)$ non invertibili, cioè di grado > 0, deve anche essere $\partial(c(x)) < \partial(a(x))$, e analogamente per $\partial(b(x))$. Ovviamente $a(x)$ è riducibile se ha grado > 0 e si può esprimere appunto come prodotto di due polinomi $b(x), c(x)$ di grado > 0 (ovvero $< \partial(a(x))$).
A questo punto, 2 non dice niente di eccezionale o inatteso: è chiaro infatti, che un polinomio $a(x)$ di grado 1 non si può scrivere come prodotto di due polinomi di grado minore (cioè 0). Dunque il riferimento alla valutazione v non dà grande aiuto nella ricerca dei polinomi irriducibili in $K[x]$. Se vogliamo risultati più incisivi dobbiamo battere altre strade.
Possiamo comunque concentrare la nostra attenzione su polinomi $a(x)$ di grado ≥ 2. Un tema che si lega parzialmente a quello dell'irriducibilità riguarda le radici di $a(x)$.

Definizione 7.5.4 Siano $a(x) \in K[x]$, $\alpha \in K$. α si dice *radice* di $a(x)$ se $a(\alpha) = 0_K$.

In altre parole, α è una soluzione dell'equazione $a(x) = 0_K$.

Tra parentesi, possiamo ricordare, a proposito dei polinomi $a(x) = a_0 + a_1 x \in K[x]$ di grado 1, che essi hanno sempre una (e una sola) radice $-a_1^{-1} a_0$ (infatti $a_1 \neq 0_K$).

Proposizione 7.5.5 *Siano* $a(x) \in K[x]$, $\alpha \in K$. *Allora il resto della divisione di* $a(x)$ *per* $x - \alpha$ *è* $a(\alpha)$.

Dimostrazione. Siccome $x - \alpha \neq 0_K$, esistono $q(x), r(x) \in K[x]$ tali che

$$a(x) = (x - \alpha) \cdot q(x) + r(x)$$

con $r(x) = 0_K$ o $\partial(r(x)) < \partial(x - \alpha) = 1$. In ogni caso $r(x) = r_0 \in K$. Inoltre $a(\alpha) = (\alpha - \alpha) \cdot q(\alpha) + r_0 = r_0$. $\qquad\square$

Corollario 7.5.6 (Teorema di Ruffini). *Siano* $a(x) \in K[x]$, $\alpha \in K$. *Allora* α *è radice di* $a(x)$ *se e solo se* $x - \alpha | a(x)$.

Dimostrazione. Il resto della divisione di $a(x)$ per $x - \alpha$ è proprio $a(\alpha)$. $\qquad\square$

Corollario 7.5.7 *Un polinomio* $a(x) \in K[x]$ *di grado* $n \geq 1$ *ha al più* n *radici in* K.

Dimostrazione. Procediamo per induzione su n.
Il caso $n = 1$ è già stato trattato appena prima della Proposizione 7.5.5.
Supponiamo adesso il corollario vero per polinomi di grado n e mostriamolo per polinomi $a(x)$ di grado $n + 1$. Se $a(x)$ non ha radici in K, la tesi è ovvia. Altrimenti ne ha almeno una α, e $x - \alpha | a(x)$, cioè $a(x) = (x - \alpha) \cdot q(x)$ per un opportuno polinomio $q(x) \in K[x]$ di grado n. Per l'ipotesi induttiva $q(x)$ ha al più n radici in K. D'altra parte le radici di $a(x)$ annullano $(x - \alpha) \cdot q(x)$, dunque sono radici di $x - \alpha$ (e quindi coincidono con α) oppure sono radici di $q(x)$. Così $a(x)$ ha al più $n + 1$ radici. $\qquad\square$

Corollario 7.5.8 *Se* $a(x) \in K[x]$ *ha grado* ≥ 2 *e una radice* $\alpha \in K$, *allora* $a(x)$ *è riducibile.*

Dimostrazione. Infatti $x - \alpha \in K[x]$, $x - \alpha$ divide $a(x)$ e $x - \alpha$ non è invertibile né associato a $a(x)$ perché ha grado 1. $\qquad\square$

Ci si può domandare allora se, per polinomi $a(x)$ di grado ≥ 2,

$a(x)$ è irriducibile in $K[x]$ se e solo se $a(x)$ è privo di radici in K.

Abbiamo visto che vale l'implicazione da sinistra a destra. Ma l'altra implicazione può essere falsa già per polinomi di grado 4.

Esempio 7.5.9 Per $K = \mathbb{Q}$, $f(x) = (x^2 + 1)^2$ è riducibile in $\mathbb{Q}[x]$, ma è privo di radici in $\mathbb{Q}$.

Possiamo al più notare la seguente proposizione.

Proposizione 7.5.10 *Sia* $a(x) \in K[x]$ *di grado 2 o 3. Se* $a(x)$ *è privo di radici in* K, *allora* $a(x)$ *è irriducibile in* $K[x]$.

Dimostrazione. Altrimenti $a(x) = b(x) \cdot c(x)$ con

$$1 \leq \partial(b(x)), \partial(c(x)) < \partial(a(x)),$$

$$\partial(b(x)) + \partial(c(x)) = \partial(a(x)).$$

Allora almeno uno dei due fattori deve avere grado 1, e dunque trova in K una radice, che è radice anche di $a(x)$. $\square$

Se le radici di $a(x)$ in K sono note, la decomposizione di $a(x)$ in fattori irriducibili è almeno parzialmente determinata. Spieghiamo perché. Ci serve la seguente definizione.

Definizione 7.5.11 Siano $a(x) \in K[x]$, $\alpha \in K$ radice di $a(x)$. Si dice *molteplicità (algebrica)* di α come radice di $a(x)$ il massimo intero positivo m tale che $(x - \alpha)^m | a(x)$.

Ad esempio, in $\mathbb{Q}[x]$, $a(x) = (x + 1)^3 \cdot (x - 2)^2 \cdot (x - 1)$ ha le tre radici -1, 2, 1 rispettivamente di molteplicità 3, 2, 1.

Osservazione 7.5.12 Se $a(x) \in K[x]$ ha grado $n \geq 1$ e $\alpha_0, \ldots, \alpha_t$ sono le radici di $a(x)$ in K, di molteplicità rispettivamente $m_0, \ldots, m_t$, allora applicando ripetutamente il Teorema di Ruffini e procedendo come nel Corollario 7.5.7 si ottiene

$$a(x) = (x - \alpha_0)^{m_0} \cdots (x - \alpha_t)^{m_t} \cdot g(x)$$

dove $g(x) \in K[x]$ è privo di radici in K. Se $g(x)$ è invertibile, la decomposizione di $a(x)$ è fatta; se no, c'è ancora da decomporre $g(x)$ in fattori irriducibili (che non sono più di grado 1 perché $g(x)$ non ha radici in K).

Diciamo *radice multipla* di $a(x)$ una radice di molteplicità ≥ 2. Un criterio per riconoscere le radici multiple di un polinomio si basa sulla nozione di derivata di un polinomio.

Definizione 7.5.13 Sia $a(x) = a_0 + a_1 x + a_2 x^2 + \cdots + a_n x^n \in K[x]$. Si dice *derivata* di $a(x)$ il polinomio di $K[x]$

$$Da(x) = a_1 + 2a_2 x + \cdots + na_n x^{n-1}.$$

Ad esempio $D(a_0 + a_1 x) = a_1$, $D(a_0 + a_1 x + a_2 x^2) = a_1 + 2a_2 x$, e via dicendo. Si verifica facilmente che valgono le usuali regole di derivazione: per $a(x), b(x) \in K[x]$,

$$D(a(x) + b(x)) = Da(x) + Db(x),$$

$$D(a(x) \cdot b(x)) = Da(x) \cdot b(x) + a(x) \cdot Db(x).$$

Il lettore può fare riferimento al corso di Analisi Matematica per le relative dimostrazioni, o provare da solo a ritrovarle per **esercizio**.
Si noti che, di conseguenza, per m intero positivo,

$$D(a(x)^m) = ma(x)^{m-1} \cdot Da(x).$$

Si ha allora:

Proposizione 7.5.14 *Sia $\alpha \in K$ una radice di $a(x)$. Allora α è radice multipla di $a(x)$ se e solo se α è radice di $Da(x)$.*

Dimostrazione. Si ha $a(x) = (x - \alpha)^m \cdot g(x)$ dove m è la molteplicità di α e $g(x)$ è un opportuno polinomio di $K[x]$ (di cui α non è radice). Per $m \geq 2$,

$$Da(x) = D((x - a)^m \cdot g(x)) =$$
$$= m(x - \alpha)^{m-1} \cdot g(x) + (x - \alpha)^m Dg(x) =$$
$$= (x - \alpha)^{m-1} \cdot [m \cdot g(x) + (x - \alpha) \cdot Dg(x)],$$

così $Da(\alpha) = 0$. Invece, per $m = 1$,

$$Da(x) = D((x - a) \cdot g(x)) = g(x) + (x - \alpha) \cdot Dg(x),$$

dunque $Da(\alpha) = g(\alpha) \neq 0_K$. $\qquad\qquad\square$

Maggiori informazioni sulla ricerca delle radici e anche sui problemi di riconoscere i polinomi irriducibili e di decomporre un polinomio in fattori irriducibili in $K[x]$ si ottengono se, anziché considerare un campo astratto K, ci riferiamo ad esempi specifici di campi e ne sfruttiamo le particolari proprietà. Esaminiamo infatti i casi in cui K è:

- il campo complesso $\mathbb{C}$,
- il campo reale $\mathbb{R}$,
- il campo razionale $\mathbb{Q}$,
- un campo $\mathbb{Z}/p\mathbb{Z}$ per p primo.

In ciascuno di essi intendiamo discutere i problemi prima accennati: dunque, per $a(x) \in K[x]$ di grado ≥ 1 (o anche ≥ 2), vogliamo:

(1) riconoscere se $a(x)$ è irriducibile;

(2) decomporre $a(x)$ in fattori irriducibili,

ed eventualmente

(3) trovare le radici di $a(x)$.

Quando K è il campo complesso $\mathbb{C}$, possiamo sfruttare il *Teorema fondamentale dell'Algebra*, ricordare cioè che ogni polinomio $a(x) \in \mathbb{C}[x]$ di grado $n \geq 1$ ha una radice in $\mathbb{C}$.

Applicandolo ripetutamente, prima a $a(x)$ per ottenere una prima radice α_0, poi al quoziente di $a(x)$ per $x - \alpha_0$, e così via (come descritto nell'Osservazione 7.5.12), si deduce finalmente che $a(x)$ ha n radici $\alpha_0, \ldots, \alpha_{n-1}$ (non necessariamente distinte) e si decompone in $\mathbb{C}[x]$ come

$$a(x) = d \cdot (x - \alpha_0) \cdots (x - \alpha_{n-1})$$

dove d è il coefficiente direttivo di $a(x)$.
Dunque, per $a(x) \in \mathbb{C}[x]$ di grado $n \geq 1$,

$$a(x) \text{ è irriducibile in } \mathbb{C}[x] \text{ se e solo se } n = 1.$$

Si ha conseguentemente una caratterizzazione definitiva astratta dei polinomi irriducibili. Ma quanto a decomporre un generico polinomio $a(x)$ nella pratica, cioè a trovare **effettivamente** le radici di $a(x)$, le cose cambiano. Talora il calcolo è semplice, ad esempio è facile vedere che ad esempio

$x^2 + 1$ ha le radici $\pm i$, e si decompone come $(x - i) \cdot (x + i)$.

Ma spesso le difficoltà da risolvere sono assai più elevate: ad esempio quali sono le radici complesse di $x^{13} - 2ix^{12} + \sqrt{\pi}x^{10} + (3 - 4i)x^4 + \sqrt{2}i$? E quale è la sua decomposizione in fattori irriducibili?
Il prossimo paragrafo 7.6 sarà dedicato a descrivere le difficoltà di questo problema anche nel caso dei complessi.

Sia ora $K = \mathbb{R}$. Anzitutto notiamo che un polinomio $a(x) \in \mathbb{R}[x]$ (di grado $n \geq 1$) si può pensare come un polinomio in $\mathbb{C}[x]$, e così ha n radici complesse. Inoltre, se $a(x)$ ha, per $b, c \in \mathbb{R}$, la radice complessa $w = b + ci$, allora anche $\bar{w} = b - ci$ è radice complessa di $a(x)$, della stessa molteplicità di z. Infatti, come notato nell'Esempio 6.10.3, il coniugio è un isomorfismo del campo complesso su se stesso, e fissa ogni reale. Applicandolo ai due membri dell'uguaglianza $a(b + ci) = 0$ (per esteso,

$$a_0 + a_1 \cdot (b + ci) + \cdots + a_n \cdot (b + ci)^n = 0),$$

otteniamo

$$a_0 + a_1 \cdot (b - ci) + \cdots + a_n \cdot (b - ci)^n = 0,$$

cioè $a(b - ci) = 0$. Dunque se $b + ci$ è radice di $a(x)$, anche il suo coniugio lo è. Anzi il coniugio si estende ad un isomorfismo di $\mathbb{C}[x]$ su se stesso (si veda l'Esercizio 6.10.6): ne consegue che in $\mathbb{C}[x]$, per ogni intero positivo m, $(x - (b - ci))^m$ divide $a(x)$ se e solo se $(x - (b + ci))^m$ divide l'immagine di $a(x)$, cioè $a(x)$ stesso. Quindi $b + ci$ e $b - ci$ hanno la stessa molteplicità come radici di $a(x)$.
Così le radici di $a(x) \in \mathbb{R}[x]$ in $\mathbb{C}$ si suddividono in

1. complesse coniugate non reali $w_0, \overline{w_0}, \ldots, w_s, \overline{w_s}$,
2. reali $r_0, \ldots, r_k$,

e in $\mathbb{C}[x]$ si ha

$$a(x) = d \cdot (x - w_0) \cdot (x - \overline{w_0}) \cdots (x - w_s) \cdot (x - \overline{w_s}) \cdot (x - r_0) \cdots (x - r_k)$$

dove d è il coefficiente direttivo di $a(x)$ e quindi sta in $\mathbb{R}$. D'altra parte, per $w = b + ci$ con $b, c \in \mathbb{R}$ e dunque $\bar{w} = b - ci$, si ha

$$(x - w) \cdot (x - \bar{w}) = x^2 - (w + \bar{w}) \cdot x + w \cdot \bar{w} = x^2 - 2bx + (b^2 + c^2) \in \mathbb{R}[x].$$

Dunque, per ogni $j \leq s$, $(x - w_j) \cdot (x - \overline{w_j}) \in \mathbb{R}[x]$, ed è irriducibile in $\mathbb{R}[x]$ perché ha grado 2 ed è privo di radici reali.
Possiamo allora dedurre il seguente

Corollario 7.5.15 *Sia $a(x) \in \mathbb{R}[x]$ di grado $n \geq 1$. Allora $a(x)$ si decompone in $\mathbb{R}[x]$ in fattori irriducibili di grado 1 o 2.*

Un polinomio di $\mathbb{R}[x]$ di grado 1 è sempre irriducibile; uno di grado 2, come $a_2 x^2 + a_1 x + a_0$, è irriducibile se e solo se non ha radici in $\mathbb{R}$, e cioè se $a_1^2 - 4a_2 a_0 < 0$ (come è ben noto e come avremo modo di ripetere nel prossimo paragrafo). Tutti i polinomi di grado > 2 sono riducibili.

Si ha così anche per $K = \mathbb{R}$ una caratterizzazione astratta dei polinomi irriducibili. Ma, relativamente al problema di decomporre effettivamente un dato polinomio $a(x)$, o di trovare esplicitamente le radici, valgono le stesse difficoltà del caso complesso. Possiamo comunque osservare:

Proposizione 7.5.16 *Sia $a(x) \in \mathbb{R}[x]$ di grado dispari. Allora $a(x)$ ha almeno una radice in $\mathbb{R}$.*

Dimostrazione. Infatti $a(x)$ deve avere almeno un fattore $x - r$ con $r \in \mathbb{R}$, altrimenti ha grado pari. Alternativamente, si osservi che $x \mapsto a(x)$ è una funzione di $\mathbb{R}$ in $\mathbb{R}$ continua tale che

$$\lim_{x \to -\infty} f(x) = -\infty \quad \text{e} \quad \lim_{x \to +\infty} f(x) = +\infty$$

o viceversa. Tecniche elementari di Analisi Matematica ci assicurano, allora, che il grafico della funzione interseca almeno in un punto l'asse x: cioè esiste $r \in \mathbb{R}$ tale che $a(r) = 0$.

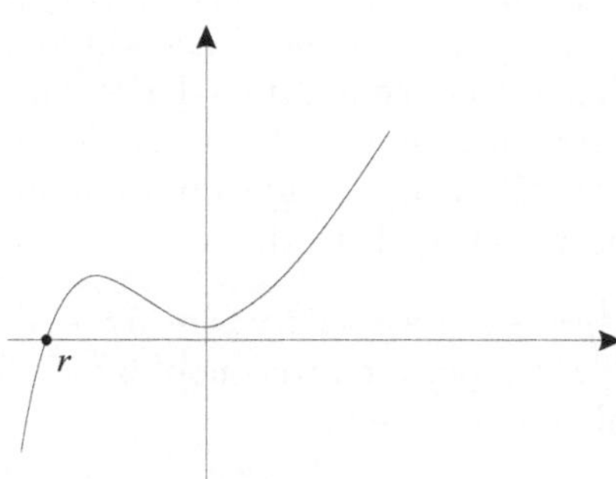

$\square$

Sia ora $K = \mathbb{Q}$. Gauss osservò già due secoli fa che *decomporre in $\mathbb{Q}[x]$* è, per certi versi, equivalente a *decomporre in $\mathbb{Z}[x]$* (che non è un dominio a ideali principali, ma è pur tuttavia un dominio a fattorizzazione unica, come proveremo tra poco). Vediamo perché. Ricordiamo che $\mathbb{Z}[x]$ è un dominio di integrità, così come $\mathbb{Q}[x]$, ma gli unici elementi invertibili di $\mathbb{Z}[x]$ sono ± 1, cioè gli stessi di $\mathbb{Z}$. Inoltre i polinomi di $\mathbb{Z}[x]$ che dividono un intero $a_0 \neq 0$ devono avere grado 0, cioè sono a loro volta interi. Dunque

- a_0 ha gli stessi divisori in $\mathbb{Z}[x]$ e in $\mathbb{Z}$,
- in particolare a_0 è invertibile in $\mathbb{Z}[x]$ se e solo se lo è in $\mathbb{Z}$, cioè se e solo se è ± 1,
- per $a_0 \neq \pm 1$, a_0 ha le stesse decomposizioni in fattori irriducibili in $\mathbb{Z}[x]$ e in $\mathbb{Z}$.

Dunque sotto questo punto di vista la situazione è assai diversa da quella di $\mathbb{Q}[x]$ e di $\mathbb{Q}$, dove a_0 – e ogni razionale non nullo – è invertibile. La differenza si riflette anche sui polinomi di grado > 0 in $\mathbb{Z}[x]$. Ad esempio

$$2x^2 - 10x + 6$$

(irriducibile in $\mathbb{Q}[x]$ perché privo di radici in $\mathbb{Q}$) si decompone in $\mathbb{Z}[x]$ come

$$2(x^2 - 5x + 3)$$

dove 2 non è più invertibile ed è anzi irriducibile. Questo è tuttavia l'unico reale motivo di distinzione tra $\mathbb{Z}[x]$ e $\mathbb{Q}[x]$, come adesso spieghiamo.

Definizione 7.5.17 Sia $f(x) \in \mathbb{Z}[x]$. Si dice *divisore* di $a(x)$ un massimo comun divisore dei suoi coefficienti (in $\mathbb{Z}$); $a(x)$ si dice poi *primitivo* se ha divisore 1.

Ad esempio, $3x^2 + 5x - 4$ è un polinomio primitivo in $\mathbb{Z}[x]$, $2x^2 - 10x + 6$ no (ha divisore 2).

Osservazione 7.5.18 Ad ogni polinomio $b(x) \in \mathbb{Q}[x]$ è *associato* in un polinomio primitivo $a(x) \in \mathbb{Z}[x]$ (unico a meno del segno). $a(x)$ si ottiene moltiplicando $b(x)$ per il minimo comune multiplo dei denominatori dei suoi coefficienti (si ottiene così un polinomio in $\mathbb{Z}[x]$ che è associato a $b(x)$ ma può non essere primitivo), e successivamente dividendo il polinomio così ottenuto per il massimo comun divisore dei coefficienti.

Ad esempio a $\frac{2}{3}x^2 - \frac{10}{3}x + 2$ è associato $x^2 - 5x + 3$, che si ottiene prima moltiplicando $\frac{2}{3}x^2 - \frac{10}{3}x + 2$ per 3 e ottenendo $2x^2 - 10x + 6$, poi dividendo questo polinomio per il suo divisore 2.

Certamente il problema della decomposizione di $b(x)$ in $\mathbb{Q}[x]$ si riduce a quello per $a(x)$ in $\mathbb{Q}[x]$: infatti $a(x), b(x)$, essendo associati, differiscono solo per un fattore invertibile. Ma si ha di più. Infatti vale il seguente

Teorema 7.5.19 (Gauss). *Sia $a(x) \in \mathbb{Z}[x]$ primitivo. Allora $f(x)$ è riducibile in $\mathbb{Q}[x]$ se e solo se $f(x)$ è riducibile in $\mathbb{Z}[x]$.*

Si noti che il il risultato è falso per polinomi di $\mathbb{Z}[x]$ che non sono primitivi. Ad esempio $2x + 2$ non è primitivo, e si ha $2x + 2 = 2 \cdot (x + 1)$; così $2x + 2$ è riducibile in $\mathbb{Z}[x]$ perché 2 non è invertibile in $\mathbb{Z}$, ed è irriducibile in $\mathbb{Q}[x]$

perché ha grado 1 (e 2 è invertibile in $\mathbb{Q}$). In generale, se $a(x) \in \mathbb{Z}[x]$ non è primitivo e ha divisore d, allora si ha

$$a(x) = d \cdot q(x),$$

per un opportuno polinomio $q(x) \in \mathbb{Z}[x]$ (primitivo); segue che $a(x)$ è riducibile in $\mathbb{Z}[x]$ (perché d non è invertibile in $\mathbb{Z}$), ma può essere irriducibile in $\mathbb{Q}[x]$ purché lo sia $q(x)$.

Dimostrazione. ($\Leftarrow$) Sia dapprima $a(x)$ riducibile in $\mathbb{Z}[x]$, dunque $a(x) = g(x) \cdot h(x)$ per opportuni polinomi $g(x), h(x) \in \mathbb{Z}[x]$ non invertibili (così diversi da ± 1); né $g(x)$ né $h(x)$ sono costanti, altrimenti dividerebbero tutti i coefficienti di $f(x)$ contraddicendo l'ipotesi che $a(x)$ è primitivo. Così $g(x), h(x)$ hanno almeno grado 1, e la decomposizione $a(x) = g(x) \cdot h(x)$ prova che $a(x)$ è riducibile anche in $\mathbb{Q}[x]$.

($\Rightarrow$) Viceversa, sia $a(x) = g(x) \cdot h(x)$ con $g(x), h(x) \in \mathbb{Q}[x]$ di grado ≥ 1. Come già osservato, possiamo scrivere

$$a(x) = \frac{r}{k} g'(x) \cdot h'(x)$$

con r, k interi positivi primi tra loro, $g'(x), h'(x)$ polinomi primitivi di $\mathbb{Z}[x]$ di grado ≥ 1 (associati a $g(x)$, $h(x)$ rispettivamente). Così

$$k \cdot a(x) = r \cdot g'(x) \cdot h'(x).$$

Il divisore di $k \cdot a(x)$ è k perché $a(x)$ è primitivo. D'altra parte $g'(x), h'(x)$ sono primitivi. Ammettiamo di sapere che anche il loro prodotto lo sia: allora il divisore di $r \cdot g'(x) \cdot h'(x)$ è r. Segue $r = \pm k$ e, per $r, k > 0$, $r = k$. Ma $(r, k) = 1$, così $r = k = 1$. In conclusione $a(x) = g'(x) \cdot h'(x)$ è riducibile in $\mathbb{Z}[x]$. Dunque il teorema è provato se mostriamo:

Lemma 7.5.20 (Gauss). *Il prodotto di due polinomi primitivi in $\mathbb{Z}[x]$ è primitivo.*

Dimostrazione. Siano

$$g(x) = g_0 + g_1 x + \cdots + g_n x^n, \quad h(x) = h_0 + h_1 x + \cdots + h_m x^m$$

due polinomi primitivi in $\mathbb{Z}[x]$. Ammettiamo $g(x) \cdot h(x)$ non primitivo. Così c'è un primo p che divide tutti i coefficienti di $g(x) \cdot h(x)$. D'altra parte ci sono $i \leq n$, $j \leq m$ tali che p non divide né g_i né h_j (infatti $g(x), h(x)$ sono primitivi). Siano i, j minimi con questa proprietà. Il coefficiente di x^{i+j} in $g(x) \cdot h(x)$ è

$$g_0 h_{i+j} + g_1 h_{i+j-1} + \cdots + g_{i-1} h_{j+1} + g_i h_j + g_{i+1} h_{j-1} + \cdots + g_{i+j} h_0.$$

Ma p divide questo coefficiente, così come divide $g_0, \ldots, g_{i-1}, h_0, \ldots, h_{j-1}$. Segue che $p | g_i h_j$, e dunque $p | g_i$ o $p | h_j$; ma questo è assurdo. Si conclude che $g(x) \cdot h(x)$ è primitivo. $\qquad\square$

Passiamo ora alla questione della irriducibilità in $\mathbb{Q}[x]$ (o in $\mathbb{Z}[x]$), cioè al problema (1). Qui la situazione è assai più complicata che in $\mathbb{C}[x]$ o $\mathbb{R}[x]$. Ad esempio si ha

Corollario 7.5.21 (Criterio di Eisenstein). *Sia $a(x) = a_0 + a_1 x + \cdots + a_n x^n \in \mathbb{Z}[x]$, con $n > 0$, $a_n \neq 0$. Supponiamo che esista un primo p tale che*

$$p \mid a_0, \quad \ldots, \quad p \mid a_{n-1}, \quad p \nmid a_n, \quad p^2 \nmid a_0.$$

Allora $a(x)$ è irriducibile in $\mathbb{Q}[x]$.

Dimostrazione. Siccome p non divide a_n, p è primo con il divisore d di $a(x)$. Salvo dividere i coefficienti di $a(x)$ per d, possiamo allora supporre $a(x)$ primitivo senza alterare le ipotesi. Così, se $a(x)$ è riducibile in $\mathbb{Q}[x]$, lo è anche in $\mathbb{Z}[x]$: esistono $g(x), h(x) \in \mathbb{Z}[x]$ non invertibili (e di grado ≥ 1) tali che $a(x) = g(x) \cdot h(x)$. Poniamo

$$g(x) = g_0 + g_1 x + \cdots + g_r x^r, \quad h(x) = h_0 + h_1 x + \cdots + h_s x^s$$

dove $g_r, h_s \neq 0$, $0 < r, s < n$ e $r + s = n$. Allora

$$a_0 = g_0 \cdot h_0, \quad a_n = g_r \cdot h_s.$$

Siccome $p \mid a_0$, segue che $p \mid g_0$ o $p \mid h_0$. Dal fatto che p^2 non divide a_0, si ha che p non divide g_0 o p non divide h_0. Assumiamo, per fissare le idee, che $p \mid g_0$ e p non divide h_0. Poiché p non divide a_n, allora p non divide neanche g_r (e nemmeno h_s). Sia $i \leq r < n$ minimo tale che p non divide g_i. Notiamo $i > 0$ e $a_i = g_0 h_i + \cdots + g_{i-1} h_1 + g_i h_0$. Ora $p \mid a_i$, $p \mid g_0, \ldots, p \mid g_{i-1}$ e quindi $p \mid g_i h_0$. Ma allora p divide g_i o h_0, e questo è assurdo. Segue che $a(x)$ è irriducibile in $\mathbb{Q}[x]$. $\qquad\square$

Esempi 7.5.22

1. Per ogni primo p e per ogni intero positivo n, $x^n - p$ è irriducibile in $\mathbb{Q}[x]$ (e dunque in $\mathbb{Q}[x]$ ci sono polinomi irriducibili di qualunque grado $n > 0$). Infatti si può applicare il Criterio di Eisenstein per p: $p \mid a_0$ (anzi $a_0 = p$), $p \mid a_1$ (infatti $a_1 = 0$),..., $p \mid a_{n-1}$ (ancora perché $a_{n-1} = 0$), p non divide a_n (dato che $a_n = 1$) e p^2 non divide a_0.

2. $x^{12} - 3x^5 + 21x^4 - 27x^3 + 81x^2 - 42$ è irriducibile in $\mathbb{Q}[x]$. Infatti

$$3 \mid 0, -3, 21, -27, 81, -42; \quad 3 \nmid 1; \quad 3^2 \nmid 42.$$

Possiamo allora applicare il Criterio di Eisenstein per $p = 3$.

Gotthold Eisenstein fu matematico tedesco dell'Ottocento, tanto brillante quanto sfortunato: morì infatti prematuramente, a soli 29 anni; ebbe modo comunque di collaborare con maestri illustri, come ad esempio Gauss.

Dunque, in generale, per $K = \mathbb{Q}$, il problema (1) (la ricerca dei polinomi irriducibili) è assai complicata. Esistono comunque a suo proposito e anche a riguardo del problema (2) (decomposizione in fattori irriducibili) algoritmi generali, anche se difficili, di risoluzione: se ne parla ad esempio in [15].

Quanto al problema (3) (ricerca delle radici) la situazione diviene, in linea di principio, molto semplice. Sappiamo infatti che ogni polinomio in $\mathbb{Q}[x]$ ha le stesse radici di un opportuno polinomio in $\mathbb{Z}[x]$ a lui associato. Ma per polinomi in $\mathbb{Z}[x]$ è facile delimitare le possibili radici razionali in un ambito finito. Infatti si impara già nelle scuole superiori quanto segue.

Proposizione 7.5.23 *Sia* $a(x) = a_0 + a_1 x + \cdots + a_n x^n \in \mathbb{Z}[x]$ *di grado* $n > 0$, *e sia* $\alpha \in \mathbb{Q}$ *una radice di* $a(x)$, $\alpha = \frac{p}{q}$ *con* p, q *interi*, $q \neq 0$, $(p, q) = 1$. *Allora* $p \mid a_0$ *e* $q \mid a_n$.

Dimostrazione. Sappiamo che

$$0 = a_0 + a_1 \frac{p}{q} + \cdots + a_n \left(\frac{p}{q}\right)^n = \frac{a_0 q^n + a_1 p q^{n-1} + \cdots + a_n p^n}{q^n},$$

quindi

$$0 = a_0 q^n + a_1 p q^{n-1} + \cdots + a_{n-1} p^{n-1} q + a_n p^n.$$

D'altra parte

$$p \mid a_1 p q^{n-1} + \cdots + a_{n-1} p^{n-1} q + a_n p^n,$$

quindi $p \mid a_0 q^n$; ma p è primo con q e dunque $p \mid a_0$. Allo stesso modo

$$q \mid a_0 q^n + a_1 p q^{n-1} + \cdots + a_{n-1} p^{n-1} q,$$

così $q \mid a_n p^n$. Ma $(q, p) = 1$, perciò $q \mid a_n$. $\square$

La proposizione limita la ricerca delle radici razionali di $a(x)$ a un contesto finito (cioè ai razionali $\alpha = \frac{p}{q}$ con $p \mid a_0$ e $q \mid a_n$): basta allora una verifica caso per caso (che stabilisca per ogni possibile α se $f(\alpha) = 0$ o no) per determinare le radici effettive. Si noti però che l'algoritmo proposto, per quanto semplice in teoria, potrebbe rivelarsi lungo e lento nella pratica: infatti gli α da esaminare (dedotti dai divisori di a_0, a_n) potrebbero essere assai numerosi.

Esempio 7.5.24 $a(x) = x^3 + 5x^2 - 6x + 1 \in \mathbb{Q}[x]$ ha ± 1 come possibili radici razionali perché $a_0 = a_3 = 1$ hanno i soli divisori ± 1. Si verifica facilmente

$$a(1) = 1 + 5 - 6 + 1 = 1 \neq 0, \quad a(-1) = -1 + 5 + 6 + 1 = 11 \neq 0.$$

Così $a(x)$ è privo di radici in $\mathbb{Q}$. Inoltre $\partial(a(x)) = 3$, dunque $a(x)$ è irriducibile in $\mathbb{Q}[x]$. Invece le radici di $x^{51} - 10924716988572$ sono tra i divisori (positivi o negativi) di 10924716988572: ma quanti e quali sono questi divisori?

Sia ora $K = \mathbb{Z}_p$ con p primo. $\mathbb{Z}_p$ è finito, e così anche l'insieme dei polinomi $a(x) \in \mathbb{Z}_p[x]$ di grado assegnato è finito. Perciò non c'è difficoltà – in linea teorica – a riconoscere i polinomi irriducibili in $\mathbb{Z}_p[x]$, a decomporre in fattori irriducibili un dato polinomio, o a determinare le sue radici. Basta operare con pazienza le relative verifiche caso per caso. Tuttavia nella pratica il procedimento potrebbe allungarsi a tempi proibitivi. Vediamo comunque qualche esempio.

Esempi 7.5.25

1. Consideriamo $a(x) = x^2 + 1 \in \mathbb{Z}_3[x]$. Siccome $a(x)$ ha grado 2, si ha che $a(x)$ è irriducibile in $\mathbb{Z}_3[x]$ se e solo se è privo di radici in $\mathbb{Z}_3$. D'altra parte gli elementi di $\mathbb{Z}_3$, e dunque le possibili radici di $a(x)$ in $\mathbb{Z}_3$, sono $0, 1, 2$ e

$$a(0) = 1, \ a(1) = 2, \ a(2) = 5 = 2$$

   (le uguaglianze si intendono, ovviamente, in $\mathbb{Z}_3$). Così $a(x)$ è irriducibile in $\mathbb{Z}_3[x]$.

2. Consideriamo $a(x) = x^2 + 1$ in $\mathbb{Z}_5[x]$. Stavolta

$$a(2) = a(3) = 0,$$

   e da questo si deduce

$$a(x) = (x - 2) \cdot (x - 3).$$

   Del resto $a(x) = x^2 + 1 = x^2 - 4 = (x - 2) \cdot (x + 2)$ (e 3 coincide con -2 modulo 5).

3. In $\mathbb{Z}_2$, $a(x) = x^2 + 1$ è riducibile perché

$$a(x) = x^2 + 1 = x^2 + 2x + 1 = (x + 1)^2$$

   (si ricordi $2 = 0$ in $\mathbb{Z}_2$). Del resto $a(1) = 0$ e $1 = -1$ in $\mathbb{Z}_2$.

4. I possibili polinomi di grado 2 in $\mathbb{Z}_2[x]$ sono x^2, $x^2 + x$, $x^2 + 1$ (riducibili), $x^2 + x + 1$ (irriducibile, infatti $0^2 + 0 + 1 = 1 \neq 0$, $1^2 + 1 + 1 = 3 = 1 \neq 0$).

5. In $\mathbb{Z}_2[x]$ si consideri $a(x) = x^4 + x + 1$, che ha grado 4. $a(x)$ non ha radici in $\mathbb{Z}_2[x]$ perché
$$a(0) = a(1) = 1 \neq 0.$$

   Chiediamoci se $a(x)$ è irriducibile. Si ha:
   - $a(x)$ non ha divisori di grado 1, perché non ha radici;
   - $a(x)$ non ha divisori di grado 3, altrimenti l'eventuale quoziente sarebbe un divisore di grado 1, e questo è già stato escluso;
   - $a(x)$ non ha fattori irriducibili di grado 2: l'unico potrebbe essere $x^2 + x + 1$, ma $(x^2 + x + 1)^2 = x^4 + x^2 + 1 \neq x^4 + x + 1$.

   Segue che $a(x)$ è irriducibile in $\mathbb{Z}_2[x]$.

Tornando a $\mathbb{Z}$, siamo finalmente in grado di provare, come promesso, che l'anello $\mathbb{Z}[x]$ dei polinomi a coefficienti interi nella indeterminata x è un dominio a fattorizzazione unica, come $\mathbb{Z}$ o $\mathbb{Q}[x]$. Possiamo infatti applicare i risultati di Gauss sui polinomi primitivi e, appunto, dedurre

Teorema 7.5.26 $(\mathbb{Z}[x], +, \cdot)$ *è un dominio a fattorizzazione unica.*

È da ricordare che $\mathbb{Z}[x]$, a differenza di $\mathbb{Z}$ e $\mathbb{Q}[x]$, non è invece un dominio a ideali principali.

Dimostrazione. Già sappiamo che $\mathbb{Z}[x]$ è un dominio di integrità e conosciamo i suoi elementi invertibili, che si riducono a ± 1. Dobbiamo allora provare che ogni polinomio $a(x) \in \mathbb{Z}[x]$ diverso da $0, \pm 1$ si decompone in fattori irriducibili in $\mathbb{Z}[x]$, e che questa rappresentazione è unica a meno di permutazioni dei fattori o di fattori associati. Scriviamo $a(x) = d \cdot q(x)$ dove d è divisore di $a(x)$ e $q(x)$ è primitivo.

Esistenza della decomposizione. Anzitutto d si rappresenta come prodotto di elementi irriducibili in $\mathbb{Z}$ e in $\mathbb{Z}[x]$. Anche $q(x)$ si decompone in $\mathbb{Q}[x]$ nella forma

$$q(x) = \prod_{j \le s} q_j(x)$$

dove s è un naturale e ciascun $q_j(x)$ è un polinomio a **coefficienti razionali**, irriducibile in $\mathbb{Q}[x]$.

D'altra parte sappiamo che ogni $q_j(x)$ (per $j \le s$) è associato a un polinomio $a_j(x)$ primitivo a coefficienti interi. Per la precisione poniamo

$$q_j(x) = \frac{d_j}{k_j} \cdot a_j(x)$$

dove $k_j > 0$ è il minimo comune multiplo dei coefficienti (razionali) di $q_j(x)$ e $d_j > 0$ è il divisore del polinomio a coefficienti interi $k_j \cdot q_j(x)$. Inoltre, per ogni $j \le s$, $a_j(x)$ è irriducibile in $\mathbb{Q}[x]$ perché associato a $q_j(x)$, e quindi irriducibile in $\mathbb{Z}[x]$ perché primitivo. Poniamo per semplicità $d^{\star} = \prod_{j \le s} d_j$, $k^{\star} = \prod_{j \le s} k_j$. Allora si ha

$$q(x) = \prod_{j \le s} \frac{d_j}{k_j} \cdot a_j(x) = \frac{d^{\star}}{k^{\star}} \cdot \prod_{j \le s} a_j(x),$$

dunque

$$k^{\star} \cdot q(x) = d^{\star} \cdot \prod_{j \le s} a_j(x),$$

Siccome $q(x)$ è primitivo e anche $\prod_{j \le s} a_j(x)$ lo è – come prodotto di polinomi primitivi –, si ha $k^{\star} = d^{\star}$, quindi $q(x) = \prod_{j \le s} a_j(x)$ si esprime come prodotto di polinomi irriducibili in $\mathbb{Z}[x]$. La decomposizione di $q(x)$ e quella di d determinano quella richiesta per $a(x)$.

Unicità della decomposizione. Ammettiamo che $a(x)$ ammetta una qualche altra decomposizione in fattori irriducibili in $\mathbb{Z}[x]$, alcuni di grado 0, altri di grado > 0 (e primitivi). Sia $d' \in \mathbb{Z}$ il prodotto degli uni, $q'(x)$ il prodotto – ancora primitivo – degli altri. Vale $d' \cdot q'(x) = d \cdot q(x)$ con $q(x), q'(x)$ primitivi. Così $d = \pm d'$, $q(x) = \pm q'(x)$. La decomposizione in fattori irriducibili di d in $\mathbb{Z}[x]$ è la stessa di $\mathbb{Z}$, quindi è unica (a meno dell'ordine e del segno dei fattori). Ma lo stesso vale per $q(x)$. Siano infatti $\prod_{j\leq s} a_j(x)$, $\prod_{j\leq t} b_i(x)$ due decomposizioni di $q(x)$. Siccome $q(x)$ è primitivo, tali sono tutti i fattori. Inoltre $q(x)$ si decompone come prodotto di fattori irriducibili

$$q(x) = \prod_{j \leq s} a_j(x) = \prod_{i \leq t} b_i(x)$$

anche in $\mathbb{Q}[x]$. Siccome $\mathbb{Q}[x]$ ha fattorizzazione unica, possiamo supporre $s = t$ e $a_j(x), b_j(x)$ associati in $\mathbb{Q}[x]$ per ogni $j \leq s$. Così $r_j \cdot a_j(x) = k_j \cdot b_j(x)$ per opportuni interi r_j, k_j. Siccome $a_j(x), b_j(x)$ sono primitivi, $r_j = \pm k_j$, dunque $a_j(x) = \pm b_j(x)$ sono associati in $\mathbb{Z}[x]$. $\qquad\qquad\square$

In realtà il precedente risultato vale in un contesto più generale e si applica ad ogni dominio a fattorizzazione unica – come $\mathbb{Z}$ – nel modo che segue.

Teorema 7.5.27 *Se R è un dominio a fattorizzazione unica, anche $R[x]$ lo è.*

Così

- $\mathbb{Z}, \mathbb{Z}[x], \mathbb{Z}[x,y], \dots$
- per K campo, $K, K[x], K[x,y], K[x,y,x], \dots$

sono a fattorizzazione unica.

La dimostrazione si basa su un'estensione della Teoria di Gauss dei polinomi primitivi di $\mathbb{Z}[x]$ a $R[x]$ per ogni dominio a fattorizzazione unica R; procede poi sostanzialmente come quella del Teorema 7.5.26.

7.6 Un intermezzo: radici e radicali

Visto che siamo in tema di polinomi $a(x)$ in una indeterminata x vale la pena di descrivere finalmente in dettaglio quelle formule che ne calcolano le radici – e dunque risolvono l'equazione $a(x) = 0$ – a partire dai coefficienti.

Confermiamo per semplicità l'ipotesi che $a(x)$ appartenga a $K[x]$ per qualche campo K. In questo modo abbiamo la certezza di poter sommare, sottrarre, moltiplicare e soprattutto dividere (per dividendi $\neq 0_K$) i coefficienti di $a(x)$ con assoluta libertà. In effetti l'uso finito di queste quattro operazioni elementari (addizione, sottrazione, moltiplicazione e divisione), insieme alla estrazione di qualche radice quadrata, cubica o quarta, consente di trovare formule risolutive generali di $a(x) = 0_K$ quando il grado di $a(x)$ è al massimo

4. Si usa allora dire che una tale equazione $a(x) = 0_K$ è risolubile *per radicali*. Ne abbiamo già accennato nella Introduzione di questo libro e abbiamo anticipato qualche osservazione al riguardo nel paragrafo precedente. Adesso procediamo in dettaglio, come già annunciato: n denota il grado di $a(x)$, dunque $a(x)$ si scrive nella forma più generale come

$$a(x) = a_n x^n + a_{n-1} x^{n-1} + \ldots + a_1 x + a_0$$

con $a_i \in K$ per ogni $i \leq n$ e, in particolare, $a_n \neq 0$ (in questo paragrafo preferiamo scrivere $a(x)$ secondo le potenze decrescenti di x, da $a_n x^n$ a a_0). Notiamo poi che le radici di $a(x)$ in K non cambiano se $a(x)$ è moltiplicato per un elemento non nullo $r \in K$: infatti, per ogni $\alpha \in K$,

$$r \cdot a(\alpha) = 0_K \text{ se e solo se } a(\alpha) = 0.$$

Per snellire la trattazione consideriamo il caso particolare in cui $K = \mathbb{R}$, con qualche breve digressione al campo complesso $K = \mathbb{C}$. Il lettore potrà controllare che tutte le argomentazioni che seguono si estendono facilmente a un campo K qualunque, con poche modifiche formali.

I casi in cui $n = 1, 2$ confermano la possibilità di risolvere l'equazione $a(x) = 0$ per radicali e insinuano la speranza che altrettanto accada al crescere di n. Entrambi sono ben noti, riepiloghiamone comunque la trattazione.

Un caso molto semplice: n = 1. Sia dapprima $n = 1$, quindi $a(x) = a_1 x + a_0$ con $a_1 \neq 0$. Come già osservato, l'unica radice di $a(x)$ in $\mathbb{R}$ si ottiene dividendo $-a_0$ per a_1 e ricavando $-a_0 a_1^{-1}$, ovvero $-\frac{a_0}{a_1}$, se preferiamo quest'ultima notazione che si rifà direttamente a quella in uso per i razionali.

Qualche maggiore difficoltà: n = 2. Sia ora $n = 2$, e quindi $a(x) = a_2 x^2 + a_1 x + a_0$ con $a_2 \neq 0$. Possiamo dividere $a(x)$ per a_2 e ridurci a considerare l'equazione

$$x^2 + \frac{a_1}{a_2} x + \frac{a_0}{a_2} = 0.$$

Il caso in cui $a_1 = 0$ si tratta con più facilità: infatti le soluzioni di $x^2 + \frac{a_0}{a_2} = 0$, cioè di $x^2 = -\frac{a_0}{a_2}$, sono le radici quadrate di $\frac{-a_0}{a_2}$ in $\mathbb{R}$, dunque $\pm\sqrt{-\frac{a_0}{a_2}}$, ammesso ovviamente che $-\frac{a_0}{a_2}$ sia maggiore o uguale a 0: per la precisione, se $a_0 = 0$ abbiamo l'unica radice 0 e se $a_0 > 0$ abbiamo due radici distinte e opposte, $\pm\sqrt{-\frac{a_0}{a_2}}$ appunto. Si noti che, se trasferiamo il nostro ambito da $\mathbb{R}$ al campo complesso $\mathbb{C}$, otteniamo sempre due radici (le due radici quadrate complesse di $-\frac{a_0}{a_2}$), coincidenti se e solo se $a_0 = 0$.

Torniamo al caso generale $x^2 + \frac{a_1}{a_2} x + \frac{a_0}{a_2} = 0$: x^2 è il quadrato di x e $\frac{a_1}{a_2} x$ si può intendere come il doppio prodotto $2\frac{a_1}{2a_2} x$ di x e $\frac{a_1}{2a_2}$; se il termine noto $\frac{a_0}{a_2}$ eguaglia il quadrato di $\frac{a_1}{2a_2}$, cioè $\frac{a_1^2}{4a_2^2}$, allora $x^2 + \frac{a_1}{a_2} x + \frac{a_0}{a_2}$ è il quadrato del binomio $x + \frac{a_1}{2a_2}$ e $x^2 + \frac{a_1}{2a_2} x + \frac{a_0}{a_2} = \left(x + \frac{a_1}{2a_2} \right)^2$ ha l'unica radice $-\frac{a_1}{2a_2}$. Ma non c'è da aspettarsi in genere una coincidenza così fortunata. Tuttavia sommando e sottraendo $\frac{a_1^2}{4a_2^2}$, possiamo sempre scrivere la nostra equazione come

$$x^2 + \frac{a_1}{a_2}x + \frac{a_1^2}{4a_2^2} - \frac{a_1^2}{4a_2^2} + \frac{a_0}{a_2} = 0$$

ovvero

$$\left(x + \frac{a_1}{2a_2}\right)^2 = \frac{a_1^2 - 4a_0a_2}{4a_2^2}.$$

Col cambio di variabile $X = x + \frac{a_1}{2a_2}$ l'equazione diviene

$$X^2 = \frac{a_1^2 - 4a_0a_2}{4a_2^2}$$

che corrisponde al caso più semplice già trattato e ha le soluzioni in X

$$X = \pm \frac{\sqrt{a_1^2 - 4a_0a_2}}{2a_2},$$

che generano finalmente le soluzioni per x

$$x = -\frac{a_1}{2a_2} \pm \frac{\sqrt{a_1^2 - 4a_0a_2}}{2a_2} = \frac{-a_1 \pm \sqrt{a_1^2 - 4a_0a_2}}{2a_2}$$

(ovviamente ammettendo che $a_1^2 - 4a_0a_2 \geq 0$). In questo modo le soluzioni dell'equazioni si ottengono, come già preannunciato, a partire dai coefficienti a_0, a_1 e a_2 *per radicali*, ovvero tramite un numero finito di operazioni elementari come addizione, sottrazione, moltiplicazione e divisione e, in più, un'estrazione di radice quadrata.

Vediamo adesso come la soluzione per radicali sia possibile anche per $n = 3$ e $n = 4$.

L'equazione di grado n = 3. Supponiamo adesso $n = 3$, allora $a(x)$ si scrive nella forma più generale come

$$a_3x^3 + a_2x^2 + a_1x + a_0$$

con $a_3 \neq 0$. Già sappiamo che possiamo dividere $a(x)$ per a_3 mantenendo intatte le sue radici. Dunque, per semplificare la situazione, assumiamo direttamente $a_3 = 1$ e supponiamo senza perdita di generalità

$$a(x) = x^3 + a_2x^2 + a_1x + a_0.$$

Procedendo come per $n = 2$ si riesce almeno a eliminare il termine di grado 2, cioè ad assumere $a_2 = 0$. Infatti x^3 è il cubo di x e a_2x^2 si può intendere come il triplo prodotto $3\frac{a_2}{3}x^2$ del quadrato di x e di $\frac{a_2}{3}$; non c'è da aspettarsi che i termini di grado 1 e 0 eguaglino rispettivamente $3\frac{a_2^2}{9}x$ e $\frac{a_2^3}{27}$ (nel qual caso $a(x)$ diviene il cubo di $x + \frac{a_2}{3}$). Tuttavia, se sommiamo e sottraiamo questi due monomi ad $a(x)$, il polinomio diviene

$$\left(x + \frac{a_2}{3}\right)^3 + \left(a_1 - \frac{a_2^2}{3}\right) x + \left(a_0 - \frac{a_2^3}{27}\right).$$

Se poi cerchiamo di sostituire x con $x + \frac{a_2}{3}$ anche nel termine di grado 1, dobbiamo sommare e sottrarre al nostro polinomio $\left(a_1 - \frac{a_2^2}{3}\right) \cdot \frac{a_2}{3} = \frac{a_1 \cdot a_2}{a_3} - \frac{a_2^3}{9}$, ricavando così

$$\left(x + \frac{a_2}{3}\right)^3 + \left(a_1 - \frac{a_2^2}{3}\right) \cdot \left(x + \frac{a_2}{3}\right) + \left(a_0 - \frac{a_1 a_2}{3} + \frac{a_2^3}{9} - \frac{a_2^3}{27}\right)$$

ovvero

$$\left(x + \frac{a_2}{3}\right)^3 + \left(a_1 - \frac{a_2^2}{3}\right) \cdot \left(x + \frac{a_2}{3}\right) + \left(a_0 - \frac{a_1 a_2}{3} + \frac{2a_2^3}{27}\right).$$

Col cambio di variabile $X = x + \frac{a_2}{3}$ otteniamo allora

$$X^2 + pX + q$$

purché si ponga

$$p = a_1 - \frac{a_2^2}{3}, \quad q = a_0 - \frac{a_1 a_2}{3} + \frac{2a_2^3}{27}.$$

Quest'ultima espressione del polinomio $a(x)$ rispetto alla nuova indeterminata X evita, se non altro, la presenza del termine di grado 2 e semplifica in questo modo il contesto. Se poi riusciamo a calcolare le soluzioni per X, è facile dedurne quelle per $x = X - \frac{a_2}{3}$.
Assumiamo allora di trattare direttamente la forma

$$a(x) = x^3 + px + q$$

cui comunque possiamo arrivare con i passaggi sopra descritti. Notiamo che questa espressione del polinomio di terzo grado corrisponde ai casi trattati nell'Introduzione, quelli delle rime di Tartaglia. Ed in effetti quei versi ci illuminano su come procedere. Vediamone i dettagli. Partiamo dalla identità valida per ogni scelta di elementi α e β

$$(\alpha + \beta)^3 - 3\alpha\beta(\alpha + \beta) - (\alpha^3 + \beta^3) = 0.$$

Essa adatta ai nostri scopi la formula ben nota del cubo di un binomio $(\alpha + \beta)^3$. Notiamo che allora, se troviamo due elementi α e β in K per i quali

$$p = -3\alpha\beta, \quad q = -(\alpha^3 + \beta^3),$$

una soluzione della nostra equazione $x^3 + px + q = 0$ è automaticamente data da $\alpha + \beta$. Infatti $(\alpha + \beta)^3 + p(\alpha + \beta) + q = 0$. Elevando al cubo e dividendo per -27 la prima delle due uguaglianze appena stabilite otteniamo

$$\alpha^3 \beta^3 = -\frac{p^3}{27}, \quad \alpha^3 + \beta^3 = -q.$$

Quindi α^3 e β^3 sono due numeri che hanno somma $-q$ e prodotto $-\frac{p^3}{27}$, corrispondono dunque, come ben noto, alle due soluzioni della equazione *di grado 2* in y

$$y^2 + qy - \frac{p^3}{27} = 0.$$

Dalle formule risolutive descritte nel punto precedente ricaviamo che α^3 e β^3 sono

$$\frac{1}{2} \cdot \left(-q \pm \sqrt{q^2 + \frac{4p^3}{27}} \right) = -\frac{q}{2} \pm \sqrt{\frac{q^2}{4} + \frac{p^3}{27}}.$$

Possiamo allora dedurre che α e β corrispondono alle relative radici cubiche

$$\sqrt[3]{-\frac{q}{2} \pm \sqrt{\frac{q^2}{4} + \frac{p^3}{27}}}$$

di modo che la soluzione cercata $\alpha + \beta$ è

$$\sqrt[3]{-\frac{q}{2} + \sqrt{\frac{q^2}{4} + \frac{p^3}{27}}} + \sqrt[3]{-\frac{q}{2} - \sqrt{\frac{q^2}{4} + \frac{p^3}{27}}}.$$

Questa è la prima possibile radice α_1 di $x^3 + px + q$ in K. Il lettore potrà riconoscere nel meccanismo ora descritto i consigli che Tartaglia elargiva in forma poetica nell'Introduzione: α^3 e β^3 giocano il ruolo che là avevano u e $-v$. Per ricavare le altre due eventuali radici reali α_2 e α_3 di $x^3 + px + q$, osserviamo anzitutto che vale la decomposizione

$$x^3 + px + q = (x - \alpha_1) \cdot (x - \alpha_2) \cdot (x - \alpha_3).$$

Confrontando in essa i coefficienti di ugual grado 2, 1, 0 ricaviamo

$$\alpha_1 + \alpha_2 + \alpha_3 = 0,$$

$$\alpha_1 \alpha_2 + \alpha_1 \alpha_3 + \alpha_2 \alpha_3 = p,$$

$$\alpha_1 \alpha_2 \alpha_3 = -q$$

da cui, conoscendo α_1, possiamo ricavare in particolare prima $\alpha_2 + \alpha_3$ e $\alpha_2 \alpha_3$ e poi, procedendo come sopra, α_2 e α_3.

Ad esempio, consideriamo sempre per $K = \mathbb{R}$ il polinomio

$$x^3 - 15x - 4,$$

già incontrato nella nostra Introduzione, quando abbiamo descritto il tentativo di Bombelli di risolverlo e la conseguente necessità di coinvolgere il numero immaginario i. Possiamo adesso capire meglio i passaggi svolti da Bombelli. Abbiamo infatti

$$p = -15, \quad q = -4$$

e quindi

$$\frac{p^3}{27} = \frac{(-15)^3}{3^3} = -5^3 = -125, \quad \frac{q}{2} = -2.$$

Allora una radice α_1 del polinomio è data con l'uso delle formule precedenti da

$$\sqrt[3]{2 + \sqrt{4 - 125}} + \sqrt[3]{2 - \sqrt{4 - 125}} =$$

$$= \sqrt[3]{2 + \sqrt{-121}} + \sqrt[3]{2 - \sqrt{-121}} =$$

$$= \sqrt[3]{2 + 11i} + \sqrt[3]{2 - 11i} = 2 + i + 2 - i = 4.$$

Si osservi ancora che, anche se $\alpha_1 = 4$ è razionale, tuttavia la formula risolutiva richiede l'intervento del numero complesso $11i = \sqrt{-121}$. Circa le altre possibili radici α_2 e α_3, si osserva anzitutto nel modo sopra illustrato che

$$\alpha_2 + \alpha_3 = -4,$$

$$\alpha_2 \alpha_3 = 1,$$

si deduce così che α_2 e α_3 sono le eventuali soluzioni dell'equazione di secondo grado in z

$$z^2 + 4z + 1 = 0;$$

si vede facilmente che queste soluzioni corrispondono ai numeri reali irrazionali $-2 \pm \sqrt{3}$. Così in $\mathbb{R}$ e in $\mathbb{C}$ abbiamo 3 radici per il nostro polinomio: oltre a 4, anche $-2 \pm \sqrt{3}$.

Cenni sull'equazione di grado n = 4. Supponiamo adesso $n = 4$, dunque $a(x)$ si scrive come $a_4 x^4 + a_3 x^3 + a_2 x^2 + a_1 x + a_0$ dove $a_4 \neq 0$. Come nel caso precedente si può ammettere $a_4 = 1$. Anzi opportuni cambi di variabile, analoghi a quelli operati per i gradi 2 e 3, consentono di eliminare il termine in x^3 e ridurre l'analisi al caso in cui

$$a(x) = x^4 + rx^2 + sx + t$$

con r, s e t in $\mathbb{R}$. A questo punto si cerca di procedere come per il grado 3. Si prende spunto da un'identità

$$(\alpha + \beta + \gamma)^4 - 2(\alpha^2 + \beta^2 + \gamma^2)(\alpha + \beta + \gamma)^2 - 8\alpha\beta\gamma(\alpha + \beta + \gamma)$$

$$+(\alpha^2 + \beta^2 + \gamma^2)^2 - 4(\alpha^2\beta^2 + \alpha^2\gamma^2 + \beta^2\gamma^2) = 0$$

valida per ogni scelta di α, β, γ (il lettore volenteroso potrà provare a verificarla personalmente). Si deduce che, se α, β e γ sono elementi di $\mathbb{R}$ che riescono a soddisfare le condizioni

$$r = -2(\alpha^2 + \beta^2 + \gamma^2),$$

$$s = -8\alpha\beta\gamma,$$

$$t = (\alpha^2 + \beta^2 + \gamma^2)^2 - 4(\alpha^2\beta^2 + \alpha^2\gamma^2 + \beta^2\gamma^2),$$

allora $\alpha + \beta + \gamma$ è automaticamente radice del nostro polinomio $a(x) = x^4 + rx^2 + sx + t$. Ma le tre condizioni appena scritte su α, β e γ in relazione a r, s e t si possono riscrivere con opportuni passaggi nella forma

$$\alpha^2 + \beta^2 + \gamma^2 = -\frac{r}{2},$$

$$\alpha^2\beta^2\gamma^2 = \frac{s^2}{64},$$

$$\alpha^2\beta^2 + \alpha^2\gamma^2 + \beta^2\gamma^2 = \frac{r^2}{16} - \frac{t}{4},$$

il che permette di ricavare α^2, β^2 e γ^2 come radici del polinomio di grado 3 in y

$$y^3 + \frac{r}{2}y^2 + \left(\frac{r^2}{16} - \frac{t}{4}\right) y - \frac{s^2}{64} :$$

si decomponga infatti quest'ultimo polinomio come

$$(y - \alpha^2) \cdot (y - \beta^2) \cdot (y - \gamma^2)$$

e si confrontino i coefficienti di ugual grado nelle due espressioni. Ci si riconduce così al caso precedente e alle sue formule risolutive (per radicali). Per questa via otteniamo i quadrati di α, β e γ e dunque, al costo di tre estrazioni di radici quadrate, α, β e γ direttamente. Come detto, la loro somma fornisce la prima radice del polinomio. Le eventuali altre si cercano procedendo come per il grado 3.

E se il grado è maggiore di 4? Per $n \geq 5$ formule risolutive generali *per radicali* non esistono, come spiegato nell'Introduzione e nel Capitolo 5 sui gruppi, e sono necessarie altre tecniche più sofisticate.

7.7 Ideali primi e massimali

Sappiamo che in un dominio di integrità con unità $(R, +, \cdot)$ non sempre si ha una decomposizione unica in fattori irriducibili e che un possibile ostacolo deriva dal fatto che un elemento $p \in R$ irriducibile può non essere primo. Ricordiamo a questo proposito che p si dice *primo* se $p \neq 0_R$, $p \notin \mathcal{U}(R)$ e, per ogni scelta di a, b in R,

$$p | a \cdot b \text{ implica } p | a \text{ o } p | b,$$

in altre parole se l'ideale principale $\langle p \rangle$ che p genera è anzitutto diverso da $\{0_R\}$ e da R, e soddisfa poi la seguente condizione: per $a, b \in R$,

$$\text{se } a \cdot b \in \langle p \rangle, \text{ allora } a \in \langle p \rangle \text{ o } b \in \langle p \rangle.$$

Possiamo considerare quest'ultima proprietà nel caso di ideali arbitrari I di R e porre:

Definizione 7.7.1 Un ideale I di $(R, +, \cdot)$ si dice *primo* se $I \neq R$ e, per ogni scelta di $a, b \in R$, se $a \cdot b \in I$, allora $a \in I$ o $b \in I$.

In modo analogo si può estendere agli ideali la nozione di elemento irriducibile. Ricordiamo che $p \in R$ si dice *irriducibile* se $p \neq 0_R$, $p \notin \mathcal{U}(R)$ e, per ogni $a \in R$,

$$a | p \text{ implica } a \in \mathcal{U}(R) \text{ oppure } a \sim p,$$

e cioè se $\langle p \rangle \neq \langle 0_R \rangle, R$ e, per ogni $a \in R$,

$$\langle a \rangle \supseteq \langle p \rangle \text{ implica } \langle a \rangle = R \text{ oppure } \langle a \rangle = \langle p \rangle.$$

Si pone allora:

Definizione 7.7.2 Un ideale I di $(R, +, \cdot)$ si dice *massimale* se $I \neq R$ e, per ogni ideale J di R, quando $I \subseteq J$, allora $J = R$ oppure $J = I$.

La nozione di ideale massimale – così come quella di ideale primo – ha senso in ogni anello commutativo unitario $(R, +, \cdot)$. Se $(R, +, \cdot)$ è un dominio a ideali principali, allora, per ogni $p \in R$, $p \neq 0_R$,

- $\langle p \rangle$ è massimale se e solo se p è irriducibile,
- $\langle p \rangle$ è primo se e solo se p è primo.

Anzi, in un dominio a ideali principali $(R, +, \cdot)$ i due concetti – ideale primo e ideale massimale – coincidono per ideali $\neq \{0_R\}$ perché un elemento $p \neq 0_R$ di R è primo se e solo se è irriducibile.

Ma ora investighiamo i concetti di ideale primo e di ideale massimale in un arbitrario anello commutativo unitario $(R, +, \cdot)$. Notiamo anzitutto che $\{0_R\}$ può essere ideale primo, o massimale, di $(R, +, \cdot)$. Per la precisione si ha quanto segue.

Osservazioni 7.7.3

1. $\{0_R\}$ è primo se e solo se, per ogni scelta di $a, b \in R$, quando $a \cdot b = 0_R$, allora $a = 0_R$ o $b = 0_R$ e dunque se e solo se $(R, +, \cdot)$ è un dominio di integrità.
2. $\{0_R\}$ è massimale se e solo se non vi sono ideali J di R con $\{0_R\} \neq J \neq R$ e quindi se e solo se $(R, +, \cdot)$ è un campo.

Prima di procedere con ulteriori esempi e osservazioni, notiamo che ogni anello commutativo unitario ammette qualche ideale massimale. Ma la dimostrazione è assai delicata e richiede l'uso di quell'assioma non banale di Teoria degli insiemi, di cui abbiamo avuto modo di parlare nel Capitolo 1: l'assioma della scelta. Se lo accettiamo possiamo enunciare e provare il seguente

Teorema 7.7.4 *Qualunque anello commutativo unitario* $(R, +, \cdot)$ *ammette ideali massimali; anzi, per ogni ideale* $I_0 \neq R$ *di* R, *esiste un ideale massimale* I *di* R *contenente* I_0.

Dimostrazione. Come detto, ci basiamo sull'assioma della scelta, più precisamente su quella sua formulazione equivalente che si chiama *Lemma di Zorn*. Ricordiamone per comodità l'enunciato.

> *Sia* A *un insieme non vuoto, parzialmente ordinato da una relazione binaria* $\leq$ *tale che, per ogni sottoinsieme* S *di* A *totalmente ordinato da* $\leq$ *esiste qualche* $a \in A$ *per cui* $a \geq s$ *per ogni* $s \in S$. *Allora* A *ammette qualche elemento* m *massimale per* $\leq$ *(cioè tale che, per ogni* $b \in A$, *se* $m \leq b$, $m = b$).

Adesso adattiamo questo principio generale al contesto dell'anello commutativo unitario $(R, +, \cdot)$ e dei suoi ideali. Applichiamolo anzi all'insieme A di tutti gli ideali *propri* di $(R, +, \cdot)$ che includono I_0. Notiamo che

- A non è vuoto perché, se non altro, A contiene almeno I_0;
- A è parzialmente ordinato dall'inclusione $\subseteq$.

Osserviamo poi che l'obiettivo della nostra ricerca – ovvero un ideale massimale I di $(R, +, \cdot)$ che estenda I_0 – è un elemento di A massimale rispetto a $\subseteq$ (cioè tale che, per ogni ideale $J \neq R$ di R, se $I \subseteq J$, allora $I = J$). Dunque per dedurre l'esistenza di I tramite il lemma di Zorn, ci basta controllare che l'ultima condizione che il lemma di Zorn prevede è soddisfatta da A e $\subseteq$.

Sia allora S un insieme di ideali propri di $(R, +, \cdot)$ contenenti I_0, e supponiamo S totalmente ordinato da $\subseteq$; così, se $H_0, H_1 \in S$, $H_0 \subseteq H_1$ o $H_1 \subseteq H_0$; inoltre tutti gli ideali di S sono propri e quindi escludono 1_R. Consideriamo l'unione H di tutti gli ideali di S. H è un ideale di $(R, +, \cdot)$ perché S è totalmente ordinato da $\subseteq$. Inoltre $H \supseteq I_0$ e $H \neq R$, infatti $1_R \notin H$ perché 1_R non fa parte di nessun ideale di S. Finalmente, H include ogni ideale di S. Così le ipotesi del lemma di Zorn sono valide per A e $\subseteq$; dunque $(R, +, \cdot)$ ha ideali massimali. $\square$

Diamo ora una caratterizzazione degli ideali primi e massimali basata sui relativi anelli quoziente e proviamo che ogni ideale massimale è anche primo.

Teorema 7.7.5 *Siano* $(R, +, \cdot)$ *un anello commutativo unitario,* I *un suo ideale. Allora:*

(i) I *è massimale se e solo se* $(R/I, +, \cdot)$ *è un campo;*

(ii) I *è primo se e solo se* $(R/I, +, \cdot)$ *è un dominio di integrità con unità;*

(iii) se I è massimale, allora I è primo.

Dimostrazione.
(i) Sia dapprima I massimale. R/I è certamente commutativo e, siccome $I \neq R$, anche unitario. Resta da provare che ogni elemento $\neq I$ in R/I ha inverso rispetto al prodotto in R/I. Sia $a \in R$ tale che $I + a \neq I$, cioè $a \notin I$. Consideriamo l'ideale

$$J = I + \langle a \rangle = \{c + a \cdot x : c \in I,\, x \in R\}.$$

$J \supseteq I$ ma $J \neq I$ perché $a \in J - I$. Così deve essere $J = R$, in particolare $1_R \in J$, cioè $1_R = c + a \cdot x$ per opportuni $c \in I$, $x \in R$. Segue che $a \cdot x - 1_R = c$ è in I e

$$(I + a) \cdot (I + x) = I + a \cdot x = I + 1_R,$$

quindi $I + a$ ha inverso $I + x$ in R/I.
Supponiamo ora che $(R/I, +, \cdot)$ sia un campo. In particolare R/I ha almeno due elementi, e quindi $I \neq R$. Sia ora J un ideale di R tale che $J \supseteq I$, $J \neq I$. Vogliamo provare $J = R$. Sia $a \in R - I$, allora $I + a \neq I$ e $I + a$ ha inverso in R/I rispetto a $\cdot$: quindi per qualche $x \in R$

$$I + 1_R = (I + a) \cdot (I + x) = I + a \cdot x,$$

dunque $1_R \in I + a \cdot x \subseteq J$. Segue $J = R$.

(ii) Siccome R è unitario, l'affermazione che $I \neq R$ equivale ad asserire che anche R/I è unitario. L'ulteriore condizione nella definizione di ideale primo, quella che dice

"per ogni scelta di $a, b \in R$, se $a \cdot b \in I$, allora $a \in I$ o $b \in I$"

si traduce agevolmente in

"per ogni scelta di $a, b \in R$, se $(I + a) \cdot (I + b) = I$, allora $I + a = I$ o $I + b = I$".

e cioè nell'asserzione che R/I è un dominio di integrità.

(iii) Ogni campo è, in particolare, un dominio di integrità. $\qquad\square$

Osservazione 7.7.6 Invece non è detto che un ideale primo sia massimale. Un primo controesempio in un dominio di integrità con unità $(R, +, \cdot)$ è dato da $\{0_R\}$, che è ideale primo, come abbiamo osservato, ma è massimale se e solo se $(R, +, \cdot)$ è addirittura un campo. Anche escludendo $\{0_R\}$ dalla trattazione, possiamo comunque trovare esempi di ideali primi e non massimali. Eccone uno.

Nell'anello $(\mathbb{Z}[x], +, \cdot)$, consideriamo

$$I = \langle x \rangle = \{x \cdot a(x) : a(x) \in \mathbb{Z}[x]\}.$$

I è dunque l'ideale dei polinomi in $\mathbb{Z}[x]$ con termine noto nullo. È chiaro che $I \neq \{0\}$, e che I è primo; se $a(x) \cdot b(x) \in \mathbb{Z}[x]$ e $a(x) \cdot b(x) \in I$, cioè $a_0 \cdot b_0 = 0$, allora $a_0 = 0$, cioè $a(x) \in I$, oppure $b_0 = 0$, cioè $b(x) \in I$. Però I non è massimale: se $J = \langle 2, x \rangle$ è l'ideale dei polinomi che hanno termine noto pari, $I \subsetneq J \subsetneq \mathbb{Z}[x]$. Si ricordi che J non è principale, e si noti che J è massimale (infatti $(\mathbb{Z}[x]/J, +, \cdot)$ è isomorfo a $\mathbb{Z}_2$, come il lettore può provare per **esercizio**).

Esercizi.

1. Nell'anello $\mathbb{Q}[x]$ dei polinomi a coefficienti razionali si determinino il quoziente e il resto delle seguenti divisioni di polinomi:
   - quella di $x^5 - 7x^4 + 2x^2 - x + 3$ per $x^2 - 3x + 1$;
   - quella di $2x^4 - 3x^2 + 2x - 1$ per $3x^2 - 2$;
   - quella di $x^{2n} + 13$, con n naturale ≥ 1, per $x + 1$.

   Si eseguano le medesime divisioni nell'anello $\mathbb{Z}_{11}[x]$ dei polinomi a coefficienti nel campo dei resti modulo 11.
2. Si mostri che il polinomio $x^3 - x$ ha 6 radici nell'anello $\mathbb{Z}_6$ dei resti modulo 6. Si provi inoltre che il polinomio $x^2 + 1$ ha infinite soluzioni nel corpo dei quaternioni. Possono essere vere le medesime proprietà quando si considerano i medesimi polinomi in un dominio di integrità?
3. Nell'anello $\mathbb{Z}[x]$ dei polinomi a coefficienti interi si considerino:

$$I = \text{ insieme dei polinomi con coefficienti tutti pari,}$$
$$J = \text{ insieme dei polinomi con termine noto pari.}$$

   Si verifichi che I e J sono ideali di $\mathbb{Z}[x]$ e per ciascuno degli ideali I e J si stabilisca se è principale, primo o massimale.
4. Siano $f(x)$ e $g(x)$ polinomi non nulli a coefficienti in un campo K. Siano poi m e n, rispettivamente, i gradi di $f(x), g(x)$. Supponiamo infine che il massimo comun divisore di $f(x), g(x)$ sia 1. Si provi che ogni polinomio $h(x) \in K[x]$ di grado minore di $m + n$ si può esprimere in uno ed un sol modo come $h(x) = a(x) \cdot f(x) + b(x) \cdot g(x)$ per opportuni $a(x), b(x) \in K[x]$ tali che $\partial(a(x)) < n = \partial(g(x))$ e $\partial(b(x)) < m = \partial(f(x))$.
5. Sia $I = \{ f(x) \in \mathbb{Q}[x] : \ f(\sqrt{2}) = 0$ e $f(\sqrt{3}) = 0 \}$.
   a) Si mostri che I è un ideale dell'anello $\mathbb{Q}[x]$.
   b) Si provi che I non è né primo né massimale.
   c) Si descrivano gli ideali massimali contenenti I.
   d) Si descrivano gli ideali primi contenenti I.
6. Si mostri che i polinomi $x^3 + 3x - 2$, $x^5 - 3x^4 + 6x - 3$ e, per $n \geq 1$, $x^n + 2$ sono irriducibili in $\mathbb{Q}[x]$. Si provi inoltre che $x^4 + x^3 + 1$ è irriducibile in $\mathbb{Z}_2[x]$.
7. Sia $\mathbb{Z}$ l'anello dei numeri interi e sia $R = \mathbb{Z}[i]$ l'anello degli interi di Gauss.

a) Si descriva il gruppo $U(R)$ degli elementi invertibili in R.

b) Si mostri che l'elemento $\alpha = 1 + i$ è irriducibile in R.

c) Risulta α un elemento primo?

d) $R/\langle \alpha \rangle$ è un campo?

e) Si descriva $R/\langle \alpha \rangle$.

(Suggerimento: a) Si ricordi che il modulo di un elemento invertibile in R è 1. c) Basta ricordare che R è un dominio a fattorizzazione unica. d) $\langle \alpha \rangle$ è un ideale primo non nullo, allora è massimale e $R/\langle \alpha \rangle$ è un campo. f) Si scriva ogni $z \in R$ nella forma $z = (2k + \varepsilon) + (2h + \eta)i$ con h, k interi e $\varepsilon, \eta \in \{0, 1\}$. Siccome $1 + i$ divide 2, $\langle \alpha \rangle + z = \langle \alpha \rangle + \varepsilon + \eta i$. Ma $\varepsilon = \eta = 1$ implica $\langle \alpha \rangle + z = \langle \alpha \rangle$; e inoltre $\varepsilon = 0, \eta = 1$ implica $\langle \alpha \rangle + i = \langle \alpha \rangle - 1 = \langle \alpha \rangle + 1$).

8. Siano $f(x), g(x) \in \mathbb{Q}[x]$, $f(x)$ irriducibile in $\mathbb{Q}[x]$. Si mostri che se $f(x)$ e $g(x)$ hanno una radice complessa in comune allora $f(x)$ divide $g(x)$. (Suggerimento: assumiamo che $f(x)$ non divida $g(x)$. Allora $f(x), g(x)$ hanno massimo comun divisore 1 perchè $f(x)$ è irriducibile. Quindi esistono $h(x), k(x) \in \mathbb{Q}[x]$ tali che $f(x)h(x) + g(x)k(x) = 1$. Ma allora $f(x), g(x)$ non possono avere una radice α in comune altrimenti sarebbe $0 = f(\alpha)h(\alpha) + g(\alpha)k(\alpha) = 1$).

Riferimenti bibliografici

Gli anelli commutativi unitari sono il tema di [7]. Un riferimento altrettanto classico ma più poderoso è [59]. [15] contiene vari capitoli dedicati al problema della fattorizzazione tra i polinomi.

Vettori, matrici e sistemi lineari

8.1 Moduli su un anello

Esempi 8.1.1

1. Sappiamo che ogni gruppo abeliano additivo $(G, +)$ determina con i suoi endomorfismi un anello unitario $R = (End(G, +), +, \circ)$. Ogni elemento f di R è un'operazione 1-aria su G e preserva l'addizione di G, vale cioè
   (i) per $f \in R$, $a, b \in G$, $f(a + b) = f(a) + f(b)$.
   Inoltre la definizione stessa delle operazioni $+, \circ$ di R fa sì che:
   (ii) per $f, g \in R$, $a \in G$, $(f + g)(a) = f(a) + g(a)$,
   (iii) per $f, g \in R$, $a \in G$, $(f \circ g)(a) = f(g(a))$.
   È poi ovvio che l'unità di R, cioè l'identità id_G di G, soddisfa:
   (iv) per ogni $a \in G$, $id_G(a) = a$.
   Il gruppo abeliano $(G, +)$ con l'ulteriore struttura che gli deriva dalle operazioni 1-arie corrispondenti agli elementi di R si dice allora un *modulo* su R: si intende così affermare proprio che valgono le proprietà $(i), (ii), (iii), (iv)$. Per la precisione G si dice un *modulo sinistro* su R, visto che, nella notazione usuale, le funzioni di R sono poste alla sinistra degli elementi di G su cui esse operano.

Le osservazioni dei capitoli precedenti ci suggeriscono molti altri casi di moduli.

2. Consideriamo ad esempio in un anello unitario $(R, +, \cdot)$ un ideale sinistro I. Anche I è un gruppo abeliano rispetto all'addizione di R ristretta a I; di più ogni elemento $r \in R$ determina un'operazione 1-aria di I proprio per la definizione di ideale sinistro: infatti, per ogni $a \in I$, il prodotto $r \cdot a$ è ancora in I. Così per ogni r in R la moltiplicazione a sinistra di un elemento arbitrario $a \in I$ per r $a \mapsto r \cdot a$ è una funzione da I a I. Valgono poi ancora le proprietà seguenti:
   (i) per $r \in R$, $a, b \in I$, $r \cdot (a + b) = r \cdot a + r \cdot b$;
   (ii) per $r, s \in R$, $a \in I$, $(r + s) \cdot a = r \cdot a + s \cdot a$;

(iii) per $r, s \in R$, $a \in I$, $(r \cdot s) \cdot a = r \cdot (s \cdot a)$;

(iv) per ogni $a \in I$, $1_R \cdot a = a$.

$(i), (ii)$ seguono dalle proprietà distributive di $(R, +, \cdot)$, (iii) dalla associativa; (iv), infine, è banale. Così I può dirsi un modulo sinistro su R rispetto all'addizione $+$ e alle operazioni 1-arie su I determinate dagli elementi di R.

Anche un ideale destro I di R è un gruppo abeliano additivo e ammette, per ogni $r \in R$, un'operazione 1-aria corrispondente a r: la moltiplicazione a destra per r. Infatti, per $r \in R$ e $a \in I$, $a \cdot r$ è in I. Le proprietà $(i) - (iv)$, riformulate nel nuovo contesto, diventano:

$(i)'$ per $r \in R$, $a, b \in I$, $(a + b) \cdot r = a \cdot r + b \cdot r$,

$(ii)'$ per $r, s \in R$, $a \in I$, $a \cdot (r + s) = a \cdot r + a \cdot s$,

$(iii)'$ per $r, s \in R$, $a \in I$, $a \cdot (r \cdot s) = (a \cdot r) \cdot s$,

$(iv)'$ per ogni $a \in I$, $a \cdot 1_R = a$,

e restano valide se I è, appunto, un ideale destro. In totale, I si dice allora un *modulo destro* su R.

C'è però una differenza sostanziale tra questa nozione di modulo destro e quella di modulo sinistro su R, e riguarda le due condizioni (iii) e $(iii)'$. Infatti già nel caso degli ideali

- (iii) ci dice che in un ideale sinistro ogni elemento a viene trasformato da $r \cdot s$ nell'elemento in cui lo trasformano prima s e poi r, cioè $(r \cdot s) \cdot a = r \cdot (s \cdot a)$;

- invece $(iii)'$ dice che in un ideale destro l'effetto di trasformare un elemento a con $r \cdot s$ è lo stesso prodotto prima da r e poi da s, infatti $a \cdot (r \cdot s) = (a \cdot r) \cdot s$.

Ovviamente per un anello commutativo $(R, +, \cdot)$ questa differenza tra (iii) e $(iii)'$ si perde, poiché $r \cdot s = s \cdot r$ per ogni scelta di $r, s \in R$. Ma in anelli non commutativi le cose possono realmente cambiare, e moduli sinistri su R possono non essere moduli destri, e viceversa. Del resto, si pensi all'esempio 1, che ci dà una struttura che è in modo naturale modulo sinistro ma non si può esprimere come modulo destro. Alternativamente, si pensi al corpo $\mathbb{H}$ dei quaternioni e si ponga $I = R = \mathbb{H}$. Per $a = 1$, $r = i$, $s = j$, si ha $(r \cdot s) \cdot a = r \cdot (s \cdot a) = i \cdot j = k$, ma $a \cdot (r \cdot s) = (a \cdot r) \cdot s = j \cdot i = -k$.

3. Un gruppo abeliano $(G, +)$ è un modulo – sinistro e destro – sull'anello commutativo $(\mathbb{Z}, +, \cdot)$. Vediamo perché. Se operiamo ad esempio a sinistra, ci basta porre per $a \in G$, $n \in \mathbb{Z}$,

$$n \cdot a = \text{ multiplo } n\text{-mo di } a \text{ in } (G, +)$$

come definito in Teoria dei gruppi. Ricordiamo infatti dall'Esercizio 5.3.8 che si ha:

(i) per $n \in \mathbb{Z}$, $a, b \in G$, $n \cdot (a + b) = n \cdot a + n \cdot b$ (infatti G è abeliano!);

(ii) per $n, m \in \mathbb{Z}$, $a \in G$, $(n + m) \cdot a = n \cdot a + m \cdot a$;

(iii) per $n, m \in \mathbb{Z}$, $a \in G$, $(n \cdot m) \cdot a = n \cdot (m \cdot a)$;

(iv) per ogni $a \in G$, $1 \cdot a = a$.

4. Siano R un anello unitario, n, m due interi positivi. Anche l'insieme $\mathcal{M}_{m \times n}(R)$ delle matrici $m \times n$ a coefficienti in R è un modulo sinistro su R. Infatti $\mathcal{M}_{m \times n}(R)$ è un gruppo abeliano rispetto all'addizione tra matrici, come definita nel paragrafo 6.5. Sempre in 6.5 si è visto che ogni elemento $r \in R$ determina un'operazione 1-aria su $\mathcal{M}_{m \times n}(R)$, quella che associa $r \cdot A$ ad ogni matrice A: le proprietà $(i) - (iv)$ sono state osservate in 6.5.

   $\mathcal{M}_{m \times n}(R)$ è anche modulo destro su R, ove si consideri, per ogni $r \in R$, l'operazione 1-aria $A \mapsto A \cdot r$.

   Di nuovo le due strutture di modulo destro e sinistro possono essere diverse tra loro se R non è commutativo.

Esercizi 8.1.2

1. Siano $(S, +, \cdot)$ un anello, R un suo sottoanello. Si noti che ogni elemento r di R determina un'operazione 1-aria in S, quella che trasforma ogni $a \in S$ in $a \cdot r$ (il prodotto di a per r in S). Si mostri che S è un modulo sinistro rispetto a queste operazioni e alla sua addizione. Si provi che S ha un'analoga struttura di modulo destro.

2. In particolare, si osservi che, per ogni anello commutativo unitario R, i polinomi $R[x]$ formano un modulo (sinistro e destro) su R.

Le definizioni seguenti ricapitolano le nozioni di *modulo* sinistro e destro.

Definizione 8.1.3 Sia $(R, +, \cdot)$ un anello unitario. Si dice *modulo sinistro* su R un gruppo abeliano (additivo) $(M, +)$ in cui ogni elemento $r \in R$ determina un'operazione 1-aria, che indichiamo $a \mapsto r \cdot a$ per ogni $a \in M$, e che soddisfa le quattro condizioni seguenti:

(i)   per ogni scelta di $r \in R$ e $a, b \in M$, $r \cdot (a + b) = r \cdot a + r \cdot b$;
(ii) per ogni scelta di $r, s \in R$ e $a \in M$, $(r + s) \cdot a = r \cdot a + s \cdot a$;
(iii) per ogni scelta di $r, s \in R$ e $a \in M$, $(r \cdot s) \cdot a = r \cdot (s \cdot a)$;
(iv) per ogni $a \in M$, $1_R \cdot a = a$.

Definizione 8.1.4 Si dice invece un *modulo destro* sull'anello unitario R un gruppo abeliano $(M, +)$ in cui ogni elemento $r \in R$ determina un'operazione 1-aria $a \mapsto a \cdot r$ (per $a \in M$) e valgono le condizioni:

(i)'   per $r \in R$, $a, b \in M$, $(a + b) \cdot r = a \cdot r + b \cdot r$,
(ii)' per $r, s \in R$, $a \in M$, $a \cdot (r + s) = a \cdot r + a \cdot s$,
(iii)' per ogni scelta di $r, s \in R$ e $a \in M$, $a \cdot (r \cdot s) = (a \cdot r) \cdot s$,
(iv)' per ogni $a \in M$, $a \cdot 1_R = a$,

La scelta di denotare, per $r \in R$ e $a \in M$,

$$r \cdot a \quad \text{oppure} \quad a \cdot r$$

l'immagine di a nell'operazione definita da r fa riferimento agli esempi 2, 3 precedenti, ma rischia di confondere in generale questa operazione e la moltiplicazione in R. Tuttavia c'è una differenza sostanziale tra le due interpretazioni, perché nel primo caso sono coinvolti un elemento di R e uno di M, nel secondo due elementi di R. Ad esempio, nella condizione (iii), quando si scrive $(r \cdot s) \cdot a$, si intende che $r \cdot s$ è il prodotto di r e s in R, mentre $(r \cdot s) \cdot a$ è l'immagine di a nell'operazione di M definita da $r \cdot s$. Inoltre, anche quando M coincide con R o con un suo sottoinsieme (come nell'esempio 2), i due significati di $r \cdot a$ vengono a coincidere. Così il lettore potrà sempre distinguere a che cosa il simbolo $\cdot$ si riferisce.

8.2 Spazi vettoriali su un campo

Un modulo su un *campo* $(K, +, \cdot)$ si dice anche uno *spazio vettoriale* su K. Così la definizione di spazio vettoriale non differisce da quella di modulo, ma precisa soltanto che l'anello su cui si lavora è, appunto, un campo. Questa scelta, e le migliori proprietà che un campo soddisfa, consentono lo sviluppo di una teoria più nitida e potente di quella che si ottiene nel caso generale di anelli unitari arbitrari; in effetti lo studio dei moduli è più faticoso e intricato di quello degli spazi vettoriali. Per questo motivo ci limiteremo in queste note proprio all'analisi degli spazi vettoriali. Prima di procedere, però, illustriamo ancora la nozione con ulteriori esempi. Anzitutto notiamo che, siccome un campo K è commutativo, la distinzione tra spazi vettoriali sinistri o destri su K perde di significato. Adotteremo allora, per semplicità, la sola nozione sinistra. Indicheremo poi talora un campo $(K, +, \cdot)$ più sbrigativamente con K, confondendo l'insieme K e la più larga struttura $(K, +, \cdot)$. Allo stesso modo, rappresenteremo spesso uno spazio vettoriale su K specificando il solo insieme su cui si basa, trascurando di ricordare ogni volta l'addizione e le moltiplicazioni per gli elementi di K. La notazione è imprecisa, ma più leggera. V è la lettera che in generale useremo per indicare in astratto uno spazio vettoriale.

Esempi 8.2.1

1. Se un anello $(S, +, \cdot)$ ha il campo $(K, +, \cdot)$ come sottoanello, allora S diventa uno spazio vettoriale su K, come osservato negli esercizi 8.1.2. L'osservazione si applica anche a $S = K[x]$.

1'. Ad esempio, $\mathbb{C} = \{a + ib : a, b \in \mathbb{R}\}$ diventa spazio vettoriale su $\mathbb{R}$, che è suo sottoanello.

2. Anche le matrici di $\mathcal{M}_{m \times n}(K)$ formano uno spazio vettoriale su K (quando K è un campo e m, n sono due interi positivi): basta applicare al caso dei campi quanto osservato nell'esempio 8.1.1.4. In particolare il risultato vale per $m = 1$, cioè per vettori riga $1 \times n$, ovvero ancora per elementi di K^n: K^n è dunque uno spazio vettoriale su K se poniamo, per

$$x_1, \ldots, x_n, y_1, \ldots, y_n, r \in K,$$

$$(x_1, \ldots, x_n) + (y_1, \ldots, y_n) = (x_1 + y_1, \ldots, x_n + y_n),$$

$$r \cdot (x_1, \ldots, x_n) = (r \cdot x_1, \ldots, r \cdot x_n).$$

In questo caso l'elemento nullo di $+$ è $(0_K, \ldots, 0_K)$ e l'opposto di $(x_1, \ldots, x_n)$ è $(-x_1, \ldots, -x_n)$.

2′. Il caso particolare in cui $n = 2$ e K è il campo reale $\mathbb{R}$ è meritevole di attenzione e giustifica in particolare il nome di *spazio vettoriale* che si usa per queste strutture. $\mathbb{R}^2$ è infatti l'insieme delle coppie ordinate (x_1, x_2) di reali x_1, x_2. Ma sappiamo che gli elementi di $\mathbb{R}^2$ formano un insieme di coordinate in ogni piano, purché si fissi nel piano stesso un sistema di riferimento, cioè un punto O e due rette distinte incidenti in O (rispettivamente l'origine e gli assi del sistema di riferimento) e poi un segmento unità di misura. Allora ogni punto P del piano viene dotato di una coppia ordinata di coordinate (x_1, x_2) (la sua *ascissa* e la sua *ordinata*) nel modo che tutti ben conosciamo.

P si può anche pensare come il secondo estremo di un *vettore* che esce dall'origine O, come indicato dalla figura seguente (dove assumiamo per comodità che i due assi siano tra loro perpendicolari).

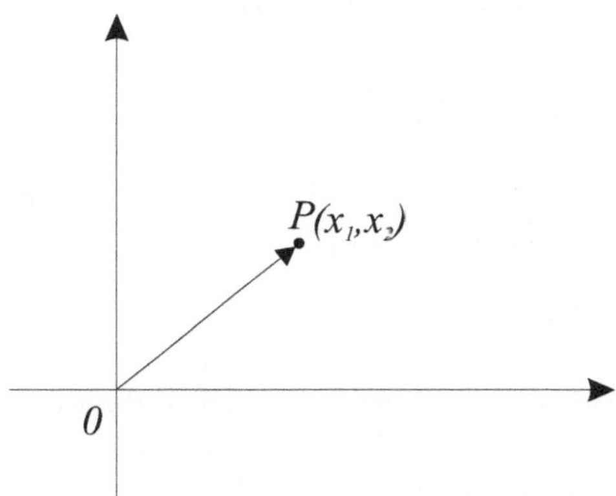

(x_1, x_2) è dunque univocamente associato anche a questo vettore. Allora l'addizione dello spazio vettoriale $\mathbb{R}^2$ su $\mathbb{R}$

$$(x_1, x_2) + (y_1, y_2) = (x_1 + y_1, x_2 + y_2)$$

ha una chiara interpretazione geometrica: infatti $(x_1 + y_1, x_2 + y_2)$ determina il quarto vertice del parallelogramma i cui primi tre vertici sono l'origine O e i punti P, Q di coordinate (x_1, x_2), (y_1, y_2).

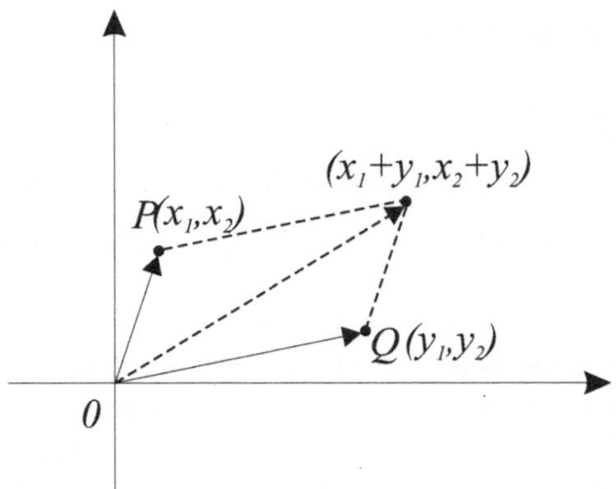

Anche la moltiplicazione di (x_1, x_2) per $r \in \mathbb{R}$ ha un analogo significato geometrico: la figura che segue lo illustra per $r = 2$.

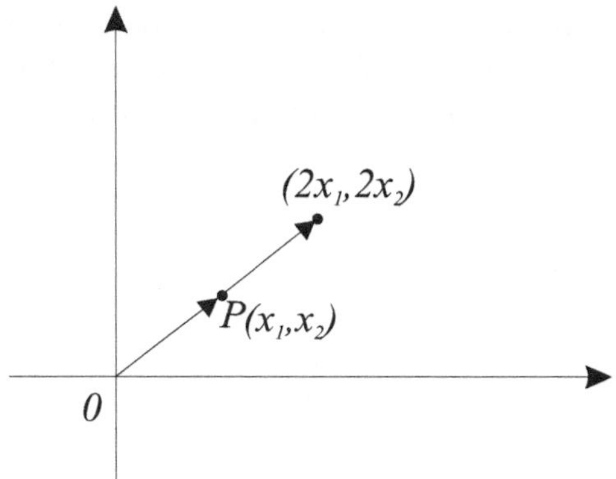

In definitiva, salvo identificare le coppie ordinate (x_1, x_2) di $\mathbb{R}^2$ con i corrispondenti "*vettori*" $\overrightarrow{OP}$, $\mathbb{R}^2$ è effettivamente spazio di vettori. L'osservazione motiva il nome generale di spazio vettoriale, come già ricordato.

Si noti che l'elemento nullo di $\mathbb{R}^2$ è la coppia $(0, 0)$ corrispondente al punto O.

Per concludere il paragrafo, introduciamo qualche ulteriore notazione e fissiamo qualche osservazione utile in futuro. Sia dunque V uno spazio vettoriale su K: ricordiamo che 0_V denota l'elemento nullo del gruppo additivo $(V, +)$, e $-v$ l'opposto in $(V, +)$ dell'elemento v (0_K indica invece lo zero del campo K).

Osservazioni 8.2.2

1. Per $v \in V$ e $k \in K$, $k \cdot v = 0_V$ se e solo se $k = 0_K$ o $v = 0_V$.
   Infatti $0_V + 0_K \cdot v = 0_K \cdot v = (0_K + 0_K) \cdot v = 0_K \cdot v + 0_K \cdot v$, da cui si deduce $0_V = 0_K \cdot v$. Allo stesso modo $0_V + k \cdot 0_V = k \cdot 0_V = k \cdot (0_V + 0_V) = k \cdot 0_V + k \cdot 0_V$ implica $0_V = k \cdot 0_V$.
   Viceversa sia $k \cdot v = 0_V$ con $k \neq 0_K$; allora k ha un inverso k^{-1} in K e $v = 1_K \cdot v = (k^{-1} \cdot k) \cdot v = k^{-1} \cdot (k \cdot v) = k^{-1} \cdot 0_V$, che coincide con 0_V per quanto appena osservato.
2. Per ogni $v \in V$, $(-1_K) \cdot v = -v$.
   Infatti $(-1_K) \cdot v + v = (-1_K) \cdot v + 1_K \cdot v = (-1_K + 1_K) \cdot v = 0_K \cdot v = 0_V$.

Si noti finalmente che anche 0_V forma, da solo, uno spazio vettoriale su K. Basta, appunto, prendere atto che

$$0_V + 0_V = 0_V, \quad k \cdot 0_V = 0_V \text{ per ogni } k \in K.$$

8.3 Sottospazi

Come i gruppi hanno i loro sottogruppi e gli anelli i loro sottoanelli, così anche tra gli spazi vettoriali su un fissato campo K si introducono i *sottospazi*. La definizione è quella consueta, opportunamente adattata alle nuove circostanze.

Definizione 8.3.1 Sia V uno spazio vettoriale su K. Un sottoinsieme W di V si dice *sottospazio* di V se W è uno spazio vettoriale su K rispetto alle restrizioni a W delle operazioni di V.

Ad esempio è facile vedere che $\{0_V\}$ e V sono sottospazi di V. Per individuare altri esempi, il seguente criterio risulta utile.

Teorema 8.3.2 *Siano V uno spazio vettoriale su K e W un sottoinsieme di V. Allora W è un sottospazio di V se e solo se*

1. *$W \neq \emptyset$,*
2. *per $v, w \in W$, anche $v + w \in W$,*
3. *per $v \in W$ e $k \in K$, $k \cdot v \in W$.*

Dimostrazione. Supponiamo dapprima che W sia sottospazio di V. In particolare W è un sottogruppo di V rispetto a $+$, quindi soddisfa *1* e *2*. Quanto a *3*, essa esprime il fatto che la moltiplicazione per $k \in K$, se ristretta a W, definisce un'operazione 1-aria di W, e cioè assume i suoi valori in W.

Viceversa assumiamo *1, 2, 3*. Allora si ha anzitutto da *2* e *3* che le restrizioni a W delle operazioni di V sono operazioni di W. *3* ci dice poi, nel caso particolare in cui $k = -1_K$, che $-v \in W$ per ogni $v \in W$. Quest'ultima condizione, insieme a *1* e *2*, assicura che W è sottogruppo di V rispetto a $+$ (e dunque un gruppo abeliano di per sé). Le ulteriori richieste *(i) – (iv)* della definizione di spazio vettoriale sono soddisfatte da tutti gli elementi di V, quindi anche da quelli di W. In conclusione, W è sottospazio di V. $\qquad\square$

Esercizio 8.3.3 Si mostri che un sottospazio W di V contiene 0_V.
(*Suggerimento:* si ricordi che W è sottogruppo di V rispetto all'addizione, oppure si usi *1* per ottenere un elemento $v \in V$ e si applichi *2* a $v = -w$ o *3* a v e $k = 0_K$).

Esempi 8.3.4

a) Consideriamo un campo K e su K lo spazio vettoriale $V = K^n$ delle n-uple ordinate $(x_1, \ldots, x_n)$ di elementi di K. Sia W il sottoinsieme delle n-uple $(x_1, \ldots, x_n)$ per cui $x_n = 0_K$, cioè della forma $(x_1, \ldots, x_{n-1}, 0_K)$. Allora W è sottospazio di K^n; infatti:
   1. $W \neq \emptyset$, ad esempio W contiene $(0_K, \ldots, 0_K)$;
   2. W è chiuso rispetto a $+$, infatti ogni somma $(x_1, \ldots, x_{n-1}, 0_K) + (y_1, \ldots, y_{n-1}, 0_K) = (x_1 + y_1, \ldots, x_{n-1} + y_{n-1}, 0_K)$ mantiene la forma richiesta agli elementi di W;
   3. lo stesso per la moltiplicazione per elementi $k \in K$: $k \cdot (x_1, \ldots, x_{n-1}, 0_K) = (k \cdot x_1, \ldots, k \cdot x_{n-1}, k \cdot 0_K) = (k \cdot x_1, \ldots, k \cdot x_{n-1}, 0_K)$.

   Il lettore può verificare che altri sottospazi di V si determinano imponendo $x_1 = 0_K$, o $x_2 = 0_K$, o $x_1 = x_2 = 0_K$ e così via, considerando cioè $\{(0_K, x_2 \ldots, x_n) : x_2, \ldots, x_n \in K\}$ o $\{(x_1, 0_K, x_3, \ldots, x_n) : x_1, x_3, \ldots, x_n \in K\}$ o $\{(0_K, 0_K, x_3, \ldots, x_n) : x_3, \ldots, x_n \in K\}$ e via dicendo.

b) Siano $K = \mathbb{R}$, $V = \mathbb{R}^2$, $a, b \in \mathbb{R}$, $W = \{(x_1, x_2) \in \mathbb{R}^2 : a \cdot x_1 + b \cdot x_2 = 0\}$. Allora W è sottospazio di V. Questo è banale se $a = b = 0$ perché in questo caso $W = V$. D'altra parte, anche per $(a, b) \neq (0, 0)$, si può notare:
   1. $(0, 0) \in W$ infatti $a \cdot 0 + b \cdot 0 = 0$;
   2. se $(x_1, x_2), (y_1, y_2) \in W$, anche $(x_1, x_2) + (y_1, y_2) = (x_1 + y_1, x_2 + y_2)$ è in W, infatti $a \cdot (x_1 + y_1) + b \cdot (x_2 + y_2) = (a \cdot x_1 + b \cdot x_2) + (a \cdot y_1 + b \cdot y_2) = 0 + 0 = 0$;
   3. se $(x_1, x_2) \in W$ e $k \in K$, anche $k \cdot (x_1, x_2) = (k \cdot x_1, k \cdot x_2)$ è in W, infatti $a \cdot (k \cdot x_1) + b \cdot (k \cdot x_2) = k \cdot (a \cdot x_1 + b \cdot x_2) = k \cdot 0 = 0$.

   Si noti che per $(a, b) \neq (0, 0)$ W definisce geometricamente nel piano $\mathbb{R}^2$ una retta passante per l'origine, quella di equazione $a \cdot x_1 + b \cdot x_2 = 0$, e quindi
   - l'asse x_2 se $b = 0$,
   - la retta passante per l'origine di coefficiente angolare $-\frac{a}{b}$ se $b \neq 0$.

Esercizio 8.3.5 Il lettore generalizzi i due esempi precedenti mostrando che, per ogni campo K e per ogni intero positivo n, se $k_1, \ldots, k_n$ sono elementi fissati di K, allora

$$W = \{(x_1, \ldots, x_n) \in K^n : k_1 \cdot x_1 + \cdots + k_n \cdot x_n = 0_K\}$$

è un sottospazio di V.

Il criterio proposto dal Teorema 8.3.2 ci è utile per provare il seguente

Lemma 8.3.6 *Siano V uno spazio vettoriale e, per ogni i in un insieme I di indici, sia W_i un sottospazio di V. Sia poi $W = \bigcap_{i \in I} W_i$. Allora anche W è sottospazio di V.*

Dimostrazione.
1. W non è vuoto perché 0_V appartiene a tutti i sottospazi W_i e dunque alla loro intersezione.
2. Allo stesso modo, se $v, w \in W$, cioè se v, w appartengono a W_i per ogni $i \in I$, allora anche $v + w$ è in W_i per ogni $i \in I$, e in definitiva $v + w \in W$.
3. Per $v \in W$, $k \in K$, si ha $v \in W_i$ per ogni $i \in I$, dunque $k \cdot v \in W_i$ per ogni $i \in I$ e, in conclusione, $k \cdot v \in W$. $\qquad\square$

Invece non è sorprendente notare che l'unione di due o più sottospazi può non essere un sottospazio. Un'analoga situazione si osserva infatti già per i sottogruppi. Ad esempio, per $K = \mathbb{R}$ e $V = \mathbb{R}^2 = \{(x_1, x_2) : x_1, x_2 \in \mathbb{R}\}$,

$$W_1 = \{(x_1, 0) : x_1 \in \mathbb{R}\}, \quad W_2 = \{(0, x_2) : x_2 \in \mathbb{R}\}$$

sono sottospazi di V, ma $W_1 \cup W_2$ non lo è più: infatti $(1, 0) \in W_1 \subseteq W_1 \cup W_2$, $(0, 1) \in W_2 \subseteq W_1 \cup W_2$, ma $(1, 0) + (0, 1) = (1, 1)$ non è né in W_1 né in W_2, quindi neppure in $W_1 \cup W_2$.
Capita tuttavia che talora che l'unione di sottospazi sia un sottospazio. Ad esempio si ha:

Esercizio 8.3.7 Sia H un insieme di indici totalmente ordinato da $\leq$. Per ogni $h \in H$, sia W_h un sottospazio dello spazio vettoriale V su K. Valga poi $W_h \subseteq W_j$ per $h \leq j$ in H. Sia inoltre $W = \bigcup_{h \in H} W_h$. Si provi che W è un sottospazio di V (si ricordi l'analoga proprietà valevole per i sottogruppi ed espressa dalla Proposizione 5.5.3).

Resta tuttavia la curiosità di individuare, per ogni spazio vettoriale V su K e per ogni coppia di sottospazi W_1, W_2 di V, un *"minimo"* sottospazio che li contenga entrambi, ne sostituisca in questo senso l'unione quando l'unione non è più un sottospazio.
Come già nel caso precedente dei gruppi affrontiamo il problema in modo più generale. Consideriamo cioè un qualunque sottoinsieme A di V (dunque A può essere $W_1 \cup W_2$, ma può anche corrispondere ad altre situazioni). Definiamo anzitutto *sottospazio generato* da A, e indichiamo $\langle A \rangle$, l'intersezione di tutti i sottospazi di V contenenti A. Prendiamo atto che:

- $\langle A \rangle$ è un sottospazio di V,
- $\langle A \rangle$ include A,
- ogni sottospazio di V che contiene A include anche $\langle A \rangle$.

Per $A = \emptyset$, si ottiene chiaramente $\langle \emptyset \rangle = \{0_V\}$. Per A finito e non vuoto, dunque $A = \{v_1, \ldots, v_n\}$ con $n > 0$, scriveremo $\langle v_1, \ldots, v_n \rangle$ invece di $\langle \{v_1, \ldots, v_n\} \rangle$. In questo caso, otteniamo una facile descrizione degli elementi di $\langle v_1, \ldots, v_n \rangle$.

Lemma 8.3.8 *Per* $v_1, \ldots, v_n \in V$, $\langle v_1, \ldots, v_n \rangle = \{k_1 \cdot v_1 + \cdots + k_n \cdot v_n : k_1, \ldots, k_n \in K\}$.

A proposito, un elemento che si esprime, appunto nella forma

$$k_1 \cdot v_1 + \cdots + k_n \cdot v_n$$

per opportuni $k_1, \ldots, k_n \in K$ si dice una *combinazione lineare* di $v_1, \ldots, v_n$. È facile osservare:

Esercizio 8.3.9 Se $v_1, \ldots, v_n$ sono in un sottospazio W di V, allora ogni loro combinazione lineare è in W.

Torniamo al Lemma 8.3.8. La sua prova potrebbe giovarsi della constatazione che un sottospazio di uno spazio vettoriale V è in particolare un sottogruppo di V visto come gruppo abeliano additivo, e di quanto già conosciamo sul sottogruppo generato da un sottoinsieme. Ma, per comodità del lettore, la svolgiamo in dettaglio.

Dimostrazione. Indichiamo per semplicità con $\overline{W}$ l'insieme delle combinazioni lineari $k_1 \cdot v_1 + \cdots + k_n \cdot v_n$ di $v_1, \ldots, v_n$ al variare di $k_1, \ldots, k_n \in K$. Siccome $v_1, \ldots, v_n$ stanno in $\langle v_1, \ldots, v_n \rangle$ e quest'ultimo è un sottospazio, si deduce $\overline{W} \subseteq \langle v_1, \ldots, v_n \rangle$. Dobbiamo allora provare l'inclusione opposta $\overline{W} \supseteq \langle v_1, \ldots, v_n \rangle$. Basterà mostrare che:

(i) $\overline{W}$ è un sottospazio di V,
(ii) $\overline{W}$ contiene $v_1, \ldots, v_n$,

sfruttare poi la definizione di $\langle v_1, \ldots, v_n \rangle$. (ii) è facile: per $j = 1, \ldots, n$, v_j si scrive $0_V \cdot v_1 + \cdots + 1_K \cdot v_j + \cdots + 0_K \cdot v_n$ e, come tale, è in $\overline{W}$. Quanto a (i), si noti che $\overline{W} \neq \emptyset$ perché $\overline{W}$ include ad esempio $v_1, \ldots, v_n$; si ha poi che, per $k_1, \ldots, k_n, h_1, \ldots, h_n, k \in K$,

$$(k_1 \cdot v_1 + \cdots + k_n \cdot v_n) + (h_1 \cdot v_1 + \cdots + h_n \cdot v_n) = (k_1 + h_1) \cdot v_1 + \cdots + (k_n + h_n) \cdot v_n \in \overline{W},$$

$$k \cdot (k_1 \cdot v_1 + \cdots + k_n \cdot v_n) = k \cdot (k_1 \cdot v_1) + \cdots + k \cdot (k_n \cdot v_n) =$$
$$= (k \cdot k_1) \cdot v_1 + \cdots + (k \cdot k_n) \cdot v_n \in \overline{W}.$$

Dal Teorema 8.3.2 segue che $\overline{W}$ è un sottospazio, come richiesto. $\qquad\square$

Esempio 8.3.10 Per $n = 1$, $\langle v_1 \rangle = \{k_1 \cdot v_1 : k_1 \in K\}$. Così, per $K = \mathbb{R}$, $V = \mathbb{R}^2$, $\langle (1,0) \rangle = \{(x_1, 0) : x_1 \in \mathbb{R}\}$, $\langle (0,1) \rangle = \{(0, x_2) : x_2 \in \mathbb{R}\}$.

Esercizi 8.3.11

1. Il lettore provi a generalizzare il Lemma 8.3.8 al caso di un sottospazio $\langle A \rangle$ quando A è infinito, in particolare cerchi di descrivere gli elementi di $\langle A \rangle$.
2. Si provi che, per $A \subseteq A' \subseteq V$, $\langle A \rangle \subseteq \langle A' \rangle$.

Lemma 8.3.12 *Siano* $v_1, \ldots, v_n, w \in V$. *Allora* $w \in \langle v_1, \ldots, v_n \rangle$ *se e solo se* $\langle v_1, \ldots, v_n, w \rangle = \langle v_1, \ldots, v_n \rangle$.

Dimostrazione. Supponiamo dapprima $\langle v_1, \ldots, v_n, w \rangle = \langle v_1, \ldots, v_n \rangle$. Allora w appartiene a $\langle v_1, \ldots, v_n \rangle$ perché si ha evidentemente che $w \in \langle v_1, \ldots, v_n, w \rangle$. Viceversa, sia $w \in \langle v_1, \ldots, v_n \rangle$. È chiaro che $\langle v_1, \ldots, v_n \rangle \subseteq \langle v_1, \ldots, v_n, w \rangle$. D'altra parte $v_1, \ldots, v_n, w \in \langle v_1, \ldots, v_n \rangle$, dunque il sottospazio $\langle v_1, \ldots, v_n, w \rangle$ che $v_1, \ldots, v_n, w$ generano è incluso in $\langle v_1, \ldots, v_n \rangle$. $\square$

Definizione 8.3.13 Lo spazio vettoriale V su K si dice *finitamente generato* se esistono $v_1, \ldots, v_n \in V$ tali che $V = \langle v_1, \ldots, v_n \rangle$.

Si dice allora che V è generato da $v_1, \ldots, v_n$ e che $v_1, \ldots, v_n$ sono *generatori* di V.

Nel seguito restringeremo spesso la nostra attenzione agli spazi vettoriali finitamente generati, dedicando solo qualche breve divagazione a quegli spazi che non lo sono. Il motivo è facile da intuire: la trattazione degli spazi vettoriali finitamente generati è più semplice. Vale tuttavia la pena di sottolineare che esistono spazi vettoriali che **non** sono finitamente generati.

Esempio 8.3.14 Sia K un campo. Consideriamo $K[x]$, lo spazio vettoriale su K dei polinomi a coefficienti in K nella indeterminata x. Allora $K[x]$ non è finitamente generato. Infatti siano $f_1(x), \ldots, f_n(x)$ polinomi in $K[x]$. Se $f_1(x), \ldots, f_n(x)$ sono tutti nulli, allora il sottospazio che essi generano è $\{0_K\}$, ovviamente diverso da $K[x]$. Altrimenti possiamo considerare il massimo grado d tra quelli dei polinomi $f_1(x), \ldots, f_n(x)$ non nulli; notiamo che una combinazione lineare $k_1 \cdot f_1(x) + \cdots + k_n \cdot f_n(x)$ con $k_1, \ldots, k_n \in K$ è nulla oppure ha grado $\leq d$. Così nessun polinomio di grado $> d$ è in $\langle f_1(x), \ldots, f_n(x) \rangle$. Segue che $K[x] \neq \langle f_1(x), \ldots, f_n(x) \rangle$.

Proponiamo adesso alcuni esempi di spazi vettoriali finitamente generati.

Esempi 8.3.15

1. Siano $K = \mathbb{R}$, $V = \mathbb{R}^2$. Allora V è finitamente generato. Ad esempio $V = \langle (1,0), (0,1) \rangle$, infatti ogni elemento $(x_1, x_2) \in \mathbb{R}^2$ si scrive

   $$(x_1, x_2) = (x_1, 0) + (0, x_2) = x_1 \cdot (1,0) + x_2 \cdot (0,1).$$

   Di conseguenza, per ogni $(x_1, x_2) \in \mathbb{R}^2$, V è anche $\langle (1,0), (0,1), (x_1, x_2) \rangle$ infatti (x_1, x_2) appartiene già a $\langle (1,0), (0,1) \rangle$. Ma V si può anche ottenere come $\langle (1,1), (-3,2) \rangle$; infatti ogni (x_1, x_2) in $\mathbb{R}^2$ si può scrivere $(x_1, x_2) = r_1 \cdot (1,1) + r_2 \cdot (-3,2) = (r_1 - 3r_2, r_1 + 2r_2)$ per opportuni $r_1, r_2 \in \mathbb{R}$, basta che si abbia

   $$x_1 = r_1 - 3r_2, \quad x_2 = r_1 + 2r_2,$$

   dunque che

   $$r_1 = \frac{2x_1 + 3x_2}{5}, \quad r_2 = \frac{-x_1 + x_2}{5}$$

   (come è facile verificare per **esercizio**).

2. Per ogni campo K, $K^n = \langle e_1^n, e_2^n, \ldots, e_n^n \rangle$ dove $e_1^n = (1_K, 0_K, \ldots, 0_K)$, $e_2^n = (0_K, 1_K, \ldots, 0_K)$, $\ldots$, $e_n^n = (0_K, \ldots, 0_K, 1_K)$; infatti ogni elemento $x = (x_1, x_2, \ldots, x_n)$ di K^n si esprime come $x_1 \cdot e_1^n + x_2 \cdot e_2^n + \cdots + x_n \cdot e_n^n$. Dunque K^n è finitamente generato.

Esercizi 8.3.16

1. Per ogni naturale d, sia W_d l'insieme dei polinomi di $K[x]$ nulli o di grado $\leq d$. Si provi che W_d è un sottospazio di $K[x]$ e che W_d è finitamente generato (*suggerimento*: $W_d = \langle 1_K, x, x^2, \ldots, x^d \rangle$).
2. Si provi che lo spazio vettoriale delle matrici $m \times n$ a coefficienti in un campo K è finitamente generato.

Torniamo adesso al problema di determinare, per ogni spazio vettoriale V su K, un minimo sottospazio che estenda due sottospazi dati W_1, W_2 e quindi la loro unione $W_1 \cup W_2$: quindi con la notazione sopra introdotta, dobbiamo individuare $\langle W_1 \cup W_2 \rangle$. L'analoga questione per gruppi e sottogruppi e la constatazione che W_1, W_2 sono sottogruppi normali del gruppo abeliano *additivo* V ci suggeriscono di considerare la *somma* di W_1 e W_2, ovvero l'arrangiamento in chiave additiva del prodotto di sottogruppi definito nel paragrafo 5.5, dunque

$$W_1 + W_2 = \{w_1 + w_2 : w_1 \in W_1, w_2 \in W_2\}.$$

In effetti è facile provare

Proposizione 8.3.17 $\langle W_1 \cup W_2 \rangle = W_1 + W_2$.

Dimostrazione. $\langle W_1 \cup W_2 \rangle$ contiene tutti gli elementi tanto di W_1 quanto di W_2 ed è un sottospazio, quindi include anche la loro somma, cioè $W_1 + W_2$. Dobbiamo allora provare l'inclusione inversa $W_1 + W_2 \supseteq \langle W_1 \cup W_2 \rangle$. Ricordando la definizione di $\langle W_1 \cup W_2 \rangle$, ci basta mostrare:

(i) $W_1 \cup W_2 \subseteq W_1 + W_2$,
(ii) $W_1 + W_2$ è un sottospazio di V.

(i) È sufficiente scrivere ogni elemento $w_1 \in W_1$ come $w_1 = w_1 + 0_V$ e osservare che $0_V \in W_2$; così $w_1 \in W_1 + W_2$. Allo stesso modo, per ogni $w_2 \in W_2$, $w_2 = 0_V + w_2 \in W_1 + W_2$ perché $0_V \in W_1$.
(ii) Già sappiamo che $W_1 + W_2$ è un sottogruppo del gruppo additivo V. Ci basta allora osservare che, se $w_1 \in W_1$, $w_2 \in W_2$ e $k \in K$,

$$k \cdot (w_1 + w_2) = k \cdot w_1 + k \cdot w_2 \in W_1 + W_2.$$

Dal Teorema 8.3.2 $W_1 + W_2$ risulta un sottospazio di V. $\qquad\square$

Esempio 8.3.18 Siano $K = \mathbb{R}$, $V = \mathbb{R}^2$, $w_1 = \langle (1,0) \rangle = \{(x_1, 0) : x_1 \in \mathbb{R}\}$, $w_2 = \langle (0,1) \rangle = \{(0, x_2) : x_2 \in \mathbb{R}\}$. Allora $\langle W_1 \cup W_2 \rangle = W_1 + W_2$ si compone delle somme $(x_1, 0) + (0, x_2) = (x_1, x_2)$ al variare di x_1, x_2 in $\mathbb{R}$, dunque coincide con l'intero V.

8.4 Basi e dimensioni

Sia V uno spazio vettoriale su un campo K. Introduciamo una nozione di *dipendenza* tra elementi di V nel modo che segue.

Definizione 8.4.1 Gli elementi $v_1, \ldots, v_n$ di V si dicono *linearmente dipendenti* se esistono $k_1, \ldots, k_n \in K$ non tutti nulli tali che $k_1 \cdot v_1 + \cdots + k_n \cdot v_n = 0_V$; $v_1, \ldots, v_n$ si dicono, di conseguenza, *linearmente indipendenti* se, per ogni scelta di $k_1, \ldots, k_n \in K$, se $k_1 \cdot v_1 + \cdots + k_n \cdot v_n = 0_V$, allora deve essere $k_1 = \cdots = k_n = 0_V$.

Ricordiamo infatti che $0_K \cdot v_1 + \cdots + 0_K \cdot v_n = 0_V$. Nel seguito abbrevieremo per semplicità l'espressione "*linearmente dipendenti*" in *l. d.* e l'altra "*linearmente indipendenti*" in *l. i.* .

Esempio 8.4.2 Un singolo elemento $v_1 \in V$ è l. i. se e solo se $v_1 \neq 0_V$. Infatti, se $v_1 \neq 0_V$, allora, per ogni $k_1 \in K$, $k_1 \cdot v_1 = 0_V$ impone $k_1 = 0_V$, quindi v_1 è l. i. . Viceversa $v_1 = 0_V$ soddisfa $1_K \cdot v_1 = 0_V$ pur essendo $1_K \neq 0_V$.

Esercizio 8.4.3 Si provi che, se $v_1, \ldots, v_n \in V$ sono l. i., allora

- per ogni permutazione σ di S_n, $v_{\sigma(1)}, \ldots, v_{\sigma(n)}$ sono l. i.,
- per ogni intero positivo $m \leq n$, $v_1, \ldots, v_m$ sono l. i.; in particolare $v_1, \ldots, v_n \neq 0_V$.

Esempi 8.4.4

1. Siano $K = \mathbb{R}$, $V = \mathbb{R}^2$. Allora $(1,0), (0,1)$ sono l. i., perché, per $k_1, k_2 \in \mathbb{R}$, se $(0,0) = k_1 \cdot (1,0) + k_2 \cdot (0,1) = (k_1, k_2)$, allora deve essere $k_1 = k_2 = 0$. Invece, per ogni $(x_1, x_2) \in \mathbb{R}^2$, $(1,0), (0,1), (x_1, x_2)$ sono l. d. perché vale

$$x_1 \cdot (1,0) + x_2 \cdot (0,1) - 1 \cdot (x_1, x_2) = (0,0)$$

pur essendo $-1 \neq 0$. Finalmente $(1,1), (-3,2)$ sono l. i.: infatti sia

$$(0,0) = k_1 \cdot (1,1) + k_2 \cdot (-3,2) = (k_1 - 3k_2, k_1 + 2k_2)$$

per $k_1, k_2 \in \mathbb{R}$, allora deve essere

$$k_1 - 3k_2 = k_1 + 2k_2 = 0,$$

da cui si deduce facilmente $k_1 = k_2 = 0$.

2. Siano K un campo e n un intero positivo. Allora $e_1^n = (1_K, 0_K, \ldots, 0_K)$, $e_2^n = (0_K, 1_K, \ldots, 0_K), \ldots, e_n^n = (0_K, \ldots 0_K, 1_K)$ sono l. i. in K^n: infatti, se $k_1, \ldots, k_n \in K$ e

$$(0_K, 0_K, \ldots, 0_K) = k_1 \cdot e_1^n + \cdots + k_n \cdot e_n^n = (k_1, k_2, \ldots, k_n),$$

allora deve essere $k_1 = k_2 = \cdots = k_n = 0_K$.

Ecco un'altra caratterizzazione della dipendenza lineare in uno spazio vettoriale.

Lemma 8.4.5 $v_1, \ldots, v_n \in V$ *sono l. i. se e solo se ogni elemento v nello spazio $\langle v_1, \ldots, v_n \rangle$ che $v_1, \ldots, v_n$ generano si rappresenta in* **modo unico** *come combinazione lineare di $v_1, \ldots, v_n$: vale $v = k_1 \cdot v_1 + \cdots + k_n \cdot v_n$ per un'unica scelta di $k_1, \ldots, k_n \in K$.*

Dimostrazione. Supponiamo dapprima $v_1, \ldots, v_n \in V$ l. i.; siano poi $k_1, \ldots, k_n$, $h_1, \ldots, h_n \in K$ tali che

$$k_1 \cdot v_1 + \cdots + k_n \cdot v_n = h_1 \cdot v_1 + \cdots + h_n \cdot v_n;$$

deduciamo

$$(k_1 - h_1) \cdot v_1 + \cdots + (k_n - h_n) \cdot v_n = 0_V$$

e quindi, siccome $v_1, \ldots, v_n$ sono l. i., $k_1 - h_1 = \cdots = k_n - h_n = 0_K$, cioè $k_1 = h_1, \ldots, k_n = h_n$.

Viceversa, siano $k_1, \ldots, k_n \in K$ tali che $k_1 \cdot v_1 + \cdots + k_n \cdot v_n = 0_V$. Ma 0_V si scrive anche $0_K \cdot v_1 + \cdots + 0_K \cdot v_n$. Dall'unicità della rappresentazione in $\langle v_1, \ldots, v_n \rangle$ si deduce $k_1 = \cdots = k_n = 0_K$. $\qquad\square$

Definizione 8.4.6 Si dice che $v_1, \ldots, v_n$ formano una *base* $\{v_1, \ldots, v_n\}$ di V su K se

(i) $v_1, \ldots, v_n$ generano V,
(ii) $v_1, \ldots, v_n$ sono l. i. .

Quindi $v_1, \ldots, v_n$ formano una base di V se e solo se ogni elemento $v \in V$ si esprime in uno e un solo modo come combinazione lineare di $v_1, \ldots, v_n$, si ha cioè

$$v = k_1 \cdot v_1 + \cdots + k_n \cdot v_n$$

per una e una sola scelta di $k_1, \ldots, k_n \in K$ ($k_1, \ldots, k_n$ si dicono allora le *componenti* di v rispetto alla base $\{v_1, \ldots, v_n\}$).

Esempi 8.4.7

1. $(1,0), (0,1)$ formano una base di $\mathbb{R}^2$ su $\mathbb{R}$. Le componenti di $(x_1, x_2) \in \mathbb{R}^2$ rispetto a questa base sono proprio x_1, x_2, infatti $(x_1, x_2) = x_1 \cdot (1,0) + x_2 \cdot (0,1)$. Anche $\{(1,1), (-3,2)\}$ è una base di $\mathbb{R}^2$ su $\mathbb{R}$. Invece $(1,0)$ non forma una base di $\mathbb{R}^2$ su $\mathbb{R}$ perché non riesce a generarlo, e $(1,0), (0,1), (1,1)$ non formano una base di $\mathbb{R}^2$ su $\mathbb{R}$ perché sono l. d. . $\{(1,0), (0,1)\}$ si chiama la *base canonica* di $\mathbb{R}^2$ su $\mathbb{R}$.

2. In generale, per ogni campo K, lo spazio vettoriale K^n ammette $\{e_1^n, \ldots, e_n^n\}$ come base. Le componenti di un elemento $(x_1, \ldots, x_n)$ di K^n rispetto a questa base sono proprio $x_1, \ldots, x_n$, infatti

$$(x_1, \ldots, x_n) = x_1 \cdot e_1^n + \cdots + x_n \cdot e_n^n.$$

$\{e_1^n, e_2^n, \ldots, e_n^n\}$ si dice la *base canonica* di K^n su K.

3. Lo spazio $\{0_V\}$ non ha base: infatti l'unico suo vettore 0_V è l. d. .

La nostra definizione di base prevede (almeno implicitamente) che lo spazio vettoriale V sia finitamente generato. Sotto questa condizione è relativamente semplice provare l'esistenza di una base per V se $V \neq \{0_V\}$.

Teorema 8.4.8 *Sia $V \neq \{0_V\}$ uno spazio vettoriale finitamente generato su un campo K. Allora esiste una base di V su K.*

Dimostrazione. Siccome V è finitamente generato, esistono $v_1, \ldots, v_n \in V$ tali che $V = \langle v_1, \ldots, v_n \rangle$. Siccome $V \neq \{0_V\}$, almeno uno tra $v_1, \ldots, v_n$ è diverso da 0_V; per semplicità assumiamo $v_1 \neq 0_V$. Così

- $v_1, \ldots, v_n$ generano V, ma non è detto che siano l. i.;
- invece v_1 è l. i., ma non è detto che generi V.

Ci sono comunque due possibili strategie che, a partire da $v_1, \ldots, v_n$, definiscono una base di V. Possiamo infatti

a) eliminare alcuni elementi tra $v_1, \ldots, v_n$ in modo che quelli restanti continuino a generare V ma acquistino l'indipendenza lineare;

b) alternativamente estendere v_1 all'interno di $v_1, \ldots, v_n$ in modo da mantenere l'indipendenza lineare ma riuscire a generare V.

Esponiamo ambedue i metodi.

a) Se $v_1, \ldots, v_n$ sono l. i., siamo a posto: $v_1, \ldots, v_n$ formano una base di V. Altrimenti esistono $k_1, \ldots, k_{n-1}, k_n \in K$ non tutti nulli tali che $k_1 \cdot v_1 + \cdots + k_{n-1} \cdot v_{n-1} + k_n \cdot v_n = 0_V$. Ammettiamo per comodità $k_n \neq 0_K$; allora k_n ha inverso k_n^{-1} in K; moltiplicando la precedente uguaglianza per k_n^{-1} otteniamo

$$k_n^{-1} \cdot (k_1 \cdot v_1 + \cdots + k_{n-1} \cdot v_{n-1} + k_n \cdot v_n) = k_n^{-1} \cdot 0_V = 0_V;$$

ma

$$k_n^{-1} \cdot (k_1 \cdot v_1 + \cdots + k_{n-1} \cdot v_{n-1} + k_n \cdot v_n) =$$
$$= k_n^{-1} \cdot k_1 \cdot v_1 + \cdots + k_n^{-1} \cdot k_{n-1} \cdot v_{n-1} + k_n^{-1} \cdot k_n \cdot v_n =$$
$$= k_n^{-1} \cdot k_1 \cdot v_1 + \cdots + k_n^{-1} \cdot k_{n-1} \cdot v_{n-1} + v_n;$$

deduciamo allora che

$$v_n = -k_n^{-1} \cdot k_1 \cdot v_1 - \cdots - k_n^{-1} \cdot k_{n-1} \cdot v_{n-1} \in \langle v_1, \ldots, v_{n-1} \rangle,$$

e finalmente dal Lemma 8.3.12 $\langle v_1, \ldots, v_{n-1} \rangle = \langle v_1, \ldots, v_{n-1}, v_n \rangle = V$. Così la dipendenza lineare di $v_1, \ldots, v_{n-1}, v_n$ consente l'eliminazione di v_n. A questo punto, se $v_1, \ldots, v_{n-1}$ sono l. i., otteniamo una base $v_1, \ldots, v_{n-1}$ di V; altrimenti possiamo ripetere il procedimento precedente ed eliminare nuovi elementi. Tuttavia, siccome $v_1 \neq 0_V$ è l. i., la procedura deve aver fine prima di eliminare anche v_1 e produrre quindi una base di V, e cioè un insieme di vettori tra $v_1, \ldots, v_n$ l. i. e capaci di generare V.

b) Se $\langle v_1 \rangle = V$, siamo a posto: v_1 forma da solo una base di V. Altrimenti $\langle v_1 \rangle \neq V = \langle v_1, v_2, \ldots, v_n \rangle$ e quindi qualche elemento tra $v_2, \ldots, v_n$ è fuori di $\langle v_1 \rangle$. Supponiamo ad esempio $v_2 \notin \langle v_1 \rangle$. Allora v_1, v_2 sono l. i.: siano infatti $k_1, k_2 \in K$ tali che $k_1 \cdot v_1 + k_2 \cdot v_2 = 0_V$. Se $k_2 \neq 0_K$, allora moltiplichiamo l'uguaglianza per l'inverso k_2^{-1} e otteniamo come prima $v_2 = -(k_2^{-1} \cdot k_1) \cdot v_1 \in \langle v_1 \rangle$, il che è assurdo. Allora $k_2 = 0_K$, e questo implica $k_1 \cdot v_1 = 0_V$, quindi $k_1 = 0_K$.

A questo punto se $V = \langle v_1, v_2 \rangle$ siamo a posto: v_1, v_2 formano la base cercata. Altrimenti, se v_1, v_2 non riescono a generare V, si ripete il ragionamento. Ma anche in questo caso il procedimento ha termine (e produce dunque una base di V) perché $v_1, \ldots, v_n$ generano V.

$$\square$$

Due punti della precedente duplice dimostrazione meritano qualche commento.

- Anzitutto l'ipotesi che V è finitamente generato e il conseguente riferimento a $v_1, \ldots, v_n$ gioca ruolo essenziale. Va tuttavia aggiunto che una più elaborata definizione di base si può dare anche per spazi V non finitamente generati e – quel che più conta – un teorema di esistenza della base si può dare provare anche in questo ambito esteso: si ha però bisogno di far riferimento all'assioma della scelta, come già accaduto nel capitolo scorso a proposito degli ideali massimali. Anzi la prova è ancor più impegnativa, e questo è uno dei motivi che ci inducono a restringere l'attenzione al caso finitamente generato.

- Anche l'ipotesi che K è un campo, e dunque la scelta di trattare solo spazi vettoriali e non anche moduli su anelli arbitrari, sono fondamentali. La certezza di un inverso per ogni elemento non nullo di K permette infatti nel Teorema 8.4.8 rapidi passaggi verso la conclusione. Senza questa ipotesi, cioè quando l'analisi si allarga dai campi ad altre classi di anelli, l'esistenza di una base non è più garantita.

Osserviamo comunque che, anche nel caso di campi K e di spazi vettoriali V su K finitamente generati, una base non è in genere unica. Ad esempio sappiamo che tanto $(0,1), (1,0)$ quanto $(1,1), (-3,2)$ formano una base di $\mathbb{R}^2$ su $\mathbb{R}$: entrambe hanno, tuttavia, due elementi e, in effetti, vale in generale il risultato seguente.

Teorema 8.4.9 *Sia $V \neq \{0_V\}$ uno spazio vettoriale finitamente generato su K. Allora tutte le basi di V su K hanno lo stesso numero di elementi.*

Dimostrazione. Siano $\{v_1, \ldots, v_n\}, \{w_1, \ldots, w_m\}$ due basi di V su K, dobbiamo provare che $n = m$. A questo scopo ci basta mostrare che, se $v_1, \ldots, v_n, w_1, \ldots, w_m \in V$ e

- $v_1, \ldots, v_n$ generano V,
- $w_1, \ldots, w_m$ sono l. i.,

allora $m \leq n$. Infatti, se questo è vero, possiamo invertire nelle nostre ipotesi i ruoli di $v_1, \ldots, v_n, w_1, \ldots, w_m$, notare che anche $w_1, \ldots, w_m$ generano V e anche $v_1, \ldots, v_n$ sono l. i., dedurre che $n \leq m$ e, in conclusione, $n = m$. Supponiamo allora

$$V = \langle v_1, \ldots, v_n \rangle, \quad w_1, \ldots, w_m \text{ l. i.,}$$

e ammettiamo per assurdo $n < m$. Siccome $v_1, \ldots, v_n$ generano V, ci sono $k_1, \ldots, k_n \in K$ per cui

$$w_1 = k_1 \cdot v_1 + \cdots + k_n \cdot v_n;$$

siccome $w_1 \neq 0_V$, c'è almeno un $i = 1, \ldots, n$ per cui $k_i \neq 0_K$. Sia ad esempio $k_1 \neq 0_K$, così k_1 ha inverso k_1^{-1} e, moltiplicando i due membri della precedente uguaglianza per k_1^{-1}, si ottiene

$$\begin{aligned}
k_1^{-1} \cdot w_1 &= k_1^{-1} \cdot (k_1 \cdot v_1 + \cdots + k_n \cdot v_n) = \\
&= k_1^{-1} \cdot k_1 \cdot v_1 + k_1^{-1} \cdot k_2 \cdot v_2 + \cdots + k_1^{-1} \cdot k_n \cdot v_n = \\
&= v_1 + k_1^{-1} \cdot k_2 \cdot v_2 + \cdots + k_1^{-1} \cdot k_n \cdot v_n
\end{aligned}$$

cioè

$$v_1 = k_1 \cdot w_1 - k_1^{-1} \cdot k_2 \cdot v_2 - \cdots - k_1^{-1} \cdot k_n \cdot v_n;$$

in particolare $v_1 \in \langle w_1, v_2, \ldots, v_n \rangle$, quindi $\langle w_1, v_2, \ldots, v_n \rangle = \langle w_1, v_1, v_2, \ldots, v_n \rangle$ include $\langle v_1, v_2, \ldots, v_n \rangle$, cioè V, e di conseguenza $\langle w_1, v_2, \ldots, v_n \rangle = \langle w_1, v_1, v_2, \ldots, v_n \rangle = V$. In altre parole V è generato anche dagli elementi $w_1, v_2, \ldots, v_n$, che sostituiscono v_1 con w_1. Adesso notiamo che anche w_2 si esprime in riferimento a $w_1, v_2, \ldots, v_n$ come

$$w_2 = h_1 \cdot w_1 + h_2 \cdot v_2 + \cdots + h_n \cdot v_n$$

per opportuni $h_1, \ldots, h_n \in K$; vale quindi

$$-h_1 \cdot w_1 + w_2 = h_2 \cdot v_2 + \cdots + h_n \cdot v_n.$$

Siccome w_1, w_2 sono l. i., $-h_1 \cdot w_1 + w_2 \neq 0_V$, dunque è anche $h_2 \cdot v_2 + \cdots + h_n \cdot v_n \neq 0_V$ ed esiste $i = 2, \ldots n$ per cui $h_i \neq 0_K$. Possiamo supporre $h_2 \neq 0_K$; ma allora, procedendo come sopra, si deduce che possiamo sostituire v_2 con w_2 tra i generatori di V e che dunque si ha $V = \langle w_1, w_2, v_3, \ldots, v_n \rangle$. Ripetendo il procedimento si ottiene che, salvo permutare gli indici $1, 2, \ldots, n$,

$$V = \langle w_1, w_2, w_3, \ldots, w_n \rangle.$$

Ma allora (per $n < m$) w_{n+1} si scrive

$$w_{n+1} = r_1 \cdot w_1 + r_2 \cdot w_2 + \cdots + r_n \cdot w_n$$

per opportuni $r_1, r_2, \ldots, r_n \in K$; vale cioè

$$-r_1 \cdot w_1 - r_2 \cdot w_2 - \cdots - r_n \cdot w_n + w_{n+1} = 0_V,$$

e questo contraddice l'ipotesi che $w_1, \ldots, w_n, w_{n+1}, \ldots, w_m$ sono l. i. . Dunque non può essere $n < m$, e di conseguenza si ha $n \geq m$, come richiesto. $\square$

Il precedente teorema si può estendere anche a spazi vettoriali non finitamente generati: in questo caso non ha senso parlare di "numero" di elementi di una base, ma si prova che due basi di V sono in corrispondenza biunivoca tra loro. Di nuovo, però, il risultato adopera in modo decisivo l'assioma della scelta; di più la sua dimostrazione diventa più complicata di quella del caso finitamente generato. Continuiamo perciò a limitare il nostro interesse agli spazi vettoriali finitamente generati.

Va anche sottolineato come l'ipotesi che K sia un campo (e non un anello arbitrario) gioca un ruolo cruciale nella dimostrazione precedente, perché permette di considerare liberamente gli inversi degli elementi non nulli di K. Il Teorema 8.4.9 giustifica la seguente

Definizione 8.4.10 Sia $V \neq \{0_V\}$ uno spazio vettoriale finitamente generato su un campo K. Si chiama *dimensione* di V su K, e si indica $dim_K V$, il numero (costante) degli elementi di una qualunque base di V su K.

Si conviene poi di assegnare allo spazio $\{0_V\}$ la dimensione 0. A spazi vettoriali non finitamente generati daremo sbrigativamente dimensione *infinita* (senza scendere in ulteriori dettagli).

Esempi 8.4.11

1. $dim_\mathbb{R} \mathbb{R}^2 = 2$; infatti $\mathbb{R}^2$ ha su $\mathbb{R}$ la base $\{(0,1), (1,0)\}$ (o anche l'altra $\{(1,1), (-3,2)\}$. A proposito, $dim_\mathbb{R}\langle(1,0)\rangle = dim_\mathbb{R}\langle(0,1)\rangle = 1$ (**esercizio:** perché?).
2. Per ogni campo K e per ogni intero positivo n, $dim_K K^n = n$ (si ricordi che una base di K su K^n è formata da $e_1^n, \ldots, e_n^n$).

Ecco alcune notevoli conseguenze dei due teoremi precedenti. Fissiamo uno spazio vettoriale $V \neq \{0_V\}$ finitamente generato su un campo K e conveniamo che n sia la sua dimensione su K.

Corollario 8.4.12 *n è il numero minimo di generatori di V e il numero massimo di elementi l. i. in V.*

Dimostrazione. Sappiamo che una base di V su K si compone di n elementi, che questi elementi generano V e sono l. i.; abbiamo poi visto nel corso della dimostrazione del Teorema 8.4.9 che

- un qualunque insieme di generatori di V ha almeno n elementi;
- un qualunque insieme di elementi l. i. di V ha al più n elementi.

$\square$

Corollario 8.4.13 *Ogni insieme di generatori di V si può restringere a una base di V su K, e ogni insieme di elementi l. i. in V si può estendere a una base di V su K.*

Dimostrazione. Ammettiamo che $V = \langle v_1, \ldots, v_m \rangle$ (con $m \geq n$). Se $v_1, \ldots, v_m$ sono l. i., allora formano già una base di V su K. Altrimenti la dimostrazione del Teorema 8.4.8 ci indica come escludere un qualche elemento (ad esempio v_m) da $v_1, \ldots, v_m$ in modo che quelli restanti $v_1, \ldots, v_{m-1}$ generino ancora V. A questo punto, il ragionamento si ripete: se $v_1, \ldots, v_{m-1}$ sono l. i., abbiamo ottenuto la base cercata; se no, si può eliminare ancora qualche elemento tra $v_1, \ldots, v_{m-1}$. Il procedimento deve comunque avere fine, perché non possiamo trovare insiemi con un numero minore di n di generatori di V.

Supponiamo adesso $v_1, \ldots, v_m$ l. i. (così $m \leq n$). Se $v_1, \ldots, v_m$ generano V, siamo a posto, $\{v_1, \ldots, v_m\}$ è la base cercata, e $m = n$. Se no, possiamo comunque estendere $v_1, \ldots, v_m$ con un numero finito di altri vettori $v_{m+1}, \ldots, v_{m+t}$ in modo tale da generare V, e la dimostrazione del Teorema 8.4.8 ci assicura che per uno almeno di questi vettori – ad esempio per v_{m+1} – si ha che $v_1, \ldots, v_m, v_{m+1}$ sono ancora l. i. . Si ripete il procedimento finché necessario. In al più $n - m$ passi si ricava la base cercata, perché non si possono trovare in V più di n elementi l. i. . $\qquad\square$

Corollario 8.4.14 *Siano $v_1, \ldots, v_n$ n elementi di V.*

(a) Se $v_1, \ldots, v_n$ generano V, allora $v_1, \ldots, v_n$ formano una base di V.
(b) Se $v_1, \ldots, v_n$ sono l. i., allora $v_1, \ldots, v_n$ formano una base di V.

Dimostrazione. Altrimenti si può procedere come nel Corollario 8.4.13 e

- eliminare in *(a)* qualche elemento da $v_1, \ldots, v_n$, mantenendo la loro capacità di generare V,
- aggiungere in *(b)* qualche elemento a $v_1, \ldots, v_n$ preservando la loro indipendenza lineare,

contraddicendo comunque il Corollario 8.4.12. $\qquad\square$

Corollario 8.4.15 *Sia W un sottospazio di V. Allora anche W è finitamente generato, e $\dim_K W \leq n$; anzi $\dim_K W = n$ se e solo se $W = V$.*

Dimostrazione. La tesi è ovvia se $W = \{0_V\}$: in tal caso W è finitamente generato, $\dim_K W = 0 < n$, e $W \neq V$. Supponiamo allora $W \neq \{0_V\}$. Sappiamo che n limita il numero massimo di elementi l. i. in V, e dunque anche in W. Sia allora $m \leq n$ il numero massimo di elementi l. i. in W, e siano $w_1, \ldots, w_m \in W$ l. i.; se $\langle w_1, \ldots, w_m \rangle \neq W$, possiamo procedere come nel Corollario 8.4.13, prendere $w_{m+1} \in W - \langle w_1, \ldots, w_m \rangle$ e dedurre che $w_1, \ldots, w_m, w_{m+1}$ sono l. i., contraddire così la scelta di m. Segue che $W = \langle w_1, \ldots, w_m \rangle$. Allora W è finitamente generato, anzi $\{w_1, \ldots, w_m\}$ è base di W su K: così $\dim_K W = m \leq n$.

Finalmente, è ovvio che, se $W = V$, allora $dim_K W = n$. Se invece $dim_K W = n$, possiamo prendere una base $w_1, \dots, w_n$ di W su K, notare che $w_1, \dots, w_n$ sono l. i. in W, dunque in V, dedurre dal Corollario 8.4.14 che $w_1, \dots, w_n$ generano V; concludere $V = \langle w_1, \dots, w_n \rangle = W$. $\qquad\square$

8.5 Ancora sottospazi: somme dirette

Dedichiamo qualche ulteriore riga all'argomento dei sottospazi. Lavoriamo allora in uno spazio vettoriale $V \neq \{0_V\}$; salvo avviso contrario, non richiediamo che V sia finitamente generato. Ci interessa in particolare la nozione di *somma diretta* di sottospazi, che andiamo a introdurre con un paio di esempi. Prima però ricordiamo che nel paragrafo 8.3 abbiamo introdotto la somma di due sottospazi W_1, W_2

$$W_1 + W_2 = \{w_1 + w_2 : w_1 \in W_1, w_2 \in W_2\}$$

e abbiamo provato che $W_1 + W_2$ coincide col sottospazio generato da $W_1 \cup W_2$.

Esempi 8.5.1

1. Siano $K = \mathbb{R}$, $V = \mathbb{R}^2$, $W_1 = \langle (1,0) \rangle$, $W_2 = \langle (0,1) \rangle$. Già sappiamo che $W_1 + W_2 = \mathbb{R}^2$. Aggiungiamo però l'osservazione che $W_1 \cap W_2 = \{(0,0)\}$, e notiamo anche che ogni elemento $(x_1, x_2) \in \mathbb{R}^2$ si decompone in un solo modo come somma di un elemento di W_1 e di uno di W_2: per la precisione, $(x_1, x_2) = (x_1, 0) + (0, x_2)$.
2. Sia ancora $K = \mathbb{R}$, ma consideriamo $V = \mathbb{R}^3$. Consideriamo poi $W_1 = \langle (1,0,0), (0,1,0) \rangle$, $W_2 = \langle (0,1,0), (0,0,1) \rangle$. Si noti allora che

$$W_1 = \{(x_1, x_2, 0) : x_1, x_2 \in \mathbb{R}\}, \quad W_2 = \{(0, y_2, y_3) : y_2, y_3 \in \mathbb{R}\}.$$

Si ha allora che $W_1 + W_2 = \mathbb{R}^3$, infatti ogni terna (x_1, x_2, x_3) si può esprimere come somma di un elemento di W_1 e uno di W_2, ad esempio come

$$(x_1, x_2, x_3) = (x_1, x_2, 0) + (0, 0, x_3),$$

o anche come

$$(x_1, x_2, x_3) = (x_1, 0, 0) + (0, x_2, x_3),$$

e in altri modi ancora: dunque la possibile rappresentazione non è più unica, come invece accadeva nell'esempio precedente. Inoltre

$$W_1 \cap W_2 = \{(0, x_2, 0) : x_2 \in \mathbb{R}\} = \langle (0,1,0) \rangle \neq \{(0,0,0)\}.$$

Definizione 8.5.2 Siano W_1, W_2 due sottospazi dello spazio V. Si dice che V è *somma diretta* di W_1 e W_2, e si scrive $V = W_1 \oplus W_2$, se ogni elemento di V si esprime in uno e un solo modo come somma di un elemento di W_1 e di uno di W_2.

Negli esempi precedenti $\mathbb{R}^2 = W_1 \oplus W_2$ in 1, mentre in 2 $\mathbb{R}^3$ è somma di W_1 e W_2, ma non è somma diretta. Si noti che V è *somma diretta* dei sottospazi W_1, W_2 se e solo se V, visto come gruppo abeliano additivo, è il prodotto diretto (interno) dei sottogruppi W_1, W_2 (secondo la notazione introdotta nel paragrafo 5.11: si preferisce comunque parlare qui di *somma* diretta in omaggio alla notazione additiva). Si deduce allora la seguente caratterizzazione di $\oplus$, già suggerita in qualche maniera dagli esempi e dimostrata implicitamente nel caso dei gruppi dopo la Definizione 5.11.2.

Proposizione 8.5.3 *Siano* W_1, W_2 *due sottospazi di* V. *Allora* $W = W_1 \oplus W_2$ *se e solo se*

(a) $V = W_1 + W_2$,
(b) $W_1 \cap W_2 = \{0_V\}$.

Nel caso in cui V è finitamente generato, e V è somma – o addirittura somma diretta – dei sottospazi W_1, W_2, possiamo confrontare le dimensioni di V, W_1, W_2: infatti anche W_1, W_2 sono finitamente generati, come tutti i sottospazi di V. Si ha:

Teorema 8.5.4 *Siano* $V \neq \{0_V\}$ *uno spazio vettoriale finitamente generato su* K, W_1, W_2 *due suoi sottospazi tali che* $V = W_1 + W_2$. *Allora*

$(\star) \quad dim_K V = dim_K W_1 + dim_K W_2 - dim_K(W_1 \cap W_2).$

In particolare, se V *è somma diretta di* W_1 *e* W_2, $dim_K V = dim_K W_1 + dim_K W_2$.

La $(\star)$ si dice *formula di Grassmann*; infatti il teorema appena enunciato è comunemente attribuito a Hermann Grassmann, matematico dell'Ottocento, che visse, operò e morì a Stettino (città oggi polacca, ma allora appartenente alla Prussia) e si occupò di calcolo vettoriale.

Il lettore osserverà come la $(\star)$ estenda una proprietà già osservata nel paragrafo 1.9 a proposito di insiemi e cardinalità, quando si è provato che, per A, B insiemi finiti, $|A \cup B| = |A| + |B| - |A \cap B|$. Quanto là stabilito per cardinalità e insiemi si ripete qui per dimensioni e spazi vettoriali.

La formula di Grassmann è confermata dai precedenti esempi su spazi e sottospazi: in 8.5.1.1,

$$dim_{\mathbb{R}} \mathbb{R}^2 = 2 = 1 + 1 = dim_{\mathbb{R}} \langle (1,0) \rangle + dim_{\mathbb{R}} \langle (0,1) \rangle.$$

(e $\mathbb{R}^2 = \langle (1,0) \rangle \oplus \langle (0,1) \rangle$). In 8.5.1.2, invece, si vede che

$$dim_{\mathbb{R}} \mathbb{R}^3 = 3, \quad dim_{\mathbb{R}} W_1 = dim_{\mathbb{R}} W_2 = 2, \quad dim_{\mathbb{R}}(W_1 \cap W_2) = 1$$

e, in effetti, $3 = 2 + 2 - 1$.

Dimostrazione. Sia dapprima $W_1 \cap W_2 \neq \{0_V\}$. Fissiamo una base $w_1, \ldots, w_q$ di $W_1 \cap W_2$ su K. Gli elementi $w_1, \ldots, w_q$ appartengono a W_1 e a W_2 e sono l. i.; per il Corollario 8.4.13, possiamo allora estenderli a formare

- una base $w_1, \ldots, w_q, w_1', \ldots, w_t'$ di W_1 su K,
- una base $w_1, \ldots, w_q, w_1'', \ldots, w_s''$ di W_2 su K.

Ci basta provare che $w_1, \ldots, w_q, w_1', \ldots, w_t', w_1'', \ldots, w_s''$ è una base di V su K. Infatti in tal caso

$$dim_K(W_1 + W_2) = q + t + s = (q + t) + (q + s) - q =$$
$$= dim_K W_1 + dim_K W_2 - dim_K(W_1 \cap W_2).$$

Si noti anche che per $W_1 \cap W_2 = \{0_V\}$ si può procedere in modo analogo: possiamo fissare direttamente

- una base $w_1', \ldots, w_t'$ di W_1 su K,
- una base $w_1'', \ldots, w_s''$ di W_2 su K

e provare che $w_1', \ldots, w_t', w_1'', \ldots, w_s''$ formano una base di V su K (in altre parole assumere $q = 0$, ovvero sostituire $\{w_1, \ldots, w_q\}$ con $\emptyset$).
Dunque, supponendo eventualmente $q = 0$, dobbiamo provare

(i) $V = \langle w_1, \ldots, w_q, w_1', \ldots, w_t', w_1'', \ldots, w_s'' \rangle$,
(ii) $w_1, \ldots, w_q, w_1', \ldots, w_t', w_1'', \ldots, w_s''$ l. i. .

(i) Ogni elemento di V si scrive come $v_1 + v_2$ con $v_1 \in W_1$ e $v_2 \in W_2$. D'altra parte

$$v_1 = k_1 \cdot w_1 + \cdots + k_q \cdot w_q + h_1' \cdot w_1' + \cdots + h_t' \cdot w_t',$$
$$v_2 = r_1 \cdot w_1 + \cdots + r_q \cdot w_q + h_1'' \cdot w_1'' + \cdots + h_s'' \cdot w_s''$$

per opportuni $k_1, \ldots, k_q, r_1, \ldots, r_q, h_1', \ldots, h_t', h_1'', \ldots, h_s''$ in K. Ma allora si ricava facilmente che

$$v_1 + v_2 = (k_1 + r_1) \cdot w_1 + \cdots + (k_q + r_q) \cdot w_q + h_1' \cdot w_1' + \cdots + h_t' \cdot w_t' +$$
$$+ h_1'' \cdot w_1'' + \cdots + h_s'' \cdot w_s''$$

è in $\langle w_1, \ldots, w_q, w_1', \ldots, w_t', w_1'', \ldots, w_s'' \rangle$.
(ii) Siano ora $k_1, \ldots, k_q, h_1', \ldots, h_t', h_1'', \ldots, h_s'' \in K$ tali che

$$0_V = k_1 \cdot w_1 + \cdots + k_q \cdot w_q + h_1' \cdot w_1' + \cdots + h_t' \cdot w_t' + h_1'' \cdot w_1'' + \cdots + h_s'' \cdot w_s''.$$

Sia $v = k_1 \cdot w_1 + \cdots + k_q \cdot w_q + h_1' \cdot w_1' + \cdots + h_t' \cdot w_t'$. Allora $v \in W_1$, ma v si scrive anche

$$v = -h_1'' \cdot w_1'' - \cdots - h_s'' \cdot w_s''$$

e come tale appartiene anche a W_2. Quindi $v \in W_1 \cap W_2 = \langle w_1, \ldots, w_q \rangle$, e di conseguenza

$$v = r_1 \cdot w_1 + \cdots + r_q \cdot w_q$$

per opportuni $r_1, \ldots, r_q \in K$. Se ne deduce

$$0_V = v - v = r_1 \cdot w_1 + \cdots + r_q \cdot u_q + h_1'' \cdot w_1'' + \cdots + h_s'' \cdot w_s''.$$

Ma $w_1, \ldots, w_q, w_1'', \ldots, w_s''$ sono l. i., quindi deve essere

$$r_1 = \cdots = r_q = h_1'' = \cdots = h_s'' = 0_K.$$

Allora $v = 0_V$, e cioè

$$k_1 \cdot w_1 + \cdots + k_q \cdot w_q + h_1' \cdot w_1' + \cdots + h_t' \cdot w_t' = 0_V;$$

l'indipendenza lineare di $w_1, \ldots, w_q, w_1', \ldots, w_t'$ implica

$$k_1 = \cdots = k_q = h_1' = \cdots = h_t' = 0_K.$$

Dunque $w_1, \ldots, w_q, w_1', \ldots, w_t', w_1'', \ldots, w_s''$ sono l. i., come richiesto. $\qquad\square$

Osserviamo ancora che, come già nel caso dei gruppi, così anche per gli spazi vettoriali si può definire la somma, o la somma diretta non solo di due, ma anche di tre o più sottospazi. Per la precisione, per $W_1, \ldots, W_n$ sottospazi di V, si chiama somma di $W_1, \ldots, W_m$ e si indica $\sum_{j=1}^m W_j$ l'insieme delle somme $v_1 + \cdots + v_m$ con $v_j \in W_j$ per ogni $j = 1, \ldots, m$; si prova poi che questa somma è un sottospazio, e anzi coincide con $\langle \bigcup_{j=1}^m W_j \rangle$. Si dice poi che V è somma diretta di $W_1, \ldots, W_m$, e si scrive $V = \bigoplus_{j=1}^m W_j$, se e solo se

(i) $V = \sum_{j=1}^m W_j$,
(i)   per ogni $i = 1, \ldots, m$, $W_i \cap (\sum_{j \neq i} W_j) = \{0_V\}$,

ovvero se e solo se ogni elemento di V si scrive in uno e un solo modo come somma $v_1 + \cdots + v_m$ con $v_j \in W_j$ per ogni $j = 1, \ldots, m$. Per V finitamente generato e $V = \bigoplus_{j=1}^m W_j$ si prova poi

$$dim_K V = \sum_{j=1}^n dim_K W_j.$$

Esercizi 8.5.5

1. Si provi a estendere la formula di Grassmann quando V è finitamente generato e $V = \sum_{j=1}^m W_j$ con $m \geq 3$.
2. Sia V finitamente generato, $V \neq \{0_V\}$, e sia $\{v_1, \ldots, v_n\}$ una base di V su K. Si dimostri che $V = \bigoplus_{j=1}^n \langle v_j \rangle$.

Concludiamo il paragrafo osservando che anche tra gli spazi vettoriali, come già tra gruppi o anelli, si possono introdurre *strutture quoziente*. Ne accenniamo la costruzione, anche se la relativa nozione ci sarà utile solo raramente nel seguito. Sia dunque V uno spazio vettoriale su un campo K, facciamo riferimento a un suo sottospazio W. V è un gruppo abeliano additivo e W è un sottogruppo di V, forzatamente normale. Si può allora introdurre il gruppo quoziente

$$V/W = \{W + a : a \in V\}$$

dove, per ogni $a \in V$, $W + a = \{w + a : w \in W\}$ è la classe laterale di a rispetto a W e quindi, per $a, a' \in V$,

$$W + a = W + a' \text{ se e solo se } a - a' \in W;$$

l'operazione di gruppo è definita ponendo, per $a, b \in V$,

$$(W + a) + (W + b) = W + (a + b).$$

Per dare a V/W la struttura di spazio vettoriale su K dobbiamo introdurre in modo appropriato una moltiplicazione per ogni elemento $k \in K$: a questo proposito, sembra ragionevole azzardare, per $a \in V$,

$$k \cdot (W + a) = W + k \cdot a$$

dunque il prodotto tra k e la classe laterale di a è la classe laterale di $k \cdot a$ rispetto a W. Ma perché la definizione abbia senso dobbiamo preliminarmente controllare che non dipenda in nessun caso dalla particolare scelta di a in $W+a$ e dunque che, per $a, a' \in W$,

$$\text{se } W + a = W + a' \text{ allora } W + k \cdot a = W + k \cdot a',$$

in altre parole che

$$\text{se } a - a' \in W \text{ allora } k \cdot a - k \cdot a' \text{ è ancora in } W.$$

Ma la relativa verifica è facile: infatti $k \cdot a - k \cdot a'$ coincide con $k \cdot (a - a')$ e dunque sta in W perché $a - a' \in W$ e W è un sottospazio.

A questo punto il controllo che la struttura V/W così ottenuta – con relative addizione e moltiplicazione per gli elementi di K – è uno spazio vettoriale su K è facile (ed è lasciata per **esercizio** al lettore volenteroso).

Esercizio 8.5.6 Sia $V = W_1 \oplus W_2$. Si provi che ogni classe laterale di V/W_1 ha la forma $W_1 + a_2$ per un unico $a_2 \in W_2$. Si mostri che, anzi, la funzione F da V/W_1 in W_2 che associa ad ogni classe laterale di W_1 in V quell'unico elemento $a_2 \in W_2$ che le appartiene è una corrispondenza biunivoca di V/W_1 su W_2. Si noti finalmente che, per $a_2, b_2 \in W_2$ e $k \in K$,

$$F((W + a_2) + (W + b_2)) = a_2 + b_2, \quad F(k \cdot (W + a_2)) = k \cdot a_2.$$

8.6 Funzioni lineari

Fissiamo un campo K. In questo paragrafo vogliamo trattare quelle funzioni tra spazi vettoriali su K che ne preservano la struttura – così come, negli scorsi capitoli, abbiamo considerato gli *omomorfismi* dei gruppi, o quelli degli anelli –. Nel caso degli spazi vettoriali, si preferisce però usare il nome di *funzione lineare* (anziché omomorfismo). Eccone la definizione.

Definizione 8.6.1 Siano V, W due spazi vettoriali su K. Una funzione f di V in W si dice *lineare* se, per ogni scelta di $v, v' \in V$ e $k \in K$,

$$f(v + v') = f(v) + f(v'), \quad f(k \cdot v) = k \cdot f(v).$$

Se poi f è anche una corrispondenza biunivoca di V su W, f si chiama un *isomorfismo* di V su W. Quando c'è un isomorfismo di V su W, V e W si dicono *isomorfi*.

Quindi una funzione lineare f è un omomorfismo dei gruppi additivi $(V, +)$ e $(W, +)$ e, in più, preserva la moltiplicazione con gli elementi k di K. Come omomorfismo di gruppi, f ha ovviamente le seguenti proprietà:

(a) $f(0_V) = 0_W$,
(b) per ogni $v \in V$, $f(-v) = -f(v)$.

Notiamo poi che, per $v_1, \ldots, v_n \in V$ e $k_1, \ldots, k_n \in K$,

$$f(k_1 \cdot v_1 + \cdots + k_n \cdot v_n) = k_1 \cdot f(v_1) + \cdots k_n \cdot f(v_n).$$

Esempi 8.6.2

1. Sia $K = \mathbb{R}$ e sia f la funzione da $\mathbb{R}^2$ a $\mathbb{R}^2$ tale che, per ogni scelta di $x_1, x_2 \in \mathbb{R}^2$,
$$f(x_1, x_2) = (x_1 + x_2, 2x_2).$$

Allora f è lineare, infatti, per $x_1, x_2, y_1, y_2, k \in \mathbb{R}$,

$$\begin{aligned}
f((x_1, x_2) + (y_1, y_2)) &= f(x_1 + y_1, x_2 + y_2) = \\
&= (x_1 + y_1 + x_2 + y_2, 2(x_2 + y_2)) = \\
&= (x_1 + x_2 + y_1 + y_2, 2x_2 + 2y_2) = \\
&= (x_1 + x_2, 2x_2) + (y_1 + y_2, 2y_2)) = \\
&= f(x_1, x_2) + f(y_1, y_2);
\end{aligned}$$

$$\begin{aligned}
f(k \cdot (x_1, x_2)) &= f(k \cdot x_1, k \cdot x_2) = (k \cdot x_1 + k \cdot x_2, 2(k \cdot x_2)) = \\
&= (k \cdot x_1 + k \cdot x_2, (2k) \cdot x_2) = (k \cdot x_1 + k \cdot x_2, (k \cdot 2) \cdot x_2) = \\
&= (k \cdot (x_1 + x_2), k \cdot (2x_2)) = k \cdot (x_1 + x_2, 2x_2) = \\
&= k \cdot f(x_1, x_2).
\end{aligned}$$

Esercizio. Si provi che f è addirittura un isomorfismo di $\mathbb{R}^2$ su se stesso.

2. Sia $K = \mathbb{R}$ e sia f la moltiplicazione in $\mathbb{R}$, dunque la funzione di $\mathbb{R}^2$ in $\mathbb{R}$ tale che, per ogni scelta di $x_1, x_2 \in \mathbb{R}$,
$$f(x_1, x_2) = x_1 \cdot x_2.$$

Allora f non è lineare perché, ad esempio,

$$f((1, 1) + (1, 1)) = f(2, 2) = 4 \neq 2 = 1 + 1 = f(1, 1) + f(1, 1).$$

3. Ancora per $K = \mathbb{R}$, sia f la funzione da $\mathbb{R}^3$ in $\mathbb{R}$ tale che, per ogni scelta di $x_1, x_2, x_3 \in \mathbb{R}$,

$$f(x_1, x_2, x_3) = x_1.$$

f è lineare: infatti, per $x_1, x_2, x_3, y_1, y_2, y_3 \in \mathbb{R}$,

$$f((x_1, x_2, x_3) + (y_1, y_2, y_3)) = f(x_1 + y_1, x_2 + y_2, x_3 + y_3) = x_1 + y_1 =$$
$$= f(x_1, x_2, x_3) + f(y_1, y_2, y_3);$$

$$f(k \cdot (x_1, x_2, x_3)) = f(k \cdot x_1, k \cdot x_2, k \cdot x_3) = k \cdot x_1 = k \cdot f(x_1, x_2, x_3).$$

Si noti che f è suriettiva ma non iniettiva (**perché?**), dunque non è un isomorfismo.

4. Sia V uno spazio vettoriale su K, e supponiamo che V sia somma diretta dei sottospazi W_1, W_2. Definiamo $f_1 : V \to W_1$, $f_2 : V \to W_2$ come segue: ogni elemento $v \in V$ si decompone in modo unico come $w_1 + w_2$ con $w_1 \in W_1, w_2 \in W_2$, poniamo allora

$$f_1(v_1) = w_1, \quad f_2(v_2) = w_2.$$

Allora f_1, f_2 sono entrambe funzioni lineari. Infatti siano $k \in K, v, v' \in V$, decomponiamo v, v' nel modo sopra descritto

$$v = w_1 + w_2, \quad v' = w_1' + w_2'$$

con $w_1, w_1' \in W_1, w_2, w_2' \in W_2$; notiamo allora che $v + v', k \cdot v$ si scrivono rispettivamente

$$v + v' = w_1 + w_2 + w_1' + w_2' = (w_1 + w_1') + (w_2 + w_2'),$$

$$k \cdot v = k \cdot (w_1 + w_2) = k \cdot w_1 + k \cdot w_2$$

dove $w_1 + w_1', k \cdot w_1 \in W_1$ e $w_2 + w_2', k \cdot w_2 \in W_2$ perché W_1, W_2 sono sottospazi. Otteniamo così le rappresentazioni di $v + v'$ e $k \cdot v$ rispetto a W_1, W_2, e deduciamo

$$f_1(v + v') = w_1 + w_1' = f_1(v) + f(v'), \quad f_1(k \cdot v) = k \cdot w_1 = k \cdot f(v),$$

e analogamente per f_2.

Esercizio. f_1, f_2 sono isomorfismi?

5. Sia ancora $V = W_1 \oplus W_2$. Nell'esercizio 8.5.6 si è sostanzialmente provato che c'è un isomorfismo tra V/W_1 e W_2: è la funzione F che associa ad ogni classe laterale di V/W_1 il suo unico elemento appartenente a W_2.

6. Sia W sottospazio di V. La funzione p di V in V/W che ad ogni elemento a di V associa la sua classe laterale $W + a$ è lineare: il lettore può verificarlo per **esercizio**. Si noti che p è suriettiva: si controlli ancora per **esercizio** se p è anche iniettiva.

Quando V è uno spazio vettoriale finitamente generato e diverso da $\{0_V\}$, ogni funzione lineare da V ad un altro spazio W è perfettamente identificata se conosciamo i valori che essa assegna agli elementi di una base di V: è questo il contenuto del teorema che segue.

Teorema 8.6.3 *Siano V, W due spazi vettoriali su K. Supponiamo $V \neq \{0_V\}$, V finitamente generato e fissiamo una base $\{v_1, \ldots, v_n\}$ di V su K. Siano poi $w_1, \ldots, w_n \in W$. Allora esiste una e una sola funzione lineare f di V in W tale che $f(v_i) = w_i$ per ogni $i = 1, \ldots, n$.*

Dimostrazione. Mostriamo anzitutto che c'è al più una funzione lineare f con le proprietà descritte. Supponiamo infatti $f : V \to W$ lineare, $f(v_i) = w_i$ per ogni $i = 1, \ldots, n$, e notiamo che allora $f(v)$ ha valore obbligato per ogni $v \in V$: in effetti, v si decompone in uno e in sol modo nella forma

$$v = k_1 \cdot v_1 + \cdots + k_n \cdot v_n \text{ con } k_1, \ldots, k_n \in K.$$

Allora, siccome f è lineare, $f(v) = k_1 \cdot f(v_1) + \cdots + k_n \cdot f(v_n)$ e, siccome $f(v_i) = w_i$ per ogni $i = 1, \ldots, n$, $f(v)$ coincide forzatamente con $k_1 \cdot w_1 + \cdots + k_n \cdot w_n$. Sia allora f l'unica possibile funzione sopravvissuta alla precedente selezione: per ogni $v \in V$, se v si decompone rispetto a $v_1, \ldots, v_n$ come $k_1 \cdot v_1 + \cdots + k_n \cdot v_n$,

$$f(v) = k_1 \cdot w_1 + \cdots + k_n \cdot w_n.$$

Mostriamo che questa f soddisfa le richieste del teorema. È ovvio che, per $i = 1, \ldots, n$, $f(v_i) = w_i$, infatti v_i si decompone in $0_K \cdot v_1 + \cdots + 1_K \cdot v_i + \cdots + 0_K \cdot v_n$, e $0_K \cdot w_1 + \cdots + 1_K \cdot w_i + \cdots + 0_K \cdot w_n = w_i$. È invece più noioso controllare la linearità di f: comunque, se $v, v' \in V$, $k \in K$ e si ha

$$v = k_1 \cdot v_1 + \cdots + k_n \cdot v_n, \quad v' = k_1' \cdot v_1 + \cdots + k_n' \cdot v_n$$

per $k_1, \ldots, k_n, k_1', \ldots, k_n' \in K$, allora

$$v + v' = (k_1 + k_1') \cdot v_1 + \cdots + (k_n + k_n') \cdot v_n,$$
$$k \cdot v = (k \cdot k_1) \cdot v_1 + \cdots + (k \cdot k_n) \cdot v_n;$$

così

$$\begin{aligned}
f(v + v') &= (k_1 + k_1') \cdot w_1 + \cdots + (k_n + k_n') \cdot w_n = \\
&= k_1 \cdot w_1 + k_1' \cdot w_1 + \cdots k_n \cdot w_n + k_n' \cdot w_n = \\
&= (k_1 \cdot w_1 + \cdots + k_n \cdot w_n) + (k_1' \cdot w_1 + \cdots + k_n' \cdot w_n) = \\
&= f(v) + f(v'),
\end{aligned}$$

$$\begin{aligned}
f(k \cdot v) &= (k \cdot k_1) \cdot w_1 + \cdots + (k \cdot k_n) \cdot w_n = \\
&= k \cdot (k_1 \cdot w_1) + \cdots + k \cdot (k_n \cdot w_n) = \\
&= k \cdot (k_1 \cdot w_1 + \cdots + k_n \cdot w_n) = k \cdot f(v).
\end{aligned}$$

$\square$

Sia f una funzione lineare di V in W. Come detto, f è un omomorfismo tra i gruppi additivi di V e W, e possiamo conseguentemente considerare

- il nucleo di f $Ker\,f = \{v \in V : f(v) = 0_W\}$

oltre che

- l'immagine di f $Im\,f = \{f(v) : v \in V\}$.

Sappiamo poi che $Ker\,f$ è sottogruppo di V e $Im\,f$ lo è di W. Ma si ha addirittura di più.

Osservazione 8.6.4 $Ker\,f$ è un sottospazio di V e $Im\,f$ è un sottospazio di W.

Ci basta notare che, per $k \in K$ e $v \in Ker\,f$, cioè $f(v) = 0_W$, anche $k \cdot v$ è in $Ker\,f$ (infatti $f(k \cdot v) = k \cdot f(v) = k \cdot 0_W = 0_W$) e, analogamente, che, per $k \in K$ e $v \in V$, $k \cdot f(v)$ è in $Im\,f$ (infatti $k \cdot f(v) = f(k \cdot v)$).

Ricordiamo poi che

- f è iniettiva se e solo se $Ker\,f = \{0_V\}$

e, ovviamente,

- f è suriettiva se e solo se $Im\,f = W$.

Descriviamo nucleo e immagine di alcune delle funzioni lineari trattate negli esempi 8.6.2.

3. $Ker\,f = \{(0, x_2, x_3) : x_2, x_3 \in \mathbb{R}\}$ è il sottospazio generato da $(0,1,0)$, $(0,0,1)$, ha dunque dimensione 2 su $\mathbb{R}$. Invece $Im\,f = \mathbb{R}$ ha dimensione 1; si noti che $dim_{\mathbb{R}}Ker\,f + dim_{\mathbb{R}}Im\,f = 2 + 1 = 3$ è la dimensione dello spazio $V = \mathbb{R}^3$.

4. $Ker\,f_1 = W_2$ e $Im\,f_1 = W_1$, $Ker\,f_2 = W_1$ e $Im\,f_2 = W_2$: si ricordi che, per V finitamente generato, $dim_K V = dim_K W_1 + dim_K W_2$, dunque $dim_K V = dim_K Ker\,f_i + dim_K Im\,f_i$ per ogni $i = 1, 2$.

6. $Ker\,p = W$ e $Im\,p = V/W$.

Esercizio 8.6.5 Si provi che, per ogni campo K e per ogni scelta di m, n interi positivi, lo spazio vettoriale $\mathcal{M}_{m \times n}(K)$ delle matrici $m \times n$ a coefficienti in K è isomorfo a $K^{m \cdot n}$.

Vale nell'ambito delle funzioni lineari un risultato analogo al Teorema degli omomorfismi di gruppi o anelli: se f è una funzione lineare dello spazio V nello spazio W – e dunque $Ker\,f$ è sottospazio di V –, allora c'è un isomorfismo h di $V/Ker\,f$ su $Im\,f$ tale che, per ogni $v \in V$, $h(Ker\,f + v) = f(v)$.

Del resto i precedenti esempi 4 e 5 illustrano già implicitamente questa situazione: per $V = W_1 \oplus W_2$, consideriamo la funzione lineare f_2 da V a W_2 (così $Ker\,f_2 = W_1$), e notiamo che la funzione F dell'esempio 5 è proprio quella stabilita dal precedente risultato.

Non vogliamo però soffermarci troppo su questo punto, preferiamo invece mettere in evidenza una sua variante, che coinvolge ancora nucleo e immagine di una funzione lineare e ha il pregio di collegarne le dimensioni. Gli esempi 3,4 appena svolti hanno già in qualche modo introdotto il risultato che vogliamo presentare. Eccone i dettagli.

Teorema 8.6.6 (nullità + rango). *Siano V, W due spazi vettoriali su un campo K e sia f una funzione lineare di V in W. Se V è finitamente generato, allora $Ker\, f$ e $Im\, f$ sono anch'essi finitamente generati, e vale*

$$dim_K Ker\, f + dim_K Im\, f = dim_K V.$$

Si noti che non si richiede che W sia finitamente generato.

Dimostrazione. $Ker\, f$ è sottospazio di V, e dunque è finitamente generato. Non altrettanto possiamo al momento dire di $Im\, f$, perché non sappiamo se W è finitamente generato. Fissiamo comunque una base $v_1, \ldots, v_s$ di $Ker\, f$ e estendiamola a una base $v_1, \ldots, v_s, v_{s+1}, \ldots, v_n$ di V (dunque $s = dim_K Ker\, f$, $n = dim_K V$; eventualmente $Ker\, f = \{0_V\}$ e $s = 0$). Ci basta provare che:

(i) $f(v_{s+1}), \ldots, f(v_n)$ generano $Im\, f$,
(ii) $f(v_{s+1}), \ldots, f(v_n)$ sono l. i. .

Infatti, se questo è vero, (i) garantisce che $Im\, f$ è finitamente generato, (i) e (ii) insieme implicano poi che

$$dim_K Im\, f = n - s = dim_K V - dim_K Ker\, f.$$

(i) Sia $w \in Im\, f$, allora $w = f(v)$ per qualche $v \in V$. Decomponiamo v secondo la base $v_1, \ldots, v_s, v_{s+1}, \ldots, v_n$ e otteniamo

$$v = k_1 \cdot v_1 + \cdots + k_s \cdot v_s + k_{s+1} \cdot v_{s+1} + \cdots + k_n \cdot v_n$$

per opportuni $k_1, \ldots, k_s, k_{s+1}, \ldots, k_n \in K$. Allora

$$w = f(v) = k_1 \cdot f(v_1) + \cdots + k_s \cdot f(v_s) + k_{s+1} \cdot f(v_{s+1}) + \cdots + k_n \cdot f(v_n).$$

Ma $v_1, \ldots, v_s \in Ker\, f$, quindi $f(v_1), \ldots, f(v_s) = 0_W$ e, in conclusione, $w = k_{s+1} \cdot f(v_{s+1}) + \cdots + k_n \cdot f(v_n)$ è in $\langle f(v_{s+1}), \ldots, f(v_n) \rangle$.

(ii) Siano $k_{s+1}, \ldots, k_n \in K$ tali che $0_W = k_{s+1} \cdot f(v_{s+1}) + \cdots + k_n \cdot f(v_n)$, cioè $0_W = f(k_{s+1} \cdot v_{s+1} + \cdots + k_n \cdot v_n)$: è da provare $k_{s+1} = \cdots = k_n = 0_K$. Notiamo che $k_{s+1} \cdot v_{s+1} + \cdots + k_n \cdot v_n$ è in $Ker\, f$ e quindi si decompone come $k_1 \cdot v_1 + \cdots + k_s \cdot v_s$ per opportuni $k_1, \ldots, k_s \in K$. Segue che

$$-(k_1 \cdot v_1 + \cdots + k_s \cdot v_s) + k_{s+1} \cdot v_{s+1} + \cdots + k_n \cdot v_n = 0_V$$

cioè

$$(-k_1) \cdot v_1 + \cdots + (-k_s) \cdot v_s + k_{s+1} \cdot v_{s+1} + \cdots + k_n \cdot v_n = 0_V.$$

Ma $v_1, \ldots, v_n$ sono l. i., quindi $k_1, \ldots, k_s$ e, soprattutto, $k_{s+1}, \ldots, k_n$ sono tutti nulli. $\square$

Esercizio 8.6.7 Siano V, W due spazi vettoriali su un campo K finitamente generati e non nulli. Sia poi $n = dim_K V$, $m = dim_K W$.

1. Si provi che c'è una funzione lineare iniettiva di V in W se e solo se $n \leq m$.
2. Si mostri poi che c'è una funzione lineare suriettiva di V su W se e solo se $n \geq m$.
3. Si deduca che c'è un isomorfismo di V su W se e solo se $n = m$: dunque V e W *sono isomorfi se e solo se hanno la stessa dimensione su K* (risultato da tener presente in futuro).
4. Si osservi poi in particolare che se f è un isomorfismo di V su W e $v_1, \ldots, v_n$ formano una base di V su K, allora $f(v_1), \ldots, f(v_n)$ formano una base di W su K. Viceversa, se $v_1, \ldots, v_n$ è una base di V e le immagini $f(v_1), \ldots, f(v_n)$ di $v_1, \ldots, v_n$ nella funzione lineare f formano una base di W, allora f è un isomorfismo di V su W.

   (*Suggerimento:* fissiamo due basi $\{v_1, \ldots, v_n\}$ di V e $\{w_1, \ldots, w_m\}$ di W.
   a) Una funzione lineare iniettiva f di V in W ha nucleo $\{0_V\}$ di dimensione 0, dunque dal Teorema 8.6.6 si ricava $n = dim_K V = dim_K Im\, f \leq dim_K W = m$. Viceversa, ponendo $f(v_i) = w_i$ per ogni $i = 1, \ldots, n$, si definisce un'unica funzione lineare f di V in W; si provi che f è iniettiva.
   b) Una funzione lineare suriettiva f di V su W soddisfa $Im\, f = W$, dunque dal Teorema 8.6.6 si deduce $n = dim_K V = dim_K Ker\, f + dim_K W = dim_K Ker\, f + m \geq m$. Viceversa, per $n \geq m$, si ponga $f(v_i) = w_i$ per $i = 1, \ldots, m$, $f(v_i) = 0_W$ per $i = m + 1, \ldots, n$: si definisce così un'unica funzione lineare f di V in W. È facile vedere che f è suriettiva).

Si osservi l'analogia del precedente esercizio con il Teorema 1.9.2 valido per insiemi e funzioni arbitrari.

Esercizio 8.6.8 Si provi che lo spazio $\mathcal{M}_{m \times n}(K)$ ha dimensione $m \cdot n$ su K. (*Suggerimento:* si ricordi che $\mathcal{M}_{m \times n}(K)$ è isomorfo a $K^{m \cdot n}$; una base di $\mathcal{M}_{m \times n}(K)$ si ottiene in particolare come immagine della base canonica di $K^{m \cdot n}$, dunque con le matrici

$$
\begin{pmatrix} 1 & 0 & \cdots & 0 \\ 0 & 0 & \cdots & 0 \\ \cdots & \cdots & \cdots & \cdots \\ 0 & 0 & \cdots & 0 \end{pmatrix},
\begin{pmatrix} 0 & 1 & \cdots & 0 \\ 0 & 0 & \cdots & 0 \\ \cdots & \cdots & \cdots & \cdots \\ 0 & 0 & \cdots & 0 \end{pmatrix}, \ldots,
\begin{pmatrix} 0 & 0 & \cdots & 0 \\ 0 & 0 & \cdots & 0 \\ \cdots & \cdots & \cdots & \cdots \\ 0 & 0 & \cdots & 1 \end{pmatrix}
$$

dove 0 abbrevia 0_K e 1 sta per 1_K).

Concludiamo il paragrafo con qualche ulteriore osservazione sulle funzioni lineari.

Proposizione 8.6.9 *La composizione di due funzioni lineari è ancora lineare: se V, W, U sono spazi vettoriali sullo stesso campo K, f è una funzione lineare di V in W e g è una funzione lineare di W in U, allora anche la composizione $g \circ f : V \to U$ è lineare.*

Dimostrazione. Siano $v, v' \in V$, $k \in K$, si ha allora

$$(g \circ f)(v + v') = g(f(v + v')) = g(f(v) + f(v')) = g(f(v)) + g(f(v')) =$$
$$= (g \circ f)(v) + (g \circ f)(v');$$

$$(g \circ f)(k \cdot v) = g(f(k \cdot v)) = g(k \cdot f(v)) = k \cdot g(f(v)) = k \cdot (g \circ f)(v).$$

$\square$

È poi ovvio che, per ogni spazio vettoriale V, l'identità di V è lineare. Finalmente la linearità si preserva anche per funzioni inverse, vale infatti:

Proposizione 8.6.10 *Siano V, W due spazi vettoriali sul campo K e sia f un isomorfismo di V su W. Allora anche f^{-1} è un isomorfismo (di W su V).*

Dimostrazione. Ricordiamo che f è in particolare una corrispondenza biunivoca tra V e W e quindi è definita l'inversa f^{-1} di f, quella funzione da W a V che ad ogni $w \in W$ associa l'unico elemento $v \in V$ per cui $f(v) = w$. Inoltre f^{-1} è una corrispondenza biunivoca. Resta quindi da provare che f^{-1} è lineare: siano allora $w, w' \in W$ e siano $v, v' \in V$ tali che

$$f(v) = w, \; f(v') = w', \; \text{cioè } f^{-1}(w) = v, \; f^{-1}(w') = v'.$$

Allora, per $k \in K$,

$$f(v + v') = f(v) + f(v') = w + w', \quad f(k \cdot v) = k \cdot f(v) = k \cdot w,$$

dunque

$$f^{-1}(w + w') = v + v' = f^{-1}(w) + f^{-1}(w'),$$
$$f^{-1}(k \cdot w) = k \cdot v = k \cdot f^{-1}(w).$$

$\square$

8.7 Dualità

Per V, W spazi vettoriali sullo stesso campo K, possiamo formare l'insieme di tutte le funzioni lineari da V a W. Lo denotiamo con $L(V, W)$ (L per *lineare*, ovviamente). È notevole osservare che anche $L(V, W)$ assume la struttura di spazio vettoriale su K. Vediamo come.

- Dobbiamo anzitutto definire un'addizione in $L(V, W)$. Possiamo quindi procedere come in situazioni analoghe incontrate in precedenza, ad esempio quando si è parlato dell'anello degli endomorfismi di un gruppo abeliano. Per $f, g \in L(V, W)$, chiamiamo allora $f + g$ la funzione da V a W tale che, per ogni $v \in V$,
$$(f + g)(v) = f(v) + g(v).$$

È un facile esercizio controllare che anche $f + g$ è lineare: infatti, per $v, v' \in V$ e $k \in K$, si ha

$$(f + g)(v + v') = f(v + v') + g(v + v') = f(v) + f(v') + g(v) + g(v') =$$
$$= f(v) + g(v) + f(v') + g(v') = (f + g)(v) + (f + g)(v'),$$

$$(f + g)(k \cdot v) = f(k \cdot v) + g(k \cdot v) = k \cdot f(v) + k \cdot g(v) =$$
$$= k \cdot (f(v) + g(v)) = k \cdot (f + g)(v)$$

(in entrambi i casi la prima uguaglianza deriva dalla definizione di $f + g$, la seconda dalla linearità di f, g, la terza dalle proprietà degli spazi vettoriali, l'ultima nuovamente dalla definizione di $f + g$).

- Adesso, per ogni $r \in K$, dobbiamo definire la moltiplicazione per r delle funzioni $f \in L(V, W)$. Poniamo, per ogni $v \in V$,

$$(r \cdot f)(v) = r \cdot f(v).$$

Di nuovo, si verifica che $r \cdot f$, così definita, è lineare: nei dettagli, per $v, v' \in V$, $k \in K$,

$$(r \cdot f)(v + v') = r \cdot f(v + v') = r \cdot (f(v) + f(v')) =$$
$$= r \cdot f(v) + r \cdot f(v') = (r \cdot f)(v) + (r \cdot f)(v'),$$

$$(r \cdot f)(k \cdot v) = r \cdot f(k \cdot v) = r \cdot (k \cdot f(v)) =$$
$$= (r \cdot k) \cdot f(v) = (k \cdot r) \cdot f(v) = k \cdot (r \cdot f(v)) = k \cdot (r \cdot f)(v)$$

(nell'ultima serie di uguaglianze si usa anche la commutatività della moltiplicazione del campo K, quando si afferma $r \cdot k = k \cdot r$).

A questo punto va controllato che $L(V, W)$ con le operazioni così introdotte diventa uno spazio vettoriale su K. Trascuriamo i relativi dettagli e ci limitiamo ad affermare che:

- $0_{L(V,W)}$ è la funzione da V a W che associa 0_W ad ogni $v \in V$;
- per $f \in L(V, W)$, $-f$ è la funzione da V a W che ad ogni $v \in V$ associa $-f(v)$ (l'opposto di $f(v)$ in W).

Può essere istruttivo considerare il caso particolare in cui W coincide con K – inteso come spazio vettoriale di dimensione 1 su se stesso –: $L(V, W)$ si indica allora, più sbrigativamente, $V^\star$ e si chiama lo *spazio duale* di V. Vale la seguente notevole proprietà.

Teorema 8.7.1 *Siano V uno spazio vettoriale finitamente generato e non nullo sul campo K. Allora c'è un isomorfismo tra V e $V^\star$, in particolare V e $V^\star$ hanno la stessa dimensione.*

Dimostrazione. Sia n la dimensione di V su K, fissiamo anzi una base $\{v_1, \ldots, v_n\}$ di V su K. Per ogni $i = 1, \ldots, n$, è possibile determinare una (unica) funzione lineare η_i di V in K – dunque un elemento η_i di $V^\star$ – ponendo, per ogni $j = 1, \ldots, n$,

$$\eta_i(v_j) = \delta_{ij} = \begin{cases} 1_K & \text{se } i = j \\[2mm] 0_K & \text{se } i \neq j \end{cases}$$

(si ricordi il Teorema 8.6.3; δ è il simbolo di Kronecker). Proviamo che $\eta_1, \ldots, \eta_n$ formano una base di $V^\star$. Questo ci è sufficiente perché allora $V^\star$ ha la stessa dimensione n di V, e dunque gli è isomorfo per l'Esercizio 8.6.7. Osserviamo anzitutto che, per $k_1, \ldots, k_n \in K$, la funzione lineare $k_1 \cdot \eta_1 + \cdots + k_n \cdot \eta_n \in V^\star$ è ancora determinata dai suoi valori su $v_1, \ldots, v_n$, e che, per $i = 1, \ldots, n$,

$$\begin{aligned} (k_1 \cdot \eta_1 + \cdots + k_n \cdot \eta_n)(v_i) &= \\ = k_1 \cdot \eta_1(v_i) + \cdots + k_i \cdot \eta_i(v_i) + \cdots + k_n \cdot \eta_n(v_i) &= \\ = k_1 \cdot 0_K + \cdots + k_i \cdot 1_K + \cdots + k_n \cdot 0_K &= k_i. \end{aligned}$$

Ne deduciamo anzitutto che $\eta_1, \ldots, \eta_n$ generano $V^\star$: sia infatti $f \in V^\star$ e, per ogni $i = 1, \ldots, n$, sia $k_i = f(v_i)$, formiamo corrispondentemente $k_1 \cdot \eta_1 + \cdots + k_n \cdot \eta_n$ e notiamo che f e $k_1 \cdot \eta_1 + \cdots + k_n \cdot \eta_n$ coincidono su ciascun v_i

$$f(v_i) = k_i = (k_1 \cdot \eta_1 + \cdots + k_n \cdot \eta_n)(v_i),$$

dunque sono uguali tra loro (di nuovo per il Teorema 8.6.3). Di più $\eta_1, \ldots, \eta_n$ sono l. i.: siano infatti $k_1, \ldots, k_n \in K$ tali che $k_1 \cdot \eta_1 + \cdots + k_n \cdot \eta_n$ è la funzione nulla $0_{V^\star}$ di $V^\star$ (quella che associa 0_K a ogni elemento di V), allora per ogni $i = 1, \ldots, n$

$$0_K = (k_1 \cdot \eta_1 + \cdots + k_n \cdot \eta_n)(v_i) = k_i.$$

$\square$

Così il teorema ci chiarisce la struttura di $V^\star$, ci dice che $V^\star$ ha la stessa dimensione di V e ci fornisce una sua base $\{\eta_1, \ldots, \eta_n\}$ a partire dalla base $\{v_1, \ldots, v_n\}$ di V. $\{\eta_1, \ldots, \eta_n\}$ viene chiamata la *base duale* di $\{v_1, \ldots, v_n\}$. Ci piacerebbe avere analoghi risultati per ogni spazio $L(V, W)$ anche quando W è diverso da K: nel prossimo paragrafo affronteremo la questione per V, W finitamente generati.

8.8 Funzioni lineari e matrici

Nel Capitolo 6 abbiamo introdotto l'anello $\mathcal{M}_{m \times n}(K)$ delle matrici $m \times n$ a coefficienti in un campo K. Al principio di questo capitolo abbiamo poi visto che $\mathcal{M}_{m \times n}(K)$ si può anche considerare come spazio vettoriale su K e come tale ha dimensione $m \cdot n$. Del resto anche K^n – inteso come insieme dei vettori riga a n componenti in K, dunque come insieme delle matrici $1 \times n$ – si può vedere come spazio vettoriale in questa prospettiva. Per altra via K^m si può identificare come insieme dei vettori **colonna** a m componenti in K, ovvero come insieme delle matrici $m \times 1$ $\begin{pmatrix} x_1 \\ \cdots \\ x_m \end{pmatrix} = {}^t(x_1, \ldots, x_m)$ e si può vedere come spazio vettoriale su K per questa via. Ci conviene anzi, almeno nell'ambito di questo paragrafo, considerare K^m e anche K^n proprio sotto questo punto di vista, fare dunque lo sforzo di trattarne gli elementi come vettori colonna. Ma le matrici di $\mathcal{M}_{m \times n}(K)$ determinano anche funzioni lineari, per la precisione da K^n a K^m, nel modo che ora descriviamo. Per ogni matrice $A \in \mathcal{M}_{m \times n}(K)$, sia $F(A)$ la funzione da K^n a K^m definita ponendo, per ogni $x \in K^n$ – inteso come vettore colonna $n \times 1$ –,

$$F(A)(x) = A \cdot x$$

(il prodotto righe per colonne di A per x, che produce una matrice $m \times 1$, cioè un elemento di K^m).

Osservazione 8.8.1 $F(A)$ è una funzione lineare da K^n a K^m. Basta ricordare che, per $x, x' \in K^n$ (pensati come vettori colonna $n \times 1$) e $k \in K$,

$$A \cdot (x + x') = A \cdot x + A \cdot x', \quad A \cdot (k \cdot x) = k \cdot A \cdot x$$

e tradurre queste uguaglianze nella forma desiderata

$$F(A)(x + x') = F(A)(x) + F(A)(x'), \quad F(A)(k \cdot x) = k \cdot F(A)(x).$$

Esempi 8.8.2

1. La matrice $A = \begin{pmatrix} 1 & 2 & 3 \\ 3 & 2 & 2 \end{pmatrix} \in \mathcal{M}_{2 \times 3}(\mathbb{R})$ definisce la funzione $F(A)$ di $\mathbb{R}^3$ in $\mathbb{R}^2$ tale che, per ogni scelta di $x_1, x_2, x_3 \in \mathbb{R}$,

$$F(A) \begin{pmatrix} x_1 \\ x_2 \\ x_3 \end{pmatrix} = \begin{pmatrix} x_1 + 2x_2 + 3x_3 \\ 3x_1 + 2x_2 + 2x_3 \end{pmatrix}$$

(infatti $\begin{pmatrix} 1 & 2 & 3 \\ 3 & 2 & 2 \end{pmatrix} \cdot \begin{pmatrix} x_1 \\ x_2 \\ x_3 \end{pmatrix} = \begin{pmatrix} x_1 + 2x_2 + 3x_3 \\ 3x_1 + 2x_2 + 2x_3 \end{pmatrix}$). In particolare

$$F(A) \begin{pmatrix} 1 \\ 0 \\ 0 \end{pmatrix} = \begin{pmatrix} 1 \\ 3 \end{pmatrix}, \quad F(A) \begin{pmatrix} 0 \\ 1 \\ 0 \end{pmatrix} = \begin{pmatrix} 2 \\ 2 \end{pmatrix}, \quad F(A) \begin{pmatrix} 0 \\ 0 \\ 1 \end{pmatrix} = \begin{pmatrix} 3 \\ 2 \end{pmatrix}.$$

Si ricordi che i valori di $F(A)$ sugli elementi di una base di $\mathbb{R}^3$, come appunto $\begin{pmatrix} 1 \\ 0 \\ 0 \end{pmatrix}, \begin{pmatrix} 0 \\ 1 \\ 0 \end{pmatrix}, \begin{pmatrix} 0 \\ 0 \\ 1 \end{pmatrix}$, individuano perfettamente $F(A)$ e si noti che questi valori corrispondono nel nostro caso proprio alle tre colonne di A.

2. Viceversa consideriamo la funzione lineare $f : \mathbb{R}^3 \to \mathbb{R}^2$ definita ponendo

$$f\begin{pmatrix} 1 \\ 0 \\ 0 \end{pmatrix} = \begin{pmatrix} 1 \\ 4 \end{pmatrix}, \; f\begin{pmatrix} 0 \\ 1 \\ 0 \end{pmatrix} = \begin{pmatrix} -2 \\ 0 \end{pmatrix}, \; f\begin{pmatrix} 0 \\ 0 \\ 1 \end{pmatrix} = \begin{pmatrix} 0 \\ 1 \end{pmatrix};$$

dunque, per x_1, x_2, x_3 reali arbitrari,

$$\begin{aligned}
f\begin{pmatrix} x_1 \\ x_2 \\ x_3 \end{pmatrix} &= f\left(x_1 \begin{pmatrix} 1 \\ 0 \\ 0 \end{pmatrix} + x_2 \begin{pmatrix} 0 \\ 1 \\ 0 \end{pmatrix} + x_3 \begin{pmatrix} 0 \\ 0 \\ 1 \end{pmatrix} \right) = \\
&= x_1 \cdot f\begin{pmatrix} 1 \\ 0 \\ 0 \end{pmatrix} + x_2 \cdot f\begin{pmatrix} 0 \\ 1 \\ 0 \end{pmatrix} + x_3 \cdot f\begin{pmatrix} 0 \\ 0 \\ 1 \end{pmatrix} = \\
&= x_1 \cdot \begin{pmatrix} 1 \\ 4 \end{pmatrix} + x_2 \cdot \begin{pmatrix} -2 \\ 0 \end{pmatrix} + x_3 \cdot \begin{pmatrix} 0 \\ 1 \end{pmatrix} = \begin{pmatrix} x_1 - 2x_2 \\ 4x_1 + x_3 \end{pmatrix}.
\end{aligned}$$

Si noti allora che f coincide con $F(A)$ se A è la matrice $\begin{pmatrix} 1 & -2 & 0 \\ 4 & 0 & 1 \end{pmatrix}$, infatti

$$\begin{pmatrix} 1 & -2 & 0 \\ 4 & 0 & 1 \end{pmatrix} \cdot \begin{pmatrix} x_1 \\ x_2 \\ x_3 \end{pmatrix} = \begin{pmatrix} x_1 - 2x_2 \\ 4x_1 + x_3 \end{pmatrix}$$

per ogni scelta di x_1, x_2, x_3.

In effetti il collegamento tra matrici $\mathcal{M}_{n \times n}(K)$ e funzioni lineari da K^n a K^m è stretto e profondo. Vale infatti il seguente risultato.

Teorema 8.8.3 *Sia F la funzione di $\mathcal{M}_{m \times n}(K)$ in $L(K^n, K^m)$ che ad ogni matrice A associa la funzione lineare $F(A)$. Allora F è un isomorfismo tra $\mathcal{M}_{m \times n}(K)$ e $L(K^n, K^m)$.*

Dimostrazione. Passiamo in rassegna i punti da dimostrare.

(a) Anzitutto è da vedere che F è suriettiva, cioè che **ogni** funzione lineare f da K^n a K^m si ottiene come $F(A)$ – dunque dalla moltiplicazione righe per colonne a sinistra per A – per qualche matrice A.

(b) È da mostrare poi che F è iniettiva, dunque, fissata f, c'è un'unica matrice A per cui $f = F(A)$.

(c) Finalmente c'è da vedere che F è a sua volta lineare, cioè per $A, A' \in \mathcal{M}_{m \times n}(K)$ e $k \in K$,

$$F(A + A') = F(A) + F(A'), \quad F(k \cdot A) = k \cdot F(A).$$

C'è un'osservazione preliminare che conviene premettere alle dimostrazioni di (a), (b), (c): sappiamo infatti che ogni funzione lineare da K^n a K^m è perfettamente individuata dai valori che assegna agli elementi di una base di

K^n; disponiamo poi per K^n della base canonica $e_1^n, \ldots, e_n^n$. Vale dunque la pena, per ogni matrice $A \in \mathcal{M}_{m \times n}(K)$, valutare $F(A)(e_1^n), \ldots, F(A)(e_n^n)$. Si controlla allora che, per ogni $j = 1, \ldots, n$,

$$F(A)(e_j^n) \text{ è la } j\text{-ma colonna } A^{(j)} \text{ di } A,$$

infatti

$$
\begin{pmatrix} a_{1,1} \cdots a_{1,j} \cdots a_{1,n} \\ a_{2,1} \cdots a_{2,j} \cdots a_{2,n} \\ \cdots \\ a_{m,1} \cdots a_{m,j} \cdots a_{m,n} \end{pmatrix} \cdot \begin{pmatrix} 0_K \\ \vdots \\ 1_k \\ \vdots \\ 0_K \end{pmatrix} =
$$

$$
= \begin{pmatrix} a_{1,1} \cdot 0_K + \cdots + a_{1,j} \cdot 1_K + \cdots + a_{1,n} \cdot 0_K \\ a_{2,1} \cdot 0_K + \cdots + a_{2,j} \cdot 1_K + \cdots + a_{2,n} \cdot 0_K \\ \cdots \\ a_{m,1} \cdot 0_K + \cdots + a_{m,j} \cdot 1_K + \cdots + a_{m,n} \cdot 0_K \end{pmatrix} = \begin{pmatrix} a_{1,j} \\ a_{2,j} \\ \vdots \\ a_{m,j} \end{pmatrix}.
$$

Ciò premesso, è immediato provare (b): se A e A' sono due matrici diverse in $\mathcal{M}_{m \times n}(K)$, allora A, A' differiscono in almeno una colonna, $A^{(j)} \neq (A')^{(j)}$ per qualche $j = 1, \ldots, n$; ma allora $F(A)(e_j^n) \neq F(A')(e_j^n)$ e quindi $F(A) \neq F(A')$. Passiamo ad (a). Sia $f \in L(K^n, K^m)$, calcoliamo $f(e_1^n), \ldots, f(e_n^n) \in K^m$ e costruiamo la matrice $A \in \mathcal{M}_{m \times n}(K)$ che ha queste immagini come colonne, dalla prima alla n-ma, nell'ordine. Allora $F(A)(e_j^n) = f(e_j^n)$ per ogni $j = 1, \ldots, n$, quindi $F(A) = f$.

Finalmente consideriamo (c). $F(A + A')$ e $F(A) + F(A')$ sono entrambe funzioni lineari da K^n a K^m, dunque coincidono se si prova che associamo le stesse immagini a e_j^n per ogni $j = 1, \ldots, n$. Ma $F(A + A')(e_j^n)$, $F(A)(e_j^n)$, $F(A')(e_j^n)$ sono, rispettivamente, la j-ma colonna di $A + A'$, A e A' e sappiamo che $(A + A')^{(j)} = A^{(j)} + (A')^{(j)}$. L'altra uguaglianza $F(k \cdot A) = k \cdot F(A)$ si prova allo stesso modo. $\square$

Corollario 8.8.4 $L(K^n, K^m)$ *ha dimensione* $m \cdot n$ *su* K.

Dimostrazione. Tale è infatti la dimensione di $\mathcal{M}_{m \times n}(K)$ su K. $\square$

Una base di $L(K^n, K^m)$ si ottiene poi considerando le funzioni lineari di K^n in K^m che corrispondono in F alle matrici di una base di $\mathcal{M}_{m \times n}(K)$.

Osservazione 8.8.5 Per $m = 1$, si ha che $L(K^n, K)$ – cioè lo spazio duale di K^n – ha dimensione $n \cdot 1 = n$, cioè la stessa dimensione di K^n, e quindi è isomorfo a K^n. Si recupera in questo modo come conseguenza del Teorema 8.8.3 il risultato finale del paragrafo scorso (almeno nel caso $V = K^n$).

Il collegamento tra matrici e funzioni lineari interessa anche le due operazioni di prodotto che nei due diversi ambiti sono state introdotte:

- la moltiplicazione righe per colonne tra matrici,
- la composizione tra funzioni lineari.

Le due operazioni si corrispondono in F, nel modo che ora enunciamo e dimostriamo.

Teorema 8.8.6 *Siano $A \in \mathcal{M}_{m \times n}(K)$, $B \in \mathcal{M}_{n \times q}(K)$ e siano g, f le funzioni lineari, rispettivamente da K^n a K^m e da K^q a K^n, che corrispondono ad A, B nel modo sopra descritto. Allora la funzione lineare che corrisponde ad $A \cdot B \in \mathcal{M}_{m \times q}(K)$ è $g \circ f$ (che va da K^q a K^m).*

Dimostrazione. Per $x \in K^q$, $f(x) = B \cdot x$ e per $y \in K^n$, $g(y) = A \cdot y$. Così, per $x \in K^q$, $(g \circ f)(x) = g(f(x)) = g(B \cdot x) = A \cdot (B \cdot x) = (A \cdot B) \cdot x$. $\qquad \square$

Se restringiamo la nostra attenzione al caso $m = n$, dunque a matrici quadrate $n \times n$ a coefficienti in K e a funzioni lineari di K^n in K^n, possiamo anzitutto notare che

$$F(I_n) = id_{K^n}$$

infatti, per ogni $x \in K^n$, $I_n \cdot x = x$: dunque matrice unità I_n e funzione identica id_{K^n} si corrispondono. Si ha poi:

Teorema 8.8.7 *Siano $A \in \mathcal{M}_{n \times n}(K)$, $f \in L(K^n, K^n)$, e supponiamo che A e f si corrispondano in F, cioè $F(A) = f$. Allora A è invertibile se e solo se lo è f (cioè se e solo se f è un isomorfismo).*

Dimostrazione. Se A ha inversa A^{-1} e vale dunque $A \cdot A^{-1} = A^{-1} \cdot A = I_n$, si deduce $F(A) \cdot F(A^{-1}) = F(A \cdot A^{-1}) = F(I_n) = id_{K^n}$, e $F(A^{-1}) \cdot F(A) = id_{K^n}$ analogamente. Così $f = F(A)$ ha inversa $F(A^{-1})$.
Viceversa, se f è un isomorfismo e dunque ha inversa f^{-1}, si recupera anzitutto la matrice A' per cui $f^{-1} = F(A')$, si nota poi che $F(A \cdot A') = F(A) \cdot F(A') = f \circ f^{-1} = id_{K^n} = F(I_n)$ e si deduce $A \cdot A' = I_n$ (e poi anche $A' \cdot A = I_n$ allo stesso modo): si conclude che A ha inversa A'. $\qquad \square$

Esempi 8.8.8 Siano $K = \mathbb{R}$, $V = \mathbb{R}^2$.

1. Siano $f, g \in L(\mathbb{R}^2, \mathbb{R}^2)$ definite ponendo, per ogni scelta di $x_1, x_2 \in \mathbb{R}$,

$$f \begin{pmatrix} x_1 \\ x_2 \end{pmatrix} = \begin{pmatrix} 2x_1 + 3x_2 \\ x_1 - x_2 \end{pmatrix}, \quad g \begin{pmatrix} x_1 \\ x_2 \end{pmatrix} = \begin{pmatrix} x_1 - x_2 \\ 3x_2 \end{pmatrix}.$$

In altre parole

$$f \begin{pmatrix} 1 \\ 0 \end{pmatrix} = \begin{pmatrix} 2 \\ 1 \end{pmatrix}, \quad f \begin{pmatrix} 0 \\ 1 \end{pmatrix} = \begin{pmatrix} 3 \\ -1 \end{pmatrix},$$

e

$$g \begin{pmatrix} 1 \\ 0 \end{pmatrix} = \begin{pmatrix} 1 \\ 0 \end{pmatrix}, \quad g \begin{pmatrix} 0 \\ 1 \end{pmatrix} = \begin{pmatrix} -1 \\ 3 \end{pmatrix}.$$

Così le matrici che corrispondono a f, g in F sono rispettivamente

$$B = \begin{pmatrix} 2 & 3 \\ 1 & -1 \end{pmatrix} \quad \text{e} \quad A = \begin{pmatrix} 1 & -1 \\ 0 & 3 \end{pmatrix}.$$

Il loro prodotto $A \cdot B$ è

$$A \cdot B = \begin{pmatrix} 1 & -1 \\ 0 & 3 \end{pmatrix} \cdot \begin{pmatrix} 2 & 3 \\ 1 & -1 \end{pmatrix} = \begin{pmatrix} 1 & 4 \\ 3 & -3 \end{pmatrix}$$

e corrisponde alla funzione lineare $g \circ f$: infatti, per $x_1, x_2 \in \mathbb{R}$,

$$(g \circ f) \begin{pmatrix} x_1 \\ x_2 \end{pmatrix} = g \left(f \begin{pmatrix} x_1 \\ x_2 \end{pmatrix} \right) = g \begin{pmatrix} 2x_1 + 3x_2 \\ x_1 - x_2 \end{pmatrix} =$$

$$= \begin{pmatrix} (2x_1 + 3x_2) - (x_1 - x_2) \\ 3(x_1 - x_2) \end{pmatrix} = \begin{pmatrix} x_1 + 4x_2 \\ 3x_1 - 3x_2 \end{pmatrix}.$$

(in particolare $(g \circ f) \begin{pmatrix} 1 \\ 0 \end{pmatrix} = \begin{pmatrix} 1 \\ 3 \end{pmatrix}$ e $(g \circ f) \begin{pmatrix} 0 \\ 1 \end{pmatrix} = \begin{pmatrix} 4 \\ -3 \end{pmatrix}$).

2. Le matrici di $\mathcal{M}_{2 \times 2}(\mathbb{R})$

$$\begin{pmatrix} 1 & 2 \\ 0 & 1 \end{pmatrix}, \quad \begin{pmatrix} 1 & -2 \\ 0 & 1 \end{pmatrix}$$

sono l'una inversa dell'altra, così come le corrispondenti funzioni lineari da $\mathbb{R}^2$ a $\mathbb{R}^2$

$$\begin{pmatrix} x_1 \\ x_2 \end{pmatrix} \to \begin{pmatrix} x_1 + 2x_2 \\ x_2 \end{pmatrix}, \quad \begin{pmatrix} x_1 \\ x_2 \end{pmatrix} \to \begin{pmatrix} x_1 - 2x_2 \\ x_2 \end{pmatrix}:$$

il lettore può verificarlo in dettaglio.

Osservazione 8.8.9 Sia $A \in \mathcal{M}_{m \times n}(K)$, allora $Ker\, F(A)$ è l'insieme degli $x \in K^n$ per cui $A \cdot x = 0_{K^n}$. Sappiamo che $Ker\, F(A)$ è un sottospazio di K^n. Di più, due elementi $x', x'' \in K^n$ stanno nella stessa classe laterale di $Ker\, f(A)$ se e solo se $x' - x'' \in Ker\, F(A)$, ovvero

$$A \cdot x' - A \cdot x'' = A \cdot (x' - x'') = 0_{K^m},$$

cioè ancora $A \cdot x' = A \cdot x''$. Se $b \in K^m$ indica il comune valore di $A \cdot x' = A \cdot x''$, la classe laterale di x' (e x'') è composta dagli $x \in K^n$ tali che $A \cdot x = b$.

Le considerazioni svolte nel corso del paragrafo su $L(K^n, K^m)$ si possono estendere in modo opportuno a $L(V, W)$ per ogni coppia di spazi vettoriali V, W su K con $dim_K V = n$, $dim_K W = m$: del resto, V, W risultano isomorfi proprio a K^n, K^m rispettivamente. L'analisi di questo contesto esteso diventa però più elaborata. Ad esempio, non possiamo più riferirci a basi "canoniche", come $e_1^n, \dots, e_n^n$ per K^n e $e_1^m, \dots, e_m^m$ per K^m. In compenso, è lecito fissare due basi di V, W

$$\{v_1, \ldots, v_n\}, \quad \{w_1, \ldots, w_m\}$$

rispettivamente. Allora ogni elemento v di V si esprime

$$v = x_1 \cdot v_1 + \cdots + x_n \cdot v_n \text{ per opportuni (e unici) } x_1, \ldots, x_n \in K$$

e in modo analogo ogni $w \in W$ si scrive

$$w = y_1 \cdot w_1 + \cdots + y_m \cdot w_m \text{ per opportuni (e unici) } y_1, \ldots, y_m \in K.$$

Una corrispondenza F tra matrici in $\mathcal{M}_{m \times n}(K)$ e funzioni in $L(V, W)$ si può allora definire in riferimento alle basi $\{v_1, \ldots, v_n\}$ e $\{w_1, \ldots, w_m\}$ ponendo, per ogni $A \in \mathcal{M}_{m \times n}(K)$ e per $v \in V$, $w \in W$ come prima

$$F(A)(v) = w \text{ se e solo se } A \cdot x = y.$$

I risultati sopra ottenuti per K^n e K^m si adattano a questo nuovo contesto, ad esempio F risulta essere un isomorfismo tra $\mathcal{M}_{m \times n}(K)$ e $L(V, W)$, e di conseguenza $L(V, W)$ risulta avere dimensione $m \cdot n$. Ma c'è da sottolineare che ogni nuova scelta di $v_1, \ldots, v_n$ e $w_1, \ldots, w_m$ determina un nuovo isomorfismo F.

8.9 Sistemi lineari e matrici

La Teoria degli spazi vettoriali ha utili applicazioni e notevoli conseguenze in Geometria, come i testi e i corsi relativi descrivono in dettaglio. Ma a noi preme qui sottolineare l'importanza degli spazi vettoriali nella soluzione di questioni algebriche, in particolare nella soluzione dei

sistemi di grado 1 di più equazioni in più indeterminate.

Ammettiamo quindi di avere

- n indeterminate $x_1, \ldots, x_n$,
- m equazioni in $x_1, \ldots, x_n$,

dove $n, m \geq 1$; supponiamo poi che tutte le equazioni coinvolte siano di grado 1, così che il sistema stesso da esse formato abbia grado 1 (cioè sia *lineare*). Il sistema si può allora scrivere come

$$\begin{cases} a_{1,1}x_1 + a_{1,2}x_2 + \cdots + a_{1,n}x_n = b_1 \\ a_{2,1}x_1 + a_{2,2}x_2 + \cdots + a_{2,n}x_n = b_2 \\ \quad \ldots\ldots \qquad\qquad\qquad \ldots \\ a_{m,1}x_1 + a_{m,2}x_2 + \cdots + a_{m,n}x_n = b_m \end{cases} \tag{8.1}$$

Per $i = 1, \ldots, m$, $a_{i,1}, a_{i,2}, \ldots, a_{i,n}$ sono quindi i coefficienti rispettivamente di $x_1, \ldots, x_n$ nell'equazione i-ma del sistema e b_i è il termine noto di questa equazione. Per semplicità supponiamo che gli uni e gli altri (i coefficienti delle indeterminate e i termini noti) siano in un campo K: avremo così il vantaggio di poterli non solo sommare, sottrarre e moltiplicare, ma anche dividere senza problemi.

C'è tuttavia un modo più coinciso di scrivere il sistema (8.1): le matrici ci suggeriscono una rappresentazione più snella. Consideriamo infatti

- la matrice $A = (a_{i,j})_{1 \le i \le m,\, 1 \le j \le n}$ dei coefficienti,
- il vettore colonna $b = {}^t(b_1, \ldots, b_m)$ dei termini noti.

Facendo riferimento al prodotto righe per colonne tra matrici, possiamo scrivere il sistema (8.1) come

$$A \cdot x = b \tag{8.2}$$

dove $x = {}^t(x_1, \ldots, x_n)$ è il vettore colonna delle indeterminate. A proposito,

- A si chiama la *matrice incompleta* del sistema,
- mentre (A, b) (che aggiunge ad A l'ulteriore colonna dei termini noti) è la sua *matrice completa*.

Tra l'altro, per ogni $i = 1, \ldots, m$, l'equazione i-ma del sistema

$$a_{i,1}x_1 + a_{i,2}x_2 + \cdots + a_{i,n}x_n = b_i$$

si può anche scrivere $A_{(i)} \cdot x = b_i$ adoperando la riga i-ma $A_{(i)} = (a_{i,1}\ a_{i,2}\ \cdots\ a_{i,n})$ di A.

Esempio 8.9.1 Sia $K = \mathbb{Q}$. Il sistema lineare di due equazioni in due incognite

$$\begin{cases} x_1 + x_2 = 3 \\ -x_1 + x_2 = 5 \end{cases}$$

si può anche scrivere

$$\begin{pmatrix} 1 & 1 \\ -1 & 1 \end{pmatrix} \cdot \begin{pmatrix} x_1 \\ x_2 \end{pmatrix} = \begin{pmatrix} 3 \\ 5 \end{pmatrix}.$$

Così $A = \begin{pmatrix} 1 & 1 \\ -1 & 1 \end{pmatrix}$ è la sua matrice incompleta, $\begin{pmatrix} 3 \\ 5 \end{pmatrix}$ la colonna dei suoi termini noti, e quindi $\begin{pmatrix} 1 & 1 & 3 \\ -1 & 1 & 5 \end{pmatrix}$ la sua matrice completa.

Se b è il vettore nullo, cioè $b_i = 0_K$ per ogni $i = 1, \ldots, m$, il sistema lineare corrispondente ha la forma $A \cdot x = 0_{K^m}$ e si dice *omogeneo* (0_{K^m} rappresenta qui il vettore $m \times 1$ le cui componenti sono tutte 0_K).

Il nostro obiettivo di fronte a un sistema lineare nelle forme (8.1) o (8.2) su un campo K è, ovviamente, quello di trovare le sue *soluzioni*, individuare cioè quei vettori (colonna) $s = {}^t(s_1, \ldots, s_n) \in K^n$ per cui vale $A \cdot s = b$, ovvero

$$a_{i,1}s_1 + a_{i,2}s_2 + \cdots + a_{i,n}s_n = b_i$$

per ogni $i = 1, \ldots, m$. Più precisamente intendiamo stabilire

- se ci sono vettori $s \in K^n$ per cui $A \cdot s = b$,
- in caso affermativo, determinare tutti gli s con questa proprietà.

Esempi 8.9.2

1. Un sistema lineare omogeneo $A \cdot x = 0_{K^m}$ ha sempre la soluzione nulla, infatti $A \cdot 0_{K^n} = 0_{K^m}$ (0_{K^n} è il vettore $n \times 1$ con componenti tutte nulle). È possibile tuttavia che il sistema ammetta altre soluzioni: si pensi infatti al sistema lineare omogeneo su $K = \mathbb{Q}$ composto dall'unica equazione

$$x_1 + x_2 = 0;$$

esso è ovviamente soddisfatto in $\mathbb{Q}$ da $x_1 = x_2 = 0$, ma anche da $\begin{pmatrix} 1 \\ -1 \end{pmatrix}$, $\begin{pmatrix} 2 \\ -2 \end{pmatrix}$, ... e da ogni coppia $\begin{pmatrix} r \\ -r \end{pmatrix}$ ccn $r \in \mathbb{Q}$.

2. Il sistema lineare a coefficienti in $\mathbb{Q}$

$$\begin{cases} x_1 + x_2 = 2 \\ x_1 + x_2 = 3 \end{cases}, \text{ cioè } \begin{pmatrix} 1 & 1 \\ 1 & 1 \end{pmatrix} \cdot \begin{pmatrix} x_1 \\ x_2 \end{pmatrix} = \begin{pmatrix} 2 \\ 3 \end{pmatrix}$$

non ha evidentemente soluzioni in $\mathbb{Q}$: infatti nessuna coppia di razionali può avere come somma 2 e 3 contemporaneamente.

La Teoria degli spazi vettoriali ci dà alcune utili indicazioni a proposito dei sistemi lineari.

1. Anzitutto ci dice che l'insieme delle soluzioni in K^n di $A \cdot x = 0_{K^m}$ coincide col nucleo della funzione lineare $F(A)$, e quindi è un sottospazio di K^n, chiuso rispetto all'addizione e alla moltiplicazione per gli elementi di K: lo chiameremo *spazio delle soluzioni* di $A \cdot x = 0_{K^m}$.

2. Ci mostra poi che, per ogni $b \in K^m$, l'insieme delle soluzioni di $A \cdot x = b$, se non è vuoto, coincide con una classe laterale dello spazio delle soluzioni di $A \cdot x = 0_{K^m}$, in particolare è in corrispondenza biunivoca con questo spazio. Se c è una soluzione di $A \cdot x = b$, cioè $A \cdot c = b$, le altre soluzioni sono tutte e sole quelle della forma $s + c$ con s nello spazio delle soluzioni di $A \cdot x = 0_{K^m}$, cioè $A \cdot s = 0_{K^m}$. Diremo che $A \cdot x = 0_{K^m}$ è il sistema lineare omogeneo *associato* ad $A \cdot x = b$.

Il proposito dei paragrafi che seguono è allora chiaro. Con l'aiuto eventuale della Teoria degli spazi vettoriali, vogliamo affrontare il seguente

Problema. Determinare un algoritmo che, per ogni sistema lineare $A \cdot x = b$ su un campo K,

- sappia stabilire se il sistema abbia o no soluzioni in K^n,
- in caso affermativo, sappia calcolare tutte queste soluzioni.

Il concetto di *sistemi equivalenti* ci è utile in questa nostra ricerca. Infatti due sistemi lineari a coefficienti in K nelle stesse indeterminate $x_1, \ldots, x_n$ si dicono *equivalenti* se e solo se hanno le stesse soluzioni in K^n. Ad esempio i sistemi

$$\begin{cases} x_1 + x_2 = 3 \\ -x_1 + x_2 = 5 \end{cases}, \quad \begin{cases} x_1 + x_2 = 3 \\ \quad\ x_2 = 4 \end{cases},$$

ovvero

$$\begin{pmatrix} 1 & 1 \\ -1 & 1 \end{pmatrix} \cdot \begin{pmatrix} x_1 \\ x_2 \end{pmatrix} = \begin{pmatrix} 3 \\ 5 \end{pmatrix}, \quad \begin{pmatrix} 1 & 1 \\ 0 & 1 \end{pmatrix} \cdot \begin{pmatrix} x_1 \\ x_2 \end{pmatrix} = \begin{pmatrix} 3 \\ 4 \end{pmatrix}$$

sono equivalenti; si verifica infatti facilmente che condividono l'unica soluzione $\begin{pmatrix} -1 \\ 4 \end{pmatrix}$: del resto il secondo sistema si ottiene dal primo sostituendo la seconda equazione con la sua somma per la prima. Tuttavia la soluzione del secondo sistema è più semplice, perché la conoscenza di $x_2 = 4$ ci permette di ottenere quasi immediatamente anche $x_1 = -1$.

Possiamo allora cercare di risolvere il problema generale appena enunciato sostituendo il sistema di partenza con un altro che gli sia equivalente ma risulti di più facile soluzione.

8.10 Il metodo di Gauss–Jordan

I ricordi liceali ci suggeriscono qualche idea a questo proposito.

Esempio 8.10.1 Consideriamo infatti ancora il sistema lineare appena visto alla fine dello scorso paragrafo:

$$\begin{cases} x_1 + x_2 = 3 \\ -x_1 + x_2 = 5 \end{cases}$$

ovvero, se vogliamo scriverlo con l'uso delle matrici, $\begin{pmatrix} 1 & 1 \\ -1 & 1 \end{pmatrix} \cdot \begin{pmatrix} x_1 \\ x_2 \end{pmatrix} = \begin{pmatrix} 3 \\ 5 \end{pmatrix}$. Abbiamo già ricordato che un possibile modo per trovarne le soluzioni è quello di sommare le equazioni ottenendo

$$2x_2 = 8$$

e conseguentemente, mediante un'ulteriore divisione per 2,

$$x_2 = 4.$$

Abbiamo così determinato il valore di x_2 in una soluzione $\begin{pmatrix} x_1 \\ x_2 \end{pmatrix}$. Se adesso sostituiamo x_2 con 4 nella prima equazione del sistema originario, otteniamo

$$x_1 + 4 = 3$$

da cui si ricava facilmente $x_1 = -1$. Si arriva così all'unica soluzione $\begin{pmatrix} -1 \\ 4 \end{pmatrix}$.
Esaminiamo ora l'effetto di questi passaggi sulle matrici incompleta e completa del sistema, che scriviamo insieme

$$\begin{pmatrix} 1 & 1 & \vdots & 3 \\ -1 & 1 & \vdots & 5 \end{pmatrix},$$

separando la matrice incompleta dalla colonna dei termini noti con un tratteggio verticale. Le operazioni che abbiamo prima compiuto corrispondono a

- sostituire la seconda riga con la sua somma con la prima $\begin{pmatrix} 1 & 1 & \vdots & 3 \\ 0 & 2 & \vdots & 8 \end{pmatrix}$,

- dividere la seconda riga per 2 $\begin{pmatrix} 1 & 1 & \vdots & 3 \\ 0 & 1 & \vdots & 4 \end{pmatrix}$.

Il sistema

$$\begin{cases} x_1 + x_2 = 3 \\ \quad\ x_2 = 4 \end{cases}$$

che viene conseguentemente a formarsi è equivalente a quello di partenza, e immediato da risolversi.

Ci chiediamo come estendere questa idea (facile da svolgere per sistemi di due equazioni in due incognite) al caso di 3, 4, 5 o più equazioni in 3, 4, 5 o più indeterminate. In effetti un numero superiore di equazioni e indeterminate crea qualche maggiore complicazione. Consideriamo allora su un campo K un sistema $A \cdot x = b$ con un numero arbitrario m di equazioni e n di indeterminate. Quindi A è una matrice in $\mathcal{M}_{m \times n}(K)$ e $b \in K^m$. La risoluzione di $A \cdot x = b$ è certamente più agevole se A si presenta nella forma

$$\begin{pmatrix} a_{1,1} & a_{1,2} & a_{1,3} & \cdots & a_{1,n} \\ 0_K & a_{2,2} & a_{2,3} & \cdots & a_{2,n} \\ 0_K & 0_K & a_{3,3} & \cdots & a_{3,n} \\ & \cdots & \cdots & \cdots & \end{pmatrix}$$

con $a_{1,1}, a_{2,2}, a_{3,3}, \ldots$ diversi da 0_K, se cioè, quando $i = 1, \ldots, m$ e $j = 1, \ldots, n$,

$$a_{i,j} \begin{cases} = 0_K & \text{per } i > j, \\ \neq 0_K & \text{per } i \leq j. \end{cases}$$

Infatti, in tal caso, $A \cdot x = b$ si scrive per esteso

$$\begin{cases} a_{1,1}x_1 + a_{1,2}x_2 + a_{1,3}x_3 + \cdots + a_{1,n}x_n = b_1 \\ \qquad\quad a_{2,2}x_2 + a_{2,3}x_3 + \cdots + a_{2,n}x_n = b_2 \\ \qquad\qquad\qquad a_{3,3}x_3 + \cdots + a_{3,n}x_n = b_3 \\ \qquad\qquad\qquad\qquad \cdots\cdots \quad \cdots \end{cases}$$

Per $a_{1,1} \neq 0_K$, la prima equazione consente allora di ricavare x_1 da $x_2, \ldots, x_n$ come

$$x_1 = a_{1,1}^{-1} \cdot (b_1 - (a_{1,2}x_2 + \cdots + a_{1,n}x_n));$$

d'altra parte, per $a_{2,2} \neq 0_K$, la seconda equazione fornisce x_2 a partire da $x_3, \ldots, x_n$ come

$$x_2 = a_{2,2}^{-1} \cdot (b_2 - (a_{2,3}x_3 + \cdots + a_{2,n}x_n));$$

proseguendo, per $a_{3,3} \neq 0_K$, la terza equazione dà x_3 in funzione di $x_4, \ldots, x_n$ come

$$x_3 = a_{3,3}^{-1} \cdot (b_3 - (a_{3,4}x_4 + \cdots + a_{3,n}x_n)),$$

e così via. In questo modo la risoluzione del sistema può procedere come già nell'Esempio 8.10.1 e come anche i seguenti esempi illustrano: sostanzialmente

- si esprime ogni indeterminata in funzione delle successive,
- si usano queste espressioni per ricavare i valori delle indeterminate a ritroso, a partire da quella dell'ultima equazione.

Esempi 8.10.2

1. Sia $K = \mathbb{R}$. Consideriamo il sistema lineare

$$\begin{cases} x_1 + x_2 + x_3 = 2 \\ x_2 - x_3 = 5 \end{cases}$$

La sua matrice incompleta $A = \begin{pmatrix} 1 & 1 & 1 \\ 0 & 1 & -1 \end{pmatrix}$ ha la forma sopra descritta.
In effetti il sistema si risolve ricavando a partire da x_3
- x_2 con la seconda equazione, come $x_2 = x_3 + 5$,
- x_1 con la prima equazione, come $x_1 = -x_2 - x_3 + 2 = -(x_3 + 5) - x_3 + 2 = -2x_3 - 3$.

In conclusione le soluzioni del sistema sono le terne $(-2x_3 - 3, x_3 + 5, x_3)$ dove x_3 è libero di assumere tutti i valori che vuole; sono dunque infinite; includono tra loro, ad esempio, $(-3, 5, 0)$ quando $x_3 = 0$, o $(-5, 6, 1)$ quando $x_3 = 1$, o ancora $(-1, 4, -1)$ quando $x_3 = -1$.

2. Sempre per $K = \mathbb{R}$, consideriamo adesso

$$\begin{cases} x_1 + x_2 + x_3 + x_4 = 2 \\ x_3 + x_4 = 3 \\ -x_3 + x_4 = 5 \end{cases}$$

La matrice incompleta A ha adesso la forma

$$A = \begin{pmatrix} 1 & 1 & 1 & 1 \\ 0 & 0 & 1 & 1 \\ 0 & 0 & -1 & 1 \end{pmatrix}.$$

Pur soddisfacendo $a_{2,1} = a_{3,1} = a_{3,2} = 0$, ha tuttavia $a_{2,2} = 0$; in altre parole x_2 manca nella seconda equazione e, se è per questo, anche nella terza. Possiamo però permutare l'ordine delle incognite, dare la precedenza a x_3, x_4 rispetto a x_2, scrivere quindi il sistema nella forma

$$\begin{cases} x_1 + x_3 + x_4 + x_2 = 2 \\ \quad\ x_3 + x_4 \quad\ = 3 \\ \ -x_3 + x_4 \quad\ = 5 \end{cases}$$

con la nuova matrice incompleta

$$A' = \begin{pmatrix} 1 & 1 & 1 & 1 \\ 0 & 1 & 1 & 0 \\ 0 & -1 & 1 & 0 \end{pmatrix},$$

procedere poi con la tecnica di sommare le due ultime equazioni tra loro per ricavare il sistema equivalente

$$\begin{cases} x_1 + x_3 + x_4 + x_2 = 2 \\ \quad\ x_3 + x_4 \quad\ = 3 \\ \qquad\ x_4 \quad\ = 4 \end{cases}$$

con relativa matrice

$$\begin{pmatrix} 1 & 1 & 1 & 1 \\ 0 & 1 & 1 & 0 \\ 0 & 0 & 1 & 0 \end{pmatrix},$$

calcolare finalmente le soluzioni

$$\begin{cases} x_4 = 4 \\ x_3 = 3 - x_4 = 3 - 4 = -1 \\ x_1 = -x_2 - 1, \end{cases}$$

cioè $(-x_2 - 1, x_2, -1, 4)$ al variare di x_2. L'esempio segnala l'importanza che nella matrice A tutti gli elementi $a_{i,i}$ (per $1 \le i \le n$) siano diversi da 0_K; mostra tuttavia come sia possibile, a tal fine, permutare l'ordine delle incognite.

A proposito, una matrice $A \in \mathcal{M}_{m \times n}(K)$ che ha $a_{i,j} = 0_K$ per $i = 1, \dots, m$, $j = 1, \dots, n$ e $i > j$, che quindi si presenta come

$$\begin{pmatrix} a_{1,1} & a_{1,2} & a_{1,3} & \cdots & a_{1,n} \\ 0_K & a_{2,2} & a_{2,3} & \cdots & a_{2,n} \\ 0_K & 0_K & a_{3,3} & \cdots & a_{3,n} \\ & \cdots & \cdots & \cdots & \end{pmatrix},$$

si dice, per motivi facilmente intuibili, in *forma triangolare superiore*. A si dice invece in *forma triangolare inferiore* se $a_{i,j} = 0_K$ quando $i < j$ (per $i = 1, \dots, m$, $j = 1, \dots, n$), cioè se si scrive

$$
\begin{pmatrix}
a_{1,1} & 0_K & 0_K & \cdots & 0_K \\
a_{2,1} & a_{2,2} & 0_K & \cdots & 0_K \\
a_{3,1} & a_{3,2} & a_{3,3} & \cdots & 0_K \\
& \cdots & \cdots & \cdots & \\
a_{m,1} & a_{m,2} & a_{m,3} & \cdots & a_{m,n}
\end{pmatrix}.
$$

Chiaramente una matrice in forma triangolare inferiore ha trasposta in forma triangolare superiore e viceversa. Si noti poi che, per matrice A in forma triangolare (superiore o inferiore), non si pongono condizioni su $a_{1,1}, a_{2,2}, a_{3,3}, \ldots$, che possono dunque essere nulli o non nulli.

Gli elementi $a_{1,1}, a_{2,2}, a_{3,3}, \ldots$ si dicono *diagonali*. Una matrice A è *diagonale* se e solo se è tanto in forma triangolare superiore che in forma triangolare inferiore, ovvero se e solo se $a_{i,j} = 0_K$ per $i = 1, \ldots, m$, $j = 1, \ldots, n$ e $i \neq j$. Quindi una matrice diagonale si presenta

$$
\begin{pmatrix}
a_{1,1} & 0_K & 0_K & 0_K & \cdots & 0_K \\
0_K & a_{2,2} & 0_K & 0_K & \cdots & 0_K \\
0_K & 0_K & a_{3,3} & 0_K & \cdots & 0_K \\
& \cdots & \cdots & \cdots &
\end{pmatrix}.
$$

Torniamo alla risoluzione dei sistemi lineari $A \cdot x = b$. Ci resta il problema di trasformare, se possibile, $A \cdot x = b$ in un sistema $A' \cdot x = b'$ che

- gli è equivalente,
- ha matrice incompleta A' che ha forma triangolare superiore con elementi diagonali non nulli e dunque si presta ad una più diretta ricerca delle soluzioni.

Il procedimento che segue, dovuto a Gauss e Jordan, raggiunge questo obiettivo generalizzando le idee dell'esempio 8.10.1. Fu ideato da Gauss e poi perfezionato da Wilhelm Jordan, matematico tedesco della seconda metà dell'Ottocento.

Metodo di Gauss–Jordan. È dato un sistema lineare $A \cdot x = b$ su un campo K: A è una matrice $m \times n$ a coefficienti in K, $b \in K^m$.

Passo 1. Si osserva anzitutto

Lemma 8.10.3 *Se in* $A \cdot x = b$

1. *si scambiano tra loro due equazioni,*
2. *si moltiplicano i due membri di un'equazione per un elemento non nullo* r *di* K,
3. *si sostituisce un'equazione con la sua somma per un'altra,*

il sistema che ne risulta resta equivalente a quello di partenza $(A \cdot x = b$, *appunto).*

Dimostrazione. 1 è chiaro: le soluzioni di un sistema non dipendono dall'ordine in cui sono proposte le equazioni.

2. Ammettiamo di moltiplicare l'equazione i-ma del sistema

$$(\star) \qquad a_{i,1}x_1 + \cdots + a_{i,n}x_n = b_i$$

per r: otteniamo

$$(\star\star) \qquad r \cdot (a_{i,1}x_1 + \cdots + a_{i,n}x_n) = r \cdot b_i, \quad \text{ovvero} \quad r \cdot a_{i,1}x_1 + \cdots + r \cdot a_{i,n}x_n = r \cdot b_i.$$

D'altra parte, se $s \in K^n$ soddisfa $a_{i,1}s_1 + \cdots + a_{i,n}s_n = b_i$, allora si ha anche

$$r \cdot (a_{i,1}s_1 + \cdots + a_{i,n}s_n) = r \cdot b_i,$$

basta moltiplicare per r la precedente uguaglianza. Viceversa, da $r \cdot (a_{i,1}s_1 + \cdots + a_{i,n}s_n) = r \cdot b_i$ si torna a $a_{i,1}s_1 + \cdots + a_{i,n}s_n = b_i$ moltiplicando per r^{-1}. In conclusione, le soluzioni di $(\star)$ sono le stesse di $(\star\star)$. Di conseguenza le soluzioni dell'intero sistema restano le stesse prima e dopo la moltiplicazione dell'equazione i-ma per r.

3. Siano $i, h = 1, \ldots, m$, $i \neq h$. Ci basta provare che $s \in K^n$ soddisfa le equazioni i-ma e h-ma di $A \cdot x = b$ se e solo se soddisfa una delle due – ad esempio la h-ma – e la loro somma. Infatti da

$$(\star) \qquad a_{i,1}s_1 + \cdots + a_{i,n}s_n = b_i, \quad a_{h,1}s_1 + \cdots + a_{h,n}s_n = b_h$$

si ottiene con un'addizione membro a membro

$$(a_{i,1}s_1 + \cdots + a_{i,n}s_n) + (a_{h,1}s_1 - \cdots + a_{h,n}s_n) = b_i + b_h,$$

cioè con facili passaggi

$$(\star\star) \qquad (a_{i,1} + a_{h,1})s_1 + \cdots + (a_{i,n} + a_{h,n})s_n = b_i + b_h.$$

Viceversa sottraendo da quest'ultima uguaglianza la seconda in $(\star)$ si ritorna ad $a_{i,1}s_1 + \cdots + a_{i,n}s_n = b_i$. $\qquad\qquad\square$

Il lettore potrà osservare che le operazioni 2, 3 appena descritte sono esattamente quelle adoperate nell'esempio 8.10.1: la moltiplicazione di un'equazione per $r = \frac{1}{2}$ e l'addizione di due equazioni, rispettivamente.

Passo 2. Vediamo adesso come il metodo di Gauss–Jordan utilizza le tre operazioni descritte nel Passo 1 per ridurre, se possibile, il sistema $A \cdot x = b$ nella forma desiderata.

Conviene scrivere $A \cdot x = b$ nella forma più dettagliata

$$\begin{cases} a_{1,1}x_1 + a_{1,2}x_2 + a_{1,3}x_3 + \cdots + a_{1,n}x_n &= b_1 \\ a_{2,1}x_1 + a_{2,2}x_2 + a_{2,3}x_3 + \cdots + a_{2,n}x_n &= b_2 \\ a_{3,1}x_1 + a_{3,2}x_2 + a_{3,3}x_3 + \cdots + a_{3,n}x_n &= b_3 \\ \qquad \cdots\cdots\cdots & \quad\cdots \\ a_{m,1}x_1 + a_{m,2}x_2 + a_{m,3}x_3 + \cdots + a_{m,n}x_n &= b_m \end{cases}$$

Salvo scambiare tra loro alcune equazioni – con l'uso dell'operazione 1 –, possiamo supporre $a_{1,1} \neq 0_K$: altrimenti l'indeterminata x_1 ha coefficiente 0_K in ogni equazione e quindi la sua presenza è del tutto fittizia e può essere trascurata. A questo punto, per $i = 2, 3, \ldots, m$, quindi nelle equazioni che seguono la prima, si procede come segue:

1. se $a_{i,1} = 0_K$, si ricopia l'equazione i-ma;
2. se $a_{i,1} \neq 0_K$, si moltiplica l'equazione i-ma per $a_{1,1}$ e poi le si somma la prima equazione moltiplicata per $-a_{i,1}$; l'equazione così ottenuta ha $a_{i,1} \cdot a_{1,1} - a_{1,1} \cdot a_{i,1} = 0_K$ come coefficiente di x_1; la si sostituisce all'equazione i-ma, come permesso dalle operazioni 2 e 3.

Il sistema che si costruisce in questo modo è equivalente a $A \cdot x = b$, ma, **per nuovi valori** di $a_{i,j}$ e b_i per $i \geq 2$ e $j = 1, \ldots, n$, ha la forma

$$\begin{cases} a_{1,1}x_1 + a_{1,2}x_2 + a_{1,3}x_3 + \cdots + a_{1,n}x_n = b_1 \\ a_{2,2}x_2 + a_{2,3}x_3 + \cdots + a_{2,n}x_n = b_2 \\ a_{3,2}x_2 + a_{3,3}x_3 + \cdots + a_{3,n}x_n = b_3 \\ \qquad \cdots\cdots\cdots \qquad\quad \cdots \\ a_{m,2}x_2 + a_{m,3}x_3 + \cdots + a_{m,n}x_n = b_m, \end{cases}$$

cioè una matrice incompleta

$$\begin{pmatrix} a_{1,1} & a_{1,2} & a_{1,3} & \cdots & a_{1,n} \\ 0_K & a_{2,2} & a_{2,3} & \cdots & a_{2,n} \\ 0_K & a_{3,2} & a_{3,3} & \cdots & a_{3,n} \\ & \cdots & \cdots & \cdots & \\ 0_K & a_{m,2} & a_{m,3} & \cdots & a_{m,n} \end{pmatrix}$$

che inizia ad assomigliare alla forma triangolare superiore cui stiamo puntando.

A questo punto il procedimento cerca di annullare i coefficienti di x_2 nelle equazioni dalla terza all'ultima, cioè gli elementi della seconda colonna della matrice che stanno sotto $a_{2,2}$. A tal scopo, conviene dimenticare la prima equazione, cioè la prima riga della matrice: coinvolgerla di nuovo, ad esempio sommarla con una delle successive, rischierebbe di produrre elementi non nulli nella prima colonna della matrice sotto $a_{1,1}$. Invece le operazioni 1, 2, 3 applicate alle righe successive non alterano più questa prima colonna, le mantengono cioè 0_K in ogni riga. Si fa allora riferimento alla seconda riga, e in particolare ad $a_{2,2}$, per ripetere il procedimento.

C'è però una variazione da considerare rispetto al caso di $a_{1,1}$. Non abbiamo infatti alcuna certezza che si possa scegliere $a_{2,2} \neq 0_K$. Infatti, possiamo assumere $a_{i,2} \neq 0_K$ per qualche $i = 1, \ldots, m$ altrimenti la presenza di x_2 nel sistema è assolutamente fittizia, ma non possiamo escludere che il solo elemento non nullo nella seconda colonna sia proprio $a_{1,2}$, che abbiamo deciso di non coinvolgere più. Si procede comunque nel modo che segue.

- Se $a_{2,2} = a_{2,3} = \cdots = 0_K$ e anche $b_2 = 0_K$, allora la seconda equazione si riduce a $0_K = 0_K$ ed è identicamente soddisfatta da ogni $s \in K^n$; può essere quindi trascurata e anzi cancellata dal sistema.
- Se $a_{2,2} = a_{2,3} = \cdots = 0_K$ ma $b_2 \neq 0_K$, allora la seconda equazione diviene $0_K = b_2$, ed è quindi priva di soluzioni; di conseguenza anche il sistema non ammette soluzioni.
- Altrimenti $a_{2,j} \neq 0_K$ per qualche $j = 2, \ldots, n$ e, salvo scambiare l'ordine delle incognite, in particolare x_j con x_2, possiamo supporre $a_{2,2} \neq 0_K$. A questo punto si procede come per $a_{1,1}$.

L'algoritmo si ripete in questo modo per tutte le equazioni successive.

Illustriamo l'algoritmo con alcuni esempi. Per una trattazione più snella, agevole e rapida applichiamo le operazioni 1, 2, 3 direttamente alle matrici incompleta e completa dei sistemi, piuttosto che alle corrispondenti equazioni.

Esempi 8.10.4 Fissiamo $K = \mathbb{Q}$.

1. Consideriamo il sistema lineare

$$\begin{cases} x_1 + 2x_2 + 3x_3 = 1 \\ 2x_1 + x_2 + 4x_3 = 2 \\ 3x_1 - 3x_2 + x_3 = 1 \end{cases}$$

con le relative matrici incompleta e completa

$$\begin{pmatrix} 1 & 2 & 3 & \vdots & 1 \\ 2 & 1 & 4 & \vdots & 2 \\ 3 & -3 & 1 & \vdots & 1 \end{pmatrix}.$$

Come suggerito dal metodo di Gauss–Jordan, sommiamo alla seconda riga la prima moltiplicata per -2 e alla terza riga la prima moltiplicata per -3, ottenendo

$$\begin{pmatrix} 1 & 2 & 3 & \vdots & 1 \\ 0 & -3 & -2 & \vdots & 0 \\ 0 & -9 & -8 & \vdots & -2 \end{pmatrix}.$$

facciamo adesso riferimento alla seconda riga e in particolare a -3: se sommiamo alla terza riga la seconda moltiplicata per -3, ricaviamo

$$\begin{pmatrix} 1 & 2 & 3 & \vdots & 1 \\ 0 & -3 & -2 & \vdots & 0 \\ 0 & 0 & -2 & \vdots & -2 \end{pmatrix}$$

che possiamo anche ridurre a

$$\begin{pmatrix} 1 & 2 & 3 & \vdots & 1 \\ 0 & 3 & 2 & \vdots & 0 \\ 0 & 0 & 1 & \vdots & 1 \end{pmatrix}$$

moltiplicando ancora la seconda riga per -1 e la terza per $-\frac{1}{2}$. Il sistema di partenza risulta in conclusione equivalente a

$$\begin{cases} x_1 + 2x_2 + 3x_3 = 1 \\ \phantom{x_1 + {}} 3x_2 + 2x_3 = 0 \\ \phantom{x_1 + 2x_2 + {}} x_3 = 1 \end{cases}$$

che ha la soluzione

$$\begin{cases} x_3 = 1 \\ x_2 = -\frac{2}{3}x_3 = -\frac{2}{3} \\ x_1 = -2x_2 - 3x_3 + 1 = \frac{4}{3} - 3 + 1 = -\frac{2}{3} \end{cases}$$

2. Consideriamo adesso il sistema

$$\begin{cases} \phantom{2x_1 + 4x_2 - {}} x_3 + 2x_4 = 3 \\ 2x_1 + 4x_2 - 2\,x_3 \phantom{{} + 2x_4} = 4 \\ 2x_1 + 4x_2 \phantom{{} - 2} - x_3 + 2x_4 = 7 \end{cases}$$

con le relative matrici incompleta e completa

$$\begin{pmatrix} 0 & 0 & 1 & 2 & \vdots & 3 \\ 2 & 4 & -2 & 0 & \vdots & 4 \\ 2 & 4 & -1 & 2 & \vdots & 7 \end{pmatrix} \cdot$$

Conviene scambiare subito le righe in modo che l'elemento di posto $(1,1)$ sia diverso da 0. Anzi, è utile spostare l'attuale prima riga al terzo posto (**perché?**). Si può poi osservare che l'attuale seconda riga si può dividere per 2. Così, operando questa divisione e spostando la prima riga al terzo posto, si ottiene

$$\begin{pmatrix} 1 & 2 & -1 & 0 & \vdots & 2 \\ 2 & 4 & -1 & 2 & \vdots & 7 \\ 0 & 0 & 1 & 2 & \vdots & 3 \end{pmatrix}$$

e da qui

$$\begin{pmatrix} 1 & 2 & -1 & 0 & \vdots & 2 \\ 0 & 0 & 1 & 2 & \vdots & 3 \\ 0 & 0 & 1 & 2 & \vdots & 3 \end{pmatrix} \cdot$$

Salvo scambiare x_3 con x_2 si arriva a

$$\begin{pmatrix} 1 & -1 & 2 & 0 & \vdots & 2 \\ 0 & 1 & 0 & 2 & \vdots & 3 \\ 0 & 1 & 0 & 2 & \vdots & 3 \end{pmatrix}$$

da cui si passa alla matrice

$$\begin{pmatrix} 1 & -1 & 2 & 0 & \vdots & 2 \\ 0 & 1 & 0 & 2 & \vdots & 3 \\ 0 & 0 & 0 & 0 & \vdots & 0 \end{pmatrix}$$

in cui l'ultima riga corrisponde ad un'equazione identica $0x_1 + 0x_2 + 0x_3 + 0x_4 = 0$ e può essere cancellata.
Abbiamo in conclusione

$$\begin{pmatrix} 1 & -1 & 2 & 0 & \vdots & 2 \\ 0 & 1 & 0 & 2 & \vdots & 3 \end{pmatrix}$$

che corrisponde al sistema

$$\begin{cases} x_1 - x_3 + 2x_2 & = 2 \\ \quad\;\; x_3 \quad\;\; + 2x_4 = 3 \end{cases}$$

(si ricordi che x_2 e x_3 sono stati scambiati). Le soluzioni sono

$$\begin{cases} x_3 = -2x_4 + 3 \\ x_1 = x_3 - 2x_2 + 2 = -2x_2 - 2x_4 + 5 \end{cases}$$

e dipendono da una scelta completamente arbitraria di x_2 e x_4. Si osservi che l'ultimo sistema è equivalente a quello di partenza, ma ha un'equazione in meno. In effetti non è vietato che sistemi equivalenti abbiano un numero diverso di equazioni, anche se ovviamente sistemi equivalenti devono avere ugual numero di indeterminate.

3. Finalmente consideriamo il sistema lineare

$$\begin{cases} \quad\;\; x_2 - x_3 = 1 \\ x_1 \quad\;\; + x_3 = 1 \\ 2x_1 + x_2 + x_3 = 2 \end{cases}$$

con la corrispondente coppia di matrici

$$\begin{pmatrix} 0 & 1 & -1 & \vdots & 1 \\ 1 & 0 & 1 & \vdots & 1 \\ 2 & 1 & 1 & \vdots & 2 \end{pmatrix}.$$

Conviene scambiare le prime due righe per ottenere

$$
\begin{pmatrix}
1 & 0 & 1 & \vdots & 1 \\
0 & 1 & -1 & \vdots & 1 \\
2 & 1 & 1 & \vdots & 2
\end{pmatrix} .
$$

Il metodo di Gauss–Jordan produce allora

$$
\begin{pmatrix}
1 & 0 & 1 & \vdots & 1 \\
0 & 1 & -1 & \vdots & 1 \\
0 & 1 & -1 & \vdots & 0
\end{pmatrix} ,
$$

poi

$$
\begin{pmatrix}
1 & 0 & 1 & \vdots & 1 \\
0 & 1 & -1 & \vdots & 1 \\
0 & 0 & 0 & \vdots & -1
\end{pmatrix} .
$$

L'ultima riga della matrice finale corrisponde ad un'equazione impossibile $0x_1 + 0x_2 + 0x_3 = 1$: dunque l'intero sistema è impossibile.

Il metodo di Gauss–Jordan si applica a sistemi con numeri arbitrariamente grandi m di equazioni e n di indeterminate, ed è ragionevole attendersi che i suoi tempi di lavoro crescano con l'aumentare di m e n. Quindi può essere utile capire in che modo i valori di m, n incidano sulla sua efficienza, stimare ad esempio, in funzione di m, n, il numero complessivo di operazioni elementari – addizioni, moltiplicazioni, sottrazioni, divisioni – che il metodo richiede.
Sia allora M il valore massimo tra m e n. Un'analisi attenta di tutti i passaggi che il procedimento di Gauss–Jordan conseguentemente svolge fissa in $C \cdot M^3$ – con C opportuna costante intera positiva –, dunque in una funzione polinomiale di grado 3 in M, una stima in eccesso del numero di queste operazioni. Non ci attardiamo nei dettagli di questa verifica, che comunque il lettore interessato può anche completare da solo per **esercizio**. Diciamo solo che questa limitazione superiore, $C \cdot M^3$ appunto, è da ritenersi eccellente secondo i parametri di efficienza della moderna Informatica Teorica. È chiaro infatti che al crescere di m, n e quindi di M, $C \cdot M^3$ può raggiungere a sua volta valori assai elevati, di conseguenza risolvere col metodo di Gauss–Jordan sistemi con molte equazioni e indeterminate richiede *in assoluto* un gran numero di operazioni; ma questo numero, se riferito a quello di equazioni e incognite, è *relativamente* basso e accettabile. Avremo modo di ritornare su questo argomento.

Concludiamo il paragrafo notando che il metodo di Gauss–Jordan si applica anche alle matrici $A \in \mathcal{M}_{m \times n}(K)$, a prescindere dal loro collegamento con i sistemi lineari, associando ad ogni A una matrice A' in forma triangolare superiore tramite le operazioni

1. scambio di due righe,

2. moltiplicazione di una riga per un elemento non nullo in K,
3. sostituzione di una riga con la sua somma con un'altra.

Non si richiede espressamente che gli elementi diagonali di A' siano diversi da 0_K, dunque non sono necessari scambi di colonne (corrispondenti a scambi di indeterminate nei sistemi associati) e anche la matrice A' è in $\mathcal{M}_{m \times n}(K)$, cioè ha tante righe, o colonne, quante A.

Esempio 8.10.5 Sia $K = \mathbb{Q}$,

$$A = \begin{pmatrix} 1 & 2 & 3 & 1 & 1 \\ 1 & 1 & -3 & 1 & -1 \\ 2 & 3 & 0 & 2 & 0 \\ 1 & 2 & 0 & 1 & 1 \end{pmatrix}.$$

Col metodo di Gauss–Jordan, in particolare con le operazioni 2 e 3, si ottiene anzitutto, facendo riferimento alla prima riga,

$$\begin{pmatrix} 1 & 2 & 3 & 1 & 1 \\ 0 & -1 & -6 & 0 & -2 \\ 0 & -1 & -6 & 0 & -2 \\ 0 & 0 & -3 & 0 & 0 \end{pmatrix}$$

poi, facendo riferimento alla seconda,

$$\begin{pmatrix} 1 & 2 & 3 & 1 & 1 \\ 0 & -1 & -6 & 0 & -2 \\ 0 & 0 & 0 & 0 & 0 \\ 0 & 0 & -3 & 0 & 0 \end{pmatrix}.$$

Non c'è adesso bisogno di cancellare la terza riga, possiamo semmai scambiarla con l'ultima per ottenere direttamente, senza ulteriori vincoli, la matrice cercata

$$A' = \begin{pmatrix} 1 & 2 & 3 & 1 & 1 \\ 0 & -1 & -6 & 0 & -2 \\ 0 & 0 & -3 & 0 & 0 \\ 0 & 0 & 0 & 0 & 0 \end{pmatrix}.$$

Esercizio 8.10.6 Si provi che, in generale, la matrice A' associata ad A dal metodo di Gauss–Jordan è tale che i sistemi $A \cdot x = 0_{K^m}$ e $A' \cdot x = 0_{K^m}$ sono equivalenti.

8.11 Il rango di una matrice

La Teoria degli spazi vettoriali è capace di rendere ancora più chiaro e diretto il procedimento di Gauss–Jordan e più consapevole la conseguente soluzione dei sistemi lineari. Per illustrare l'argomento, abbiamo però bisogno di introdurre un nuovo concetto sulle matrici.

Sia dunque $A \in \mathcal{M}_{m \times n}(K)$, ricordiamo che le m righe di A possono vedersi come elementi di K^n e le n colonne di A come elementi di K^m.

Definizione 8.11.1 Si dice *rango per righe* di A, e si indica $r(A)$, la dimensione su K del sottospazio di K^n generato dalle m righe di A; si chiama *rango per colonne* di A, e si denota $r'(A)$, la dimensione su K del sottospazio di K^m generato dalle n colonne di A.

È evidente che $r(A) \leq n$ e $r'(A) \leq m$. Si noti poi che $r(A) = r'(^tA)$ e $r'(A) = r(^tA)$.

Teorema 8.11.2 *Siano m, n interi positivi, $A \in \mathcal{M}_{m \times n}(K)$. Allora $r(A) = r'(A)$.*

Potremo allora parlare di *rango* di A senza bisogno di distinguere tra righe e colonne e senza pericolo di confusione: $r(A)$ denoterà poi, indifferentemente, tanto il rango per righe di A quanto quello per colonne.

Dimostrazione. Ci basta provare che, per ogni scelta di m, n, A, $r'(A) \leq r(A)$. Infatti, in tal caso, la conclusione si applica anche a ^tA e implica la relazione inversa $r(A) = r'(^tA) \leq r(^tA) = r'(A)$, quindi $r(A) = r'(A)$.

Passo 1. Proviamo anzitutto che $r'(A) = n - h$ dove h è la dimensione dello spazio delle soluzioni di $A \cdot x = 0$ (0 indica qui e sotto, per semplicità, il vettore nullo dei termini noti di un sistema omogeneo).

Per ottenere questa uguaglianza ci basta considerare la funzione lineare $F(A)$ da K^n a K^m corrispondente ad A, quella che trasforma ogni $x \in K^n$ in $A \cdot x$, e applicarle il Teorema 8.6.6 di nullità + rango. Infatti

- $Ker\, F(A)$ è lo spazio delle soluzioni di $A \cdot x = 0$,
- $Im\, F(A)$ è il sottospazio di K^m generato dalle colonne di A (si noti che, per $x \in K^n$, $F(A)(x) = A \cdot x$ si scrive anche $x_1 \cdot A^{(1)} + \cdots + x_n \cdot A^{(n)}$).

Così $dim_K K^n = dim_K Ker\, F(A) + dim_K Im\, F(A)$ significa $n = h + r'(A)$, che è quanto volevamo ottenere.

Passo 2. Deduciamo che, se A, A' sono due matrici che hanno lo stesso numero n di colonne e i due sistemi $A \cdot x = 0$, $A' \cdot x = 0$ sono equivalenti, cioè hanno lo stesso spazio delle soluzioni, allora $r'(A) = r'(A')$.

Infatti né n né h variano, dunque anche il rango per colonne resta lo stesso.

Passo 3. Sia ora A' la matrice che si ottiene da A estraendo $r(A)$ righe l. i.; queste righe formano una base dello spazio generato da tutte le righe di A, dunque le altre righe – quelle eliminate in A' – sono comunque loro combinazioni lineari. Se ne deduce che le corrispondenti equazioni (omogenee!) in $A \cdot x = 0$ si ottengono da quelle di $A' \cdot x = 0$ sommandole o moltiplicandole per opportuni elementi di K. Dunque $A \cdot x = 0$ e $A' \cdot x = 0$ sono sistemi equivalenti. Inoltre A' ha tante colonne quante A. Segue dal passo 2 che $r'(A) = r'(A')$. Ma A' ha $r(A)$ righe, dunque $r'(A') \leq r(A)$. In conclusione $r'(A) \leq r(A)$, come si voleva dimostrare. $\square$

Osservazioni 8.11.3

1. Se A, A' sono matrici a coefficienti in K e A' si ottiene da A con le operazioni 1, 2, 3 dal metodo di Gauss–Jordan (applicate alle righe o anche alle colonne), allora $r(A) = r(A')$.
   Infatti, se A' si ottiene da A operando con 1, 2 o 3 sulle righe, allora A' mantiene lo stesso numero di colonne di A e i sistemi lineari omogenei $A \cdot x = 0$ e $A' \cdot x = 0$ sono equivalenti, dunque segue direttamente dal Teorema precedente 8.11.2 che $r(A) = r(A')$. Se poi 1, 2 o 3 sono applicate alle colonne, ci basta ricordare che le colonne di una matrice sono le righe della sua trasposta e che una matrice ha lo stesso rango della sua trasposta.

2. Ammettiamo che $m \leq n$ e che $A \in \mathcal{M}_{m \times n}(K)$ abbia la forma triangolare superiore

$$A = \begin{pmatrix} a_{1,1} & a_{1,2} & a_{1,3} & \cdots & a_{1,m} & \cdots & a_{1,n} \\ 0_K & a_{2,2} & a_{2,3} & \cdots & a_{2,m} & \cdots & a_{2,n} \\ & & \cdots & \cdots & \cdots & & \\ 0_K & 0_K & \cdots & 0_K & a_{m,m} & \cdots & a_{m,n} \end{pmatrix}$$

   con $a_{1,1}, a_{2,2}, \ldots, a_{m,m} \neq 0_K$. Allora $r(A) = m$ (il lettore può verificarlo per **esercizio**: gli basta provare che le m righe di A sono l. i.).
   Lo stesso vale per la forma triangolare inferiore (**perché?**).

3. Finalmente ogni riga o colonna nulla in A può essere trascurata nel calcolo di $r(A)$.

Dunque il metodo di Gauss–Jordan si può usare anche per il calcolo del rango di una matrice. Ne vedremo tra poco qualche esempio. Ma prima mostriamo come il concetto di rango permetta di stabilire un criterio necessario e sufficiente per l'esistenza di soluzioni di un sistema lineare $A \cdot x = b$. Il criterio è noto come Teorema di Rouché–Capelli; viene infatti principalmente attribuito a Eugène Rouché, che fu matematico francese di fine Ottocento e lavorò in geometria e analisi, e ad Alfredo Capelli, che operò in Italia negli stessi anni.

Teorema 8.11.4 (Rouché–Capelli). *Siano $A \in \mathcal{M}_{m \times n}(K), b \in K^m$. Allora il sistema lineare $A \cdot x = b$ ha soluzione se e solo se le sue matrici incompleta A e completa (A, b) hanno lo stesso rango.*

Si noti che, in genere, $r(A) \leq r(A, b)$ perché (A, b) ha una colonna in più. Si ricordi poi che, se $A \cdot x = b$ ha soluzioni, allora l'insieme delle soluzioni di $A \cdot x = b$ è in corrispondenza biunivoca con lo spazio delle soluzioni del sistema lineare omogeneo associato $A \cdot x = 0_{K^n}$, e che quest'ultimo ha dimensione $n - r(A)$.
In particolare il Teorema di Rouché–Capelli ci dice che $A \cdot x = b$ ha una e una sola soluzione se e solo se $r(A) = r(A, b) = n$ (l'uguaglianza $r(A) = r(A, b)$ assicura almeno una soluzione, mentre l'altra condizione $n = r(A)$ implica che $n - r(A) = 0$, ovvero che $A \cdot x = 0_{K^m}$ ha l'unica soluzione 0_{K^m}, e dunque che

anche $A \cdot x = b$ ha un'unica soluzione perché $A \cdot x = b$, se ha soluzioni, ne ha tante quante $A \cdot x = 0_{K^m}$).

Dimostrazione. $A \cdot x = b$ ha soluzione se e solo se esiste $s \in K^n$ per cui $b = A \cdot s = A^{(1)} \cdot s_1 + \cdots + A^{(n)} \cdot s_n$, dunque se e solo se b appartiene allo spazio generato dalle colonne $A^{(1)}, \ldots, A^{(n)}$ di A, cioè ancora se e solo se $\langle A^{(1)}, \ldots, A^{(n)}, b \rangle = \langle A^{(1)}, \ldots, A^{(n)} \rangle$. Chiaramente, se questi sottospazi sono uguali, allora hanno anche la stessa dimensione, cioè $r(A, b) = r(A)$. Viceversa, se $r(A, b) = r(A)$, allora $\langle A^{(1)}, \ldots, A^{(n)}, b \rangle$ ha la stessa dimensione di $\langle A^{(1)}, \ldots, A^{(n)} \rangle$: ma quest'ultimo è sottospazio, dunque deve essere $\langle A^{(1)}, \ldots, A^{(n)}, b \rangle = \langle A^{(1)}, \ldots, A^{(n)} \rangle$ (si ricordi il Corollario 8.4.15). $\qquad \square$

Esempi 8.11.5 Fissiamo $K = \mathbb{R}$.

1. Consideriamo il sistema

$$\begin{cases} x_1 - x_2 & +x_3 +x_4 = 1 \\ 3x_1 + 2x_2 & +2x_4 = 3 \\ x_1 + x_2 & +x_3 = -1 \\ -x_1 + x_2 & +x_3 -x_4 = 0 \end{cases}$$

Usiamo il metodo di Gauss–Jordan per calcolare e confrontare i ranghi delle due matrici (incompleta e completa) del sistema: una freccia $\Rightarrow$ segna ogni successiva applicazione del metodo.

$$\begin{pmatrix} 1 & -1 & 1 & 1 & \vdots & 1 \\ 3 & 2 & 0 & 2 & \vdots & 3 \\ 1 & 1 & 1 & 0 & \vdots & -1 \\ -1 & 1 & 1 & -1 & \vdots & 0 \end{pmatrix} \Rightarrow \begin{pmatrix} 1 & -1 & 1 & 1 & \vdots & 1 \\ 0 & 5 & -3 & -1 & \vdots & 0 \\ 0 & 2 & 0 & -1 & \vdots & -2 \\ 0 & 0 & 2 & 0 & \vdots & 1 \end{pmatrix} \Rightarrow$$

$$\Rightarrow \begin{pmatrix} 1 & -1 & 1 & 1 & \vdots & 1 \\ 0 & 5 & -3 & -1 & \vdots & 0 \\ 0 & 0 & 6 & -3 & \vdots & -10 \\ 0 & 0 & 2 & 0 & \vdots & 1 \end{pmatrix} \Rightarrow \begin{pmatrix} 1 & -1 & 1 & 1 & \vdots & 1 \\ 0 & 5 & -3 & -1 & \vdots & 0 \\ 0 & 0 & 6 & -3 & \vdots & -10 \\ 0 & 0 & 0 & 3 & \vdots & 13 \end{pmatrix}.$$

Segue che ambedue le matrici hanno rango $4 = n$. Dunque il sistema ha una e una sola soluzione (che si può determinare come illustrato nel precedente paragrafo).

2. Passiamo al sistema

$$\begin{cases} x_1 - x_2 + x_3 = 1 \\ 2x_1 - 3x_2 + 2x_3 = 2 \\ 3x_1 - 3x_2 + 3x_3 = 2 \end{cases}$$

Stavolta si ha

$$\begin{pmatrix} 1 & -1 & 1 & \vdots & 1 \\ 2 & -3 & 2 & \vdots & 2 \\ 3 & -3 & 3 & \vdots & 2 \end{pmatrix} \Rightarrow \begin{pmatrix} 1 & -1 & 1 & \vdots & 1 \\ 0 & -1 & 0 & \vdots & 0 \\ 0 & 0 & 0 & \vdots & -1 \end{pmatrix}.$$

Allora la matrice completa ha rango 3 perché scambiando le ultime due colonne si ottiene

$$\begin{pmatrix} 1 & -1 & 1 & 1 \\ 0 & -1 & 0 & 0 \\ 0 & 0 & -1 & 0 \end{pmatrix};$$

invece quella incompleta ha rango 2 perché possiamo dimenticare la terza riga. Quindi il sistema non ha soluzioni.

3. Domandiamoci adesso se in $\mathbb{R}^3$ i tre elementi $(1,2,3)$, $(2,-1,0)$, $(0,1,1)$ sono o no l. i. . La questione può essere risolta calcolando il rango della matrice

$$A = \begin{pmatrix} 1 & 2 & 3 \\ 2 & -1 & 0 \\ 0 & 1 & 1 \end{pmatrix};$$

infatti questo rango coincide con la dimensione dello spazio che i tre elementi – ovvero le righe di A – generano. Si ha

$$A = \begin{pmatrix} 1 & 2 & 3 \\ 2 & -1 & 0 \\ 0 & 1 & 1 \end{pmatrix} \Rightarrow \begin{pmatrix} 1 & 2 & 3 \\ 0 & -5 & -6 \\ 0 & 1 & 1 \end{pmatrix} \Rightarrow$$

$$\Rightarrow \begin{pmatrix} 1 & 2 & 3 \\ 0 & 1 & 1 \\ 0 & -5 & -6 \end{pmatrix} \Rightarrow \begin{pmatrix} 1 & 2 & 3 \\ 0 & 1 & 1 \\ 0 & 0 & -1 \end{pmatrix}.$$

Così $r(A) = 3$ e i tre elementi di $\mathbb{R}^3$ sono davvero l. i. .

4. Chiediamoci adesso se in $\mathbb{R}^3$ l'elemento $(1,-2,5)$ si può scrivere come combinazione lineare di $(1,1,1)$, $(1,2,3)$, $(2,-1,1)$. Possiamo procedere come nell'esempio precedente, vedere che $(1,1,1)$, $(1,2,3)$, $(2,-1,1)$ sono l. i., dunque formano una base di $\mathbb{R}^3$ su $\mathbb{R}$, generano conseguentemente ogni vettore di $\mathbb{R}^3$ compreso $(1,-2,5)$. Se vogliamo essere più precisi, e determinare in che modo $(1,-2,5)$ si possa scrivere come $x_1(1,1,1) +$ $x_2(1,2,3) + x_3(2,-1,1)$ con $x_1, x_2, x_3 \in \mathbb{R}$, ci riconduciamo al sistema

$$\begin{cases} x_1 + x_2 + 2x_3 = 1 \\ x_1 + 2x_2 - x_3 = -2 \\ x_1 + 3x_2 + x_3 = 5 \end{cases}$$

che si affronta nel modo descritto negli esempi 1, 2.

8.12 Determinanti

C'è un'altra strategia "elementare" di risoluzione dei sistemi lineari che gli
studi liceali forse ci ricordano: è quella basata sulla nozione di *determinante*.
Nei casi più semplici, quando ci sono poche equazioni e indeterminate da
considerare, questa strategia funziona nel modo che il seguente esempio cerca
di riassumere.

Esempio 8.12.1 Consideriamo ancora il sistema lineare

$$\begin{cases} x_1 + x_2 = 3 \\ -x_1 + x_2 = 5 \end{cases}$$

La sua matrice incompleta (quadrata) è $\begin{pmatrix} 1 & 1 \\ -1 & 1 \end{pmatrix}$, la colonna dei termini

noti è $\begin{pmatrix} 3 \\ 5 \end{pmatrix}$. Il determinante dei coefficienti del sistema – o, se si preferisce,
della matrice incompleta che questi coefficienti formano – si ottiene

- moltiplicando il coefficiente di x_1 nella prima equazione per quello di x_2
  nella seconda,
- moltiplicando poi il coefficiente di x_1 nella seconda equazione per quello
  di x_2 nella prima,
- sottraendo infine i due risultati.

Dunque, per una generica matrice 2×2 $\begin{pmatrix} a_{1,1} & a_{1,2} \\ a_{2,1} & a_{2,2} \end{pmatrix}$, il determinante di A è
$a_{1,1} \cdot a_{2,2} - a_{1,2} \cdot a_{2,1}$; nel nostro caso specifico, vale quindi $1 \cdot 1 - 1 \cdot (-1) = 2$. Il
fatto che questo determinante non si annulla assicura già che il sistema ha una
e una sola soluzione per x_1 e x_2. Se poi si vuole conoscere questa soluzione,
si procede come segue.

- Per ricavare x_1, si sostituisce nella matrice incompleta la *prima* colonna
  – quella dei coefficienti di x_1 – con la colonna dei termini noti; si calcola
  il determinante della nuova matrice e lo si divide per quello della matrice
  incompleta: il risultato della divisione è il valore della soluzione x_1. Quindi,
  nel nostro caso, la matrice da considerare è $\begin{pmatrix} 3 & 1 \\ 5 & 1 \end{pmatrix}$, il suo determinante
  è $3 \cdot 1 - 5 \cdot 1 = -2$, x_1 vale $\frac{-2}{2} = -1$.
- La soluzione per x_2 si ottiene allo stesso modo, a partire dalla *seconda*
  colonna della matrice incompleta. Nel nostro caso, la matrice che si viene a
  formare è $\begin{pmatrix} 1 & 3 \\ -1 & 5 \end{pmatrix}$ e ha determinante $1 \cdot 5 - (-1) \cdot 3 = 8$. Dunque $x_2 = \frac{8}{2} =$
  4. In effetti si controlla facilmente che $\begin{pmatrix} -1 \\ 4 \end{pmatrix}$ risolve il sistema. È tuttavia
  ragionevole domandarsi come mai si procede nel modo sopra descritto
  per ricavare questa soluzione e quale strategia sovrintende i passaggi che

abbiamo svolto. Ammettiamo però per un attimo di sapere che la matrice A è invertibile e che la sua inversa è

$$A^{-1} = \begin{pmatrix} \frac{1}{2} & -\frac{1}{2} \\ \frac{1}{2} & \frac{1}{2} \end{pmatrix}.$$

Allora, se s è una soluzione del sistema e quindi vale $A \cdot s = b$, moltiplicando a sinistra per A^{-1} si ottiene

$$s = I_2 \cdot s = A^{-1} \cdot A \cdot s = A^{-1} \cdot b.$$

In altre parole, il sistema ha una e una sola soluzione, e questa è $s = A^{-1} \cdot b$. Nel nostro caso specifico si conferma che la soluzione è

$$\begin{pmatrix} \frac{1}{2} & -\frac{1}{2} \\ \frac{1}{2} & \frac{1}{2} \end{pmatrix} \cdot \begin{pmatrix} 3 \\ 5 \end{pmatrix} = \begin{pmatrix} \frac{3}{2} - \frac{5}{2} \\ \frac{3}{2} + \frac{5}{2} \end{pmatrix} = \begin{pmatrix} -1 \\ 4 \end{pmatrix}.$$

Così il problema di risolvere $A \cdot x = b$ si collega a quello di classificare le matrici quadrate A che sono invertibili e di calcolarne l'inversa. È anche a questo proposito che il concetto di determinante si rivela utile.

Dobbiamo fornire anzitutto una definizione generale di *determinante*, che estenda quella ricordata poco fa per matrici 2×2 e sia valida per matrici *quadrate* con un numero arbitrario di righe (e colonne), vedere poi come questa nozione si applica per classificare le matrici invertibili ed eventualmente anche per risolvere i sistemi lineari.

Definizione 8.12.2 Siano K un campo e n un intero positivo. Per ogni matrice $A = (a_{i,j})_{1 \leq i,j \leq n} \in \mathcal{M}_{n \times n}(K)$, si dice *determinante* di A, e si indica $det\,A$, la somma

$$\sum_{\sigma \in S_n} \varepsilon(\sigma) \cdot a_{1,\sigma(1)} \cdot a_{2,\sigma(2)} \cdots a_{n,\sigma(n)}.$$

S_n rappresenta qui, come di consueto, il gruppo delle permutazioni σ sugli n oggetti $1, 2, \ldots, n$.

Così, in base alla precedente definizione, il determinante di A si ricava come segue.

a) Si prendono anzitutto in tutti i modi possibili n elementi di A, uno per ogni riga di A, uno per ogni colonna di A; in particolare due elementi distinti non possono mai appartenere né alla stessa riga né alla stessa colonna. Di conseguenza, se indichiamo con $\sigma(1)$, $\sigma(2), \ldots \sigma(n)$ rispettivamente le colonne degli elementi presi sulle righe $1, 2, \ldots, n$, deve essere $\sigma(1) \neq \sigma(2) \neq \cdots \neq \sigma(n)$, e quindi σ è una permutazione sugli oggetti $1, 2, \ldots, n$.

b) Si moltiplicano tra loro gli n elementi così scelti e si assegna al prodotto il segno $+$ se σ è pari, $-$ se σ è dispari.

c) Finalmente si sommano tra loro tutti i prodotti così ottenuti (col relativo segno).

In questo modo si ottiene $det\,A$. Si osservi che allora $det\,A$ risulta essere un elemento di K.

Esercizio 8.12.3 Si provi che, se $A \in \mathcal{M}_{n \times n}(K)$ ha una riga (o una colonna) nulla, cioè composta da tutti 0_K, allora $det\,A = 0_K$.

La descrizione di $det\,A$ quando il numero n delle righe (e colonne) di A è 1, 2, 3, 4 potrà illustrare ancora meglio il meccanismo.

Esempi 8.12.4

1. $n = 1$. C'è una sola permutazione sull'unico oggetto 1 e cioè l'identità, che ha parità $+1$. Così
$$det\,(a_{1,1}) = a_{1,1}.$$

2. $n = 2$. S_2 ha $2! = 2$ permutazioni: rispettivamente $\begin{pmatrix} 1 & 2 \\ 1 & 2 \end{pmatrix}$ con parità 1, $\begin{pmatrix} 1 & 2 \\ 2 & 1 \end{pmatrix}$ con parità -1. Allora
$$det \begin{pmatrix} a_{1,1} & a_{1,2} \\ a_{2,1} & a_{2,2} \end{pmatrix} = a_{1,1} \cdot a_{2,2} - a_{1,2} \cdot a_{2,1}.$$

Ritroviamo così la formula già ricordata a inizio paragrafo.

3. $n = 3$. Stavolta S_3 ha $3! = 6$ permutazioni: oltre all'identità $\begin{pmatrix} 1 & 2 & 3 \\ 1 & 2 & 3 \end{pmatrix}$ di parità 1, ci sono

   - i tre scambi $\begin{pmatrix} 1 & 2 & 3 \\ 1 & 3 & 2 \end{pmatrix}$, $\begin{pmatrix} 1 & 2 & 3 \\ 3 & 2 & 1 \end{pmatrix}$, $\begin{pmatrix} 1 & 2 & 3 \\ 2 & 1 & 3 \end{pmatrix}$ di parità -1,
   - i due cicli di lunghezza 3 $\begin{pmatrix} 1 & 2 & 3 \\ 2 & 3 & 1 \end{pmatrix}$, $\begin{pmatrix} 1 & 2 & 3 \\ 3 & 1 & 2 \end{pmatrix}$, di parità 1.

   Deduciamo
$$det \begin{pmatrix} a_{1,1} & a_{1,2} & a_{1,3} \\ a_{2,1} & a_{2,2} & a_{2,3} \\ a_{3,1} & a_{3,2} & a_{3,3} \end{pmatrix} = a_{1,1} \cdot a_{2,2} \cdot a_{3,3} + a_{1,2} \cdot a_{2,3} \cdot a_{3,1} +$$
$$+ a_{1,3} \cdot a_{2,1} \cdot a_{3,2} - a_{1,1} \cdot a_{2,3} \cdot a_{3,2} +$$
$$- a_{1,3} \cdot a_{2,2} \cdot a_{3,1} - a_{1,2} \cdot a_{2,1} \cdot a_{3,3}$$

(formula che qualche lettore può aver già incontrato alle scuole superiori).

4. $n = 4$. Già qui le cose cominciano a complicarsi. Infatti S_4 ha $4! = 24$ permutazioni, e quindi il determinante di una matrice A 4×4 è la somma di 24 addendi. Tra questi ci sono

$$a_{1,1} \cdot a_{2,3} \cdot a_{3,4} \cdot a_{4,2}$$

(che corrisponde alla permutazione pari $\begin{pmatrix} 1 & 2 & 3 & 4 \\ 1 & 3 & 4 & 2 \end{pmatrix} = (2\,3\,4))$, o anche

$$-a_{1,1} \cdot a_{2,4} \cdot a_{3,3} \cdot a_{4,2}$$

(che corrisponde alla permutazione dispari $\begin{pmatrix} 1 & 2 & 3 & 4 \\ 1 & 4 & 3 & 2 \end{pmatrix} = (2\,4))$ ma non

$$a_{1,2} \cdot a_{2,1} \cdot a_{3,1} \cdot a_{4,3}$$

(perché?).

Per $n = 5, 6, \ldots$, la situazione peggiora ulteriormente, perché le permutazioni σ da considerare diventano $5! = 120$, $6! = 720, \ldots$, e altrettanti sono gli addendi da coinvolgere per ottenere $\det A$.

In conclusione, il calcolo del determinante di una matrice quadrata A di ordine n richiede, in base alla definizione, la somma di $n!$ addendi, ciascuno dei quali si ricava a sua volta come prodotto di n elementi di A (con relativo segno).

C'è quindi da domandarsi se non esistono procedure più rapide per il calcolo di $\det A$. Ma, prima di dedicarci a questo argomento, cerchiamo di prendere ulteriore confidenza con la definizione di $\det A$, dimostrando, tanto per cominciare, la seguente notevole proprietà.

Proposizione 8.12.5 *Per ogni matrice $A \in \mathcal{M}_{n \times n}(K)$, la trasposta di A ha lo stesso determinante di A:*

$$\det A = \det (\,^t\!A).$$

Dimostrazione. In base alle definizioni di trasposta e di determinante, si ha

$$\det (\,^t\!A) = \sum_{\sigma \in S_n} \varepsilon(\sigma) a_{\sigma(1),1} a_{\sigma(2),2} \cdots a_{\sigma(n),n}.$$

Per ogni $i = 1, \ldots, n$, sia $j = 1, \ldots, n$ tale che $\sigma(i) = j$, cioè $\sigma^{-1}(j) = i$; allora

$$a_{\sigma(i),i} = a_{j,i} = a_{j,\sigma^{-1}(j)}.$$

Così, per ogni $\sigma \in S_n$, salvo riordinare i fattori $a_{\sigma(1),1}, a_{\sigma(2),2}, \ldots a_{\sigma(n),n}$, possiamo anche scrivere

$$a_{\sigma(1),1} a_{\sigma(2),2} \cdots a_{\sigma(n),n} = a_{1,\sigma^{-1}(1)} a_{2,\sigma^{-1}(2)} \cdots a_{n,\sigma^{-1}(n)}.$$

Ma, quando σ descrive tutto S_n, anche σ^{-1} fa lo stesso. Inoltre σ e σ^{-1} hanno la stessa parità. Perciò $det\,(^tA)$ si può anche scrivere (usando la lettera τ per σ^{-1})

$$\sum_{\tau \in S_n} \varepsilon(\tau) a_{1,\tau(1)} a_{2,\tau(2)} \cdots a_{n,\tau(n)},$$

e quindi coincide con $det\,A$. $\qquad\qquad\qquad\qquad\qquad\qquad\qquad\qquad\square$

Per ogni intero positivo, il determinante definisce una funzione da $\mathcal{M}_{n\times n}(K)$ a K, quella che associa ad ogni matrice $A \in \mathcal{M}_{n\times n}(K)$ il suo determinante $det\,A$: la indichiamo ancora con det. Si ricordi che $\mathcal{M}_{n\times n}(K)$ e K sono ambedue spazi vettoriali su K. Tuttavia non è da credere che det sia una funzione lineare tra questi spazi, almeno per $n \geq 2$: infatti det non preserva in genere né la somma tra matrici né il loro prodotto con gli elementi di K.

Esempio 8.12.6 Per $K = \mathbb{R}$ e $n = 2$, consideriamo

$$A = \begin{pmatrix} 1 & 0 \\ 2 & 3 \end{pmatrix}, \quad A^\star = \begin{pmatrix} 1 & 4 \\ 1 & 1 \end{pmatrix}, \quad k = 2,$$

così $det\,A = 3$, $det\,A^\star = -3$ e quindi $det\,A + det\,A^\star = 3-3 = 0$, $2\cdot det\,A = 2\cdot 3 = 6$. D'altra parte $A + A^\star = \begin{pmatrix} 2 & 4 \\ 3 & 4 \end{pmatrix}$ ha determinante $-4 \neq 0$ e $2 \cdot A = \begin{pmatrix} 2 & 0 \\ 4 & 6 \end{pmatrix}$ ha determinante $12 \neq 6$.

Si ha comunque che det è funzione lineare di ogni riga e colonna di A, nel senso che i seguenti esempi cercano di illustrare.

Esempi 8.12.7 Siano ancora $K = \mathbb{R}$, $n = 2$.

1. Le matrici $A = \begin{pmatrix} 1 & 0 \\ 2 & 3 \end{pmatrix}$ e $A^\star = \begin{pmatrix} 1 & 4 \\ 2 & 3 \end{pmatrix}$ hanno la seconda riga uguale, differiscono invece per la prima riga. Inoltre $det\,A = 3$, $det\,A^\star = -5$ e quindi $det\,A + det\,A^\star = -2$, $2 \cdot det\,A = 6$. Si ha poi:

   - la matrice $\begin{pmatrix} 2 & 4 \\ 2 & 3 \end{pmatrix}$ che si ottiene da $A, A^\star$ sommando le prime righe di A e di $A^\star$ e mantenendo inalterata la seconda riga di A e $A^\star$ ha determinante $6 - 8 = -2 = det\,A + det\,A^\star$;

   - la matrice $\begin{pmatrix} 2 & 0 \\ 2 & 3 \end{pmatrix}$ che si ottiene da A moltiplicando la prima riga per 2 e lasciando invariata la seconda ha determinante $6 - 0 = 6 = 2\cdot det\,A$.

2. Le matrici $A = \begin{pmatrix} 1 & 0 \\ 2 & 3 \end{pmatrix}$ e $A^\star = \begin{pmatrix} 1 & 4 \\ 2 & 3 \end{pmatrix}$ hanno in comune anche la prima colonna, mentre differiscono per la seconda. Anche in questo caso:

   - la matrice $\begin{pmatrix} 1 & 4 \\ 2 & 6 \end{pmatrix}$ che si ottiene da $A, A^\star$ confermando la prima colonna e sommando le seconde ha determinante $6 - 8 = -2 = det\,A + det\,A^\star$;

- la matrice $\begin{pmatrix} 1 & 0 \\ 2 & 6 \end{pmatrix}$ che mantiene la prima colonna di A e moltiplica per 2 la seconda colonna di A ha determinante $6 - 0 = 6 = 2 \cdot \det A$.

Più precisamente vale il seguente risultato.

Teorema 8.12.8 *Siano $A, A^\star$ due matrici in $\mathcal{M}_{n \times n}(K)$ che differiscono al più nella riga i-ma e coincidono invece nelle righe restanti (la prima, ..., la $(i-1)$-ma, la $(i+1)$-ma, ..., la n-ma). Allora*

1. *la matrice che si ottiene da $A, A^\star$ sommando le righe i-me e confermando invariate le altre righe ha per determinante $\det A + \det A^\star$;*
2. *se $k \in K$, la matrice che si ottiene da A moltiplicandone la riga i-ma per k e mantenendo inalterate le altre righe di A ha come determinante $k \cdot \det A$.*

Lo stesso vale se, anziché le righe, ci riferiamo alle colonne.

Dimostrazione. La tesi finale del teorema vale dal precedente risultato sul determinante della matrice trasposta: infatti, se invece di A, consideriamo $^t A$ otteniamo una matrice in $\mathcal{M}_{n \times n}(K)$ che ha lo stesso determinante di A e ammette come righe le colonne di A. Altrettanto vale per $A^\star$. Inoltre $^t A$, $^t A^\star$ differiscono al più in una colonna e le matrici che da esse (e dalle loro colonne) si generano come in *1* e *2* sono le trasposte di quelle che si costruiscono da $A, A^\star, k$ a partire dalle righe. Così ci basta provare il teorema nel caso delle righe.

1. Denotiamo con $\overline{A}$ la matrice costruita da A e $A^\star$ nel modo indicato dall'enunciato del teorema. Per $j = 1, \ldots, n$, l'elemento di posto i, j di $\overline{A}$ è $a_{i,j} + a_{i,j}^\star$, mentre, per $h = 1, \ldots, n$ e $h \neq i$, l'elemento di posto h, j di $\overline{A}$ è $a_{h,j} = a_{h,j}^\star$. Quindi

$$\det \overline{A} = \sum_{\sigma \in S_n} \varepsilon(\sigma) \cdot a_{1,\sigma(1)} \cdots a_{i-1,\sigma(i-1)} \cdot (a_{i,\sigma(i)} + a_{i,\sigma(i)}^\star) \cdot a_{i+1,\sigma(i+1)} \cdots a_{n,\sigma(n)}$$

e dalla proprietà distributiva otteniamo

$$\begin{aligned} \det \overline{A} &= \sum_{\sigma \in S_n} \varepsilon(\sigma) \cdot a_{1,\sigma(1)} \cdots a_{i-1,\sigma(i-1)} \cdot a_{i,\sigma(i)} \cdot a_{i+1,\sigma(i+1)} \cdots a_{n,\sigma(n)} + \\ &+ \sum_{\sigma \in S_n} \varepsilon(\sigma) \cdot a_{1,\sigma(1)}^\star \cdots a_{i-1,\sigma(i-1)}^\star \cdot a_{i,\sigma(i)}^\star \cdot a_{i+1,\sigma(i+1)}^\star \cdots a_{n,\sigma(n)}^\star = \\ &= \det A + \det A^\star \end{aligned}$$

(ricordando $a_{h,j} = a_{h,j}^\star$ per $h \neq i$).

2. Indichiamo di nuovo con $\overline{A}$ la matrice che A e k generano nel modo descritto dall'enunciato del teorema. Così, per $j = 1, \ldots, n$, l'elemento di posto i, j di $\overline{A}$ è $k \cdot a_{i,j}$, mentre, per $h = 1, \ldots, n$ e $h \neq i$, quello di posto h, j è lo stesso di A, cioè $a_{h,j}$. Allora

$$det \, \overline{A} = \sum_{\sigma \in S_n} \varepsilon(\sigma) \cdot a_{1,\sigma(1)} \cdots a_{i-1,\sigma(i-1)} \cdot (k \cdot a_{i,\sigma(i)}) \cdot a_{i+1,\sigma(i+1)} \cdots a_{n,\sigma(n)}.$$

Usando le proprietà associativa, commutativa e distributiva di K deduciamo

$$\begin{aligned} det \, \overline{A} &= \sum_{\sigma \in S_n} k \cdot \varepsilon(\sigma) \cdot a_{1,\sigma(1)} \cdots a_{i-1,\sigma(i-1)} \cdot a_{i,\sigma(i)} \cdot a_{i+1,\sigma(i+1)} \cdots a_{n,\sigma(n)} = \\ &= k \cdot \sum_{\sigma \in S_n} \varepsilon(\sigma) \cdot a_{1,\sigma(1)} \cdots a_{i-1,\sigma(i-1)} \cdot a_{i,\sigma(i)} \cdot a_{i+1,\sigma(i+1)} \cdots a_{n,\sigma(n)} = \\ &= k \cdot det \, A. \end{aligned}$$

$\square$

Torniamo adesso al problema di calcolare in modo più semplice e diretto $det \, A$. Osserviamo anzitutto che, sotto certe condizioni su A, $det \, A$ diventa molto più agevole da trovare. Ad esempio si ha quanto segue.

Teorema 8.12.9 *Se $A \in \mathcal{M}_{n \times n}(K)$ è una matrice triangolare (superiore o inferiore), allora il determinante di A è il prodotto dei suoi elementi diagonali*

$$det \, A = a_{1,1} \cdot a_{2,2} \cdots a_{n,n}.$$

Dimostrazione. Siccome una matrice triangolare superiore ha per trasposta una matrice triangolare inferiore e matrici trasposte hanno lo stesso determinante, ci basta considerare il caso in cui A è triangolare inferiore. Sappiamo

$$det \, A = \sum_{\sigma \in S_n} \varepsilon(\sigma) \cdot a_{1,\sigma(1)} \cdot a_{2,\sigma(2)} \cdots a_{n,\sigma(n)}.$$

Sia $\sigma \in S_n$. Se $\sigma(1) > 1$, allora $a_{1,\sigma(1)} = 0_K$ e di conseguenza $a_{1,\sigma(1)} \cdot a_{2,\sigma(2)} \cdots a_{n,\sigma(n)} = 0_K$. Sia allora $\sigma(1) = 1$, dunque $\sigma(2) \geq 2$. Ma se $\sigma(2) > 2$ $a_{2,\sigma(2)} = 0_K$ e, di nuovo, $a_{1,\sigma(1)} \cdot a_{2,\sigma(2)} \cdots a_{n,\sigma(n)} = 0_K$. Perciò assumiamo non solo $\sigma(1) = 1$, ma anche $\sigma(2) = 2$. Ripetendo il procedimento, si vede che tutti i prodotti $a_{1,\sigma(1)} \cdot a_{2,\sigma(2)} \cdots a_{n,\sigma(n)}$ con σ diverso dall'identità si annullano. Così $det \, A$ si riduce ad un unico addendo, quello corrispondente all'identità: siccome l'identità è pari, $det \, A = a_{1,1} \cdot a_{2,2} \cdots a_{n,n}.$ $\square$

Nei paragrafi 8.10 e 8.11 abbiamo poi visto come semplici operazioni sulle righe di una matrice (scambio di righe, moltiplicazione di una riga per un elemento non nullo di K, somma di due righe) permettono di costruire da una matrice A una matrice A' di forma triangolare superiore strettamente collegata ad A e comunque dello stesso rango di A. Inoltre il calcolo di $det \, A'$ è semplice perché A' è triangolare superiore. Possiamo allora chiederci che relazione ci sia tra $det \, A$ e $det \, A'$, e dunque se le tre operazioni sulle righe di A sopra citate preservano o no il valore del determinante e, se no, in che maniera lo modificano.

A questo proposito si dimostra quanto segue.

Teorema 8.12.10 *Siano $A, \overline{A}$ due matrici $n \times n$ a coefficienti nel campo K.*

1. *Se $\overline{A}$ si ottiene da A scambiando due righe, allora $\det \overline{A} = -\det A$. In particolare, se A ha due righe uguali, A ha determinante nullo.*

2. *Se $\overline{A}$ si ottiene da A moltiplicando una riga di A per un elemento non nullo k di K, allora $\det \overline{A} = k \cdot \det A$.*

3. *Se finalmente $\overline{A}$ si ottiene da A sostituendo una sua riga con la sua somma per un'altra riga, o anche per il prodotto di un'altra riga per qualche $k \in K$, allora $\det \overline{A} = \det A$.*

Dimostrazione. Tutte e tre le affermazioni derivano direttamente dalla definizione di determinante e da qualche semplice calcolo.

1. Supponiamo che $\overline{A}$ scambi le righe i e h di A per $1 \leq i < h \leq n$. Così, per ogni $j = 1, \ldots, n$, l'elemento di posto i, j di $\overline{A}$ è $a_{h,j}$ e quello di posto h, j è $a_{i,j}$. Dunque

$$\det \overline{A} = \sum_{\sigma \in S_n} \varepsilon(\sigma) \cdot a_{1,\sigma(1)} \cdots a_{h,\sigma(i)} \cdots a_{i,\sigma(h)} \cdots a_{n,\sigma(n)} =$$
$$= \sum_{\sigma \in S_n} \varepsilon(\sigma) \cdot a_{1,\sigma(1)} \cdots a_{i,\sigma(h)} \cdots a_{h,\sigma(i)} \cdots a_{n,\sigma(n)}.$$

Sia $\overline{\sigma}$ la permutazione di S_n che si ottiene componendo σ con lo scambio $(i\,h)$. Allora $\varepsilon(\overline{\sigma}) = -\varepsilon(\sigma)$. Inoltre $\sigma(i) = \overline{\sigma}(h)$ e $\sigma(h) = \overline{\sigma}(i)$, mentre per $t \neq i, h$, $\sigma(t) = \overline{\sigma}(t)$. D'altra parte, al variare di σ in S_n, anche $\overline{\sigma}$ descrive S_n. Segue che

$$\det \overline{A} = \sum_{\overline{\sigma} \in S_n} (-\varepsilon(\overline{\sigma})) \cdot a_{1,\overline{\sigma}(1)} \cdots a_{i,\overline{\sigma}(i)} \cdots a_{h,\overline{\sigma}(h)} \cdots a_{n,\overline{\sigma}(n)} =$$
$$= -\sum_{\overline{\sigma} \in S_n} \varepsilon(\overline{\sigma}) \cdot a_{1,\overline{\sigma}(1)} \cdots a_{i,\overline{\sigma}(i)} \cdots a_{h,\overline{\sigma}(h)} \cdots a_{n,\overline{\sigma}(n)} = -\det A.$$

Se poi A ha due righe uguali e si scambiano queste righe, si ottiene $A = \overline{A}$, dunque $\det A = \det \overline{A} = -\det A$, da cui $\det A = 0_K$ (a meno che $1_K = -1_K$, come avviene ad esempio per $K = \mathbb{Z}_2$: ma la proprietà resta vera anche in questo caso, come il lettore può cercare di dimostrare per **esercizio**.

2. È già stato provato come *2* nel Teorema 8.12.8.

3. Finalmente supponiamo che $\overline{A}$ si ottenga da A sommandone la riga i-ma con la h-ma, per $i, h = 1, \ldots, n$, $i \neq h$ ($i < h$ per fissare le idee); in altre parole, si considerano la matrice A e poi la matrice $A^\star$ che sostituisce l'i-ma riga di A con la h-ma e mantiene invariate le altre righe, si costruisce poi $\overline{A}$ proprio nel modo descritto da *1* nel Teorema 8.12.8. Applicando quel risultato, otteniamo che $\det \overline{A}$ coincide con $\det A + \det A^\star$. Ma $A^\star$ ha due righe uguali e quindi, per *1*, $\det A^\star = 0_K$. Pertanto $\det \overline{A} = \det A$. Lo stesso vale se $A^\star$ sostituisce la riga i-ma di A con $k \cdot A_{(h)}$ dove $A_{(h)}$ è la h-ma riga di A e $k \in K$: in questo caso infatti, $\det A^\star$ è, per il Teorema 8.12.8, il prodotto di k per il determinante della matrice che sostituisce in A la riga i-ma con la h-ma; così quest'ultima matrice ha 2 righe uguali e determinante nullo, e altrettanto vale per $A^\star$. $\square$

Siccome una matrice A ha lo stesso determinante della sua trasposta, la proprietà appena enunciata nel Teorema 8.12.10 per le righe di A si trasferisce alle colonne. In dettaglio:

Corollario 8.12.11 *Siano $A, \overline{A}$ due matrici $n \times n$ a coefficienti in un campo K.*

1. *Se $\overline{A}$ si ottiene da A scambiando due colonne, allora $\det \overline{A} = -\det A$. In particolare, se A ha due colonne uguali, A ha determinante nullo.*
2. *Se $\overline{A}$ si ottiene da A moltiplicandone una colonna per un elemento non nullo k di K, $\det \overline{A} = k \cdot \det A$.*
3. *Se $\overline{A}$ si ottiene da A sostituendone una colonna con la sua somma per un'altra colonna o anche per il prodotto di un'altra colonna per qualche $k \in K$, $\det \overline{A} = \det A$.*

Dimostrazione. Come detto si applica il Teorema 8.12.10 a ^tA e a $^t\overline{A}$. $\square$

Così, in linea di principio, il determinante di A si può calcolare combinando il metodo di Gauss–Jordan e le regole appena enunciate, come il seguente esempio illustra.

Esempio 8.12.12 Siano $K = \mathbb{R}$, $A = \begin{pmatrix} 0 & 1 & 2 & 4 \\ -1 & 1 & 2 & 0 \\ 3 & 1 & 0 & 4 \\ 0 & 1 & 1 & 1 \end{pmatrix}$. Allora

$$
\det A = -\det \begin{pmatrix} -1 & 1 & 2 & 0 \\ 0 & 1 & 2 & 4 \\ 3 & 1 & 0 & 4 \\ 0 & 1 & 1 & 1 \end{pmatrix} = -\det \begin{pmatrix} -1 & 1 & 2 & 0 \\ 0 & 1 & 2 & 4 \\ 0 & 4 & 6 & 4 \\ 0 & 1 & 1 & 1 \end{pmatrix} =
$$

$$
= -2 \cdot \det \begin{pmatrix} -1 & 1 & 2 & 0 \\ 0 & 1 & 2 & 4 \\ 0 & 2 & 3 & 2 \\ 0 & 1 & 1 & 1 \end{pmatrix} = -2 \cdot \det \begin{pmatrix} -1 & 1 & 2 & 0 \\ 0 & 1 & 2 & 4 \\ 0 & 0 & -1 & -6 \\ 0 & 0 & -1 & -3 \end{pmatrix} =
$$

$$
= -2 \cdot \det \begin{pmatrix} -1 & 1 & 2 & 0 \\ 0 & 1 & 2 & 4 \\ 0 & 0 & -1 & -6 \\ 0 & 0 & 0 & 3 \end{pmatrix} = -2 \cdot (-1) \cdot 1 \cdot (-1) \cdot 3 = -6.
$$

Il lettore spieghi per **esercizio** le ragioni che permettono i vari passaggi di questo calcolo.

Dunque il metodo di Gauss–Jordan si adatta anche al calcolo dei determinanti. D'altra parte c'è un'ovvia obiezione che è lecito sollevare a questo proposito: abbiamo infatti sostenuto che il determinante ci serve (anche) per la soluzione dei sistemi lineari, ma poi adoperiamo il metodo di Gauss–Jordan per il calcolo del determinante; tanto vale, allora, usare direttamente il metodo di Gauss–Jordan per la soluzione dei sistemi, senza bisogno di scomodare i determinanti. Se dunque vogliamo usare davvero il determinante come strumento alternativo di soluzione dei sistemi, dobbiamo trovare nuove procedure che lo computino, diverse da quella che fa riferimento al metodo di Gauss–Jordan. In effetti, c'è un teorema di Laplace che fornisce un nuovo algoritmo di calcolo

(Pierre–Simon Laplace era francese e fu uno dei più brillanti matematici di fine Settecento). Per enunciarlo dobbiamo prima introdurre una nuova notazione. Sia quindi A una matrice quadrata $n \times n$ a coefficienti in K. Per ogni scelta di $i, j = 1, \ldots, n$, consideriamo l'elemento $a_{i,j}$ in A e dimentichiamo la riga e la colonna di A che lo contengono, dunque la i-ma riga e la j-ma colonna; otteniamo così una matrice quadrata $(n - 1) \times (n - 1)$, che ha un numero inferiore di righe e colonne, e per la quale si può quindi ritenere che il calcolo del determinante sia più agevole. Chiamiamo allora *complemento* di $a_{i,j}$ in A, e indichiamo con $A_{i,j}$, questo determinante, con segno $+$ se $i + j$ è pari, $-$ se $i + j$ è dispari.

Esempio 8.12.13 Siano $K = \mathbb{R}$, $A = \begin{pmatrix} 1 & 2 & 3 \\ 2 & -1 & 0 \\ 3 & 1 & 2 \end{pmatrix}$. Allora, ad esempio,

$$A_{1,2} = -det \begin{pmatrix} 2 & 0 \\ 3 & 2 \end{pmatrix} = -4,$$

$$A_{3,1} = +det \begin{pmatrix} 2 & 3 \\ -1 & 0 \end{pmatrix} = +3.$$

Il Teorema di Laplace afferma allora che il determinante di A si calcola scegliendo una qualsiasi riga o colonna di A,

- moltiplicando poi ordinatamente gli elementi di questa riga o colonna per i loro complementi,
- sommando tra loro questi prodotti.

In dettaglio:

Teorema 8.12.14 (Laplace). *Sia $A \in \mathcal{M}_{n \times n}(K)$. Allora*

(1) *per ogni $i = 1, \ldots, n$, $det\, A = a_{i,1} \cdot A_{i,1} + \cdots + a_{i,n} \cdot A_{i,n}$,*
(2) *per ogni $j = 1, \ldots, n$, $det\, A = a_{1,j} \cdot A_{1,j} + \cdots + a_{n,j} \cdot A_{n,j}$.*

Esempio 8.12.15 Consideriamo, per $K = \mathbb{R}$, la matrice

$$A = \begin{pmatrix} 0 & 1 & 2 & 4 \\ -1 & 1 & 2 & 0 \\ 3 & 1 & 0 & 4 \\ 0 & 1 & 1 & 1 \end{pmatrix}$$

di cui si è prima calcolato il determinante col metodo di Gauss–Jordan. Applichiamo adesso il Teorema di Laplace 8.12.14, scegliendo ad esempio la prima colonna (che contiene due elementi nulli $a_{1,1}$ e $a_{4,1}$ e dunque evita il calcolo dei corrispondenti complementi $A_{1,1}$ e $A_{4,1}$, visto che, ovviamente, $a_{1,1} \cdot A_{1,1} = a_{4,1} \cdot A_{4,1} = 0$). Si ha allora

$$det\, A = -(-1) \cdot det \begin{pmatrix} 1 & 2 & 4 \\ 1 & 0 & 4 \\ 1 & 1 & 1 \end{pmatrix} + 3 \cdot det \begin{pmatrix} 1 & 2 & 4 \\ 1 & 2 & 0 \\ 1 & 1 & 1 \end{pmatrix} = 6 - 12 = -6.$$

Infatti, applicando ancora il Teorema 8.12.14 (in riferimento alla seconda riga della matrice), si ha

$$det \begin{pmatrix} 1 & 2 & 4 \\ 1 & 0 & 4 \\ 1 & 1 & 1 \end{pmatrix} = -1 \cdot det \begin{pmatrix} 2 & 4 \\ 1 & 1 \end{pmatrix} - 4 \cdot det \begin{pmatrix} 1 & 2 \\ 1 & 1 \end{pmatrix} = 2 + 4 = 6$$

e (ancora in riferimento alla seconda riga)

$$det \begin{pmatrix} 1 & 2 & 4 \\ 1 & 2 & 0 \\ 1 & 1 & 1 \end{pmatrix} = -1 \cdot det \begin{pmatrix} 2 & 4 \\ 1 & 1 \end{pmatrix} + 2 \cdot det \begin{pmatrix} 1 & 4 \\ 1 & 1 \end{pmatrix} = 2 - 6 = -4.$$

Anche la regola del determinante di una matrice A 2×2 si riscopre col Teorema 8.12.14. Infatti, posto $A = \begin{pmatrix} a_{1,1} & a_{1,2} \\ a_{2,1} & a_{2,2} \end{pmatrix}$, e scelta, ad esempio, la prima riga di A, si nota anzitutto che $a_{1,1}$ ha complemento $a_{2,2}$ e $a_{1,2}$ ha complemento $-a_{2,1}$; si deduce

$$det\, A = +a_{1,1} \cdot a_{2,2} - a_{1,2} \cdot a_{2,1}.$$

Passiamo alla prova del Teorema di Laplace.

Dimostrazione del Teorema 8.12.14. (2) si ottiene da (1) applicandolo a ^{t}A e ricordando che A e ^{t}A hanno lo stesso determinante e che le righe di ^{t}A corrispondono alle colonne di A.

Passiamo quindi a (1). Sappiamo che $det\, A$ è la somma di $n!$ addendi della forma $\varepsilon(\sigma) \cdot a_{1,\sigma(1)} \cdots a_{n,\sigma(n)}$ al variare di $\sigma \in S_n$. D'altra parte, per $j = 1, \ldots, n$, $a_{i,j} \cdot A_{i,j}$ – così come $A_{i,j}$ – è la somma di $(n-1)!$ addendi. Dunque il secondo membro in (1) è la somma di $n \cdot (n-1)! = n!$ addendi, poiché l'indice j assume n valori distinti. Ci basta allora provare che tutti gli addendi che compaiono al secondo membro – cioè in $a_{i,j} \cdot A_{i,j}$ per qualche $j = 1, \ldots, n$ – occorrono anche nel primo, dunque in $det\, A$. A questo proposito distinguiamo due casi.

Primo caso: $i = j = n$. Il generico addendo di $a_{n,n} \cdot A_{n,n}$ è

$$+a_{n,n} \cdot \varepsilon(\tau) \cdot a_{1,\tau(1)} \cdots a_{n-1,\tau(n-1)}$$

per $\tau \in S_{n-1}$; infatti $n + n$ è pari. Sia $\sigma \in S_n$ definita da

$$\sigma = \begin{pmatrix} 1 & 2 & \cdots & n-1 & n \\ \tau(1) & \tau(2) & \cdots & \tau(n-1) & n \end{pmatrix}.$$

Allora $\varepsilon(\sigma) = \varepsilon(\tau)$ e dunque

$$a_{n,n} \cdot \varepsilon(\tau) \cdot a_{1,\tau(1)} \cdots a_{n-1,\tau(n-1)} = \varepsilon(\sigma) \cdot a_{1,\sigma(1)} \cdots a_{n-1,\sigma(n-1)} \cdot a_{n,\sigma(n)}$$

compare tra gli addendi di $det\, A$.

Secondo caso: $i < n$ o $j < n$. Sia $A^\star$ la matrice che si ottiene da A scambiando la riga i-ma con tutte le successive fino all'ultima e la colonna j-ma con tutte le successive fino all'ultima. Si hanno allora $n-i$ scambi di righe e $n-j$ scambi di colonne, così che

$$\det A = (-1)^{2n-i-j}\det A^\star.$$

Ma $2n - i - j$ ha la stessa parità di $i + j$, quindi possiamo anche scrivere

$$\det A = (-1)^{i+j}\det A^\star.$$

Inoltre $a_{i,j} = a^\star_{n,n}$ è l'elemento di posto n, n in $A^\star$ e dunque $A_{i,j}$ coincide con $A^\star_{n,n}$ a meno del segno (infatti $n + n$ è certamente pari, $i + j$ è pari o dispari a seconda del valore di i e j); possiamo però scrivere

$$A_{i,j} = (-1)^{i+j}A^\star_{n,n}.$$

Sappiamo che ogni addendo di $a^\star_{n,n} \cdot A^\star_{n,n}$ compare anche nella decomposizione di $\det A^\star$. Allora ogni addendo di $a_{i,j} \cdot A_{i,j}$, cioè di $(-1)^{i+j}a^\star_{n,n} \cdot A^\star_{n,n}$, compare nella decomposizione di $(-1)^{i+j}\det A^\star = \det A$. $\qquad\square$

In conclusione, il Teorema di Laplace 8.12.14 riduce il calcolo di un determinante di una matrice A $n \times n$ a quello di n determinanti di matrici $(n-1) \times (n-1)$, che vanno poi moltiplicati ordinatamente per gli elementi di A di cui essi costituiscono – a meno del segno – i complementi e, finalmente, sommati. Così in generale il metodo di Laplace prevede almeno $n \times (n-1)! = n!$ operazioni e, da un punto di vista astratto, non è di gran lunga preferibile al calcolo del determinante tramite la definizione. Va comunque rilevato come, nella pratica, la scelta di una riga o colonna che contenga molti elementi nulli riduca il numero delle operazioni richieste – come illustrato negli esempi – e accorci talora la procedura.

C'è un secondo teorema di Laplace che non aggiunge o toglie nulla al calcolo del determinante, ma che ci tornerà utile nel seguito e dunque conviene enunciare e provare. Descrive quel che avviene se, in A, gli elementi di una riga (o di una colonna) sono accompagnati non dai loro complementi, ma da quelli dei corrispondenti elementi di un'altra riga (o colonna) di A. Si ha allora

Teorema 8.12.16 (Laplace). *Sia $A \in \mathcal{M}_{n\times n}(K)$.*

(1) *Per $i, h = 1, \ldots, n$ e $i \neq h$, $a_{i,1} \cdot A_{h,1} + \cdots + a_{i,n} \cdot A_{h,n} = 0_K$,*
(2) *Per $j, h = 1, \ldots, n$ e $j \neq h$, $a_{1,j} \cdot A_{1,h} + \cdots + a_{n,j} \cdot A_{n,h} = 0_K$.*

Dimostrazione. Come prima, ci basta trattare (1). Supponiamo $i < h$ per semplicità. Riferiamoci alla matrice $A^\star$ che si ottiene da A sostituendo la riga h-ma con la i-ma. $A^\star$ ha quindi due righe uguali, quindi determinante 0_K. Ma dal Teorema 8.12.14 applicato alla h-ma riga di $A^\star$ si ottiene

$$0_K = \det A^\star = a_{i,1} \cdot A_{h,1} + a_{i,2} \cdot A_{h,2} + \cdots + a_{i,n} \cdot A_{h,n};$$

infatti gli elementi della h-ma riga di $A^\star$ sono $a_{i,1}, a_{i,2}, \ldots, a_{i,n}$, ma i loro complementi in $A^\star$ sono gli stessi che in A, visto che le righe di $A^\star$ diverse dalla h-ma non cambiano rispetto a quelle di A. $\qquad\square$

8.13 Matrici invertibili e gruppi lineari

Il determinante ha altre notevoli proprietà, ad esempio preserva il prodotto righe per colonne tra matrici, nel senso che segue.

Teorema 8.13.1 (Binet). *Siano $A, B \in \mathcal{M}_{n \times n}(K)$. Allora $det\,(A \cdot B) = det\,A \cdot det\,B$.*

A proposito, Jacques Binet fu matematico francese di inizio Ottocento che si interessò, appunto, anche alla Teoria delle Matrici.

Esempio 8.13.2 Per $K = \mathbb{R}$ e $n = 2$, consideriamo le matrici

$$A = \begin{pmatrix} 1 & 2 \\ 1 & 1 \end{pmatrix}, \quad B = \begin{pmatrix} 1 & 1 \\ -1 & 1 \end{pmatrix},$$

allora

$$A \cdot B = \begin{pmatrix} -1 & 3 \\ 0 & 2 \end{pmatrix},$$

dunque $det\,(A \cdot B) = -2$. D'altra parte $det\,A = -1$ e $det\,B = 2$, quindi $det\,A \cdot det\,B = -2$.

Dimostrazione. Fissiamo, al solito, $A = (a_{i,j})_{1 \le i,j \le n}$, $B = (b_{i,j})_{1 \le i,j \le n}$, e poniamo $C = A \cdot B$. Allora, per ogni scelta di $i, h = 1, \ldots, n$,

$$c_{i,h} = a_{i,1} \cdot b_{1,h} + a_{i,2} \cdot b_{2,h} + \cdots + a_{i,n} \cdot b_{n,h}.$$

Quindi la riga i-ma $C_{(i)}$ di C si scrive

$$\begin{aligned}
C_{(i)} &= (c_{i,1}\, c_{i,2} \ldots c_{i,n}) = \\
&= (a_{i,1} \cdot b_{1,1} + \cdots + a_{i,n} \cdot b_{n,1} \quad a_{i,1} \cdot b_{1,2} + \cdots + a_{i,n} \cdot b_{n,2} \quad \cdots \\
&\quad \cdots \quad a_{i,1} \cdot b_{1,n} + \cdots + a_{i,n} \cdot b_{n,n}).
\end{aligned}$$

In riferimento alle righe di B

$$B_{(1)} = (b_{1,1}\, b_{1,2} \ldots b_{1,n}), \ldots, B_{(n)} = (b_{n,1}\, b_{n,2} \ldots b_{n,n})$$

e alle operazioni di addizione e di moltiplicazione per elementi di K tra matrici, possiamo allora scrivere

$$C_{(i)} = a_{i,1} \cdot B_{(1)} + \cdots + a_{i,n} \cdot B_{(n)}.$$

Così

$$det\, C = det \begin{pmatrix} C_{(1)} \\ C_{(2)} \\ \vdots \\ C_{(n)} \end{pmatrix} = det \begin{pmatrix} a_{1,1} \cdot B_{(1)} + \cdots + a_{1,n} \cdot B_{(n)} \\ a_{2,1} \cdot B_{(1)} + \cdots + a_{2,n} \cdot B_{(n)} \\ \cdots\cdots \\ a_{n,1} \cdot B_{(1)} + \cdots + a_{n,n} \cdot B_{(n)} \end{pmatrix}.$$

Adesso applichiamo il Teorema 8.12.8 alla prima riga di C, lasciando inalterate tutte le righe, e ricaviamo

$$det\, C = a_{1,1} \cdot det \begin{pmatrix} B_{(1)} \\ a_{2,1} \cdot B_{(1)} + \cdots + a_{2,n} \cdot B_{(n)} \\ \cdots\cdots \\ a_{n,1} \cdot B_{(1)} + \cdots + a_{n,n} \cdot B_{(n)} \end{pmatrix} + \cdots$$

$$\cdots + a_{1,n} \cdot det \begin{pmatrix} B_{(n)} \\ a_{2,1} \cdot B_{(1)} + \cdots + a_{2,n} \cdot B_{(n)} \\ \cdots\cdots \\ a_{n,1} \cdot B_{(1)} + \cdots + a_{n,n} \cdot B_{(n)} \end{pmatrix}.$$

Ripetendo il procedimento sulle righe successive, otteniamo alla fine

$$det\, C = \sum_{\sigma} a_{1,\sigma(1)} \cdots a_{n,\sigma(n)} \cdot det \begin{pmatrix} B_{(\sigma(1))} \\ B_{(\sigma(2))} \\ \vdots \\ B_{(\sigma(n))} \end{pmatrix}$$

dove σ varia tra **tutte** le funzioni di $\{1, 2, \ldots, n\}$ in sé. D'altra parte, se σ non è iniettiva, ci sono $i, h \in \{1, 2, \ldots, n\}$ per cui $i \neq h$ ma $\sigma(i) = \sigma(h)$ e dunque

$$\begin{pmatrix} B_{(\sigma(1))} \\ B_{(\sigma(2))} \\ \vdots \\ B_{(\sigma(n))} \end{pmatrix}$$

ha due righe uguali (quelle di posto i, h, rispettivamente). Così il determinante di quest'ultima matrice è nullo. Allora la somma che definisce $det\, C$ si può restringere alle funzioni σ che sono iniettive, dunque anche suriettive, cioè alle permutazioni σ su $\{1, 2, \ldots, n\}$. Abbiamo cioè

$$det\, C = \sum_{\sigma \in S_n} a_{1,\sigma(1)} \cdots a_{n,\sigma(n)} \cdot det \begin{pmatrix} B_{(\sigma(1))} \\ B_{(\sigma(2))} \\ \vdots \\ B_{(\sigma(n))} \end{pmatrix}.$$

D'altra parte le righe $B_{(\sigma(1))}, B_{(\sigma(2))}, \ldots, B_{(\sigma(n))}$ coincidono con $B_{(1)}, B_{(2)}, \ldots, B_{(n)}$ a meno dell'ordine. Possiamo anzi ristabilire l'ordine originario

$B_{(1)}, B_{(2)}, \ldots, B_{(n)}$ con un numero di scambi la cui parità è data da $\varepsilon(\sigma)$.
Dunque, per ogni $\sigma \in S_n$,

$$det \begin{pmatrix} B_{(\sigma(1))} \\ B_{(\sigma(2))} \\ \vdots \\ B_{(\sigma(n))} \end{pmatrix} = \varepsilon(\sigma) \cdot det \begin{pmatrix} B_{(1)} \\ B_{(2)} \\ \vdots \\ B_{(n)} \end{pmatrix} = \varepsilon(\sigma) \cdot det B.$$

Ma allora

$$det C = \sum_{\sigma \in S_n} \varepsilon(\sigma) \cdot a_{1,\sigma(1)} \cdots a_{n,\sigma(n)} \cdot det B.$$

Siccome $det B$ non dipende da σ, possiamo raccoglierlo a fattor comune applicando la proprietà distributiva di K e ottenere finalmente

$$det C = \left(\sum_{\sigma \in S_n} \varepsilon(\sigma) \cdot a_{1,\sigma(1)} \cdots a_{n,\sigma(n)} \right) \cdot det B = det A \cdot det B.$$

$$\square$$

Esercizio 8.13.3 Si mostri che $det(I_n) = 1_K$ (I_n rappresenta qui la matrice unità in $\mathcal{M}_{n \times n}(K)$, quella che ha gli elementi diagonali uguali a 1_K e gli altri uguali a 0_K).

Possiamo adesso finalmente caratterizzare le matrici invertibili in $\mathcal{M}_{n \times n}(K)$.

Teorema 8.13.4 *Sia $A \in \mathcal{M}_{n \times n}(K)$. Allora A è invertibile se e solo se $det A \neq 0_K$. In tal caso, per $i, h = 1, \ldots, n$, l'elemento di posto i, h in A^{-1} è*

$$(det A)^{-1} \cdot A_{h,i} \quad \text{(attenzione agli indici!)},$$

e $det(A^{-1}) = (det A)^{-1}$.

Esempi 8.13.5

1. Sia $n = 2$, consideriamo quindi matrici $A = \begin{pmatrix} a_{1,1} & a_{1,2} \\ a_{2,1} & a_{2,2} \end{pmatrix}$. Allora A è invertibile se e solo se $det A = a_{1,1} \cdot a_{2,2} - a_{1,2} \cdot a_{2,1} \neq 0_K$. Inoltre ricordando che $a_{1,1}$ è complemento di $a_{2,2}$ e viceversa, e che $-a_{1,2}$ è complemento di $a_{2,1}$ e viceversa, si ha

$$A^{-1} = \begin{pmatrix} (det A)^{-1} \cdot a_{2,2} & -(det A)^{-1} \cdot a_{1,2} \\ -(det A)^{-1} \cdot a_{2,1} & (det A)^{-1} \cdot a_{1,1} \end{pmatrix} :$$

   l'inversa di A si ottiene allora
   - permutando gli elementi di posto 1, 1 e 2, 2;
   - mantenendo quelli di posto 1, 2 e 2, 1, ma cambiando il loro segno,
   - dividendo tutti questi elementi per $det A$.

2. In particolare, per $K = \mathbb{R}$, consideriamo $A = \begin{pmatrix} 1 & 1 \\ 0 & 2 \end{pmatrix}$. Si ha $det\, A = 2 \neq 0$, così A è invertibile, anzi $A^{-1} = \begin{pmatrix} 1 & -\frac{1}{2} \\ 0 & \frac{1}{2} \end{pmatrix}$. Si osservi poi che $det\,(A^{-1}) = \frac{1}{2} = (det\, A)^{-1}$.

Passiamo alla dimostrazione del teorema sopra enunciato.

Dimostrazione. Supponiamo dapprima che A sia invertibile. Per il Teorema 8.13.1

$$det\, A \cdot det\,(A^{-1}) = det\,(A \cdot A^{-1}) = det\, I_n = 1_K.$$

In particolare $det\, A \neq 0_K$, e anzi $det\,(A^{-1}) = (det\, A)^{-1}$. Sia ora $det\, A \neq 0_K$. Cerchiamo intanto una matrice X in $\mathcal{M}_{n \times n}(K)$ tale che $A \cdot X = I_n$ e cioè, per $i, h = 1, \ldots, n$

$$a_{i,1} \cdot x_{1,h} + \cdots + a_{i,n} \cdot x_{n,h} = \delta_{i,h} = \begin{cases} 1_K \text{ se } i = h, \\ 0_K \text{ se } i \neq h. \end{cases}$$

I teoremi 8.12.14, 8.12.16 di Laplace ci dicono

$$a_{i,1} \cdot A_{h,1} + \cdots + a_{i,n} \cdot A_{h,r} = \begin{cases} det\, A \text{ se } i = h, \\ 0_K \quad \text{ se } i \neq h. \end{cases}$$

Siccome $det\, A \neq 0_K$, possiamo dividere per $det\, A$ e ricavare

$$(det\, A)^{-1} \cdot a_{i,1} \cdot A_{h,1} + \cdots + (det\, A)^{-1} \cdot a_{i,n} \cdot A_{h,n} = \begin{cases} 1_K \text{ se } i = h, \\ 0_K \text{ se } i \neq h. \end{cases}$$

Deduciamo $x_{i,h} = (det\, A)^{-1} \cdot A_{h,i}$. D'altra parte $A \cdot X = I_n$ garantisce $det\, X \neq 0_K$, così anche X ammette una matrice $A' \in \mathcal{M}_{n \times n}(K)$ per cui $X \cdot A' = I_n$. Quindi X ha A come inversa a sinistra e A' come inversa a destra. Ma allora $A' = A$ e A e X sono l'una inversa dell'altra, in particolare $X = A^{-1}$ (si veda l'Esercizio 6.2.5). Si è visto poi che l'elemento di posto i, h di $X = A^{-1}$ è $(det\, A)^{-1} \cdot A_{h,i}$. $\qquad\qquad\square$

Sottolineiamo che la precedente dimostrazione prova in particolare:

Corollario 8.13.6 *Siano $A, X \in \mathcal{M}_{n \times n}(K)$ tali che $A \cdot X = I_n$. Allora A è invertibile e $X = A^{-1}$.*

La stessa conclusione si può dedurre da $X \cdot A = I_n$: anche in questo caso A è invertibile e X è la sua inversa.

Ricordiamo poi che gli elementi invertibili dell'anello unitario $\mathcal{M}_{n \times n}(K)$ formano un gruppo rispetto alla moltiplicazione (righe per colonne) in $\mathcal{M}_{n \times n}(K)$. Nel caso specifico delle matrici, questo gruppo si indica

$$GL(n, K)$$

e si chiama *gruppo lineare di dimensione n su K*. Può essere alternativamente introdotto come il gruppo moltiplicativo delle matrici di $\mathcal{M}_{n \times n}(K)$ che hanno determinante non nullo.

Esercizio 8.13.7 Si provi che, se $A \in GL(n, K)$, allora anche ^tA è in $GL(n, K)$. Si mostri poi $(^tA)^{-1} = \,^t(A^{-1})$.

Si noti che $GL(n, K)$ non è in genere abeliano, infatti il prodotto tra matrici (anche invertibili) non è commutativo, salvo casi eccezionali.

I seguenti esercizi presentano alcuni sottogruppi notevoli di $GL(n, K)$. K è, come già sopra, un campo arbitrario, n un intero ≥ 2.

Esercizi 8.13.8

1. L'insieme delle matrici di $\mathcal{M}_{n \times n}(K)$ che hanno determinante 1_K si indica $SL(n, K)$ e si chiama *gruppo lineare speciale di dimensione n su K*: è infatti un sottogruppo, anzi un sottogruppo normale di $GL(n, K)$. Per verificarlo, si noti anzitutto che $SL(n, K) \subseteq GL(n, K)$, si proceda poi come segue.

   a) Si osservi che il determinante *det* è un omomorfismo di gruppi di $GL(n, K)$ su $K^\star$ (basta usare il Teorema 8.13.1 di Binet).

   b) Si mostri poi che questo omomorfismo è suriettivo e ha nucleo $SL(n, K)$.

   c) Si deduca che $SL(n, K)$ è sottogruppo normale di $GL(n, K)$ e, anzi, che il gruppo quoziente $GL(n, K)/SL(n, K)$ è isomorfo a $K^\star$ tramite la funzione che, per ogni $A \in GL(n, K)$, associa alla classe laterale di A rispetto a $SL(n, K)$ il determinante $det\, A$ di A.

   d) Il lettore può, se vuole, controllare alternativamente che $SL(n, K) \trianglelefteq GL(n, K)$ facendo diretto riferimento alle definizioni di sottogruppo e sottogruppo normale e ai criteri relativi.

2. Consideriamo adesso l'insieme delle matrici $A \in GL(n, K)$ per cui l'inversa coincide con la trasposta, vale cioè $A^{-1} = \,^tA$, ovvero $^tA \cdot A = I_n$: lo si indica $O(n, K)$ e lo si chiama *gruppo ortogonale di dimensione n su K*, infatti è sottogruppo di $GL(n, K)$. Il lettore provi a mostrarlo; discuta poi se $O(n, K)$ è anche sottogruppo normale di $GL(n, K)$.

3. Anche l'intersezione di $SL(n, K)$ e $O(n, K)$ è sottogruppo di $GL(n, K)$: perché? Questo sottogruppo si compone delle matrici $A \in GL(n, K)$ che hanno determinante 1_K e soddisfano $^tA \cdot A = I_n$. Lo si indica $SO(n, K)$ e lo si chiama *gruppo ortogonale speciale di dimensione n su K*.

8.14 La regola di Cramer

Vediamo adesso come il determinante possa essere adoperato per la soluzione dei sistemi lineari. La proprietà che enunciamo e proviamo a questo proposito, e che del resto abbiamo anticipato già all'inizio del paragrafo 8.12, è la *regola di Cramer* che il lettore probabilmente ha già avuto modo di incontrare alle scuole superiori. A chi vuole farne la conoscenza, possiamo dire che Gabriel Cramer fu matematico svizzero della prima metà del Settecento, dunque contemporaneo di Eulero, e si occupò, appunto, tra altre cose, anche dei metodi di soluzione dei sistemi lineari.

Teorema 8.14.1 (Regola di Cramer). *Siano $A \in \mathcal{M}_{n \times n}(K)$ (dunque A è quadrata!) e $b \in K^n$. Se $\det A \neq 0_K$, allora il sistema lineare $A \cdot x = b$ ha una e una sola soluzione*

$$x_i = (\det A)^{-1} \cdot \sum_{j=1}^{n} A_{j,i} \cdot b_j \ \text{per } i = 1, \ldots, n.$$

Dimostrazione. Sappiamo che A è invertibile. Allora, per $s \in K^n$, $A \cdot s = b$ se e solo se $s = A^{-1} \cdot b$. Così, per $i = 1, \ldots, n,\ s_i = \sum_{j=1}^{n}((\det A)^{-1} \cdot A_{j,i}) \cdot b_j = (\det A)^{-1} \cdot \sum_{j=1}^{n} A_{j,i} \cdot b_j$. $\qquad\qquad\square$

Si noti poi che, per ogni $i = 1, \ldots, n$,

$$\sum_{j=1}^{n} A_{j,i} \cdot b_j$$

va a coincidere con il determinante della matrice

$$(A^{(1)}, \ldots, A^{(i-1)}, b, A^{(i+1)}, \ldots, A^{(n)})$$

che si ottiene dalla matrice incompleta A del sistema sostituendo la colonna i-ma $A^{(i)}$ con la colonna b dei termini noti: si applichi infatti il Teorema 8.12.14 di Laplace proprio alla colonna i-ma b di questa matrice.

Così, per $i = 1, \ldots, n$ la soluzione x_i di $A \cdot x = b$ coincide con

$$(\det A)^{-1} \cdot \det(A^{(1)}, \ldots, A^{(i-1)}, b, A^{(i+1)}, \ldots, A^{(n)}) :$$

si conferma dunque, e anzi si generalizza, la soluzione di un sistema lineare illustrata nell'Esempio 8.12.1.

Corollario 8.14.2 *Sia $A \in \mathcal{M}_{n \times n}(K)$ con determinante $\neq 0_K$. Allora il sistema lineare omogeneo $A \cdot x = 0_{K^n}$ ha l'unica soluzione $x = 0_{K^n}$.*

Esempi 8.14.3 Poniamo $K = \mathbb{R}$.

1. Il sistema lineare
$$\begin{cases} x_1 + x_2 \ +x_3 = 1 \\ x_1 - x_2 \ +x_3 = 0 \\ x_1 + 2x_2 \qquad = 1 \end{cases}$$

ha l'unica soluzione $(0, \frac{1}{2}, \frac{1}{2})$. Infatti

$$A = \begin{pmatrix} 1 & 1 & 1 \\ 1 & -1 & 1 \\ 1 & 2 & 0 \end{pmatrix}$$

ha determinante $2 \neq 0$. Si ottiene poi

$$x_1 = \tfrac{1}{2} \cdot det \begin{pmatrix} 1 & 1 & 1 \\ 0 & -1 & 1 \\ 1 & 2 & 0 \end{pmatrix} = 0, \quad x_2 = \tfrac{1}{2} \cdot det \begin{pmatrix} 1 & 1 & 1 \\ 1 & 0 & 1 \\ 1 & 1 & 0 \end{pmatrix} = \tfrac{1}{2},$$

$$x_3 = \tfrac{1}{2} \cdot det \begin{pmatrix} 1 & 1 & 1 \\ 1 & -1 & 0 \\ 1 & 2 & 1 \end{pmatrix} = \tfrac{1}{2}.$$

2. La regola di Cramer si può applicare anche al caso di sistemi in cui il numero delle equazioni e quello delle indeterminate differiscono tra loro, e quindi la matrice incompleta **non** è quadrata. Vediamo come. Consideriamo il caso del sistema lineare

$$\begin{cases} x_1 + x_2 + x_3 = 2 \\ 2x_1 - x_2 - 4x_3 = 1 \end{cases}$$

Cerchiamone le soluzioni per x_1, x_2 al variare di x_3, scriviamo cioè il sistema nella forma

$$\begin{cases} x_1 + x_2 = 2 - x_3 \\ 2x_1 - x_2 = 1 + 4x_3 \end{cases}$$

Si ha $det \begin{pmatrix} 1 & 1 \\ 2 & -1 \end{pmatrix} = -3 \neq 0$, di conseguenza

$$x_1 = -\tfrac{1}{3} \cdot det \begin{pmatrix} 2 - x_3 & 1 \\ 1 + 4x_3 & -1 \end{pmatrix} = -\tfrac{1}{3} \cdot (-2 + x_3 - 1 - 4x_3) =$$
$$= -\tfrac{1}{3} \cdot (-3x_3 - 3) = x_3 + 1,$$

$$x_2 = -\tfrac{1}{3} \cdot det \begin{pmatrix} 1 & 2 - x_3 \\ 2 & 1 + 4x_3 \end{pmatrix} = -\tfrac{1}{3} \cdot (1 + 4x_3 - 4 + 2x_3) =$$
$$= -\tfrac{1}{3} \cdot (6x_3 - 3) = -2x_3 + 1.$$

Ogni valore di x_3 determina così una soluzione $(x_3 + 1, -2x_3 + 1, x_3)$ per il sistema.

La regola di Cramer ci consente anche ulteriori caratterizzazioni delle matrici invertibili.

Teorema 8.14.4 *Sia $A \in \mathcal{M}_{n \times n}(K)$. Sono allora equivalenti le affermazioni:*

1. *A è invertibile;*
2. *$det A \neq 0_K$;*
3. *per ogni $b \in K^n$, il sistema $A \cdot x = b$ ha una e una sola soluzione;*
4. *il sistema lineare omogeneo $A \cdot x = 0_{K^n}$ ha l'unica soluzione 0_{K^n};*
5. *$r(A) = n$.*

Dimostrazione. $(1 \Leftrightarrow 2)$ è già stato provato nel Teorema 8.13.4.
$(2 \Rightarrow 3)$ è la regola di Cramer.
$(3 \Rightarrow 4)$ è ovvio.

$(4 \Rightarrow 5)$. La dimensione dello spazio delle soluzioni di $A \cdot x = 0_{K^n}$ è $n - r(A)$. Se $A \cdot x = 0_{K^n}$ ha l'unica soluzione 0_{K^n}, questa dimensione è 0, e quindi deve essere $n = r(A)$.

$(5 \Rightarrow 1)$. Se $r(A) = n$, le n colonne di A sono l. i. e quindi formano una base di K^n su A. La funzione lineare f che associa $A^{(j)}$ a e_j^n per ogni $j = 1, \ldots, n$ è dunque un isomorfismo (si ricordino gli esercizi 8.6.7.3 e 8.6.7.4). Inoltre A è la matrice che corrisponde a f nel senso che $f = F(A)$. Segue che A è invertibile. $\qquad\square$

È anche notevole osservare che le matrici non invertibili di $\mathcal{M}_{n \times n}(K)$ dividono lo zero.

Corollario 8.14.5 *Sia $A \in \mathcal{M}_{n \times n}(K)$ non invertibile. Allora A è divisore destro e sinistro di $0_{\mathcal{M}_{n \times n}(K)}$.*

Dimostrazione. Se A non è invertibile, il sistema $A \cdot x = 0_{K^n}$ ha qualche soluzione non nulla $s \in K^n$. Sia S la matrice di $\mathcal{M}_{n \times n}(K)$ le cui colonne sono tutte uguali a s. Allora S non è nulla, ma $A \cdot S = 0_{\mathcal{M}_{n \times n}(K)}$. Inoltre anche $^t A$ non è invertibile: applicando lo stesso ragionamento, si trova una matrice non nulla $S' \in \mathcal{M}_{n \times n}(K)$ per cui $^t A \cdot S' = 0_{\mathcal{M}_{n \times n}(K)}$; dunque $^t S'$ non è nulla e $^t S' \cdot A = {}^t(^t A \cdot S') = {}^t 0_{\mathcal{M}_{n \times n}(K)} = 0_{\mathcal{M}_{n \times n}(K)}$. $\qquad\square$

Torniamo ai sistemi lineari $A \cdot x = b$. Come sappiamo la regola di Cramer si applica quando $det\, A \neq 0_K$. Ci si può allora chiedere che cosa succede quando $det\, A = 0_K$ (si noti che questa condizione equivale a $r(A) < n$).

- Se $det\, (A^{(1)}, \ldots, A^{(j-1)}, b, A^{(j+1)}, \ldots, A^{(n)}) \neq 0_K$ per qualche $j = 1, \ldots, n$, allora il sistema $A \cdot x = b$ è impossibile. Infatti le n colonne $A^{(1)}, \ldots, A^{(j-1)}$, $b, A^{(j+1)}, \ldots, A^{(n)}$ sono l. i., quindi la matrice completa (A, b) ha rango $\geq n$, e $r(A, b) \neq r(A)$.
- Se invece $det\, (A^{(1)}, \ldots, A^{(j-1)}, b, A^{(j+1)}, \ldots, A^{(n)}) = 0_K$ per ogni $j = 1, \ldots, n$, non possiamo concludere nulla. Infatti deduciamo che $r(A, b) < n$, così come $r(A) < n$, non possiamo tuttavia affermare se $r(A, b) = r(A)$ o no, se dunque $A \cdot x = b$ ha soluzioni (comunque più di una perché $det\, A = 0_K$) oppure no.

Così il metodo di Gauss–Jordan si fa preferire in generale a quello di Cramer. Ecco comunque alcuni esempi ulteriori, principalmente rivolti a illustrare queste ultime considerazioni sulla regola di Cramer.

Esempi 8.14.6 Fissiamo ancora $K = \mathbb{R}$.

1. Consideriamo il sistema

$$\begin{cases} x_1 + 2x_2 \phantom{{}-x_3} = 3 \\ x_1 - x_2 - x_3 = 2 \\ 3x_2 + x_3 = 1 \end{cases}$$

La relativa matrice incompleta $A = \begin{pmatrix} 1 & 2 & 0 \\ 1 & -1 & -1 \\ 0 & 3 & 1 \end{pmatrix}$ ha determinante 0.

Si verifica che anche le matrici

$$\begin{pmatrix} 3 & 2 & 0 \\ 2 & -1 & -1 \\ 1 & 3 & 1 \end{pmatrix}, \quad \begin{pmatrix} 1 & 3 & 0 \\ 1 & 2 & -1 \\ 0 & 1 & 1 \end{pmatrix}, \quad \begin{pmatrix} 1 & 2 & 3 \\ 1 & -1 & 2 \\ 0 & 3 & 1 \end{pmatrix}$$

hanno determinante nullo. Ma il sistema ha più di una soluzione, anzi infinite soluzioni dipendenti ad esempio da x_3. Infatti il lettore potrà notare che la prima equazione del sistema è la somma delle due successive, ed è dunque ininfluente per la soluzione.

2. Invece il sistema

$$\begin{cases} x_1 + 2x_2 && = 4 \\ x_1 & -x_2 & -x_3 = 2 \\ & 3x_2 & +x_3 = 1 \end{cases}$$

è impossibile: la prima equazione è incompatibile con le altre due, la cui somma stabilisce $x_1 + 2x_2 = 3$. Del resto la matrice incompleta A, la stessa di prima, ha determinante nullo, ma

$$\begin{pmatrix} 1 & 4 & 0 \\ 1 & 2 & -1 \\ 0 & 1 & 1 \end{pmatrix}$$

(ad esempio) no.

3. Il sistema

$$\begin{cases} x_1 & +x_2 & +x_3 & +x_4 = 1 \\ & x_2 & +x_3 & = 0 \\ x_1 & +3x_2 & +3x_3 & +x_4 = 1 \\ & 2x_2 & +2x_3 & = 5 \end{cases}$$

è chiaramente impossibile (si confrontino la seconda e la quarta equazione). D'altra parte si vede che tanto la matrice A quanto le varie matrici che si ottengono sostituendo a qualche colonna di A il vettore b dei termini noti hanno determinante nullo. In realtà $r(A) = 2$, mentre $r(A, b) = 3$: entrambi sono minori di 4, ma non coincidono tra loro.

4. Consideriamo adesso

$$\begin{cases} x_1 + x_2 - 2x_3 = 2 \\ x_1 + x_2 - 3x_3 = 4 \end{cases}$$

Se ne cerchiamo le soluzioni per x_1, x_2 rispetto a x_3, affrontiamo cioè

$$\begin{cases} x_1 + x_2 = 2 + 2x_3 \\ x_1 + x_2 = 4 + 3x_3, \end{cases}$$

troviamo una matrice incompleta $\begin{pmatrix} 1 & 1 \\ 1 & 1 \end{pmatrix}$ con determinante nullo. Conviene in questo caso vedere anzitutto che cosa accade se preferiamo altre indeterminate, ad esempio x_1 e x_3 invece che x_2. In effetti il sistema

$$\begin{cases} x_1 - 2x_3 = 2 - x_2 \\ x_1 - 3x_3 = 4 - x_2 \end{cases}$$

ha matrice incompleta $\begin{pmatrix} 1 & -2 \\ 1 & -3 \end{pmatrix}$ con determinante -1, il che permette di esprimere le soluzioni in funzione di x_2

$$x_1 = -1 \cdot det \begin{pmatrix} 2 - x_2 & -2 \\ 4 - x_2 & -3 \end{pmatrix} = 6 - 3x_2 - 8 + 2x_2 = -x_2 - 2,$$

$$x_3 = -1 \cdot det \begin{pmatrix} 1 & 2 - x_2 \\ 1 & 4 - x_2 \end{pmatrix} = -4 + x_2 + 2 - x_2 = -2$$

e dunque in generale come $(-x_2 - 2, x_2, -2)$.

In definitiva la soluzione di un sistema lineare con l'uso del determinante e quindi con la regola di Cramer pare meno maneggevole di quella col metodo di Gauss–Jordan. C'è un ulteriore ragionamento che fa preferire la procedura di Gauss–Jordan . Sappiamo infatti che la soluzione di un sistema $A \cdot x = b$ avviene col metodo di Gauss–Jordan in un numero di passi $c \cdot M^3$ dove c è una costante e M è il massimo tra il numero delle equazioni e quello delle indeterminate del sistema. Invece il calcolo del determinante di una matrice $M \times M$ richiede in genere – con la definizione, o col metodo di Laplace – almeno $M!$ passi. È facile vedere che, quando M cresce, $M!$ diventa enormemente più grande di M^3; ad esempio, si vede che, per $M > 3$, $M! > 2^M$, dunque $\lim_{M \to +\infty} \frac{c \cdot M^3}{M!} = 0$ cioè $c \cdot M^3$ diventa trascurabile rispetto a $M!$ per M abbastanza grande. In questo senso, il metodo di Gauss–Jordan si conferma preferibile per la soluzione dei sistemi lineari all'uso del determinante.

Esercizi.

1. Siano V lo spazio vettoriale su $\mathbb{R}$ delle matrici 3×3 a coefficienti reali, U l'insieme delle matrici diagonali in V, W l'insieme delle matrici $A \in V$ tali che

$$A \cdot \begin{pmatrix} 1 \\ 1 \\ -3 \end{pmatrix} = \begin{pmatrix} 0 \\ 0 \\ 0 \end{pmatrix}.$$

   a) Si dimostri che W è sottospazio di V, si determini la dimensione di W, e se ne trovi una base.
   b) W contiene matrici appartenenti al gruppo ortogonale $O(n, K)$?
   c) W contiene matrici diagonali diverse da 0_V? Si dimostri che U è sottospazio di V di dimensione 3, e che $V = U \oplus W$.

2. Sul campo complesso $\mathbb{C}$ si considerino lo spazio vettoriale $\mathbb{C}^5$ e il sotto-spazio

$$W = \{(x_1, x_2, x_3, x_4, x_5) \in \mathbb{C}^5 : ix_1 + 2x_2 = 0, \ (2 + 3i)x_3 + x_4 = 0\}.$$

Si determini un sottospazio U di $\mathbb{C}^5$ tale che $\mathbb{C}^5 = W \oplus U$. Quante sono le risposte possibili? Perché?

3. Sia $V = \mathcal{M}_{2 \times 2}(\mathbb{R})$ lo spazio vettoriale delle matrici 2×2 a coefficienti reali. Sia poi f la funzione di V in $\mathbb{R}^2$ tale che, per ogni $A \in V$,

$$f(A) = A \cdot \begin{pmatrix} 0 \\ 1 \end{pmatrix}.$$

Si provi che f è lineare. Si determinino poi la dimensione e una base di $Ker\, f$ e $Im\, f$.

4. Sia f la funzione da $\mathbb{R}^3$ a $\mathbb{R}^3$ tale che, per ogni scelta di $x_1, x_2, x_3 \in \mathbb{R}$,

$$f(x_1, x_2, x_3) = (x_1 + x_3, 2x_2, 2x_1 + x_2 + 2x_3).$$

Si provi che f è lineare. Si trovino quindi la dimensione e una base del nucleo $Ker\, f$ e della immagine $Im\, f$. Si provi infine che $\mathbb{R}^3 = Ker\, f \oplus Im\, f$.

5. Sia W l'insieme delle funzioni lineari di $\mathbb{R}^3$ in $\mathbb{R}^3$ tali che

$$Ker\, f \supseteq \langle (1, -1, 0), (0, 1, 1) \rangle, \quad Im\, f \subseteq \langle (0, 0, 1) \rangle.$$

a) Si provi che W è sottospazio dello spazio delle funzioni lineari di $\mathbb{R}^3$ in $\mathbb{R}^3$.

b) Quale è la dimensione di W? (*Suggerimento:* $\{(1, -1, 0), (0, 1, 1), (0, 0, 1)\}$ è base di $\mathbb{R}^3$; si consideri poi la funzione f_0 lineare di $\mathbb{R}^3$ in $\mathbb{R}^3$ tale che $f_0((1, -1, 0)) = f_0((0, 1, 1)) = (0, 0, 0), \ f_0((0, 0, 1)) = (0, 0, 1)).$

6. Per quali valori di $k \in \mathbb{R}$ la matrice

$$\begin{pmatrix} 1 & 2 & -1 & 0 \\ 2 & -1 & k & 5 \\ 0 & 2 & -k & 6 \\ -1 & k & 2k & 3 \end{pmatrix}$$

è invertibile?

7. Calcolare, se possibile, l'inversa della seguente matrice:

$$A = \begin{pmatrix} 3 & -1 & 0 \\ -2 & 0 & 1 \\ 1 & -1 & -1 \end{pmatrix}.$$

Risolvere poi il sistema $A \cdot x = b$ con $b = {}^t(-1, 6, 2)$.

8. Risolvere in $\mathbb{R}$ con il metodo di Gauss–Jordan e con quello di Cramer il seguente sistema lineare:

$$\begin{cases} 2x_1 +5x_2 +x_4 = 2 \\ -x_2 +2x_3 +x_4 = 1 \\ 3x_1 -4x_2 +x_3 -2x_4 = 0 \\ 2x_2 +2x_3 = 5. \end{cases}$$

9. Discutere al variare del parametro reale a il sistema

$$\begin{cases} ax_1 +(a-1)x_3 = -a \\ -x_1 -ax_2 +(a+1)x_3 = 1 \\ -2ax_1 +3x_2 +ax_3 = -a-1. \end{cases}$$

Per quali valori di a il sistema ammette soluzioni? Quali sono queste soluzioni?

Riferimenti bibliografici

Chi vuole approfondire la Teoria generale dei moduli può consultare [45]. Gli spazi vettoriali e, più in generale, l'algebra lineare sono trattati in [34], [46]. Anche [39] tratta il tema degli spazi vettoriali ed in particolare dà le dimostrazioni di esistenza di base e dimensione per spazi vettoriali arbitrari, anche non finitamente generati (con l'uso dell'Assioma della scelta).

9

Campi

9.1 Sottocampi

Sappiamo che un campo $(K, +, \cdot)$ è un anello commutativo unitario in cui gli elementi diversi da 0_K formano un gruppo rispetto a $\cdot$ (o equivalentemente in cui ogni elemento $b \neq 0_K$ è invertibile). Così in un campo $(K, +, \cdot)$ la divisione di $a \in K$ per $b \neq 0_K$ è sempre possibile, e si ha $a = b \cdot (a \cdot b^{-1})$. Sono esempi di campo

$$(\mathbb{Q}, +, \cdot), \ (\mathbb{R}, +, \cdot), \ (\mathbb{C}, +, \cdot), \ (\mathbb{Z}/p\mathbb{Z}, +, \cdot) \text{ per } p \text{ primo.}$$

Il capitolo è dedicato a presentare qualche elemento della Teoria astratta dei campi. Sia quindi $(K, +, \cdot)$ un campo.

Definizione 9.1.1 Si dice *sottocampo* di $(K, +, \cdot)$ un sottoinsieme F di K che sia un campo rispetto alle restrizioni a F delle operazioni $+, \cdot$ di K.

Esempio 9.1.2 $(\mathbb{Q}, +, \cdot)$ è un sottocampo di $(\mathbb{R}, +, \cdot)$; $(\mathbb{R}, +, \cdot)$ lo è di $(\mathbb{C}, +, \cdot)$.

Ecco un criterio utile per riconoscere un sottocampo.

Proposizione 9.1.3 *Siano $(K, +, \cdot)$ un campo, F un sottoinsieme di K. Allora F è sottocampo di $(K, +, \cdot)$ se e solo se F soddisfa le condizioni:*

(i) $|F| \geq 2$,
(ii) per ogni scelta di $a, b \in F$, $a - b \in F$ e, per $b \neq 0_K$, $a \cdot b^{-1} \in F$.

Dimostrazione. ($\Rightarrow$) Sia F sottocampo di $(K, +, \cdot)$, in particolare F è sottogruppo di $(K, +)$ e dunque $0_K \in F$ e, per $a, b \in F$, $a - b \in F$. Allo stesso modo $F^\star = F - \{0_K\}$ è sottogruppo di $(K^\star, \cdot)$, e quindi $1_K \in F^\star \subseteq F$ e, per $a, b \in F^\star$, $a \cdot b^{-1} \in F^\star$. Dal fatto che $0_K, 1_K \in F$, deduciamo *(i)*. Quanto a *(ii)*, basta aggiungere che, per $a = 0_K$ e $b \in F^\star$, $a \cdot b^{-1} = 0_K \in F$.

($\Leftarrow$) Per *(i)*, $F \neq \{0_K\}$. Dalla prima parte di *(ii)*, segue allora che F è sottogruppo additivo di $(K, +)$. Alla stessa maniera, *(i)* implica che $F^\star \neq \emptyset$ e la seconda parte di *(ii)* assicura che $F^\star$ è sottogruppo moltiplicativo di $(K^\star, \cdot)$. A questo punto basta notare che F soddisfa, esattamente come K, le proprietà distributive. $\square$

Si noti che la Proposizione 9.1.3 prova anche implicitamente che, se F è sottocampo di $(K, +, \cdot)$, 0_K e 1_K appartengono a F.

Proposizione 9.1.4 *Per ogni $i \in I$, sia F_i un sottocampo di $(K, +, \cdot)$. Allora anche $F = \bigcap_{i \in I} F_i$ è un sottocampo di $(K, +, \cdot)$.*

Dimostrazione. Basta notare che, per ogni $i \in I$, $0_K, 1_K \in F_i$, e dunque $0_K, 1_K \in F$. Siano poi $a, b \in F$, allora $a, b \in F_i$ per ogni $i \in I$, quindi, per ogni $i \in I$, $a - b \in F_i$ e per $b \neq 0_K$ $a \cdot b^{-1} \in F_i$. Segue che $a - b \in F$ e, per $b \neq 0_K$, $a \cdot b^{-1} \in F$. $\square$

Esercizi 9.1.5

1. L'unione di due sottocampi di un campo $(K, +, \cdot)$ è ancora un sottocampo? Il lettore può riflettere sul problema e magari a fine capitolo dare una risposta definitiva.
2. Si provi comunque che, se A è un insieme di sottocampi di un campo $(K, +, \cdot)$ e A è totalmente ordinato da $\subseteq$ (e cioè, per ogni scelta di F_0, F_1 in A, si ha $F_0 \subseteq F_1$ o $F_1 \subseteq F_0$), allora $\bigcup_{F \in A} F$ (l'unione di tutti i sottocampi di $(K, +, \cdot)$ in A) è un sottocampo di $(K, +, \cdot)$.
3. Sia φ un omomorfismo di un campo $(K, +, \cdot)$ in un campo $(K', +, \cdot)$. Si provi che φ è nullo (cioè $\varphi(a) = 0_K$ per ogni a in K) oppure φ è iniettivo. Nel secondo caso, si mostri che $Im\,\varphi$ è un sottocampo di $(K, +, \cdot)$.

9.2 Il campo dei quozienti

Sappiamo che $(\mathbb{Z}, +, \cdot)$ è un dominio di integrità (con unità) ed è sottoanello del campo razionale $(\mathbb{Q}, +, \cdot)$; anzi ogni razionale si può esprimere nella forma $a \cdot b^{-1}$ con $a, b \in \mathbb{Z}$ e $b \neq 0$. Vogliamo provare che qualcosa di analogo accade per ogni dominio di integrità $(R, +, \cdot)$ con $R \neq \{0_R\}$: esiste un "minimo" campo che estende $(R, +, \cdot)$, e che è composto dagli elementi della forma $a \cdot b^{-1}$ con $a, b \in R$ e $b \neq 0_R$. Tale campo si dirà il *campo dei quozienti* di $(R, +, \cdot)$. In realtà la costruzione che stiamo per fare estende proprio quella del campo razionale a partire dagli interi, accennata in modo informale nel Capitolo 3, e la precisa nei dettagli.
Supponiamo dapprima che $(R, +, \cdot)$ sia già sottoanello di un campo $(K, +, \cdot)$: tra l'altro si ricordi che qualunque sottoanello di un campo è un dominio di integrità. Ribadiamo anche che si assume $R \neq \{0_R\}$.

Definizione 9.2.1 Si dice *campo dei quozienti* di $(R, +, \cdot)$ in $(K, +, \cdot)$ l'intersezione Q di tutti i sottocampi di $(K, +, \cdot)$ contenenti R.

Allora Q è il "*minimo*" sottocampo di $(K, +, \cdot)$ contenente R, infatti

- $Q \supseteq R$;
- Q è un sottocampo di $(K, +, \cdot)$ (per la proposizione 9.1.4);
- ogni sottocampo di $(K, +, \cdot)$ che contiene R deve anche includere Q.

Si ha poi:

Proposizione 9.2.2 $Q = \{a \cdot b^{-1} : a, b \in R, \, b \neq 0_R\}$.

Dimostrazione. Poniamo per semplicità $M = \{a \cdot b^{-1} : a, b \in R, \, b \neq 0_R\}$. Siccome $Q \supseteq R$ e Q è un sottocampo, si deduce banalmente $Q \supseteq M$. Per provare $Q \subseteq M$, basterà mostrare che:

(a) $R \subseteq M$,
(b) M è un sottocampo di $(K, +, \cdot)$.

Riguardo ad (a), sfruttiamo l'ipotesi $R \neq \{0_R\}$ per prendere un elemento $b \neq 0_R$ in R. Per ogni $a \in R$, $a = (a \cdot b) \cdot b^{-1}$ dove $a \cdot b \in R$. Segue $a \in M$.
Passiamo a (b). Anzitutto $|R| \geq 2$ e dunque $|M| \geq 2$ perché $R \subseteq M$. Siano ora $x, y \in M$, $x = a \cdot b^{-1}$, $y = c \cdot d^{-1}$ per opportuni $a, b, c, d \in R$, $b, d \neq 0_R$. Allora

$$x - y = a \cdot b^{-1} - c \cdot d^{-1} = a \cdot d \cdot b^{-1} \cdot d^{-1} - c \cdot b \cdot d^{-1} \cdot b^{-1} =$$
$$= (a \cdot d - b \cdot c) \cdot (b \cdot d)^{-1}$$

dove $a \cdot d - b \cdot c \in R$, $b \cdot d \in R$, $b \cdot d \neq 0_R$ perché $b, d \neq 0_R$; quindi $x - y \in M$. Finalmente, per $y \neq 0_K$, cioè $c \neq 0_R$,

$$x \cdot y^{-1} = a \cdot b^{-1} \cdot (c \cdot d^{-1})^{-1} = a \cdot b^{-1} \cdot d \cdot c^{-1} = a \cdot d \cdot (b \cdot c)^{-1}$$

con $a \cdot d \in R$, $b \cdot c \in R$, $b \cdot c \neq 0_R$. Così $x \cdot y^{-1} \in M$. In conclusione, M è un sottocampo. $\qquad \square$

Esempi 9.2.3

1. Come sappiamo, $(\mathbb{Z}, +, \cdot)$ è sottoanello diverso da $\{0\}$ di $(\mathbb{Q}, +, \cdot)$. Il campo dei quozienti di $(\mathbb{Z}, +, \cdot)$ in $(\mathbb{Q}, +, \cdot)$ è proprio $(\mathbb{Q}, +, \cdot)$ perché

$$\{a \cdot b^{-1} : a, b \in \mathbb{Z}, \, b \neq 0\} = \mathbb{Q}.$$

2. Consideriamo l'anello degli interi di Gauss $(\mathbb{Z}[i], +, \cdot)$: è un sottoanello diverso da $\{0\}$ del campo complesso $(\mathbb{C}, +, \cdot)$. Gli elementi del campo dei quozienti di $(\mathbb{Z}[i], +, \cdot)$ hanno la forma

   $(a + b \cdot i) \cdot (c + d \cdot i)^{-1}$ per $a, b, c, d \in \mathbb{Z}$ e $(c, d) \neq (0, 0)$ (quindi $c^2 + d^2 > 0$).

   D'altra parte

$$(a + b \cdot i) \cdot (c + d \cdot i)^{-1} = (a + b \cdot i) \cdot \left(\frac{c}{c^2 + d^2} - \frac{d}{c^2 + d^2} \cdot i \right) =$$

$$= \frac{a \cdot c + b \cdot d}{c^2 + d^2} + \frac{b \cdot c - a \cdot d}{c^2 + d^2} \cdot i$$

dove

$$\frac{a \cdot c + b \cdot d}{c^2 + d^2}, \quad \frac{b \cdot c - a \cdot d}{c^2 + d^2}$$

sono, evidentemente, razionali. Consideriamo allora

$$\mathbb{Q}(i) = \{r + s \cdot i : r, s \in \mathbb{Q}\}.$$

Notiamo che $\mathbb{Q}(i) \supseteq \mathbb{Z}[i]$ e che $\mathbb{Q}(i)$ è sottocampo di $(\mathbb{C}, +, \cdot)$: infatti $|\mathbb{Q}(i)| \geq 2$ e, per $r, s, t, u \in \mathbb{Q}$,

$$(r + s \cdot i) - (t + u \cdot i) = (r - t) + (s - u) \cdot i \in \mathbb{Q}(i)$$

e, per $(t, u) \neq (0, 0)$,

$$(r + s \cdot i) \cdot (t + u \cdot i)^{-1} = \frac{r \cdot t + s \cdot u}{t^2 + u^2} + \frac{s \cdot t - r \cdot u}{t^2 + u^2} i \in \mathbb{Q}(i).$$

Possiamo dedurne che $\mathbb{Q}(i)$ include il campo dei quozienti di $(\mathbb{Z}[i], +, \cdot)$. Ma in realtà coincide con esso perché un sottocampo F di $(\mathbb{C}, +, \cdot)$ che contiene gli interi di Gauss deve includere in particolare i ed ogni intero, quindi ogni razionale e, finalmente, anche $\mathbb{Q}(i)$.

Abbiamo assunto finora che $(R, +, \cdot)$ sia già un sottoanello diverso da $\{0_R\}$ di qualche campo. Ma esistono domini di integrità non nulli (ad esempio $(\mathbb{Q}[x], +, \cdot)$) dei quali non conosciamo ancora estensioni che siano anche dei campi. Del resto, tale era la condizione anche di $(\mathbb{Z}, +, \cdot)$ prima di introdurre $(\mathbb{Q}, +, \cdot)$. Anche in questi casi, comunque, si può parlare di campo dei quozienti, si può infatti costruire in astratto un campo $(Q, +, \cdot)$ che estende $(R, +, \cdot)$ e anzi ne costituisce il campo dei quozienti. Il ragionamento è proprio quello che generalizza la costruzione astratta dei razionali dagli interi. Eccone finalmente i dettagli.

Teorema 9.2.4 *Sia $(R, +, \cdot)$ un dominio di integrità diverso da $\{0_R\}$. Allora esiste un campo $(Q, +, \cdot)$ che contiene un sottoanello $(\bar{R}, +, \cdot)$ isomorfo a $(R, +, \cdot)$ e del quale $(Q, +, \cdot)$ è campo dei quozienti.*

Dimostrazione. Nell'insieme $R \times R^\star = \{(a, b) : a, b \in R,\ b \neq 0_R\}$ consideriamo la seguente relazione binaria $\sim$: per $(a, b), (c, d) \in R \times R^\star$, si pone

$$(a, b) \sim (c, d) \text{ se e solo se } a \cdot d = b \cdot c.$$

$\sim$ è una relazione di equivalenza. Infatti, per ogni scelta di $(a, b), (c, d), (e, f) \in R \times R^\star$,

- $(a, b) \sim (a, b)$ perché $a \cdot b = b \cdot a$;
- se $(a, b) \sim (c, d)$, allora $(c, d) \sim (a, b)$ (da $a \cdot d = b \cdot c$ si deduce infatti che $c \cdot b = d \cdot a$);

- se $(a,b) \sim (c,d)$ e $(c,d) \sim (e,f)$, allora $(a,b) \sim (e,f)$ (sappiamo che $a \cdot d = b \cdot c$, $c \cdot f = d \cdot e$; moltiplicando rispettivamente per f e b, otteniamo

$$a \cdot d \cdot f = b \cdot c \cdot f, \ b \cdot c \cdot f = b \cdot d \cdot e,$$

da cui deduciamo

$$a \cdot d \cdot f = b \cdot d \cdot e;$$

ma $d \neq 0_R$ e R è un dominio di integrità, quindi $a \cdot f = b \cdot e$, cioè $(a,b) \sim (e,f)$).

Denotiamo con Q l'insieme quoziente $\frac{R \times R^\star}{\sim}$ e, per ogni $(a,b) \in R \times R^\star$, indichiamo con $\frac{a}{b}$ la classe di equivalenza $(a,b)/\sim$. Riprendiamo così la notazione dell'esempio chiave di $\mathbb{Z}$ e $\mathbb{Q}$. Notiamo adesso che, per $(a,b),(a',b')$, $(c,d),(c',d') \in R \times R^\star$, se $(a,b) \sim (a',b')$ e $(c,d) \sim (c',d')$, allora

$$(a \cdot d + b \cdot c, b \cdot d) \sim (a' \cdot d' + b' \cdot c', b' \cdot d'),$$

$$(a \cdot c, b \cdot d) \sim (a' \cdot c', b' \cdot d').$$

Infatti $a \cdot b' = b \cdot a'$, $c \cdot d' = d \cdot c'$ e dunque si ha:

$$\begin{aligned}
(a \cdot d + b \cdot c) \cdot b' \cdot d' &= a \cdot d \cdot b' \cdot d' + b \cdot c \cdot b' \cdot d' = \\
&= a \cdot b' \cdot d \cdot d' + b \cdot b' \cdot c \cdot d' = \\
&= a' \cdot b \cdot d \cdot d' + b \cdot b' \cdot c' \cdot d = \\
&= a' \cdot d' \cdot b \cdot d + b' \cdot c' \cdot b \cdot d = \\
&= (a' \cdot d' + b' \cdot c') \cdot b \cdot d,
\end{aligned}$$

$$a \cdot c \cdot b' \cdot d' = a \cdot b' \cdot c \cdot d' = a' \cdot b \cdot c' \cdot d = a' \cdot c' \cdot b \cdot d.$$

Possiamo allora definire, per $\frac{a}{b}$, $\frac{c}{d}$ in Q,

$$\frac{a}{b} + \frac{c}{d} = \frac{a \cdot d + b \cdot c}{b \cdot d}, \ \frac{a}{b} \cdot \frac{c}{d} = \frac{a \cdot c}{b \cdot d}$$

(si noti che, in particolare, $b \cdot d \neq 0_R$): questa definizione non dipende, infatti, dalla scelta del rappresentante (a,b) nella classe $\frac{a}{b}$, o di (c,d) in $\frac{c}{d}$.

Mostriamo ora che $(Q, +, \cdot)$ è un campo. Ci limitiamo ai punti essenziali di questa prova trascurando alcune proprietà (commutatività di $+, \cdot$, associatività di $+, \cdot$, distributività) la cui verifica è di routine. Notiamo allora che, per $b \in R^\star$, $(c,d) \in R \times R^\star$,

$$(c,d) \sim (0_R, b) \text{ se e solo se } b \cdot c = d \cdot 0_R = 0_R \text{ cioè se e solo se } c = 0_R$$

(infatti $b \neq 0_R$ e $(R, +, \cdot)$ è un dominio di integrità). Così

$$\frac{0_R}{b} = \{(0,d) : d \in R^\star\},$$

quindi $\frac{0_R}{b} = \frac{0_R}{d}$ per ogni scelta di $b, d \in R^\star$. Inoltre, per ogni $(c,d) \in R \times R^\star$,

$$\frac{c}{d} + \frac{0_R}{d} = \frac{b \cdot c + 0_R \cdot d}{b \cdot d} = \frac{b \cdot c}{b \cdot d} = \frac{c}{d}$$

perché $c \cdot b \cdot d = d \cdot b \cdot c$. Così $\frac{0_R}{b}$ (per $b \in R^\star$ arbitrario) è l'elemento neutro di Q rispetto a $+$. Inoltre, per $\frac{a}{b} \in Q$,

$$\frac{a}{b} + \frac{-a}{b} = \frac{a \cdot b - a \cdot b}{b^2} = \frac{0_R}{b^2},$$

così l'opposto di $\frac{a}{b}$ è $\frac{-a}{b}$. Adesso osserviamo che, per $a \in R^\star$, $(c,d) \in R \times R^\star$,

$$(c,d) \sim (a,a) \text{ se e solo se } c \cdot a = d \cdot a \text{ cioè se e solo se } c = d$$

(si ricordi che $a \neq 0_R$). Quindi $\frac{a}{a} = \{(d,d) : d \in R^\star\}$ e $\frac{a}{a} = \frac{d}{d}$ per ogni $d \in R^\star$. Inoltre, per ogni $(c,d) \in R \times R^\star$,

$$\frac{c}{d} \cdot \frac{a}{a} = \frac{c \cdot a}{d \cdot a} = \frac{c}{d}$$

e dunque $\frac{a}{a}$ è l'unità 1_Q di Q. Finalmente, per $\frac{a}{b} \in Q - \{0_Q\}$ (cioè per $a \neq 0_R$), possiamo formare $\frac{b}{a}$ in Q e verificare

$$\frac{a}{b} \cdot \frac{b}{a} = \frac{a \cdot b}{a \cdot b} = 1_Q;$$

dunque $\frac{a}{b}$ è invertibile e il suo inverso è $\frac{b}{a}$.
In conclusione $(Q, +, \cdot)$ è un campo. Ora fissiamo $t \in R^\star$ e, per ogni $a \in R$, consideriamo $\frac{a \cdot t}{t}$. Notiamo che

$$\frac{a \cdot t}{t} = \{(a \cdot y, y) : y \in R^\star\}.$$

Infatti, per ogni $(c,y) \in R \times R^\star$,

$$(c,y) \sim (a \cdot t, t) \text{ se e solo se } c \cdot t = a \cdot y \cdot t, \text{ dunque se e solo se } c = a \cdot y$$

(si ricordi $t \neq 0_R$). Sia $\bar{R} = \{\frac{a \cdot t}{t} : a \in R\}$. Consideriamo poi la funzione φ di R in Q che ad ogni $a \in R$ associa $\frac{a \cdot t}{t}$. Anzitutto φ è un omomorfismo di anelli perché, per $a, b \in R$,

$$\varphi(a) + \varphi(b) = \frac{a \cdot t}{t} + \frac{b \cdot t}{t} = \frac{a \cdot t^2 + b \cdot t^2}{t^2} = \frac{(a+b) \cdot t^2}{t^2} = \frac{(a+b) \cdot t}{t} =$$
$$= \varphi(a + b),$$

$$\varphi(a) \cdot \varphi(b) = \frac{a \cdot t}{t} \cdot \frac{b \cdot t}{t} = \frac{a \cdot b \cdot t^2}{t^2} = \frac{a \cdot b \cdot t}{t} = \varphi(a \cdot b).$$

È poi chiaro che l'immagine di φ è $\bar{R}$. Ma φ è anche iniettivo: sia infatti $a \in R$ tale che $\frac{0_R \cdot t}{t} = \varphi(a) = \frac{a \cdot t}{t}$, allora $a \cdot t^2 = 0_R \cdot t^2 = 0_R$ ed essendo $t \neq 0_R$ si deduce $a = 0_R$. Così $\bar{R}$ è sottoanello di $(Q, +, \cdot)$, e $(\bar{R}, +, \cdot)$ è isomorfo ad $(R, +, \cdot)$ tramite φ.

Resta da provare che $(Q, +, \cdot)$ è campo dei quozienti di $(\bar{R}, +, \cdot)$: infatti, per ogni scelta di $a, b \in R$ con $b \neq 0_R$,

$$\frac{a}{b} = \frac{a \cdot t^2}{b \cdot t^2} = \frac{a \cdot t}{t} \cdot \frac{t}{b \cdot t} = \frac{a \cdot t}{t} \cdot \left(\frac{b \cdot t}{t}\right)^{-1}.$$

$\square$

Esempio 9.2.5 Sia $(K, +, \cdot)$ un campo, consideriamo l'anello $(K[x], +, \cdot)$ dei polinomi a coefficienti in K nella indeterminata x. $K[x]$ è un dominio di integrità con unità 1_K, e dunque ha un campo dei quozienti, usualmente denotato $(K(x), +, \cdot)$. Si ha

$$K(x) = \{\frac{f(x)}{g(x)} \,:\, f(x), g(x) \in K[x], g(x) \neq 0_K\}$$

dove, per $f(x), g(x), f'(x), g'(x) \in K[x]$ con $g(x), g'(x) \neq 0_K$, si ha

- $\frac{f(x)}{g(x)} = \frac{f'(x)}{g'(x)}$ se e solo se $f(x) \cdot g'(x) = f'(x) \cdot g(x)$,
- $\frac{f(x)}{g(x)} + \frac{f'(x)}{g'(x)} = \frac{f(x) \cdot g'(x) + f'(x) \cdot g(x)}{g(x) \cdot g'(x)}$,
- $\frac{f(x)}{g(x)} \cdot \frac{f'(x)}{g'(x)} = \frac{f(x) \cdot f'(x)}{g(x) \cdot g'(x)}$.

$(K[x], +, \cdot)$ è isomorfo al sottoanello di $(K(x), +, \cdot)$ di dominio $\{\frac{f(x)}{1_K} \,:\, f(x) \in K[x]\}$ tramite la funzione $f(x) \mapsto \frac{f(x)}{1_K}$ per ogni $f(x) \in K[x]$.

Esercizio 9.2.6 Siano $(R, +, \cdot)$, $(R', +, \cdot)$ due domini di integrità con almeno due elementi, $(Q, +, \cdot)$, $(Q', +, \cdot)$ i rispettivi campi dei quozienti. Dato un isomorfismo φ di $(R, +, \cdot)$ su $(R', +, \cdot)$, si costruisca una funzione $\bar{\varphi}$ da Q a Q' ponendo, per ogni scelta di $a, b \in R$ con $b \neq 0_R$,

$$\bar{\varphi} = (a \cdot b^{-1}) = \varphi(a) \cdot \varphi(b)^{-1}.$$

Si provi che $\bar{\varphi}$ è ben definita e anzi determina un isomorfismo di $(Q, +, \cdot)$ su $(Q', +, \cdot)$ che estende φ.

9.3 Ampliamenti di un campo

Nel seguito del capitolo, per evitare una notazione troppo pesante, indicheremo spesso un campo $(K, +, \cdot)$ con il solo simbolo K, dimenticando $+, \cdot$. Siano dunque K, F due campi. Se F è sottocampo di K, si dice anche che K è *ampliamento* di F. Ricordiamo subito che:

Lemma 9.3.1 *Se K, F sono campi e K è ampliamento di F, allora K è uno spazio vettoriale su F.*

Infatti $(K, +)$ è un gruppo abeliano e ogni $\alpha \in F$ definisce un'operazione 1-aria su K se si pone, per $v \in K$,

$$\alpha \cdot v = \text{ prodotto di } \alpha \text{ e } v \text{ in } K.$$

Si verifica facilmente che K diviene così uno spazio vettoriale su F.

Per K ampliamento di F, si dice *grado* di K su F, e si indica $[K : F]$, la *dimensione* di K come spazio vettoriale su F. Quando $[K : F]$ è finito, si dice che K è ampliamento finito di F.

Teorema 9.3.2 *Siano L, K, F campi tali che L è ampliamento finito di K e K è ampliamento finito di F. Allora L è ampliamento finito di F ed anzi*

$$[L : F] = [L : K] \cdot [K : F].$$

Dimostrazione. Ricordiamo che $0_L = 0_K = 0_F$. La tesi è banale se $L = K$ o $K = F$. Così assumiamo $L \neq K$ e $K \neq F$. Siano n, m interi positivi tali che $[L : K] = n$ e $[K : F] = m$. Siano in particolare $\{v_0, \ldots, v_{n-1}\}$ e $\{w_0, \ldots, w_{m-1}\}$ basi di L su K e di K su F rispettivamente. Vogliamo provare che

$$\{w_j \cdot v_i : j < m, \, i < n\}$$

è una base di L su F (così $[L : F]$ è finito ed uguaglia $m \cdot n$, come richiesto). Anzitutto mostriamo che i prodotti $w_j \cdot v_i$ sono linearmente indipendenti su F: per ogni $j < m$ e per ogni $i < n$ prendiamo allora $f_{ji} \in F$ in modo tale che

$$\sum_{j < m, i < n} f_{ji} \cdot w_j \cdot v_i = 0_L.$$

Dunque $\sum_{i<n}(\sum_{j<m} f_{ji} \cdot w_j) \cdot v_i = 0_L$ dove, per ogni $i < n$, $\sum_{j<m} f_{ji} \cdot w_j \in K$. Siccome $\{v_0, \ldots, v_{n-1}\}$ è base di L su K e quindi $v_0, \ldots, v_{n-1}$ sono l. i. su K, deve essere $\sum_{j<m} f_{ji} \cdot w_j = 0_K$ per ogni $i < n$. Ma allora $f_{ji} = 0_F$ per ogni $j < m$ e per ogni $i < n$ perché $\{w_0, \ldots, w_{m-1}\}$ è base di K su F. Così gli elementi $w_j \cdot v_i$ (per $j < m, i < n$) sono l. i. su F.

Consideriamo adesso $a \in L$: esistono $k_0, \ldots, k_{n-1} \in K$ per cui $a = k_0 \cdot v_0 + \cdots + k_{n-1} \cdot v_{n-1}$; d'altra parte, per ogni $i < n$, esistono $f_{0i}, \ldots, f_{m-1\,i} \in F$ tale che $k_i = f_{0i} \cdot w_0 + \cdots + f_{m-1\,i} \cdot w_{m-1}$. Segue

$$a = \sum_{i<n}(\sum_{j<m} f_{ji} \cdot w_j) \cdot v_i = \sum_{j<m, i<n} f_{ji} \cdot w_j \cdot v_i.$$

In conclusione $\{w_j \cdot v_i : j < m, \, i < n\}$ è base di L su F, come richiesto. $\square$

9.4 Elementi algebrici e trascendenti

Sia ancora K ampliamento di F.

Definizione 9.4.1 Un elemento $v \in K$ si dice *algebrico* su F se esiste un polinomio $f(x) \in F[x]$ tale che $f(x) \neq 0_F$ e $f(v) = 0$; v si dice *trascendente* su F altrimenti.

Esempi 9.4.2

1. Se $v \in F$, allora v è algebrico su F pciché è radice del polinomio $x - v \in F[x]$.

2. Siano $F = \mathbb{Q}$, $K = \mathbb{R}$. Allora $v = \sqrt{2}$ è algebrico su $\mathbb{Q}$ (ma non appartiene a $\mathbb{Q}$). Infatti v è radice di $f(x) = x^2 - 2 \in \mathbb{Q}[x]$.

3. Mantenendo $F = \mathbb{Q}$, $K = \mathbb{R}$, notiamo che anche $v = \sqrt[3]{3}$ è algebrico su $\mathbb{Q}$: infatti v è radice di $f(x) = x^3 - 3 \in \mathbb{Q}[x]$.

4. Anche $\sqrt{2} \cdot \sqrt[3]{3} = \sqrt[6]{72}$ è algebrico su $\mathbb{Q}$ perché è radice di $x^6 - 72 \in \mathbb{Q}[x]$.

Problema. Siano $v, w \in K$ algebrici su F: $v \cdot w$ è algebrico su F? Ne discuteremo tra poco.

5. Consideriamo adesso $\sqrt{2} + \sqrt[3]{3}$ (e $F = \mathbb{Q}$, $K = \mathbb{R}$, come prima). Allora v è algebrico su $\mathbb{Q}$, infatti $v = \sqrt{2} + \sqrt[3]{3}$ implica $v - \sqrt{2} = \sqrt[3]{3}$ e dunque $(v - \sqrt{2})^3 = 3$ cioè

$$v^3 - 3\sqrt{2}v^2 + 6v - 2\sqrt{2} = 3$$

da cui

$$\sqrt{2} \cdot (3v^2 + 2) = v^3 + 6v - 3,$$

e in definitiva

$$2 \cdot (3v^2 + 2)^2 = (v^3 + 6v - 3)^2,$$

così v è radice del polinomio $f(x) = 2 \cdot (3x^2 + 2)^2 - (x^3 + 6x - 3)^2 \in \mathbb{Q}[x]$: si noti che il coefficiente di x^6 in $f(x)$ è -1, quindi $f(x) \neq 0$. Dunque $\sqrt{2} \cdot \sqrt[3]{3}$ è algebrico su $\mathbb{Q}$.

Problema. Siano $v, w \in K$ algebrici su F: $v \pm w$ è algebrico su F? Anche su questo argomento avremo presto modo di tornare.

6. Siano ancora $K = \mathbb{R}$, $F = \mathbb{Q}$. Ci domandiamo se esistono reali v trascendenti su $\mathbb{Q}$: la relativa verifica non è semplice, perché si tratta di trovare un reale v che **non** sia radice di nessun polinomio non nullo in $\mathbb{Q}[x]$. Tuttavia ci sono esempi illustri di numeri reali trascendenti su $\mathbb{Q}$, quali
   - e, il numero di Nepero (per un Teorema di Hermite del 1873),
   - π (un risultato di Lindemann del 1882).

   Va anche detto che i primi esempi di numeri trascendenti furono scoperti da Liouville nel 1851. Inoltre la Teoria degli insiemi, in particolare la Teoria dei numeri cardinali di Cantor, mostra che, in un senso opportuno, i numeri reali trascendenti su $\mathbb{Q}$ sono "enormemente di più" dei numeri reali algebrici su $\mathbb{Q}$.

9.5 Ampliamenti semplici di un campo

Siano F e K campi, K ampliamento di F. Per $\alpha \in K$, definiamo $F(\alpha)$ – *ampliamento semplice* di F tramite α – l'intersezione di tutti i sottocampi di K contenenti F e α.
Allora

- $F(\alpha)$ è sottocampo di K,
- $\alpha \in F(\alpha)$; $F \subseteq F(\alpha)$;
- se L è sottocampo di K, $\alpha \in L$ e $F \subseteq L$, allora $F(\alpha) \subseteq L$.

In altre parole $F(\alpha)$ è il "minimo" sottocampo di K contenente F e α. Vogliamo descrivere $F(\alpha)$ distinguendo i due casi in cui α è algebrico o trascendente su F. Diremo, corrispondentemente, che $F(\alpha)$ è *ampliamento semplice algebrico* o *trascendente* di F mediante α.
Per questo consideriamo la funzione φ di $F[x]$ in K che ad ogni polinomio $f(x) \in F[x]$ associa il suo valore in α $\varphi(f(x)) = f(\alpha)$. È facile verificare che φ è un omomorfismo di anelli (**esercizio**). In particolare

- il nucleo di φ $Ker\,\varphi = \{f(x) \in F[x] : f(\alpha) = 0\}$ è un ideale di $F[x]$; lo indicheremo con I; ricordiamo che $F[x]$ è un anello euclideo, dunque I è principale, cioè $I = \langle p(x) \rangle$ per qualche polinomio $p(x) \in I$;
- l'immagine di φ $Im\,\varphi = \{f(\alpha) : f(x) \in F[x]\}$ è un sottoanello di K, che denotiamo $F[\alpha]$; $F[\alpha]$ è un dominio di integrità.

Notiamo che $\alpha \in F[\alpha]$ (infatti $\alpha = \varphi(x)$) e $F \subseteq F[\alpha]$ (per ogni $a \in F$, $a = \varphi(a)$). In particolare 1_F è in $F[\alpha]$, ed è l'unità di $F[\alpha]$.
Indichiamo poi con $(M, +, \cdot)$ il campo dei quozienti di $F[\alpha]$ in K. Allora $M = F(\alpha)$. Infatti

- M è un sottocampo di K contenente F e α, quindi $M \supseteq F(\alpha)$ per la definizione di $F(\alpha)$,
- viceversa, $F(\alpha)$ è un sottocampo di K contenente F e α, dunque $F[\alpha]$; per la definizione di M, $F(\alpha) \supseteq M$.

Cerchiamo ora di stabilire con maggiore precisione la struttura di $F[\alpha]$ e di $F(\alpha)$.

Caso 1: α è algebrico su F.
Allora $I \neq \{0_F\}$ e quindi $p(x) \neq 0_F$. Chiaramente $p(x)$ non è invertibile (e dunque $I \neq F[x]$). Mostriamo che $p(x)$ è addirittura irriducibile in $F[x]$.
Sia infatti $p(x) = f(x) \cdot g(x)$ con $f(x), g(x) \in F[x]$. Allora $0_F = p(\alpha) = f(\alpha) \cdot g(\alpha)$, da cui $f(\alpha) = 0_F$ o $g(\alpha) = 0_F$, e quindi $f(x) \in I$ (cioè $p(x)|f(x)$) o $g(x) \in I$ (cioè $p(x)|g(x)$); d'altra parte $f(x), g(x)$ dividono entrambi $p(x)$. Quindi si ha che $f(x) \sim p(x)$ o $g(x) \sim p(x)$. In ogni caso $p(x)$ è irriducibile. Segue che I è massimale, e che $F[x]/I$ è un campo. Inoltre, per il Teorema degli omomorfismi 6.10.4, $F[\alpha]$ è isomorfo a $F[x]/I$. Perciò $F[\alpha]$ è un campo, e quindi $F(\alpha) = F[\alpha]$.

$p(x)$ si dice *polinomio minimo* di α su F: α è radice di $p(x)$ ed i polinomi di $F[x]$ che hanno α come radice sono esattamente quelli divisibili per $p(x)$, quindi tutti (escluso 0_F) hanno grado $\geq \partial(p(x))$.

Si noti che $p(x)$ è definito a meno di fattori invertibili (cioè elementi diversi da 0_F in F). Possiamo così supporre che $p(x)$ sia *monico* (ovvero abbia 1_F come coefficiente del termine di grado massimo). Sia comunque $n = \partial(p(x))$, $n > 0$. Allora

($\star$) ogni elemento $\beta \in F[\alpha]$ si decompone in uno ed un solo modo nella forma
$a_0 + a_1 \cdot \alpha + \cdots + a_{n-1} \cdot \alpha^{n-1}$ con $a_0, \ldots, a_{n-1} \in F$.

Infatti sia $\beta \in F[\alpha]$, allora esiste $f(x) \in F[x]$ tale che $\beta = f(\alpha)$. D'altra parte esistono $q(x), r(x) \in F[x]$ per cui

- $f(x) = p(x) \cdot q(x) + r(x)$,
- $r(x) = 0_F$ o $\partial(r(x)) < n$,

comunque $r(x) = r_0 + r_1 \cdot x + \cdots + r_{n-1} \cdot x^{n-1}$ per opportuni $r_0, r_1, \ldots, r_{n-1} \in F$. Allora

$$\beta = f(\alpha) = p(\alpha) \cdot q(\alpha) + r(\alpha) = r(\alpha) = r_0 + r_1 \cdot \alpha + \cdots + r_{n-1} \cdot \alpha^{n-1},$$

cioè β ha almeno una rappresentazione della forma richiesta in ($\star$).
Supponiamo adesso che β si esprima anche come $s(\alpha)$ con $s(x) = s_0 + s_1 x + \cdots + s_{n-1}x^{n-1} \in F[x]$. Allora

$$r_0 + r_1 \cdot \alpha + \cdots + r_{n-1} \cdot \alpha^{n-1} = s_0 + s_1 \cdot \alpha + \cdots + s_{n-1} \cdot \alpha^{n-1}$$

con $r_0, \ldots, r_{n-1}, s_0, \ldots, s_{n-1} \in F$. Segue $\sum_{i<n}(r_i - s_i) \cdot \alpha^i = 0_F$ e quindi $\sum_{i<n}(r_i - s_i) \cdot x^i \in I = \langle p(x) \rangle$, cioè $p(x) | \sum_{i<n}(r_i - s_i) \cdot x^i$. Questo implica $\sum_{i<n}(r_i - s_i) \cdot x^i = 0_F$ perché $\partial(p(x)) = n$ e $\sum_{i<n}(r_i - s_i) \cdot x^i$ è nullo o ha grado $< n$: così $r_i = s_i$ per ogni $i < n$. Dunque la rappresentazione $\beta = r(\alpha)$ con $r(x) \in F[x]$ nullo o di grado $< n$ è unica.

Studiamo adesso come si sommano e moltiplicano gli elementi di $F[\alpha]$: siano $\beta, \gamma \in F[\alpha]$, $\beta = f(\alpha)$, $\gamma = g(\alpha)$ per opportuni polinomi $f(x), g(x) \in F[x]$ nulli o di grado $< n$, in accordo con la rappresentazione sopra stabilita per gli elementi di $F[\alpha]$. Sia in particolare

$$f(x) = \sum_{i<n} a_i \cdot x^i, \quad g(x) = \sum_{i<n} b_i \cdot x^i,$$

così

$$\beta = \sum_{i<n} a_i \cdot \alpha^i, \quad \gamma = \sum_{i<n} b_i \cdot \alpha^i.$$

Si ha allora

$$\beta + \gamma = \sum_{i<n}(a_i + b_i) \cdot \alpha^i = (f + g)(\alpha)$$

Invece il calcolo di $\beta \cdot \gamma$ rispetto alla rappresentazione prima stabilita per gli elementi di $F(\alpha)$ è più complicato: potrebbe infatti essere $f(x) \cdot g(x)$ di grado $\geq n$, pur essendo $\partial(f(x)), \partial(g(x)) < n$. Si ha comunque $f(x) \cdot g(x) = p(x) \cdot q(x) + r(x)$ per opportuni $q(x), r(x) \in F[x]$, con $r(x) \neq 0_F$ o di grado $< n$, $r(x) = r_0 + r_1 \cdot x + \cdots + r_{n-1} \cdot x^{n-1}$. Così

$$\beta \cdot \gamma = f(\alpha) \cdot g(\alpha) = p(\alpha) \cdot q(\alpha) + r(\alpha) = r(\alpha) = \sum_{i<n} r_i \cdot \alpha^i.$$

Dunque $\beta \cdot \gamma$ si ottiene calcolando dapprima il resto $r(x)$ della divisione di $f(x) \cdot g(x)$ per $p(x)$, e poi valutando $r(\alpha)$. Da $(\star)$ segue che $[F(\alpha) : F] = n$, cioè che $F(\alpha)$ ha dimensione n come spazio vettoriale su F, e che $\{1_F, \alpha, \ldots, \alpha^{n-1}\}$ è una base di $F[\alpha]$ su F.

Caso 2: α è trascendente su F. Allora $I = \{0_F\}$, quindi φ è un isomorfismo di $F[x]$ su $F[\alpha]$. Segue che esiste un isomorfismo dei rispettivi campi dei quozienti $F(x)$ e $F(\alpha)$, che si definisce trasformando

$$\frac{f(x)}{g(x)} \text{ in } f(\alpha) \cdot g(\alpha)^{-1}$$

per ogni scelta di $f(x), g(x) \in F[x]$, $g(x) \neq 0_F$.
Si noti poi che $[F(\alpha) : F]$ è infinito, infatti $1, \alpha, \alpha^2, \ldots, \alpha^n, \ldots$ sono elementi di $F(\alpha)$ che formano un insieme linearmente indipendente su F (immagine dell'insieme $1, x, x^2, \cdots, x^n, \cdots$ di $F(x)$ linearmente indipendente in $F[x]$ su F); infatti, per ogni $n \in \mathbb{N}$, siano $a_0, \ldots, a_n \in F$ tali che $a_0 \cdot 1 + a_1 \cdot \alpha + \cdots + a_n \cdot \alpha^n = 0_F$. Allora $a_0 + a_1 \cdot x + \cdots + a_n \cdot x^n \in F[x]$ ha per radice α. Ma α è trascendente su F, così deve essere $a_0 = a_1 = \cdots = a_n = 0_F$.

Ricapitolando si ha:

Teorema 9.5.1 *Siano K, F due campi, e sia in particolare K ampliamento di F; sia poi $\alpha \in K$. Allora $F(\alpha)$ coincide con il campo dei quozienti di $F[\alpha] = \{f(\alpha) : f(x) \in F[x]\}$ in K. Inoltre:*

(i) se α è algebrico su F, $F(\alpha) = F[\alpha]$ e, se $p(x)$ è un generatore di $I = \{f(x) \in F[x] : f(\alpha) = 0_F\}$ e $n = \partial(p(x))$, $[F(\alpha) : F] = n$ e $1, \alpha, \ldots, \alpha^{n-1}$ formano una base di $F(\alpha)$ su F; inoltre $p(x)$ è irriducibile in $F[x]$;
(ii) se α è trascendente su F, $F(\alpha)$ è isomorfo a $F(x)$ e $[F(\alpha) : F]$ è infinito.

Vale la pena di sottolineare che gli elementi α di K algebrici su F sono quelli per cui il grado di $F(\alpha)$ su F è finito, mentre gli α trascendenti corrispondono al caso in cui $[F(\alpha) : F]$ è infinito.

Esempi 9.5.2

1. Siano $K = \mathbb{R}$, $F = \mathbb{Q}$, $\alpha = \sqrt{2}$.
   Sappiamo che α è algebrico su $\mathbb{Q}$ perché radice di $f(x) = x^2 - 2 \in \mathbb{Q}[x]$.
   Siccome $f(x)$ è irriducibile in $\mathbb{Q}[x]$ (ha grado 2 e non ha radici in $\mathbb{Q}$), $f(x)$

è polinomio minimo di $\sqrt{2}$ su $\mathbb{Q}$. Segue che ogni elemento di $\mathbb{Q}(\sqrt{2})$ si esprime in modo unico nella forma

$$a_0 + a_1 \cdot \sqrt{2} \text{ con } a_0, a_1 \in \mathbb{Q}.$$

Inoltre, per $a_0, a_1, b_0, b_1 \in \mathbb{Q}$,

$$(a_0 + a_1 \cdot \sqrt{2}) + (b_0 + b_1 \cdot \sqrt{2}) = (a_0 + b_0) + (a_1 + b_1) \cdot \sqrt{2},$$
$$(a_0 + a_1 \cdot \sqrt{2}) \cdot (b_0 + b_1 \cdot \sqrt{2}) = (a_0 \cdot b_0 + 2a_1 \cdot b_1) + (a_0 \cdot b_1 + a_1 \cdot b_0) \cdot \sqrt{2}.$$

In particolare il prodotto di due elementi in $\mathbb{Q}(\sqrt{2})$ si calcola agevolmente ricordando che $(\sqrt{2})^2 = 2$. Ma possiamo anche determinarlo con la procedura sopra descritta, moltiplicando i polinomi

$$a(x) = a_0 + a_1 x, \quad b(x) = b_0 + b_1 x$$

e dividendo il loro prodotto

$$a_0 \cdot b_0 + (a_0 \cdot b_1 + a_1 \cdot b_0)x + a_1 \cdot b_1 \cdot x^2$$

per $x^2 - 2$: si ottiene quoziente $a_1 \cdot b_1$ e resto $(a_0 \cdot b_0 + 2a_1 \cdot b_1) + (a_0 \cdot b_1 + a_1 \cdot b_0)x$, e il valore del resto in $\sqrt{2}$ è proprio

$$(a_0 \cdot b_0 + 2a_1 \cdot b_1) + (a_0 \cdot b_1 + a_1 \cdot b_0)\sqrt{2}.$$

Ci si può poi domandare quale sia l'inverso di $\sqrt{2}$ in $\mathbb{Q}(\sqrt{2})$, e soprattutto come esprimerlo nella forma $a_0 + a_1\sqrt{2}$ con $a_0, a_1 \in \mathbb{R}$. A questo proposito si può osservare che l'inverso di $\sqrt{2}$ in $\mathbb{Q}(\sqrt{2})$ è lo stesso che in $\mathbb{R}$, dunque è $\frac{1}{\sqrt{2}} = \frac{\sqrt{2}}{2}$, si rappresenta dunque come $0 + \frac{1}{2}\sqrt{2}$. In modo più meccanico si può sfruttare l'uguaglianza

$$1 = \sqrt{2} \cdot (a_0 + a_1\sqrt{2}) = 2a_1 + a_0\sqrt{2}$$

e dedurre $2a_1 = 1$, cioè $a_1 = \frac{1}{2}$, e $a_0 = 0$.

Allo stesso modo l'inverso di $1 + \sqrt{2}$ è $-1 + \sqrt{2}$. Se infatti $b_0 + b_1\sqrt{2}$ denota questo inverso, si ha

$$1 = (1 + \sqrt{2}) \cdot (b_0 + b_1\sqrt{2}) = (b_0 + 2b_1) + (b_0 + b_1) \cdot \sqrt{2}$$

da cui segue $b_0 + 2b_1 = 1$, $b_0 + b_1 = 0$, cioè $b_0 = -b_1$; sostituendo questa espressione di b_0 nella prima uguaglianza, abbiamo $b_1 = 1$ e quindi $b_0 = -1$.

2. Siano $K = \mathbb{R}$, $F = \mathbb{Q}$, $\alpha = e$. Sappiamo che e è trascendente su $\mathbb{Q}$. Così

$$\mathbb{Q}(e) = \{f(e) \cdot g(e)^{-1} : f(x), g(x) \in \mathbb{Q}[x], \ g(x) \neq 0\},$$

$+, \cdot$ sono definite come in $\mathbb{Q}(x)$.

3. Siano $K = \mathbb{C}$, $F = \mathbb{R}$, $\alpha = i$.

   Allora i è algebrico su $\mathbb{R}$, ed ha polinomio minimo $x^2 + 1$. Segue che ogni elemento di $\mathbb{R}(i)$ si esprime in modo unico come $a_0 + a_1 \cdot i$ con $a_0, a_1 \in \mathbb{R}$. Quindi $\mathbb{R}(i) = \mathbb{C}$. Del resto $\mathbb{C}$ è il minimo sottocampo di $\mathbb{C}$ contenente $\mathbb{R}$ e i.

Esercizio 9.5.3 Si descriva l'ampliamento $\mathbb{Q}(\alpha)$ in $\mathbb{R}$ nei seguenti casi:

- $\alpha = \sqrt[3]{3} + 1$,
- $\alpha = \sqrt{2} + \sqrt{5}$,
- $\alpha = e + 2$.

In ogni caso si determini la rappresentazione di α^{-1} in $\mathbb{Q}(\alpha)$.

Sia ora $F = \mathbb{Q}$ il campo razionale. Gli esempi precedenti ci hanno mostrato, in particolare, come sia possibile estendere $\mathbb{Q}$ in modo da assegnare radici a polinomi irriducibili in $\mathbb{Q}$ – come $x^2 - 2$ o $x^2 + 1$ –, oppure in modo da aggiungere elementi trascendenti: possiamo risolvere tutti questi problemi all'interno del campo complesso $\mathbb{C}$ ampliando $\mathbb{Q}$ tramite gli elementi $\pm\sqrt{2}, \pm i, e$ rispettivamente.

Ma adesso consideriamo il campo $\mathbb{Z}_3$. Anche in questo caso troviamo su $\mathbb{Z}_3[x]$ polinomi irriducibili di grado > 1, come $x^2 + 1$, e può interessarci determinare un ampliamento di $\mathbb{Z}_3$ in cui il polinomio ha radice; per altri versi, ci possiamo chiedere dove cercare un ampliamento di $\mathbb{Z}_3$ con un elemento trascendente su $\mathbb{Z}_3$.

Questi problemi sono analoghi ai precedenti relativi a $\mathbb{Q}$, ma la situazione è cambiata: non conosciamo infatti a priori nessuna estensione di $\mathbb{Z}_3$ che giochi lo stesso ruolo che $\mathbb{C}$ svolge per $\mathbb{Q}$, e in cui sia quindi possibile trovare radici di polinomi irriducibili, o elementi trascendenti. L'estensione richiesta si può comunque costruire per via astratta e artificiale nel modo che i seguenti teoremi mostrano.

Teorema 9.5.4 *Siano F un campo, $p(x)$ un polinomio irriducibile in $F[x]$. Allora esiste un campo K che contiene*

- *un sottocampo $\overline{F}$ isomorfo a F,*
- *una radice α del polinomio $\bar{p}(y)$ corrispondente a $p(x)$ nel conseguente isomorfismo tra $F[x]$ e $\overline{F}[y]$,*

e anzi soddisfa $K = \overline{F}(\alpha)$.

Dimostrazione. Sia $I = \langle p(x) \rangle$. I è massimale e $K = F[x]/I$ è un campo. Sia $\overline{F} = \{I + a : a \in F\}$. Si definisca $\varphi : F \to K$ ponendo $\varphi(a) = I + a$, per ogni $a \in F$. Evidentemente $Im\,\varphi = \overline{F}$. Inoltre φ è un omomorfismo di anelli poiché, per ogni scelta di $a, b \in F$,

- $\varphi(a + b) = I + a + b = (I + a) + (I + b) = \varphi(a) + \varphi(b)$,
- $\varphi(a \cdot b) = I + a \cdot b = (I + a) \cdot (I + b) = \varphi(a) \cdot \varphi(b)$.

Finalmente φ è iniettiva, cioè $Ker\,\varphi = \{0_F\}$: sia infatti $a \in F$ tale che $I + a = \varphi(a) = I$, allora $a \in I$ e dunque $a = 0_F$ perché $I = \langle p(x) \rangle$ e $\partial(p(x)) \geq 1$. Segue che $\overline{F} = Im\,\varphi$ acquista la struttura di sottocanello, e anzi di sottocampo di K e φ è un isomorfismo di F su $\overline{F}$. C'è un conseguente isomorfismo di $F[x]$ su $\overline{F}[y]$, quello che prolunga φ e trasforma x in y. Posto $p(x) = a_0 + a_1 \cdot x + \cdots + a_n \cdot x^n$, il polinomio corrispondente a $p(x)$ in questo isomorfismo è

$$\overline{p}(y) = (I + a_0) + (I + a_1) \cdot y + \cdots + (I + a_n) \cdot y^n.$$

Ma allora $\overline{p}(y)$ ha in $K = F[x]/I$ la radice $\alpha = I + x$ perché

$$\overline{p}(I + x) = (I + a_0) + (I + a_1) \cdot (I + x) + \cdots + (I + a_n) \cdot (I + x)^n =$$
$$= I + (a_0 + a_1 \cdot x + \cdots + a_n \cdot x^n) = I + p(x) = I.$$

Infine, per ogni polinomio $f(x) = b_0 + b_1 \cdot x + \cdots + b_m \cdot x^m \in F[x]$,

$$I + f(x) = (I + b_0) + (I + b_1) \cdot (I + x) + \cdots + (I + b_m) \cdot (I + x)^m \in \overline{F}(I + x).$$

Dunque $K = \overline{F}(I + x) = \overline{F}[I + x]$. $\qquad\qquad\square$

Teorema 9.5.5 *Sia F un campo. Allora esiste un campo K che contiene*

- *un sottocampo $\overline{F}$ isomorfo a F,*
- *un elemento α trascendente su $\overline{F}$,*

e anzi soddisfa $K = \overline{F}(\alpha)$.

Dimostrazione. Sia K il campo dei quozienti di $F[x]$, $K = F(x)$. Sappiamo che $\overline{F} = \{\frac{a}{1_F} : a \in F\}$ è sottocampo di K isomorfo a F (tramite la funzione che ad ogni $a \in F$ associa $\frac{a}{1_F}$). Inoltre $\alpha = \frac{x}{1_F}$ è trascendente su $\overline{F}$. Sia infatti

$$\bar{f}(y) = \frac{a_0}{1_F} + \frac{a_1}{1_F} \cdot y + \cdots + \frac{a_n}{1_F} \cdot y^n \in \overline{F}[y]$$

tale che $\bar{f}\left(\frac{x}{1_F}\right) = \frac{0_F}{1_F}$. Allora

$$\frac{a_0 + a_1 \cdot x + \cdots + a_n \cdot x^n}{1_F} = \frac{a_0}{1_F} + \frac{a_1}{1_F} \cdot \frac{x}{1_F} + \cdots + \frac{a_n}{1_F} \cdot \left(\frac{x}{1_F}\right)^n = \frac{0_F}{1_F}$$

e dunque $a_0 + a_1 \cdot x + \cdots + a_n \cdot x^n = 0_F$, cioè $a_0 = a_1 = \cdots a_n = 0_F$ e, finalmente, $\frac{a_0}{1_F} = \cdots = \frac{a_n}{1_F} = \frac{0_F}{1_F}$.

Notiamo poi che $\overline{F}\left(\frac{x}{1_F}\right)$ contiene $\overline{F}$ e $\frac{x}{1_F}$, quindi $\frac{f(x)}{1_F}$ per ogni $f(x) \in F[x]$, ed anche i quozienti $\frac{f(x)}{g(x)} = \frac{f(x)}{1_F} \cdot \left(\frac{g(x)}{1_F}\right)^{-1}$ per $f(x), g(x) \in F[x]$, $g(x) \neq 0_F$. Segue $\overline{F}\left(\frac{x}{1_F}\right) = K$. $\qquad\qquad\square$

Grazie ai teoremi 9.5.4 e 9.5.5, possiamo immaginare, per ogni campo $(F, +, \cdot)$, di avere estensioni K di F in cui ci sono

- radici α di polinomi irriducibili di grado ≥ 2 in $F[x]$,
- oppure elementi v trascendenti su F

e ritagliare in queste estensioni i minimi ampliamenti semplici $F(\alpha)$ sia nel caso algebrico che in quello trascendente, usare quindi per ogni F – ad esempio anche per $F = \mathbb{Z}_3, \mathbb{Z}_2$, e così via – la notazione più agile e snella $F(\alpha)$.

Esempi 9.5.6

1. Consideriamo $F = \mathbb{Z}_3$, $p(x) = x^2 + 1 \in \mathbb{Z}_3[x]$: come sappiamo, $p(x)$ è privo di radici in $\mathbb{Z}_3$, perché

$$p(0) = 1,\ p(1) = 2,\ p(2) = 5 = 2;$$

di conseguenza $p(x)$ è irriducibile in $\mathbb{Z}_3[x]$ perché ha grado 2. Possiamo comunque costruire un campo che estende $\mathbb{Z}_3$ con una radice α di $p(x)$

$$\mathbb{Z}_3(\alpha) = \{a_0 + a_1\alpha : a_0, a_1 \in \mathbb{Z}_3\}.$$

In $\mathbb{Z}_3[\alpha]$ ogni elemento si rappresenta in modo unico nella forma ora descritta. Quindi $\mathbb{Z}_3(\alpha)$ ha $3^2 = 9$ elementi (ma non è $\mathbb{Z}_9$, perché $\mathbb{Z}_9$ non è un campo). In $\mathbb{Z}_3(\alpha)$ si ha, ad esempio,
- $(1 + \alpha) + (2 + \alpha) = 3 + 2\alpha = 2\alpha$,
- $(1+\alpha)\cdot(2+\alpha) = 2+3\alpha+\alpha^2 = 1$ (si noti che x^2+3x+2 coincide con x^2+2 modulo 3 e la sua divisione per $x^2 + 1$ produce $x^2 + 2 = 1 \cdot (x^2 + 1) + 1$ ha dunque resto 1 e quoziente 1).

Si prova accidentalmente in questo modo che $1+\alpha$ ha per inverso $(1+\alpha)^{-1}$ l'elemento $2 + \alpha$. Se però vogliamo cercare direttamente l'inverso di un elemento non nullo di $\mathbb{Z}_3(\alpha)$, ad esempio di α, scriviamo anzitutto $\alpha^{-1} = x_0 + x_1\alpha$ con $x_0, x_1 \in \mathbb{Z}_3$ e procediamo poi nel modo già visto nell'Esempio 9.5.2: si parte da

$$1 = \alpha \cdot (x_0 + x_1\alpha) = x_0\alpha + x_1\alpha^2 = x_0\alpha + (-x_1)$$

(infatti $x^2 = 1\cdot(x^2+1)-1$) e si sfrutta poi l'unicità della rappresentazione degli elementi di $\mathbb{Z}_3(\alpha)$ per dedurre

$$-x_1 = 1,\ x_0 = 0,$$

dunque $\alpha^{-1} = -\alpha$. Del resto $\alpha \cdot (-\alpha) = -\alpha^2 = 1$ visto che $\alpha^2 + 1 = p(\alpha) = 0$.

2. Anche $p'(x) = x^2 + x - 1$ è un polinomio irriducibile di grado 2 in $\mathbb{Z}_3[x]$. Così possiamo costruire un campo che estende $\mathbb{Z}_3$ con una radice α' di $p'(x)$,

$$\mathbb{Z}_3(\alpha') = \{a_0 + a_1\alpha' : a_0, a_1 \in \mathbb{Z}_3\}.$$

Anche questo campo ha 9 elementi. In realtà esso "eguaglia" il campo dell'esempio precedente: infatti in $\mathbb{Z}_3(\alpha)$, $\alpha + 1$ è radice di $p'(x)$

$$(\alpha + 1)^2 + (\alpha + 1) - 1 = \alpha^2 + 2\alpha + 1 + \alpha + 1 - 1$$
$$= \alpha^2 + 1 = 0,$$

e quindi svolge il ruolo di α'.

3. Siano ora $K = \mathbb{Z}_2$, $p(x) = x^3 + x + 1 \in \mathbb{Z}_2[x]$: $p(x)$ è privo di radici in $\mathbb{Z}_2$, visto che

$$p(0) = 1, \ p(1) = 3 = 1,$$

e dunque, siccome ha grado 3, è irriducibile in $\mathbb{Z}_2[x]$. Possiamo allora costruire un campo che estende $\mathbb{Z}_2$ con una radice α di $p(x)$

$$\mathbb{Z}_2(\alpha) = \{a_0 + a_1\alpha + a_2\alpha^2 : a_0, a_1, a_2 \in \mathbb{Z}_2\}.$$

$\mathbb{Z}_2(\alpha)$ ha $2^3 = 8$ elementi (ma non è $\mathbb{Z}_8$, che non è un campo). In $\mathbb{Z}_2(\alpha)$ si ha, ad esempio

- $(1 + \alpha + \alpha^2) + (1 + \alpha) = 2 + 2\alpha + \alpha^2 = \alpha^2$,
- $(1 + \alpha + \alpha^2) \cdot (1 + \alpha) = 1 + \alpha + \alpha^2 + \alpha + \alpha^2 + \alpha^3 = 1 + \alpha^3 = 1 + \alpha + 1 = \alpha$
  (infatti, nella divisione per $x^3 + x + 1 = 0$, si ha $x^3 + 1 = 1 \cdot (x^3 + x + 1) - x$
  e dunque quoziente 1 e resto $-x$; inoltre $-x = x$ in $\mathbb{Z}_2[x]$).

Si ha poi

$$(1 + \alpha)^{-1} = \alpha + \alpha^2.$$

L'inverso di $1 + \alpha$ ha infatti la forma $x_0 + x_1\alpha + x_2\alpha^2$ con $x_0, x_1, x_2 \in \mathbb{Z}_2$ e soddisfa

$$1 = (1 + \alpha) \cdot (x_0 + x_1\alpha + x_2\alpha^2) =$$
$$= x_0 + x_1\alpha + x_2\alpha^2 + x_0\alpha + x_1\alpha^2 + x_2\alpha^3 =$$
$$= x_0 + (x_0 + x_1)\alpha + (x_1 + x_2)\alpha^2 + x_2\alpha^3$$

Ricordando che $x^3 = 1 \cdot (x^3 + x + 1) + (x + 1)$, si deduce che $\alpha^3 = \alpha + 1$, perciò

$$1 = (x_0 + x_2) + (x_0 + x_1 + x_2)\alpha + (x_1 + x_2)\alpha^2,$$

dunque

$$\begin{cases} x_0 \quad\quad + x_2 = 1 \\ x_0 + x_1 + x_2 = 0 \\ \quad\quad x_1 + x_2 = 0 \end{cases}$$

che a sua volta implica

$$\begin{cases} x_0 = 0 \\ x_1 = 1 \\ x_2 = 1 \end{cases}$$

Così l'inverso cercato è $\alpha + \alpha^2$. Del resto si controlla facilmente che

$$(1 + \alpha) \cdot (\alpha + \alpha^2) = \alpha + \alpha^2 + \alpha^2 + \alpha^3 = \alpha + \alpha^3$$
$$= \alpha + \alpha + 1 = 1.$$

4. È possibile ampliare $\mathbb{Z}_3$ con un elemento trascendente v. $\mathbb{Z}_3(v)$ è formato dagli elementi $f(v) \cdot g(v)^{-1}$ con $f(x), g(x) \in \mathbb{Z}_3[x]$, $g(x) \neq 0$. La sua descrizione riproduce ovviamente quella generale di $F(v)$ con v trascendente su F nel caso particolare $F = \mathbb{Z}_3$.

9.6 Sottocampo minimo

Definizione 9.6.1 Se $(K, +, \cdot)$ è un campo, si dice *sottocampo minimo* di K l'intersezione di tutti i sottocampi di K.

Si ricordi che questa intersezione è ancora un sottocampo, ed è anzi il "più piccolo" sottocampo di K; infatti è incluso in tutti gli altri sottocampi di K. Ricordiamo poi che un campo K è in particolare un dominio di integrità con unità e quindi la sua caratteristica è 0 oppure un primo p. Nel primo caso,

$$\cdots - 1_K \neq 0_K \neq 1_K \neq 2 \cdot 1_K \neq \cdots$$

e K contiene un sottoanello isomorfo a $(\mathbb{Z}, +, \cdot)$ e dunque un sottocampo isomorfo al campo dei quozienti di $(\mathbb{Z}, +, \cdot)$, cioè $(\mathbb{Q}, +, \cdot)$: questo sottocampo è il minimo contenente 1_K, ed è quindi il sottocampo minimo di K.
Nel secondo caso,

$$0_K \neq 1_K \neq \cdots \neq (p-1) \cdot 1_K,$$

ma $p \cdot 1_K = 0_K$, così K ha un sottoanello, ed anzi un sottocampo isomorfo a $(\mathbb{Z}_p, +, \cdot)$: questo è il suo sottocampo minimo.
Esempi di campi di caratteristica 0 (e sottocampo minimo isomorfo a $(\mathbb{Q}, +, \cdot)$) sono

$$(\mathbb{Q}, +, \cdot), \ (\mathbb{R}, +, \cdot), \ (\mathbb{C}, +, \cdot), \ (\mathbb{C}(x), +, \cdot)$$

Esempi di campi di caratteristica prima p (e sottocampo minimo isomorfo a $(\mathbb{Z}_p, +, \cdot)$) sono $(\mathbb{Z}_p, +, \cdot)$ e tutti i suoi ampliamenti, come $(\mathbb{Z}_p(v), +, \cdot)$ con v algebrico su $\mathbb{Z}_p$, o trascendente su $\mathbb{Z}_p$.

9.7 Campo di riducibilità completa

Siano K un campo, $p(x) \in K[x]$ irriducibile. Nel paragrafo 9.5 abbiamo visto, quando $p(x)$ è irriducibile, come estendere K in modo da ottenere un "minimo" ampliamento $K(v)$ di K contenente **una** radice v di $p(x)$.
In generale si può costruire per ogni $p(x)$, anche riducibile, un "minimo" ampliamento di K contenente **tutte** le radici di $p(x)$. Basta ampliare K successivamente con tutte le radici di $p(x)$. Questo ampliamento è unico a meno di isomorfismi che fissano K identicamente e permutano tra loro le radici di $p(x)$. Si chiama *campo di riducibilità completa* (o *campo di spezzamento*) di $p(x)$ su K: in esso, infatti, il polinomio $p(x)$ si decompone in fattori lineari (di primo grado). Non discutiamo qui i dettagli di questa costruzione.

9.8 Campi algebricamente chiusi, e chiusura algebrica di un campo

Ricordiamo anzitutto il problema sollevato nel paragrafo 9.4: somme e prodotti di elementi algebrici su un campo F restano algebrici su F? Ecco la risposta:

Teorema 9.8.1 *Siano K, F due campi, con K ampliamento di F. Sia poi $\tilde{F}$ l'insieme degli elementi di K algebrici su F. Allora $\tilde{F}$ è un sottocampo di K (in particolare è chiuso per somma, differenza, prodotto e inverso).*

Dimostrazione. Ricordiamo che $F \subseteq \tilde{F}$. Allora $|\tilde{F}| \geq 2$. Quindi, in riferimento alla Proposizione 9.1.3, ci resta da provare che, per ogni scelta di $\alpha, \beta \in \tilde{F}$, $\alpha - \beta \in \tilde{F}$ e, per $\beta \neq 0_F$, $\alpha \cdot \beta^{-1} \in \tilde{F}$. Essendo α, β algebrici su F, $F(\alpha), F(\beta)$ sono ampliamenti finiti di F (e cioè spazi vettoriali di dimensione finita su F): poniamo $[F(\alpha) : F] = n$, $[F(\beta) : F] = m$. In particolare β è radice di un polinomio irriducibile $f(x)$ di grado m in $F[x]$. Denotiamo con L l'ampliamento algebrico semplice $F(\alpha)$ e osserviamo che il polinomio $f(x)$ può supporsi anche a coefficienti in L, anche se non è più detto che $f(x)$ sia irriducibile anche in $L[x]$; β resta comunque una radice di $f(x)$ anche in L. Quindi $[L(\beta) : L] \leq m$, e di conseguenza $[L(\beta) : F]$ è finito ed eguaglia $[L(\beta) : L] \cdot [L : F] \leq m \cdot n$. Si noti che $\alpha, \beta \in L(\beta)$, dunque $\alpha - \beta \in L(\beta)$ e, per $\beta \neq 0_F$, $\alpha \cdot \beta^{-1} \in L(\beta)$. Allora $F(\alpha - \beta)$ e, per $\beta \neq 0_F$, $F(\alpha \cdot \beta^{-1})$ sono sottocampi di $L(\beta)$, e dunque suoi sottospazi su F. Segue che

- $[F(\alpha - \beta) : F]$ è finito $\leq m \cdot n$,
- per $\beta \neq 0_F$ $[F(\alpha \cdot \beta^{-1}) : F]$ è finito $\leq m \cdot n$.

Ma allora $\alpha - \beta$ e $\alpha \cdot \beta^{-1}$ non possono essere trascendenti su F perché in tal caso i relativi ampliamenti di F avrebbero grado infinito su F.
Quindi $a - \beta \in \tilde{F}$ e, per $\beta \neq 0_F$, $a \cdot \beta^{-1} \in \tilde{F}$. $\qquad\square$

Esempi 9.8.2

1. L'insieme dei complessi algebrici su $\mathbb{Q}$ è un sottocampo di $\mathbb{C}$, denotato usualmente con $\mathbb{C}_0$ e chiamato *campo dei complessi algebrici*.

2. L'insieme dei reali algebrici su $\mathbb{Q}$ è un sottocampo di $\mathbb{R}$, denotato con $\mathbb{R}_0$ e detto *campo dei reali algebrici*. Si noti $i \in \mathbb{C}_0$, $i \notin \mathbb{R}_0$.

In generale, per K, F campi, K si dice *ampliamento algebrico* di F se K è ampliamento di F ed ogni elemento di K è algebrico su F. Ad esempio

- $\mathbb{Q}(\sqrt{2}), \mathbb{R}_0, \mathbb{C}_0$ sono ampliamenti algebrici di $\mathbb{Q}$,
- $\mathbb{Q}(e), \mathbb{R}, \mathbb{C}$ no (contengono il trascendente e).

Definizione 9.8.3 Un campo K si dice *algebricamente chiuso* se ogni polinomio $f(x) \in K[x]$ di grado ≥ 1 ha una radice in K.

Così $f(x)$ ha **tutte** le sue n radici in K, e si decompone in fattori lineari in $K[x]$. Equivalentemente, K è algebricamente chiuso se K è privo di ampliamenti algebrici propri.
Vale anche la seguente

Proposizione 9.8.4 *Un campo algebricamente chiuso K è infinito.*

Dimostrazione. Siano infatti $a_0, \ldots, a_n \in K$. Formiamo il polinomio $f(x) = (x - a_0) \cdots (x - a_n) + 1_K$; $f(x)$ ha una radice α in K, e $\alpha \neq a_0, \ldots, a_n$ perché $f(a_j) = 1_K$ per ogni $j \leq n$. Così K ha nuovi elementi oltre $a_0, \ldots, a_n$. In conclusione K deve essere infinito. $\qquad\square$

Esempi (di caratteristica 0)

1. Per il Teorema Fondamentale dell'Algebra, il campo complesso $\mathbb{C}$ è algebricamente chiuso.

2. Anche il campo $\mathbb{C}_0$ dei complessi algebrici è algebricamente chiuso. Sia infatti $f(x) = a_0 + a_1 \cdot x + \cdots + a_n \cdot x^n$ un polinomio irriducibile in $\mathbb{C}_0[x]$. $f(x)$ ha qualche radice α in $\mathbb{C}$. Ora $a_0, \ldots, a_n$ sono algebrici su $\mathbb{Q}$ e dunque $\mathbb{Q}(a_0, \ldots, a_n) = \mathbb{Q}(a_0) \cdots (a_n)$ è ampliamento di $\mathbb{Q}$ di grado finito (**esercizio:** perché?). Inoltre α è algebrico su $\mathbb{Q}(a_0, \ldots, a_n)$, e quindi $\mathbb{Q}(a_0, \ldots, a_n)(\alpha)$ è ampliamento di $\mathbb{Q}(a_0, \ldots, a_n)$ – e perciò di $\mathbb{Q}$ – di grado finito. Così anche $\mathbb{Q}(\alpha)$ (che è sottospazio di $\mathbb{Q}(a_0, \ldots, a_n)(\alpha)$ su $\mathbb{Q}$) ha grado finito: α è allora algebrico su $\mathbb{Q}$, cioè $\alpha \in \mathbb{C}_0$.

Esercizio 9.8.5 Provare che $\mathbb{R}_0$ non è algebricamente chiuso.

Campi algebricamente chiusi si trovano anche in caratteristica prima p. In generale, infatti, per ogni campo K, si può definire un "minimo" ampliamento di K algebrico su K e algebricamente chiuso. Tale ampliamento è unico a meno di isomorfismi che fissano identicamente K: lo si indica $\hat{K}$, e lo si chiama *chiusura algebrica* di K.
In particolare $\hat{\mathbb{Z}}_p$ è un campo algebricamente chiuso che amplia $\mathbb{Z}_p$. $\hat{\mathbb{Z}}_p$ è algebrico su $\mathbb{Z}_p$ (dunque non può essere isomorfo a $\mathbb{Z}_p(x)$), tuttavia è infinito, e quindi ha grado infinito sul campo finito $\mathbb{Z}_p$.

9.9 Campi finiti

Già sappiamo che un dominio di integrità finito e diverso da $\{0\}$ deve essere un campo. C'è poi un classico Teorema di Wedderburn che esula dai limiti di queste note, e afferma che un corpo finito deve essere commutativo, e quindi non può che essere un campo. Ci possiamo allora chiedere come sono fatti i campi finiti. Tra di essi conosciamo quelli della forma $\mathbb{Z}_2, \mathbb{Z}_3, \ldots$, più in generale $\mathbb{Z}_p$ per p primo, ma anche certi ampliamenti, come

- un campo di $9 = 3^2$ elementi, che estende $\mathbb{Z}_3$ con una radice α del polinomio irriducibile di grado 2 $x^2 + 1 \in \mathbb{Z}_3[x]$ (o con una radice α' dell'altro polinomio irriducibile $x^2 + x - 1$: tra l'altro, questi due ampliamenti coincidono);
- oppure un campo con $8 = 2^3$ elementi che estende $\mathbb{Z}_2$ con una radice del polinomio irriducibile di grado 3 $x^3 + x + 1$.

Cerchiamo allora una classificazione completa di tutti i campi finiti.

Sia F un campo finito. Ovviamente F non può avere caratteristica 0, così la caratteristica di F è un primo p, e F ha sottocampo minimo (isomorfo a) $\mathbb{Z}_p$. Segue:

Teorema 9.9.1 $|F| = p^m$ *per qualche intero positivo* m. *In particolare* $a^{p^m} = a$ *per ogni* $a \in F$.

Dimostrazione. F è uno spazio vettoriale su $\mathbb{Z}_p$. Siccome F è finito, $[F : \mathbb{Z}_p]$, e cioè la dimensione di F su $\mathbb{Z}_p$, è un intero positivo m. Di conseguenza F è isomorfo, come spazio vettoriale su $\mathbb{Z}_p$, a $\mathbb{Z}_p^m$, e comunque ha p^m elementi. Circa la seconda parte della tesi, essa è banale per $a = 0_F$. Se poi $a \neq 0_F$, a appartiene al gruppo moltiplicativo $(F^\star, \cdot)$ che ha ordine $p^m - 1$. Segue $a^{p^m - 1} = 1_F$ da cui, moltiplicando per a, $a^{p^m} = a$. $\qquad\square$

Si noti che, se un campo F ha ordine p^m con p primo e m intero positivo, il sottocampo minimo di F deve essere $\mathbb{Z}_p$ (se fosse $\mathbb{Z}_q$ per q primo, $q \neq p$, l'ordine di F sarebbe potenza di q).

Così possiamo aspettarci campi finiti di 2, 3, 4, 5, 7, 8, 9, 11, ... elementi, ma non di 6, 10, 12,... perché 6, 10, 12,... non sono potenze di primi.

Viceversa, possiamo chiederci: siano p un primo, m un intero positivo,

- esistono campi finiti di ordine p^m?
- quanti sono questi campi, a meno di isomorfismi?

Consideriamo prima il problema dell'unicità. Come conseguenza del precedente teorema si può dedurre:

Corollario 9.9.2 *Siano* p *un primo,* m *un intero positivo,* F *un campo finito di ordine* p^m. *Allora il polinomio* $x^{p^m} - x$ *si decompone in fattori di primo grado in* $F[x]$

$$x^{p^m} - x = \prod_{a \in F} (x - a);$$

dunque F *è il campo di riducibilità completa di* $x^{p^m} - x$ *su* $\mathbb{Z}_p$.

Dimostrazione. $x^{p^m} - x$ ha al più p^m radici in F, ma d'altra parte ogni elemento di F è radice di $x^{p^m} - x$. Questo assicura che F è campo di riducibilità completa di $x^{p^m} - x$ su $\mathbb{Z}_p$, ed implica poi che in $F[x]$

$$x^{p^m} - x = \prod_{a \in F} (x - a).$$

$\square$

Ricordando che il campo di riducibilità completa di un polinomio è unico a meno di isomorfismi, si può dedurre:

Corollario 9.9.3 *Se p è un primo e m un intero positivo, due campi di ordine p^m sono tra loro isomorfi.*

Infatti sono entrambi campi di riducibilità completa di $x^{p^m} - x$ su $\mathbb{Z}_p$.

Passiamo al problema dell'esistenza di un campo con p^m elementi. Le precedenti considerazioni suggeriscono la seguente strategia:

- partire dal campo $\mathbb{Z}_p$ con p elementi;
- guardare al campo di riducibilità completa di $x^{p^m} - x$ su $\mathbb{Z}_p$.

In effetti, per questa via si ottiene il seguente risultato:

Teorema 9.9.4 *Siano p un primo, m un intero positivo. Allora esiste un campo F con p^m elementi.*

Dimostrazione. Consideriamo $\mathbb{Z}_p$ ed il campo di riducibilità completa K di $x^{p^m} - x$ su $\mathbb{Z}_p$. In K consideriamo $F = \{a \in K : a^{p^m} = a\}$. Allora $|F| \leq p^m$, ed anzi $|F| = p^m$ perché $x^{p^m} - x$ non può avere radici multiple: la sua derivata è $p^m \cdot x^{p^m - 1}_K - 1_K$, cioè -1 (in caratteristica p), ed è quindi priva di radici. F è poi sottocampo di K: se $a, b \in F$, anche $a - b \in F$ e, per $b \neq 0_K$, $a \cdot b^{-1} \in F$, infatti

- $(a - b)^{p^m} = a^{p^m} - b^{p^m} + p \cdot \cdots = \underbrace{a^{p^m} - b^{p^m}}_{\text{in caratteristica } p} = a - b.$

- $(a \cdot b^{-1})^{p^m} = a^{p^m} \cdot \left(b^{p^m}\right)^{-1} = a \cdot b^{-1}.$

Allora F è un campo con p^m elementi (anzi $F = K$). $\square$

Così, per ogni primo p e per ogni intero positivo m, c'è un campo finito con p^m elementi e tale campo è unico a meno di isomorfismi: è il campo di riducibilità completa del polinomio $x^{p^m} - x$ su $\mathbb{Z}_p$. Questo campo si indica anche con $\mathbb{F}_{p^m}$. In particolare per p primo, $\mathbb{F}_p$ va a coincidere proprio con $\mathbb{Z}_p$. Talora $\mathbb{F}_{p^m}$ si costruisce in modo più diretto, senza bisogno di ricorrere a campi di riducibilità completa. Se infatti $f(x)$ è un polinomio irriducibile di $\mathbb{Z}_p[x]$ di grado m, l'ampliamento semplice $\mathbb{Z}_p(\alpha)$ di $\mathbb{Z}_p$ tramite una radice α di $f(x)$ definisce un campo finito perché $\mathbb{Z}_p$ è finito e $\mathbb{Z}_p(\alpha)$ ha grado finito in $\mathbb{Z}_p$; anzi ogni elemento di $\mathbb{Z}_p(\alpha)$ si scrive in uno e un sol modo come $a_0 + a_1\alpha + \cdots + a_{m-1}\alpha^{m-1}$ dove $a_0, \ldots, a_{m-1}$ sono in $\mathbb{Z}_p$ e dunque ognuno di loro può essere scelto in p modi distinti. Segue che $\mathbb{Z}_p(\alpha)$ ha p^m elementi, va dunque a coincidere con $\mathbb{F}_{p^m}$ a meno di isomorfismi.
Gli esempi alla fine del paragrafo 9.5 hanno illustrato questa situazione:

- $\mathbb{F}_9$ si ottiene come ampliamento di $\mathbb{Z}_3$ con una radice α di $x^2 + x - 1$;
- $\mathbb{F}_8$ si ottiene come ampliamento di $\mathbb{Z}_2$ con una radice α di $x^3 + x + 1$.

Esercizio 9.9.5 Esistono campi con esattamente 25, 29, 50 elementi? In caso affermativo, si cerchi di costruirli come ampliamenti semplici algebrici di qualche campo finito $\mathbb{Z}_p$ con p primo.

9.10 Codici autocorrettori: il codice BCH

I campi finiti, in particolare $\mathbb{Z}_2$ e i suoi ampliamenti, hanno importanti applicazioni ai codici che scoprono e correggono errori di trasmissione, e sono detti *codici autocorrettori*. Introduciamo intanto la relativa problematica. Supponiamo che un messaggio composto da blocchi di cifre (o parole) sia trasmesso attraverso qualche canale "rumoroso", capace cioè di corromperne parzialmente il contenuto. Il messaggio può dunque arrivare distorto al destinatario, che deve di conseguenza cercare di rilevare eventuali errori e recuperare il significato originario. La situazione può verificarsi, ad esempio, nelle comunicazioni spaziali con satelliti, ma anche in casi più comuni come nella lettura di un CD o nelle trasmissioni dei cellulari GSM. Può capitare infatti di dover trasmettere un messaggio particolarmente riservato (le coordinate di un conto corrente bancario o il numero della carta di credito) e si vuole essere sicuri che la comunicazione sia avvenuta senza errori. Una possibile strategia per ovviare a questi problemi è quella di trasmettere ripetutamente il messaggio. Si tratta, però, di soluzione poco economica, difficilmente praticabile, ad esempio, nel caso di comunicazioni satellitari, quando ogni interazione costa energia e le risorse di energia disponibili (quelle possedute dai satelliti) sono limitate. Del resto, in caso di errore di trasmissione, una semplice ripetizione del messaggio non garantisce alcuna certezza. Infatti il destinatario riceve due comunicazioni tra loro diverse in qualche lettera, ma non sa se la distorsione è avvenuta la prima volta, o la seconda, o entrambe. Solo se riceve un terzo messaggio uguale ad uno dei precedenti, può avere ragionevole certezza che la versione pervenutagli due volte sia quella corretta. Ma, così facendo, le trasmissioni diventano già tre.
Conviene dunque escogitare procedimenti capaci di segnalare l'esistenza di errori (e magari la loro posizione) in modo meno costoso.

Esempio 9.10.1 Si può ad esempio adoperare in questo ambito la classica "prova del nove". Ammettiamo infatti che la trasmissione avvenga tramite cifre, e che, in particolare, il nostro messaggio consista di 4 cifre a, b, c, d tra 0 e 9. Invece di trasmettere $abcd$, si può comunicare $abcde$ dove e è scelto in modo tale che 9 divida $abcde$, cioè $a+b+c+d+e$, in base 10. Se il destinatario ascolta $ABCDE$ e nota che 9 non divide $ABCDE$, ovvero $A+B+C+D+E$, sa che almeno una delle cifre A, B, C, D, E non è esatta. Tuttavia, se riceve $ABCDE$ e si accorge che 9 divide $ABCDE$, allora non può dedurre con certezza che il messaggio sia giunto integro. Infatti, nonostante $ABCDE$ in base 10 sia ancora divisibile per 9, potrebbe essere accaduto che una cifra 9 sia divenuta 0 o viceversa, oppure ancora che ci siano almeno due cifre sbagliate.

Naturalmente un simile approccio è molto grossolano e incapace di individuare realmente con sicurezza il tipo e la posizione degli errori di trasmissione.
Inoltre, il metodo ora descritto è un tipico esempio di *codice a rilevazione di errore*, in grado cioè di evidenziare errori, ma non di indicare dove si trovano e quindi di fornire informazioni precise su come recuperare l'informazione originaria. Esempi di codici a rilevazione di errore di uso quotidiano sono il codice fiscale, il codice *ISBN* e il codice bancario. Parliamo in particolare del comunissimo codice fiscale: consideriamo ad esempio quello del primo autore di queste note:

$$LNS \; SFN \; 71S30 \; I156 \; F.$$

In esso

1. LNS rappresenta le prime tre consonanti del cognome,
2. SFN le prime tre consonanti del nome,
3. 71, S, 30 si riferiscono rispettivamente all'anno, al mese e al giorno di nascita (1971, novembre, 30),
4. $I156$ identifica il comune di nascita (San Severino Marche),

mentre F è una lettera aggiuntiva di controllo che si ottiene in maniera univoca e in realtà piuttosto complicata a partire da tutte le lettere e le cifre precedenti. Se quindi comunichiamo un codice fiscale errato, un semplice programma al computer che implementi le regole opportune può essere in grado di accorgersene immediatamente, confrontando l'ultima lettera del codice fornitogli con quella che ottiene dall'elaborazione delle lettere e cifre precedenti.
Un ulteriore esempio di codice a rivelazione di errore è l'*ISBN* (*International Standard Book Number*), quel codice di dieci cifre presente sul retro di ogni libro. La relativa sequenza $a_1a_2a_3a_4a_5a_6a_7a_8a_9a_{10}$ ha il significato che ora spieghiamo: le prime quattro cifre, $a_1a_2a_3a_4$, identificano univocamente la casa editrice, le successive cinque, $a_5a_6a_7a_8a_9$, il volume, e l'ultima, a_{10}, funge da controllo ed è calcolata come funzione delle precedenti in maniera tale che

$$a_1 + 2 \cdot a_2 + 3 \cdot a_3 + 4 \cdot a_4 + 5 \cdot a_5 + 6 \cdot a_6 + 7 \cdot a_7 + 8 \cdot a_8 + 9 \cdot a_9 + 10 \cdot a_{10} \equiv 0 \, (mod \, 11),$$

ovvero

$$a_1 + 2 \cdot a_2 + 3 \cdot a_3 + 4 \cdot a_4 + 5 \cdot a_5 + 6 \cdot a_6 + 7 \cdot a_7 + 8 \cdot a_8 + 9 \cdot a_9 - a_{10} \equiv 0 \, (mod \, 11),$$

quindi

$$a_{10} \equiv a_1 + 2 \cdot a_2 + 3 \cdot a_3 + 4 \cdot a_4 + 5 \cdot a_5 + 6 \cdot a_6 + 7 \cdot a_7 + 8 \cdot a_8 + 9 \cdot a_9 \, (mod \, 11).$$

Dunque a_{10} può assumere valori da 0 a 10: se per caso $a_{10} = 10$, lo si sostituisce nel codice *ISBN* con la lettera X. Per chiarire meglio consideriamo il codice $ISBN$ 0387 94457 5. Esso si riferisce alla casa editrice del presente testo, codificata come 0387, e al volume 94457, la cifra finale 5 si ottiene invece come

$$0 + 2 \cdot 3 + 3 \cdot 8 + 4 \cdot 7 + 5 \cdot 9 + 6 \cdot 4 + 7 \cdot 4 + 8 \cdot 5 + 9 \cdot 7 \equiv 258 \equiv 5 \,(mod\,11).$$

Esercizio 9.10.2 Prendete il codice $ISBN$ del presente testo e verificate il procedimento che consente di calcolare l'ultima cifra.

Anche per l'identificazione dei conti correnti bancari, alle coordinate usuali, ABI, CAB e numero di conto, si aggiunge un'ulteriore lettera, detta *codice CIN*, che funge proprio da controllo delle precedenti informazioni: ne abbiamo parlato nel primo capitolo.
L'idea che sta alla base di un qualunque codice a rivelazione di errore è in conclusione quella di aggiungere al messaggio vero e proprio alcune informazioni supplementari che puntano a segnalare eventuali errori: è questo il ruolo dell'ultima cifra nei codici fiscale e $ISBN$ e del codice CIN negli estremi del conto corrente bancario.
Assai più apprezzabili sono quei codici che permettono non solo di individuare l'errore, ma persino di correggerlo (almeno nei casi in cui la comunicazione non è troppo disturbata). È questo l'obiettivo dei *codici autocorrettori* di errori. Anche alla base del loro funzionamento c'è il ricorso ad informazioni ridondanti e aggiuntive che vengono trasmesse unitamente al messaggio reale; tuttavia essi si propongono, come detto, non solo di segnalare gli errori, ma anche di recuperare il messaggio originario, e dunque, forzatamente, richiedono maggiori raffinatezze teoriche rispetto a quanto accade nei codici a rivelazione di errore.
Nelle prossime righe presenteremo il codice autocorrettore BCH (Bose-Chaudhury-Hocquenghem), proposto nel 1960.
In esso si ammette che le parole che compongono il messaggio siano sequenze finite di $0, 1$, cioè di elementi di $\mathbb{Z}_2$; la segnalazione degli errori e il recupero del messaggio corretto avviene con l'aiuto di campi finiti che estendono $\mathbb{Z}_2$, quindi hanno 2^n elementi, per qualche $n \geq 1$. Per semplicità riferiamoci al campo con 8 elementi $\mathbb{F}_8 = \mathbb{Z}_2(\alpha)$ con α radice di $p(x) = x^3 + x + 1$. Si conviene allora di inviare parole di 7 cifre tra $0, 1$ di cui 4 costituiscono l'informazione, e 3 servono a localizzare e correggere errori. Il codice BCH consente in questo caso di rimediare al più un errore di trasmissione (nel caso in cui le cifre sbagliate si riducano quindi a una sola). Si procede infatti come segue.

Sia $abcd$ il messaggio da trasmettere con $a, b, c, d \in \mathbb{Z}_2$, come detto. Costruiamo il polinomio

$$f(x) = ax^6 + bx^5 + cx^4 + dx^3 \in \mathbb{Z}_2[x].$$

In $\mathbb{Z}_2[x]$ esistono $q(x), r(x)$ (unici) tali che

$$f(x) = (x^3 + x + 1) \cdot q(x) + r(x),$$

$$r(x) = ux^2 + vx + w \text{ per opportuni } u, v, w \in \mathbb{Z}_2.$$

Notiamo che $1 = -1$ in $\mathbb{Z}_2$ e, quindi,

$$(x^3 + x + 1) \cdot q(x) = f(x) - r(x) = f(x) + r(x) =$$
$$= ax^6 + bx^5 + cx^4 + dx^3 + ux^2 + vx + w;$$

per semplicità indichiamo

$$t(x) = ax^6 + bx^5 + cx^4 + dx^3 + ux^2 + vx + w.$$

Allora

$$t(\alpha) = (\alpha^3 + \alpha + 1) \cdot q(\alpha) = 0.$$

Trasmettiamo adesso $abcduvw$. Supponiamo che l'ascoltatore riceva $ABCDUVW$, e che ci sia stato al più un errore (così al più una volta 0 è diventato 1, o viceversa). Il destinatario può costruire

- $\bar{t}(x) = Ax^6 + Bx^5 + Cx^4 + Dx^3 + Ux^2 + Vx + W \in \mathbb{Z}_2[x]$,
- $e(x) = t(x) - \bar{t}(x)$,

e osserva che $e(x)$ corrisponde all'eventuale errore di trasmissione. Infatti $e(x) = 0$ oppure $e(x) = x^n$ per qualche $n \leq 6$: il primo caso corrisponde ad una trasmissione corretta, il secondo ad una distorsione della cifra corrispondente a n. Il destinatario deve comunque identificare il caso avvenuto e semmai il valore di n. Ma egli sa che $\bar{t}(\alpha) = e(\alpha) + t(\alpha) = e(\alpha)$ (perché $t(\alpha) = 0$) e può calcolare $\bar{t}(\alpha)$. Si ha allora:

- se $\bar{t}(\alpha) = 0$, allora anche $e(\alpha) = 0$, e non ci sono stati errori;
- se $\bar{t}(\alpha) \neq 0$ e c'è stato un solo errore al posto n, sarà $\bar{t}(\alpha) = e(\alpha) = \alpha^n$ il che fa dedurre l'esponente n, ovvero la posizione della cifra sbagliata.

Naturalmente, se il messaggio ha un numero di errori ≥ 2, il codice autocorrettore BCH non funziona, almeno se si riferisce al campo con 8 elementi (in realtà in questo caso occorre coinvolgere un campo con 16 elementi, adoperando tecniche analoghe ma forzatamente più elaborate).

Esempio 9.10.3 Supponiamo di trasmettere $(1, 1, 0, 1)$. Costruiamo allora

$$f(x) = x^6 + x^5 + x^3$$

e dividiamolo per $x^3 + x + 1$, ottenendo $r(x) = 1$ (cioè $u = v = 0$, $w = 1$). Quindi

$$t(x) = x^6 + x^5 + x^3 + 1$$

(si noti che $t(\alpha) = \alpha^6 + \alpha^5 + \alpha^3 + 1$; dunque, ricordando $\alpha^3 = \alpha + 1$, $\alpha^4 = \alpha^2 + \alpha$, $\alpha^5 = \alpha^3 + \alpha^2 = \alpha^2 + \alpha + 1$, $\alpha^6 = (\alpha^3)^2 = (\alpha + 1)^2 = \alpha^2 + 1 + 2\alpha = \alpha^2 + 1$, si conferma

$$t(\alpha) = \alpha^2 + 1 + \alpha^2 + \alpha + 1 + \alpha + 1 + 1 = 0).$$

Inviamo dunque $(1,1,0,1,\mathbf{0},0,1)$. Se il destinatario riceve, ad esempio, $(1,1,0,1,\mathbf{1},0,1)$, costruisce

$$\bar{t}(x) = x^6 + x^5 + x^3 + \mathbf{x}^2 + 1$$

e poi calcola

$$\bar{t}(\alpha) = \alpha^2 + 1 + \alpha^2 + \alpha + 1 + \alpha + 1 + \alpha^2 + 1 = \alpha^2;$$

osserva $e(\alpha) = \bar{t}(\alpha) = \alpha^2$, e dunque deduce che c'è un errore nella terz'ultima cifra trasmessa, che va mutata da 1 a 0.

Esercizi.

1. Si ricordi che $\mathbb{R}$ è uno spazio vettoriale su $\mathbb{Q}$ e che il numero di Nepero e non è radice di nessun polinomio non nullo in $\mathbb{Q}[x]$. Si dimostri allora che, per ogni naturale n, i reali $1, e, e^2, \ldots, e^n$ sono l. i. su $\mathbb{Q}$. Se ne deduca che $\mathbb{R}$ non è uno spazio vettoriale finitamente generato su $\mathbb{Q}$.

2. Siano F un campo, K un suo ampliamento e siano $a \in F$ e $\beta \in K$. Si mostri che l'elemento $\gamma = a \cdot \beta$ è algebrico su F se e solo se lo è β. Quando β è algebrico su F si descriva la relazione tra il polinomio minimo di β su F e quello di γ su F. Quando β è algebrico non nullo si ricordi che β^{-1} è algebrico e si descriva la relazione tra il polinomio minimo di β su F e quello di β^{-1} su F.

3. Quanti elementi ha un ampliamento algebrico semplice $\mathbb{Z}_3(\alpha)$ del campo $\mathbb{Z}_3$ mediante un elemento α che sia radice del polinomio $x^2 + x + 2$ di $\mathbb{Z}_3[x]$? Si mostri che il gruppo moltiplicativo $\mathbb{Z}_3(\alpha)^*$ è ciclico.

4. Sia $\mathbb{Q}$ il campo razionale, si consideri il polinomio $p(x) = x^3 - 3x^2 + 3x - 6$.
   a) Si verifichi che $p(x)$ è irriducibile in $\mathbb{Q}[x]$.
   Si indichi con α una radice complessa di $p(x)$ e con β una generica radice complessa di un polinomio in $\mathbb{Q}[x]$ di secondo grado irriducibile.
   b) Si esprimano come combinazioni lineari a coefficienti in $\mathbb{Q}$ di 1, α, α^2 i seguenti elementi: α^4, $(1 - \alpha)^{-1}$, $(\alpha^3 + 3\alpha)/(2 + \alpha^2)$.
   c) Si provi che 1, α, β, $\alpha \cdot \beta$ sono l. i. su $\mathbb{Q}$.
   d) Si provi che non può essere $\beta \in \mathbb{Q}(\alpha)$.

5. Si considerino i due reali $\alpha = 1 + \sqrt{3}$ e $\beta = 1 - \sqrt{3}$.
   a) Si provi che α e β sono algebrici (sul campo razionale).
   b) Si determinino i polinomi minimi di α e di β.
   c) Si dica se gli ampliamenti semplici $\mathbb{Q}(\alpha)$ e $\mathbb{Q}(\beta)$ sono tra loro isomorfi e, se sì, si indichi un qualche isomorfismo che porti α in β.

6. Siano α, β due complessi che hanno come polinomi minimi sui razionali $x^2 - 2$ e $x^2 - 4x + 2$, rispettivamente. Si provi che i campi $\mathbb{Q}(\alpha)$ e $\mathbb{Q}(\beta)$ sono isomorfi.

7. Si provi che $\mathbb{Q}(\sqrt{2}, \sqrt{3}) = (\mathbb{Q}(\sqrt{2}))(\sqrt{3})$ è un ampliamento algebrico semplice di $\mathbb{Q}$.

8. Nel campo $\mathbb{Z}_3$ si consideri il polinomio $f(x) = x^2 + x + 2$.
   a) Si provi che $f(x)$ è irriducibile in $\mathbb{Z}_3[x]$.
   b) Si costruisca il campo $K = \mathbb{Z}_3(\alpha)$ con α radice di $f(x)$.
   d) Si provi che $f(x)$ ha in K due radici distinte.

9. Si determinino $[\mathbb{R}(\sqrt{5}) : \mathbb{R}]$, $[\mathbb{Q}(\sqrt{2}, \sqrt{3}, \sqrt{5}) : \mathbb{Q}]$, $[\mathbb{Q}(\sqrt[5]{6}) : \mathbb{Q}]$, $[\mathbb{Q}(\sqrt{1 + \sqrt{2}}) : \mathbb{Q}]$. Si ricordi che $\mathbb{Q}(\sqrt{2}, \sqrt{3}, \sqrt{5}) = ((\mathbb{Q}(\sqrt{2}))(\sqrt{3}))(\sqrt{5})$.

10. Si mostri che ogni elemento di $\mathbb{Q}(\sqrt{3}, \sqrt{5})$ può essere espresso in modo unico nella forma
$$a + b\sqrt{3} + c\sqrt{5} + d\sqrt{15}$$
con $a, b, c, d \in \mathbb{Q}$.

11. Si provi che se K è ampliamento di F e $[K : F]$ è un numero primo allora ogni sottocampo L di K che amplia F coincide con K o con F.

12. Siano K, F due campi con K ampliamento di F di grado finito n. Sia $f(x) \in F[x]$ un polinomio irriducibile in $F[x]$ di grado m. Si provi che, se m ed n sono primi fra loro, allora $f(x)$ non ha radici in K.

13. Siano K, L, F tre campi, L ampliamento algebrico di F, K ampliamento algebrico di L, né l'uno né l'altro necessariamente finiti. Si provi allora che K è ampliamento algebrico di F.

14. Si mostri che l'insieme delle radici quadrate dei numeri primi in $\mathbb{N}$ costituisce un insieme di elementi l. i. sul campo razionale $\mathbb{Q}$. (*Suggerimento*: siano $p_1, p_2, \ldots, p_n, \ldots$ i numeri primi. Si provi per induzione su $n \geq 1$ che $1, \sqrt{p_1}, \ldots, \sqrt{p_n}$ sono l. i. su $\mathbb{Q}$).

15. Si costruiscano i campi di riducibilità completa su $\mathbb{Q}$ dei polinomi $x^3 - 1$, $x^4 + 5x^2 + 6$ rispettivamente.

16. Si elenchino i polinomi irriducibili di secondo grado monici in $\mathbb{Z}_5[x]$. Si costruisca inoltre il campo di riducibilità completa di ciascuno di essi su $\mathbb{Z}_5$. Quanti elementi hanno tali campi? Quanti ampliamenti semplici di $\mathbb{Z}_5$ di grado 7 esistono a meno di isomorfismi? Che cardinalità hanno tali ampliamenti?

Riferimenti bibliografici

Un'agile presentazione dei fondamenti della Teoria dei campi è in [42]. Qualche spunto basilare sulla Teoria dei codici si trova in [15]. Per un quadro più approfondito sulla Teoria dei codici si vedano invece [37], [38]. Il riferimento specifico per gli esempi trattati nel paragrafo sui codici è [12].

Riferimenti bibliografici

1. Appel K., Haken W., Every Planar Map is Four Colorable. Part I: Discharging, *Illinois J. Math*, 21, pp. 429–490, 1977.
2. Appel K., Haken W., The Four–Colour Problem, in L. Steen (a cura di), *Mathematics Today*, Springer, 1978.
3. Appel K., Haken W., The Four–Colour Proof Suffices, *The Mathematical Intelligencer*, 8, 1986.
4. Appel K., Haken W., *Every Planar Map is Four Colorable*, American Mathematical Society, 1989.
5. Appel K., Haken W., Koch J., Every Planar Map is Four Colorable. Part II: Reducibility, *Illinois J. Math.*, 21, pp. 491–567, 1977.
6. Aschbacher M., The Status of the Classification of the Finite Simple Groups, *Notices Amer. Math. Soc.*, 51, pp. 736–740, 2004.
7. Atiyah M. F., McDonald I. G., *Introduction to Commutative Algebra*, Addison–Wesley, 1969.
8. Bell E. T., *I Grandi Matematici*, Sansoni, 2000.
9. Bernasconi A., Codenotti B., Resta G., *Metodi Matematici in Complessità Computazionale*, Springer, 1999.
10. Biggs N. L., Lloyd E. K., Wilson R. J., *Graph Theory 1736-1936*, Clarendon Press, 1976.
11. Birkhoff G., MacLane S., *Algebra*, American Math. Soc., 1999.
12. Bose R. C., Ray-Chaudhuri D.K., On a class of errorcorrecting binary group codes, *Information and Control*, 3, pp. 68–79, 1960.
13. Bovet D. P., Crescenzi P., *Teoria della Complessità Computazionale*, Franco Angeli, 1991.
14. Boyer C. B., *Storia della Matematica*, Mondadori, 2004.
15. Childs L., *Algebra, un'introduzione concreta*, ETS, 1989.
16. Cohn P. M., *Algebra*, Wiley, vol. I, II, III, 1981–1989–1991.
17. Cohn P. M., *Introduction to Ring Theory*, Springer, 2000.
18. Courant R., Robbins H., *Che cos'è la Matematica*, Bollati Boringhieri, 2000.
19. Crandall R., Pomerance C., *Prime Numbers: A Computational Perspective*, Springer, 2005.
20. Curzio M., Longobardi P., Maj M., *Lezioni di Algebra*, Liguori, 1996.
21. Devlin K. J., *The Joy of Sets: Fundamentals of Contemporary Set Theory*, Springer, 1994.

22. Devlin K. J., *Dove va la Matematica*, Bollati Boringhieri, 1999.

23. Diestel R., *Graph Theory*, Springer, 2000.

24. Du Sautoy M., *L'Enigma dei Numeri Primi*, Rizzoli, 2004.

25. Ebbinghaus H. D., Flum J., Thomas W., *Mathematical Logic*, Springer, 1989.

26. Ebbinghaus H. D., Hermes H. e altri, *Numbers*, Springer, 1996.

27. Euler L, Solutio Problematis ad geometriam situs pertinentis, *Comment. Acad. Sc. Petrog.*, 8, pp. 128–140, 1736.

28. Euler L., Solutio Problematis ad Geometriam Situs pertinentis (ristampa di [27]), *Commentationes Algebraicae*, Teubner, 1923.

29. Facchini A., *Algebra e Matematica Discreta*, Decibel Zanichelli, 2000.

30. Franci R., Toti Rigatelli L., *Storia della Teoria delle Equazioni Algebriche*, Mursia, 1979.

31. Fuchs L., *Abelian Groups*, Pergamon Press, 1960.

32. Galilei G., *Discorsi e Dimostrazioni Matematiche intorno a due nuove Scienze*, Elzeviri, 1638; Barbera, 1898.

33. Grossman I., Magnus W., *I Gruppi e i loro Grafi*, Zanichelli, 1969.

34. Halmos P., *Finite–Dimensional Vector Spaces*, Springer, 1974.

35. Herstein I. N., *Algebra*, Editori Riuniti, 1999.

36. Hierholzer C., Über die Möglichkeit, Einen Linienzug Ohne Wiederholung und Ohne Unterbrechnung zu Umfahren, *Mathematische Annalen*, 6, pp. 30–32, 1873 (tradotta in inglese alle pp. 11 e 12 di [10]).

37. Hill R., *A First Course in Coding Theory*, Oxford University Press, 1986.

38. Hocquenghem A., Codes correcteurs d'erreurs, *Chiffres*, 2, pp. 147–156, 1959.

39. Jacobson N., *Lectures in Abstract Algebra*, Springer, vol. I, II, III, 1953–1975.

40. Jacobson N., *Basic Algebra*, vol. I, II, Freeman, 1985–1989.

41. Jensen T. R., B. Toft, *Graph Coloring Problem*, Wiley, 1995.

42. Kaplanski I., *Fields and Rings*, University of Chicago Press, 1972.

43. Kline M., *Storia del Pensiero Matematico*, Einaudi, vol. I, II, 1991–1996.

44. Koblitz N., *A Course in Number Theory and Cryptography*, Springer, 1994.

45. Lambek J., *Lectures on Rings and Modules*, Chelsea, 1986.

46. Lang S., *Algebra Lineare*, Bollati Boringhieri, 1970.

47. Leonesi S., Toffalori C., *Numeri e Crittografia*, Springer, 2006.

48. Lolli G., *Teoria Assiomatica degli insiemi*, Bollati Boringhieri, 1975.

49. Mendelson E., *Introduzione alla Logica Matematica*, Bollati Boringhieri, 2002.

50. Orsatti A., *Introduzione ai Gruppi Abeliani Astratti e topologici*, Pitagora, 1979.

51. Ore O., *I Grafi e le loro Applicazioni*, Zanichelli, 1965.

52. Piacentini Cattaneo G. M., *Algebra, un approccio algoritmico*, Decibel Zanichelli, 1996.

53. Ribenboim P., *The New Book of Prime Number Records*, Springer, 1996.

54. Ribenboim P., *13 Lectures on Fermat's Last Theorem*, Springer, 1979.

55. Ribenboim P., *Fermat's Last Theorem for Amateurs*, Springer, 1999.

56. Robertson N., Sanders D., Seymour P. D. e Thomas R., The Four-Colour Theorem, *J. Combin. Theory B*, 70, pp. 2–44, 1994.

57. Rotman J. J., *An Introduction to the Theory of Groups*, Springer, 1995.

58. Robinson D. J. S., *A Course in the Theory of Groups*, Springer, 1996.

59. Samuel P., Zariski O., *Commutative Algebra II*, Springer, 1997.

60. Singh S., *Codici e Segreti*, Rizzoli, 1999.

61. Singh S., *L'ultimo Teorema di Fermat*, Rizzoli, 1999.

62. Stewart I., *Galois Theory*, Chapman and Hall, 2003.
63. Suzuki M., *Group Theory*, vol. I, II, Springer, 1982–1986.
64. Toffalori C., Cintioli P., *Logica Matematica*, McGraw-Hill, 2000.
65. Toffalori C., Corradini F., Leonesi S., Mancini S., *Teoria della Computabilità e della Complessità*, McGraw-Hill, 2005.
66. Toti Rigatelli L., *La Mente Algebrica. Storia dello sviluppo della Teoria di Galois nel XIX secolo*, Bramante, 1989.

Indice analitico

Collana Unitext - La Matematica per il 3+2

a cura di

F. Brezzi
C. Ciliberto
B. Codenotti
M. Pulvirenti
A. Quarteroni
G. Rinaldi
W.J. Runggaldier

Volumi pubblicati

A. Bernasconi, B. Codenotti
Introduzione alla complessità computazionale
1998, X+260 pp. ISBN 88-470-0020-3

A. Bernasconi, B. Codenotti, G. Resta
Metodi matematici in complessità computazionale
1999, X+364 pp, ISBN 88-470-0060-2

E. Salinelli, F. Tomarelli
Modelli dinamici discreti
2002, XII+354 pp, ISBN 88-470-0187-0

A. Quarteroni
Modellistica numerica per problemi differenziali (2a Ed.)
2003, XII+334 pp, ISBN 88-470-0203-6
(1a edizione 2000, ISBN 88-470-0108-0)

S. Bosch
Algebra
2003, VIII+380 pp, ISBN 88-470-0221-4

S. Graffi, M. Degli Esposti
Fisica matematica discreta
2003, X+248 pp, ISBN 88-470-0212-5

S. Margarita, E. Salinelli
MultiMath - Matematica Multimediale per l'Università
2004, XX+270 pp, ISBN 88-470-0228-1

A. Quarteroni, R. Sacco, F. Saleri
Matematica numerica (2a Ed.)
2000, XIV+448 pp, ISBN 88-470-0077-7
2002, 2004 ristampa riveduta e corretta
(1a edizione 1998, ISBN 88-470-0010-6)

A partire dal 2004, i volumi della serie sono contrassegnati da un numero di identificazione

13. A. Quarteroni, F. Saleri
Introduzione al Calcolo Scientifico (2a Ed.)
2004, X+262 pp, ISBN 88-470-0256-7
(1a edizione 2002, ISBN 88-470-0149-8)

14. S. Salsa
Equazioni a derivate parziali - Metodi, modelli e applicazioni
2004, XII+426 pp, ISBN 88-470-0259-1

15. G. Riccardi
Calcolo differenziale ed integrale
2004, XII+314 pp, ISBN 88-470-0285-0

16. M. Impedovo
Matematica generale con il calcolatore
2005, X+526 pp, ISBN 88-470-0258-3

17. L. Formaggia, F. Saleri, A. Veneziani
Applicazioni ed esercizi di modellistica numerica
per problemi differenziali
2005, VIII+396 pp, ISBN 88-470-0257-5

18. S. Salsa, G. Verzini
Equazioni a derivate parziali - Complementi ed esercizi
2005, VIII+406 pp, ISBN 88-470-0260-5

19. C. Canuto, A. Tabacco
Analisi Matematica I (2a Ed.)
2005, XII+448 pp, ISBN 88-470-0337-7
(1a edizione, 2003, XII+376 pp, ISBN 88-470-0220-6)

20. F. Biagini, M. Campanino
    Elementi di Probabilità e Statistica
    2006, XII+236 pp, ISBN 88-470-0330-X

21. S. Leonesi, C. Toffalori
    Numeri e Crittografia
    2006, VIII+178 pp, ISBN 88-470-0331-8

22. A. Quarteroni, F. Saleri
    Introduzione al Calcolo Scientifico (3a Ed.)
    2006, X+306 pp, ISBN 88-470-0480-2

23. S. Leonesi, C. Toffalori
    Un invito all'Algebra
    2006, XVII+432 pp, ISBN 88-470-0313-X